U0196678

"十四五"时期国家重点出版物出版专项规划项目

化肥和农药减施增效理论与实践丛书

丛书主编　吴孔明

精准农业航空植保技术

兰玉彬　著

科学出版社

北　京

内 容 简 介

本书针对当前快速发展的精准农业航空植保技术，详细介绍了农用无人机、大型农用航空施药设备及精准施药技术发展现状，精准农业航空施药植保知识，小麦、水稻、玉米、棉花等作物的病虫草害发生情况及其防治方法，植保无人机在各类作物上喷施应用实例等。本书汇集了作者团队在精准农业航空植保施药技术领域多年的研究成果，系统阐述了精准农业航空技术在植保施药方面的创新与应用，可使田间植保工作者及相关研究学者清晰、全面了解该领域的发展现状与应用前景。

本书可作为植保、农用无人机、农业信息化、农业工程、无人机植保等研究方向的高等院校本科生、研究生的教材，也可作为相关领域专业技术人员的学习参考书或培训教材。

图书在版编目（CIP）数据

精准农业航空植保技术 / 兰玉彬著 . —北京：科学出版社，2022.1

（化肥和农药减施增效理论与实践丛书 / 吴孔明主编）

ISBN 978-7-03-068183-6

Ⅰ. ①精…　Ⅱ. ①兰…　Ⅲ. ①农业飞机 – 植物保护 – 研究　Ⅳ. ① S4

中国版本图书馆 CIP 数据核字（2021）第 036886 号

责任编辑：陈　新　闫小敏 / 责任校对：严　娜

责任印制：肖　兴 / 封面设计：无极书装

科 学 出 版 社 出版

北京东黄城根北街 16 号

邮政编码：100717

http://www.sciencep.com

北京九天鸿程印刷有限责任公司　印刷

科学出版社发行　各地新华书店经销

*

2022 年 1 月第　一　版　开本：787×1092　1/16

2022 年 1 月第一次印刷　印张：24 1/2

字数：580 000

定价：328.00 元

（如有印装质量问题，我社负责调换）

“化肥和农药减施增效理论与实践丛书”编委会

著者简介

兰玉彬　国家精准农业航空施药技术国际联合研究中心主任、首席科学家，教育部“海外名师”，欧洲科学、艺术与人文学院外籍院士，俄罗斯自然科学院外籍院士，格鲁吉亚国家科学院外籍院士。兼任国际精准农业航空学会（International Society of Precision Agricultural Aviation，ISPAA）主席、《国际精准农业航空学报》（*International Journal of Precision Agricultural Aviation*）共同主编、国际农业工程学会（International Commission of Agricultural Engineering，CIGR）精准农业航空工作委员会主席、全国农业航空技术学科首席科学传播专家、中国农业工程学会农业航空分会常务副主任委员、中国航空器拥有者及驾驶员协会无人机专业委员会副主任委员、美国得克萨斯农工大学和美国得克萨斯农业生命研究中心兼职教授等。美国农业与生物工程师学会终身会员，曾担任 *Transactions of the ASABE* 和 *Applied Engineering in Agriculture* 副主编、*Journal of Bionics Engineering* 编委、*International Journal of Agricultural and Biological Engineering* 编委会副主席。

兰教授主要从事农业航空、航空施药和航空遥感技术等方面的科研与教学工作，是国际上从事农业航空技术研究的知名专家，也是精准农业航空应用领域的先行者和权威学者。自 2016 年起，兰教授先后主持了“十三五”国家重点研发计划项目“地面与航空高工效施药技术及智能化装备”、广东省科技计划重点专项“精准农业中无人机作业关键装置研究及应用”、广东省引进领军人才项目“精准农业航空关键技术研究与应用平台建设”、广东省科技计划项目“田间作物生长精准管控关键技术研究与示范”、国家自然科学基金面上项目“星–地协同多源遥感作物参量感知与长势农学辨识机理研究”等，开启了国内植保无人机装备与精准施药技术的全面研发之路。围绕上述研究项目，兰教授取得了丰硕的科研成果，在国内外农业工程学核心期刊上发表论文300余篇，其中SCI/EI收录200余篇；受权发明专利70余项；相关研究成果先后获得全国农牧渔业丰收奖一等奖、江苏省科学技术奖二等奖；发表的论文分别获得第四届、第六届中国科学技术协会优秀论文奖与中国农业工程学会40周年优秀论文奖。

兰教授1994年荣获美国农业工程师学会得克萨斯州分会“杰出青年农业工程师奖”，2005～2014年在美国农业部任职，连年荣获美国农业部南方平原研究中心杰出贡献奖，2012年荣获美国农业和生物工程师学会得克萨斯州分会“农业工程年度人物”称号，2013年荣获海外华人农业生物和食品工程师协会“终身成就奖”，2014年荣获海外华人农业生物和食品工程师协会“杰出贡献奖”及美国农业部研究服务署农业航空技术中心“杰出服务奖”，2015年荣获中国农业工程学会农业航空分会首届“农业航空发展贡献奖”，2016年荣获中国农村科技“2016年度十大影响力人物”称号，2017年荣获首届世界无人机大会“全球无人机贡献奖”，2018年荣获国家农业航空产业技术创新战略联盟“中国农业航空发展贡献奖”和世界无人机联合会“中国无人机行业引领推动奖”，被媒体和行内赞誉为“带领我国农业航空飞上新高度”①。

① 姜靖. 2016. 兰玉彬：带领农业航空飞上新高度. 科技日报, 2016-06-20.

丛 书 序

我国化学肥料和农药过量施用严重，由此引起环境污染、农产品质量安全和生产成本较高等一系列问题。化肥和农药过量施用的主要原因：一是对不同区域不同种植体系肥料农药损失规律和高效利用机理缺乏深入的认识，无法建立肥料和农药的精准使用准则；二是化肥和农药的替代产品落后，施肥和施药装备差、肥料损失大，农药跑冒滴漏严重；三是缺乏针对不同种植体系肥料和农药减施增效的技术模式。因此，研究制定化肥和农药施用限量标准、发展肥料有机替代和病虫害绿色防控技术、创制新型肥料和农药产品、研发大型智能精准机具，以及加强技术集成创新与应用，对减少我国化肥和农药的使用量、促进农业绿色高质量发展意义重大。

按照2015年中央一号文件关于农业发展“转方式、调结构”的战略部署，根据国务院《关于深化中央财政科技计划（专项、基金等）管理改革的方案》的精神，科技部、国家发展改革委、财政部和农业部（现农业农村部）等部委联合组织实施了“十三五”国家重点研发计划试点专项“化学肥料和农药减施增效综合技术研发”（后简称“双减”专项）。

“双减”专项按照《到2020年化肥使用量零增长行动方案》《到2020年农药使用量零增长行动方案》《全国优势农产品区域布局规划（2008—2015年）》《特色农产品区域布局规划（2013—2020年）》，结合我国区域农业绿色发展的现实需求，综合考虑现阶段我国农业科研体系构架和资源分布情况，全面启动并实施了包括三大领域12项任务的49个项目，中央财政概算23.97亿元。项目涉及植物病理学、农业昆虫与害虫防治、农药学、植物检疫与农业生态健康、植物营养生理与遗传、植物根际营养、新型肥料与数字化施肥、养分资源再利用与污染控制、生态环境建设与资源高效利用等18个学科领域的57个国家重点实验室、236个各类省部级重点实验室和434支课题层面的研究团队，形成了上中下游无缝对接、“政产学研推”一体化的高水平研发队伍。

自2016年项目启动以来，“双减”专项以突破减施途径、创新减施产品与技术装备为抓手，聚焦主要粮食作物、经济作物、蔬菜、果树等主要农产品的生产需求，边研究、边示范、边应用，取得了一系列科研成果，实现了项目目标。

在基础研究方面，系统研究了微生物农药作用机理、天敌产品货架期调控机制及有害生物生态调控途径，建立了农药施用标准的原则和方法；初步阐明了我国不同区域和种植体系氮肥、磷肥损失规律和无效化阻控增效机理，提出了肥料养分推荐新技术体系和氮、磷施用标准；初步阐明了耕地地力与管理技术影响化肥、农药高效利用的机理，明确了不同耕地肥力下化肥、农药减施的调控途径与技术原理。

在关键技术创新方面，完善了我国新型肥药及配套智能化装备研发技术体系平台；打造了万亩方化肥减施12%、利用率提高6个百分点的示范样本；实现了智能化装备减施 10%、利用率提高 3 个百分点，其中智能化施肥效率达到人工施肥 10 倍以上的目标。农药减施关键技术亦取得了多项成果，万亩示范方农药减施 15%、新型施药技术田间效率大于 30 亩 /h，节省劳动力成本 50%。

在作物生产全程减药减肥技术体系示范推广方面，分别在水稻、小麦和玉米等粮食主产区，蔬菜、水果和茶叶等园艺作物主产区，以及油菜、棉花等经济作物主产区，大面积推广应用化肥、农药减施增效技术集成模式，形成了“产学研”一体的纵向创新体系和分区协同实施的横向联合攻关格局。示范应用区涉及 28 个省（自治区、直辖市）1022 个县，总面积超过 2.2 亿亩次。项目区氮肥利用率由 33% 提高到 43%、磷肥利用率由 24% 提高到 34%，化肥氮磷减施 20%；化学农药利用率由 35% 提高到 45%，化学农药减施 30%；农作物平均增产超过 3%，生产成本明显降低。试验示范区与产业部门划定和重点支持的示范区高度融合，平均覆盖率超过 90%，在提升区域农业科技水平和综合竞争力、保障主要农产品有效供给、推进农业绿色发展、支撑现代农业生产体系建设等方面已初显成效，为科技驱动产业发展提供了一项可参考、可复制、可推广的样板。

科学出版社始终关注和高度重视“双减”专项取得的研究成果。在他们的大力支持下，我们组织“双减”专项专家队伍，在系统梳理和总结我国“化肥和农药减施增效”研究领域所取得的基础理论、关键技术成果和示范推广经验的基础上，精心编撰了“化肥和农药减施增效理论与实践丛书”。这套丛书凝聚了“双减”专项广大科技人员的多年心血，反映了我国化肥和农药减施增效研究的最新进展，内容丰富、信息量大、学术性强。这套丛书的出版为我国农业资源利用、植物保护、作物学、园艺学和农业机械等相关学科的科研工作者、学生及农业技术推广人员提供了一套系统性强、学术水平高的专著，对于践行“绿水青山就是金山银山”的生态文明建设理念、助力乡村振兴战略有重要意义。

中国工程院院士

2020 年 12 月 30 日

前　言

我国生态条件复杂、耕作制度多样，农业存在有害生物多发、频发、重发的问题。据记载，全国农作物有害生物约1700种，包括虫害830种以上、病害720种以上、杂草60种以上、鼠害20种以上，其中为害严重的超过100种。在病虫草害多发频发的严峻形势下，我国粮食产量已经连续5年保持在1.3万亿斤（1斤=500g）以上，化学农药喷施作为病虫草害的主要防治手段，为保证我国的粮食产量做出了巨大的贡献。然而，当前我国农药、化肥有效利用率较低，据农业农村部统计，我国三大粮食作物2020年农药、化肥有效利用率仅分别为40.6%和40.2%，导致我国化肥与农药的使用量位于世界的前列，农药和化肥大量使用及频繁使用对环境以及生态造成了较大的威胁。

近年来，精准农业航空植保技术尤其是植保无人机喷施作为解决上述问题的关键创新技术之一，发展迅速。根据农业农村部统计，2020年我国植保无人机保有量达到了10万架，作业面积达到10亿亩次，植保无人机所具有的飞行速度快、喷洒效率高、应对突发灾害能力强等优点，解决了我国当前植保作业困难的问题，保证了粮食的持续增产。当然，精准农业航空植保技术的快速发展离不开国家政策的持续支持。2012年科技部和农业部在“十二五”科研规划中都将农业航空应用作为重要支持方向。2014年中央一号文件《关于全面深化农村改革加快推进农业现代化的若干意见》中第二条“强化农业支持保护制度”提出“加强农用航空建设”。2016年华南农业大学国家精准农业航空施药技术国际联合研究中心获批主持“地面与航空高工效施药技术及智能化装备”国家重点研发专项；5月，农业部推动成立了“国家航空植保科技创新联盟”，产学研结合长效机制形成，推动了国家航空植保的科技创新与应用；9月，农业部农业机械化管理司委托华南农业大学进行“2016年我国农用植保无人飞机发展形势”的调研与分析，为出台农用无人机购置补贴制度提供形势分析和具体决策建议。2017年9月农业部办公厅、财政部办公厅和中国民用航空局综合司联合印发《关于开展农机购置补贴引导植保无人飞机规范应用试点工作的通知》，选择浙江、安徽、江西、湖南、广东、重庆6个省（市）开展试点，开展以农机购置补贴引导植保无人飞机规范应用试点工作。2018年5月农业农村部农业机械化管理司委托华南农业大学开展试点工作评估，探索建立购置补贴制度的路径和方式，促进农用无人机规范应用；9月，“中国农业农村科技发展高峰论坛”在北京召开，此次论坛明确提出将农用无人机列入中国农业农村十大新装备。这些政策支持都表明精准农业航空尤其是植保无人机喷施具有巨大的发展潜力。

植保机械迅速变化的同时，植保作业方式以及参与人员也发生了较大的变化，专业化服务者以及服务组织成为植保服务的主要参与者，这便对植保工作提出了新的要求。而现阶段行业内缺乏一本介绍植保、农用无人机以及施药技术知识的综合性书籍，为满足新时期农业发展植保技术方面的需求，故编撰此书。全书共10章，第1章介绍了国内外精准农业航空植保技术发展现状以及未来发展趋势，第 2、3 章介绍了精准农业航空的两个主要平台——农用无人机以及农用载人飞机，第 4 章介绍了农业航空遥感监测技术，第 5 章介绍了精准农业航空植保知识（包括植物病理、昆虫、杂草及农药学知识），第 6 ～ 10 章介绍了精准农业航空植保在常见大田作物病虫草害防治中的应用和果树无人机植保喷洒的应用。本书力求从农业生产的实际出发，反映农用无人机在科研、应用、生产方面的最新成果，并系统讲述其相关的植保知识，为田间作业及航空植保知识系统学习提供参考。

本书内容涉及的范围较广，知识较多，主要为一线的飞防操作者以及植保服务者提供基础知识方面的参考，同时可以作为高等院校农学、植保、农业工程等专业的课程教材。

王国宾、彭瑾、陈鹏超、单常峰等参与了本书的资料收集和整理。本书还参考了一些国内外植保方面的文献资料，在此谨向相关文献的作者表示衷心的感谢。

由于本书内容涉及面较广，很多内容属于交叉学科，难免有不足之处，敬请读者批评指正，以便后续修订完善。

著　者

2021 年 11 月

目　录

第1章 绪　　论

精准农业航空植保技术利用各种技术和信息工具来实现农作物生产率的最大化，这些技术和信息工具包括机载遥感系统、空间统计学、变量喷施系统、精准导航系统、地面验证技术等。机载遥感系统可以产生精确的空间图像，用于分析农田植物的水分、营养状况、病虫害状况；空间统计学结合数据可以用于更好地分析空间图像，通过图像处理将遥感数据转换成处方图；变量喷施系统根据已给出的作物处方图及航空喷施雾滴沉积模型控制喷施过程中的施药量；精准导航系统根据需作业区域地图规划出施药作业的航路图，准确地使飞机沿着规定路线施药，有效避免重喷和漏喷；地面验证技术可通过地面的雾滴沉积结果来对航空喷施作业的决策进行设计和指导。通过以上技术和信息工具的结合使用，可以有效实现针对农田作物的精准决策、变量喷施（图 1-1）。

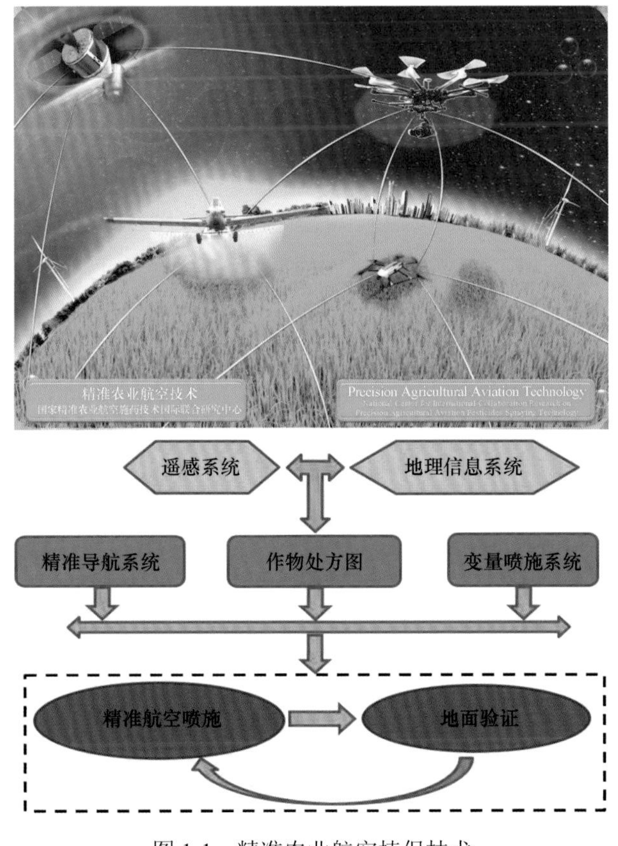

图 1-1　精准农业航空植保技术

1.1　精准农业航空植保技术发展现状

1.1.1　国外农业航空施药设备及施药技术发展现状

1.1.1.1　国外农业航空施药设备发展现状

将航空设备应用于农业是由德国首先提出并实际应用的。1911 年，德国林务官阿尔福莱德·齐梅尔曼在世界上首次利用有人驾驶的飞机喷洒液体和粉末农药，以防治森林病虫害。1918 年，美国第一次使用有人驾驶飞机喷施农药灭杀棉花虫害。自此，开辟了农业航空的历史，随后加拿大、苏联、德国和新西兰等国将飞机用于农业。在经历第二次世界大战后，大量的退役航空设备开始应用到农业航空方向，通过将由药桶、风扇搅拌器和喷洒装置等组成的喷洒系统改装在大量轻型双翼飞机上来实现农业喷洒，为农用航空的快速发展奠定了基础。与此同时，全球粮食需求的增加、农药产品的发展以及病虫草害快速高效防治方式的需求，都在一定程度上推动了农业航空的发展。

1. 美国农业航空发展现状与管理机构

（1）美国农业航空的发展情况

作为农业航空技术发展最早的国家之一，美国农业航空作业项目主要包括播种、施肥、施药等。由于美国的农场经营规模大，多采用现代化的精准农业技术，如 GPS 自动导航、施药自动控制系统、各种作业模型等。在现代化精准农业技术的支持下，美国的农业航空作业具有高效、环境污染低且作业精准的特点。美国目前已拥有农业航空作业服务公司 1625 家、农业飞机和航空材料生产厂 500 多家、大型农业飞机制造企业 4 家，其中空中拖拉机公司（Air Tractor, Inc.）的产品占据农业飞机市场的大部分份额，飞机价格在 100 万～ 140 万美元。美国农用飞机有 20 多个品种，88% 为固定翼飞机，载重量为 0.5 ～ 1.5t。美国农业航空服务重要的特点是具有强大的农业航空组织体系，包括国家农业航空协会和近 40 个州级农业航空协会，协会一方面为会员提供品牌保护、继续教育、安全计划、农林业与公共服务业方面的联系和信息服务，另一方面积极开展提高航空应用效率与安全性方面的研究和教育计划。全国实际在用的飞机有 4000 多架，在册的农用飞机驾驶员 3000 多名，平均具有 25 年的职业经历，人均飞行时间大于 10 000h，年处理耕地面积近 0.33 亿 hm^2，占总耕地面积的 40% 以上，森林植保作业 100% 采用航空作业方式，航空植保作业效率可达 $100hm^2/h$ 以上，农业飞机都配备精密仪器和设备如流量控制设备、实时气象测试系统和精确喷施设备。美国农业航空对农业的直接贡献率为 15% 以上，且美国政府大力扶持农业航空产业，国会通过了豁免农用飞机每个起降 100 美元的机场使用费的议案，2014 年白宫的预算中投入了 73 亿美元支持该议案，以降低农业航空作业的成本。美国政府大力投入农业航空相关科技研发，自 2010 年以来已投入约 700 万美元用于农业航空技术研发，进一步推动了农业航空技术与产业发展。

（2）美国农业航空的管理机构

在美国，与农业航空有关的机构主要包括美国国家农业航空协会（National Agricultural Aviation Association，NAAA）、美国联邦航空管理局（Federal Aviation Administration，FAA）、美国环境保护署（U.S. Environmental Protection Agency，EPA）、美国农业部（United States Department of Agriculture，USDA）。与农业航空相关的重要科研机构有美国农业部南方平原研究中心（United States Department of Agriculture Plains Agricultural Research Center，USDA-ARS）等。

1）美国联邦航空管理局

美国联邦航空管理局（FAA）是美国国内空域内运行的所有航空航天飞行器、机场设施等的管理机构，是美国的国家行政机关，其制定的法规具有法律效力。

FAA 在 2015 年 2 月 15 日发布了无人机管理条例——*Part 107—Small Unmanned Aircraft*

Systems（《第 107 部分：小型无人飞机系统》），《第 107 部分：小型无人飞机系统》基本包含了 FAA 所有关于小型无人飞机系统的管理条例。此外，FAA 还制定了与无人机、农用航空有关的规定：*Part 48—Registration and Marking Requirements for Small Unmanned Aircraft*（《第 48 部分：小型无人飞机的注册和标识要求》）、*Part 137—Agricultural Aircraft Operations*（《第 137 部分：农用飞机作业》）等。

在美国，有人驾驶农用飞机基本按照《第 137 部分：农用飞机作业》中的要求进行管理。2015 年 5 月，FAA 批准了 218 磅（1 磅≈ 453.59g）重的日本农用无人机雅马哈 RMAX 的农业航空应用［雅马哈 RMAX 无人机已超出小型无人机 55 磅（25kg）的重量范围，不适用《第 107 部分：小型无人飞机系统》]，并豁免了《第 137 部分：农用飞机作业》中的某些条例，这是 FAA 首次允许商业航空应用不需要商业飞行员驾照。

2）美国国家农业航空协会

美国国家农业航空协会（NAAA）成立于 1966 年，在 46 个州约有 1900 名会员。NAAA 为会员提供网络服务、教育、政府联络、公众联络、招聘和信息服务等农业航空应用方面的一条龙服务。NAAA 是非国家机构，也不制定农业航空政策，但是可以记录农业航空发展方面出现的问题，并为 FAA 的政策制定提供建议。

NAAA 与国家农业航空研究和教育基金会（NAAREF）一起提供针对提高航空应用效率和安全性的研究及教育项目。另外，NAAA 还提供农业航空的公共扩大服务，向公众传达航空应用在农业、林业以及公众福利方面的重要性。

3）美国农业部

美国农业部（USDA）虽然是政府部门，但是对农用飞行器并没有管辖权，USDA 会通过研究项目来调查分析农业航空施药等对环境、动植物产生的影响，以及进行农业航空技术创新，提升农业航空在农业、园林和林业等方面的应用效率。例如，FAA 与 USDA 合作统计得到 1990 ～ 2012 年民用飞机发生了超过 131 000 起攻击事件，97% 是由鸟类和飞机碰撞造成的，其中有 25 起人类死亡事件。

2. 日本农业航空发展现状

（1）日本农业航空的发展情况

与美国不同，日本以及东南亚各国农民户均耕地面积较小，且地形多山。1960 ～ 1980 年的 20 年间，日本植保作业主要采用有人驾驶飞机，但由于坠机事故多次发生和由农药飘移带来的环境污染等突出问题，自 20 世纪 80 年代（1983 年）开始日本投入大量研究资金，1987 年研究出了世界第一台工业用无人机，并于次年开始限量出售。从 1990 年日本植保无人机保有量的 106 台，到 1993 年的 307 台，年均增长 67 台；1994 ～ 2005 年的 11 年间，年均植保无人机增长量为 179 台；2014 年植保无人机保有量为 2694 台，2006 ～ 2014 年年均约增长 65 台。由此可以看出，日本植保无人机在 20 世纪初经历了飞速发展阶段。日本植保有人机、无人机作业面积对比如图 1-2 所示，1995 ～ 2012 年植保有人机作业面积逐年降低，植保无人机作业面积逐年递增，尤其是在 2003 年植保无人机作业面积首次超过植保有人机。

（2）日本农业航空的管理机构

日本农用无人机管理涉及两个政府部门：一是农林水产省及下属地方农政局，二是国土交通省航空管理局。另外，还有一个协会，即农林水产航空协会负责提供和发布相关信息。

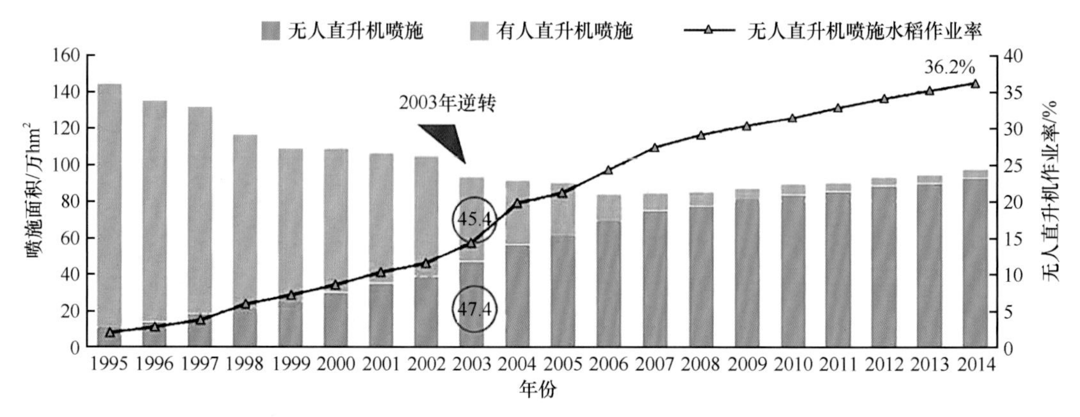

图 1-2　日本水稻田航空喷施发展状况

1）农林水产省

日本农业管理为两级行政机构管理模式：农林水产省和地方农政局，最高管理部门为农林水产省。

农用无人机植保作业在农林水产省层面划归消费安全局管理，在地方农政局中设有消费安全局长，下辖消费生活科长、表示规格科长、流通监视科长、安全管理科长。无人机植保作业管理相关政策由农林水产省（消费安全局长）发布。

对植保无人机作业进行管理的《无人机植保农药喷施利用技术指导准则》（28 消安第〔1118〕号）发布于 2016 年 5 月 31 日，其中对“宗旨、无人机相关术语定义、与农药喷施相关的机构和协会、空中施药的实施细则、根据航空法的规定申请实施作业、事故发生时的对策、操作者资格、药液喷施后的药效、空中施药药效统计表，以及相关信息的收集整理”等做出了细致明确的规定，并在技术准则中制定了一系列相关的规范及作业规程，具体如下。

空中施药作业计划书，包括施药者和雇主的信息、施药机型、施药地点、作物名称、施药面积、施药量、作业飞机数量及施药量等具体细节。

无人机植保作业空中施药事故发生报告书，该报告书要求详细记录施药过程所发生事故的具体情况、事故应对措施、事故原因分析以及再发生事故对策。

无人机航空施药作业实施效果评估报告，该报告由农户和作业者共同确认并提交地方农政局。

该准则对航空植保空中施药作业计划书及无人机航空施药作业实施效果评估报告的提出程序做了详细规定，见图 1-3 和图 1-4。

2）国土交通省航空管理局

日本的无人机植保空中施药业务也受国土交通省航空管理局管理，因此农业航空植保空中施药飞行许可相关的政策文件是由日本国土交通省航空管理局局长和农林水产省消费安全局长联合发文。

例如，无人机农业航空植保空中施药飞行许可法令文件国空航第〔734〕号、国空械第〔1007〕号、27 消安第〔4546〕号等，是由日本国土交通省航空管理局局长和农林水产省消费安全局长联合发文。该法令明确了申请的手续、申请记载事项的确认，申请内容包括申请者姓名、无人机概况、飞行路线及目的、飞行高度等，以及飞行施药效果评估报告、作业领域的通告等。

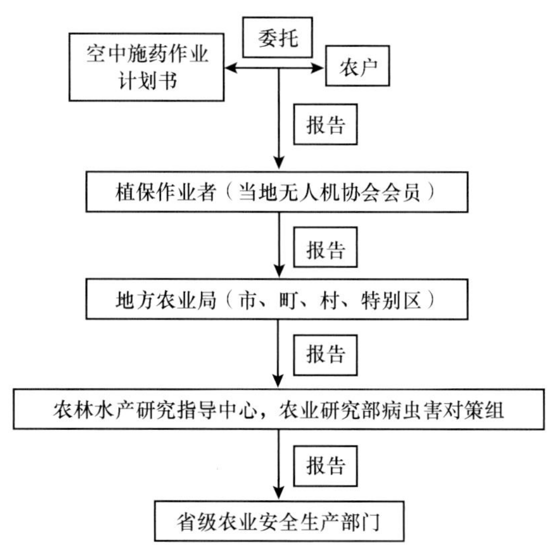

图 1-3　航空植保空中施药作业计划书制定流程图

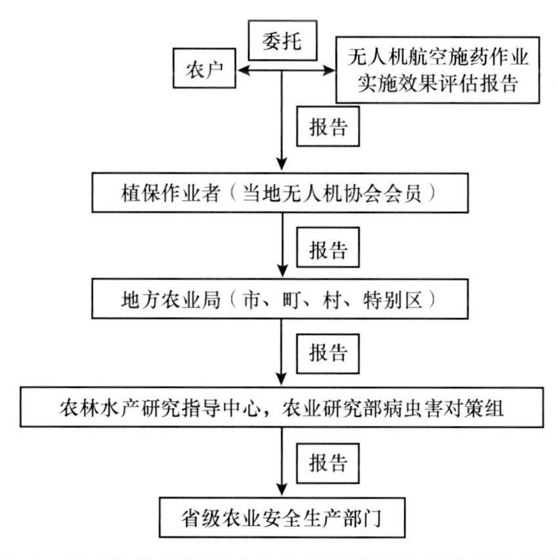

图 1-4　无人机航空施药作业实施效果评估报告制定流程图

3）农林水产航空协会

在日本和植保无人机相关的社会团体有农林水产航空协会，与其有联系的单位：无人机制造企业（如雅马哈发动机株式会社）、农药制造商（如日本农药株式会社、日产化学工业株式会社等）、农林水产省农药对策科、农药工业会、日本植物防疫协会、全国农药协同组合、独立行政法人农林水产消费安全技术中心农药监察部等。

农林水产航空协会通过自己的网站提供信息，包括农药登录信息、农业航空植保无人机操控及施药关键技术、政府出台的相关法令和通知，以及农药中毒处理方法等。

3. 韩国农业航空发展现状

韩国国内的航空器由韩国国土交通部管理，根据韩国现行航空法，无人机在日落后至日出前的时间段内、机场管制区和禁飞地区、飞行高度在 150m 以上的区域，以及人口密集地区均属空中管制范围。

韩国的航空规定非常复杂。目前在首尔江北大部分地区和江南部分地区，连玩具无人机都无法使用，通过无人机运行的商业行为暂时也完全被禁止。韩国国土交通部尖端航空课官员表示，"之前有因航空规制导致产业无法自由发展的局面，最近大幅放宽了相关规制，因此期待多种多样的企业进驻市场"。国土交通部在2016年完成了无人机安全管理方案，其中就包括引入"长期航行许可制"，向符合远程操控及安全条例的无人机运营企业发放3个月以上的飞行许可，同时放宽规制，将休闲用无人机的承载量从12kg提升至25kg等。另外，韩国政府在2018年前建立无人机专用机场，并扩大无人机驾驶资格教育机构。2016年底，韩国建成军方与民间通用的无人机飞行许可申请网站，以解决重复申请带来的不便。

韩国民间无人机产业尚处于起步阶段。韩国的无人机技术始于军用无人机，技术可达世界顶级水平，但价格高昂。韩国市场上销售的中国产的大疆新型无人机"PHANTOM 4"的价格不足200万韩元，而韩国本国制造的无人机市场价格至少要达到500万韩元才能收回成本。韩国未来无人机市场的发展取决于是否能抓住商用无人机市场，商用无人机市场目前仍处于初期阶段。

根据韩国国土交通部发布的《无人机商用化规划》，到2020年在货物运输等8个领域实现无人机商用化的目标，2016年已经全面启动试点项目。韩国江原道宁越郡下松里、大邱市达城郡求智面、釜山市海云台区中洞、全罗南道高兴郡姑苏里、全罗北道全州市完山区的300～450m高的空域被国土交通部划为无人机试点专用飞行区。韩国政府指定的八大领域包括货物运输、山林保护、海岸监控、国土调查、设备安检、通信联网、摄影休闲、农用支援。国土交通部计划在上述无人机市场需求大的领域发掘商业模式以快步接轨国际。根据国土交通部的计划，2016年韩国无人机集中在基础测试阶段，2017年提升至夜间飞行、远程操控等进阶演习阶段，2018年起在低空进行货物运输等工作测试，并在2020年起全面实现商用化。

综上所述，农业航空植保技术是上述国家农业生产的重要组成部分，在农业生产中的比重不断加大。根据农田飞行作业环境的适宜程度，国外农业航空大致分为有人驾驶、无人驾驶两种作业形式。在美国、俄罗斯、澳大利亚、加拿大、巴西等户均耕地面积较大的国家，普遍采用有人驾驶固定翼飞机作业，而在日本、韩国等户均耕地面积较小的国家，微小型无人机航空植保作业形式正越来越被广大农户采纳。

1.1.1.2 国外农业航空施药技术发展现状

农业航空施药作业是农业航空服务最主要的作业项目。以美国为代表的发达国家，航空施药作业规范齐全，施药零部件系列完善，能满足不同作业要求。随着精准农业技术手段如GPS自动导航、施药自动控制系统、各种作业模型、雾滴飘移模型等逐步应用，农业航空施药作业变得更加精准、高效，对环境的污染也在不断降低。

同时，近年来随着包括地理信息系统、作物地图、产量监测、养分管理地图、航拍、变量控制器和新类型的喷头如宽频调制变量喷头等在内的精准农业航空植保技术发展迅速并逐步成熟，机载遥感系统、空间统计学等应用系统进入深入研究阶段，图像实时处理系统、多传感器数据融合技术、变量喷洒系统等技术成为未来精准农业航空植保技术的研究与应用热点。

1. 遥感技术

近几年，随着一系列探测地球资源卫星的发射，卫星遥感技术已成为监测和管理特定地点作物生长状况十分重要与有效的工具。一些商业卫星公司通过遥感技术提供不同空间、光谱特性和分辨率的卫星影像，再利用这些动态变化的卫星影像来监测作物长势，并对作物产量进行预测。卫星遥感技术虽然在成像幅度和成像摆角等方面有显著优势，但是也存在很多不足，如确定光谱波段、飞行位置及高度和采集时间是很困难的。随着地理信息系统（GIS）、全球定位系统（GPS）、图像处理和数码摄录技术的发展，开发高效的航空遥感系统来克服卫星遥感系统的不足成为一种新趋势。

航空遥感系统的主要特点是机动灵活、作业选择性强、时效性好、准确度高。遥感装置包括数码相机、电荷耦合器件（charge coupled device，CCD）照相机、摄像机、高光谱照相机、多光谱照相机、热成像照相机。高光谱成像和多光谱成像的区别在于光谱波段的数量。多光谱一般包含几个光谱波段数据，光谱往往并不是连续的；高光谱包含了几十到数百个波段数据，并且是一套连续的光谱波段。在过去的10年里，航空高光谱遥感技术在农业中的应用比例一直稳步增长。国内外专家开展了利用高光谱技术进行高粱、棉花的产量评估报告工作；与高光谱系统相比，多光谱系统因为降低了数据密度，所以便宜得多，适合获取作物、土壤、杂草或地面覆盖信息，是服务于农业生产和农药喷洒既经济又实用的技术手段。通常，在实际的航空遥感应用中，要基于经济和技术可行性来选择不同类型的光谱成像系统。

2. 空间统计学

空间统计学首次提出和形成于20世纪50年代。近些年来，随着地理信息系统技术的发展，空间统计学已经引起越来越多研究者的重视，已被广泛用于空间数据的建模与分析，以及自然科学如地球物理学、生物学、流行病学和农业。大量研究成果表明，空间统计学在农业管理中应用具有优越性。例如，给玉米提供不同剂量的氮肥，然后利用空间统计学建立不同的模型来监测玉米的产量，具有可降低生产风险、制定可变资源配置方案的优越性；把空间回归分析应用于产量管理，可以用来调节玉米和大豆氮肥的施肥策略；利用空间经济学、空间地质统计学、空间趋势法分析氮肥的使用量比普通的最小二乘法、相邻分析法能够提供更精确、更强有力的数据支持；利用土壤样本数据、航空高光谱成像系统和空间统计学可以制作土壤营养图。总的来说，遥感图像数据和空间统计学，可以提供有价值的、完整的管理信息，这些信息可用于制作配方、产量等应用地图，支持变量精准农业技术。

3. 图像实时处理系统

图像的实时处理是将遥感与变量喷施进行有效结合的重要技术和环节，是对农作物的图像数据和信息进行解析以生成为航空变量喷施提供依据的处方图，是实现精准航空喷施的重要组成部分。在实际农业应用中，实时提取和解析高光谱或多光谱遥感图像中的有用信息是一个挑战。实时图像处理技术研究的最终目标是开发一种易于使用的图像处理软件系统，以对航空影像数据进行快速分析，以便于在数据采集后可立即进行变量喷洒。

4. 多传感器数据融合技术

多传感器数据融合技术可以把不同位置的多光谱数据、多分辨率数据、环境数据、生物数据加以融合，消除传感器间可能存在的冗余和矛盾，降低其不确定性，形成系统的相对完整一致的感知描述，从而提高遥感系统决策、规划、反应的快速性和正确性，降低决策风险。

5. 变量喷洒系统

现有的商业变量喷洒控制设备成本高且操作困难，因此在应用方面受到限制。所以需要开发一种经济的、应用软件界面友好的整合系统，可以实时处理空间分布信息并指导有效面积上的喷洒作业。此外，喷头的设计应达到释放最佳雾滴大小的目标，并提供最佳的应用效果，尤其是喷头的大小应根据适当的压力边界设计，同时调节喷头的最佳压力范围。精准的航空喷洒系统使得农药的利用更加合理和有效，从而满足农民的要求，达到节能环保的目的。

1.1.2 国内农业航空施药设备及施药技术发展现状

1.1.2.1 国内农业航空施药设备发展现状

1. 大型航空施药设备发展状况

1951 年 5 月，应广州市政府的要求，中国民航广州管理处派出一架 C-46 型飞机，连续两天在广州市上空执行了 41 架次的灭蚊蝇飞行任务，拉开了中国农业航空发展的序幕。

从图 1-5 可以看出，自 1973 年以来，中国农业航空年作业时间基本在 20 000 ～ 30 000h，增幅不明显；中国通用航空起源于农业航空，1981 年以前，农业航空在通用航空中占有很大比例，农业航空作业时间几乎等同于通用航空，然而，随着中国改革开放的进一步深入，通用航空得到了长足发展，农业航空在通用航空作业时间中所占比例越来越小，到 2012 年农业航空作业时间所占比例已降至 6.2% 左右。

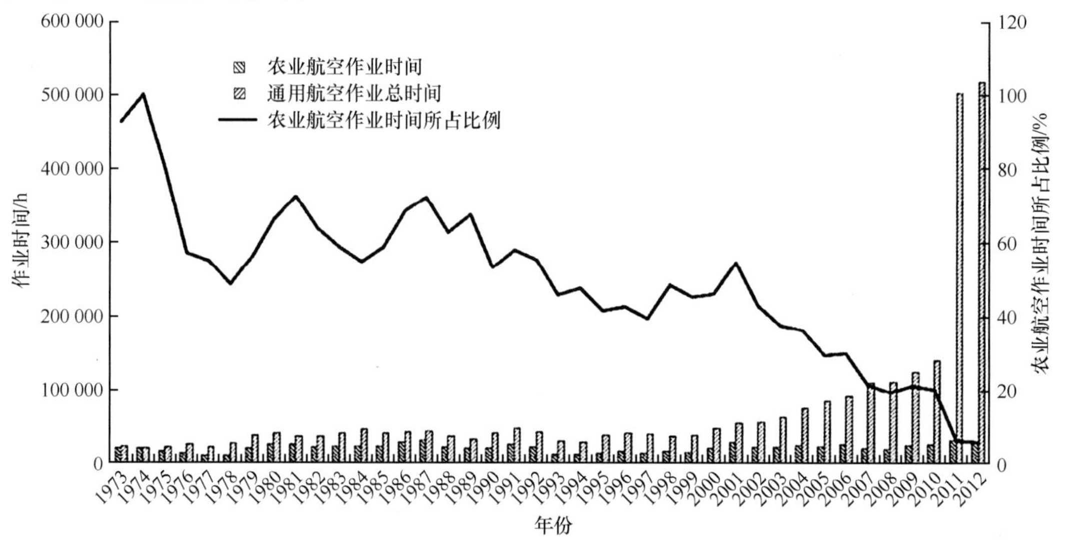

图 1-5 1973 ～ 2012 年中国通用航空及农业航空作业时间

几十年来，中国农业航空发展较为缓慢，中国农业航空作业时间在通用航空作业总时间中所占比例正逐年下降，作为现代农业的重要组成部分和反映农业现代化水平的重要标志之一，中国农业航空的发展水平显然与中国的经济发展及现代农业建设需要极不相称。至 2012 年，中国农林业航空年作业面积仅为 31 900hm^2。目前，中国农林业航空作业以农用载人固定翼飞机和直升机为主，全国涉农航化作业的持证通航企业有 50 余家、农用载人飞机 400 余架，作业面积约为 200 万 hm^2，主要是东北三省、新疆、内蒙古等大面积的农垦地区。

2. 农用无人机发展状况

相比农用载人飞机，无人机用于农业作业近年来发展迅速，其作业机型较多，包括油动单旋翼、油动多旋翼、电动单旋翼、电动多旋翼等多种类型，在农业上的用途也多样化，包括植保喷施、遥感监测、杂交水稻授粉等。

目前，国内用于植保作业的农用无人机产品型号及品牌众多：按升力部件类型来分，主要有单旋翼农用无人机和多旋翼农用无人机等类型；按动力部件类型来分，主要有电动农用无人机和油动农用无人机等类型；按起降类型来分，主要有垂直起降型和非垂直起降型，其中非垂直起降型无人机飞行速度高、无法定点悬停，现有技术条件下不适合进行植保作业，常用来进行遥感航拍等作业。因此，目前市场上常见的农用无人机机型主要是单旋翼和多旋翼的垂直起降型无人机，包括油动单旋翼农用无人机、电动单旋翼农用无人机和电动多旋翼农用无人机3种类型。

单旋翼农用无人机（电动机型与油动机型）药箱载荷多为12～20L，部分油动机型载荷可达30L以上，目前已有企业研制了载荷70L的机型，但未进入规模应用阶段。多旋翼农用无人机以电池为动力，较单旋翼无人机载荷少，载荷范围多为5～15L，但其自动化程度高，主流企业的机型已实现了航线自动规划、一键起飞、全自主飞行、实时动态（real time kinematic，RTK）差分定位、断点续喷等功能，部分电动机型还具备了仿地飞行、自主避障、夜间飞行、一控多机等功能。油动机型自动化程度较电动机型略低，日常作业中已实现一键启动、半自主飞行（如A-B点作业）、定高定速等功能。据统计，我国农用无人机机型数233个，其中单旋翼机型64个（约占27.5%），多旋翼机型168个（约占72.1%），固定翼机型1个（约占0.4%）；油动力型约占19.7%，电动力型约占80.3%。截至2020年底，全国田间植保无人机保有量达到10万架，其中以电动多旋翼农用无人机为主，无人机的载荷为5～30L，购机者多为种植合作社、农机服务组织和专业化的飞防组织。

2014～2020年中国植保无人机保有量和作业面积如图1-6所示。

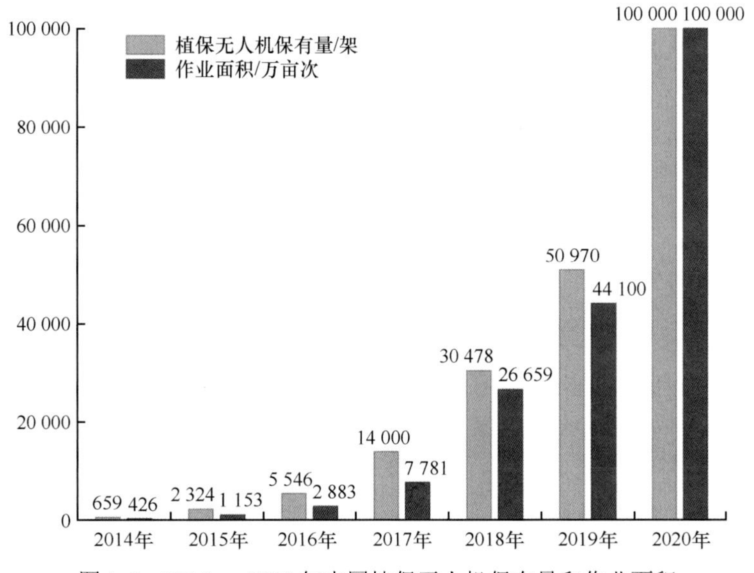

图1-6　2014～2020年中国植保无人机保有量和作业面积

1.1.2.2　国内农业航空施药技术发展现状

虽然中国航空施药技术研究尚处于起步阶段，但国内的相关科研单位、大学、企业针对农用载人飞机、不同型号无人机的航空施药技术进行了一系列的探索研究。

1. 农用载人飞机的施药关键技术

目前，国外研究机构大多侧重于农用载人飞机的航空雾滴飘移、雾滴沉积规律等方面的研究，并配套先进的航空施药设备。国内则直接引进国外先进飞机机型与配套设备，相对缺乏各类机型的实际施药参数测试。特别是国外施药飞行高度一般在3～5m，而国内受防风林、电力电信布线以及作业安全的影响，作业高度一般在4～20m。针对该实际应用差异，北京农业智能装备技术研究中心联合北大荒通用航空公司对M-18B型、510G型飞机的有效喷幅、雾滴均一性进行了测试，首次提供了施药效果测试报告。同时，于2013年7月在黑龙江北大荒农垦集团下辖的前进农场开展了M-18B型飞机雾滴飘移、雾滴沉积分布规律研究（参见第3章实例三）。

2016年科技部批复华南农业大学成立国家精准农业航空施药技术国际联合研究中心，同年研究中心在黑龙江佳木斯和湖北荆州分别进行了农用载人固定翼画眉鸟飞机大豆田喷施试验、载人直升机喷雾沉积与飘移试验，进一步加快了国内载人飞机航空施药技术的研究（参见第3章实例一）。

2. 农用无人机的施药关键技术

近年来，随着国内研究的深入，农用无人机航空喷施系统、低空低量喷施、RTK精准导航、动态变量喷施、视觉环境感知等技术在中国均取得突破性进展，并被应用于各种农作物的航空施药作业中。为加快推进无人机航空施药技术的研究与推广，华南农业大学精准农业航空团队先后在云南、湖南、新疆、河南、江西、广东等多地开展柑橘、水稻、棉花、小麦等多种作物的无人机航空施药技术应用研究。2016年，安阳全丰航空植保科技有限公司和华南农业大学共同发起并组织40多家农用无人机企业成立了国家航空植保科技创新联盟，正式开启中国农用无人机航空施药技术应用研究。2016年8月，陕西省30万亩（1亩≈667m^2，后同）玉米暴发黏虫，联盟组织多家成员并迅速调动100余架农用无人机开展紧急防治救灾工作，此次救灾是国内农用无人机航空施药作业的首次协同作战，标志着我国应用农用无人机进行大规模病虫害防治进入新的篇章。2016～2019年，联盟先后组织多家单位分别在河南、新疆等地开展小麦蚜虫防治和喷施棉花脱叶催熟剂的测试作业，进一步加快了农用无人机航空施药技术的应用和推广。2021年3月，国家航空植保科技创新联盟被农业农村部办公厅认定为标杆联盟，4月农业农村部办公厅、财政部办公厅发布《2021—2023年农机购置补贴实施指导意见》，正式将植保无人机纳入补贴制度。

1.2 精准农业航空植保技术未来发展趋势

1.2.1 精准农业航空施药设备发展趋势

随着社会的发展和先进技术的引入，航空施药在中国现代农业中将具有巨大的发展潜力，但中国幅员辽阔，耕作类型复杂，一种植保机械很难完成所有的植保作业，未来农业航空施药必将走多机型、多作业方式并举的发展之路。

有人驾驶与无人驾驶旋翼机相比，具有载液量大、喷施作业效率高等优点，适用于连片大面积农田病虫害防治、卫生防疫消杀等作业，但也存在作业高度高、雾滴飘移控制难度大、易飘离靶标区造成污染等缺点，且易受起降场地、使用地点和时间等限制，而且绝大部分飞机使用的是专用航空燃油，农业航空作业时加油不方便，提高了作业成本。此外，超低空飞行所带来的安全威胁也是有人驾驶作业方式另一值得考虑的因素。为了获得较佳的防飘移效果，农业喷施的作业高度通常为4～20m，飞行员可处置时间短，低空气象条件（能见度、低空风切变等）影响大，易引发安全事故，据统计，超低空飞行中碰撞障碍物、碰撞地面事故占整个民航事故总数的 80%。

小型农用无人机虽然载荷量和滞空时间与有人驾驶飞机相比较小，但作业高度低，飘移少，对环境污染小；可空中悬停，与 GPS 配合可实现较高精度的定位；旋翼产生的向下气流有助于增加雾流对作物的穿透性，提高防治效果；不需要专用机场和驾驶员，受农田四周电线杆、防护林等限制性条件的影响小；进行植保作业时可在田间地头起降、维护保养、加油、加注药液，减少了往返机场的飞行时间及燃料消耗；作业机组人员相对较少，运行成本低，灵活性高，在非管制空域可随时起降；此外，无人机飞控手的培养要比飞行员的培养成本低得多。因此，微小型农用无人机可弥补现有有人驾驶农业航空的不足，在中国现代农业发展中具有重大需求。

结合中国农业的特点，中国农业航空的发展应因地制宜，走“多机型、多作业方式并举”的道路，根据各地区的实际情况选择适宜机型，如东北、新疆等视野开阔的大面积、大农垦地区宜采用有人驾驶固定翼飞机作业，而在南方丘陵、地形复杂的小地块区域宜采用小型农用无人机作业，以此提高中国航空植保作业的适应性。

1.2.2　精准农业航空施药技术发展趋势

1. 农业航空喷施主要剂型的筛选与评价

研究适合航空植保喷施的农药，筛选可用于航空植保的农药剂型；研究航空施药条件下，农药制剂对主要粮食作物生理的影响与生物防治效果；针对主要粮食作物病虫害防治要求，筛选可用于航空植保的杀虫剂、除菌剂、生长调节剂等；研究航空施药条件下，农药雾滴沉降、粘附、铺展规律，筛选可以减少雾滴蒸发、减少飘移、促进农药雾滴粘附与铺展的航空喷雾助剂。

2. 航空喷施作业技术参数的选择与优化

根据中国现有农用飞机情况，包括有人驾驶、无人驾驶（单旋翼和多旋翼、油动力和电动力等）飞机的不同机型，分析航空喷施作业时不同气象条件（温度、相对湿度、风速风向、大气稳定度等）、不同作业参数（飞行高度和飞行速度）下农药雾滴在空中飘移、蒸发、沉降的规律，制定喷施作业的雾滴沉积和飘移检测标准；通过室内风洞试验与田间验证方法，优化航空作业参数，制定适用于不同作物生长特性、不同病虫害发生规律的飞机作业参数，包括喷雾量、雾滴粒径、雾滴分布模式及飞行高度、飞行速度、航线规划与导航控制方式等；考核航空平台田间作业可靠性与连续工作能力；优化航空平台施药载荷与续航能力，提高能效比，优化田间作业效率。

3. 无人机自主飞行控制系统的选择与优化

研究高精度飞行姿态及导航定位传感器，融合激光及声呐测距等传感器，消减地效的影响；开发无人机超低空飞行高稳定性自动驾驶控制技术，提高飞行控制精度，保证无人机超低空飞行作业时的稳定性；完善无人机的失控保护措施，包括开发具有失控保护、故障自检测、报警功能的飞控系统，实时跟踪监视各类参数，排除安全隐患，提高无人机低空飞行的安全性；开发适用于微小型无人机的机载地面高程三维信息测量系统，结合三维地理信息系统，融合 GPS、GIS 技术开发面向复杂农田作业环境的微小型无人机路径规划优化算法，实现无人机按照预定航路自主飞行作业；开发新型操控手柄，取代传统的人工总距、横滚、俯仰、航向 8

方向姿态操作，实现“推杆即走、拉杆即停”的操作方式，实现傻瓜化操控，降低操作难度；减轻整机重量，同时提高有效载荷和动力部件的使用寿命；解决发动机轻量化与寿命之间的矛盾，使发动机及动力电池的使用寿命进一步得到提高，从而降低整体使用成本。

4. 航空喷施装备关键部件的设计与优化

开发雾滴谱窄、飘移率低的航空专用可控雾化系列喷头；开发农业航空植保静电超低容量施药技术，主要包括可控雾滴雾化技术研究与装置开发、雾流高效充电技术研发等，提高药液在靶标的附着率；开发重量轻、强度高、耐腐蚀、方便吊挂、防药液浪涌、空气阻力小的流线型药箱及喷杆喷雾系统；开发体积小、重量轻、自吸力强、运转平稳可靠的航空施药系列化轻型隔膜泵等。

第2章　农用无人机概论

农业病虫草害的防治是农业生产的重点内容，是保证农产品高产、高质，实现农业经济可持续发展的基础。在当前尚缺乏有效生物、物理防治方法的情况下，化学防治仍然是一种最重要的防治方法。无人机低空施药作为一种新型防治病虫草害的方法，相比传统的地面施药和有人驾驶飞机施药具有其独特的优势，它不仅适用于平原地区作物，还适用于在丘陵山区、连片梯田等特殊地区开展农业病虫草害防治、卫生防疫等工作。农用无人机航空施药具有作业飞行速度快、喷洒作业效率高、应对突发灾害能力强等优点，克服了地面机械或人工无法进地作业的难题。目前，我国城市化进程加快，越来越多的劳动力走向城市，集约化农业将是我国农业发展的必由之路，农用无人机的技术优势在农业中将会得到更加广阔的发展，市场潜力巨大。

2.1　农用无人机的用途

2.1.1　主要用途

2.1.1.1　植保药剂喷洒

病虫害一直是影响粮食产量的主要因素之一，为此我国每年需要进行大量的农田药剂喷洒作业。而我国的植保作业受农作物高度、种植密度以及田块的影响，大部分区域地面机械难以进地作业，导致长期以来我国施药以人工背负式喷雾器为主，限制了植保施药技术的发展。

随着农用无人机的快速发展，在很大程度上解决了当前施药难的问题。一般农用无人机喷洒飞行速度为3～7m/s，喷幅为3～8m，并且能够与农作物的距离最低保持在1～2m的固定高度，规模作业能达到60～100亩/h，其效率要比常规喷洒高出数十倍。农用无人机自动飞控导航作业最大限度地减少了工作人员接触农药的时间，从而保证了工作人员的安全。农用无人机使用飞控导航自主作业只需在喷洒作业前，采集农田位置信息，并规划航线，将作业区域规划至地面站，无人机即可进行全自主作业，并且在无人机喷洒作业过程中，还可通过地面站的显示界面实时观察喷洒作业的进展情况。全自主作业农用植保无人机在喷洒过程中不需要人工干预，大大降低了操作难度，没有无人机相关专业知识背景的农户也可以很快操作使用。

2.1.1.2　农田遥感信息采集

农用无人机尤其是旋翼式农用无人机，以其能够垂直起降、定点悬停和中慢速巡航飞行等固定翼飞机不具有的飞行性能，以及卫星遥感所不具有的不受时间限制、分辨率高的特点，特别适合对田间作物信息进行获取，在农业、林业、资源环境监测和管理等领域有极大的应用潜力和广阔的市场。

2.1.1.3　林业监测与药剂喷洒

林业面积广阔，采用无人机开展林业资源监测、巡查工作，可解决人工监测成本高、效率低，且无法迅速掌握全局的难题。另外，我国森林火灾事故频发，受害森林面积极大，所造成的森林资源和生态损失难以估量，利用无人机进行森林监测，可有效预防森林火灾、实时监测火灾形势。使用无人机还可实现森林农药喷洒精准化，解决林业药剂喷洒困难的问题。

2.1.1.4　作物授粉

无人机风力辅助授粉为利用旋翼所形成的下旋翼风将花粉扬起，随后旋翼所形成的气流将花粉吹送至母本完成授粉。2012 ～ 2015 年，由袁隆平农业高科技股份有限公司牵头联合湖南隆平种业有限公司、湖南农业大学和华南农业大学等单位，开展了基于农用无人机辅助授粉的杂交水稻全程机械化制种技术研究，历经 4 年多的试验与示范，此技术已获得初步成功，配套父母本大行比种植方式的农用无人机辅助授粉制种产量达到了 $3t/hm^2$，与父母本小行比种植方式的人工辅助授粉制种产量相当的同时，大幅度提高了辅助授粉制种的生产效率。

2.1.2　植保应用优势

2.1.2.1　高效安全

农用无人机植保低空超低量喷施效率高，为 60 ～ 100 亩 /h，是常规人工喷施的数十倍。农用无人直升机自动飞控导航作业，最大限度地避免了工作人员与农药药品的接触，有效保障了施药人员的安全。

2.1.2.2　自动化程度高

农用无人机超低量施药不受地形和高度限制，可在田间地头起飞，只要在其飞行高度和控制信号有效范围内，采用遥控操作或预先设定农田 GPS 信息确定飞行轨迹便可自动飞行进行喷施作业；农用无人机失去遥控信号时能够在原地自动悬停，等待信号的恢复，具有失控保护功能；停止再启动后能按航线自主接力，即断药补药后，从断点开始续喷，从而减少了人工漏喷、重喷的现象。

2.1.2.3　防治效果好

农用无人机超低量喷药作业时高度低，药液雾化效果好，旋翼产生的向下气流有助于增加雾流对作物的穿透性，可减少飘移，增加药液在单位面积的沉降覆盖密度，喷洒均匀，提高了农药的有效性，减少了农药对土壤和环境的污染。

2.1.2.4　适应性强，易于推广

农用无人机既可喷药，也可喷施叶面肥，既适用于小麦、大豆、水稻等低秆作物，也适用于玉米、棉花、高粱等高秆作物和林果带；同时适用于丘陵山区等常规地面设备难以进入的区域。农用无人机无须专用航站，近地飞行，可在空中悬停，体积小、重量轻，用面包车就可以实现跨区转移作业，易于推广普及。

2.1.2.5　劳动强度低，防治及时

农用无人机植保作业效率高，远离作业的恶劣环境，安全可靠，与人工作业相比，劳动强度大大降低，为目前农村劳动力紧张、劳动力成本高的问题提供了可行的解决方法。当病虫害大面积发生时，能及时迅速防治，尽快控制危害。

2.2　农用无人机的分类

农用无人机有多种分类方法，通常按照动力来源，分为油动无人机、电动无人机；按机型结构，分为固定翼无人机、单旋翼无人机和多旋翼无人机。以下主要按照其动力来源和机型结构对农用无人机进行分类介绍。

2.2.1　动力来源分类

2.2.1.1　油动无人机

油动无人机，即动力来源为燃油。由于燃油动力系统的特点，油动机可以提供强劲的动力，可以加大载荷、增加航时，多用于单旋翼机型，如安阳全丰生物科技有限公司生产的3WQF120-12 型（图 2-1）、无锡汉和航空技术有限公司生产的 3CD-15 型（图 2-2）等无人机。油动多旋翼无人机类型较少，代表性产品有辽宁壮龙无人机科技有限公司研发的世界首款油动直驱多旋翼无人机——大壮（图 2-3）。

图 2-1　全丰 3WQF120-12 型无人机

图 2-2　汉和 3CD-15 型无人机

图 2-3　油动直驱多旋翼无人机——大壮

总的来说，油动无人机主要有以下优缺点。

优点：油动无人机载荷大、抗风、续航能力强、作业面积大，其具有的水冷+风冷辅助散热系统能保障飞行器稳定运行更长时间。

缺点：与同等载荷的电动无人机相比，油动无人机售价相对较高，整体维护较难。由于采用汽油机作动力，其故障率高于电动机，且发动机磨损大；在操作方面，油动无人机多为单旋翼，操作相对较难，不易上手，对飞行员的操作水平要求高，同时振动较大，产生的噪声大。

2.2.1.2　电动无人机

电动无人机，其动力来源为电池。电动无人机按其机型结构又可分为单旋翼无人机、多旋翼无人机。单旋翼无人机载荷大、抗风能力强、风场相对稳定、雾滴穿透能力强。多旋翼无人机载荷相对小一些，抗风能力也弱一些，但其结构简单、维修方便、转场容易。

总的来说，电动无人机主要有以下优缺点。

优点：飞机稳定性好，培训期短，易于操作和维护，且维修费用低；环保，无废气，不造成农田污染；售价低，普及化程度高；电机寿命较长，振动小；轻便灵活，场地适应能力强。

缺点：载荷小，续航时间短；采用锂电池作为动力源，作业过程中可能需要更换电池；抗风能力弱。

整体对比来看，电动无人机优点大于缺点，在制造、操作、维护、成本、使用寿命和环保等方面都有较大优势。目前，电动无人机占据了当前市场 80% 以上份额，将来如果能在载荷和续航时间上取得重大突破，其应用前景将无比广阔。

2.2.2　机型结构分类

2.2.2.1　固定翼无人机

固定翼无人机是由动力装置（如燃油发动机、电机等）产生推力或者拉力，由机翼产生升力，机翼位置和掠角等参数在飞行过程中保持不变的飞行器。固定翼无人机具有滑翔性能好、续航长、航程远、飞行高度高、飞行速度快等优点，适用于农田营养信息获取、灾害预警、成熟度估测等。然而，固定翼无人机受天气影响大，气流变化剧烈的时候不宜飞行，而且部分固定翼无人机需要较长的跑道起降，购置和维护成本较高，对操控人员技术要求高，不适用于中等面积和不规整的地形。

2.2.2.2　单旋翼无人机

单旋翼无人机主要靠一个或两个主旋翼提供升力，通过主旋翼切割空气产生推力，如只有一个主旋翼，还需要有尾翼来抵消主旋翼产生的自旋力以保证平衡。单旋翼无人机无需跑道助跑，可垂直起降和稳定悬停，飞行灵活性和可靠性相对于固定翼无人机要高，适用于农药喷施、农田地理信息获取、撒播等。日本雅马哈公司的 RMAX 无人机（图 2-4）、中国人民解放军总参谋部第六十研究所的 Z 系列无人机（图 2-5）都属于这种结构。

图 2-4　日本雅马哈 RMAX 无人机

图 2-5　第六十研究所开发的 Z-3 无人机

2.2.2.3　多旋翼无人机

多旋翼无人机以 3 个或者偶数个对称非共轴螺旋桨产生的推力实现上升，以各个螺旋桨转速改变带来的飞行平面倾斜实现前进、后退、左右运动，以螺旋桨转速次序变化实现自转，其垂直起飞降落，场地限制小，可空中稳定悬停。多旋翼无人机出现后，以优越的飞行稳定性、简单的动力学结构和低廉的价格迅速获得广泛的关注与使用。多旋翼无人机多采用锂聚合物电池供电，自动化程度高，飞行平稳，操作技术要求低。但受结构所限，载荷一般不高，续航时间较短。多旋翼农用无人机代表性产品有广州极飞科技股份有限公司的 P20 型农用无人机（图 2-6）、深圳大疆创新科技有限公司的 MG-1S 型农用无人机（图 2-7）等。

图 2-6　极飞 P20 型无人机

图 2-7　大疆 MG-1S 型无人机

2.2.3　国内代表性农用无人机主要技术性能及参数

2.2.3.1　P30 系列农用无人机

广州极飞科技股份有限公司成立于 2007 年，是国内电动农用无人机创新先驱企业之一。2015 年其发布了第一代 P20 型植保无人机；2016 年发布全新 P20 型 2017 款植保无人机；2019 年发布 XP 系列 2020 款植保无人机，作业载荷达到了 20kg。根据该公司统计，截至 2018 年 11 月，其在全球运营植保无人机数量达到 2.1 万架。

图 2-8 为极飞 P30 型四旋翼农用无人机。此无人机可用于低空农情监测、植保、作物制种辅助授粉等，具有以下主要特点：全新设计的高速转盘式离心喷头，喷头的雾化颗粒粒径范围更宽、流量更大；智能系统，一键起飞，1s 内启停，断点喷施；能感知环境温度，为温敏药剂选择提供数据支持和喷施决策；作业效率高，一个架次可作业 30 亩；材料和制造工艺先进，模块化设计，维护时间缩短；快充供电，支持 2C 快充；多种操控方案，灵活协同作业。表 2-1 为极飞 P30 型四旋翼农用无人机主要技术性能及参数。

图 2-8　极飞 P30 型四旋翼农用无人机

表 2-1　极飞 P30 型四旋翼农用无人机主要技术性能及参数

分类	项目	参数	分类	项目	参数
植保参数	作业速度	1 ～ 8m/s	整机参数	最大有效起飞重量	40kg
	喷头个数	4		整机尺寸（长×宽×高）	2018mm×2013mm×390mm
	流量	200 ～ 800mL/ 亩		RTK 定位模块	GPS/GLONASS/ 北斗
	药箱容量	12L/14L/16L		电池	XBMS 智能电池
	喷幅	1.5 ～ 3m		电池寿命	300 次循环
	喷头类型	2 个转盘式离心喷头，支持变量喷洒		电池电量	800W·h
				充电时间	30min
				电台覆盖范围	开阔可视距离 3km

注：数据来源于企业官网，下同

2.2.3.2　T16 系列农用无人机

深圳大疆创新科技有限公司作为全球最大的无人机生产商，在 2015 年创立了大疆农业板块，2017 年发布了 MG-1S、MG-1P 等系列植保无人机，2018 年 12 月发布了 T16 型植保无人机，2019 年 11 月发布了 T20 型植保无人机，其中 T 系列农用无人机重塑了整体结构，采用模块化设计，具有更高载荷与更宽喷幅，硬件协同 AI 智能引擎技术及三维作业规划功能，进一步提升了植保作业效率。

据深圳大疆创新科技有限公司统计，截至 2019 年 9 月，大疆农用无人机在全国的作业面积突破 2 亿亩次。图 2-9 为大疆 T16 型六旋翼农用无人机，其主要技术性能及参数如表 2-2 所示。

图 2-9　大疆 T16 型六旋翼农用无人机

表 2-2　大疆 T16 型六旋翼农用无人机主要技术性能及参数

分类	项目	参数
植保参数	作业速度	7 ～ 10m/s
	喷头个数	8
	喷幅	4 ～ 6.5m（8 个喷头，距作物高度 1.5 ～ 3m）
	药箱容量	16L
	喷头类型	XR11001VS（标配），XR110015VS（选配）液力式喷头，XR11001VS，TX-VK6，TX-VK8

续表

分类	项目	参数
整机参数	最大有效起飞重量	42kg
	整机尺寸（长×宽×高）	2520mm×2212mm×720mm（机臂展开，桨叶展开），1800mm×1510mm×720mm（机臂展开，桨叶折叠），1100mm×570mm×720mm（机臂折叠），1471mm×1471mm×482mm（机臂展开，不含螺旋桨），780mm×780mm×482mm（机臂折叠）
	操作模式	遥控操作
	电池	WB37-4920mA·h-7.6V 指定电池（MG-12000）
	悬停时间	18min（17 500mA·h，起飞重量 24.5kg）
	定高模块	雷达辅助定高，范围 1.5 ～ 15m
	遥控有效距离	5km（无干扰、无阻挡）

2.2.3.3　HY-B-15L 型单旋翼电动农用无人机

深圳高科新农技术有限公司是无人机农业航空植保领域的一家专业公司，2011 年率先提出利用无人机辅助杂交水稻授粉的概念，主办了中国首次无人机辅助授粉的现场评议，推动了无人机在中国农业植保领域的发展和应用。深圳高科新农技术有限公司代表性的产品为单旋翼无人机，包括 HY-B-15L 型单旋翼电动农用无人机、高新-S40 单旋翼电动无人机、M2310L 多旋翼无人机等，其设备具有模块化、智能化、精准化、适用于各类作物及后台数据可视化等特点。其中，HY-B-15L 型单旋翼电动农用无人机如图 2-10 所示，该机飞行控制系统可以执行半自主的飞行任务，载荷大且飞行稳定，易于操控且维护保养简单，搭载任务装置可执行各种不同植保作业任务，其主要技术性能及参数如表 2-3 所示。

图 2-10　HY-B-15L 型单旋翼电动农用无人机

表 2-3　HY-B-15L 型单旋翼电动农用无人机主要技术性能及参数

分类	项目	参数	分类	项目	参数
植保参数	喷头个数	5	整机参数	最大有效起飞重量	30kg
	流量	1.0 ～ 1.5L/min		整机尺寸（长×宽×高）	1950mm×450mm×690mm
	药箱容量	16L		操作模式	手动遥控 / 增稳
	喷头类型	液力式喷头		续航时间	10 ～ 35min
	喷幅	4 ～ 7m		电池	锂聚合物动力电池（44.4V/11A·h）
	喷杆长度	1.77m			

2.2.3.4　3WQF120-12 型农用无人机

安阳全丰航空植保科技股份有限公司于 2012 年注册成立，是一家现代化农业智能装备高新技术企业，研发生产了具有自主知识产权的、处于国际先进技术水平的多款智能悬浮植保无人机产品。目前其已拥有自由鹰 MINI、自由鹰 ZP、自由鹰 DP、自由鹰 1S、全球鹰 QF-120 等多款具自主知识产权的植保无人机及多种用途的无人机。2018 年，安阳全丰航空植保科技股份有限公司作为农用无人机生产企业入选农业农村部航空植保重点实验室，且被推荐为国家航空植保科技创新联盟理事长单位。

安阳全丰 3WQF120-12 型农用无人机（图 2-11）是该公司第三代农用无人机，也是其最具有代表性的一款植保无人机，该机型在研发过程中通过了高温、高湿、腐蚀、灰尘等恶劣工况考验，其主要技术性能及参数如表 2-4 所示。

图 2-11　安阳全丰 3WQF120-12 型农用无人机

表 2-4　安阳全丰 3WQF120-12 型农用无人机主要技术性能及参数

分类	项目	参数	分类	项目	参数
植保参数	喷杆长度	1.25m	整机参数	整机净重量	30kg
	喷头个数	2		燃料箱容量	1.5L
	流量	0.8 ～ 1.6L/min		主旋翼直径	2.41m
	药箱容量	12.0L		整机尺寸（长×宽×高）	2130mm×700mm×670mm
	喷幅	5 ～ 8m		发动机	120cc 水冷发动机
	每架次作业时间	10 ～ 15min		电池	配备自发电系统
	喷洒距离作物高度	1 ～ 3m		空载续航时间	≥ 45min
	每架次作业效率	20 ～ 25 亩		满载续航时间	≥ 25min

该机型具备以下特点。

载荷大、续航时间长：最大载荷可达 18kg 以上，作业载荷为 12kg，每架次作业 10 ～ 15min 可喷洒 20 ～ 25 亩，每天作业能力可达 400 ～ 600 亩，满载最小续航时间为 25min，空载最小续航时间为 45min，特殊用途时续航时间可达 2h 以上。

精准化施药、喷洒均匀：喷洒系统穿透力强，喷洒均匀，雾滴飘移极少。飞行高度 2 ～ 4m，喷幅可达 5 ～ 8m，作物的顶端、中部、下部均可受药。

智能化控制、操作简单：可根据作业需求设定飞行高度、速度、推杆定距，可横移定距与自主悬停，大田块作业时可采取半自主和全自主飞行，提高了作业效率。

模块化设计、抗坠毁、易修复：动力系统采用 120cc 水冷发动机，动力强、一键启动、自发电，作业期间无需携带电池及充电设备。全机采用模块化设计，好拆卸、易组装。

2.2.3.5　3CD-15 型农用无人机

无锡汉和航空技术有限公司是一家从事智能装备研发、生产和应用的科技型公司，专注于农用机器人领域，为农业现代化提供智能装备、数据支撑和植保解决方案。我国较早开发的农用无人机即无锡汉和航空技术有限公司生产的 3CD-10 型农用无人机，该油动单旋翼农用无人机 2010 年首次在郑州举办的全国农机产品订货交易会暨第十四届中国国际农业机械展览会上亮相，是国内首款在市场上销售的油动单旋翼农用无人机，由此迈出了中国农用无人机商业化的第一步。

无锡汉和航空技术有限公司目前的主要产品为任务载荷在 10kg、15kg、20kg 及 40kg 等级的小型无人直升飞机。核心产品 3CD-15 型农用无人机，使用普通汽油为燃料，每次载药量为 15kg，喷洒时间 12 ～ 15min，可以喷洒 20 ～ 30 亩。3CD-15 型农用无人机集成各种传感器在飞行上，可保障飞行系统安全且容易操作；拥有喷洒轨迹显示与信息化管理系统，可对喷洒轨迹与喷洒面积进行远程记录、计算、管理和结算。该机型可广泛应用于农药喷洒、作物授粉、农业测绘、病虫害监测等领域。图 2-12 为汉和 3CD-15 型农用无人机，其主要技术性能和参数如表 2-5 所示。

图 2-12　汉和 3CD-15 型农用无人机

表 2-5　汉和 3CD-15 型农用无人机主要技术性能及参数

分类	项目	参数	分类	项目	参数
植保参数	喷头个数	5	整机参数	系统构成	机械平台、动力系统、飞控系统、喷洒系统等
	喷洒量	0.3 ～ 2L/ 亩		最大有效起飞重量	35kg
	药箱容量	15kg		燃料箱容量	1.5L
	喷幅	4 ～ 6m		主旋翼直径	2230mm
				整机尺寸（长×宽×高）	2030mm×528mm×627mm
				发动机	80cc 双缸对置风冷汽油发动机

2.2.3.6　CT300-60P 型油动六旋翼农用无人机

辽宁壮龙无人机科技有限公司自 2010 年起组建研发团队进行无人机基础技术研发，2015 年正式成立公司，致力于工业级无人机整机及飞行控制系统的技术研发，并为客户提供无人机系统行业应用整体解决方案。其代表性产品为 CT300-60P 型油动六旋翼农用无人机，为世界上第一款油动直驱多旋翼农用无人机（图 2-13），最大载荷 85kg，可以承担 60kg 的商业载荷，续航时间最长可达 4h，最高飞行高度 1000m，农业喷洒作业飞行高度 10 ～ 20m，喷幅 12 ～ 15m，作业效率 4 ～ 8 亩 /min，采用手持遥控、一键自主作业两种控制模式。

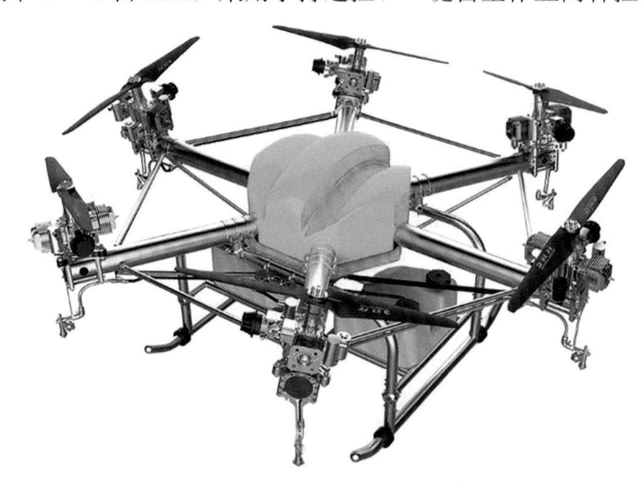

图 2-13　CT300-60P 型油动六旋翼农用无人机

2.3　农用无人机的结构组成

2.3.1　动力系统

动力系统为无人机的正常运行提供动力，是无人机正常工作的关键部件，了解无人机的动力系统有助于更好地掌握无人机的运行与维护。一般来说，动力系统主要由动力装置和螺旋桨两大部分组成，动力装置作为无人机的动力来源，是无人机的心脏，螺旋桨在动力的作用下旋转产生上升力，是无人机的翅膀。以下分别介绍无人机动力系统的动力装置与螺旋桨。

2.3.1.1　动力装置

农用无人机的动力装置大致可分为燃油动力和电动力两类。燃油动力是指用汽油、煤油和甲醇等燃料发动机作为动力，电动力则是指以电池推动电动机作为动力。

1. 燃油动力装置

燃油动力装置主要有活塞式发动机、涡喷发动机、涡扇发动机、涡桨发动机、涡轴发动机、冲压发动机等多种类型。目前，农用无人机所采用的动力系统通常为活塞式发动机，活塞式发动机也称往复式发动机，一般由发动机本体、进气系统、增压器、点火系统、燃油系统、冷却系统、启动系统、润滑系统、排气系统构成。活塞式发动机属于内燃机，它通过燃料在气缸内的燃烧将热能转换为机械能。通常，采用燃油动力的多为单旋翼无人机。目前国内生产油动无人机的企业主要有安阳全丰航空植保科技股份有限公司、无锡汉和航空技术有限公司等。

（1）总体构造

发动机的总体构造主要包括两大机构和五大系统，即曲柄连杆机构、配气机构、供给系统、点火系统、冷却系统、润滑系统、启动系统。

1）曲柄连杆机构

曲柄连杆机构是发动机实现工作循环、完成能量转换的主要运动零件，它由机体组、活塞连杆组和曲轴飞轮等组成。在做功过程中，活塞承受燃气压力在气缸内做直线运动，通过连杆转换成曲轴的旋转运动，并通过曲轴对外输出动力。而在进气、压缩和排气的过程中，飞轮释放能量又把曲轴的旋转运动转化成活塞的直线运动。

2）配气机构

配气机构的功用是根据发动机的工作顺序和工作过程，定时开启和关闭进气门与排气门，使可燃混合气或空气进入气缸，并使废气从气缸内排出，实现换气过程。配气机构大多采用顶置气门式配气机构，一般由气门组、气门传动组和气门驱动组组成。

3）供给系统

汽油机燃料供给系统的功用是根据发动机的要求，配制出一定数量和浓度的混合气，供入气缸，并将燃烧后的废气从气缸内排出；柴油机燃料供给系统的功用是把柴油和空气分别供入气缸，在燃烧室内形成混合气并燃烧，最后将燃烧后的废气排出。油动无人机上的发动机一般都采用汽油机。

4）点火系统

在汽油机中，气缸内的可燃混合气是靠电火花点燃的，为此汽油机的气缸盖上装有火花塞，火花塞头部伸入燃烧室内。能够按时在火花塞电极间产生电火花的全部设备称为点火系统，点火系统通常由蓄电池、发电机、分电器、点火线圈和火花塞等组成。

5）冷却系统

冷却系统的功用是将受热零件吸收的部分热量及时散发出去，保证发动机在最适宜的温度状态下工作。水冷发动机的冷却系统通常由冷却水套、水泵、风扇、水箱、节温器等组成。

6）润滑系统

润滑系统的功用是为做相对运动的零件表面输送定量的清洁润滑油，以实现液体摩擦，减小摩擦阻力，减轻机件的磨损，并对零件表面进行清洗和冷却。润滑系统通常由润滑油道、机油泵、机油滤清器和一些阀门等组成。

7）启动系统

要使发动机由静止状态过渡到工作状态，必须先用外力转动发动机的曲轴，使活塞做往复运动，气缸内的可燃混合气燃烧膨胀做功，推动活塞向下运动使曲轴旋转，发动机才能自行运转，工作循环才能自动进行。因此，曲轴在外力作用下开始转动，到发动机开始自动急速运转的全过程，称为发动机的启动，完成启动过程所需的装置称为发动机的启动系统。

（2）工作原理

发动机的工作原理一般又称发动机的热力过程。气体的压力、温度、体积变化过程称为热力过程。二冲程发动机曲轴旋转一周，活塞运行上下两个行程，完成一个工作循环，即完成进气、压缩、燃烧、排气和扫气。各过程的工作时间及相互位置是由机匣、气缸上的进气口、排气口、扫气口，以及与之相配合的曲轴、活塞的位置变化来控制的。

2. 电动装置

电动装置主要由 3 个部件组成：电池、电机和电子调速器。电池将化学能转换为电能；电机和电子调速器共同将电能转换为机械能，并控制输出功率以满足不同飞行状态的需要。

（1）电池

1）电压

电池主要用于提供能量。无人机上用的电池一般是高倍率锂聚合物电池，其额定电压是3.7V，充满电压为4.2V，在实际使用过程中，电池的电压会产生压降，放电完毕会降至3.0V（再低则可能过放而导致电池损坏），与电池所带动的载荷有关，一般无人机在3.6V时会发出电量警报。

2）电池容量

目前，电动无人机最大的问题在于续航时间不够，其关键就是电池容量小。电池的容量一般用毫安时（mA·h）表示，意思是电池以某个电流放电能维持1h，如16 000mA·h就是指这个电池能保持16 000mA放电1h。但要注意的是，电池的放电性能并非线性，电池的电压和放电能力都会随着放电过程的进行而下降，即我们不能说这个电池在8000mA时能维持2h，不过电池在小电流时的放电时间总是大于大电流时的放电时间，所以我们可以近似地算出电池在其他情况下的放电时间。在实际多旋翼无人机飞行过程中，一般有两种方式可检测电池的剩余容量是否能满足飞行安全的要求，一是检测电池单节电压，二是实时检测电池输出电流做积分计算。一般来说，电池的体积越大，储存的电量就越多，这样飞机的重量也会增加，电池单位重量的能量载荷很大程度上限制了飞行时间和任务拓展，所以选择合适的电池对飞行是很有好处的。

3）放电倍率

一般充放电电流的大小常用充放电倍率来表示，即充放电倍率等于充放电电流/额定容量，如额定容量为100A·h的电池用20A放电时，其放电倍率为0.2C。电池放电倍率是反映放电快慢的一种度量，所具有的容量1h放电完毕，称为1C放电，5h放电完毕则称为0.2C放电。

4）内阻

电池的内阻很小，与电池的尺寸、结构、装配等有关，单位一般为毫欧（mΩ）。电池的内阻不是常数，在充放电过程中随时间不断变化，不是呈线性关系，而是常随电流密度的对数增大而线性增加。正常情况下，内阻小的电池大电流放电能力强，内阻大的电池放电能力弱。

（2）电机

1）作用

多旋翼飞机的电机以无刷直流电机为主，将电能转换成机械能。无刷直流电机运转时靠电子电路换向，这样就极大地减少了电火花对遥控无线电设备的干扰，也减小了噪声。电机一端固定在机架力臂的电机座，另一端固定在螺旋桨，通过旋转产生向下的推力。不同大小、载荷的机架，需要配合不同规格、功率的电机。

2）尺寸

一般用4个数字表示，其中前面两位是电机转子的直径，后面两位是电机转子的高度。简单而言，前面两位越大，电机直径越大；后面两位越大，电机越高。又高又大的电机，功率就大，适合做大四轴。例如，2212电机表示电机转子的直径是22mm，电机转子的高度是12mm。

3）标称空载KV值

无刷电机KV值定义：输入电压增加1V时，无刷电机空转每分钟增加的转数。例如，1000KV电机，外加1V电压，电机空转时每分钟转1000转，外加2V电压，电机就空转2000转。单利用KV值，无法评价电机的好坏，因为不同的KV值适用不同尺寸的桨。

4）标称空载电流

在空载试验时，对电机施加电压（通常为10V），使其不带任何负载空转，定子三相绕组中通过的电流称为标称空载电流。

5）最大瞬时电流/最大持续电流

电机所能承受的最大瞬时通过的电流，称为最大瞬时电流。电机持续工作而不烧坏所能承受的最大连续电流，称为最大持续电流。

6）内阻

电机电枢本身存在内阻，虽然该内阻很小，但是由于电机电流很大，有时甚至可以达到几十安培，因此该小内阻不可忽略。

（3）电子调速器

1）作用

电子调速器（electronic speed controller，ESC；简称电调）最基本的功能就是通过电机调速［通过飞控板给定脉宽调制（pulse width modulation，PWM）信号进行调节］为遥控接收器上其他通道（副翼通道、升降舵通道、油门通道、方向舵通道）的舵机供电，充当换相器的角色。因为无刷电机没有电刷进行换相（直流电源转化为三相电源供给无刷电机，并对无刷电机起调速作用），所以需要靠电调进行电子换相。电调还有一些其他辅助功能，如电池保护、启动保护、刹车等。

2）电流

无刷电调最主要的参数是功率，通常以安培（A）来表示，如10A、20A、30A。不同电机需要配备不同安数的电调，安数不足会导致电调甚至电机烧毁。更具体的，无刷电调有持续电流和x秒内瞬时电流两个重要参数，前者表示正常时的电流，而后者表示x秒内能容忍的最大电流。选择电调型号的时候一定要注意电调最大电流是否满足要求，是否留有足够的安全裕度容量，以避免电调上面的功率管烧坏。

3）内阻

电调具有相应内阻，其发热功率需要注意。有些电调电流可以达到几十安培，发热功率是电流平方的函数，所以电调的散热性能十分重要，因此大规格电调内阻一般都比较小。

4）刷新频率

电机的响应速度与电调的刷新速率有很大关系。在多旋翼开始发展之前，电调多为航模飞机而设计，航模飞机上的舵机由于结构复杂，工作频率最大为50Hz，相应的电调的刷新速率也都为50Hz。多旋翼飞机与其他类型飞机不同，不使用舵机。目前，具备UltraPWM功能的电调可支持高达500Hz的刷新速率。

5）可编程特性

通过内部参数设置，可以达到最佳的电调性能。通常采用3种方式对电调参数进行设置：通过编程卡直接设置电调参数；通过USB连接，用电脑软件设置电调参数；通过接收器，用遥控器摇杆设置电调参数。设置的参数包括电池低压断电电压设定、电流限定设定、刹车模式设定、油门控制模式设定、切换时序设定、断电模式设定、启动方式设定、PWM模式设定等。

6）兼容性

如果电机和电调兼容性不好，那么会发生堵转，即电机不能转动。

2.3.1.2　螺旋桨

1. 作用

螺旋桨是直接产生推力的部件，同样以追求效率为第一目的。匹配的电机、电调和螺旋桨搭配合理，可以在相同的推力下耗用更少的电量，这样就能延长旋翼的续航时间。因此，选择最优的螺旋桨是提高续航时间的一条捷径。

单旋翼和多旋翼无人机主要靠螺旋桨转动产生的空气动力来调整力和力矩。通常，螺旋桨可分为定距螺旋桨和变距螺旋桨两大类。多旋翼无人机多采用定距螺旋桨，而绝大多数单旋翼无人机则采用变距螺旋桨作为主旋翼和尾旋翼。

2. 型号

假设螺旋桨在一种不能流动的介质中旋转，那么螺旋桨每转一圈，就会向前前进一个距离，这个距离就称为螺距。桨叶与旋转平面的夹角越大，螺距就越大，桨叶与旋转平面的夹角为0，螺距也为0。螺旋桨尺寸一般用4个数字表示，其中前两位是螺旋桨的直径，后两位是螺旋桨的螺距。例如，1045桨的直径为10英寸（1英寸≈0.0254m，后同），螺距为4.5英寸。

3. 转动惯量

转动惯量越小，控制起来越灵敏。更重要的是，螺旋桨的转动惯量越小，改变转速所消耗的能量就越小，可有效提高飞行效率。为了减少转动惯量，在不改变外形和强度的前提下，有些特制的螺旋桨内部材质还会进一步优化。

4. 桨叶数

一般对于多旋翼，二叶桨的性能较优。

5. 材料

一般有碳纤维、塑料、木制等材料。碳纤维桨比塑料桨贵几乎2倍，但具有刚性较好、产生的振动和噪声较小、更轻、强度更大、适用于高KV值的电机、控制响应比较迅速等优点。

6. 静平衡和动平衡

螺旋桨的静平衡是指螺旋桨重心与轴心线重合时的平衡状态；动平衡是指螺旋桨重心与其惯性中心重合时的平衡状态。调节静平衡和动平衡的目的是减少振动。出现不平衡的情况时，可以通过贴透明胶带到轻的桨叶，或用砂纸打磨偏重的螺旋桨平面（非边缘）来实现平衡。

2.3.2　喷洒系统

喷洒系统是农用无人机进行植保作业的核心部件，主要由药箱、液泵、喷头、喷杆和输液管路5个部分组成。喷洒系统质量的好坏直接关系着植保作业质量的高低，因此，在设计农用无人机喷洒系统时一定要选择合适的组件。通常，喷洒系统各组成部分要满足以下要求。

2.3.2.1　药箱

药箱是农用无人机喷施系统的一个重要部件。我国农用无人机药箱大多为工程塑料材质，耐酸碱、耐腐蚀，有桶状、长方体状、三棱柱状和圆锥状等不同形状，容量大小依据无人机平台起飞载荷而定。药箱材质应具有防腐蚀、抗冲击特性；药箱口盖应固定牢靠且密封良好；药箱应设计显示装载容量或重量的装置、防晃装置、渗液装置；药箱设计同时要满足《农林

拖拉机和机械　安全技术要求　第 6 部分：植物保护机械》（GB 10395.6—2006）的要求。

2.3.2.2　液泵

液泵产生的压力是药液进入管路和雾化的动力来源，有电动隔膜泵与电动齿轮泵，如图 2-14 所示。目前，国内农用无人机喷雾系统大多数采用早期研发的国产微型电动隔膜泵。这类泵是我国 20 世纪 90 年代初发明并装配在人工背负式电动喷雾器上使用的产品，已有 20 余年的应用历史。

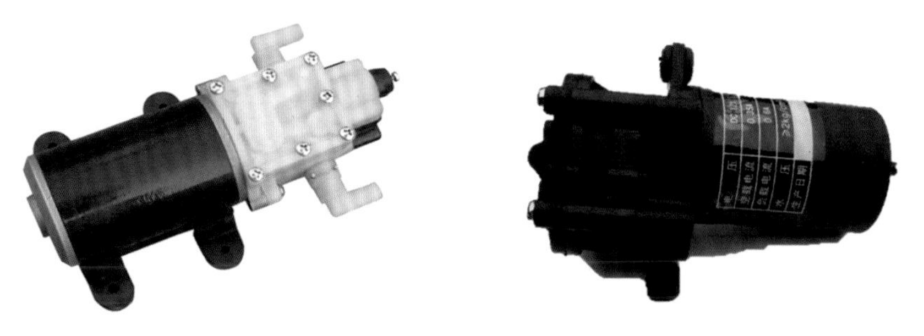

图 2-14　电动隔膜泵（左）与电动齿轮泵（右）

微型电动隔膜泵一般用微型直流电动机作为动力驱动装置，驱动装置内部的偏心装置做偏心运动，由偏心运动带动内部的隔膜做往复运动，从而对固定容积的泵腔内的液体进行压缩（压缩时进液口关闭，排液口打开，形成微正压）、拉伸（拉伸时排液口关闭，进液口打开，形成微负压），在进液口处泵内与外界大气压产生压力差，在压力差的作用下，药液进入泵腔，再从排液口排出。微型电动隔膜泵的优势在于耐腐蚀、压力高、噪声低，可用于高黏度药液的吸液和排液，由于隔膜的脉动作用，喷雾压力出现脉动，不能实现均匀稳压的喷施作业。

另外，液泵和管路的制作材料应具有防腐、耐用、易维护等特性；在液泵的进出管路中应设置过滤网，其中出药管路过滤网的孔径应不大于喷头最小孔径；管路宜设置多级过滤；过滤网应便于清洗和更换。

2.3.2.3　喷头

喷头是农业航空施药设备的关键部件之一，良好的喷头能够提升雾滴沉积的均匀性，增加药物沉积量，减少药液飘移，提高防治效果。航空喷施与地面人工或植保机械喷施相比，药液浓度更高，喷施高度更高，雾滴飘移的可能性也更大。为了解决药物喷施时雾滴飘移的问题，提高药物喷施的效果，可选择合适的喷洒雾化喷头。根据雾化方式，常见的植保无人机喷头可分为液力式雾化喷头（图 2-15）和转盘式离心喷头（图 2-16）。

图 2-15　不同型号的液力式雾化喷头

图 2-16　转盘式离心喷头

液力式雾化喷头根据喷雾的雾流形状可分为扇形喷头和锥形喷头两类。液力式雾化喷头常用于液体药剂的喷洒，是目前农业喷洒作业中使用最多的一种喷头。液力式雾化喷头工作时，药液在一定压力下经过喷头腔体雾化并形成液膜，在喷头内外压力差的作用下，液膜不断伸长变薄并形成细丝状，在一定距离内，液膜厚度与液膜距喷头出口的距离的乘积成反比，因此，离喷头出口越远的液膜被拉伸得越薄，最后液膜与相对静止的空气相撞击后分裂成细小的雾滴并在惯性力的作用下喷洒在农作物上。影响液膜产生的因素主要是药液的压力与药液的表面张力，随着施加压力的升高，液体流量不断增大，雾滴粒径和分布也随之发生变化，喷头的喷雾角增大，雾滴谱变宽。扇形喷头是液力式雾化喷头中应用于无人机植保领域最为广泛的一种，喷雾时能够产生冲击力较大的液柱流或扇面喷雾，横向沉积呈正态分布。

与液力式雾化喷头的液膜经与空气碰撞形成细小的雾滴不同，转盘式离心喷头中的药液依靠重力进入转盘，在离心力的作用下由径向喷出，因此所需喷雾压力小，所以雾滴谱较窄且雾滴穿透力也较弱。但是转盘式离心喷头也具有以下优点，即雾滴粒径一般可通过调节旋转速度进行控制，且大流量的喷道不易堵塞，非常适合可湿性粉剂和悬浮剂等溶解度较低的药剂喷施，符合无人机进行植保作业时药液浓度高的特点。

2.3.2.4　喷杆

喷杆并非植保无人机的必需设备，有些厂家将喷头直接安装在旋翼正下方，则省略了喷杆设备，对于具有喷杆的植保无人机，应当对喷杆等细长杆型构件进行固有特性计算和试验，喷杆的固有频率和机体的固有频率、安装环境的振动频率应错开，避免共振损伤。

2.3.2.5　输液管路

输液管路承担将药液从药箱输送至喷头的功能，输液管路包括仪表、压力计管路和所有承压软管。对输液管路有以下要求：承压软管上应有永久性标志，直接或间接标明制造厂和最高允许工作压力；软管接头应能承受机具正常工作时产生的静载荷或冲击载荷，不应松脱和渗漏，承压软管应能承受不小于规定最高工作压力 1.5 倍的压力而无渗漏。

总的来说，喷洒系统采用的材质应具有足够的强度、刚度及较轻的重量；其设计应具有防滴功能，接触农药的零部件特别是喷头中的垫片和药泵中的密封部件，应具有较好的防腐蚀性能；整体结构应合理，以保证装配、使用、维护过程中操作人员的安全和便于其操作，且能使农药的残留量达到最少并能清洗排尽；其布局应满足最优原理，在作业高度范围内的喷雾量分布均匀性变异系数应不高于 60%。

2.3.3 飞控系统

飞控系统是无人机完成起飞、空中飞行、执飞任务和返场回收等整个飞行过程的核心系统，是无人机的大脑，也是无人机最核心的技术之一。飞控系统作为无人机机载设备的核心组成，能否正常工作直接影响飞机飞行的各种性能和飞行安全。

飞控系统在无人机上的功能主要有两个：一是飞行控制，即无人机在空中保持飞行姿态与航迹的稳定性，以及按地面无线电遥控指令或者预先设定好的高度、航线、航向、姿态角等改变飞机姿态与航迹，保证飞机稳定飞行，就是通常所谓的自动驾驶；二是飞行管理，即完成飞行状态参数采集、导航计算、遥测数据传送、故障诊断处理、应急情况处理、任务设备的控制与管理等工作。

一般，无人机的飞控系统可分为机载和地面站两个部分，机载部分主要负责采集飞机各项飞行参数、维持飞机的稳定飞行和姿态，地面站部分主要负责飞行目标规划和各项数据分析。

飞控技术水平的高低能有效反映出无人机厂家的实力，下面列出了一些国内常见的专业级植保无人机飞控系统。

2.3.3.1 SUPERX 农业飞控系统

广州极飞科技股份有限公司是以农业航空服务为主业的科技公司，2012 年进入农业植保领域。SUPERX 农业飞控是该公司在多年的技术积累和实践基础上，研发出的一款专门用于植保无人机的飞控系统。SUPERX 农业飞控系统支持全程自主飞行控制，可根据预先测绘的航线与参数，实现一键自主起飞、自动飞行与降落。SUPERX 农业飞控系统能够针对不同的作物与环境，智能匹配飞行速度和喷洒流量，实现精准喷洒；支持断点续喷、避障停喷。SUPERX 农业飞控系统可与该公司研发的手持地面站相结合，自动完成航线规划，预设飞行和喷洒参数，便捷实用。

2.3.3.2 A2 飞控系统和 A3 飞控系统

深圳大疆创新科技有限公司自主研发的飞控系统，主要应用于航拍无人机，目前有部分厂家将这些飞控系统应用于植保无人机。A2 飞控系统安装简单，使用便捷，支持多达 9 种多旋翼机型，也可以由用户自定义电机混控；拥有高性能的 GPS 和高度锁定功能，具备一键返航、断桨保护，同时拥有低电压报警功能，可以有效地与该公司其他产品相结合。2016 年 4 月，该公司发布了最新款的旗舰飞控系统——全新 A3 系列多旋翼飞控系统。

2.3.3.3 普洛特 UP-X 飞控系统

北京普洛特无人飞行器科技有限公司专业从事无人驾驶仪飞行器和自动驾驶仪研究设计、开发生产。UP-X 飞控系统可以控制十字型、X 型及四轴、六轴、八轴等多轴飞行器，使用简单方便，控制精度高，GPS 导航自动飞行功能强。该飞控系统已经应用于该公司最新型植保机——UP100。UP-X 飞控系统可以做到不用遥控器，直接使用地面站控制自动起飞、执行预设航线任务或者指点飞行，并自动降落。UP-X 飞控系统支持自动导航方式，在地面站上可以随意设置飞行路线和航点，支持飞行中实时修改飞行航点和更改飞行目标点，其重量仅 100g，尺寸小巧。UP-X 飞控系统拥有自动等高航线飞行、药量检测、无药自动返航、断点接续、一键完成飞行作业任务等功能，配套的地面站可以自动根据设定的航带宽度和航线长度生成航线。

2.3.3.4 T1-A 飞控系统

T1-A 飞控系统具备农业植保领域几个最需要的功能，包括断点续喷、断药返航、药量检测、流量控制、自主规划喷洒路径和智能控制喷洒流量，并且可以适配市面上几乎所有的机型，甚至可以适用异型六轴八桨无人机。目前市面上的农业植保机主打的断点续喷和断药返航，T1-A 飞控系统能完成得相当出色。当飞控系统检测到二级电量警报、低药量警报、失去地面控制信号或接收到一键返航信号时，将自主关闭水泵，并闪灯进行提示，延时 10s（延时时间可以自主调节）后，记下当前点为续喷点，补给后一键返回续喷点继续作业，还能对流量进行智能控制，飞行速度越快流量越大，当飞行速度低于设定值，水泵自动关闭，有利于提高农药的利用率和植保效率。

T1-A 飞控系统同样支持手持和电脑地面站。农户在实际使用过程中，可以采用地面站对飞行器执行指令或航点操作，真正实现自主飞行。基本上起飞后就不用再管飞机了。在作业时，T1-A 飞控系统还能实时显示喷洒区域面积，并预估完成作业时间。同时，还可以将数据记录并保存到本地，可以随时调取，方便下次喷洒作业。另外，T1-A 飞控系统具备主流的自主规划喷洒路线，在输入喷洒区域后，T1-A 飞控系统根据所设定的喷幅，自主规划最短喷洒路径，同时支持速度、高度的锁定。

2.3.3.5 Finix300 飞控系统和 Finix300M 飞控系统

Finix300 飞控系统和 Finix300M 飞控系统由一飞智控（天津）科技有限公司研制，于 2015 年上市。Finix300 飞控系统主要适用于起飞重量 100kg 以下的单旋翼无人直升机，Finix300M 飞控系统适用于四轴、六轴、八轴多旋翼无人机。

Finix 飞控系统拥有定宽喷洒功能，可以实现“推杆即走、松杆即停”，具有 GPS 和北斗双模卫星定位，喷洒更精准；支持自主规划喷洒路径和断点续喷；采用工业级设计，能够更好地满足农业植保的环境要求。

2.3.3.6 K3A 农业专用飞控系统

极翼机器人（上海）有限公司是以研发无人机飞控系统、云台等核心组件为主要业务的高科技企业。K3A 飞控系统支持四轴、六轴、八轴多旋翼，最多可扩展至十二轴旋翼无人机，完全为工业一体化设计，可以实现定高定速飞行、航线规划，支持断点续喷，可抗 3 级风，同时支持姿态、GPS 自稳、智能方向等多种模式。K3A 飞控系统拥有失控返航、低电压保护、一键侧移等多种功能，同时支持 Windows、IOS 和安卓等系统。

2.4 农用无人机的飞行控制原理

2.4.1 无人直升机的飞行原理

农用无人直升机多采用单旋翼带尾桨布局，旋翼转轴近于铅垂，产生向上的拉力以克服机重；同时，通过特殊机构产生向前、向后、向左、向右的水平分力使直升机前、后、左、右飞行，因此直升机可以垂直起落，空中悬停，向任一方向灵活机动飞行。

2.4.1.1　无人直升机旋翼的工作原理

旋翼是直升机的关键部件，它具有以下 4 个作用：①产生向上的力（即拉力），以克服机重，类似于机翼的作用；②产生向前的水平分力，使直升机前进，类似于推进器的作用；③产生其他分力及力矩，使直升机保持平衡或进行机动飞行，类似于操纵面的作用；④若发动机在空中发生故障而停车，可以及时操纵旋翼使其像风车一样自转，仍产生升力，保证直升机安全着陆。

直升机旋翼绕自身转轴旋转时，每个叶片的工作类同于一个机翼。旋翼的截面形状是一个翼型，如图 2-17 所示。翼型弦线与垂直于桨毂旋转轴平面（称为桨毂旋转平面）之间的夹角称为桨叶的安装角，以 φ 表示，有时简称安装角或桨距。各片桨叶的桨距平均值称为旋翼的总距。驾驶员或操纵人员可以通过直升机的操纵系统改变旋翼的总距和各片桨叶的桨距，根据不同的飞行状态，总距的变化范围为 2° ～ 14°。

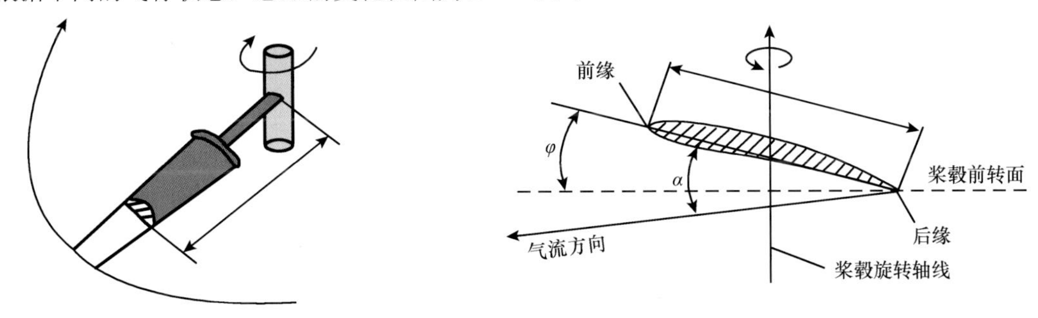

图 2-17　旋翼截面示意图

气流方向与翼型弦线之间的夹角即为旋翼剖面的迎角 α。显然，沿半径方向每段叶片上产生的空气动力在桨轴方向上的分量将提供悬停时需要的升力；在旋转平面上的分量受到的阻力将由发动机所提供的功率来克服。

旋翼旋转时将产生一个反作用力矩，使直升机机身向旋翼旋转的反方向旋转。前面提到，为了克服飞行力矩，旋翼具有多种不同的结构型式，如单桨式、共轴式、横列式、纵列式、多桨式等。对于最常见的单桨式，需要靠尾桨旋转产生的拉力来平衡反作用力矩，维持机头的方向。通过调节尾桨的桨距，使尾桨拉力变大或变小，从而改变平衡力矩的大小，实现直升机机头转向（转弯）操纵。

2.4.1.2　无人直升机旋翼的操纵

直升机的飞行控制与固定翼飞机的飞行控制不同，直升机的飞行控制是通过直升机旋翼的倾斜实现的。直升机的控制可分为垂直控制、方向控制、横向控制和纵向控制等，但都是通过旋翼实现的，具体来说就是通过旋翼桨毂朝相应的方向倾斜，从而产生该方向上升力的水平分量实现飞行方向的控制。

直升机体放在地面时，旋翼受其本身重力作用而下垂。发动机开启后，旋翼开始旋转，桨叶向上抬，直观地看，形成一个倒立的锥体，称为旋翼锥体，同时在桨叶上产生向上的升力。随着旋翼转速的增加，升力逐渐增大，当升力超过重力时，直升机即铅垂上升（图 2-18）；若升力与重力平衡，则悬停于空中；若升力小于重力，则向下降落。

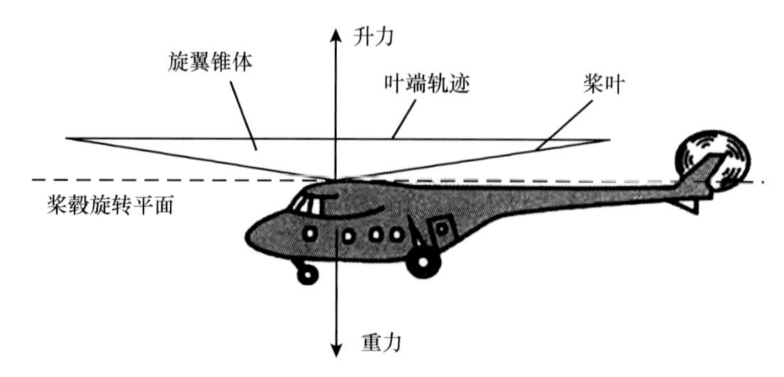

图 2-18　直升机的上升飞行原理示意图

旋翼桨叶旋转所产生的拉力和需要克服阻力产生的阻力力矩的大小，不仅取决于旋翼的转速，还取决于桨叶的桨距。从原理上讲，调节转速和桨距都可以调节拉力的大小。但是旋翼转速取决于发动机（通常用的是涡轮轴发动机或活塞式发动机）主轴转速，而发动机转速有一个最佳值，在这个转速附近工作时，发动机效率高、寿命长。因此，拉力的改变主要靠调节桨叶桨距来实现。但是，桨距变化将引起阻力力矩变化，所以，在调节桨距的同时还要调节发动机油门，保证转速尽量靠近最佳值。

直升机的平飞依靠旋翼倾斜升力所产生的水平分量来实现。例如，欲向前飞，需将驾驶杆向前推，经过操纵系统，自动倾斜器使旋翼各桨叶的桨距发生周期性变化，从而改变旋翼的拉力方向，使旋翼锥体前倾，产生向前的拉力（图 2-19），使直升机前进。

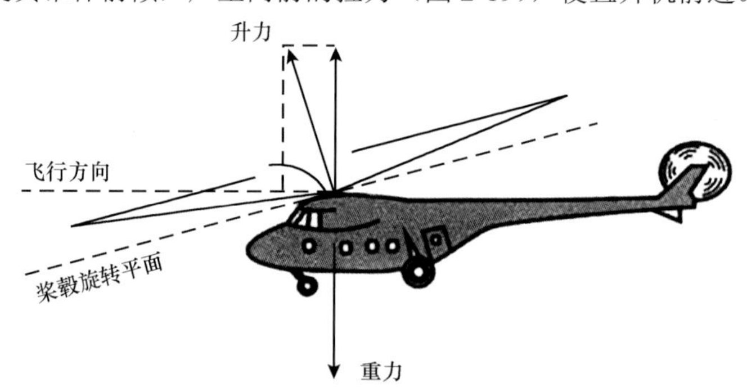

图 2-19　直升机的前飞原理示意图

2.4.2　多旋翼无人机的飞行原理（以四旋翼为例）

2.4.2.1　四旋翼无人机的结构

四旋翼无人机由 4 个动力臂组成，4 个动力臂呈十字交叉状固定在四旋翼飞行器中心部件上，每个动力臂末端电机座上固定一个直流无刷电机和一枚旋翼叶片。4 个动力臂分成两组，两组动力臂上旋翼旋转方向相反，分为逆时针和顺时针，其中同一直线上对称的两个动力臂上旋翼旋转的方向相同。4 个旋翼处于同一高度平面，且 4 个旋翼的结构和半径都相同，支架中间空间安放飞行控制计算机和外部设备。四旋翼无人机结构如图 2-20 所示。

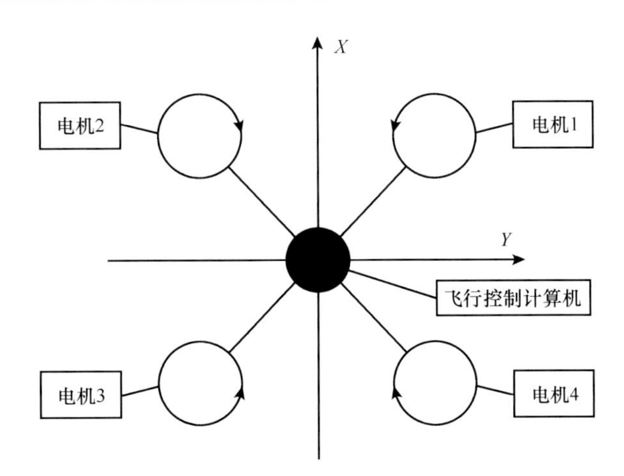

图 2-20　四旋翼无人机的结构示意图

2.4.2.2　四旋翼无人机的飞控原理

四旋翼无人机通过调节 4 个电机转速来改变旋翼转速，实现升力的变化，从而控制无人机的姿态和位置。四旋翼无人机是一种六自由度的垂直升降机，但只有 4 个输入力，却有 6 个输出状态，所以它又是一种欠驱动系统。四旋翼无人机电机 1 和电机 3 逆时针旋转的同时，电机 2 和电机 4 顺时针旋转，因此当无人机平衡飞行时，陀螺效应和空气动力扭矩效应均被抵消。

在图 2-20 中，电机 1 和电机 3 做逆时针旋转，电机 2 和电机 4 做顺时针旋转，规定沿 X 轴正方向运动称为向前运动，在旋翼的运动平面箭头向上表示此电机转速提高，箭头向下表示此电机转速下降。

1. 垂直运动

同时增加 4 个电机的输出功率，旋翼转速增加，使得总的拉力增大，当总拉力足以克服整机的重量时，四旋翼无人机便离地垂直上升（图 2-21a）；反之，同时减小 4 个电机的输出功率，四旋翼无人机则垂直下降，直至平衡落地，实现了沿 Z 轴的垂直运动。当外界扰动力为零，旋翼产生的升力等于无人机的自重时，无人机便保持悬停状态。

2. 俯仰运动

在图 2-21b 中，电机 1 的转速上升，电机 3 的转速下降（电机 1 和电机 3 改变量大小应相等），电机 2、电机 4 的转速保持不变。由于旋翼 1 的升力上升，旋翼 3 的升力下降，产生的不平衡力矩使机身绕 Y 轴旋转，同理，当电机 1 的转速下降，电机 3 的转速上升，机身便绕 Y 轴向另一个方向旋转，实现无人机的俯仰运动。

3. 滚转运动

与图 2-21b 的原理相同，在图 2-21c 中，改变电机 2 和电机 4 的转速，保持电机 1 和电机 3 的转速不变，则可使机身绕 X 轴旋转（正向和反向），实现无人机的滚转运动。

4. 偏航运动

旋翼转动过程中受空气阻力作用会形成与其转动方向相反的反扭矩，为了克服反扭矩影响，可使 4 个旋翼中的两个正转，两个反转，且对角线上的两个旋翼转动方向相同。反扭矩的大小与旋翼转速有关，当 4 个电机转速相同时，4 个旋翼产生的反扭矩相互平衡，四旋翼无

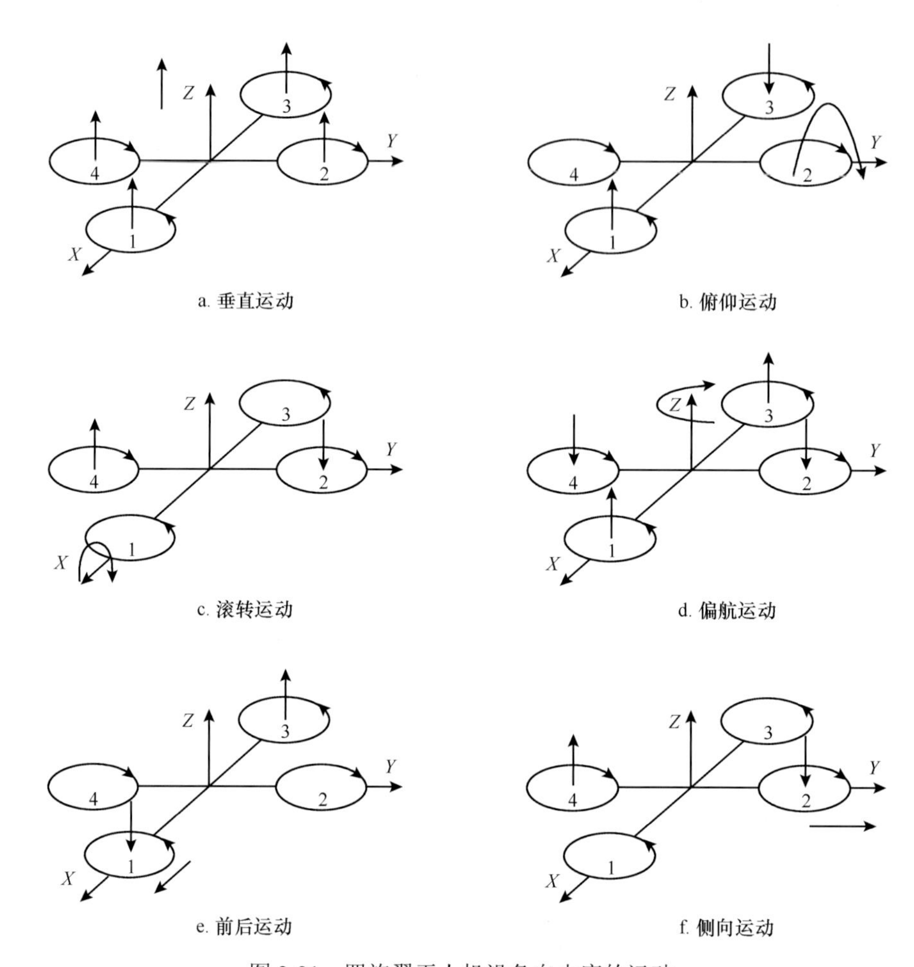

图 2-21　四旋翼无人机沿各自由度的运动

人机不发生转动；当 4 个电机转速不完全相同时，不平衡的反扭矩会引起四旋翼无人机转动。在图 2-21d 中，当电机 1 和电机 3 的转速上升，电机 2 和电机 4 的转速下降时，旋翼 1 和旋翼 3 对机身的反扭矩大于旋翼 2 和旋翼 4 对机身的反扭矩，机身便在富余反扭矩的作用下绕 Z 轴转动，实现无人机的偏航运动，转向与电机 1、电机 3 的转向相反。

5. 前后运动

为实现无人机在水平面内前后、左右的运动，必须在水平面内对无人机施加一定的力。在图 2-21e 中，增加电机 3 转速，使拉力增大，相应减小电机 1 转速，使拉力减小，同时保持其他两个电机转速不变，但反扭矩仍然要保持平衡，按图 2-21b 的理论，无人机首先发生一定程度的倾斜，从而使旋翼拉力产生水平分量，因此可以实现无人机的前飞运动。向后飞行与向前飞行正好相反（在图 2-21b 和 c 中，无人机在产生俯仰、翻滚运动的同时也会产生沿 X 轴、Y 轴的水平运动）。

6. 侧向运动

在图 2-21f 中，由于结构对称，因此侧向飞行的工作原理与前后运动完全一样。

2.5 农用无人机的使用要求

2.5.1 农用无人机的运行要求

2.5.1.1 人员要求

运营人为指定的一个或多个作业负责人，这些作业负责人应当持有民用无人机驾驶员合格证并具有相应等级，同时接受了下列知识和技能的培训或者具备相应的经验。

理论知识：开始作业飞行前应当完成的工作，包括作业区的勘察；安全处理有毒药品和正确处理使用过的有毒药品容器的办法；农药与化学药品对植物、动物和人员的影响及作用，重点掌握使用常用药物及使用有毒药品时应当采取的预防措施；人体在中毒后的主要症状，应当采取的紧急措施和医疗机构的位置；所用无人机的飞行性能和操作限制；安全飞行和作业程序。

飞行技能：以无人机的最大起飞全重完成起飞、作业线飞行等操作动作。

作业负责人对农林喷洒作业飞行的每一个人员进行上述规定的理论培训、技能培训及考核，并明确其在作业飞行中的任务和职责。作业负责人对农林喷洒作业飞行负责。其他作业人员应该在作业负责人带领下实施作业任务。对于独立喷洒作业人员，或者作业高度在 15m 以上的人员应持有民用无人机驾驶员合格证。

2.5.1.2 喷洒限制

实施喷洒作业时，应当采取适当措施，避免喷洒的物体对地面的人员和财产造成危害。

2.5.1.3 喷洒记录保存

实施农林喷洒作业的运营人应当在其主运行基地保存关于下列内容的记录：服务对象的名称和地址；服务日期；每次作业飞行所喷洒物质的量和名称；每次执行农林喷洒作业飞行任务驾驶员的姓名、联系方式和合格证编号（如适用），以及通过知识和技术检查的日期。

2.5.2 农用无人机的维护

农用无人机属于精密器械，任何部件的微小变动都会影响其飞行状态和使用寿命。因此，不仅在其使用、运转和存放的过程中应该小心谨慎，其日常的保养工作也是非常重要的，甚至在很大程度上决定了其使用的寿命。以下清洁和检查应在作业期间每天进行一次，非作业期间可每周进行一次。

1. 整机清洁

该项目主要指机身主体的清洁工作，如大桨、尾桨、机身板、尾杆、外露轴承的清洁工作。外露轴承建议涂上润滑脂，以达到润滑、防锈、防腐蚀的目的。清洁过程中注意观察大桨、尾桨和尾杆的完整度、是否有膨胀和开裂等情况，机身板上的固定螺丝是否有松脱等现象。

2. 主螺旋头固定情况

检查主螺旋头各个螺丝的状况，大桨的固定情况，T 头是否松动。

3. 主轴晃量检查

检查主轴横向是否有晃量，上下是否有松动。如晃量很大，建议与厂家联系处理；若上下松动明显，建议马上返厂维修。

4. 清洁主轴并加润滑脂

作业期间建议每天清洁主轴并涂上润滑脂。同时需清洁主轴外露轴承，建议涂上润滑脂。

5. 齿轮箱前轴检查

检查齿轮箱前轴横向是否有晃量，若有晃量，建议返厂维修。检查单向轴承，正常状况是顺时针方向旋转只能自转，逆时针方向会带动主轴旋转。

6. 启动轴晃量检查

检查启动轴是否有明显晃量，若有晃量，建议返厂维修。

7. 离合器检查

顺时针旋转离合器罩，观察是否卡壳、不顺畅。有必要可拆掉皮带检查，正反向都应旋转顺滑。

8. 尾螺旋头固定情况

检查尾 T 头螺丝固定是否牢固，尾桨夹的固定情况。

9. 尾轴晃量检查

检查尾轴旋转面晃量，若有晃量，建议返厂维修。

10. 清洁尾轴并加润滑脂

清洁粘在尾轴上的农药灰尘，再涂上润滑脂。检查固定尾轴的两个轴承，作业期间建议每天清洁，并涂上润滑脂。同时注意铜套的损耗状况。

11. 尾轴变矩结构检查

清洁变矩结构，特别是轴承，清洁后建议涂上润滑脂。

12. 尾同步轮检查

固定主轴，轻微转动尾轴，若有滑动现象说明尾同步轮固定不紧，需重新固定。

13. 全机舵机拉杆清洁检查

清洁舵机及拉杆，包括主螺旋头舵机、螺距拉杆和十字盘拉杆、油门舵机和拉杆、尾舵机和拉杆。注意拉杆连接部分是否松动、变形，用两个手指轻拧固定螺丝观察是否松脱。注意球头扣和球头之间的磨损状况、间隙大小。在未连接电源的情况下，用手摇动舵机臂，观察行程是否顺畅、是否有滑齿现象；连接电源后，摇动拉杆，观察相应舵机反应行程和速度。

14. 喷洒系统清洁、检查

检查水泵、喷头是否堵塞，线路是否氧化，旋转碟的固定情况。

15. 电池检查

检查电池电线是否破损，电池是否膨胀，电压是否正常。

16. 启动器检查

检查单向轴承是否损坏，固定螺丝是否松脱，继电器是否脱焊。

17. 遥控器清洁检查

注意防潮、防尘、防暴晒，有条件的话可以用风枪吹干净。检查各个操纵杆、按键是否正常工作。

18. 存放点检查

机身存放点需注意防火、防潮、防尘、防暴晒，远离可能发生线路漏电的场所。电池和遥控器建议存放在单独的箱子里，箱子的存放点也需注意防火、防潮、防暴晒，远离可能发生线路漏电的场所。油箱不可长时间存放在车厢里，若油箱带油存放，不要拧死通气口。

19. 主皮带、尾皮带、风扇皮带检查

注意是否少齿、分叉及其他可能导致断裂的状况，并检查松紧度是否合适，另外长时间未使用后首飞应先检查一次。

20. 检查更换空气滤清器

空气滤清器的干净与否会影响发动机的工作效率，因此要经常检查；更换安装时注意固定卡箍是否对齐，是否牢靠，作业期间建议至少每周更换一次，在比较恶劣的环境里作业，可缩短检查更换周期。

21. 清洗火头

用汽油清洗，并将火头上的积碳用铜丝刷刷掉；清洗干净后，用间隙尺测量火头间隙是否为 0.7mm。

22. 齿轮油检查及更换

作业期间建议每周检查一次，连续一个月使用后可拧开加油孔检查齿轮油是否老化。长时间未使用后的首飞也需检查确认。10 个飞行小时磨合阶段后应更换一次齿轮油，以后每 30 个飞行小时更换一次齿轮油。每周检查一次齿轮油密封状况，是否有渗漏。齿轮油老化明显时建议更换。

23. 线路检查

检查线路是否破损，受药水腐蚀的状况。

2.5.3　农用无人机低空作业的注意事项

1. 药剂要求

无人机作业要使用合适的专用高工效药剂。由于药液浓度提高，雾滴变细，选用常规药喷施，会使药害出现的概率加大，包括药液的蒸发、粘附及飘移都会较大地影响防治效果，所以应当尽量选用已经验证过无药害风险的安全性药剂。

2. 作业人员要求

安装和使用遥控无人机需要专业的知识与技术，不正确的操作可能导致设备损坏或者人身伤害。严禁酒后疲劳状态下操作飞机。一定要保持飞机在自己的视线范围内飞行，即在视距内飞行。作业时，远离人群，严禁在人群上方飞行。

3. 飞行环境要求

严禁在下雨时飞行。水和水汽会从天线、摇杆等缝隙进入发射机并可能引发失控。严禁在有闪电的天气飞行。远离高压电线飞行。

4. 设备要求

遥控器电池组的电压较低时，不要飞得太远，每次飞行前都需要检查遥控器和接收机的电池组。不要过分依赖遥控器的低压报警功能，低压报警功能主要是提示何时需要充电，没有电的情况下，会直接造成飞机失控。当把遥控器放在地面上的时候，注意平放而不要竖放。因为竖放时可能会被风吹倒，就有可能造成油门杆被意外拉高，引起动力系统运行，从而可能造成伤害。

5. 其他

如果发生了无人机坠落、碰撞、浸水或其他意外情况，在下次使用前要做好充分的测试。

2.6　农用无人机田间施药技术

2.6.1　田间施药要求

2.6.1.1　施药前准备

1. 田块测绘

无人机施药不同于传统的施药方式，是通过作业人员遥控操作飞机进行作业的人械分离作业方式，且目前多数农用无人机已具备自主飞行作业功能，因此施药前首先要进行田块测绘，获取农田的全局地理信息，从而更好地进行航线规划，确定大致施药量，选取最优航线，避免重喷、漏喷等。目前，大多采用手持式GPS仪定点定位来测量田块，获取作业地块的形状、面积等。

2. 病虫草害发生情况与农药选择

有效地防控病虫草害，必须要了解病虫草害的发生情况，主要包括诊断病虫草害发生类型、确定严重程度和发生部位等。只有确定了病虫草害的发生情况，才能对症下药，达到“药到病除”的效果。目前市场上的农药品种繁多，名称各异，性质不同，用法有别，选择农药时一定要看清农药的使用说明书。对于不同病虫草害及其不同的发生期，应有针对性地选择农药，确定其防治对象、对作物的安全性、适合收获的安全间隔期，以及对家畜、有益昆虫和环境的安全性。很多农户在诊断病虫害时难免会误诊，有的将病当虫治，把虫当病医，有的虽然病虫分得清，但用药不对口，也达不到预期的防治效果。因此，作为作业人员，必须要对有关的病虫草害和农药有一定的了解。

3. 气象查看

田间温、湿、雨、露、光照和气流等气象因素复杂多变，这些气象条件不仅会影响航空施药效果，还与农药的安全使用息息相关。因此，在用无人机进行植保喷施作业前一定要查看当地气象，以确定当时的气象是否适合作业，以及在哪个时间段作业最佳。一般应选择好天气作业，露水未干、风力大时均不宜作业，而炎热夏季应在早晚阴凉时作业。

4. 作业参数确定

航空施药属于精准作业，不像传统的喷雾机喷药只需要配好药就直接喷施，它需要人工操作飞机进行作业。因此，一定要确定好作业参数（一般包括飞行速度、高度、路线等）、规范作业，才能达到效率高、效果好的精准作业要求。

5. 药剂配制

科学复配农药可以起到同时防病防虫的效果，但是农药的配制并不是简单的农药稀释与几种农药的简单混合，而是要根据病虫草害的发生时期、严重程度等合理配制。而且，有的农药剂型不用稀释就可直接使用，不同农药的理化性质及毒性各有不同，切忌盲目混配。

6. 操作人员注意事项

在配制农药前，配药人员应戴好防护口罩和手套，穿长袖长裤和鞋袜（图 2-22），准备干净的清水作冲洗手脸之用，用量器按要求量取药液和药粉，不得随意增加用量、提高浓度。

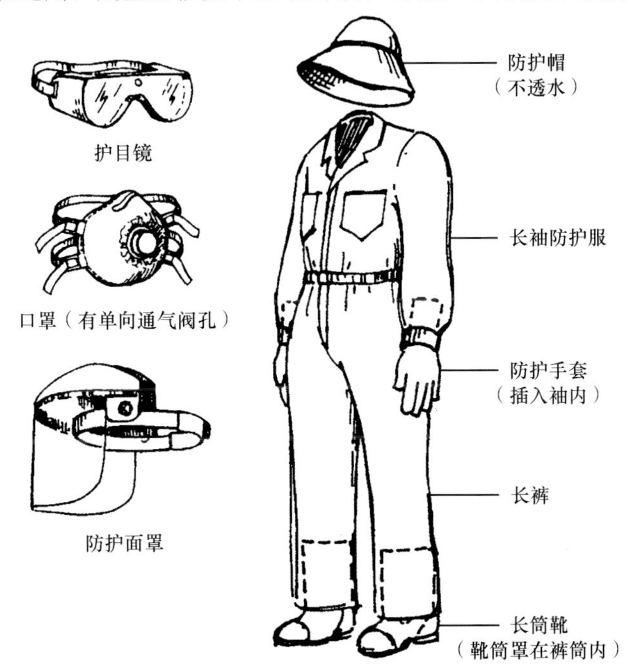

图 2-22 施用农药的标准防护设备

航空施药虽然避免了人与药械的直接接触，但通常都采用超低容量喷雾，形成的药液雾滴非常细小，容易随风飘移，因此，作业人员在施药前一定要佩戴防护用品，以防施药时农药雾滴通过口鼻、皮肤进入人体而危害健康甚至造成中毒事故。

2.6.1.2 施药后处理

1. 安全标记

施药后应在田间插入“喷洒农药，禁止人员进入”的警示标记，一方面，避免人员误食喷洒农药后田块的农产品引起中毒事故；另一方面，无人机作业效率高、面积大，标记已施药地块可避免重喷、漏喷。

2. 农药包装物及残液的处理

空的农药包装袋或包装瓶应集中收回妥善处理，不可随意丢弃在农田间或直接焚烧，以免形成农田垃圾，造成环境污染；施药后药箱中未喷完的残液应用专用药瓶存放，安全带回，不可直接排放在农田间或农田水渠中，以免造成农田生态系统破坏及水土污染。

3. 机具清理与保养

每次施药后，机具应在田间全面清洗。用少量清水多次清洗药箱，每次加入清水后，把箱中的水通过喷头喷出，这样可以清洗到药箱的管路和喷头。清洗机具后的污水不必带回，但应在田间选择安全地点妥善处理，不可随地泼洒。

无人机作业后不仅要清洗喷洒系统，也应注意机身的保养。在施药过程中，难免有药液飞溅洒落在机身上，为防止机身、零件被药液腐蚀，在清洗完喷洒系统后，应仔细擦拭机身及暴露在外的零部件，以保证无人机的使用寿命。

4. 操作人员安全防护

作业人员在全部工作完毕后，应及时更换工作服，用肥皂清洗面部、手部等裸露部位，并用清水漱口（有条件时，作业人员最好淋浴洗澡一次）。换下的工作服应及时用肥皂洗净后晾晒。

2.6.2 田间施药质量及评价

航空施药喷雾质量也是由施药效果决定的。理想的航空施药效果是所有的农药试剂都沉积在目标区域内的目标害虫或作物上，起到保护植被或者灭杀虫害的作用。实际施药过程中，受环境或其他因素的影响，大部分农药最终流失到非目标区域的环境中，造成邻近作物的药害、环境污染、人员中毒等危害。为避免或减轻施药危害，航空施药作业必须考虑施药质量的各类影响因素。

2.6.2.1 施药质量的影响因素

农药雾滴到达生物靶标的比例，在很大程度上受到气温、相对湿度、自然风速和风向的影响，因此气象条件是影响喷雾质量的首要因素。《农用航空器喷施技术作业规程》对喷施时气象条件有明确规定：风速超过 5m/s 时不宜进行航空喷雾作业，喷粉时最大风速平原地区不超过 4m/s，丘陵地区不超过 3m/s；最佳施药气温为 24 ～ 30℃，当大气温度超过 35℃时应暂停作业；喷雾时相对湿度应在 60% 以上，喷粉时应选择相对湿度为 40% ～ 90% 的天气；喷施内吸型农药、一般化学农药、生物农药时应分别保证在施药期间 5 ～ 12h、24h、48 ～ 72h 没有降雨。

1. 气温和相对湿度

气温和相对湿度对雾滴运动的影响，主要表现为影响小雾滴的蒸发和雾滴在靶标表面的附着性。例如，在高温、低湿度的天气下，雾滴从喷头向靶标生物运动时，雾滴群中的小雾滴可能在途中就完全蒸发。另外，高温低湿的天气会降低植物叶面对雾滴的容纳性，因为叶面上的小绒毛不够湿润，雾滴与叶面难以完全贴合，导致许多雾滴难以在叶面上停留，而从叶子中间落下。但如果湿度太大，受饱和度的限制，过多的液体会汇聚滴漏到下层叶面，流失到土壤中，最终也会影响雾滴在叶面上的沉积量。所以，叶面上所得到的农药沉积量在饱和以前与喷洒药剂的浓度成正比，但当沉积量超过饱和值时就与其没有明显的相关性了，这正是我国农业施药中大量、超量的原因。

2. 风速和风向

风速和风向对航空喷施作业的影响更大。农用无人机低空飞行作业多采用超低容量喷施，其雾滴的粒径小，容易受自然风速和风向的影响产生飘移，不仅会污染大气环境，还会对邻近作物造成药害。飘移一直是喷雾作业中需要严格控制的因素，尽管无人机旋翼产生的下旋气流能够在一定程度上减轻自然风对雾滴运动的影响，但田间作业想要完全避免飘移是不可能的。风速影响雾滴飘移距离，风向决定雾滴飘移方向，雾滴的飘移距离与风速成正比。

3. 雾滴粒径

喷雾效果与雾滴粒径、雾滴飘移及沉降速度等因素密切相关。其中，雾滴粒径是农药喷雾技术中相对容易控制的重要参数，也是直接影响农用无人机喷雾质量及作业效果的关键因素之一。

控制雾滴粒径在合理范围内，是用最少的药量取得最好的防治效果，并减少环境污染的关键所在。雾滴粒径与雾滴密度、喷液量有十分密切的关系。随着雾滴粒径的缩小，雾滴数目呈几何级速度增加，而随着雾滴数量的增加，农药击中靶标的概率会显著增加，覆盖也会更加均匀。农药喷施过程中，粒径大的雾滴容易沉降，不易随风飘移或蒸发散失，但分布不均匀、附着能力差，容易因弹跳和滚落而造成药液流失，大大降低了农药的防治效果，也污染了水土环境。雾滴粒径小，会相对易受气流影响而发生飘移，可能对相邻农作物造成危害，但细小雾滴在作物叶片表面的雾滴密度和覆盖均匀性远优于粗大雾滴，而且附着能力强，不易流失，农药利用率高。

细小雾滴还有较好的穿透能力，能随气流深入植株冠层内部，沉积在果树或植株深处的叶片正面及大雾滴不易沉积的叶片背面；对于在叶组织中传导性较差的药剂，雾化则能够提高其生物学反应效率，即对于具备触杀作用的农药，雾滴粒径小，防治效果更好。当然，由于雾滴大利于沉降，而雾滴小的覆盖率高、渗透性好，要使药剂发挥最佳效果，最好的办法就是在大小雾滴中找到一个合适的平衡点，即找到最佳粒径，充分发挥最佳粒径所带来的优势，从而有效防治病虫草害。这就涉及如何控制雾滴粒径的问题。

只有在大小雾滴中找到一个合适的平衡点，才能使药剂发挥最佳效果。有关研究表明，不同的生物靶标捕获的雾滴粒径范围不同，只有在最佳粒径范围内，靶标捕获的雾滴数量才最多，防治效果也最佳，这就是“生物最佳粒径理论”。运用这个理论，可以根据有害生物的特征设计一定的雾滴粒径和喷洒技术，从而大幅度减少农药的施用量，并提高防治效果。针对不同的生物靶标，不同类型的农药防治有害生物时的雾滴最佳粒径范围也不同，如表 2-6 所示。

表 2-6　农药防治效果的最佳粒径范围

不同农药类型（针对不同靶标）	雾滴最佳粒径范围 /μm
飞行类虫害杀虫剂	10 ～ 50
叶面爬行类杀虫剂	40 ～ 100
植物病害杀菌剂	30 ～ 150
除草剂	100 ～ 300

雾滴过大或过小都不利于病虫害的防治，只有当雾滴粒径与雾滴数目达到最优组合时，才会产生最好的防治效果。喷雾的最佳粒径还受到多方面因素的影响，对同一病虫草害，不同农药、不同靶标、不同药液浓度甚至病虫草害的不同时期，农药的最佳喷雾粒径有所不同。根据最佳喷雾粒径实现变量喷洒，是精准施药技术的重大挑战之一。

4. 雾滴密度

雾滴密度决定雾滴对目标的覆盖率。达到最佳防治效果所需的雾滴密度取决于害虫密度、流动性（迁移率）、药液中有效成分的性质及有效成分在目标上的再分布。当雾滴的大小确定以后，不同的雾滴密度决定了农药的使用量。在一定面积上当雾滴密度一定时，雾滴粒径与所需药液量之间的关系参照表 2-7。

表 2-7　1 个 /mm² 的雾滴密度在 1hm² 面积上喷洒最小喷雾量与雾滴粒径之间的关系

雾滴粒径 /μm	20	40	60	80	100	200	400
喷雾量 /L	0.042	0.335	1.131	2.682	5.238	41.9	335.1

例如，用雾滴体积中径 30μm 的农药控制舌蝇需要的剂量约为 3L/hm²，而用 250μm 的雾滴喷洒除草剂则需 6 ～ 20L/hm²，除非喷洒的雾滴数增加或雾滴的分布得到改善，否则增加药量并不一定能够达到提高防治效果的目的。

5. 喷头

喷头是喷雾装置中最为重要的部件之一，雾滴的大小、密度、分布状况等在很大程度上都取决于喷头的类型、大小和质量。目前，常用的喷头从作用原理来分主要有液力式和离心式两种。液力式喷头产生的雾滴有较大的初速度，其抗飘移性能明显优于离心式喷头，缺点在于产生的雾滴粒径谱较宽，使其难以达到精准喷雾的要求。液力式喷头种类很多，常用的有各种型号的扁扇喷头、空心锥雾喷头和双流喷头等。离心式喷头的优点在于产生的雾滴粒径谱较窄，且很容易从同一喷头得到不同大小的雾滴，因雾滴大小取决于转速。不同种类的喷头其作用原理、适用条件和所产生雾滴的物理特性都不相同，选择合适的喷头是保证喷雾质量的重要因素。

6. 作业参数

航空施药的作业参数主要包括飞行高度和速度等。无人机进行植保喷施作业时，其飞行高度和速度对雾滴的沉积特性会产生明显影响，最终影响作业效果和农药利用率。飞行高度过高时，容易发生雾滴蒸发和飘移，造成资源浪费和环境污染；而飞行高度过低时又会产生带状影响，导致药液在作物上分布不均匀，而且飞行高度越低，其作业时的喷幅越窄，作业效率也相对较低。飞行速度过快，会造成漏喷，无法达到飞防效果；速度过慢，则会降低作业效率，造成农药浪费与环境污染。

7. 施药液量

根据《农业航空作业质量技术指标　第 1 部分：喷洒作业》，施药液量大于或等于 30L/hm² 为常量喷洒，5 ～ 30L/hm² 为低容量喷洒，小于或等于 5L/hm² 为超低容量喷洒。减少施药液量可以使一次装载的药液喷洒更大的面积，不但可以减少装药时间，而且可以降低作业成本。施药液量的大小部分取决于所选雾滴的大小。一般，在作物上（如棉花）20 个 /cm² 被认为是足够了，但这并不适用于所有的情况。例如，在作物生长后期喷洒除草剂，特别是喷洒杀菌剂就需要更多的雾滴。在大多数情况下。需要较多的雾滴来提高覆盖率，但所需的施药液量也较高。

目前，大多数水基溶液采用低容量喷洒技术，施药液量一般在 20 ～ 30L/hm²。根据作业项目的不同，施药液量也稍有不同，苗前土壤处理除草剂用量为 25L/hm²，其他农业作业为 20L/hm²。超低容量喷洒作业目前主要用于森林灭虫（3L/hm²）和草原灭蝗（1.5L/hm²）。

喷头的喷液量调试工作是航空施药作业中的一项重要工作。调试时，在无人机中加入一定数量的清水，根据作业项目计算每分钟喷液量，无人机在空中按正常作业速度飞行，计算喷洒时间，根据每分钟喷液量、喷洒时间、飞行速度等参数准确计算喷液量。

喷头的喷液量与航道间隔、总喷液量、飞机的飞行速度等因素有关。喷液量一般要根据飞机飞行速度、喷幅和施药液量加以调整，其计算公式如下。

$$\text{喷液量（L/min）} = \frac{\text{飞行速度（km/h）} \times \text{喷幅（m）} \times \text{施药液量（L/hm}^2\text{）}}{600} \tag{2-1}$$

2.6.2.2　施药质量的评价指标

雾滴的分布均匀性、飘移性及覆盖率是植保喷施作业质量的重要评价指标。雾滴的分布均匀性是指雾滴在靶标上分布的均匀程度，一般用分布变异系数的大小来表示。均匀性不高的原因很多，但主要是多喷头之间的间隔、高度布置不合适，或喷头类型选择不当，造成漏喷或重喷。另外，侧风也容易造成分布不均匀。目前，无人机上的喷头多为等间距均匀分布，至于等间距分布所得到的雾滴分布均匀性是否为最好，还尚无这方面的研究报道。飘移性是指雾滴偏离目标的趋势，用偏离目标雾滴占总喷液量的比例来表示，侧风是产生飘移最直接的原因。覆盖率是指雾滴对目标的覆盖比例。雾滴的覆盖率直接关系到雾滴在叶面上的沉积量，决定了病虫草害的防治效果。

2.7　农用无人机施药技术研究实例

2.7.1　研究实例一：植保无人机航空喷施作业有效喷幅的评定与试验

2.7.1.1　基本情况

华南农业大学国家精准农业航空施药技术国际联合研究中心陈盛德等（2017）在《农业工程学报》上发表了《植保无人机航空喷施作业有效喷幅的评定与试验》，以单旋翼植保无人直升机和多旋翼植保无人直升机为例，通过不同飞行参数下的航空喷施试验及目前国内常用的不同有效喷幅评定方法来评定不同参数无人机的有效喷幅，以期在评定植保无人机有效喷幅的同时，为不同参数和类型的植保无人机选择最优有效喷幅提供评定方法，降低航空喷施作业的重喷率和漏喷率，提高植保无人机航空喷施作业质量，为植保无人机实现精准航空作业提供参考。

2.7.1.2　试验仪器

测定试验的植保无人机分别是安阳全丰航空植保科技股份有限公司提供的 3WQF120-12 型农用无人机（简称“3WQF120-12 型植保机”）和广州极飞科技股份有限公司提供的 P20 型农业植保无人机（简称“P20 型植保机”）。环境监测系统包括便携式风速风向仪和试验用数字温湿度表，风速风向仪用于监测和记录试验时环境的风速与风向，数字温湿度表用于测量试验时环境的温度及湿度。雾滴收集处理设备包括三脚架、扫描仪、夹子、橡胶手套、密封袋、标签纸等。

2.7.1.3　试验方法

1. 采样点布置

在足够大的地块中设置一条雾滴采集带，采集点之间的间距为 0.5m。通过 3 次 3WQF120-12 型植保机有效喷幅预试验的结果可知，离航线中心两侧 0.5m 处采集点上的雾滴数量较多，考虑到3WQF120-12型植保机的有效喷幅较大，P20型植保机有效喷幅较小，因此，设置如图2-23所示的试验方案。图2-23a为3WQF120-12型植保机测试方案图，以中心航线处记为0m，左右对称布置8个采集点，左右两边的采集点分别依次记为−1m、−1.5m、−2m、−2.5m、−3m、−3.5m、−4m、−4.5m和1m、1.5m、2m、2.5m、3m、3.5m、4m、4.5m；图2-23b为P20型植保机测试方案图，以中心航线处记为0m，左右对称布置8个采集点，左右两边的采集点分别依次记为−0.5m、−1m、−1.5m、−2m、−2.5m、−3m、−3.5m、−4m和0.5m、1m、1.5m、2m、2.5m、3m、3.5m、4m。

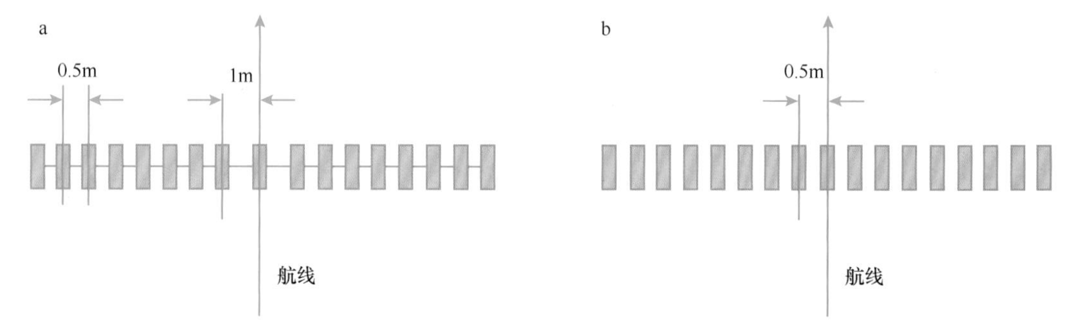

图2-23　试验方案示意图

a. 3WQF120-12型植保机测试方案图；b. P20型植保机测试方案图

2. 作业参数设计

由于此次试验是为了判定植保无人机喷施作业时的有效喷幅，所以试验作业参数应在正常作业范围内。根据飞控手的喷施作业经验，推荐较佳的作业高度为2m左右、作业速度为4m/s左右，考虑到飞控手平时的操作误差，将作业参数设置为作业高度1～3.5m、作业速度2～5m/s。在此作业参数范围内每种机型进行12架次的喷施试验。表2-8分别为3WQF120-12型植保机12次飞行试验的飞行参数及环境参数（试验当天上午的温度为21℃左右、相对湿度为58%左右、环境风向为东北风向）及P20型植保机12次飞行试验的飞行参数及环境参数（试验当天上午的温度为30℃左右、相对湿度为54%左右、环境风向为西南风向），风速采集高度约为2m。

表2-8　试验参数

试验架次	3WQF120-12型植保机作业参数			P20型植保机作业参数		
	飞行速度/（m/s）	飞行高度/m	环境风速/（m/s）	飞行速度/（m/s）	飞行高度/m	环境风速/（m/s）
1	4.91	1.85	1.2	3.22	1.84	1.5
2	3.77	1.72	1.0	4.60	1.42	1.2
3	3.90	2.27	0.8	3.85	1.44	1.6
4	3.84	1.05	1.4	3.31	1.72	2.2
5	2.98	1.70	0.5	3.90	1.70	1.8
6	2.94	2.04	1.5	4.75	1.60	1.9
7	2.90	1.02	0.8	3.42	2.21	2.0
8	2.86	3.43	2.2	3.45	2.06	0.8
9	4.76	2.36	1.5	4.71	2.19	2.0

续表

试验架次	3WQF120-12 型植保机作业参数			P20 型植保机作业参数		
	飞行速度 /（m/s）	飞行高度 /m	环境风速 /（m/s）	飞行速度 /（m/s）	飞行高度 /m	环境风速 /（m/s）
10	4.88	1.12	0.8	4.45	1.72	1.5
11	5.01	3.60	0.5	4.55	2.05	1.6
12	3.92	2.35	1.2	3.87	1.49	2.5

2.7.1.4　结果与分析

通过不同飞行参数下的航空喷施试验及目前国内常用的有效喷幅评定方法来评定不同参数植保无人机的有效喷幅，表 2-9 为两种植保无人机（单旋翼植保无人直升机和多旋翼植保无人直升机）有效喷幅的判定结果。对评定的有效喷幅结果进行分析得到：50% 有效沉积量判定法适用于 3WQF120-12 型植保机，评定的平均有效喷幅为≥ 4.44m。雾滴密度判定法适用于 P20 型植保机，评定的平均有效喷幅为≥ 2.58m。

表 2-9　植保无人机有效喷幅判定结果　（单位：m）

试验架次	3WQF120-12 型植保机		P20 型植保机	
	雾滴密度判定法	50% 有效沉积量判定法	雾滴密度判定法	50% 有效沉积量判定法
1	≥ 0.5	≥ 4.5	≥ 3.0	≥ 2.0
2	≥ 2.5	≥ 4.0	≥ 2.5	≥ 2.0
3	≥ 3.5	≥ 4.0	≥ 2.5	≥ 1.5
4	≥ 1.5	≥ 1.5	≥ 2.5	≥ 1.5
5	≥ 4.0	≥ 4.0	≥ 2.5	≥ 1.0
6	≥ 4.5	≥ 4.0	≥ 2.0	≥ 1.0
7	≥ 3.0	≥ 2.5	≥ 2.5	≥ 1.5
8	≥ 3.0	≥ 4.5	≥ 3.5	≥ 1.5
9	≥ 1.5	≥ 5.5	≥ 2.5	≥ 1.5
10	≥ 2.5	≥ 1.0	≥ 2.5	≥ 1.5
11	≥ 0	≥ 5.0	≥ 2.0	≥ 1.0
12	≥ 0.5	≥ 4.5	≥ 3.0	≥ 1.5

对于利用雾滴在水敏纸等采集卡上的图像来计算雾滴沉积结果的方法，受当前图像处理技术的限制，不同雾滴粒径参数的植保无人机应选择不同的有效喷幅评定方法；50% 有效沉积量判定法更适合于雾滴粒径相对较大的植保无人机，雾滴密度判定法更适合于雾滴粒径相对较小的植保无人机。

2.7.2　研究实例二：植保无人机小麦田喷施喷液量对雾滴沉积及病虫害防治效果的影响

2.7.2.1　基本情况

华南农业大学国家精准农业航空施药技术国际联合研究中心王国宾等于 2018 年 10 月在

Pest Management Science 上发表了 "Field evaluation of an unmanned aerial vehicle (UAV) sprayer: effect of spray volume on deposition and the control of pests and disease in wheat"，介绍了在 2016 年与 2017 年使用单旋翼无人机和背负式电动喷雾机喷施在小麦田的雾滴沉积及田间防治效果。试验共测试 3 种喷液量，分别为 9.0L/hm^2、16.8L/hm^2、28.1L/hm^2，在不改变其他作业参数的情况下通过采用 LU120-01、LU120-02、LU120-03 三种喷头来实现上述 3 种不同的喷液量。背负式电动喷雾机的喷液量为 225L/hm^2 和 450L/hm^2。采用水敏纸获取雾滴沉积参数包括雾滴粒径、覆盖率、雾滴密度等数据，通过 Mylar 卡洗脱的方式获取雾滴在冠层内的沉积情况，并分别调查不同的喷液量对田间药效的影响。

2.7.2.2　试验仪器

试验采用安阳全丰 3WQF120-12 型植保无人机（图 2-24）进行试验，以背负式电动喷雾机（新乡市牧野区创兴喷雾器厂）常量喷洒作为对比。试验中单旋翼无人机的飞行速度为 5m/s，喷雾压力为 0.4MPa，飞行高度为 2m，作业喷幅设定为 5m。受作业速度范围的限制，喷液量的变化通过变换喷头类型来实现。背负式电动喷雾器安装有两个空心圆锥式喷头，喷孔直径为 1.0mm，喷雾压力泵提供的压力为 0.3MPa，流量为 1.5 ～ 1.7L/min，喷杆长度为 81cm。

图 2-24　试验用植保无人机

2.7.2.3　试验方法

1. 沉积参数测定

于喷洒处理前在试验田内布置采样点，每个重复共包含 6 个采样点，各采样点间隔为 2m，总长度 10m，共重复 3 次，各重复之间间隔 15m。为避免处理之间的飘移污染，采样点设置于试验田中央。每个采样点包含两张水敏纸和两张 Mylar 卡，水敏纸和 Mylar 卡通过双头夹固定在塑料杆上，调节布置位置，使一张水敏纸与麦穗齐平，一张与麦中部齐平；Mylar

卡则一张与麦穗齐平，一张放置于地面。水敏纸主要是用来测定不同冠层的雾滴沉积参数，如覆盖率、雾滴粒径、雾滴密度等。Mylar 卡主要用来测定上部冠层及地面的沉积量。图 2-25 展示了 Mylar 卡和水敏纸的布置。

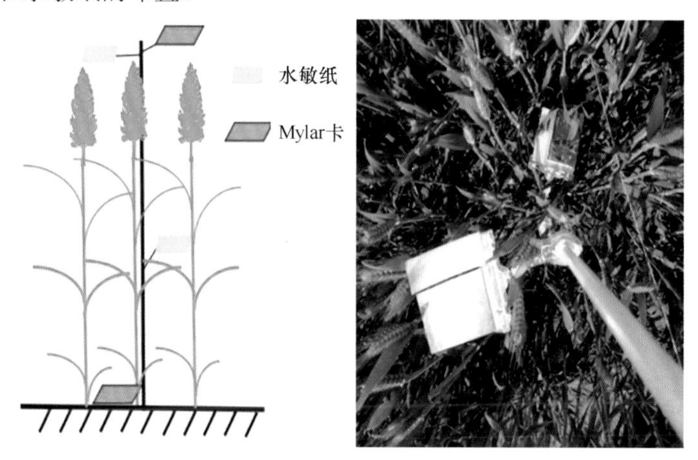

图 2-25　Mylar 卡和水敏纸的布置

2. 病虫害防治

根据《田间药效试验准则（一）》试验标准，对小麦白粉病和小麦蚜虫进行了调查与记录。根据空白对照的发病率，在试验期间进行了 3 次白粉病药效评估。第一次评估是在第一次喷洒之前进行的，第二次和第三次评估分别在第二次喷洒后 10d 和 15d 进行，在每个小区的 5 点采样后进行病害评估。每小区选取 30 株小麦，对每株的旗叶和旗下的第一片叶进行评估。根据国家标准对小麦白粉病的严重程度进行分类，并根据病叶面积对病叶进行评价，危害指数计算参见式（2-2），防治效果计算参见式（2-3）。

$$\text{危害指数}=\frac{\sum(\text{各级危害叶数}\times\text{相对级数值})}{\text{调查总叶数}\times 9}\times 100 \tag{2-2}$$

$$\text{防治效果（\%）}=\left(1-\frac{\text{空白对照药前危害指数}\times\text{处理区药后危害指数}}{\text{空白对照药后危害指数}\times\text{处理区药前危害指数}}\right)\times 100\% \tag{2-3}$$

2.7.2.4　结果与分析

不同喷雾器的不同喷液量处理显著影响麦穗上雾滴沉积、Mylar 卡上雾滴沉积。无人机在喷液量为 16.8L/hm^2 和 28.1L/hm^2 时的沉积量显著高于 9.0L/hm^2，与背负式电动喷雾器喷液量为 225L/hm^2 处理的差异不显著（图 2-26）。

无论是冠层上部还是中部，雾滴覆盖率随着喷液量的增加而增加。无论是冠层上部还是中部，背负式电动喷雾器喷液量为 450L/hm^2 具有最大的覆盖率，显著高于 225L/hm^2 处理，同时显著高于无人机处理。冠层上部、中部的雾滴密度也随着喷液量、喷洒设备的变化而变化，背负式电动喷雾器喷液量为 225L/hm^2 时，在冠层上部的密度显著高于无人机 9L/hm^2 处理，但是与其他处理差异不显著。植保无人机和背负式电动喷雾器的 $Dv_{0.5}$ 随着喷液量的增加而增加。对于植保无人机，最大的 $Dv_{0.5}$ 为使用 LU120-03 喷头喷液量为 28.1L/hm^2 时，在冠层上部（$P<0.05$）、中部（$P<0.05$）要高于其他的处理（表 2-10）。

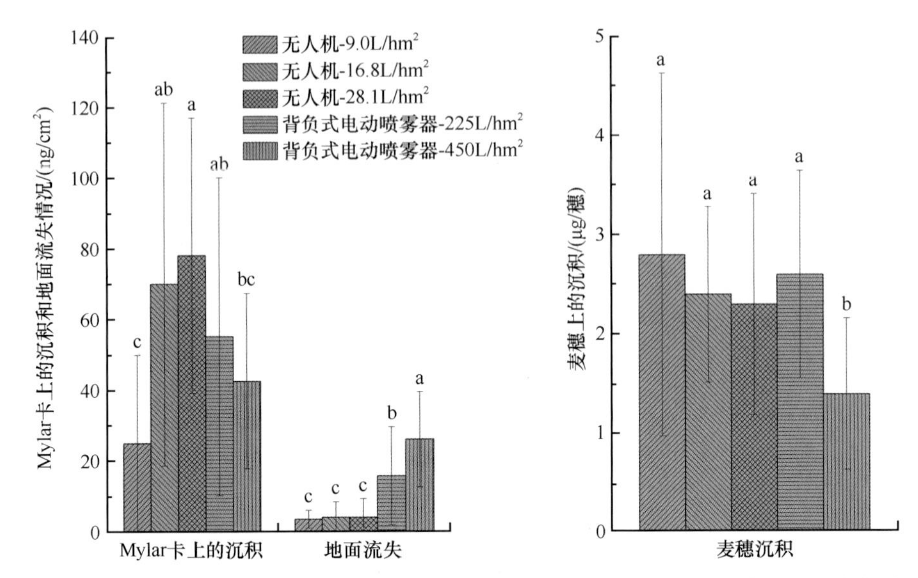

图 2-26　两种喷雾器 5 个喷液量下雾滴在 Mylar 卡及麦穗上的沉积及在地面上的流失情况

不同小写字母表示不同处理间差异显著（$P < 0.05$），下同

表 2-10　小麦冠层上部和中部的覆盖率、雾滴密度及雾滴体积中径（$Dv_{0.5}$）

部位	喷洒设备	喷液量 /（L/hm²）	覆盖率 /%	雾滴密度 /（个 /cm²）	雾滴体积中径 /μm
冠层上部	无人机	9.0	1.4±0.3c	18.4±2.6b	135.4±6.2d
		16.8	2.6±0.4c	22.8±2.2ab	164.1±7.6cd
		28.1	3.4±0.5c	23.5±2.1ab	201.1±9.9c
	背负式电动喷雾器	225	17.9±3.8b	45.9±9.2a	270.5±31.8b
		450	45.2±4.0a	33.9±8.6ab	507.3±62.7a
冠层中部	无人机	9.0	0.16±0.02c	2.8±0.4b	115.5±6.1c
		16.8	0.39±0.04c	4.0±0.4b	155.2±7.4b
		28.1	0.63±0.07c	5.0±0.5b	175.0±8.9b
	背负式电动喷雾器	225	6.7±1.2b	27.1±6.7a	182.0±31.7b
		450	11.9±2.0a	27.6±4.6a	287.2±48.0a

注：各沉积数据均为平均值 ± 标准误；不同小写字母表示不同处理间差异显著（$P < 0.05$），下同

喷洒后第 3 天和第 7 天的防治效果参见图 2-27。最佳防治效果为背负式电动喷雾器喷液量 450L/hm² 处理，但是与无人机喷液量 28.1L/hm² 处理差异不显著。为探索喷液量与药剂类型对麦蚜防治效果的影响，进行了吡虫啉（同时具有内吸与触杀作用）与高效氯氟氰菊酯（仅有触杀作用）的对比试验（图 2-28）。试验结果表明，无论是吡虫啉还是高效氯氟氰菊酯的防治效果都受到喷液量的影响。与背负式喷雾器相比，喷液量对无人机防治麦蚜的影响更为显著。

当单独分析吡虫啉药剂时，无人机喷洒防治效果较佳的为 16.8L/hm² 和 28.1L/hm² 处理，与背负式电动喷雾器差异不显著，但是显著好于喷液量为 9.0L/hm² 试验处理（图 2-29）。喷液量对杀菌剂也有显著的影响。喷洒后最佳的防治效果为喷液量 450L/hm² 处理，此处理效果显著高于其他处理。尽管无人机防治效果在第 10 天时显著低于背负式电动喷雾器处理，但是在第 15 天时无人机喷液量 28.1L/hm² 处理与背负式电动喷雾器处理差异不显著，表明植保无人机喷洒高浓度药剂具有较长的持效期。对于无人机喷洒，喷液量显著影响药后第 10 天、第 15 天的防治效果。无人机防治效果随着喷液量的增加而增加，喷液量为 28.1L/hm² 具有更好的田间白粉病防治效果。

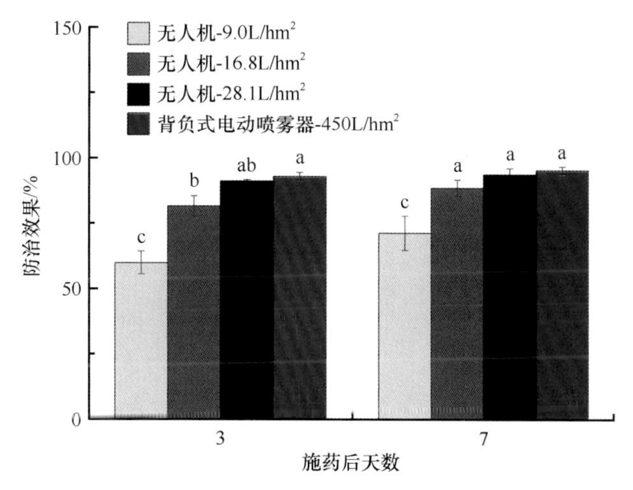

图 2-27　2016 年采用无人机和背负式电动喷雾器喷洒高效氯氟氰菊酯·吡虫啉悬浮剂 [25g(a.i.)/hm²] 后第 3 天和第 7 天对麦蚜的防治效果

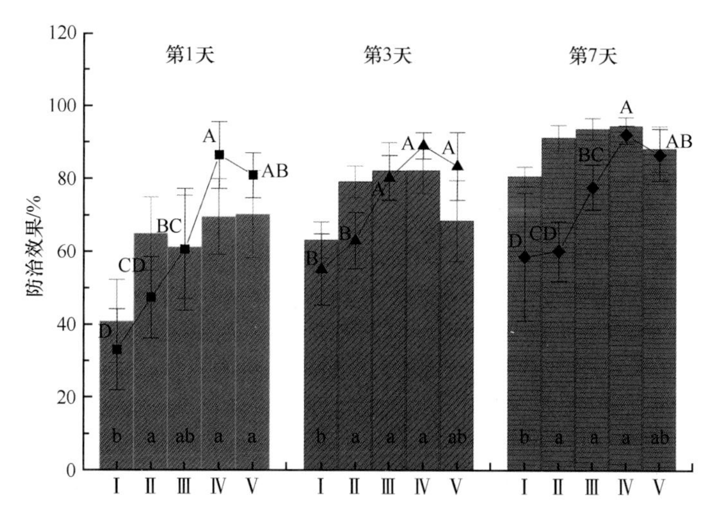

图 2-28　2017 年采用无人机和背负式电动喷雾器喷洒吡虫啉和高效氯氟氰菊酯 5 种喷液量后第 1 天、第 3 天和第 7 天对麦蚜的防治效果

柱状图代表吡虫啉，折线图代表高效氯氟氰菊酯。不同大写字母表示喷施高效氯氟氰菊酯的处理间差异显著（$P < 0.05$），不同小写字母表示喷施吡虫啉的处理间差异显著（$P < 0.05$）。Ⅰ. 无人机-9.0L/hm²，Ⅱ. 无人机-16.8L/hm²，Ⅲ. 无人机-28.1L/hm²，Ⅳ. 背负式电动喷雾器-225L/hm²，Ⅴ. 背负式电动喷雾器-450L/hm²

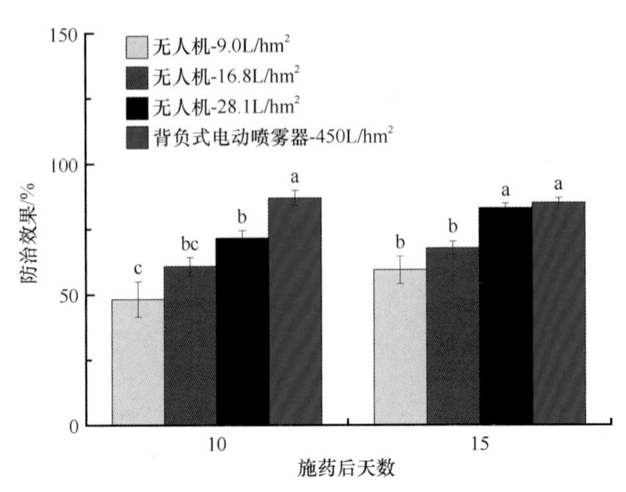

图 2-29　2016 年采用无人机和背负式电动喷雾器喷施杀菌剂后第 10 天和第 15 天对小麦白粉病的防治效果

2.7.3　研究实例三：植保无人机喷施雾滴粒径和环境风速对雾滴飘移的影响

2.7.3.1　基本情况

山东理工大学国际精准农业航空团队王国宾等在 2020 年 5 月 *Science of the Total Environment* 上发表了“Field evaluation of spray drift and environmental impact using an agricultural unmanned aerial vehicle (UAV) sprayer”，介绍了极飞 P20 型植保无人机在进行病虫害防治作业时所需的安全农药飘移缓冲区，通过试验，研究了在飞行速度为 5m/s、飞行高度为 4m 时，不同雾滴粒径（100μm、150μm、200μm）和不同环境风速对靶标区域雾滴沉积和非靶标区域雾滴飘移的影响并建立了飘移模型。

2.7.3.2　试验飞行平台与喷雾系统

喷洒机具为 P20 型农业无人机（广州极飞科技股份有限公司），作业高度为 1 ～ 5m，作业速度为 1 ～ 6m/s。喷头直径为 60mm，转盘式离心喷头，喷雾雾化标准为 70 ～ 285μm（可调），流量为 150 ～ 500mL/min（可调），数量为 4 个，前后各 2 个，在飞行旋翼下对称布置，喷洒时沿前进方向的前面 2 个处于关闭状态，后面 2 个处于喷洒状态，间距为 1.15m，喷幅为 1.5 ～ 5.0m。飞机载药容积为 5 ～ 8L。喷洒前用手持式 GPS 仪进行定位，输入操控系统，以使无人机按预设的航线飞行。

2.7.3.3　试验方法

1. 试验设计

沉积区、飘移区的地面沉积、空中飘移分别通过 Mylar 卡、聚乙烯线进行采集。Mylar 卡的布置方向与风向平行。采样线重复 3 次，并且相互之间间隔 10m。每一条采样线共有 7 个位于沉积区的 Mylar 卡和 7 个位于飘移区的 Mylar 卡。沉积区的 Mylar 卡采集沉积区的雾滴沉积情况，Mylar 卡之间的间隔为 1.5m，各采样点根据其距离下风向有效喷幅边缘的位置定义为−9m、−7.5m、−6m、−4.5m、−3m、−1.5m 和 0m。飘移区的 Mylar 卡采集飘移区的雾滴飘移情况，Mylar 卡分别距离下风向有效喷幅边缘 2m、4m、8m、12m、20m、30m、50m，根据具体位置，分别将各采样点定义为 2m、4m、8m、12m、20m、30m、50m。因此一共有 42 个 Mylar 卡用于采集地面沉积情况。为避免采样点受到旋翼气流地面效应的影响，Mylar 卡的采样高度设置为距离地面 1m。为了使喷洒更加稳定，施药机具在离喷洒区 50m 处启动，打开喷雾装置，匀速通过喷洒区，在离开喷洒区 50m 时停止喷洒。图 2-30 为飘移试验田布置示意图。

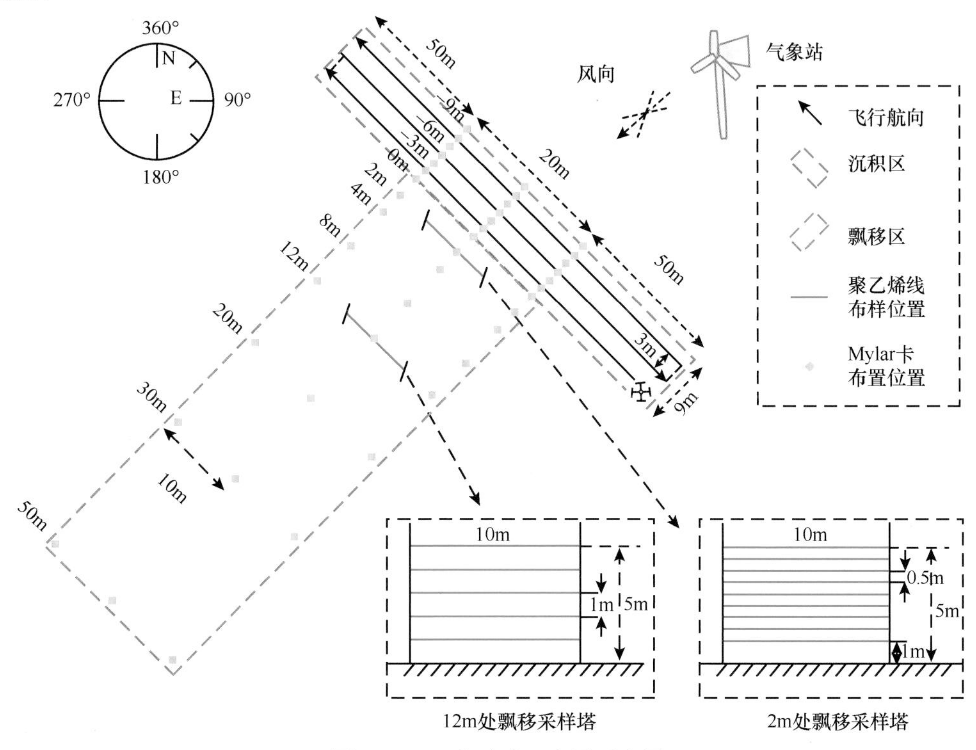

图 2-30 飘移试验田布置示意图

2. 沉积量测定方法

喷洒的溶液为浓度 5g/L 的 Rhodamine-B 水溶液，用荧光分光光度计（F95）测定每份洗脱液的荧光值，根据 Rhodamine-B 标样的“浓度–荧光值”标准曲线计算出洗脱液中 Rhodamine-B 的沉积量。

3. 气象监测

由于环境温度、湿度和风速对雾滴飘移具有重要的影响，试验采用 Kestrel LiNK 气象站每隔 2s 记录气象情况，同时记录各处理作业时间段。试验时应当保证风向与作业方向夹角在 90°±30°。

2.7.3.4 结果与分析

通过对离心喷头的雾滴粒径测定可知，更高的旋转速度会产生更大的离心力，从而可以产生粒径更小的雾滴和更均匀的雾滴谱。当转速从 2000r/min 增加到 17 000r/min，田间雾滴体积中径为 150μm 和 100μm 雾滴的数量从 2.0% 和 3.9% 分别增加到 58.4% 和 96.5%。液滴的尺寸类别从“极粗”变化到“细”范围（图 2-31）。

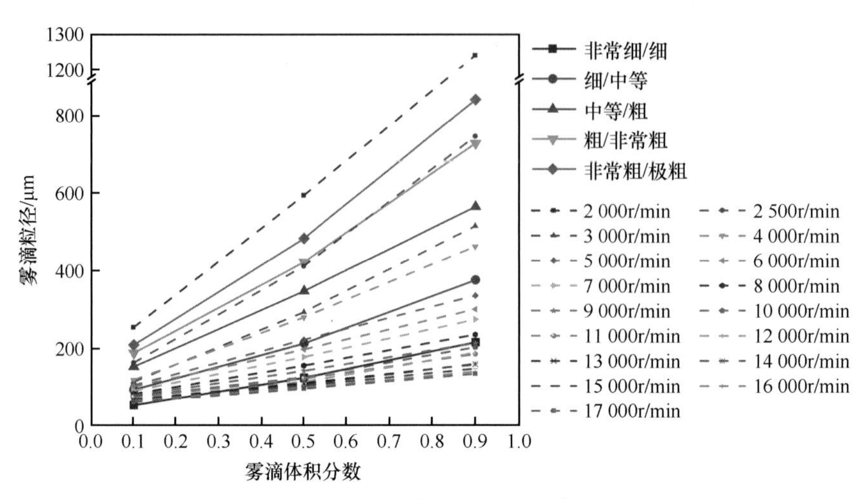

图 2-31　不同转速下离心喷头的雾滴尺寸分类

图 2-32 为不同采样位置下沉积区和飘移区沉积结果。在相同采样位置，不同处理的总体变化相似。沉积区内的沉积量变化范围为 0.00（低于检测极限）～ 0.14μL/cm^2（目标施药量为 0.12μL/cm^2）。在下风向喷幅边缘（−9m 位置）的沉积量为 0.00 ～ 0.035μL/cm^2。沉积区内沉积量的变异系数（CV）为 37.4% ～ 77.7%。

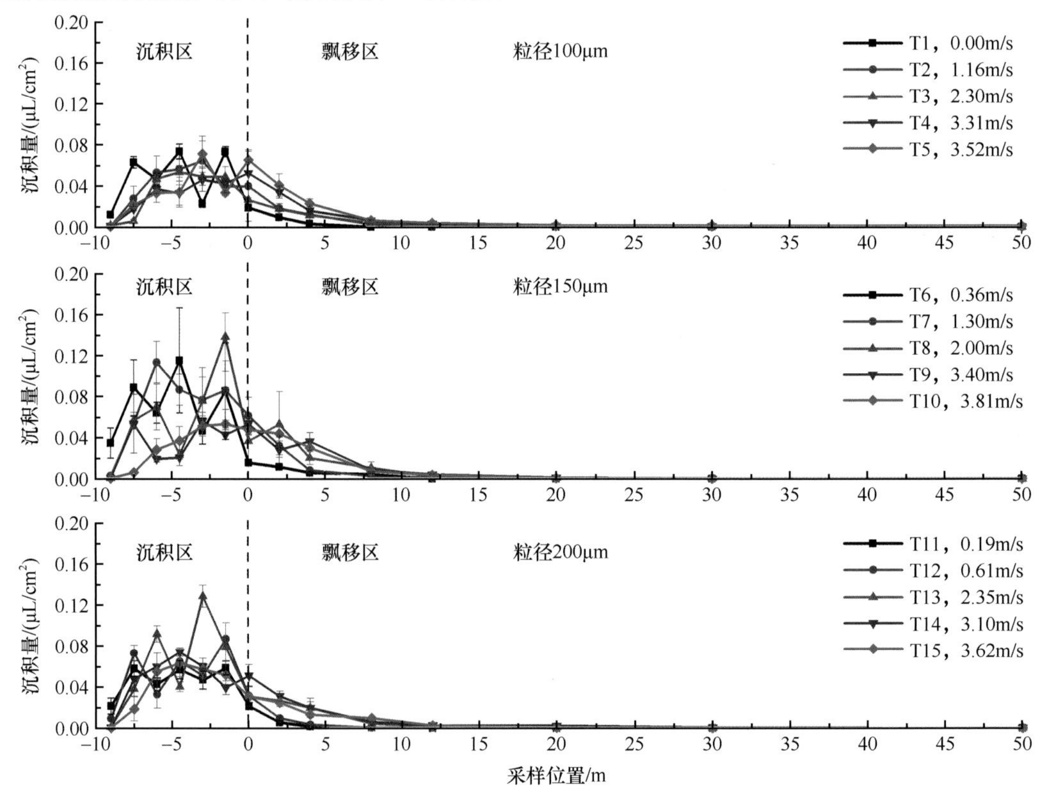

图 2-32　不同采样位置下植保无人机喷施雾滴在沉积区与飘移区沉积情况

分析雾滴在飘移区的分布情况，除了 T8、T9 分别在 2m、4m 位置分别略有增加，随着距下风向喷幅边缘距离的增加，雾滴沉积量减小。在距下风向喷幅边缘不同距离处的沉积量随风速的增加、粒径的降低而增加。对于大多数处理，下风向 12m 处的飘移量比沉积区的平均沉积量低一个数量级以上，平均沉积量在 0.021μg/cm^2，低于检测极限。尽管在下风向 12m 处检测到非常低的飘移量，但仍存在飘移的雾滴。除 T5 以外，所有处理在距下风向喷幅边缘距离 50m 处的飘移量均低于检测极限，T5 的飘移量为 9.2×10^{-4}μg/cm^2，值得注意的是，即使在田间没有风（T1）的情况下，雾滴仍会飘移到喷雾带外，主要是由无人机的旋翼风引起的。

对试验数据进行了非线性回归分析，以顺风地面飘移量为因变量，距下风向喷幅边缘距离、风速和 D_s 为自变量，对 15 个不同处理进行回归分析，得到以下回归方程。

$$D_p=\exp[-(D_t/\cos\theta)/4.4]\times(0.042V-7.2\times10^{-4}D_s+0.20) \tag{2-4}$$

式中，D_p 为飘移量（μL/cm^2）；D_t 为喷雾线到第 k 个沉积点的距离（m），沿采样线测量；θ 为试验过程中采样线与风向的平均偏离角（°）；V 为风速（m/s）；D_s 指的是雾滴粒径分别为 100μm、150μm、200μm。

对此方程进行回归分析发现，R^2 为 0.83，表明测得的飘移量和预测的飘移量之间具有良好的相关性。从预测方程推导出，雾滴粒径与飘移量之间成反比，而风速与雾滴飘移量之间存在线性关系。测得的飘移量和预测的飘移量之间的比较结果如图 2-33 所示，图 2-33a 为不同采样距离测定结果与预测结果的差异性，图 2-33b 为不同的处理测定结果与预测结果的差异性。从采样距离来看，当距离喷雾沉积区很近（0m 和 2m）时，预测偏差较大，可能是由旋翼风所导致的偏差明显大于环境风所导致的偏差造成的。

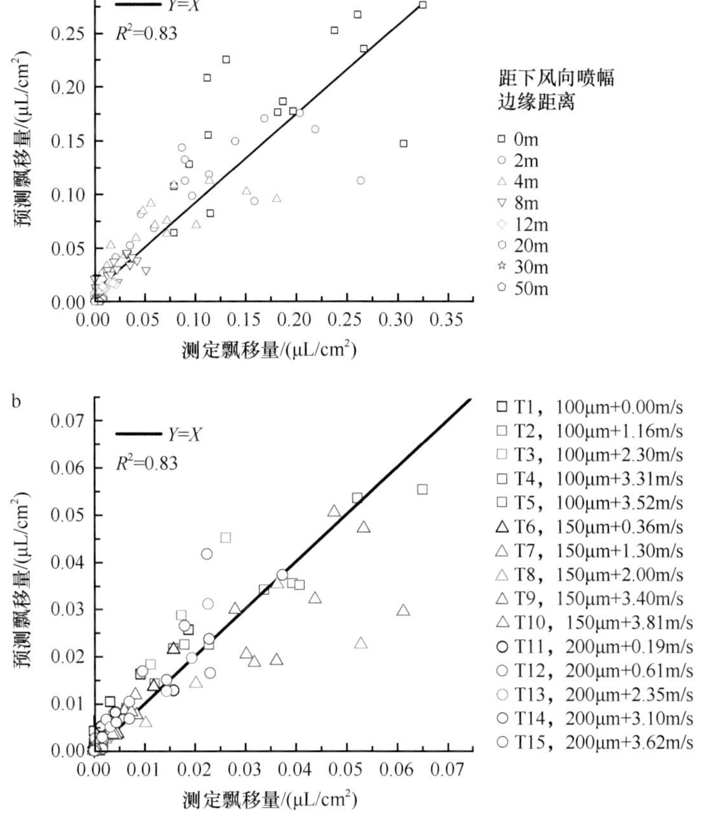

图 2-33　平均测定沉积量和预测沉积量的比较

a. 不同采样距离；b. 不同处理

第 3 章　农用载人飞机概论

目前，全世界拥有农用载人飞机 3 万余架，每年作业面积达 100 万 hm^2 以上，约占总作业面积的 17%，其中美国、俄罗斯等国家的飞机作业面积占比更是高达 50% 以上。农用载人飞机在农、林、牧、渔生产中的作业项目已经发展到 10 多类 100 余种，除了用于传统的植物病虫草害防治，还用于造林种草、根外追肥、人工降雨、航空遥感、消除冰雹和防霜防冻等新领域。

3.1　农用载人飞机发展现状

3.1.1　国内农用载人飞机发展现状

中国民用航空局年报显示，中国目前有 50 余家农用航空公司，农用载人飞机 400 余架。其中世界先进机型近 100 架，包括 M-18 型、AT-402B 型、Thrush 510G 型、贝尔 407 型、罗宾逊 R66 型、新洲 60 型、Y12F 型等。其中，世界先进机型 M-18 型、AT-402B 型、Thrush 510G 型等逐渐成为国内通用航空公司的主力机型，为保障中国农业现代化生产和粮食、生态安全做出了巨大的贡献。

3.1.2　农用载人飞机作业类型

航空播种造林、牧草：利用航空器及其播撒设备，将树种或者草籽均匀撒落到预定地段进行造林或者种草的飞行作业。航空播种水稻：按照农业技术设计要求，利用航空器播种稻种的飞行作业。航空护林：利用航空器在林区上空巡护、视察火情、空投传单和物资、空降灭火人员、急救运输、化学灭火等作业飞行。航空植物保护：利用航空器对农作物、森林、果树和草原喷（撒）各种生物或化学药剂、毒饵，以防治病、虫、鼠、草害的作业飞行。航空根外施肥：利用航空器将肥料或植物生长调节剂喷洒在植物地上部分，由植物茎叶吸收的飞行作业。

3.1.3　农用载人飞机施药特点

航空施药是用飞机或其他飞行器将农药液剂、粉剂、颗粒剂等从空中均匀地撒施在目标区域内的施药方法，它在现代化农业生产中具有特殊的和不可替代的重要地位与作用，其优越性主要表现在以下几个方面。

（1）作业效率高，作业效果好，应急能力强

采用飞机航化作业，可以有效缓解人、机械不足的问题。一般飞机作业效率为 800 ～ 2200 亩 /h。M-18A 型飞机每小时可作业 2000 亩，较地面机械作业高 10 ～ 15 倍，相当于人工喷雾 300 ～ 400 倍。据测算，1 架运-5B 型飞机 10d 的工作量，相当于动力喷雾机 100 台工作 20d，相当于地面人工使用 100 台喷雾器 160 个工作日。飞机作业效率高、作业效果好，在严重春涝、夏涝多雨年份更能显示出其优越性。

（2）不受作物长势限制，有利于后期作业

随着农业高新技术的推广应用，许多新技术措施，如叶面施肥、喷洒植物生长调节剂等，

都是在作物生长的中后期进行，地面大型机械难以进地作业，而使用飞机作业就不受影响。

（3）可适期作业，有利于争取农时

农作物病虫害防治、杂草防除、叶面施肥等最佳作业时间很短，只有保证在最佳时间作业才能取得好的效果，而在如此短的时间内作业只有飞机才能做到这一点。例如，防治小麦赤霉病，只能在小麦抽穗至扬花期两周内防治；防治水稻穗茎瘟的最佳时间是水稻始穗至齐穗期；大豆叶面施肥（喷施磷酸二氢钾）在大豆盛花期作业增产效果显著。大豆食心虫、玉米螟、水稻潜叶蝇、大豆灰斑病等病虫害防治的有效期都在 10d 左右，若不采用飞机作业，难以在短时间内保证适期防治。有时受气候条件影响，尤其在涝灾严重的季节，地面机械无法进地作业，还有些情况，由于地形或作物，如森林地带或香蕉种植园，地面喷雾设施的应用受到限制，此时唯有采用飞机施药可以达到喷施目的，替代地面机械，而且不压实和破坏土壤物理结构。

但是航空施药亦存在一些缺点：药剂在作物上的覆盖率往往不及地面喷洒，尤其是作物的中、下部受药较少，因此，防治在作物下部为害的病虫害效果较差；特别是当作物面积太小时，使用飞机喷雾就会将大量的农药喷在相邻地块的作物上，造成浪费、污染或药害。因此施药地块必须集中，否则作业不便；大面积防治，往往缩小了有益生物的生存缝隙；喷洒的面积不够大时，还会因飞机喷雾成本太高而限制它的使用；喷洒农药飘移严重，污染环境的风险高，目前飞机喷洒药剂已基本不用喷粉法而多用喷雾法。有些发达国家已禁止飞机喷洒农药，认为它会对环境造成严重污染。航空施药均是由受过专门培训的专业人员和专业部门操作与管理，与一般的农药施用方式有很大的区别。

3.2　农用载人固定翼飞机类型

我国目前使用的农用载人固定翼飞机主要有国产的运-5B、运-11 型和农林五（N-5A）型等机型，从国外引进的有 M-18 型、AT-402B 型、PL-12 型、画眉鸟 S2R-H80 型等，它们的主要技术性能及参数简介如下。

3.2.1　运-5B 型飞机

运-5B 型飞机（图 3-1）由石家庄飞机工业有限责任公司制造，是我国工业、农业、林业生产上使用最广泛的小型飞机，双翼单发，设备比较完善，低空性能好，具有多种用途，可进行物资运输、抢险救灾物资空投、农业航空作业、护林防火、森林灭虫、草原种草、森林播种、水稻播种等，该机型主要技术性能及参数参见表 3-1。

图 3-1　运-5B 型飞机

表 3-1　运-5B 型飞机主要技术性能及参数

分类	项目	参数	分类	项目	参数
植保参数	作业速度	170km/h	整机参数	机身长	12.688m
	喷头类型	液力式喷头，旋转式喷头		机身高	6.097m
	作业高度	5 ～ 7m		翼展	18.176m（上翼）、14.236m（下翼）
	药箱容量	1000L		起飞滑跑距离	180m
	喷幅	50m		着陆滑跑距离	230m
	喷洒设备	喷头，撒播器		最大巡航速度	256km/h
	作业效率	1100 ～ 1200 亩 /h		最大续航时间	7h
				最大起降允许风速	45° 侧风 8m/s，90° 侧风 6m/s，逆风 15m/s

3.2.2　运-11 型飞机

运-11 型飞机（图 3-2）由哈尔滨飞机工业集团有限责任公司生产，是我国工、农业生产使用较为普遍的飞机，以满足农业生产为主，兼顾地质勘探、短途运输、广告宣传。该机型为双发动机单翼，具有低空爬升率大，机动性能好，超越障碍能力强，驾驶舱视野开阔，并能在简易土跑道、草原跑道起降，经济性状好的优点，缺点是无单发性能，故不能参加护林防火及山区作业，该机型主要技术性能及参数参见表 3-2。

图 3-2　运-11 型飞机

表 3-2　运-11 型飞机主要技术性能及参数

分类	项目	参数	分类	项目	参数
植保参数	作业速度	170km/h	整机参数	机身长	12m
	作业高度	3 ～ 6m		机身高	4.46m
	药箱容量	800L		翼展	17m
	喷幅	45m		起飞滑跑距离	160m
	喷洒设备	喷头		着陆滑跑距离	140m
	作业效率	1000 ～ 1100 亩 /h		最大巡航速度	220km/h
				最大起降允许风速	45° 侧风 11m/s，90° 侧风 8m/s，逆风 15m/s
				最大起飞重量	3407kg

3.2.3　N-5A 型飞机

N-5A 型飞机（图 3-3）是江西洪都航空工业集团有限责任公司研制生产的农、林两用飞机，为我国自行生产的较先进的机型，目前在特定地区进行化学除草，水稻、草原、森林播种，航空护林，森林化学灭虫及飞行广告等作业中应用，该机型主要技术性能及参数参见表 3-3。

图 3-3　N-5A 型飞机

表 3-3　N-5A 型飞机主要技术性能及参数

分类	项目	参数	分类	项目	参数
植保参数	作业速度	170km/h	整机参数	机身长	10.487m
	药箱容量	700kg		机身高	3.733m
	喷洒设备	喷头		翼展	13.418m
	喷幅	农业作业：35m；		起飞滑跑距离	296m
		森林灭虫：50m		着陆滑跑距离	252m
	作业效率	1000 ～ 1200 亩 /h		最大巡航速度	220km/h
				最大起降允许风速	45° 侧风 11m/s，90° 侧风 8m/s，逆风 15m/s
				最大起飞重量	2250kg

3.2.4　M-18 型飞机

M-18 型飞机（图 3-4）是从波兰引进的较大型农林飞机，该机型具有多种用途。单发动机单翼，可进行农业航空作业、护林防火、森林和草原灭虫、植树造林、草原与水稻播种等作业。超低空性能好、载量大、设备仪器先进，适于大面积作业，是目前国内最先进的农用机型之一，该机型主要技术性能及参数参见表 3-4。

图 3-4　M-18 型飞机

表 3-4　M-18 型飞机主要技术性能及参数

分类	项目	参数	分类	项目	参数
植保参数	作业速度	180km/h	整机参数	机身长	9.5m
	药箱容量	1350 ~ 1500L		机身高	3.7m
	喷幅	农业除草作业：40m；草原灭蝗：60m；其他作业：45m		翼展	17.7m
	喷洒设备	喷头，旋转式雾化器，干料播撒器		起飞滑跑距离	458m
	作业效率	2000 ~ 2200 亩 /h		着陆滑跑距离	250m
				最大巡航速度	225m/s
				最大起降允许风速	45° 侧风 10m/s，90° 侧风 6.5m/s，逆风 15m/s
				最大起飞重量	4700kg

3.2.5　AT-402B 型飞机

AT-402B 型飞机（图 3-5）是由美国空中拖拉机公司研制，为采用常规布局的单引擎、下单翼、单人驾驶的轻型农业飞机。该机机型小巧，构造简单，拆装简便，起飞、着陆对跑道条件要求不高。其主要用于农林播种、施肥、除草、治虫、防病、飞播造林、护林防火等作业，该机型主要技术性能及参数参见表 3-5。

图 3-5　AT-402B 型飞机

表 3-5　AT-402B 型飞机主要技术性能及参数

分类	项目	参数	分类	项目	参数
植保参数	作业速度	193 ~ 225km/h	整机参数	机身长	9.321m
	药箱容量	1500L		机身高	2.5m
	喷幅	60m		翼展	15.57m
	喷洒设备	液力式喷头、转笼式雾化器		起飞滑跑距离	402m
	作业效率	日作业能力：5 万～ 8 万亩		最大巡航速度	250km/h
	单架次喷洒面积	1 万亩（45min）		最大起飞重量	4160kg

3.2.6　PL-12 型飞机

PL-12 型飞机（图 3-6）又称为“空中农夫”，是从澳大利亚引进的小型农用飞机，其可使用撒播器喷撒干料，采用喷头或雾化器喷洒农药，可进行农、牧、林场播种，远程巡视，包括对森林山火、害虫等农务检查，该机型主要技术性能及参数参见表 3-6。

图 3-6　PL-12 型飞机

表 3-6　PL-12 型飞机主要技术性能及参数

分类	项目	参数	分类	项目	参数
植保参数	作业速度	168km/h	整机参数	机身长	7.2m
	药箱容量	700L		机身高	3.8m
	喷幅	20m		翼展	12m
	喷洒设备	喷头，旋转式雾化器，播撒器		起飞滑跑距离	200m
	作业效率	1000 ～ 1200 亩 /h		最大起飞重量	820kg
				最大巡航速度	200km/h

3.2.7　画眉鸟 S2R-H80 型飞机

画眉鸟 S2R-H80（图 3-7）是从美国引进的小型农用飞机，以 H80 发动机提供动力。可进行农业航空作业、森林防火灭虫作业等，该机型主要技术性能及参数参见表 3-7。

图 3-7　画眉鸟 S2R-H80 型飞机

表 3-7　画眉鸟 S2R-H80 型飞机主要技术性能及参数

分类	项目	参数	分类	项目	参数
植保参数	作业速度	168km/h	整机参数	机身长	10.06m
	药箱容量	1930L		机身高	1.79m
	喷幅	40m		翼展	14.48m
	喷杆长度	12.56m		起飞滑跑距离	457m
	喷洒设备	转笼雾化喷头，10 个		最大起飞重量	1400kg
				最大巡航速度	303km/h

3.3　农用载人直升机类型

直升机机动灵活，适合在地形复杂、地块小、作物交叉种植的地区使用。但直升机造价昂贵、运行成本高，因此只有少数国家将其应用于农药喷洒。

直升机飞行时螺旋桨产生向下的气流，可协助雾滴向植物冠层内穿透，同时向下的气流可以避免雾滴飘失，因此在田间作业可采用小雾滴低容量喷雾方式。例如，在用直升机进行大田作物和葡萄园喷雾时，可采用 50 ～ 200μm 的雾滴直径、施药液量为 15 ～ 100L/hm^2。目前，我国常用的农用直升机机型有“恩斯特龙”480B、“小松鼠”、罗宾逊 R44、贝尔 206 等。

3.3.1　“恩斯特龙”480B 直升机

“恩斯特龙”480B 直升机（图 3-8）由美国研制后引进中国，是一种多用途的民用直升机。该机型的旋翼系统为 3 片铰接式金属桨叶，桨叶由一根挤压铝合金大梁及铝合金蒙皮组成。“恩斯特龙”480B 直升机机身长度为 9.1m，机身高 3.0m，旋翼直径为 9.8m，发动机类型为涡轴发动机，巡航速度为 160km/h，药箱容量为 400L，作业速度为 100 ～ 110km/h。

图 3-8　“恩斯特龙”480B 直升机

3.3.2　“小松鼠”直升机

“小松鼠”直升机（图 3-9）是从欧洲引进的，机型为 AS350。主要应用范围包括医疗救助、搜救、空中执法、石油平台支持、电力巡线、农业喷施、护林防火、旅客运输、航拍飞行等。

“小松鼠”直升机机身长度为 12.9m，旋翼直径为 10.7m，发动机类型为涡轴发动机，巡航速度为 246km/h，药箱容量为 1000L，作业速度为 100 ～ 150km/h，最大起飞重量为 2250kg。

图 3-9 “小松鼠”直升机

3.3.3 罗宾逊 R44 型直升机

罗宾逊 R44 型直升机（图 3-10）从美国引进，是在原有机型 R22 的基础上研制而成。罗宾逊 R44 型直升机机体线条优美，其设计符合空气动力学原理，提高了飞行速度和作业效率，目前广泛应用于飞行训练、航空护林、航空摄影等领域。罗宾逊 R44 型直升机机身长度为 11.6m，机身宽 2.3m，旋翼直径为 10.7m，发动机类型为活塞发动机，巡航速度为 216km/h，作业速度为 100 ～ 150km/h，最大起飞重量为 1134kg。

图 3-10 罗宾逊 R44 型直升机

3.3.4 贝尔 206 型直升机

贝尔 206 型直升机（图 3-11）为美国贝尔直升机公司研制的 5 座单发轻型通用直升机，可用于载客、救援、农田作业、行政勤务等任务，被用户称为最安全、最可靠的直升机。贝尔 206 型直升机机身长度为 12.1m，机身宽 2.3m，机身高 2.8m，旋翼直径为 10.2m，发动机类型为涡轴发动机，巡航速度为 213km/h，作业速度为 100 ～ 150km/h，最大起飞重量为 1451kg。

图 3-11 贝尔 206 型直升机

3.4 农用载人飞机的喷施设备及施药技术

航空施药系统可以进行常量喷雾、超低容量喷雾、撒颗粒、喷粉、喷施烟雾等多种施药作业，针对当前的应用情况，本部分主要叙述航空施药系统中的喷雾系统。

3.4.1 喷施设备

大型航空喷雾系统主要由供液系统、雾化部件及控制阀等组成（图 3-12）。供液系统由药液箱、液泵、输液管等组成。药液箱安装在机舱内。液泵安装在机身外部下侧，由风车或电机驱动。雾化部件由输液管与喷头组成，根据不同喷雾要求，可更换不同型号的喷头。

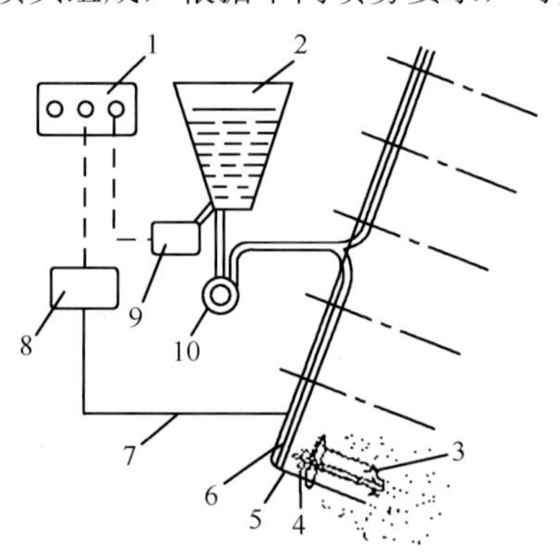

图 3-12 航空超低容量喷雾系统的构造示意图

1. 操纵装置；2. 药液箱；3. 超低容量喷头；4. 刹车装置；5. 药液调量开关；6. 输液管；7. 输气管；8. 气泵；9. 泄液装置；10. 液泵

航空超低容量喷雾的工作原理是：当飞机飞行时，强大的飞行气流使超低容量喷头高速旋转，药液箱里的药液经过液泵、输液管、药液调量开关进入超低容量喷头，在离心力和转笼纱网的切割作用下，与空气撞击，雾化为细小的雾滴，最后借助自然风力和药液的重力沉降到目标上。

3.4.1.1 雾化部件

大型航空喷雾设备可选的雾化部件主要有液力式喷头、转笼式或转盘式雾化器等。超低容量喷头主要是指转笼式雾化器，英文名称 Rotary Atomizer。

1. 液力式喷头

常见的液力式喷头有圆锥雾化喷头、扇形雾化喷头和导流式喷头等多种类型。大多数飞机施药都采用液力式喷头，其中使用扇形雾化喷头喷施效果好，在生产中空心锥形雾化喷头也有部分应用。扇形雾化喷头要选择 65° ～ 90° 喷雾角。运-5 型飞机以往采用 5 种方孔形喷头，现已逐步被扇形雾化喷头代替。喷头安装数量根据单位面积喷药液量而定，一般在喷杆上安装 40 ～ 100 个喷头。例如，运-5B 型飞机一般喷液量为 40L/hm^2 以上时安装喷头 80 个，30L/hm^2 时安装喷头 60 个，20L/hm^2 时安装喷头 40 个。喷头安装时应尽量使用同一型号，若混用不同型号喷头，亦不应超过两种。

PL-12 型采用两种扇形雾化喷头，型号为 8008 型、8015 型，8008 型是小雾滴喷头，8015 型是大雾滴喷头，PL-12 型飞机喷头喷液量与喷头数选择参考表 3-8。

表 3-8　PL-12 型不同型号喷头数目与喷液量之间的关系

类型	喷液量 /（L/hm^2）					
	5	10	15	20	25	30
8008 型喷头数（小雾滴）	14	27	41	54	×	×
8015 型喷头数（大雾滴）	×	×	22	29	36	43

注：飞行速度为 168km/h，喷幅为 25m，泵压为 2.1×10^{5}Pa；“×”表示不能采用此喷头

由美国生产的 CP 型喷头为导流式扇形雾化喷头，是目前许多飞机（如 N-5A 型、GA-200 型）安装的喷洒设备，特点是单个喷头有 3 种导流角度可变换和 3 种流量可调节（图 3-13）。导流角度有 30°、45°、90° 三种，流量孔有高、中、低三挡，工作压力 150 ～ 400kPa，适应飞行速度 100 ～ 160km/h。喷液量准确，雾化性能好，耐腐蚀，有防后滴作用。根据作业项目不同，选择不同型号及不同数量的喷头。

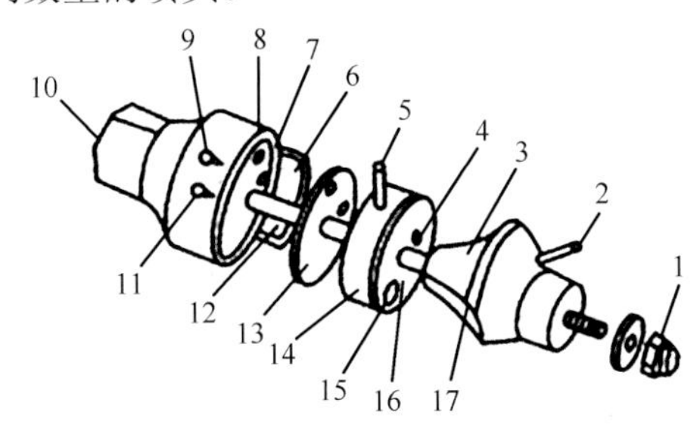

图 3-13　CP 可调导流式喷头

1. 锁紧螺母；2 和 5. 调节柱；3. 90° 导流面；4. 中流量孔；6. 右挡块；7. 喷头输液孔；8. 清洗孔；9. 限位点；10. 底部；11. 喷头顶部位点；12. 左挡块；13. 密封板；14. 调节板；15. 大流量孔；16. 小流量孔；17. 30° 导流面

安装在喷杆上的喷头一般是可调的，通过喷头底座或转动整个喷杆进行调整（图 3-14）。特别是当飞机飞行的方向（与风力的关系）影响雾滴大小的时候，调整喷头的位置非常重要，如果安装的喷头指向机尾，则喷出雾体的速度与飞机滑流的速度相近，在这种情况下所产生的雾滴要比喷头指向机头所产生的雾滴大。因此，控制雾滴大小，一般采用两种办法。

图 3-14 CP 可调导流式扇形雾化喷头

一是选用合适的喷头型号，二是改变喷头在喷杆上的角度。一般，随着喷头向机后偏转，喷头朝向与飞行方向的夹角增大，产生的雾滴将明显增大。对于同一型号喷头，偏角为 180° 时（喷头指向机尾）产生大雾滴，偏角为 135° 时产生中雾滴，偏角为 90° 时产生小雾滴，偏角为 45° 时产生细雾滴。

2. 超低容量雾化装置

目前，国内外载人固定翼飞机上最通用的喷头是旋转式雾化器，主要有转笼式和转盘式两种，超轻型飞机使用转盘式雾化器。转笼式雾化器（图 3-15）通常采用英国 Micron Group 公司生产的 AU3000 和 AU5000 型两种，中国自行研制的 CYD-1 型转笼式雾化器由民用航空徐州设备修造厂生产。

图 3-15 转笼式超低容量雾化器

AU3000 型已在运-5B 型飞机上使用，PL-12 型安装的是更新的 AU5000 型。雾化器为一个圆柱形、外罩是抗腐蚀的合金丝纱笼，纱笼的网目为 20 目。进口的 AU3000 型转笼式雾化器装有 5 个风动桨叶，AU5000 型装有 3 个风动桨叶，靠飞机飞行时的风力吹动风动桨叶，使其高速旋转，药液经离心力甩到纱网上，分散成微小的雾滴。纱笼的转速依靠桨叶安装角度来调节，桨叶的安装角度大则转速小，形成的雾滴就粗；桨叶的安装角度小则转速大，形成的雾滴就细。AU3000 型转速范围为 3000 ～ 8000r/min，AU5000 型转速范围为 1800 ～ 10 000r/min。因此，调节桨叶安装角度就能控制雾滴大小，超低容量喷雾常用 10° 和 15°，低容量喷雾一般以 45° 为宜，但在早晚气温低、相对湿度大时，采用 35° 或 40° 可增加雾滴数量。CYD-1 型转笼式雾化器的转速范围为 1800 ～ 10 000r/min，桨叶角度在 30° ～ 70° 可调，单个雾化器的流量范围为 2.36 ～ 49.14L/min。这些参数一般都是基于喷水试验得出的，对不同的液体要进行校验。

转笼式雾化器的优点是雾滴大小比较容易控制，每架飞机只安装几个雾化器，调节也省时间。雾化器可用于喷洒苗后除草剂，在整地条件好、土壤水分适宜的地块，也可用来喷洒苗前土壤处理除草剂。

3. 静电喷雾技术

静电喷雾技术可以增加雾滴在靶标上的沉积，减少非靶标区的飘移，在温室、果园等地面喷洒作业中已有成功应用。1966 年 Carlton 等开展航空静电喷雾技术研究，1999 年 Carlton 获得航空静电喷雾系统专利，此专利被美国 SES 公司（Spectrumelectrostatic Sprayers, Inc.）购买并形成商业化产品（图 3-16）。与地面静电喷雾系统不同的是，每个航空静电喷雾系统的喷头由相距 30mm 的 2 个喷头相连组成。航空静电喷雾系统的静电发生器分别产生正或负电压，在实际应用时，安装在飞机机翼两侧的航空静电喷头，分别与静电发生器的正或负压输出端连接，使两机翼负载的正、负电压达到平衡，机身或喷雾支架上总静电场近似于零。静电喷雾系统的雾滴感应充电电压为 8 ～ 10kV，喷头工作压力为 0.5MPa，雾滴体积中径约为 150μm，施药液量为 9 ～ 18L/hm^2。近年来，美国学者对航空静电喷雾系统的作业效果做了一些评估试验，2001 年 Kirk、Hoffmann、Carlton 研究了系统在棉花上的田间应用效果，2003 年 Kirk 研究了系统的抗飘移性能，试验结果表明，航空静电喷雾系统可有效减少施药液量和提高药液沉积量，但是没有提高病虫害防治效果和减少下风处的喷雾飘移。美国农药产品上

图 3-16　SES 公司的航空静电喷雾系统

所贴标签规定施药量大于静电施药量，以及航空静电喷雾系统价格与田间应用效果等方面的问题，限制了该技术的广泛应用。

3.4.1.2 喷洒设备的安装和调整

1. 药箱

药箱可用不锈钢或玻璃钢制成，为便于飞行员检查药液在药箱中的容量，要安装容量表，这个容量表一般和系统压力表一起布置在飞行员的驾驶室。药箱一般安置在靠近飞机重心的地方，这样当喷雾过程中药量减少时，飞机失衡的可能性就会减小。在药箱的下面有一个排放阀，当飞机遇到紧急情况时，打开此阀，要求药箱中的药液必须在 5s 内放完，不论飞机在天空还是在地面，这项要求都必须实现。

在飞机喷雾系统中安装过滤器是非常重要的，因为在喷雾过程中，飞行员无法清洁堵塞的喷头。过滤器可以保护液泵，也可以阻止系统中任何地方的沉积物堵塞喷头。药箱加药口有个网篮式过滤器，通过底部装药口可以较迅速而安全地从地面搅拌装置或机动加药车把药液泵入药箱。虽然每个喷头自身都有过滤网，但为防止堵塞喷头，泵输入管仍需安装精细滤网，网孔尺寸取决于喷头类型。不同用途的过滤器的粗细程度区别很大，从药箱到喷头，过滤器的网孔逐级变细。每个喷头都由自己的过滤器保护，并且过滤网孔小于喷头的喷孔。液力喷雾系统一般用 50 目的过滤网，而旋转式雾化器用更细的 100 目过滤网。

2. 液泵

离心泵被广泛用于飞机喷雾，因为它能够在较低的压力下产生较大的流量。要获得高压，就必须用其他的液泵，如齿轮泵或转子泵等。飞机上的液泵可以用液力来驱动，也可以由电力驱动，但大多数液泵是由风力来驱动的（图 3-17）。电力或液力驱动的液泵有一个优点就是它们能够在地面进行校验。风力驱动的液泵，它所带的螺旋叶片的角度是能够调节的，这样可以在喷雾之前根据风速调节好流量。在液力驱动系统中，液泵连接在飞机的动力输出轴上，液泵把药液从药箱中泵出，使其通过一个压力表，然后通过一个减压阀，减压阀的压力是可以调节的，操作压力在 10 ～ 20MPa。为使一部分药液回流到药箱进行液力搅拌，要求泵具有足够的流量。一般在靠近泵的进口处装一截止阀，如果需要保养或者更换泵，不需要将装置中药液排空也能把泵拆下来。

图 3-17 风力驱动式液泵

3. 喷杆

液力式喷雾装置的喷杆由一些管件组成，上面装有喷头座、喷头和控制阀等，组合起来通常安装在飞机的机翼下方，靠近机翼后缘。大多数情况下，喷杆只到机翼末端75%的地方，这样可避免翼尖区涡流把雾滴向上带。采用加长的喷杆是为了增加喷幅，专用喷药飞机有时采用特殊设计的符合空气动力学原理的喷杆。喷杆采用耐腐蚀材料，可制成圆形管，为了减少阻力亦可制成流线型管（图 3-18），对于黏度大的药液，输液管直径可大一些。安装液力式喷头的喷杆，喷头一般都是可以单独开关，这样在喷雾过程中可以随时控制流量，并可调整空间雾形。

图 3-18　流线型喷杆

3.4.2　主要设计性能

对农药喷洒农用飞机的主要设计性能的要求如下。

具有一个性能好的发动机，能把载重的飞机从相当于海平面的地面或砾石跑道上在 400m 以内上升到 15m 高，为适应这种情况，机身需经受超限应力。大多数飞机的单个发动机功率为 120 ～ 1000kW，在作业速度为 130 ～ 200km/h 时，承载量为 250 ～ 350kg，飞机应具有 65 ～ 100km/h 的失速速度和高的有限负载与低总重量比。

必须具有良好的稳定性，并且操作轻便、控制灵敏以减轻飞行员的疲劳。机舱内全部仪表容易识别，飞机仪表要与喷洒装置有关的仪表区别清楚。

机舱周围的视野应广阔，机舱结构要牢固以保证飞行员的安全。起落架和座舱罩要备用锋利的导刀，以减少碰到电线时的危险。

药箱和药桶应分别设置在机舱的前面和发动机后面的飞机升力中心上，这样在喷雾过程中重量变化时可保持飞机平衡。在装药口旁边必须清楚地标明最大允许重量。必须把药箱设计成能快速装载、容易清洗和保养，而且在飞行时容易排药。药液通常从药箱底部泵入，而干剂是通过顶部大的防尘口装进去的。为了防止药物中毒，应备有农药搅拌器和农药装载机。

燃油箱应离飞行员和发动机远一些，免得发生火灾。目前推荐采用机翼油箱。

飞机和喷洒设备全部零件的设计应便于检查、清洗和保养。应采用抗腐蚀材料和涂层。采用多发动机，能保证飞机在安全着陆受到限制，或遇到发动机发生故障的紧急情况下驾驶员和飞机的安全。好的机场设施可减少天气对飞机作业的影响，提高飞机利用率。

3.4.3　适用农药种类

航空施药可喷洒杀虫剂、杀菌剂、除草剂、植物生长调节剂和杀鼠剂等。杀虫剂喷雾处理，可以采用低容量和超低容量喷雾技术，低容量喷雾的施药液量为 10 ～ 50L/hm^2；超低容量喷雾需喷洒专用油剂或农药原油，施药液量为 1 ～ 5L/hm^2，一般要求雾滴密度为 20 个 /cm^2 以上。飞机喷洒触杀性杀菌剂，一般采用中容量喷雾技术，施药液量为 50L/hm^2 以上；喷洒内吸性杀菌剂可采用低容量喷雾，施药液量为 20 ～ 50L/hm^2；喷洒除草剂，可采用低容量喷雾，施药液量为 10 ～ 50L/hm^2；喷洒杀鼠剂，一般是在林区和草原撒施杀鼠剂的毒饵或毒丸。

适用于飞机喷洒的农药剂型有粉剂、可湿性粉剂、水分散粒剂、乳油、水剂和可溶性粉剂、油剂、颗粒剂、微粒剂等。粉剂喷撒由于细小粉粒容易飘失，现在已很少使用。乳油喷雾时由于是加水稀释后喷雾，其中的溶剂容易挥发，为防止飞行中着火和水分蒸发后引起农药飘失，乳油制剂不可直接采用超低容量喷雾，而只能采用中容量和低容量喷雾，喷洒药液中可添加抗飘移喷雾助剂，以减小雾滴挥发。油剂是可直接采用超低容量喷雾的，其闪点要求为不得低于 70℃。

另外，药液配制时一定要精确地计算药量，特别是多种药剂混合喷施更要注意药量的准确性。多种药剂以及与肥料、微量元素肥等混合使用时，一定要在配制药液前进行混配试验，防止发生化学反应、堵塞喷头或者管路。不论使用何种配方都要将配方中药剂名称、特性和飞行人员讲清楚。

3.4.4 气象因素

3.4.4.1 风速风向

风速和风向对雾滴飘移具有重要影响，分别影响飘移距离和方向，且风速与飘移距离成正比。无风条件下，小雾滴降落非常缓慢，并飘移很远甚至几千米以外，可能造成严重的飘移危害。易变化的轻风也是不可靠的，有时可能会突然静止下来，有时会变成阵风，从而产生喷洒间距很大的漏喷条带，因此，在这种风中作业要十分谨慎，否则会喷洒不均匀，出现飘移药害和漏喷条带。在稳定风条件下，空中喷洒作业是理想的，然而实际这种条件很少见。只要偏风或偏侧风，而不是逆风或顺风飞行，就不会造成严重的飘移危害。

飞机的喷幅是固定的，而得到的实际喷洒沉积范围要比飞行喷幅宽，这就克服了两喷幅相接存在差异和不均匀。在阵风中喷幅的不均匀大部分会被下一个喷幅补充。在强风中喷洒作业很少出现喷幅相接不均匀现象。

3.4.4.2 温湿度和降雨

温湿度和降雨对航空喷洒除草剂影响很大，特别是对于低容量喷雾，相对湿度和温度是主要影响因素。由于蒸发流失，许多雾滴特别是小雾滴不能全部到达防治目标，尤其是以水为载体的药液更容易蒸发流失。在空气相对湿度 60% 以下，使用低容量喷雾会导致较低的沉积率，在此条件下必须采用大雾滴喷洒或停止施药。降雨可将药液从杂草叶面冲刷掉。因此作业前要熟读各种苗后除草剂说明书，了解各种除草剂施后与降雨前间隔的时间，并要了解天气预报，以便确定是否作业。

为了减少除草剂蒸发和飘移损失，空气相对湿度低于 60%、大气温度超过 35℃（以气象台百叶箱或室外背阴处温度为准）、9:00 ～ 15:00 上升气流大时，应停止喷洒作业。

3.4.5 作业参数

为保证作业质量，飞行时须选择最优的技术参数，遵守规程操作。

3.4.5.1 作业时间

飞机作业需要空中能见度在 2km 以上，因而一般是在日出后 0.5h 至日落前 0.5h 才能进行，但如条件具备，也可夜间作业。

选择正确的喷雾时间是最为重要的因素，其不仅与病虫害的生长期有关，也与气象因素有重要关系，特别是在不同的地形条件下，除了气流与作物摩擦产生的涡流、温度和风速等的影响，飞机本身产生的涡流也会影响雾滴在作物上的分布。温度也是重要影响因素，因为飞机喷洒的雾滴在空中飞行的时间要长于地面喷雾，在干热的条件下，雾滴的体积将会因蒸发而很快变小。大多数飞机在喷药时会避免一天中最热的时间，因为那时热空气会把小雾滴带走。所以在田间作业时应随时检测温度和相对湿度的变化，如果太干和太热，就应及时停止作业。选择环境条件的标准当然也取决于所喷洒药液的成分和雾滴的大小。对于水溶液，如果喷液量为 20 ～ 50L/hm^2，用体积中径 200μm 的雾滴，当温度超过 36℃或湿球温度超过 8℃时，就应当停止喷药。油基溶液的抗挥发性能好一些，可以在较干燥的气候下喷雾，但对于小雾滴，气温的掌握仍然非常重要，当外界环境影响雾滴附着时就应当停止喷雾。

3.4.5.2　飞机高度

低容量喷洒作业的高度要求在 3 ～ 5m，在侧风条件下，当风速为 1 ～ 3m/s 时，飞行高度为 4 ～ 5m，当风速为 3 ～ 5m/s 时，飞行高度为 3 ～ 4m，在风速较大时飞行高度降低，风速小时飞行高度适当提高，可以保证有效喷幅。除草作业飞行高度低，作业喷幅窄，如 M-18A 型飞机除草作业时飞行高度为 3 ～ 4m，作业喷幅为 40m，其他农业作业飞行高度为 4 ～ 5m，作业喷幅为45m。飞行高度为从作物顶端到喷杆的距离，飞行高度越高喷幅越宽，如森林灭虫，飞行高度为 10 ～ 15m、作业喷幅为 60m。

3.4.5.3　飞机速度

航空喷施机型不同，对飞机作业速度的要求也不一样。M-18A 型飞机作业速度 180km/h，运-11 型、N-5A 型飞机作业速度 170km/h，运-5 型飞机作业速度 160km/h，运-5B 型飞机作业速度 170km/h，GA-200 型飞机作业速度 168km/h。

3.4.6　翼尖涡流的影响

翼尖涡流是飞机喷洒作业过程中，机翼下表面的压力比上表面的压力大，空气从下表面绕过翼尖部分向上表面流动而形成的。机翼两股翼尖涡流中心之间的距离是翼展的 80% ～ 85%，涡流直径大小占机翼半翼的 10%。平飞时两股涡流不是水平的，而是缓缓地向下倾斜，在两股翼尖涡流中心的范围以内，气流向下流动，在两股翼尖涡流中心的范围以外，气流向上流动。因此，飞机翼尖和螺旋桨产生的涡流使雾滴分布不规则，尤其使小雾滴无法达到喷洒目标。为避免翼尖涡流的影响，一般低容量喷洒和超低容量喷洒时喷杆长度是翼展的 70% ～ 80%，喷头安装离飞机翼尖 1.0 ～ 1.5m。目前，运-5B 型飞机为加宽喷幅，在紧靠翼尖处往往多装喷头，但作业时翼尖涡流大，可能会造成严重飘移，需要认真研究和进一步调整。

3.4.7　航空施药的导航

飞机施药早期采用地面信号旗、荧光色板等进行人工导航。地势平坦的农牧区，视野开阔，以移动信号旗为主。当面积大、田块大小一致时，可利用规整的道路、渠道和防护林带等作为导航信号。现在，随着电子技术的发展，可以利用全球定位系统（GPS）进行导航。

3.4.8　航空变量施药技术

航空变量施药技术是将不同空间单元的数据与多源数据（土壤性质、病虫草害、气候等）

进行叠加分析作为依据，根据不同地块的不同要求，有针对性地进行作业。将航空遥感与地理信息系统相结合，利用软件转换为处方图，提供给飞机导航系统制造商。变量控制系统下载这种处方图，便可利用处方图来控制施药量。航空精准施药系统有 2 个主要部件：GPS 和变量施药控制系统。Hemisphere GPS 公司 2010 年产品 Air IntelliStar 采用了一种新的接收器——Crescent 接收器，频率为 20Hz，可使飞行员操作盘接收的信号 1s 能够更新 20 次。与普通的 5Hz 或 10Hz 相比，20Hz 的频率能够提供更精确的信号，因为频率越高，系统就能够更准确、更准时地作出相应的变量控制。还有许多其他公司提供的类似技术装备，如 AG-NAV 公司有一种型号为 AG-NAV2 的导航设备，它可以为飞行员提供田地宽度、方向导航及其他作业信息（图 3-19）；CD-Adapco 公司开发的 Wingman GX 系统具有较大的使用范围，可以提供基本的飞行指导、飞行记录、喷洒流量控制等功能，是一个先进的空中喷洒管理系统，Wingman GX 系统能够实时通过气象传感器系统接收和处理气象信息，准确的气象信息分析减少了喷洒过程中农药在非靶标作物上的沉积量，最大程度地优化喷洒质量。因为航空变量喷洒系统的应用时间不长，所以关于农药投放和变量系统反应精确度的信息很少。2005 年，Smith 和 Thomson 选择了一个经纬度已知的区域评估了 Satloc Airstar M3 导航系统 GPS 位置及机械系统反应的滞后问题。2009 年，Thomson 等测试了流量变量控制系统的定位精度，并且通过给出一些变量指令，观察它反应的快速性和准确性。

图 3-19　AG-NAV 变量喷洒控制系统

3.5　农用载人飞机航空喷施施药技术研究实例

3.5.1　研究实例一：画眉鸟固定翼飞机大豆田喷洒应用实例

3.5.1.1　基本情况

2016 年 8 月 25 ～ 28 日华南农业大学国家精准航空施药技术团队在黑龙江佳木斯宝泉岭大豆田测试大型固定翼飞机喷洒雾滴沉积分布、雾滴穿透性，并通过搭载北斗定位系统分析航线轨迹及固定翼飞机在 Satloc G4 系统自动规划航迹条件下的重喷率、漏喷率、作业效率情况。

3.5.1.2　试验设备

试验采用北大荒通用航空有限公司从美国 Thrush Aircraft 公司引进的画眉鸟 510G 型农业飞机作为试验机型（图 3-20）。该机型安装了 H80 型发动机，可以产生 800 轴马力的动力，使飞机拥有优异的高空巡航速度。

图 3-20　画眉鸟 510G 型农用飞机

Satloc G4 喷洒系统可根据地块大小、喷幅自动设置飞行路径及高度（图 3-21）。试验飞机共装有 10 个转笼式雾化器，每公顷施药量为 17L，正常作业喷幅为 40m，喷杆长度为 12.56m，流量为 225L/min。

图 3-21　Satloc G4 喷洒系统

3.5.1.3　试验设计与方法

1. 雾滴沉积分布情况的测定

采样带总长度 60m，两条采样带之间的距离为 30m。相邻采样点的距离为 2m，图 3-22 中红色部分为雾滴穿透性的测试区域，分为上、下两层，穿透性测试区的总长度为 40m，飞机飞行航线与采样带垂直。设定飞行高度为 5m，速度为 225km/h。飞机喷洒试验后，静置 2min 采集水敏纸。将水敏纸放置在密封袋内，碾压密封袋内的空气密封保存。在最短时间内用扫描仪扫描并存储水敏纸数据。飞机重喷率、漏喷率的轨迹数据实时存入电脑中等待处理。根据《农业航空喷洒作业质量技术指标　第 1 部分：喷洒作业》规定，飞机在进行超低量喷洒作业时，作业对象上的雾滴沉积量≥ 15 个 /cm^2 时为喷洒有效区域。

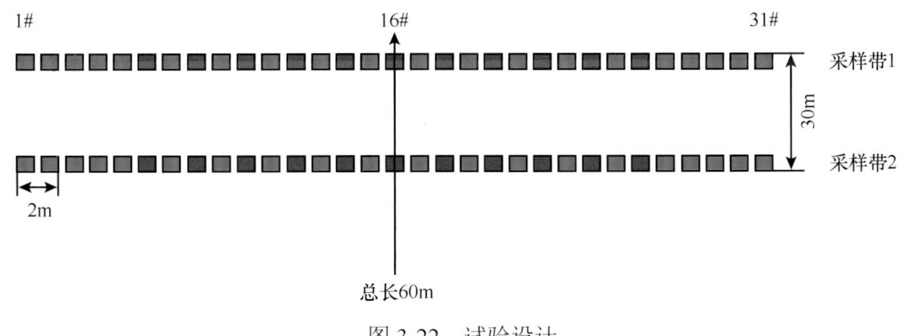

图 3-22　试验设计

2. 飞行轨迹及自动规划航迹条件下的重喷率、漏喷率及作业效率测定

选取合适的地块，用 Satloc G4 系统规划作业区域，将北斗定位系统的移动端固定在飞机外舱采集飞机的飞行参数，包括飞行高度、飞行速度及轨迹。试验预设的飞行高度为 5m，速度为 225km/h。

3.5.1.4 试验结果与分析

1. 雾滴粒径分布

飞行时采样点为 30m 处，即采样带的中点位置为飞机航线经过点。从图 3-23 和图 3-24 可以看出，因存在侧风，画眉鸟 510G 型喷洒雾滴受外界环境影响较大，水敏纸从 24m 处开始采集到雾滴数据。采样带 1 中 30m 附近采样点各雾滴粒径分布较为稳定，40 ～ 46m 各雾

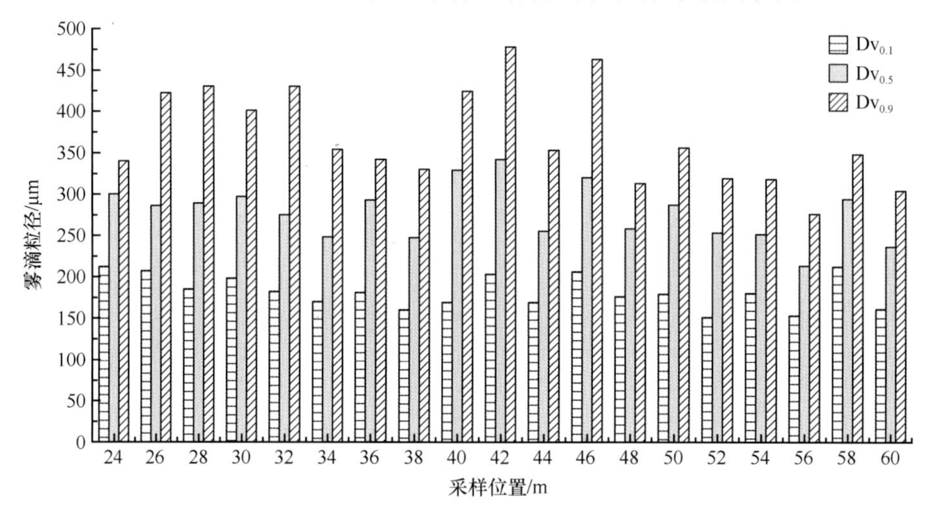

图 3-23 飞行采样带 1 各采样点雾滴粒径分布图

$Dv_{0.1}$ 表示小于此雾滴粒径的体积占喷雾液滴总体积的 10%；$Dv_{0.5}$ 表示小于此雾滴粒径的体积占喷雾液滴总体积的 50%，也称雾滴体积中径；$Dv_{0.9}$ 表示小于此雾滴粒径的体积占喷雾液滴总体积的 90%。下同

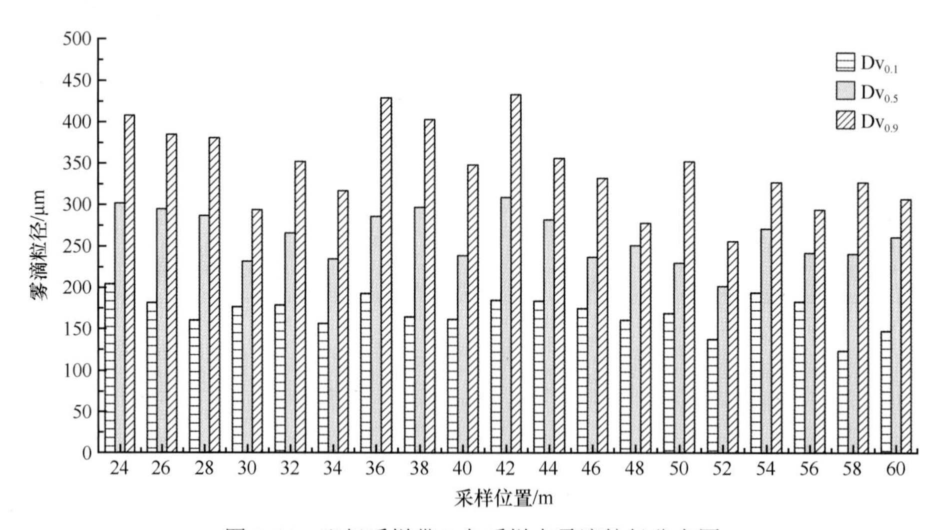

图 3-24 飞行采样带 2 各采样点雾滴粒径分布图

滴粒径增加，48 ～ 60m 各雾滴粒径降低，40m、42m 和 46m 三处采样点的各雾滴粒径为整个采样带中的较高点。采样带 2 中 30m 处各雾滴粒径为附近采样点的最小值，24m、36m、38m 和 42m 是整个采样带中的较高点。两个采样带中 42m 处的采样点均为各雾滴粒径分布最大值。雾滴沉积情况参见图 3-25。

图 3-25　雾滴沉积情况图

2. 雾滴沉积分布规律

从图 3-26 可以看出，两条采样带雾滴密度呈现出相同的变化趋势，采样带 1 在 34m 采样点达到谷底，采样带 2 在 32m 采样点到达谷底，均在 30m 附近，此种现象出现可能是由于侧风的存在致使雾滴密度中线偏移。随着采样点向下风向推移雾滴密度均逐渐降低，采样带 1 在 48m 处达到雾滴密度临界点 15 个 /cm^2，有效沉积区域为 26 ～ 48m，有效喷幅为 22m；采样带 2 在 46m 处达到雾滴密度临界点 15 个 /cm^2，有效沉积区域为 24 ～ 46m，有效喷幅为 22m。

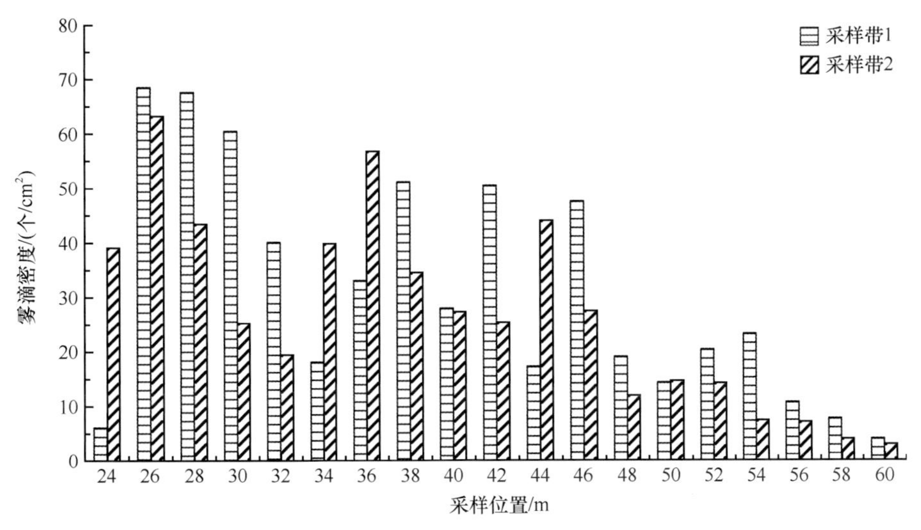

图 3-26　第一次飞行雾滴密度对比图

从图 3-27 可以看出雾滴沉积量中线的位置分布。两条采样带的沉积量数据均有异常高的值，采样带 1 中，在 26m、28m、30m、42m 和 46m 处雾滴沉积量突增；采样带 2 中，36m 和 44m 两个采样点数值突增。随着采样点的向下风向推移，沉积量减小。

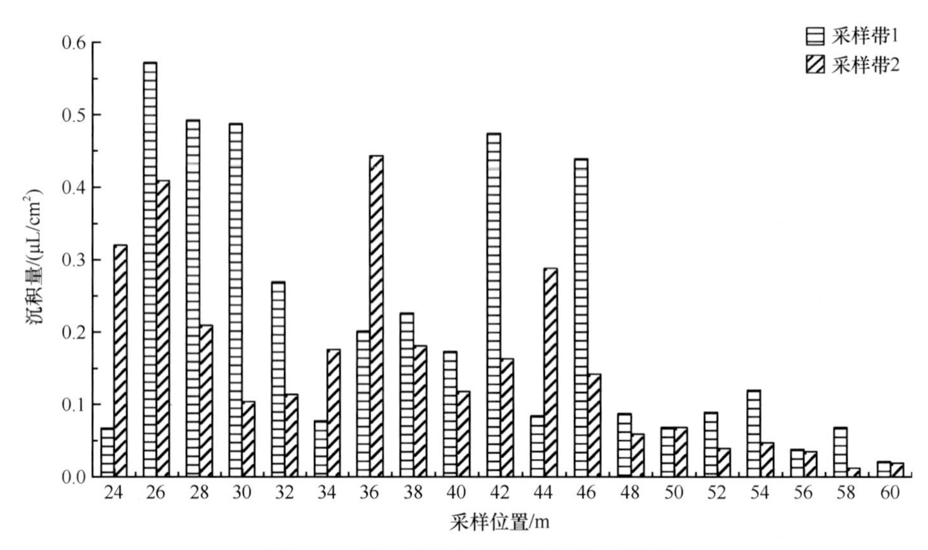

图 3-27　第一次飞行雾滴沉积量对比图

从图 3-28 可以看出两条采样带雾滴覆盖率分布不均匀。采样带 1 中覆盖率在 28m、30m、42m 和 46m 采样点较采样带 2 中对应数值异常高，在 34m、44m 处覆盖率突减，小于采样带 2 对应数值。从 48m 采样点起，覆盖率较小且逐渐减小。

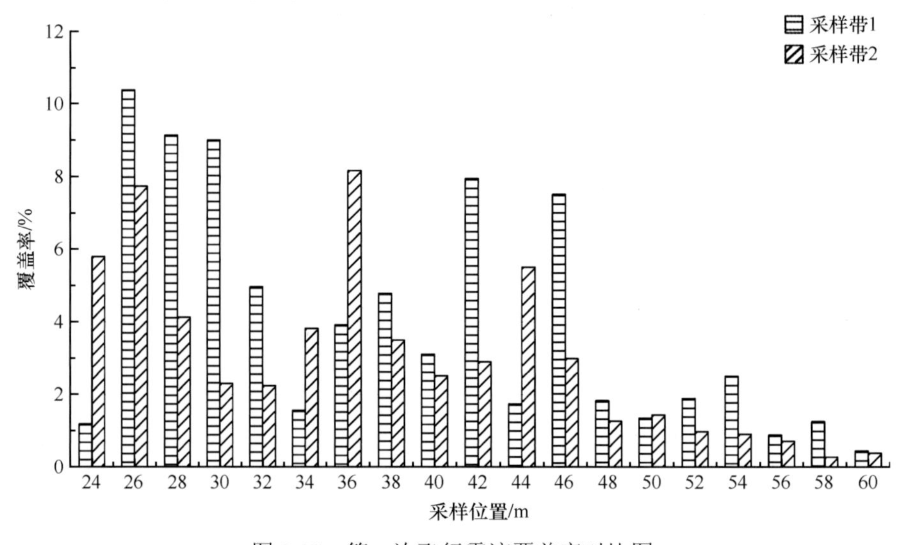

图 3-28　第一次飞行雾滴覆盖率对比图

3. 雾滴穿透性分布规律

雾滴穿透性的好坏是反映农业防治效果的重要指标之一。8 月为大豆结荚期，此时大豆食心虫为主要的虫害，豆荚主要生长在植株的中上部，基于此，本部分对冠层以下水敏纸雾滴数据进行分析，水敏纸布置上、中两层。在试验区随机选取 1.2m² 的样地，对样地内的植株生长情况进行调查，其中植株密度为 50.8 株 /m²，植株平均高度为 87cm。

3 次飞行试验中，测试穿透性的水敏纸在采样位置 10 ～ 50m 每隔 4m 进行布置，表 3-9 为飞行试验采样带 1 中雾滴在植株上、中层的分布参数，包括雾滴密度、雾滴沉积量和雾滴覆盖率。

表 3-9　飞行采样带 1 的雾滴穿透性参数列表

采样位置 /m	雾滴密度 /（个 /cm²）		沉积量 /（μL/cm²）		覆盖率 /%	
	上层	中层	上层	中层	上层	中层
26	68.5	35.3	0.572	0.221	10.4	4.28
30	60.5	23.1	0.488	0.150	9.00	3.03
34	18.1	3.60	0.077	0.025	1.56	0.45
38	51.2	35.3	0.226	0.162	4.78	3.42
42	50.5	2.30	0.474	0.020	7.94	0.37
46	47.6	14.0	0.439	0.109	7.51	2.05
50	14.4	13.8	0.068	0.081	1.35	1.41

表 3-9 中的 3 种雾滴参数分布情况一致。除了在采样点 50m 处的上层和中层数值接近相同，其余采样点上层的数值均远大于中层的数值。在 34m 采样点上、中层的雾滴参数相比 26m 和 30m 采样点均骤减。42m 采样点上层的雾滴参数较高，而中层雾滴参数很低，接近 0，可能由于此处植株生长较密。

4. 飞机重喷率、漏喷率测定

飞机在实际作业时，由于飞行高度高、速度大等特点，容易偏离航线飞行，造成重喷、漏喷等现象。Satloc G4 系统具有根据地块大小、喷幅自动规划航迹的功能，飞行员在作业时可沿航迹飞行，减小重喷、漏喷面积。本次试验搭载华南农业大学自制的高精度北斗定位系统对飞机作业时的飞行参数进行了测定（包括飞行高度、速度和飞行轨迹），旨在检测 Satloc G4 喷洒系统导航下的作业效果。北斗定位系统为航空用北斗系统 UB351，具有 RTK 差分定位功能，平面精度达 1cm，高程精度达 2cm。画眉鸟 510G 型飞机上搭载北斗定位系统的移动站以绘制飞机的飞行轨迹。信息采集试验地块面积为 1.6×10^5m²（1000m×160m），约 240 亩。图 3-29 为两次飞行试验的航迹图。图 3-29a 中平均飞行高度为 18.8m，飞行速度为 42.2m/s，飞行距离为 14 179.4m。从中可以看出，飞机在作业区的飞行路线笔直。图 3-29b 中平均飞行高度为

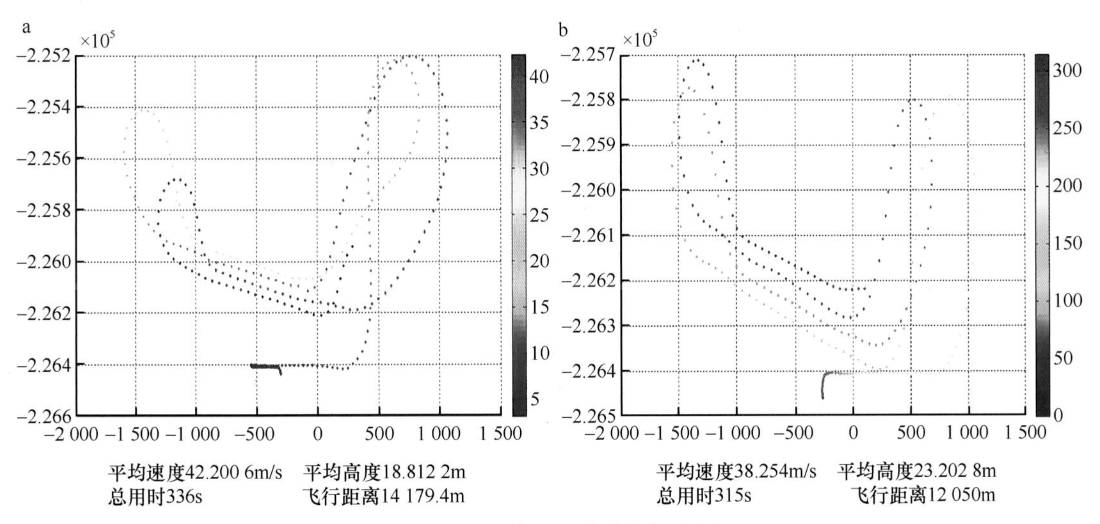

图 3-29　两次飞行试验的航迹图

a. 第一次飞行试验轨迹图；b. 第二次飞行试验轨迹图

23.2m，飞行速度在 38.3m/s，飞行距离为 12 050m，因飞机在拐弯处朝上飞行掉头，高度大幅增加，速度降低，故平均高度加大，平均速度降低。

由于转弯与直线作业时差异很大，所以删除转弯时的数据，取得在作业区的作业数据，即表 3-10 中第一次飞行时 4 个往返飞行的作业参数，包括飞机飞行平均速度、平均高度、总用时和飞行距离。

表 3-10　第一次飞行试验采集参数表

往返序数	平均速度 /（m/s）	平均高度 /m	总用时 /s	飞行距离 /m
1	57.287 6	9.473 60	15	859.314
2	63.112 2	8.193 48	15	946.684
3	61.936 7	8.837 71	15	929.050
4	60.227 2	7.520 98	16	963.635

两次飞行飞机分别作业了 4 个喷幅，表 3-11 和表 3-12 分别为两次飞行的参数列表。

表 3-11　第一次飞行参数列表

参数	平均速度 /（m/s）	平均高度 /m	飞行距离 /m	总用时 /s
第一个喷幅	57.3	9.5	859.3	15
第二个喷幅	63.1	8.2	946.7	15
第三个喷幅	61.9	8.8	929.1	15
第四个喷幅	60.2	7.5	963.6	16
平均值或总计	60.6	8.5	3698.7	61

表 3-12　第二次飞行参数列表

参数	平均速度 /（m/s）	平均高度 /m	飞行距离 /m	总用时 /s
第一个喷幅	56.3	8.9	844.7	15
第二个喷幅	62.4	11.3	872.9	14
第三个喷幅	61.2	8.1	917.7	15
第四个喷幅	62.9	7.2	881.3	14
平均值或总计	60.7	8.9	3516.6	58

本次试验中玉米作物的高度为 2.5m，根据测定结果确定飞机飞行距离作物的平均高度为 6.2m。飞机在飞临田地边界时，由于要掉头，飞行员会调整飞机姿态，因此在田地边界飞机会偏离航线和改变飞行高度，造成一定程度的重喷、漏喷。

根据作业时间 t（120s）和作业面积 S（480 亩），可得作业效率为 $N=S/t=4$ 亩 /s。根据两次飞行试验的平均飞行距离 M（3607.7m）和规划航线距离 4000m，可算出飞机按照飞行航线飞行的偏离率为 X=3607.7m/4000m=90.2%。根据飞机的有效喷幅 L（21.7m）、飞行距离 M（3607.7m）和地块面积 240 亩，可以算出飞机的漏喷率为 $\eta=1-M\times L/160\ 000=51.1\%$。

3.5.2　研究实例二：运-5B 型固定翼飞机喷雾在水稻田的雾滴沉积分布研究

3.5.2.1　基本情况

2020 年 3 月，山东理工大学国际精准农业航空团队在《中国植保导刊》上发表了《运-5B 固定翼飞机喷雾在水稻田雾滴沉积分布研究》，研究测定运-5B 型固定翼飞机不同飞行高度喷雾在水稻田雾滴沉积分布情况。

3.5.2.2　试验机型及相关参数

采用运-5B 型固定翼飞机，试验时共设定 2 个高度处理，处理 1 飞行高度为 5 ～ 7m，处理 2 飞行高度为 10 ～ 12m，飞行高度由飞行员控制，除飞行高度外，其他作业参数相同。

试验时选用的喷头为 GP-81A 航空喷头中 2# 喷头，喷头个数 65，喷头类型为扇形雾化喷头，每个喷头之间间隔 20cm，均匀排布，其中左右两边各有 5 个与喷杆呈 45° 夹角，喷杆长度约为 14m，单个喷头流量为 2.3L/min。

3.5.2.3　试验方法

在进行雾滴参数测定前，首先将两条长为 60m 的玻璃绳固定在间距为 9cm 的杆上，并将其绷直，同时将 3cm×9cm 的铜版纸和直径为 9cm 的滤纸布置在水稻上方的玻璃绳上（图 3-30），每隔 2m 布置一点，采样带重复 3 次（图 3-31 和图 3-32）。试验完成后分别将铜版纸和滤纸放入自封袋中，并且标注各采样位置信息，分别分析雾滴粒径、雾滴密度和沉积量。

图 3-30　运-5B 型固定翼飞机（左图）及其喷杆、喷头安装情况（右图）

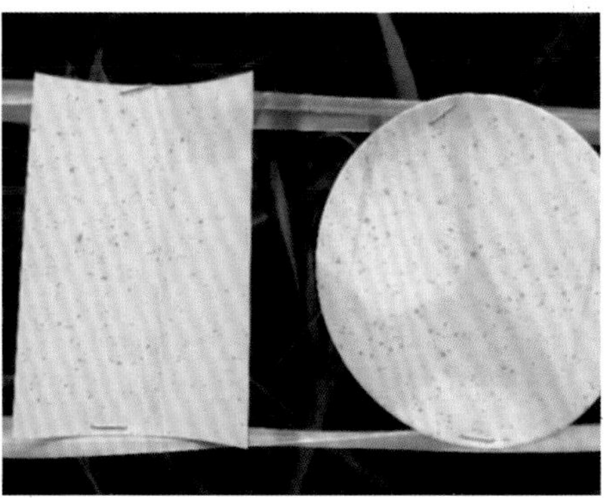

图 3-31　试验点铜版纸和滤纸的实地布置图

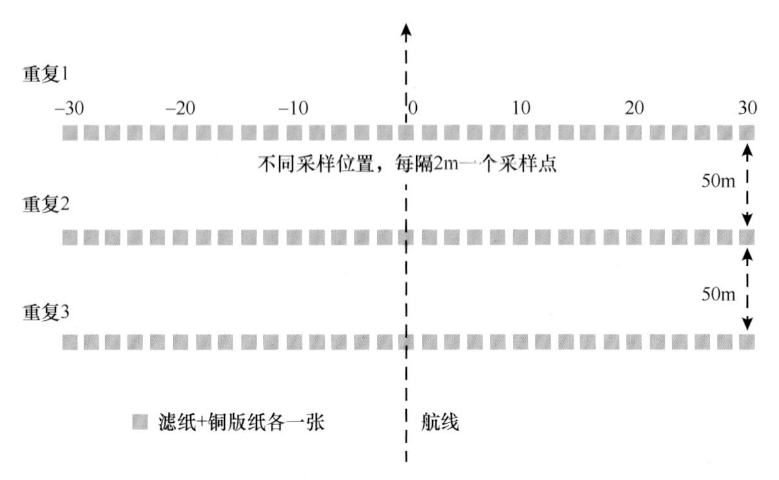

图 3-32 铜版纸和滤纸布置情况模拟图

3.5.2.4 试验结果与分析

雾滴密度的测定试验结果参见图 3-33，当飞行高度为 5 ～ 7m 时，在单个喷幅内，雾滴密度分布呈现抛物线状，其中航线中心雾滴密度最高，能达到 38 个 /cm^2，变异系数为 65.2%，以雾滴密度 15 个 /cm^2 为下限计算，有效喷幅为 30m，考虑到实际往返作业时，飘移区雾滴沉降存在重叠的情况，雾滴密度在边缘位置有所增加。当飞行高度为 10 ～ 12m 时，雾滴密度最高能达到 30 个 /cm^2，变异系数为 54.3%，但雾滴密度较飞行高度为 5 ～ 7m 时明显降低。以雾滴密度 15 个 /cm^2 为下限计算，有效喷幅为 22m，有效喷幅明显减少。所以从田间喷雾质量角度考虑，田间作业高度在 5 ～ 7m 较为合适，当遇到障碍物时，较高的飞行高度明显会降低喷雾质量，影响喷雾效果。

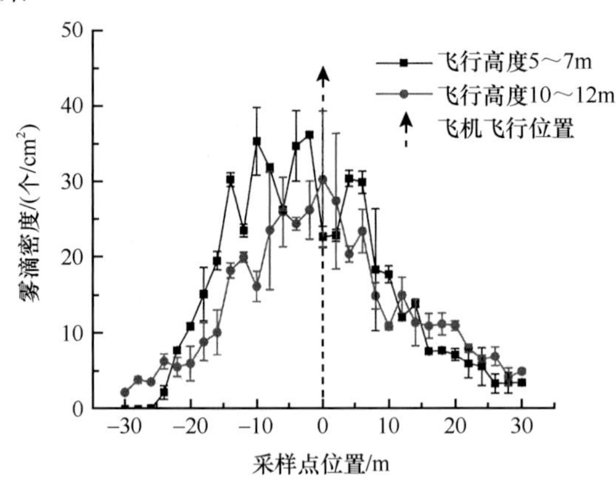

图 3-33 不同飞行高度情况下单喷幅雾滴密度分布情况

由滤纸上测得的沉积量结果可知，沉积量的情况基本与雾滴密度相一致（图 3-34）。当飞行高度为 5 ～ 7m 时，航线中心附近的沉积量最高，药剂在靶标作物上的最高沉积量为 0.58μg/cm^2，变异系数为 72.8%，沉积量平均值为 0.28μg/cm^2；当飞行高度为 10 ～ 12m 时，航线中心附近的沉积量同样为最高值，药剂在靶标作物上的最高沉积量为 0.51μg/cm^2，变异系数为 68.1%，沉积量平均值为 0.22μg/cm^2。由试验结果可以得知，雾滴沉积量同样受到飞行高度的较大影响，当飞行高度为 5 ～ 7m 时，雾滴飘失、萎缩相对较少，沉积量较大。同时根据平均沉积量法，即以大于平均沉积量作为下限进行计算，飞行高度为 5 ～ 7m 时，单个喷幅的有效喷幅为 24m，而飞行高度为 10 ～ 12m 时，单个喷幅的有效喷幅为 18m，与雾滴密度的结果类似，在田间作业时应当降低飞行高度，从而扩大有效喷幅，提高作业效率，提高对病虫害的防治效果。

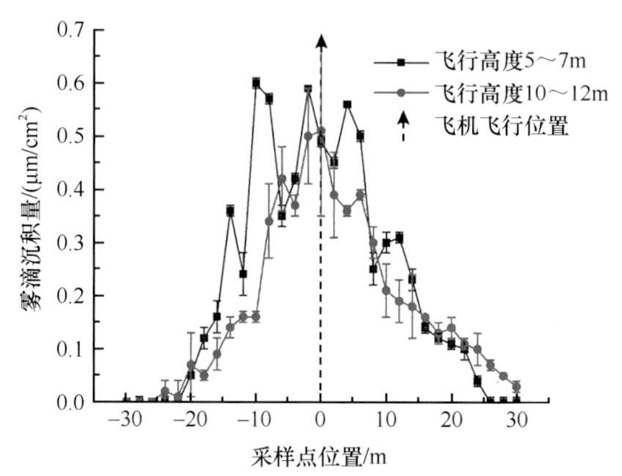

图 3-34　不同飞行高度情况下单喷幅雾滴沉积量分布情况

3.5.3　研究实例三：贝尔 206L4 型直升机在山地柑橘果园的航空喷施应用研究

3.5.3.1　试验基本情况

华南农业大学精准农业航空团队姚伟祥等（2020）使用贝尔 206L4 型直升机在江西省赣州市安远县孔田镇山地柑橘园进行了直升机盘旋式航空施药作业喷施效果的研究。本次试验喷施对象为安远脐橙，种植坡度约为 18°，柑橘树高在 1.8 ～ 2.5m，种植密度约 800 株 /hm^2。贝尔 206L4 型直升机配套的喷雾设备为 Simplex 7900 型喷雾系统，用于精准喷雾控制；喷头为可调式 CP 航空喷头，数量为 51 个，有 3 种喷头型号（CP02、CP03、CP04）可供选择。经实际测试，该型号直升机喷雾作业的泵压在 0.31 ～ 0.35MPa，可达到的有效喷幅在 30 ～ 45m。

3.5.3.2　喷洒药剂

试验所使用的药剂为 6% 噻虫嗪水分散粒剂和 10% 仲丁威乳油剂的混合药剂（江西天人生态股份有限公司），同时加有体积分数为 1% 的尿素作为沉降剂。

3.5.3.3　飞机作业参数

试验设定单位面积喷施量为 15L/hm^2，直升机以距树顶 10m 的飞行高度及 120km/h 的飞行速度（此时对应有效喷幅为 40m）飞行，采用绕山体顺时针盘旋 3 圈的方式对测试区域进行常规喷施作业。

3.5.3.4　试验方案设计

试验时沿山地坡度分别在山体的顶部、中部和底部设置 3 个采样区域，相邻采样区域之间垂直间距为 12m。在每个采样区域随机选取树体健壮、树冠大小基本一致的特征果树 2 株，依次命名为顶 1、顶 2、中 1、中 2、底 1、底 2。其中，每株特征果树沿冠层垂直方向又被划分为上、中、下 3 层采样位置，上层为果树冠层顶部，中层为果树冠层中部，下层为果树冠层底部。每层随机布置 5 张水敏纸（以 A、B、C、D、E 表示），水敏纸要求布置在距离果树最外部表面 5 ~ 10cm 处或果树冠层的中部 / 中径处。图 3-35 为试验方案示意图。同时，在测试区域外还设置有 Kestrel 5500Link 微型气象站，用于试验过程中自然环境的风速、风向、大气压及温湿度等气象信息的实时记录。

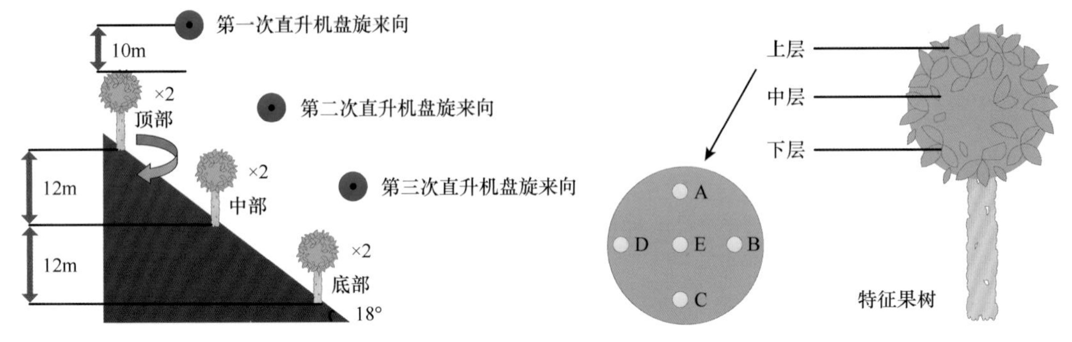

图 3-35 试验方案示意图

3.5.3.5 试验结果与分析

1. 喷头性能测试结果

各型号航空喷头流量与粒径的测定结果（表 3-13）表明：在各自对应的喷施压力下，以表征喷雾粒径最常用的指标 $Dv_{0.5}$ 为例，由于型号不同，测得各喷头的 $Dv_{0.5}$ 值分别为 137.30μm（CP02）、170.23μm（CP03）、232.53μm（CP04），喷雾粒径和粒径分布均呈现出了明显的阶梯状差异。同时可以发现，各型号喷头的喷施流量差异也较为明显，使用 CP04 喷头的总喷施流量高达 123.42L/min，分别是 CP02、CP03 喷头的 2.55 倍、1.53 倍。

表 3-13 各型号喷头喷施流量与粒径测定结果

喷头型号	压力 /MPa	$Dv_{0.1}$/μm	$Dv_{0.5}$/μm	$Dv_{0.9}$/μm	雾滴相对谱宽	单喷头流量 /（L/min）	总喷施流量 /（L/min）
CP02	0.34	54.46	137.30	260.02	1.50	0.95	48.48
CP03	0.33	62.91	170.23	408.96	2.03	1.58	80.76
CP04	0.31	80.53	232.53	613.87	2.29	2.42	123.42

2. 航空喷施雾滴沉积效果

以沉积量为基础参数对各特征果树采样位置的雾滴沉积效果进行评价分析，结果（表 3-14）表明：雾滴沉积量由果树上层至下层呈现逐层减少的趋势，在特征果树底 1 上层检测到的雾滴沉积量最大，为 1.56μL/cm^2；特征果树顶 2 下层的雾滴沉积量最小，仅为 0.27μL/cm^2，二者极差高达 1.29μL/cm^2。在雾滴分布均匀性方面，特征果树中 2 中层的雾滴沉积均匀性最佳，变异系数（CV）仅为 20.06%；特征果树底 2 下层的雾滴沉积均匀性最差，变异系数达到了 92.36%。

表 3-14 各采样位置雾滴沉积效果

参数	采样位置	果树编号					
		顶 1	顶 2	中 1	中 2	底 1	底 2
雾滴沉积量 /（μL/cm^2）	上层	1.08±0.35a	1.04±0.47a	1.45±0.57a	1.37±0.48a	1.56±0.60a	0.90±0.44a
	中层	1.13±0.43a	0.49±0.45b	1.10±0.41a	1.15±0.23a	1.21±0.50a	0.55±0.39a
	下层	0.54±0.35b	0.27±0.20b	0.40±0.28b	0.37±0.24b	1.02±0.40a	0.450±0.46a

续表

参数	采样位置	果树编号					
		顶 1	顶 2	中 1	中 2	底 1	底 2
平均值 / （μL/cm²）		0.914	0.600	0.986	0.962	1.263	0.649
雾滴分布均匀性 CV/%	上层	32.68	45.04	39.15	34.90	38.69	49.03
	中层	38.43	91.21	37.38	20.06	41.39	69.55
	下层	64.32	73.28	69.38	65.61	38.73	92.36
雾滴穿透性 CV/%		35.48	66.12	54.06	54.96	21.69	33.32

注：表中数据为沉积量均值 ± 标准差；经 Duncan's 和 LSD 法在 0.05 的显著性水平下检验，同列数字后不同小写字母表示在 0.05 水平差异显著

变异系数 CV 越小，表明雾滴沉积穿透效果越好，由表 3-14 还可以看出，特征果树底 1 和底 2 的雾滴穿透性 CV 为所有特征果树中较小值，表明航空喷雾在山体底部的雾滴穿透性最佳。同时，不同山体位置特征果树各层之间的雾滴沉积量差异各不相同，山体顶部特征果树下层和上层之间雾滴沉积量差异显著；山体中部特征果树下层和中上层之间雾滴沉积量差异显著；山体底部特征果树各层之间雾滴沉积量无显著差异。

3. 山体整体雾滴沉积分布效果

对山体不同采样区域及整体的雾滴沉积数据进行整合分析，结果如表 3-15 所示。从中可以看出，此次直升机航空喷施作业山体整体的雾滴平均沉积量为 0.896μL/cm²，沉积量变异系数为 60.82%。此外，雾滴平均沉积量由山体顶部至山体底部呈现先增加后减少的趋势，山体中部平均雾滴沉积量最大，为 0.974μL/cm²；雾滴沉积量变异系数由山体顶部至山体下部同样呈现先变好后变差的趋势，山体中部的雾滴沉积量变异系数最佳，为 58.10%。

表 3-15 山体雾滴沉积分布效果

参数	采样区域			
	山体顶部	山体中部	山体底部	整体
雾滴平均沉积量 / （μL/cm²）	0.757	0.974	0.956	0.896
变异系数 /%	64.54	58.10	59.34	60.82

3.5.4 研究实例四：AS350B3e 型直升机航空喷施雾滴沉积飘移规律研究

3.5.4.1 试验基本情况

华南农业大学精准农业航空团队姚伟祥等（2017）使用 AS350B3e（“小松鼠”）直升机（法国 Eurocopter 公司）在湖北省荆州市沙市机场进行了航空喷施雾滴沉积飘移规律的研究，分析了飞行速度和有无添加助剂对雾滴沉积飘移规律的影响，各架次参数如表 3-16 所示。

表 3-16 各架次试验参数

架次	飞行速度 / （m/s）	飞行高度 /m	添加助剂	喷施量 / （L/hm²）
1#	90	5	否	12
2#	70	5	是	12

续表

架次	飞行速度 / (m/s)	飞行高度 /m	添加助剂	喷施量 / (L/hm^2)
3#	90	5	是	12
4#	90	5	是	12
5#	100	5	是	12
6#	120	5	是	12
7#	90	5	是	12
8#	90	5	是	6

3.5.4.2 喷洒药剂

试验采用由尿素现场配制质量分数为 1.25‰ 的尿素溶液 400L 代替液体农药进行喷施，并配有飞防专用助剂“飞宝”（山东瑞达有害生物防控有限公司），体积分数为 3‰。助剂主要成分为植物油类，功能为抗蒸发、促进沉降、减轻飘移等。

3.5.4.3 喷雾系统作业参数

该直升机安装有 AG-NAV Guía 系统（加拿大 AG-NAV 公司），用于精准变量喷施控制；同时搭载有华南农业大学自主研发的轻型机载北斗 RTK 差分系统，该系统具有精准差分定位功能，数据采集间隔为 0.1s，能够实时记录飞行参数并绘制出实际作业轨迹供喷施效果的参考分析。直升机技术参数及搭载设备的主要性能指标如表 3-17 所示。直升机采用 TR03 型圆锥喷头（德国 Lechler 公司）进行喷施，各喷头等距均匀排布。

表 3-17 AS350B3e 直升机及搭载设备的主要性能指标

主要参数	规格及数值	主要参数	规格及数值
机身长度 /m	10.93	喷头朝向	向下
机身高度 /m	3.34	喷幅 /m	30 ～ 40
主旋翼 / 尾旋翼直径 /m	10.69/1.06	药箱尺寸（长×宽×高）/m	2.2×1.1×0.3
最大载药量 /L	600 ～ 650	单位面积喷施量 / (L/hm^2)	12
最大航速 / (km/h)	287		
最大起飞重量 /kg	2250	工作效率 / (hm^2/h)	350 ～ 500
喷杆长度 /m	9	喷施系统	AG-NAV Guía
喷头个数	76（42 个单喷头，17 个双喷头）	北斗平面 / 高程精度 /mm	$(10+5\times D\times10^{-7})/(20+1\times D\times10^{-6})$，其中 D 表示该系统实际测量的距离（km）

3.5.4.4 试验方案设计

试验在 2000m×400m 的区域内进行。根据风向，作业区域设有两条 110m 长的雾滴采集带，两条采集带之间间距 80m，布置与风向平行。试验方案示意图如图 3-36 所示。试验设置单向式喷施试验 6 架次（1# ～ 6#）和往复式喷施试验 2 架次（7#、8#），对于单向式喷施试验，各条采集带由上风向至下风向以−30 ～ 80m 依次标记，在−30 ～ 40m，采集带每间隔 2m

布置一张水敏纸；在 40 ～ 80m，采集带每间隔 4m 布置一张水敏纸，设置 0m 处为直升机航线。对于往复式喷施试验，设置喷幅 30m，在−28 ～ 80m，采集带每间隔 4m 布置一张水敏纸，水敏纸距地面 30cm，正面迎风向倾斜布置。

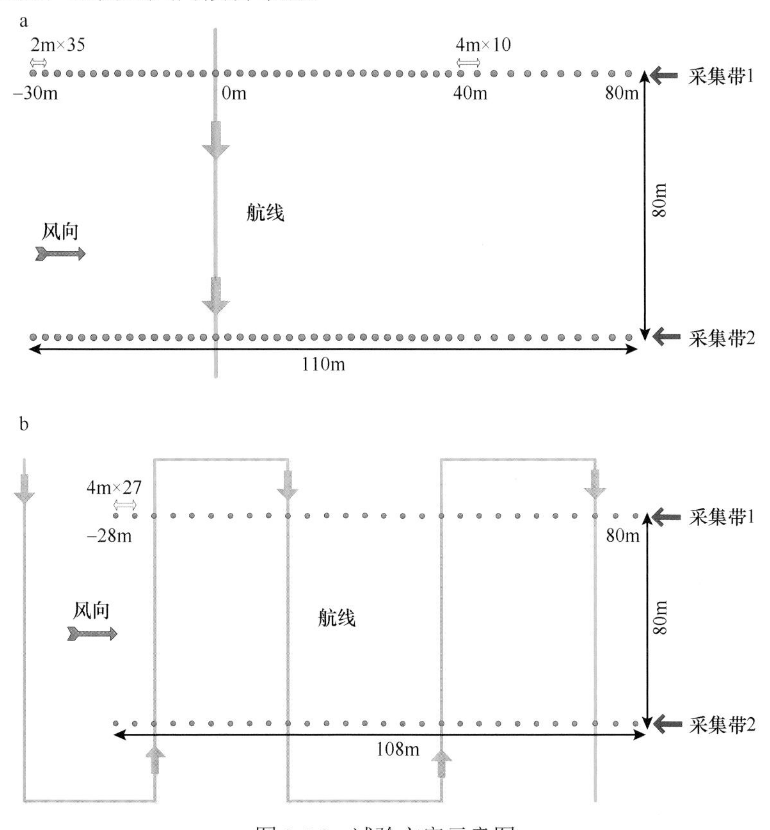

图 3-36　试验方案示意图

a. 单向式喷施架次试验方案；b. 往复式喷施架次试验方案

3.5.4.5　试验结果与分析

1. 单向式喷施试验分析

参考《飞机喷雾飘移现场测量方法》得到 6 个架次各采集带的喷雾飘移情况。由图 3-37 可知，各架次各采集带的喷雾飘移量测定值随着下风向距离的增大呈现逐步降低的趋势。同时各架次目标喷雾区的最小宽度，即喷雾飘移量总测得值的 90% 所对应的下风向距离在 27.61 ～ 48.94m，因此在有侧风的情况下作业时，应设置至少 50m 宽的缓冲区。但利用上述分析方法并未在 6#-2 下风向飘移区测到喷雾飘移量总测得值的 90% 时的位置，经测得 6#-2 实时飞行速度为 123.7km/h，飞行高度为 5.25m，喷施速度过快且高度较高，导致该条采集带整体接受的雾滴较少，仅在−18 ～ 22m 通过水敏纸检测到喷施雾滴。1# ～ 5# 上风向飘移区各采样点的喷雾飘移量测定值分别为 35.8%、40.8%、41.7%、22.5%、37.5%，远高于下风向飘移区各采样点的喷雾飘移量测定值（图 3-37），因此 6#-2 喷雾飘移量总测得值的 90% 的位置并未出现在下风向飘移区。

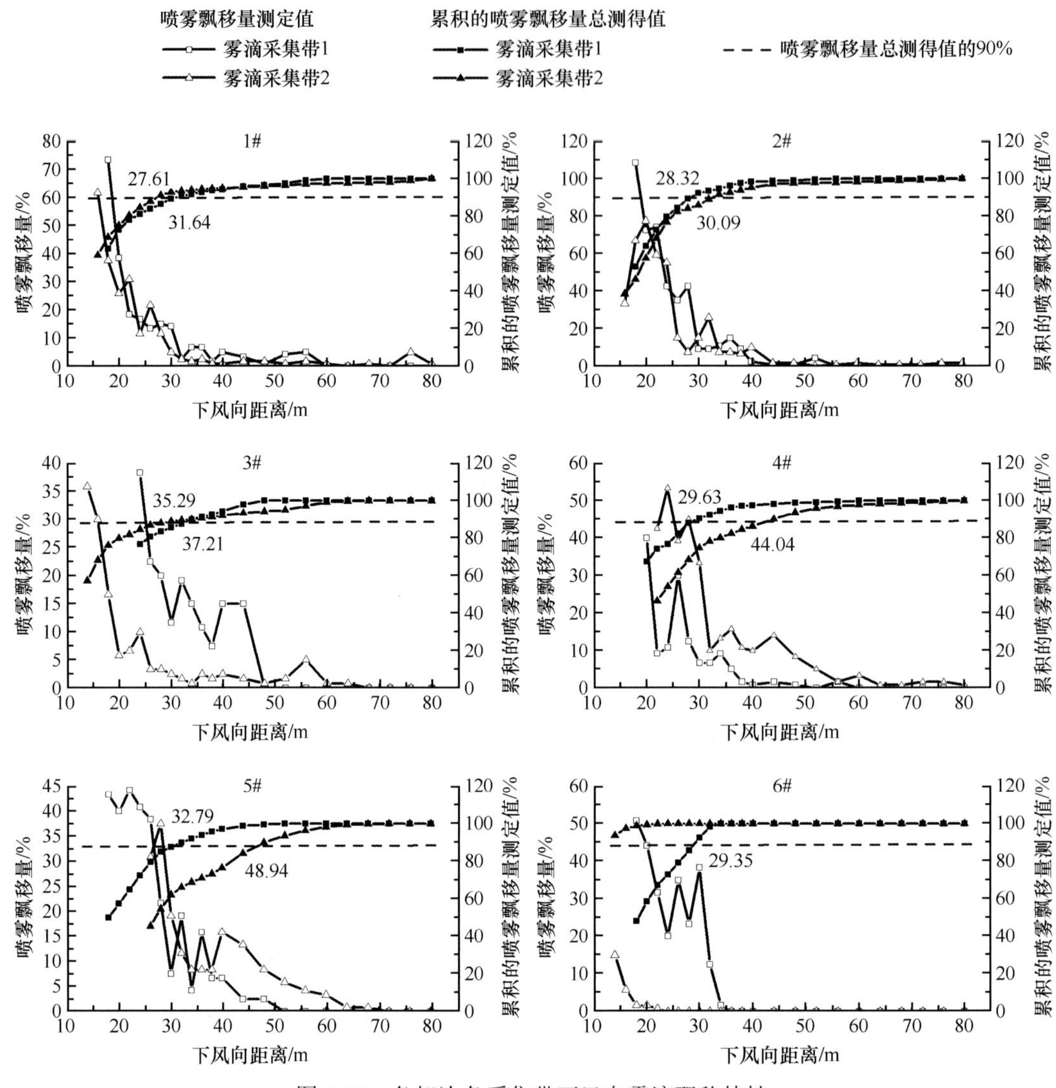

图 3-37　各架次各采集带下风向雾滴飘移特性

将架次 1#、3# 所有采集带飘移量进行汇总，如图 3-38 所示，得到架次 1# 两条采集带飘移量占总飘移量的比例分别为 21.41%、36.96%；3# 两条采集带飘移量占总飘移量的比例分别为 15.41%、26.22%；1#、3# 两采集带合计飘移量分别为二者总飘移量的 58.37%、41.63%；1#、3# 上风向两采集带合计飘移量分别为二者上风向总飘移量的 58.14%、41.86%；1#、3# 下风向两采集带合计飘移量分别为二者下风向总飘移量的 58.5%、41.5%；添加助剂使总飘移量

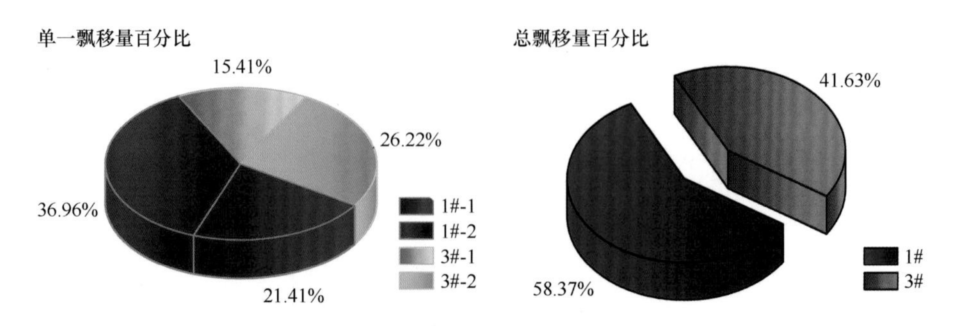

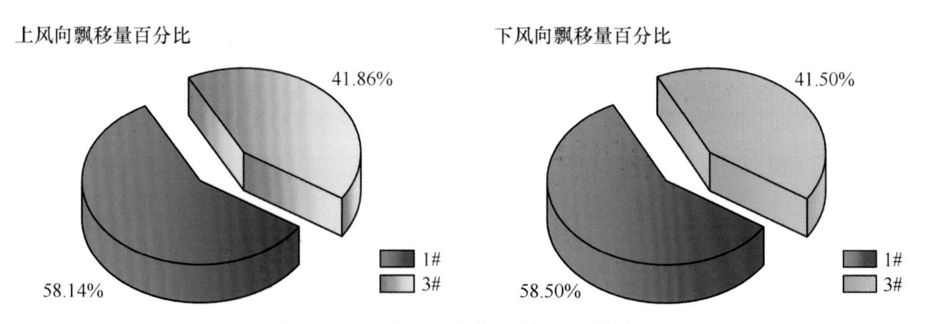

图 3-38　1# 和 3# 采集带雾滴飘移情况

减少了 28.68%，其中上风向飘移量减少了 28.31%，下风向飘移量减少了 29.06%。由此可以初步看出，助剂的使用对于减轻飘移是有作用的。

2. 往复式喷施试验分析

图 3-39 为轻型机载北斗 RTK 差分系统采集各架次往复式喷施试验飞行数据后绘制的各架次有效作业轨迹，经测定符合试验设定轨迹。

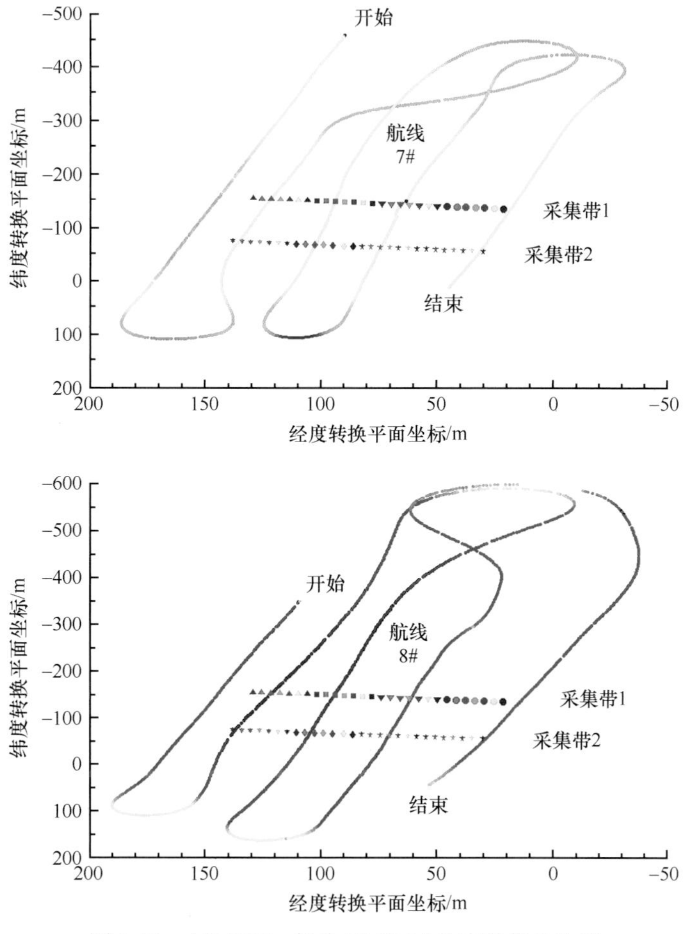

图 3-39　AS350B3e 架次 7# 和 8# 的有效作业轨迹

借鉴《航空喷施设备的喷施率和分布模式测定》中穿梭式喷施作业沉积效果的测定方法，对于具有 5 条喷幅的分布模型，采用第二条和第四条喷幅对应路径中心线之间区域的数据进行分析。结合试验 30m 喷幅设计，本部分研究取−20 ～ 40m。表 3-18 为架次 7#、8# 测定区域飞行参数信息汇总。

表 3-18　测定区域飞行作业参数汇总

架次		飞行速度 /（km/h）	飞行高度 /m
7#	路径 2	90	5.67
	路径 3	92	3.83
	路径 4	89	6.50
8#	路径 2	110	4.69
	路径 3	105	5.65
	路径 4	93	6.56

如图 3-40 所示，两次往复式喷施试验，架次 7# 设置总喷施量为 12L/hm^2，架次 8# 设置总喷施量为 6L/hm^2。架次 7# 的 $Dv_{0.1}$、$Dv_{0.5}$ 和 $Dv_{0.9}$ 平均值分别为 237.77μm、427.03μm 和 656.42μm；架次 8# 的 $Dv_{0.1}$、$Dv_{0.5}$ 和 $Dv_{0.9}$ 平均值分别为 210.06μm、366.85μm、558.53μm；架次 7# 的雾滴粒径略大于架次 8# 的雾滴粒径，其 $Dv_{0.1}$、$Dv_{0.5}$ 和 $Dv_{0.9}$ 分别是架次 8# 对应值的 1.13 倍、1.16 倍和 1.18 倍。架次 7# 的平均雾滴密度为 19.09 个 /cm^2，架次 8# 的平均雾滴密度为 15.07 个 /cm^2，前者是后者的 1.27 倍。

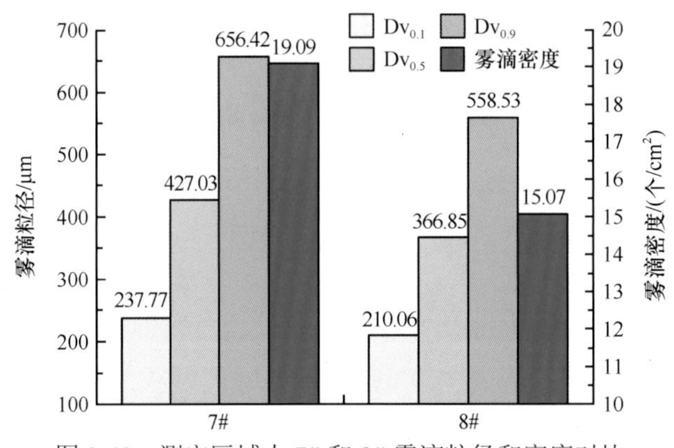

图 3-40　测定区域内 7# 和 8# 雾滴粒径和密度对比

研究还发现，测定区域内架次 7#、8# 二者雾滴沉积量差异较显著，如图 3-41 所示，架次 7# 的雾滴平均沉积量为 0.237μL/cm^2，架次 8# 的雾滴平均沉积量为 0.135μL/cm^2，前者是后者的 1.76 倍。

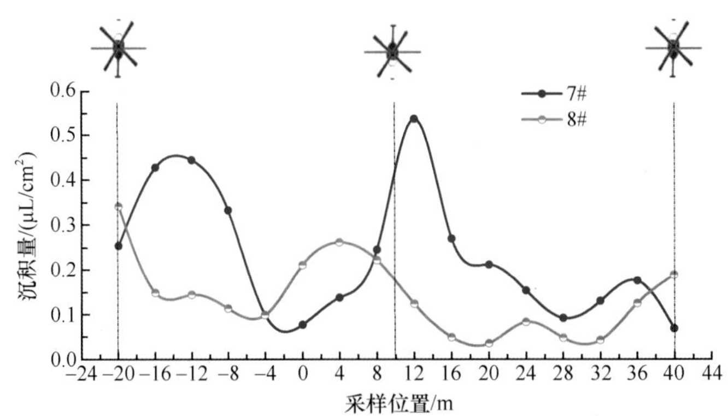

图 3-41　测定区域内 7# 和 8# 雾滴沉积量对比

图中飞机为直升机，机头方向代表飞行方向

第 4 章　农业航空遥感监测技术

农田作物信息快速获取与解析是开展精准农业实践的前提和基础，是突破中国精准农业应用发展瓶颈的关键。随着人口不断增长和农业生产需求增加，加快农业资源管理改进的需求日益迫切。遥感技术可通过全球定位系统和地理信息系统来提高农作物病虫害管理精度，提供不同空间、光谱和环境条件下病虫害的图像数据，最终为航空施药决策提供指导，帮助农民获取最大的经济和环境效益。近年来，农业遥感技术发展迅速，并已成为精准农业航空技术中一个重要的发展方向。

遥感根据不同的标准有着不同的分类，每个分类引申出很多的定义。按照遥感工作平台来分，有地面遥感、航空遥感、航天遥感；按照遥感探测电磁波的工作波段来分，有可见光遥感、红外遥感、微波遥感，更具体来说，有高光谱遥感、多光谱遥感、红外热成像遥感、激光雷达遥感等；按照遥感数据的记录方式来分，有成像遥感、非成像遥感。

4.1　农业遥感的类型

4.1.1　卫星遥感技术

卫星遥感技术具有宏观、快速、准确、动态及信息量大等优点，近年来在国内外已经被广泛地应用于指导农业生产。国外在作物的卫星遥感技术方面研究较活跃，如美国农业部使用卫星遥感进行玉米和大豆产量预测，印度的空间技术应用中心卫星遥感预测小麦条锈病的发病情况并结合气象数据与卫星遥感跟踪监测芥菜腐病，葡萄牙埃沃拉大学将卫星遥感与地表温度相结合监测虫害发生情况；国内则有中国科学院遥感与数字地球研究所使用卫星遥感监测并预测小麦白粉病、小麦蚜虫发生情况，北京农业智能装备技术研究中心利用卫星遥感验证航空施药的效果等。在作物的卫星遥感技术水平方面，国内外差异不大。

4.1.2　有人驾驶飞机航空遥感技术

有人驾驶飞机航空遥感是一种灵活通用的遥感成像技术，可以根据空间分辨率的要求在不同高度进行遥感成像，更适用于频繁地执行与航空喷施作业任务相对应的遥感任务，该技术最先被应用在基于航空光谱影像数据的变量施肥 / 施药处方图的生成方面。在有人驾驶飞机航空遥感方面，美国农业部将有人驾驶飞机航空遥感和地面传感器验证结合对棉花作物进行识别与分类（图 4-1），美国佛罗里达大学使用有人驾驶飞机航空遥感监测柑橘黄龙病发生情况，西班牙研究学者使用有人驾驶飞机获取光谱与热成像数据并对杏仁树红色叶斑病进行早期监测。国内在有人驾驶飞机航空遥感方面研究极少，与国外相比有较大差距。

4.1.3　无人机航空遥感技术

无人机航空遥感技术提供了一种结构简单、运营维护成本低、轻质紧凑、操作简单、灵活性高的遥感平台。无人机航空遥感技术的发展大大地扩展了以航天、航空遥感为主的农业遥感的应用范围，完善了地面作物监测体系，特别是对中小尺度的农业遥感应用能够发挥更大的促进作用。通过无人机航空遥感可以获取分辨率更高、更精确的农情信息，是实施精准农业生产管理决策的重要依据，对促进作物信息监测技术发展和应用具有重大意义。

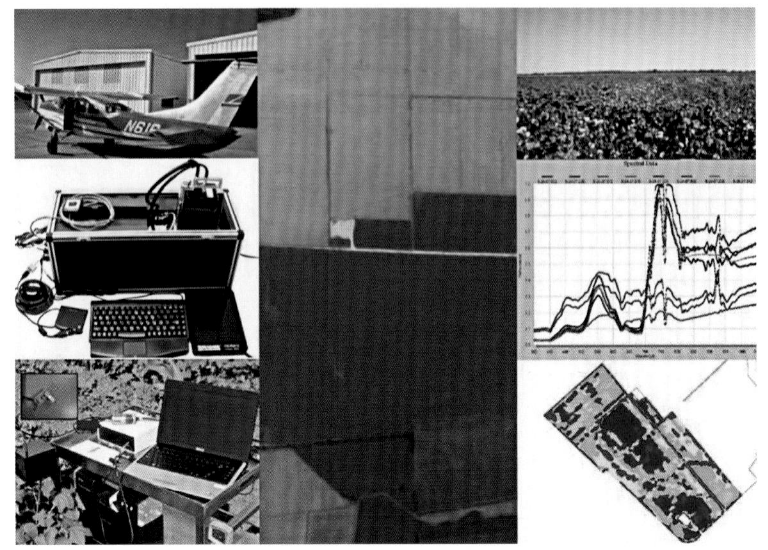

图 4-1　有人驾驶飞机的航空遥感系统

在基于无人机的航空遥感方面，国外有美国农业部使用无人机航空遥感进行作物生产管理及牧场管理，西班牙可持续农业研究所使用无人机热成像遥感获取葡萄园水分胁迫指数；国内则有北京师范大学地理科学学部利用无人机低空遥感平台开展了农作物快速分类、作物覆盖面积等方面的研究，此外，华南农业大学、南京农业大学、西北农林科技大学、中国农业科学院等科研院所也开展了大量无人机低空农情遥感监测方面的研究。在基于无人机的航空遥感方面，中国学者的研究相对更为活跃。

与航天遥感相比，航空遥感包括无人机航空遥感具有运行成本低、灵活性高、获取数据实时快速且分辨率高等特点；与地面遥感相比，航空遥感具有效率高、覆盖面广、适应性强、数据解读性更好等特点，在农业领域应用具有得天独厚的优势，因此成为现代精准农业的重点研究方向。近十几年来，高度集成、控制稳定、操作简便、成本低的飞行平台和紧凑、轻便、耐用、分辨率高的传感器等硬件设备得到快速发展。此外，随着数据传输算法、安全精确的飞行控制算法、数据处理及遥感图像解译算法等软件与技术的进步，航空遥感已经能够较好地获取高精度农田遥感图像，大大拓宽了农业遥感在农作物监测中的应用范围，航空遥感技术已成为精准农业航空日趋重要的研究方向。

4.2　农业航空遥感信息的获取机制与方式

4.2.1　农业航空遥感信息的获取机制概述

太阳光或人造雷达产生的电磁波通过大气时，被大气层吸收、透射（折射）、散射，加上大气自身辐射到达地面后与地表物体发生作用，被地物反射、散射、吸收，与地物自身辐射再次经过大气作用后，被传感器感知和接收。传感器把获取的信息和所受到的外界干扰一并形成图像信息并传输给地面或者存储于相机中。在遥感信息获取的过程中，很多环节存在遥感影像噪声，从而导致遥感影像的质量受到影响，如大气自身辐射、传感器噪声等。因此一般需要对遥感影像，特别是卫星遥感影像进行去噪或大气校正等预处理。在遥感影像中，地物反射率的大小是决定对应遥感影像像元亮度值的主要因素。从图 4-2 的遥感图像获取模型可以看出，遥感的工作模式其实与人的肉眼视觉是一样的，人的眼睛也可以被认为是遥感系统里的可见光传感器。

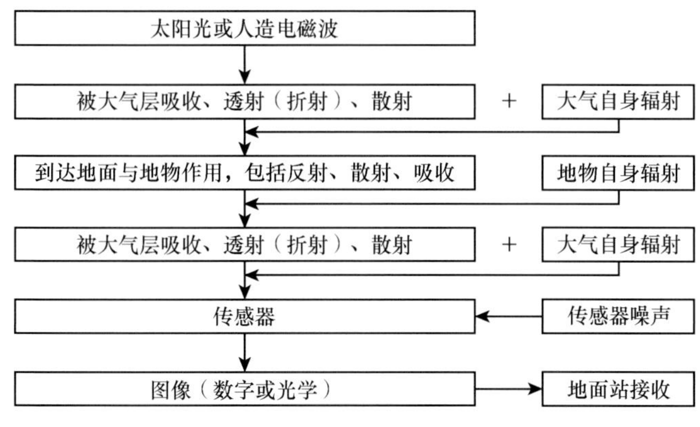

图 4-2　遥感图像获取机制示意图

4.2.2　农业航空遥感信息的获取方式

航空遥感信息的获取方式可以分为摄影成像、扫描成像和微波成像三大类。

4.2.2.1　摄影成像

摄影成像是通过成像设备获取物体影像的技术。传统摄影依靠光学镜头及放置在焦平面的感光胶片来记录物体影像，数字摄影则是通过放置在焦平面的光敏元件，经光 / 电转换，以数字信号来记录物体的影像。摄影机是摄影成像最常用的传感器，可装载在地面平台、航空平台、航天平台等地方，包括分幅式摄影机、全景式摄影机、多光谱摄影机和数码摄影机等类型。

（1）分幅式摄影机

一次曝光可得到目标物一幅相片，镜头分常角镜头（视场角 75° 以内）、广角镜头（视场角 75° ～ 100°）和超广角镜头（视场角超过 100°）（以图像的对角线测量角度）。同一平台高度下，视场角愈大，地面覆盖范围愈大。航空摄影机的透镜系统中心至胶片平面的距离等于镜头的焦距。焦距 f 小于 100mm 为短焦距，100 ～ 200mm 为中焦距，大于 200mm 为长焦距。

（2）全景式摄影机

又称扫描摄影机，根据结构和工作方式又可以分为缝隙式摄影机和镜头转动式全景摄影机。缝隙式摄影机又称航带摄影机，通过焦平面前方设置的与飞行方向垂直的狭缝快门获取横向的狭带影像。镜头转动式全景摄影机有两种工作方式：一种是转动镜头的物镜，狭缝设在物镜筒的后端，随着物镜筒的转动，在后方弧形胶片上聚焦成像；另一种是用棱镜镜头转动、连续卷片成像。

（3）多光谱摄影机

可同时直接获取可见光和近红外范围内若干个分波段影像，有多相机组合型、多镜头组合型和光束分离型三种。多相机组合型是将几架相机同时组装在一个外壳上，每架相机配置不同的滤光片和胶片，以获取同一地物不同波段的影像。多镜头组合型是在同一架相机上装置多个镜头，配置不同波长范围的滤光片，在一张大胶片上拍摄同一地物不同波长的影像。光束分离型是用一个镜头，通过二向反射镜或者光栅分光，于不同波段下在各焦平面上记录影像。

（4）数码摄影机

数码摄影机的成像原理和结构跟一般的摄影机类同，不同的是其用于感光的介质为光敏电子元件，如电荷耦合器件（charge coupled device，CCD）、互补金属氧化物半导体（complementary metal oxide semiconductor，CMOS）。

摄影机在飞行平台上对地面进行摄影时，根据摄影机主光轴与地面的关系，可分为垂直摄影和倾斜摄影。在农业航空遥感中，基本都是采用垂直摄影的方式，摄影机的主光轴垂直于地面或者偏离垂线在 3° 以内，获取与农业场地水平的影像。

4.2.2.2　扫描成像

扫描成像是依靠探测元件和扫描镜对目标地物以瞬时视场为单位进行逐点、逐行的取样，以获取目标地物电磁辐射特性信息，形成具有波谱信息的图像。其探测波段可包括紫外、红外、可见光和微波波段等，成像方式分为光 / 机扫描成像、固体自扫描成像和高光谱成像光谱扫描成像三种。

（1）光 / 机扫描成像系统

一般在扫描仪前方安装光学镜头，依靠机械传动装置使镜头摆动，对目标地物进行逐点、逐行的扫描。扫描仪由一个四方棱镜、若干反射镜和探测元件所组成。探测元件根据目标地物和辐射对大气的穿透程度来选择，对不同波段探测需要采用不同的探测元件。探测元件把接收到的电磁波能量转换成电信号，在磁介质上记录或经电 / 光元件转换成光能量，最终于设置在焦平面的胶片上形成影像。常见的光 / 机扫描成像系统有红外扫描仪、多光谱扫描仪等。

工作原理：扫描镜在机械驱动下，随着飞行平台的前进运动而摆动，依次对地面进行扫描，地物的辐射波束经扫描镜反射，并经透镜聚焦和分光，将分别分离为不同波长的波段，再聚焦到感受不同波长的探测元件上。

特点：利用光电探测元件解决了各种波长辐射的成像问题，输出数字图像数据，存储、传输和处理方面十分方便。但由于装置庞杂，高速运动时可靠性差，在成像机制上，存在目标辐射能量利用率低的致命弱点。

几何特征：光 / 机扫描的几何特征取决于它的瞬时视场角和总视场角。瞬时视场角又称空间分辨率，扫描镜在一瞬间可以视为静止状态，此时，接收到的目标地物的电磁波辐射被限制在一个很小的角度之内，这个角度就称为瞬时视场角。总视场角指从飞行平台到地面扫描带外侧的角度，其中总视场指的是扫描带的地面宽度。

（2）固体自扫描成像系统

该系统采用固定的探测元件搭载在飞行平台上，飞行平台在运动时对目标地物进行扫描获取遥感图像。目前最常用的探测元件是 CCD，CCD 是一种用电荷量表示信号大小，采用耦合方式传输信号的探测元件，具有可自扫描、感受波谱范围宽、畸变小、体积小、重量轻、系统噪声低、能耗小、寿命长、可靠性高等一系列优点，并可做成集成度非常高的组合件。

在光 / 机扫描仪中，探测元件需要靠机械摆动进行扫描，如果要立即测出每个瞬时视场的辐射特征，就要求探测元件的响应速度足够快，即要求探测元件的响应时间极短，因而可供选择的探测器有限。而固定自扫描成像系统采用 CCD 同时扫描，能够较好地解决这一问题。根据需要，设计一竖列的多个探测元件同时进行扫描。每帧图像中，每个探测元件需要承担的任务量得到很好的平均分配，获取图像的效率得到较大提高。由于每个 CCD 与地面上的像元（瞬时视场）相对应，靠遥感平台前进运动就可以直接以推扫式扫描成像。显然，所用的探测元件数目愈多、体积愈小，分辨率就愈高。现在，愈来愈多的扫描仪采用CCD线阵和面阵，以代替光 / 机扫描系统。在 CCD 扫描仪中设置波谱分光器件和不同的 CCD，可使扫描仪既能进行单波段扫描，也能进行多波段扫描。

（3）高光谱成像光谱扫描成像系统

通常的多波段扫描仪将可见光和红外波段分割成几个到十几个波段。对遥感而言，在一定波长范围内，分割的波段数愈多，即波谱取样点愈多，光谱分辨率愈高，愈接近连续波谱曲线，因此可以使扫描仪在取得目标地物图像的同时也能获取该地物的光谱组成信息。这种既能成像又能获取光谱曲线的“谱像合一”技术，称为成像光谱技术。按该原理制成的扫描仪称为成像光谱仪。

高光谱成像光谱扫描技术是遥感领域中的新技术，是既能成像又能获取光谱曲线的“谱像合一”的成像光谱技术，其图像是由多达数百个非常窄的连续光谱波段组成的，光谱波段覆盖了可见光、近红外、中红外和热红外区域全部光谱带。光谱仪成像时多采用扫描式或推扫式，可以收集 200nm 或 200nm 以上波段的数据，使得图像中的每一像元均得到连续的反射率曲线，而不像其他一般传统的成像光谱仪在波段之间存在间隔。

4.2.2.3　微波成像

微波成像是指通过微波传感器获取地物发射或者反射的微波辐射（波长范围为 1mm ～ 1m），经过判读处理来识别地物的技术。微波遥感分主动（有源）和被动（无源）两大类。

主动微波遥感是指通过向目标地物发射微波并接收其反向散射信号来实现对地观测的遥感方式。①雷达 Radar（radio direction and range）：用途，测定目标的位置、方向、距离和运动目标的速度；工作方式，由发射机通过天线在很短时间内向目标地物发射一束很窄的大功率电磁波脉冲，然后用同一天线接收目标地物反射的回波信号后进行显示。②侧视雷达（side-looking radar）：分辨率可分为距离分辨率（垂直于飞行的方向）和方位分辨率（平行于飞行方向）。俯角越大，距离分辨率越低；俯角越小，距离分辨率越大。要提高距离分辨率，必须降低脉冲宽度，但脉冲宽度过低则反射功率下降，实际应用时采用脉冲压缩的方法。要提高方位分辨率，只能加大天线孔径、缩短探测距离和工作波长。③合成孔径侧视雷达（synthetic aperture side-looking radar）：其方位分辨率与距离无关，只与天线孔径有关，所以可用于高轨卫星。天线孔径越小，方位分辨率越高。

被动微波遥感是指通过传感器接收来自目标地物发射的微波来达到探测目的的遥感方式。被动接收目标地物微波辐射的传感器称为微波辐射计，被动探测目标地物微波散射特性的传感器称为微波散射计，这两种传感器均不成像，故在此不予讨论。被动微波遥感的特点：①能全天候、全天时工作；②对某些地物探测后可形成特征波谱；③对冰、雪、森林、土壤等具有一定穿透力；④对于海洋遥感具有特殊意义；⑤分辨率较低，但特性明显。

4.3　农业航空遥感信息的获取系统

航空遥感图像的获取依赖于航空遥感系统，成熟完备的航空遥感系统是一个从地面到空中直至空间，从信息收集、存储、传输处理到分析判读、应用的一套综合支撑系统，主要由空中飞行平台、传感器、地面保障系统等组成，可实现飞行、操控、数据处理和信息传导等功能，如图 4-3 所示。

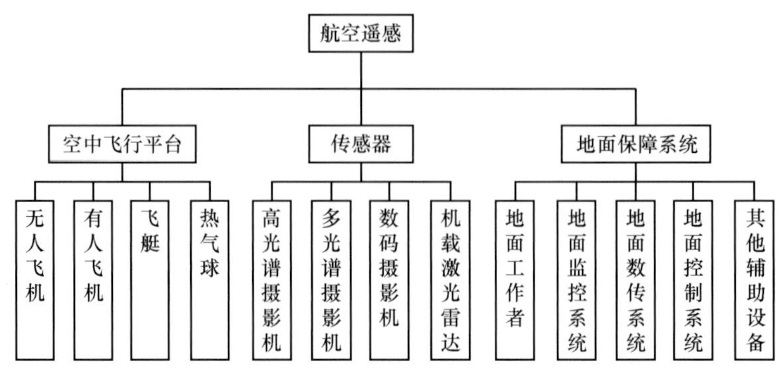

图 4-3　航空遥感系统示意图

农业航空遥感系统主要由以下 4 部分组成：传感器、遥感平台、地面站及数据处理软件。传感器是核心部件，直接决定遥感影像的质量及数据形式，决定了农业航空遥感的应用目的。遥感平台指的是托起传感器到空中拍摄的飞行平台，是传感器的翅膀。地面控制系统简称地面站，用于任务规划、飞行状况显示及航机控制。数据处理软件主要用于遥感信息处理与解析，主要有 ENVI、MultiSpec、PIX4D、ARCGIS、ERDAS IMAGINE、Matlab、ER Mapper、PCI、SUPERMAP 等软件。在进行图像处理、农情解析时，农业遥感离不开地面的调查与农学知识的支撑。

农业航空遥感平台主要包括飞机和气球。飞机按高度可以分为低空平台、中空平台和高空平台。低空平台是指在 2000m 以内的对流层下层飞行的飞机，无人机遥感平台就属于低空遥感平台。考虑到无人机续航能力和载荷等方面的局限性，所采用的遥感传感器一般具备数字化、存储量大、体积小、重量轻、精度高及性能优异等特点。

传感器是农业航空遥感系统的核心部件，按照遥感数据的记录方式，有成像传感器和非成像传感器之分。目前，大多数农业航空遥感系统采用了成像传感器，而成像传感器又可以分成被动式和主动式两大类。成像雷达遥感就属于主动式，一般雷达遥感多指合成孔径雷达遥感，它的显著特点就是主动发射电磁波，具有不依赖太阳光照及气候条件的全天时、全天候对地观测能力，并对云雾、小雨、植被及干燥地物有一定的穿透性。目前，在农业航空遥感领域，成像雷达遥感数据远不如光学遥感数据应用广泛，但它在作物的株高等植物表型研究领域具有一定的优势。被动式的成像传感器主要是光学成像传感器，如数码相机、高光谱相机、多光谱相机、红外热成像仪等都属于这一大类。因此，目前常用于农作物信息采集的传感器主要有数码相机、多光谱相机、高光谱相机、红外热成像仪和激光雷达等。

光学成像传感器的性能主要由以下 5 种分辨率来衡量。第一是空间分辨率，指遥感影像中每个像元所代表地面范围的大小，与传感器到目标地物的距离有直接关系，拍摄距离越远，则空间分辨率越低。第二是辐射分辨率，指传感器区分地物辐射能量细微变化的能力，即传感器的灵敏度。传感器的辐射分辨率越高，其对地物反射或辐射能量微小变化的探测能力越强。第三是温度分辨率，主要适用于衡量热红外成像仪，它是指热红外传感器分辨目标物与背景热辐射温度差异的最小值。第四是时间分辨率，指在同一区域相邻两次遥感观测的最小时间间隔，主要针对的是卫星遥感。第五是光学成像遥感最受关注的指标：光谱分辨率，指成像的波段范围，分得愈细，波段愈多，光谱分辨率就愈高。例如，多光谱相机光谱分辨率在 0.1μm 数量级，这样的传感器在可见光到近红外区域一般只有几个波段。而高光谱相机光谱分辨率在 0.01μm 数量级，在可见光到近红外区域有几十个到数百个波段，光谱分辨率可达纳米级。

市面上不少公司不断推出农用无人机遥感整体解决方案。在多光谱遥感成像方面，法国 Parrot 公司推出的 Bluegrass Fields 系统，如图 4-4a 所示，实现了无人机+多光谱相机+数码相机+地面站+数据分析软件的一体化设计。该系统包含 Sequoia 多光谱相机，1400 万像素的数码相机和 BLUEEGRASS 旋翼无人机。其移动端 APP 可实时快速进行现场调查诊断，也可通过 PIX4D FIELDS 软件再深入分析遥感图像，生成作业处方图。图 4-4b 展示的 Parrot Disco-Pro AG，是一款专为农业工作者设计的一体化多功能无人机机型，采用的传感器主要也是 Sequoia 多光谱相机。图 4-4c 展示的 SenseflyeBee X，手抛起飞，自动降落，可搭载定制版传感器，在农业遥感领域也是主要搭载 Sequoia 多光谱相机。在可见光成像方面，大疆创新科技有限公司的精灵 Phantom 4 RTK，如图 4-4d 所示，内置 1 英寸 2000 万像素 CMOS 传感器，以捕捉高清影像，在 100m 飞行高度下地面样本距离（GSD）可达 2.74cm；集成全新 RTK 模块，提供实时厘米级定位数据；摄影测量模式下，用户可在选择航线的同时，调整重叠率、飞行高度及速度、相机参数等，让飞行器自动执行遥感任务，操作十分方便。在高光谱成像方面，常见的高光谱相机均可通过云台搭载于飞行器如大疆 M600 型无人机上，结合光谱校正板、地面站和控制分析软件，实现无人机农业高光谱遥感解决方案，如图 4-4e 所示。在热红外成像方面，图 4-4f 所示是 Parrot 公司提供的无人机红外热成像遥感系统，结合美国菲力尔公司的红外热成像仪，可以捕捉热成像照片和可见光视频及照片，从而识别地面与目标物的温差并定位区域，实现如鼠害监测等方面的农业应用。

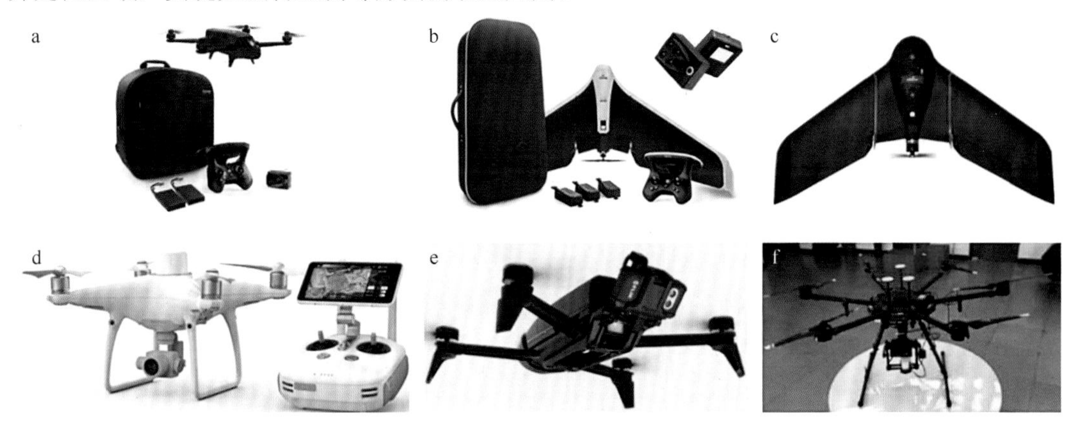

图 4-4　常见农业航空遥感系统

a. Bluegrass Fields；b. Parrot Disco-Pro AG；c. SenseflyeBee X；d. 精灵 Phantom 4 RTK；e. 无人机高光谱成像遥感系统；f. 无人机红外热成像遥感系统

4.3.1　高光谱成像

高光谱成像技术的出现是遥感领域的一场革命，使原本利用宽波段遥感难以探测的物质及特性，在高光谱图像中表现出来。高光谱成像传感器是一类可以在许多很窄的相邻光谱波段（包括可见光、近红外、中红外和热红外等部分波长范围）获取图像的光电探测元件。此类传感器可以采集 100 个甚至是更多波段的数据，因此可以保证为场景中的每个像素提供持续的发射率光谱（对于热红外部分波长为辐射度谱线）。这类系统能够在较窄的波长间隔中识别具有吸收和反射特征的地物，而这些特征是传统黑灰白或者红绿蓝等表达地物色彩信息和空间信息等的图像所表达不出来。

目前高光谱成像技术发展迅速，根据分光方式的不同，常见的分类有光栅分光式、声光可调谐滤波分光式、棱镜分光式、干涉分光式等。

4.3.1.1 光栅分光式

在经典物理学中，光线穿过狭缝、小孔或者圆盘之类的障碍物时，不同波长的光会发生不同程度的弯散传播，再通过光栅进行衍射分光，形成一条条谱带。也就是说，空间中的光线通过镜头和狭缝后，不同波长的光发生不同程度的弯散传播，在一维图像上形成一个点，再通过光栅进行衍射分光，形成一个谱带，照射到探测器上，探测器上每个像素的位置和强度分别表征光谱和强度。一个点对应一个谱段，一条线就对应一个谱面，因此探测器每次成像是空间一条线上的光谱信息，为了获得空间二维图像，通过机械推扫，完成整个平面的图像和光谱数据采集。

一般情况下，光线在经过狭缝后，不同波长的光照射到不同的探测器上，此时光的能量很低，因此需要采用高灵敏性的高光谱相机，且需要加光源。

4.3.1.2 声光可调谐滤波分光式

声光可调谐滤波器（acousto-optic tunable filter，AOTF）是一种色散器件，由声光介质、换能器和声终端三部分组成，能够通过电调协方式实现很高速度的波长扫描，可以完成一般的色散器件无法完成的快速光谱测量工作。射频信号被换能器接收后，能够激励出超声并耦合声光介质。为了防止声波产生反射，透过介质的声波被声终端的吸声体吸收。

最常用的 AOTF 晶体材料 TeO_2 为非共线晶体，光波通过晶体后发生衍射，产生衍射光和零级光，从不同的出射角进行传播。AOTF 由成像物镜、准直镜、偏振片、晶体、物镜和光电探测元件组成。当复色光以特定的角度入射到声光介质中，由于声光相互作用，满足动量匹配条件的入射光被超声衍射成两束正交偏振的单色光，分别为 e 光束和 o 光束，分别位于零级光两侧。倘若改变射频信号的频率，衍射光的波长也将相应改变，连续快速改变射频信号的频率就能实现衍射光波长的快速扫描。为了保证入射光经过准平行镜之后能够完全变化成平行光，对前端的物镜视场角有一定的要求，通过在晶体的出光口加遮挡片遮挡零级光，可以避免其与衍射光一起进入光电探测元件造成重影，还可以通过提高光源的聚光效果或者是减小聚光准直系统的外形尺寸对聚光准直系统进行优化。

4.3.1.3 棱镜分光式

棱镜的分光是通过射入的不同波长光线在棱镜材料中有不同折射率来实现的，然后折射出来的光线照射到不同方向上光电探测元件上进行成像。最常采用的分光棱镜为光楔，但光楔主要对平行光线有良好的分光性能。而有一定视场角和孔径的高光谱成像系统要实现较好的分光，需要对系统进行特殊设计，才能满足图像质量和空间环境稳定性的要求。棱镜的出射面镀有不同波段的滤光膜，棱镜分光后，不同方向上的探测器可以采集到不同光谱信息，实现同时采集空间及光谱信息。

4.3.1.4 干涉分光式

干涉分光式高光谱成像仪将目标信号分成两束相干光，通过对两束相干光之间的光程差进行调制并变换来获得目标的光谱信息。最经典的干涉分光式高光谱成像系统采用了迈克逊干涉仪原理，可以同时测量所有光谱波段的干涉强度，然后对干涉图进行傅里叶变换，得到目标光谱图。

近年来，获得突破的航空高光谱成像系统关键技术及应用还包括紧凑型热红外高光谱低温分光技术、紫外 / 可见光 / 短波 / 热红外一体化集成机载高光谱成像关键技术、阶跃集成滤光片分光技术、基于 AOTF 分光的凝视型高光谱成像关键技术等。

高光谱成像技术一开始用于地质矿物识别填图研究，后逐渐扩展到农林植被生态、海洋海岸水色、冰雪、土壤、大气、空间、军事、国土资源及科学研究等各个领域。由于健康的绿色植物具有典型的光谱特征，一旦作物生长状态发生变化，则其光谱特征也相应发生改变，因此高光谱遥感技术在农业领域颇受研究人员的青睐。在现代农业中，通过光谱遥感检测技术，可研究作物冠层或者是叶片的光谱特征，对农作物进行识别、分类，监测其生长状况和病虫草害情况，还可对农作物产量进行估算等。其原理是作物叶片细胞结构、色素、水分、氮元素等物质发生变化，会在光谱上体现出差异和规律。所以从可见光到热红外波段，病虫害作物的反射光谱和正常作物的反射光谱有明显差异，可进一步为农作物监测提供有效的手段。

高光谱图像包含的波段信息丰富、分辨率高，能准确反映田间作物本身的光谱特征及作物之间的光谱差异，在农作物病虫害的诊断和监测上更显优势，利于早期防治。但目前高光谱相机的价格普遍较高，广大农户难以承受，因此目前主要应用于科学研究领域。在高光谱成像方面，市面上许多公司推出了机载高光谱相机，如图 4-5 所示，从左到右分别为采用画幅式高光谱成像技术的 Cubert S185/S485，采用线扫描技术的高光谱成像传感器 Hyperspec® 系列、SOC 公司的 SOC710GX、ITRES 公司的 CASI/SASI、四川双利合谱科技有限公司生产的 GaiaSky-mini 等。

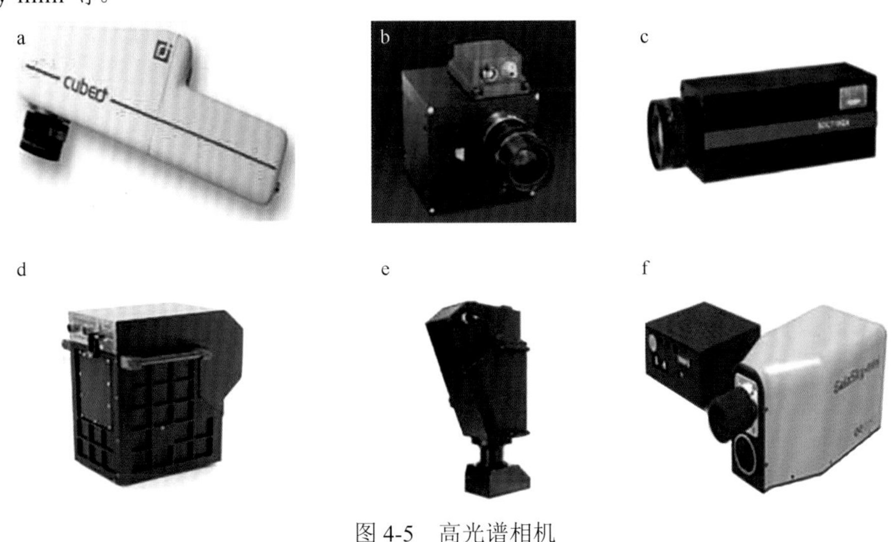

图 4-5　高光谱相机

a. Cubert S185/S485；b. Hyperspec® 系列；c. SOC710GX；d. CASI；e. SASI；f. GaiaSky-mini

图 4-6 为无人机高光谱遥感试验图，该试验采用 Cubert S185 机载高光谱相机，通过云台搭载于大疆 M600 型多旋翼无人机上，结合光谱校正板、地面站和控制分析软件，完成柑橘黄龙病的无人机高光谱遥感试验。

图 4-6 柑橘黄龙病的无人机高光谱遥感试验图

4.3.2 多光谱成像

多光谱成像技术是航空遥感技术的重要发展方向。航空多光谱遥感是指利用多个窄波长范围的电磁波获取探测对象物体的光谱图像数据。随着信息技术和传感器技术的快速发展，多光谱相机趋近于体积小、重量轻、集成度高。根据多光谱相机的工作方式，可以分为光学成像和扫描成像两大类。其中，光学成像可以分为分幅式多光谱相机、全景式相机、狭缝式相机等，扫描成像可以分为光 / 机式扫描仪、成像光谱仪、成像偏振仪等。

早在 2009 年，美国农业部南方平原农业研究中心就已经开展了低空遥感多光谱成像系统的研究，进行了 3 种不同类型的机载遥感多光谱成像系统的性能研究，涵盖低成本和相对高成本、手动操作和自动操作、使用单个摄像头的自动多光谱合成成像和使用多个摄像头的集成成像。试验研究表明，低成本的多光谱成像系统因波段饱和、成像速度慢和图像质量差，比较适用于能靠近地面飞行的低速移动平台，但不推荐应用于固定翼飞机低空或高空航空遥感；由于有效载荷的限制和安装复杂，高成本成像系统不推荐应用于无人驾驶直升机；成本适中的多光谱成像系统，适用于由地块定位文件触发的固定翼飞机低空航空遥感，也适用于由全球定位文件触发或人工操作的固定翼飞机高空航空遥感；建议固定翼飞机采用定制系统进行高空航空遥感，触发或手动操作航路点全球定位。美国农业部研究人员采用两个消费级的彩色摄像机搭载了多光谱成像系统，一个摄像头捕捉正常的彩色图像，另一个则被修改以获得近红外（near infrared，NIR）图像。该系统进行了两年的机载测试和评估，结果表明该双摄像机成像系统性能可靠，具有监测作物生长状况、检测作物疾病和绘制农田及湿地生态系统入侵杂草图的潜力。以上研究表明，在农业遥感领域，近外红区域和红外区域是获取农作物生长信息较敏感的波段。对数码相机进行结构修改以获取近红外图像，结合可见光波段，便可以实现多光谱成像。

目前机载多光谱相机的频谱波段数较少，一般在 4 个波段左右，波段范围较宽，光谱分辨率较低，且图像的空间分辨率较低，因此在应用中通常与高分辨率的数码相机或高光谱相机图像进行融合，以满足更高的应用需求。

无人机农业遥感领域常见的多光谱相机通常可以获取 4 个波段以上的光谱图像，也可以定制特定窄波段的多光谱相机，根据特定的遥感应用需求对不同的波段及波段范围进行量身定制。市场上常见的多光谱相机有 Tetracam 公司的 ADC-lite、Micasense 公司的 MCA12 Snap RedEdge、Parrot 公司的 Sequoia、XIMEA 公司的 xiSpec 系列和 DB2 LaQuinta 等，如图 4-7 所示。

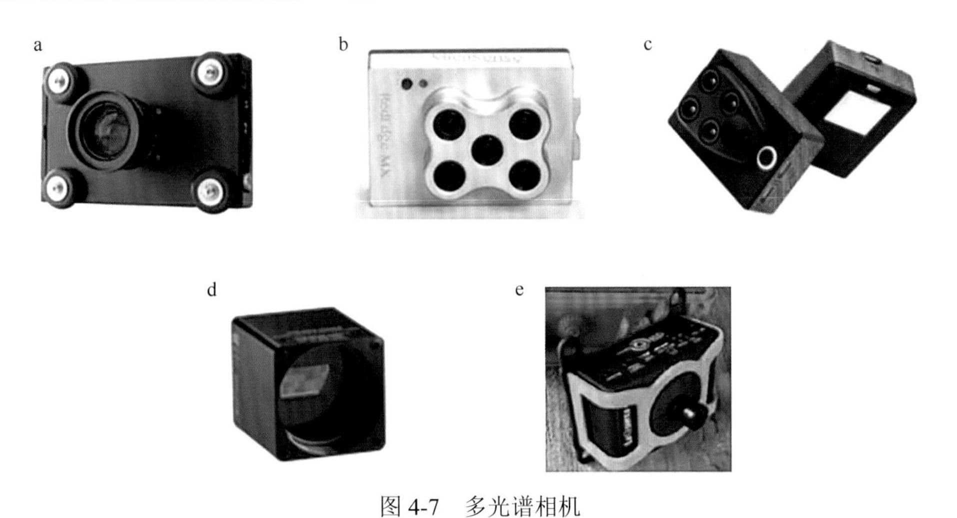

图 4-7　多光谱相机

a. ADC-lite；b. MCA12 Snap RedEdge；c. Sequoia；d. xiSpec 系列；e. DB2 LaQuinta

4.3.3　红外热成像

红外热成像遥感（infrared remote sensing）是指传感器工作波段限于红外波段范围之内的遥感。红外热成像遥感的信息源为物体本身，只要地物温度超过绝对零度，就会不断发射红外能量。无人机热红外成像遥感就是利用热红外传感器收集、记录地物的热红外信息，并利用这种热红外信息来识别地物和反演地表参数如温度、湿度和热惯量等。

由于主动式红外热成像方式对目标地物的人为操作可能破坏其物理特性，因此试验数据不准确，所以，在植物病虫害监测领域，红外热成像多数采用的是被动式。但是，由于农作物本身已经达到了热平衡状态，或者不同物体的热辐射差异微小，因此被动式红外热成像技术难以获得湿度场信息。此外，植物叶片灾害区域与正常区域的温差一般相差不大，所得到的热图像缺少层次感。再加上探测器本身器件的原因和客观探测条件的干扰，红外热成像的图像边缘模糊，信噪比低。因此，红外热成像在农作物病虫草害监测中应用，具有一定的局限性。

目前在农业航空遥感领域，通常采用数码相机与红外热成像仪相结合的监测方式。例如，无人机搭载红外热像仪和数码相机，可以识别地面与目标物之间的温差，并定位区域，也可实现如鼠害识别方面的农业应用。

4.3.4　数码图像成像

数码相机成像一般获取的是 400 ～ 760nm 波长的红（R）、绿（G）、蓝（B）三个波段的可见光影像，为了修正光线和还原图像真实色彩，一般图像传感器都会通过滤光片把红外线滤除掉。因此，一般的摄像头无法获取近红外波段的信息。由于数码相机使用方便、价格较低、数字图像处理技术相对成熟，因此利用无人机搭载高清数码相机的遥感系统，是农作物生长状况、病虫害监测的重要手段。由于航空遥感是在高度 100m 以下进行低空飞行探测，所获取的影像清晰，图像空间分辨率可达厘米级。通过对数码影像的纹理、颜色等图像空间信息特征进行提取与分析，可进行农作物叶面积指数计算、不同生长周期长势评估、农作物识别、病虫草害诊断等研究。

采用数码相机进行农业航空遥感监测，虽然成本较低、操作相对简单，但获取的遥感图像所携带的作物信息较少。目前，常用数码相机的空间分辨率还是难以从空中捕获农作物冠层及叶片的细节，在农作物症状辨别特别是疾病早期诊断中应用还具有一定的局限性。

4.3.5 雷达成像

雷达（又称合成孔径雷达）成像技术自20世纪50年代被发明以来，就因其探测能力强大而得到广泛的应用和不断的开发。尽管光学遥感在农业管理中已经有许多的应用，但光学遥感本身特别依赖天气环境，光学传感器仅限在大气条件好的情况下才能获取优质的影像。而雷达遥感与光学遥感不同，其对光照条件没有要求，合成孔径雷达能穿透云雾，是通过主动探测目标的散射光特性来获取相关信息的遥感技术，能全天候、全天时工作。雷达成像技术早期广泛应用于军事领域，后来逐渐发现其在农业遥感中的研究价值。近些年来，航空雷达成像技术和应用得到快速发展，目前是植物表型研究中重要的监测手段，其主要优势在于可以获取高精度的三维数据，在应用于植被垂直结构探测方面开辟了可能，弥补了光学遥感在冠层结构信息提取方面的不足。

在解释雷达影像时，植被覆盖度和地表粗糙程度是很重要的物理因素，而光学遥感主要研究土地覆盖物的生物量等作物特征。事实上，虽然侧重点不同，但雷达遥感和光学遥感所获取的信息是可以互补的。

目前在农作物监测领域，机载雷达成像遥感主要应用于农作物株高、生物量、叶面积指数等农情监测方面，在农作物病虫害监测领域中应用的研究成果还鲜见报道。但其作为多源遥感的一种方式，与光谱成像相结合，从植被的垂直结构和水平结构两方面，对农作物进行全方位解析，也是目前农业航空遥感的发展趋势。

4.4 农业航空遥感的应用类型

在农业航空遥感中，可见光图像和光谱图像是两种主要的遥感影像数据形式，其中光谱图像使用尤其广泛。农作物的光谱特征是判断农作物属性的一个重要特性。影响植物光谱特征的因素有叶子的颜色、叶子的组织结构、叶子的含水量、覆盖度等。如图4-8所示，作物在可见光到近红外光谱波段，反射率主要受到叶子色素、细胞构造和含水量的影响，特别是在

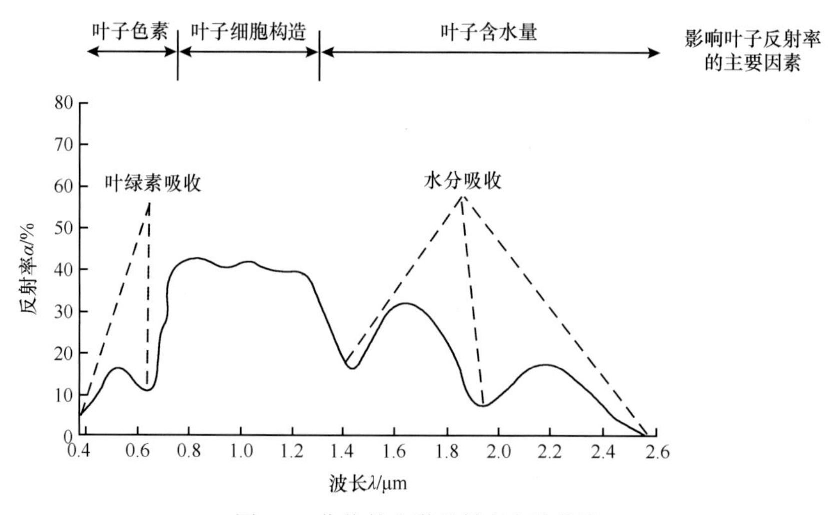

图4-8 作物的光谱反射率大致曲线

可见光红光波段有很强的吸收特性，在近红外波段有很强的反射特性，可以用来作为作物长势、作物品质、作物病虫害等方面的监测指标。

同一波段的不同反射光谱特征代表作物属性的差异。反射峰、吸收谷均可用于反演叶绿素含量、细胞构造、含水量等。例如，不同植物由于叶子的组织结构和所含色素不同，具有不同的光谱特征。如图 4-9 所示，在近红外区域，草地的反射率高于松林，松林的反射率高于红砂岩，而红砂岩的反射率高于泥浆。

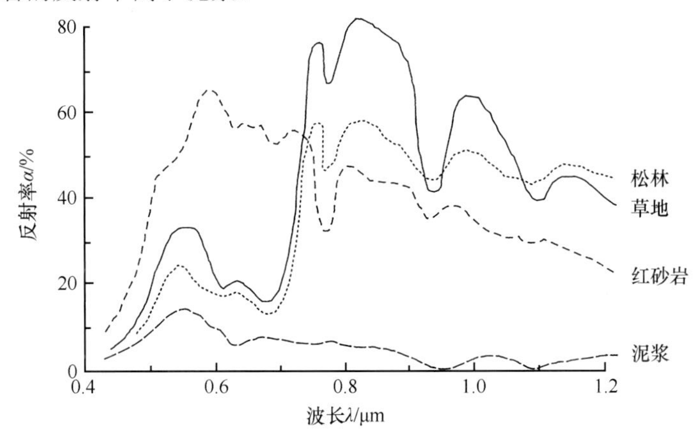

图 4-9　不同地物的反射率分布曲线

植被的含水量与光谱特征具有相关性，在相同的拍摄条件下，含水量普遍较高的植被，其反射率比含水量较低的植被要低一些。如图 4-10 所示，同一种作物，含水量较高时，光谱反射率较低；反之，含水量较低时，光谱反射率较高。

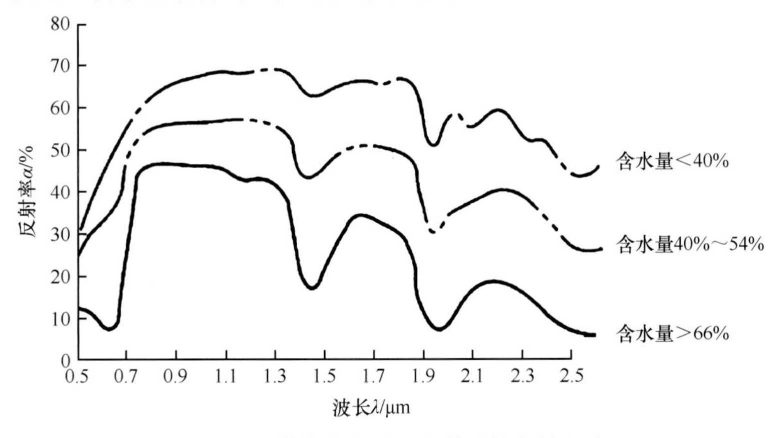

图 4-10　作物含水量对光谱反射率的影响

同理，作物遭受病虫害胁迫的程度与其光谱反射率也存在必然的联系。健康的绿色植物具有典型的光谱特征。如图 4-11 所示，遭受病虫害的植被，其光谱反射率曲线的波状特征被拉平。基于植被的光谱特征，以及其他遥感影像的特征，如可见光图像的空间信息特征等，可以衍生出农业航空遥感的不同应用领域。

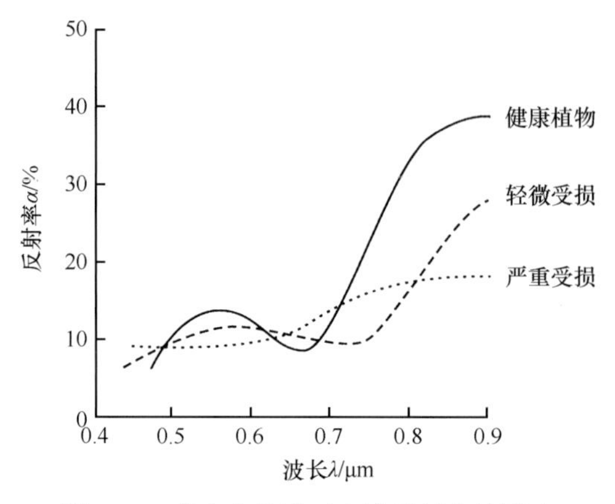

图 4-11　病虫害胁迫对光谱反射率的影响

随着传感器、遥感平台、大数据处理、人工智能等技术的发展，农业航空遥感的应用领域不断拓宽，主要包含以下几个方面：①进行大范围农田监测，以掌握作物的分布情况和评估产量，也可总览梯田概况，便于及时整改。②识别作物种类，也可以用于农作物与非农作物的识别，如杂草识别。③自然灾害或病虫害后作物受损程度的评估。④作物病虫害的诊断与监测。⑤监测农作物的生长状况并及时跟踪处理。⑥分析土壤属性，根据土壤性状，在作物生长过程中调节要素投入，以最低的投入达到最高的产出，并高效利用各类农业资源，改善环境，取得较好的经济效益和环境效益，如图 4-12 所示。

图 4-12　农业航空遥感应用领域

a. 作物分布 / 产量评估 / 总览梯田；b. 作物识别 / 杂草识别；c. 农业灾害评估；d. 病虫害诊断与监测；e. 农作物生长状况追踪；f. 土壤属性分析

4.5　农业航空遥感应用实例

4.5.1　研究实例一：基于 M100 无人机多光谱图像的柑橘黄龙病检测

4.5.1.1　试验地及试验设备

在广东省惠州市博罗县柑橘黄龙病防控实验示范基地进行数据采集。试验时间为 2017 ～ 2019 年多个时间段的 11:00 ～ 15:00，采集时天气晴朗无云，太阳光强度稳定，视野良好，试验区域种植 9 行，株间行距 4m，株间列距 2.5m，共有 334 棵柑橘植株，植株分为健康和患黄龙病两大类。

试验数据采用无人机 M100 搭载 ADC-lite 轻便型多光谱相机采集，采集之前先进行白板矫正，飞行高度为 60m，飞行速度设置为 2 ～ 3m/s，飞行前设置图片的航向重叠率和旁向重叠率均为 60%，飞行路线通过 DJI GS PRO 手机 APP 设置，数据采集设备参数如表 4-1 所示。

表 4-1　多光谱相机参数

设备	参数	
Tetracam ADC-lite 轻便型多光谱相机	分辨率	2014×1536
	波段	520 ～ 600nm
		630 ～ 690nm
		760 ～ 900nm
	图像尺寸（长×宽×高）	114mm×77mm×22mm
	重量	0.2kg
	镜头尺寸	标准 8.5mm 镜头（可选 4.5 ～ 10mm 变焦镜头）
	视野	42.5°×32.5°
	反射率	100%
矫正白板	尺寸（长×宽）	50cm×50cm

4.5.1.2　多光谱数据采集及分析

依据传统的图像处理分析方法，本研究处理多光谱图像的流程如图 4-13 所示。对 ADC-lite 采集的单张图片进行裁剪拼接处理：利用图像在空间域中的重叠率寻找特征相似的点进行匹配来完成图像间的拼接，利用软件 Agisoft PhotoScan 对图像进行拼接；拼接过程中，导入图像和坐标信息，图像输入排列完成后，设置合适的精度和质量顺序生成密集点云、网格及纹理，就可以输出整幅拼接完成的正射影像图；然后对拼接好的全景图进行阈值为 2% 的去噪处理，就能提取图像上的兴趣区（region of interest，ROI）原始反射率。

提取出来的反射率，先进行一系列特征提取和特征清洗：为了提高样本量，采用随机组合取平均值的方法，利用平均后的 ROI 反射率计算各种常用的植被指数以扩充样本的特征，再通过相关性分析去除冗余的特征。对最后提取特征进行传统的主成分分析（principal component analysis，PCA）和自编码网络（AutoEncoder）非线性特征压缩，然后对比各机器学习算法针对不同特征检测柑橘黄龙病的效果。

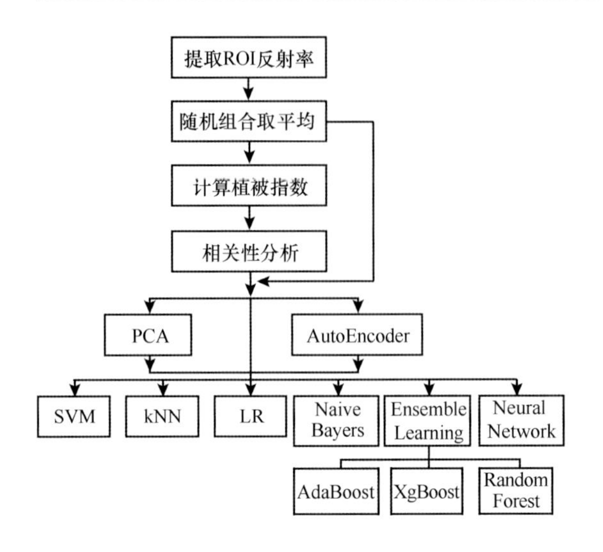

图 4-13　多光谱图像整体处理流程

图中所列机器学习算法：SVM（support vector machine，支持向量机）；kNN（k-nearest neighbors，k-最近邻）；LR（logistic regression，逻辑回归）；Naive Bayers（朴素贝叶斯）；Ensemble Learning（集成学习）；Neural Network（神经网络）；Random Forest（随机森林）。下同

1. 数据预处理及特征提取

无人机采集回来的多光谱图像通过 PixelWrench2 导出 JPG 图像，利用地理信息在 Agisoft PhotoScan 软件进行拼接，最后将图片导入 ENVI，通过线性拉伸去除阈值低于 2% 和高于 98% 的噪声，并提取全景图中的 ROI 反射率信息进行分析，多光谱图像拼接及特征提取如图 4-14 所示。

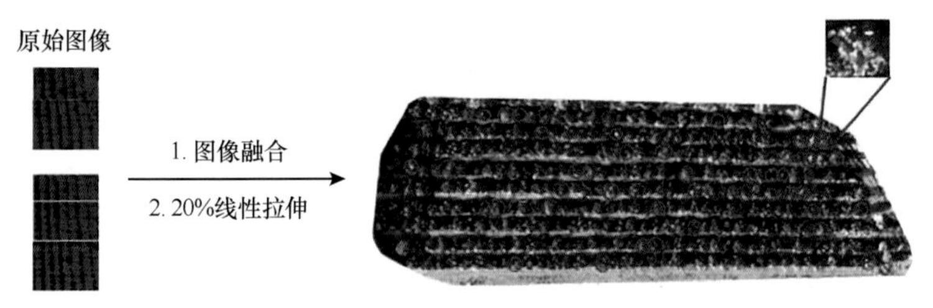

图 4-14　多光谱图像拼接及特征提取

在全景图中，随机抽取 27 株患黄龙病和 27 株健康的植株，在每一植株上通过 ENVI 均匀提取 30 个 ROI，每个 ROI 的半径为 5 个像素。为了保证算法训练数据量，从 30 个像素点中随机选取 5 个像素点作平均进行数据增强，因此，健康和患病的反射率数据各有 3 847 662 个。

除了数据量的大小，数据的特征维度和质量也对分类的准确率起着关键作用。不能只关注数据量的大小，还要注重数据的特征数，为了利用有限的光谱信息建立更多有效的分类特征以利用，国内外学者构建了一系列植被指数：柑橘黄龙病分析常利用 NDVI、SIPI、TVI、DVI、RVI、SR、G、MCARI、MTVI1、MTVI2、RDVI 等植被指数，GDVI、OSAVI、NDGI、IPVI、CVI、GRNDVI、Normal R、Normal NIR 和 Normal G 也被广泛应用在遥感领域。

好的特征意味着更强的灵活度、更简单的模型及更好的结果，初步筛选出植被特征后，开始对特征进行筛选清洗。使用皮尔逊相关性分析计算各植被指数的相关性，并通过公式将皮尔逊相关系数的范围从−1 到 1 调整到 0 至 1，结果越靠近 1，两个特征间越相似。

结果如图 4-15 所示，相关性越大的指数越靠近红色，可以看出 OSAVI 和 IPVI 与 NDVI、TVI 和 SIPI、MCARI 和 MTVI1、DVI 和 MTVI1、GRNDVI 和 Normal NIR 之间都有非常高的线性相关性，说明之前的特征有大量的冗余信息，因此去除 TVI、DVI、IPVI、MCARI 和

GRNDVI 五个植被指数的信息。最后经过筛选得到相关性较低的植被指数，并进行特征压缩等相关处理。

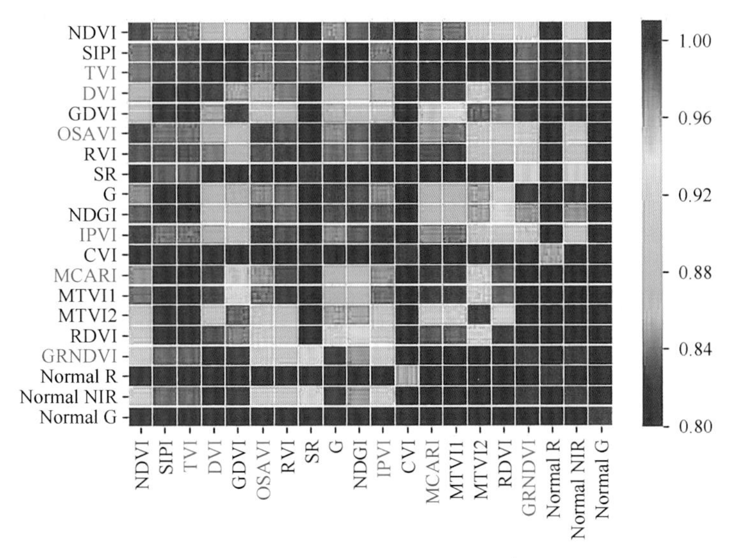

图 4-15　植被指数相关性分析结果

线性特征指两个变量能够通过二维平面展示出来其成正比的关系。而一切不是一次函数的关系，都是非线性的，能解释高维复杂特征。模型也有线性与非线性之分，线性的数据大部分只需简单的直线或平面就能分离，否则要对模型进行转换，如支持向量机（SVM）利用核函数将特征空间转换到高维空间，使得线性模型支持向量机也能区分非线性特征数据。线性特征提取方法有主成分分析、线性判别分析等，非线性特征提取方法有神经网络、多项式相乘等。本研究对于保留的相关性较低的特征，选取主成分分析和自编码网络进行非线性特征压缩。

主成分分析是对原始数据进行规范化处理，构成一个相对低维的空间，并将原始数据映射到这个向量空间中，使得仅丢失少量的信息，却降低了特征复杂度。首先利用每一个特征减去各自的平均值，再通过公式计算协方差矩阵的特征值和对应的特征向量，在对角矩阵中按照特征值的大小将相应特征向量进行降序排序，取前面 k 个特征向量，代表矩阵前 k 个最重要的特征。

自编码网络非线性特征压缩如图 4-16 所示，其主要包括两个重要的过程：编码过程利用函数 $h(x)$ 将输入特征解释为抽象特征 Q；解码过程利用函数 $g(Q)$ 将抽象特征 Q 投射回原始空

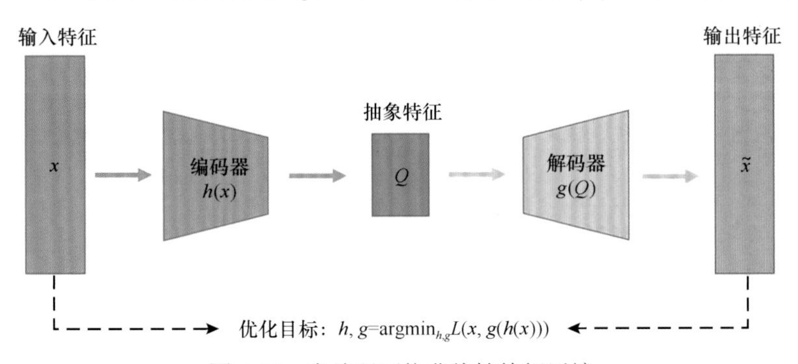

图 4-16　自编码网络非线性特征压缩

间获得重构样本。经过优化函数多次迭代，不断优化编码函数 $h(x)$ 和解码函数 $g(Q)$，使得重构误差最小化，从而得到输入特征 x 的抽象特征 Q。当优化函数足够小时，表明抽象特征 Q 在一定允许误差范围内学习到了输入特征 x，Q 即为所需要的非线性特征。

2. 特征提取结果对比

主成分分析降维后会得到各主成分，对这些主成分按从大到小进行排序，值越大说明其越重要，相应方差值占总方差值的比例越大。图 4-17 为使用 sklearn.decomposition 函数，对本试验压缩后的各特征方差所占比例进行可视化，横坐标代表通过主成分分析提取主成分的多少，纵坐标代表主成分方差所占比例累计的大小。结果显示：当取前 3 个主成分时，方差累计占比已经非常接近 100%，说明已经保留了原始数据的大部分信息。

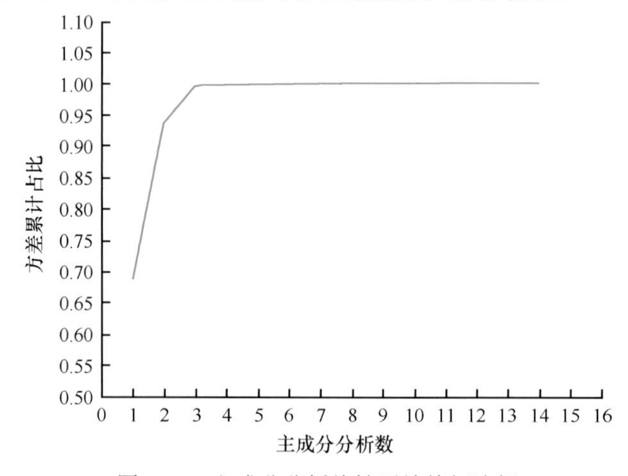

图 4-17　主成分分析线性压缩特征选择

同理，可以发现自编码网络训练在特征 3 附近优化函数损失值不再下降。对压缩后的特征分布进行可视化，如图 4-18 所示，对比主成分分析压缩的特征，自编码网络压缩的噪声点较多（红圈），且主成分分析中患病和健康有较清晰的分界线；通过坐标值可以看出主成分分析压缩的特征数值范围比自编码网络的要小，说明数据分布相对集中，有利于模型进一步分析。

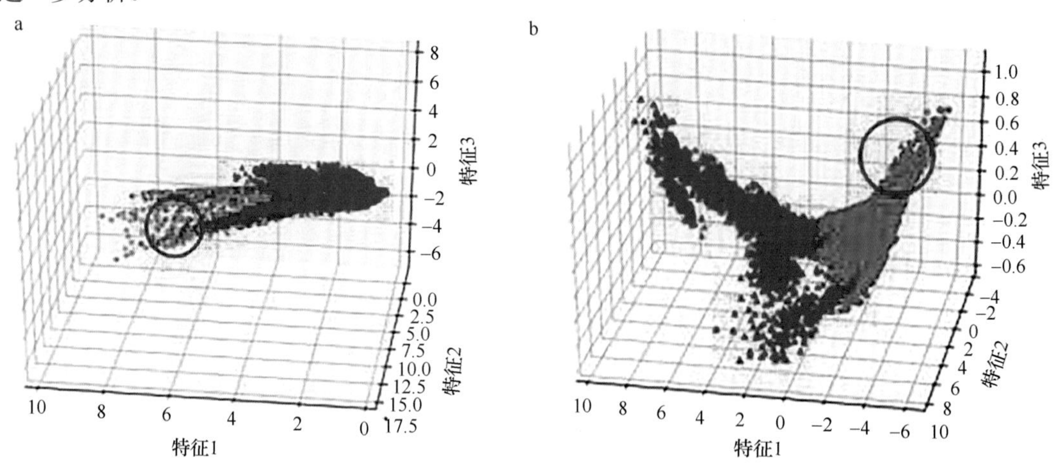

图 4-18　线性特征与非线性特征对比

a. 自编码网络压缩后的特征；b. 主成分分析压缩后的特征

本研究选择 5 组数据集进行对比试验，分别包括原始反射率、主成分分析降维后的线性特征、自编码网络降维后的非线性特征、主成分分析降维后的特征与原始反射率组合、自编码网络降维后的特征与原始反射率组合，各数据维度特征如表 4-2 所示。

表 4-2　提取特征对比

采用的特征	原始反射率数据	主成分分析降维	自编码网络降维	原始反射率+ 主成分分析降维	原始反射率+ 自编码网络降维
维度	3	3	3	6	6

4.5.1.3　基于 ROI 像元的柑橘黄龙病监测算法

1. 模型对比评价指标

通过混淆矩阵能计算出二级指标，包括准确率、特异值、召回率和精确率：准确率表示正确预测为健康和患病植株的样本占总样本的比例；特异值是预测为患黄龙病的所有结果中，真实为患病的所占比例；召回率是指预测为健康的所有结果中，真实为健康的所占比例；精确率为实际为健康的所有样本数据中，模型预测为健康的所占比例。通过二级指标精确率和召回率，可以计算出三级指标 F1-score，该值越靠近 1 表明模型整体预测效果越好，越靠近 0 代表效果越差。本研究利用准确率、特异值和 F1-score、Kappa 系数来分析对比黄龙病监测算法的效果。Kappa 系数表明一个模型的结果与实际结果是否具有一致性，Kappa 系数越接近 1，鲁棒性越好，代表不是偶然事件；越接近−1，结果越差。

2. 机器学习算法训练结果对比分析

本研究采用 Python 语言调用 sklearn 第三方库，先利用网格搜索 GridSearch 对各算法的参数进行优化，各算法需要调整的参数如表 4-3 所示，对当中的部分参数进行解释说明。

表 4-3　各算法的调参

算法		调整参数					
SVM		惩罚系数 C		核函数（线性 / 多项式 / 高斯）			
kNN		相近样本数		权重（均值 / 距离）		子叶树	
LR		L1/L2 回归		优化函数			
Naive Bayers		伯努利 / 高斯 / 多项式核函数					
Neural Network		隐藏层数	神经元数	激活函数	优化函数		学习率
Ensemble Learning	Random Forest	ID3/C4.5/CART	最大深度	最小子叶样本	最小分割样本		最大子叶样本
	AdaBoost	ID3/C4.5/CART	最大深度	最小子叶样本	最小分割样本	最大子叶样本	评估器数量
	XgBoost	Linear/tree booster	评估器数量	最大深度	学习率	最小叶子深度	Gamma

利用正则函数可以很好地控制模型的复杂度，有效降低过拟合。其中，L0 正则化指取向量中非零的个数，L0 正则化难以优化；L1 正则化通过绝对值使得模型“稀疏”的同时更易优化；L2 正则化相对于 L1 会使得元素个数接近 0 而不等于 0，从而实现对模型空间的限制。在

本研究的逻辑回归函数中，L2 正则化比 L1 正则化的准确率要高，损失函数选择随机平均梯度算子。

ID3（iterative dichotomiser 3）是决策树中的一种算法。ID3 通过信息熵得出某个属性 a 对样本 D 进行划分能得到的增益，信息增益越大说明区分度越大，该算法会优先使用区分度大的属性进行划分。当属性数目较多时对应可取的样本可能较小，ID3 的泛化性较差，不能对新样本进行很好的预测。C4.5 为了弥补这个不足，先从划分属性中筛选出高于平均水平的属性，再从中挑选增益率最高的。CART 会在候选属性中选择基尼系数最小的属性来进行划分。本研究所采用的决策树算法，通过多次调参试验，发现采用基于系数的 CART 算法会比基于信息熵的 ID3 算法准确率稍高一些。本实验室将决策树的深度设置为 8。

针对不同的特征，模型需要分别进行训练，再利用优化后的模型对各特征数据进行测试。图 4-19 展示了整体模型建立的流程，首先随机选取样本 10 000 个，特征数据分为原始反射率数据、主成分分析线性数据和自编码网络非线性数据，先分别进行比较，再将原始反射率数据分别与主成分分析数据和自编码网络数据进行结合。训练集、验证集、测试集之间的比例为 6 ∶ 2 ∶ 2。

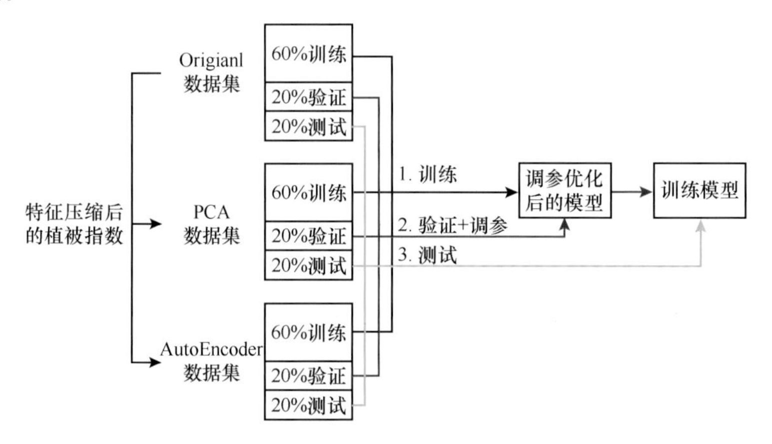

图 4-19　模型调参分析流程

本研究采用以下多种机器学习算法进行建模分析：SVM、kNN、LR、Naive Bayers、Ensemble Learning、Neural Network

总体上，鉴别健康样本的效果比鉴别黄龙病样本的效果要好。自编码网络特征比原始反射率特征的准确率要低或保持一样，但是加上原始反射率特征准确率会有所上升，而主成分分析特征比原始反射率和自编码网络特征准确率要高。从整体上来看，自编码网络特征在识别柑橘黄龙病上没有主成分分析特征的效果好。植被指数压缩特征和原始反射率特征组合，准确率和鲁棒性都有所提高。在几个分类器中，AdaBoost 和 Neural Network 所得到的效果是较好的，识别健康植株的准确率分别为 99.4% 和 99.6%，识别患病植株的准确率分别为 99.1% 和 99.6%，两种算法的分类效果比较相近。

4.5.1.4　基于植株像元的柑橘黄龙病监测算法

在 4.5.1.3，基于 ROI 对整幅多光谱图像的健康和患病类别建立了模型，但实际应用中需要对每棵植株进行判别。于是，根据每棵植株的 ROI 识别结果，采取阈值决策方法，对植株的状态进行决策，即每棵植株提取 30 个 ROI，随机抽出 5 个 ROI 的反射率进行平均，作为样本，每个植株一共 142 506 个样本。计算每个样本的植被指数，再利用 4.5.1.3 中分类效果表现最好的参数对每棵植株的类别进行判别。

试验结果表明，每个算法都有自己的“分类偏好”，SVM 和 LR 倾向将植株判别为健康；而 AdaBoost 和 Neural Network 倾向于将植株预测为患黄龙病，而 kNN 和 Naive Bayers 对两类的预测结果比较均匀。因此，针对每个分类器采用不同的阈值控制，采用表现较好的阈值对分类效果进行调整，如果从该植株提取的样本被判别为黄龙病的值超过了阈值，则该植株被判别感染了黄龙病。如图 4-20 所示，AdaBoost 的分类识别准确率逐步上升，到达某一个值后开始下降，所以 90% 阈值时分类准确率最好，取 90% 作为 AdaBoost 的阈值。同样，SVM、kNN、LR、Naive Bayers、Neural Network 分别取 65%、55%、68%、58%、80%。

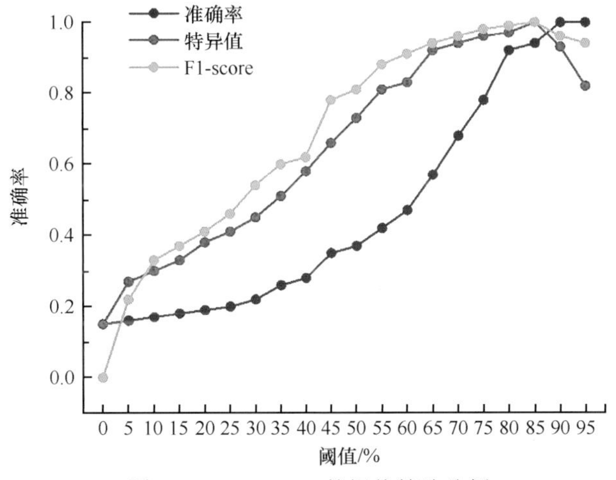

图 4-20　AdaBoost 的阈值筛选分析

各分类器的分类效果如图 4-21 所示，将判别为黄龙病的植株在图中标记为红色，实际为健康而判别为感染黄龙病的标记为黄圈，真实为黄龙病却判别为健康的标记为红圈。通过比较图 4-21a ～ e，结果表明 LR 误判有病的结果最严重（黄圈最多），与 4.5.1.3 的分析结果一致；SVM 和 LR 在判别健康植株时少判的情况相对其他算法比较严重（红圈较多）；此外，AdaBoost 在各分类器中表现最好，能够准确地预测出患病和健康的植株。

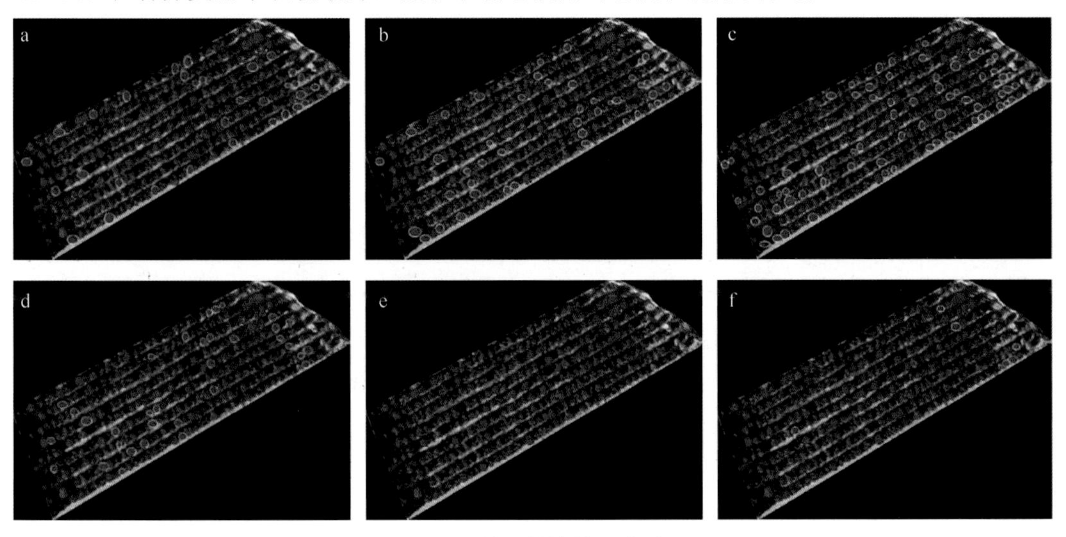

图 4-21　基于植株的分类结果

a. SVM；b. kNN；c. LR；d. Naive Bayers；e. AdaBoost；f. Neural Network

更详细的信息如表 4-4 所示，随着样本的增加，SVM、kNN、LR 和 Naive Bayers 的准确率严重下降，其中 SVM 与 LR 预测健康类别的效果最差，两者的准确率都低于 80%；而监测患病植株的表现，4 个模型都表现得很差，准确率都低于 50%，达不到想要的结果。对比 Kappa 系数，除了 AdaBoost 和 Neural Network，其他几个算法的 Kappa 系数都低于 70%，鲁棒性表现较差，说明这几个模型在监测黄龙病的时候很容易受到样本数量的影响。AdaBoost 和 Neural Network 两个算法表现较好，且两者预测健康类别的准确率比较接近。

表 4-4　各算法基于植株的分类结果　（单位：%）

算法	SVM（65%）	kNN（55%）	LR（68%）	Naive Bayers（58%）	AdaBoost（90%）	Neural Network（80%）
准确率	79.76	81.27	72.20	80.06	100	97.28
特异值	33.33	42.47	27.96	34.69	100	88.89
精确率	88.57	85.0	76.07	88.57	100	97.86
召回率	87.63	92.24	89.49	87.94	100	98.91
F1-score	88.10	88.48	82.24	88.26	100	98.38
Kappa 系数	34.86	50.09	27.12	33.28	100	92.20

注：表头括号内数据为各算法的阈值

4.5.2　研究实例二：基于无人机遥感的水稻杂草识别研究

4.5.2.1　基本情况

本研究以处于水稻生长初期（苗期和分蘖期）的两个田块作为试验地点，采用无人机采集田块的低空遥感影像。基于面向对象图像分析和深度学习图像分析对图像进行像素级的分类，进而生成田块的杂草分布图和施药处方图。通过研究处方图的生成，为无人机的精准施药作业提供决策依据，以期在保证药效的前提下减少除草剂的使用，达到减药增效的目的。

4.5.2.2　数据采集

本次试验地点位于华南农业大学增城教学科研基地（113°38′12.798″N、23°14′25.588″E），试验对象为基地内的两块水稻田。

数据采集于 4 个不同时间，在两个不同地块开展。其中，两次试验在水稻处于苗期时开展，另外两次试验在水稻处于分蘖期时开展。每次试验的田间图像见图 4-22。在苗期和分蘖期开展试验，是因为作物生长早期是除草的最佳时间，对于保证作物产量具有重要意义。

图 4-22　试验田间图像

本次试验采用精灵 4 无人机（深圳市大疆创新科技有限公司）进行数据采集。为保证后期的图像拼接和生成正射影像图，航拍的横向重叠率和纵向重叠率分别设置为 70% 和 60%。飞机飞行高度设置为距离地面 10m，对应的空间分辨率为 0.5cm。

4.5.2.3　数据预处理

数据预处理包括图像拼接和图像切割（图 4-23）。由于本研究的目标是生成整个田块的杂草分布图和施药处方图，因此需要通过图像拼接形成整个田块的正射影像图。图像拼接是图像识别的预处理步骤，对图像识别的最终结果具有重要影响。图像拼接采用线下处理软件 Agisoft PhotoScan（Agisoft 公司，俄罗斯）完成。采用 Agisoft PhotoScan 完成图像拼接包含以下 4 个步骤：①图像对齐，寻找重叠图像之间的匹配点，估计每幅图像的位置并且创建稀疏点云模型；②创建密集点云，基于图像位置信息计算图像深度信息，形成密集点云；③创建数字高程模型，基于密集点云生成数字高程模型；④生成正射影像图，根据数字高程模型生成田块的正射影像图。

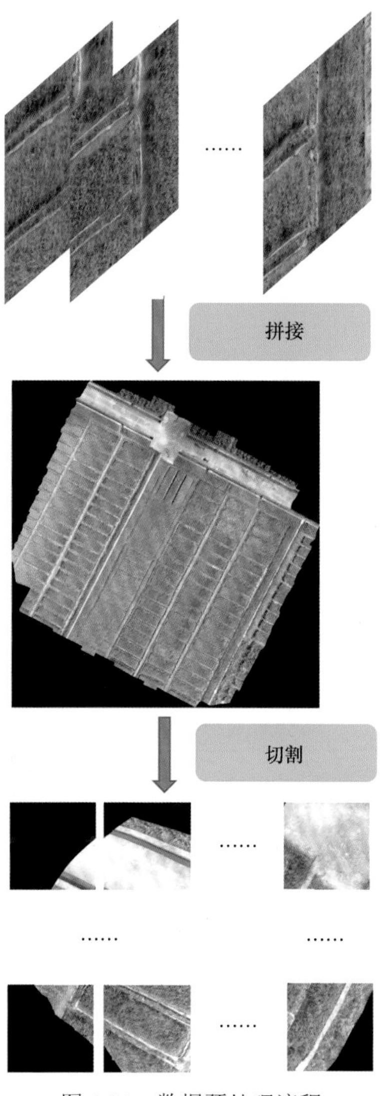

图 4-23　数据预处理流程

正射影像图的尺寸较大，直接送入下一步的分析模型会造成计算机的内存和显存耗尽。为解决这一问题，本研究将正射影像图切割成为1000×1000互不重叠的子图像，切割之后数据集的样本数量如表4-5所示。

表4-5　数据集样本数量

数据编号	试验地点	试验时间	样本数量
D1	田块F1	2017年10月2日	182
D2	田块F1	2017年10月10日	182
D3	田块F2	2017年11月10日	120
D4	田块F2	2017年11月18日	120

根据目标，本研究将无人机图像的所有像素分为三类：水稻、杂草、其他。为进行模型的训练和验证，对所有的无人机图像进行了像素级的分类（图4-24）。另外，对试验田块之外的区域，本研究将其分类为无效区域（黑色），在模型的训练和验证过程中，无效区域将被忽略。因此，数据集中的每个样本包含一张无人机图像和对应的分类图像。本研究的数据集分为3个部分：训练集、验证集、测试集。其中，训练集用于模型参数调整，验证集用于超参选择，测试集用于性能验证。对于采集到的数据，选择D1和D3分别作为训练集和验证集，选择D2和D4作为测试集。进行数据划分是为保证测试集数据和训练集、验证集数据来自不

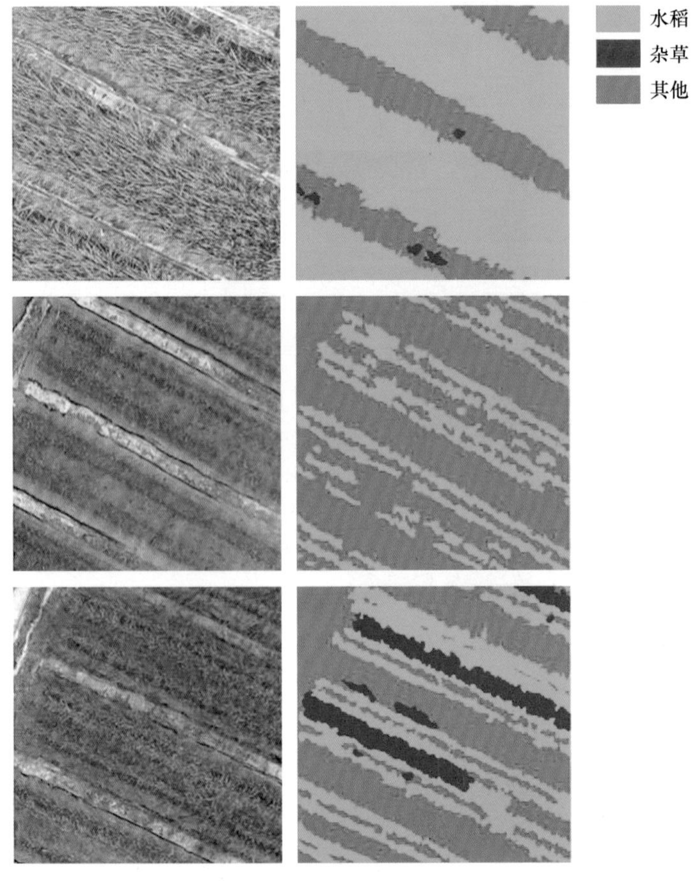

图4-24　数据集部分样本

同试验，保证测试结果更能体现分析模型的泛化能力。对于数据集 D1 和 D3，随机选取其中 60% 作为训练集，其余 40% 作为验证集。因此，本研究中训练集、验证集和测试集的样本数量分别是 182、120、302。

4.5.2.4　评价指标

为了对算法模型进行评价，本研究从执行速度和准确率两方面对算法模型进行量化。

对于执行速度，本研究采用单幅图像的执行时间作为其量化指标。为减少随机误差，本研究统计多幅图像的执行时间并取其平均值。

对于准确率，本研究采用总体精度和平均交并比作为其量化指标。总体精度是分类正确的样本数占总样本数的比例，是准确率最常用的衡量指标，为大多数遥感研究所采用。平均交并比是样本预测值和真实值的交集与并集的比值。平均交并比是语义分割的标准衡量指标，为大多数的语义分割研究所采用。由于本部分的主要研究目标是为水稻田块生成一个杂草分布图，即实现遥感图像像素级的标记，等同于一个语义分割研究，因此引入平均交并比作为准确率的主要衡量指标。

本研究先计算试验结果的混淆矩阵，再通过混淆矩阵计算总体精度和平均交并比。假设共有 k 个类别，则混淆矩阵是一个 $k \times k$ 的矩阵。假设混淆矩阵为 $\boldsymbol{C}$，则 c_{ij} 表示实际类别为 i 而被分为类别 j 的样本数。令 t_i 为实际类别为 i 的总样本数，则 t_i 的计算如下：

$$t_i = \sum_{j=1}^{k} c_{ij} \tag{4-1}$$

根据上面的定义，则总体精度（overall accuracy，OA）的计算如下：

$$\mathrm{OA} = \frac{\sum_{i=1}^{k} c_{ii}}{\sum_{i=1}^{k} t_i} \tag{4-2}$$

平均交并比（mean intersection over union，MIoU）的计算如下：

$$\mathrm{MIoU} = \frac{1}{k} \sum_{i=1}^{k} \frac{c_{ii}}{t_i + \sum_{j=1}^{k} c_{ji} - c_{ii}} \tag{4-3}$$

4.5.2.5　面向对象图像分析

面向对象图像分析方法将遥感图像分割成若干个同质差异小的对象，对每个对象提取特征信息并完成分类识别，具体的处理流程见图 4-25。

（1）图像分割

对于图像分割，本研究采用多尺度分割算法和 k-means 分割算法。

多尺度分割算法是一种自下而上、逐级合并的区域融合方法，如图 4-26 所示。该算法的目标是使影像对象层的平均异质性达到最小。其中，平均异质性由每个对象的异质性乘以一个阈值得到，该阈值与对象的像素数大小成正比。

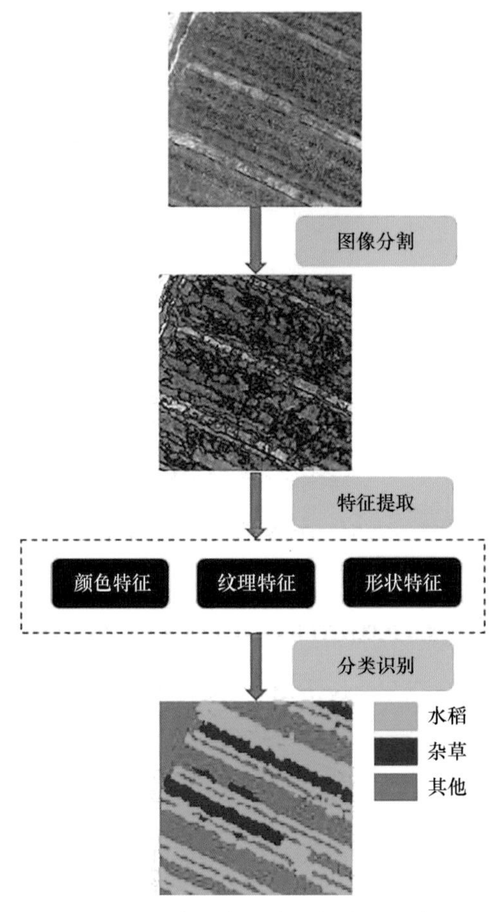

图 4-25　面向对象图像分析的处理流程

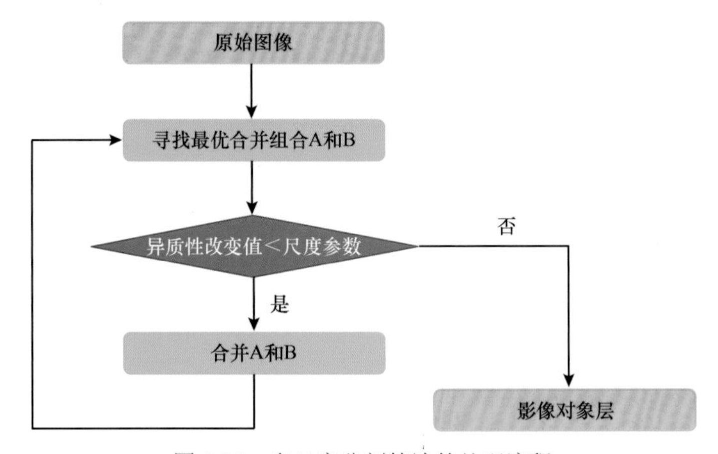

图 4-26　多尺度分割算法的处理流程

k-means 是一种非监督聚类算法。与其他聚类算法（如 C 均值）相比，k-means 聚类算法针对大型数据集具有原理清晰、运行速度快、分割效果好的特点。虽然多尺度分割是面向对象图像分析的主流算法，但是经过参数优化，k-means 算法能够获得与多尺度分割接近的准确率。近年来，k-means 作为开源分割算法被越来越多地应用于遥感图像的分割研究，并且获得了令人满意的试验结果。

k-means 算法的运行步骤如下：①确定类别数 n 并从整幅图像中随机选取 n 个像素作为原始聚类中心；②对于每个像素，计算其与聚类中心的距离，根据最小距离原则对该像素进行分类；③重新计算每个类别的均值作为聚类中心；④重复步骤②或③，直至聚类中心的类别数不变或循环次数超过最大次数。

本研究在 k-means 基础上做了改进，针对算法设置了一个面积阈值。在步骤②中对每个像素重新分类之后，对整幅图像进行区域标记并统计区域面积。对于面积小于指定阈值的区域，将其合并到颜色最为接近的相邻区域中。其中，在颜色空间上采用欧氏距离衡量不同区域的相邻程度。因此，与多尺度分割类似，改进的 k-means 算法也是一个自下而上的区域融合技术。

（2）特征提取

面向对象图像分析需要采用特征进行分类识别。针对可见光图像的面向对象图像分析研究，常用的特征包括颜色、纹理和形状特征。然而，本研究的分类对象（水稻和杂草）没有统一或规格的形状，因此本研究没有考虑形状特征，仅提取每个对象的颜色和纹理特征。

对于颜色特征，本研究选择每个颜色通道的平均值进行表征。由于水稻和杂草在颜色上存在差异，因此每个通道的平均值存在一定差异，所以本研究选择每个通道的平均值作为颜色特征。对于纹理特征，本研究选择局部二值模式（local binary pattern，LBP）进行表征。选择该纹理特征的原因：水稻和杂草分布于图像的不同位置，且水稻和杂草在纹理上存在差异，必然造成局部纹理特征的不同。自 LBP 提出以来，被广泛应用于图像分类研究。LBP 是一种对图像局部对比度进行量化的方法。LBP 以某个像素点 c 为中心，将周围 3×3 邻域中每个点 P（0 ～ 7）的像素值和 c 的像素值进行比较，如果大于 c 像素值则该像素值用 1 表示，否则用 0 表示。最终得到一个 8 位二进制编码，转化为 10 进制则为像素点 c 的 LBP 值（图 4-27）。经过 LBP 变换，原图像变为 LBP 图像，对其进行直方图统计，得到的 LBP 直方图即为表征图像的纹理特征。

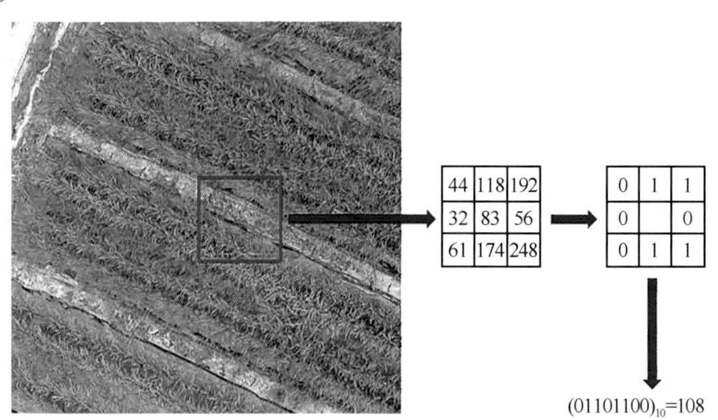

图 4-27　局部二值特征的提取过程

（3）分类识别

在分类识别部分，本研究采用主流的人工神经网络、支持向量机、随机森林算法实现。

在实际应用中，超过 80% 的人工神经网络采用 BP 神经网络（back propagation neural network）及其各种变化形式。作为有监督学习的代表算法，BP 神经网络体现了传统人工神经网络最精华的部分。BP 神经网络具有形成非线性映射、自学习、自适应、鲁棒性等优点，同时针对大型数据集具有较好的收敛能力。图 4-28 展示了一个三层的神经网络，该网络共包含一个输入层、一个隐藏层和一个输出层。假设该网络包含 n 个输入、m 个输出，隐藏层包含 s 个神经元。

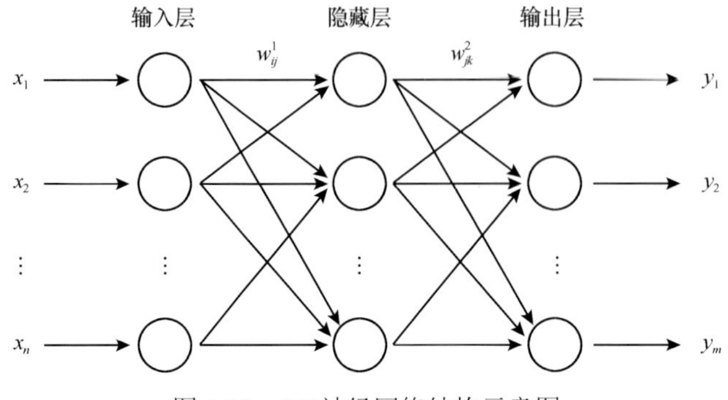

图 4-28　BP 神经网络结构示意图

支持向量机（SVM）于 1999 年提出，目前已经被证明在若干分类和回归分析研究中的应用效果要优于其他方法。特别是针对小样本数据集，SVM 表现出了良好的泛化能力。近年来，SVM 被广泛应用于遥感图像分类研究，并获得了良好的效果。

随机森林通过集成学习的思想将多棵树集成到一个分类器，它的基本单元是决策树。假设随机森林中包含 N 个决策树，那么对于每个输入样本则有 N 个分类结果。随机森林集成了所有的分类投票结果，将票数最多的类别作为输出类别。对于每个决策树，算法随机选取一部分训练样本和特征进行决策树的构建。这种随机抽取的方式，使得随机森林不容易陷入过拟合，并且具有良好的抗噪声能力。

（4）试验结果

对于多尺度分割算法的每个参数，使用训练好的分类器对验证集进行预测。预测结果的分类精度如表 4-6 所示，其中，OA 代表总体精度（overall accuracy），MIoU 代表平均交并比（mean intersection over union）。从表 4-6 可以看出，尺度参数越小，分类准确率越高。出现这种情况的原因：尺度参数越小，分割对象尺寸越小，则将多个物体误分到同个对象的可能性越低，因此准确率越高。从各个模型的分类结果来看，BP 神经网络的准确率最高，接着是支持向量机，最后是随机森林。出现这个结果的可能原因：水稻和杂草在颜色与纹理上非常类似，提取出来的特征差异性小，随机森林采用属性值进行类别划分的方式难以进行有效区分；而 BP 神经网络和支持向量机都具有非线性映射的功能，能够将原始特征映射到高维线性可分的特征空间，因此得到较高的准确率。相比支持向量机，BP 神经网络更加适合于大样本数据集，因此准确率更高。总体来说，在尺度参取值 100、分类器选择 BP 神经网络的情况下，多尺度分割算法得到了最好的分类结果。其中，总体精度达到了 83.4%，平均交并比达到了 68.1%。

表 4-6　多尺度分割算法在验证集上的分类精度

尺度参数 / 像素	BP 神经网络		支持向量机		随机森林	
	OA/%	MIoU/%	OA/%	MIoU/%	OA/%	MIoU/%
100	83.4	68.1	80.8	63.9	77.2	57.2
150	82.6	67.2	80.7	64.2	76.6	56.3
200	81.4	65.6	80.2	63.6	77.3	57.8

续表

尺度参数 / 像素	BP 神经网络		支持向量机		随机森林	
	OA/%	MIoU/%	OA/%	MIoU/%	OA/%	MIoU/%
250	80.9	65.3	80.2	63.9	78.1	59.6
300	80.7	65.0	77.7	59.0	78.8	61.1

与多尺度分割算法类似，对于 k-means 算法的每个超参组合，将训练好的分类器应用于验证集的预测，预测结果的分类精度如表 4-7 所示。从中可以看出，随着聚类中心数量增大，准确率有提高的趋势。出现这个结果的原因：聚类中心数量越大，分割结果对象数量越多，单个对象尺寸越小，则将不同物体误分到同个对象的可能性越小，因此准确率越高。另外，随着对象最小尺寸增大，准确率在整体上有下降的趋势。出现这个结果的原因：随着对象最小尺寸增大，更多小于该尺寸阈值的对象会合并到相邻对象中，因此对象尺寸增大，则将多个不同物体误分到同个对象的可能性增大，因此准确率降低。与多尺度分割算法的试验结果相似，不同分类器在验证集上的分类精度，BP 神经网络最好，其次是支持向量机，随机森林最差。总体来说，在聚类中心数量为 10、对象最小尺寸为 2000 的设置（由于本研究等同于语义分割研究，而语义分割的标准评价指标是平均交并比，因此本研究按照平均交并比的结果进行超参选择）下，采用 BP 神经网络获得的准确率最高，在验证集上的总体精度达到 83.6%，平均交并比达到 68.7%。

表 4-7　k-means 分割算法在验证集上的分类精度

聚类中心数量	对象最小尺寸 / 像素	BP 神经网络		支持向量机		随机森林	
		OA/%	MIoU/%	OA/%	MIoU/%	OA/%	MIoU/%
5	2000	80.9	64.6	79.4	62.1	75.8	54.9
	3000	80.6	64.3	79.0	61.6	77.1	57.6
	4000	80.1	63.5	78.7	61.3	77.2	57.7
10	2000	83.6	68.7	80.3	63.3	76.6	56.6
	3000	81.9	66.1	80.1	63.2	75.8	55.5
	4000	82.1	66.5	80.1	63.4	76.7	57.2
15	2000	83.7	68.6	80.4	63.2	76.5	56.2
	3000	82.9	67.6	80.3	63.1	76.5	56.3
	4000	82.1	66.5	80.4	63.4	76.8	56.8

根据分割算法的最优超参设置，将训练好的分类器应用于测试图像的预测。由于测试集数据并未参与分类器构建，因此能充分体现分类器的泛化能力。测试图像的预测结果如表 4-8 所示，从中可以看出，经过参数优化之后，多尺度分割算法和 k-means 分割算法获得了相近的准确率，但是 k-means 算法的执行速度明显优于主流的多尺度分割方法。出现这个结果的可能原因：多尺度分割算法在每次迭代中都需要计算对象的异质性大小，计算内容包括颜色异质性和形状异质性，计算复杂度较高，因此需要更多时间；而 k-means 算法在每次迭代中仅需计算各个像素和聚类中心特征向量的欧氏距离，以及统计每个对象的面积，计算相对简单，因此所需时间更少。

表 4-8　分割算法在测试集上的试验结果

算法	OA/%	MIoU/%	总时间 /ms
多尺度分割算法	82.5	66.8	6463.1
k-means 分割算法	82.3	66.6	2343.5

4.5.2.6　深度学习图像分析

针对像素级的杂草识别，全卷积网络（full convolutional network，FCN）是一种理想的解决方案。本研究拟采用 FCN 进行杂草识别，并且采用不同方法进行改进，寻求准确率和执行速度的提升。

（1）FCN 基本结构

FCN 结构保留了卷积神经网络（convolutional neural network，CNN）结构中的卷积层和池化层，而将所有的全连接层转化为卷积层，如图 4-29 所示。通过这种结构转化，FCN 保留了输入图像中的空间分布信息。与 CNN 类似，FCN 包含了特征提取和分类识别。其中，卷积层和池化层用于特征提取，而转化后的卷积层用于像素级的密集预测。其中，最后一个卷积层输出若干个特征图。特征图的数量等于类别数量，单个特征图代表了图像所有位置在某个类别上的概率分布。

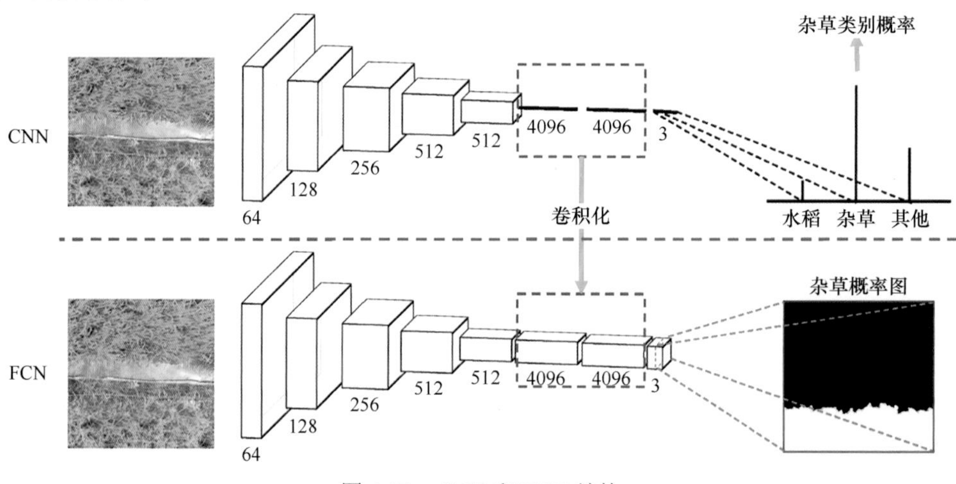

图 4-29　CNN 和 FCN 结构

（2）FCN 改进方法

FCN 的基础结构是一个端对端的网络结构，可实现像素级的密集预测任务。然而，FCN 中一系列的下采样操作，造成了样本空间分布信息的损失。针对这个问题，FCN 采用可训练的反卷积网络对信号进行上采样操作，将分辨率缩减的信号恢复至输入图像的分辨率。然而，这种上采样操作并不能完全恢复下采样所损失的信息，造成输出结果的模糊。本部分拟采用跳跃结构和条件随机场改进 FCN 的预测精度，同时保证合适的执行速度。

跳跃结构将深层信息和浅层信息进行融合，用于改善输出精度。原始的 FCN 结构仅使用深层信息（最后一个网络层输出的特征图）来构建密集预测的输出。然而，网络浅层信息由于接受下采样次数少，包含更完整的空间信息，因此融合浅层信息能够获得更多的空间分布细节，用于提高预测精度。图 4-30 展示了 FCN 跳跃结构的细节。本研究拟采用经典的 CNN 结构（AlexNet、VGGNet、GoogLeNet、ResNet）作为预训练模型，并且将其迁移至本研究的数据集。以上的 CNN 结构都包含 5 次下采样操作，每次使用 2 倍下采样，因此最后的输出是 32 倍下采样，见图 4-30。按照跳跃结构的思路，可以在 32 倍下采样的信号中，加入 16 倍、8 倍、4 倍、2 倍下采样的信号。①从图 4-30 可以看出，原 CNN 最后一个网络层的输出（map8）是 32 倍下采样。如果将 map8 直接使用反卷积层进行 32 倍上采样，得到的输出为 FCN-32s。②如果将 map8 先进行 2 倍上采样（令结果为 fused1），将原 CNN 中 16 倍下采样的输出特征图（pool4）采用 1×1 卷积核映射至与 fused1 相同的通道数（令结果为 fused2），将信号 fused1 和 fused2 中的每个元素单独相加（令结果为 fused3），使用反卷积操作将 fused3 进行 16 倍上采样，则得到的输出为 FCN-16s。③如果将 16 倍下采样的融合结果（fused3）进行 2 倍上采样（令结果为 fused4），将原 CNN 中 8 倍下采样的输出特征图（map3）使用 1×1 卷积核映射至与 fused4 相同的通道数（令结果为 fused5），将信号 fused4 和 fused5 中的每个元素单独相加（令结果为 fused6），使用反卷积操作将 fused6 进行 8 倍上采样，则得到的输出为 FCN-8s。

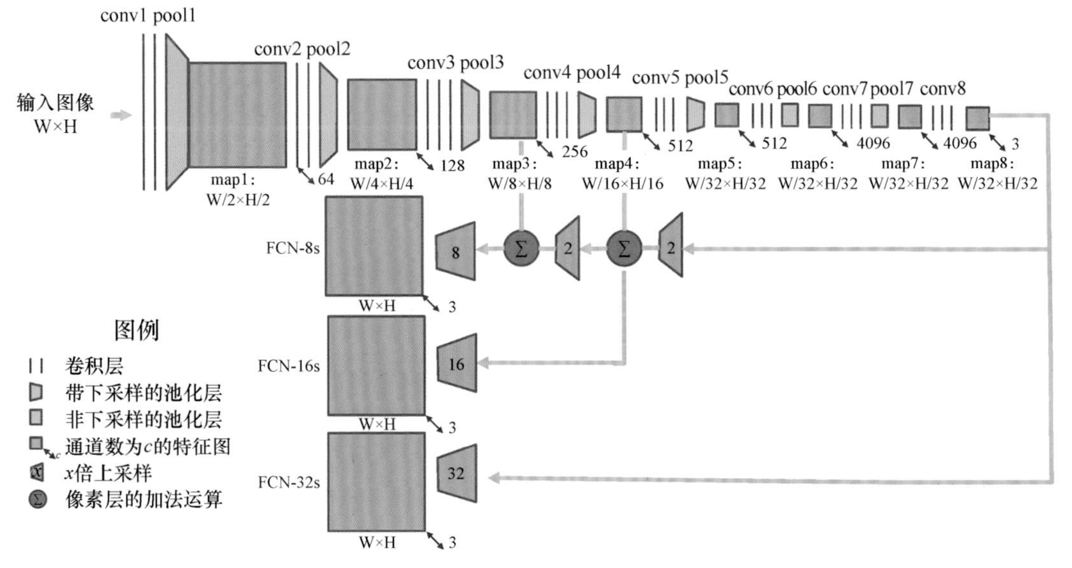

图 4-30　FCN 的跳跃结构

条件随机场（conditional random field，CRF）是一种随机概率模型，每个标签序列对应一个概率，最终将概率最大的标签序列作为模型输出。在本研究中，CRF 是一个后处理操作，在 FCN 输出的像素级概率分布的基础上，结合输入图像的原始信息，生成所有预测结果的概率大小，根据预测值最大原则获得最终结果，见图 4-31。

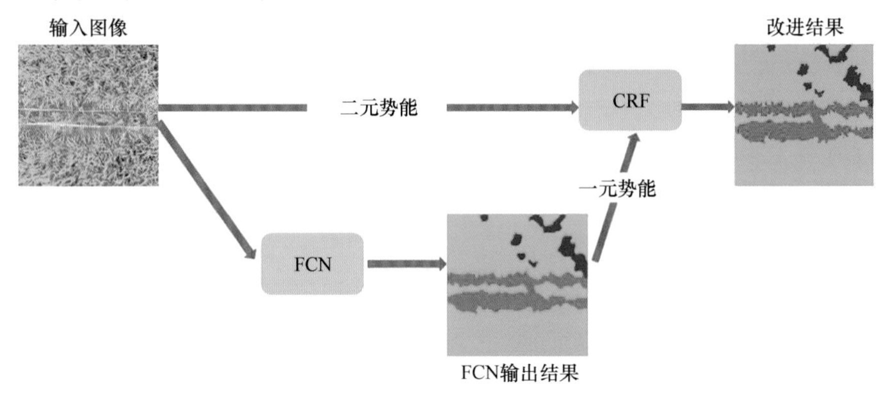

图 4-31　条件随机场的运行原理

对于条件随机场，本研究测试了两种不同的连接模式：全连接模式和局部连接模式。全连接模式假设每个像素和所有其他像素均存在连接，而局部连接模式则假设每个像素只与周围像素存在连接关系。局部连接的假设存在坚实的理论基础：CNN 基于局部感受野提取特征，在图像分类上获得巨大成功。

（3）试验结果

表 4-9 展示了 FCN 基础结构、跳跃结构（FCN-8s）、全连接条件随机场（FullCRF）和局部连接条件随机场（PartCRF）的试验结果。从该表可以看出，对于单个改进方法（跳跃结构、FullCRF、PartCRF），跳跃结构和 PartCRF 对 FCN 的改进幅度较大，平均交并比的提升幅度均超过了 1.6 个百分点，而 FullCRF 对识别精度和平均交并比均没有明显的提高作用。对于后处理操作（FullCRF、PartCRF），PartCRF 对 FCN（包括 FCN-32s 和 FCN-8s）均能有效提高识别结果的准确率，但是 FullCRF 对识别结果的准确率没有明显的提升作用。这说明 FullCRF 采用 Permutohedral Lattice 方法进行信号的下采样，影响了算法的准确率；而 PartCRF 虽然缩小了像素间的连接范围，但是由于能够准确计算像素间的二元势能，因此能够获得更高的准确率。从另一方面也证明了基于局部感受野的方式（PartCRF 的局部连接方式、CNN 的局部连接方式）更能有效提取样本特征，更加适合于分类研究。从改进方法的结合上看，混合使用多个改进方法能进一步提高模型的分类精度。从表 4-9 可以看出，在跳跃结构（FCN-8s）的基础上，进一步使用后处理操作（FullCRF 和 PartCRF），能够进一步提高准确率。其中，PartCRF 的提升效果最为明显，相对 FCN-32s 和 FCN-8s 的平均交并比提升幅度分别达到了 1.8 个百分点和 1.4 个百分点。

表 4-9　FCN 在测试集上的分类精度

算法	OA/%	MIoU/%	处理时间 /ms
FCN-32s	88.4	77.2	67.5
FCN-8s	89.5	78.8	68.5
FCN-32s+FullCRF	88.9	78.1	1820.0
FCN-32s+PartCRF	89.4	79.0	325.8
FCN-8s+FullCRF	89.9	79.5	1821.0
FCN-8s+PartCRF	90.3	80.2	326.8

从执行速度看，跳跃结构（FCN-8s）的执行速度最快，其次是 PartCRF，而 FullCRF 最慢。这是因为跳跃结构所增加的额外计算量比较小（在编程实现上仅表现为若干次的矩阵乘法和加法），所以执行速度最快。PartCRF 需要依次统计每个像素与所有周围其他像素的二元势能，计算量较大，但因为使用矩阵操作和显卡加速，执行时间仍控制在合理范围。FullCRF 需要依次统计每个像素与所有其他像素的二元势能，计算复杂度非常高，即使在实现过程中采用 Permutohedral Lattice 方法改进，计算量仍然非常大，因此占用较多的执行时间。从多个改进方法结合的执行时间上看，于后处理操作之前，在 FCN 中加上跳跃结构并未明显降低网络的执行速度。

4.5.2.7　深度学习图像分析与面向对象图像分析的比较

为全面对比深度学习图像分析和面向对象图像分析在杂草识别方面的性能，表 4-10 列出了两种方法的平均准确率（OA）和执行速度，图 4-32 列出了两种方法的输出图像。对于面向对象图像分析方法，本研究给出了两种不同分割算法（多尺度分割算法和 k-means 分割算法）的测试结果；对于深度学习图像分析，本研究给出了简单全卷积网络（FCN-32s），以及加上跳跃结构和局部连接条件随机场的全卷积网络（FCN-8s+PartCRF）的识别结果。从表 4-10 和图 4-32 可以看出，深度学习图像分析不论是从执行速度还是准确率上，都明显优于面向对象图像分析。对于深度学习图像分析，简单的全卷积网络识别杂草的准确率达到了 88.4%，加上跳跃结构和局部连接条件随机场进一步提高了准确率。

表 4-10　不同算法在测试集上的运行结果

算法	OA/%	处理时间 /ms
多尺度分割算法	82.5	6463.1
k-means 分割算法	82.3	2343.5
FCN-32s	88.4	67.5
FCN-8s+PartCRF	90.3	326.8

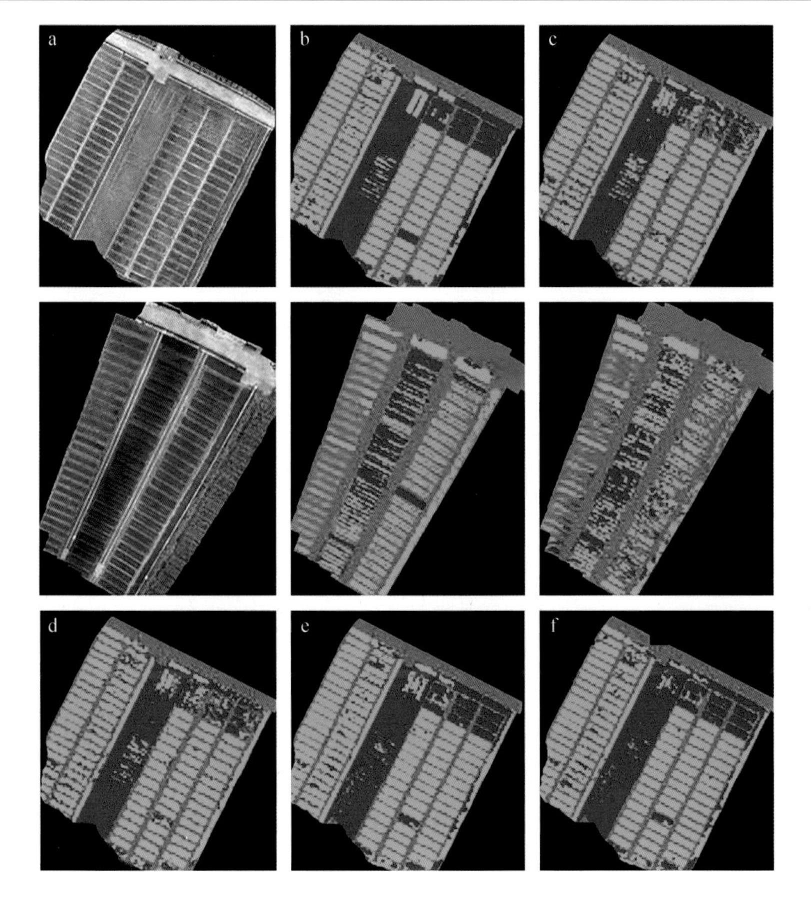

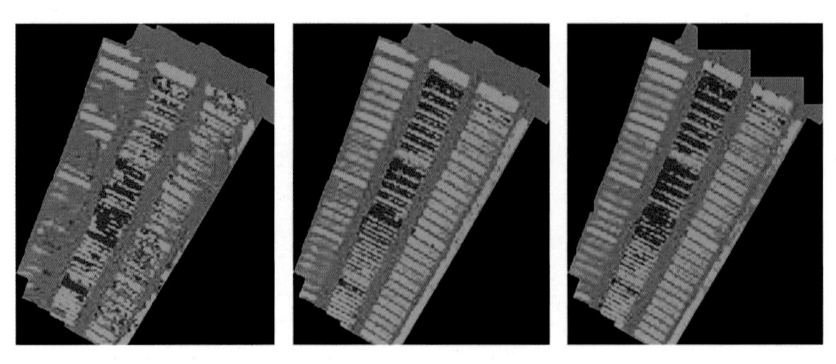

图 4-32　不同算法获得的杂草分布图

a. 正射影像图；b. 标记图像；c. 多尺度分割算法输出图像；d. k-means 算法输出图像；
e. FCN-32s 输出图像；f. FCN-8s+PartCRF 输出图像

4.5.2.8　结论与讨论

从试验结果可以看出，无人机遥感结合深度学习图像分析能够有效识别稻田杂草，有效识别准确率达到了 88.4%，对一幅 1000×1000 像素图像的处理过程仅需 67.5ms，说明该技术不论是从执行速度还是准确率上，都符合田间杂草管理的要求，在实际田间杂草管控中具有应用潜力。但是，本研究目前采集的田块图像较少，必须在后期的研究中采集更多的水稻田图像进行算法的改进和验证。

第 5 章　植保知识概述

5.1　农业害虫

昆虫对人类的影响是多方面的，但概括起来不外乎是有益或有害的，即所谓的益虫和害虫。昆虫中，有不少益虫已为人们所利用，如家蚕和蜜蜂等，具有工业或食用价值，如某些蜂类可用于农作物的传粉，寄生性及捕食性的昆虫用于消灭害虫，说明部分昆虫直接或间接地有益于人类。

为害农林作物的动物分属于无脊椎动物及脊椎动物的若干类群。绝大多数为害农林作物的动物属于无脊椎动物，其中以节肢动物门的种类最多，而节肢动物门中，又以昆虫纲最为重要，其次为属于蛛形纲的螨类。在无脊椎动物中，为害农林作物的主要为属于软体动物门的蜗牛和蛞蝓，线形动物门也包括一部分为害农林作物的植食性线虫。

5.1.1　昆虫的形态特征

5.1.1.1　昆虫的头部

1. 头式

根据口器在头部着生位置与方向的不同，昆虫的头式分成 3 类：下口式、前口式、后口式。掌握和了解昆虫的头式，有利于进行昆虫的分类和取食方式的判断。成虫的口式还可用于简易推断是益虫还是害虫。

2. 触角

昆虫中除少数种类外，都具有 1 对触角，着生于额的两侧，是昆虫的主要感觉器官，用于昆虫觅食、避敌、求偶和寻找产卵场所。触角是昆虫分类的重要依据，常见的类型有刚毛状、线状或丝状、念珠状、锯齿状、栉齿状、双栉齿状或羽毛状、具芒状、环毛状、棍棒状或球杆状、锤状、鳃片状等（图 5-1）。

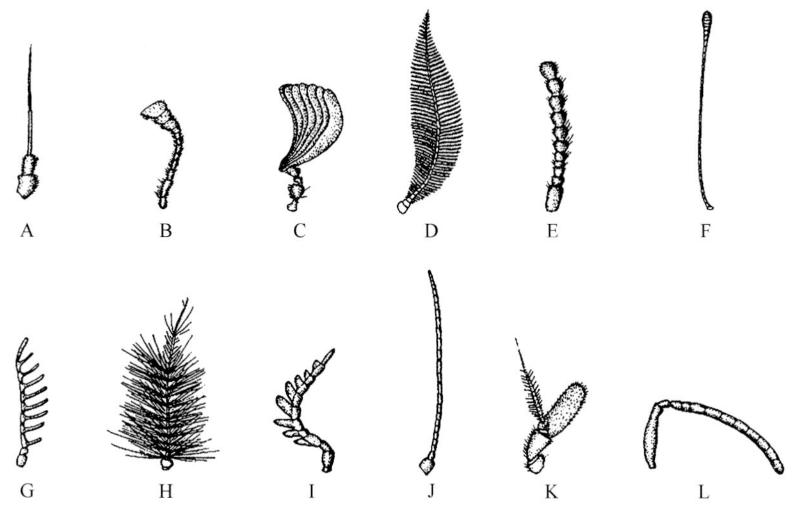

图 5-1　昆虫触角的类型［仿周尧和管致和（1958）］

A. 刚毛状；B. 锤状；C. 鳃片状；D. 双栉齿状；E. 念珠状；F. 棍棒状；G. 栉齿状；H. 环毛状；I. 锯齿状；J. 丝状；K. 具芒状；L. 膝状

3. 眼

眼是昆虫的视觉器官，在取食、栖息、群集、避敌、决定行动方向等活动中起着重要的作用。昆虫的眼有复眼和单眼之分。

4. 口器

口器是昆虫的取食器官，昆虫因为取食方式和食物性质的不同而有不同类型的口器，但基本可分为咀嚼式和吸收式两大类。昆虫的咀嚼式口器由上唇、上颚、下颚、下唇、舌 5 个部分组成。该类昆虫为害植物叶片时，常造成孔洞、缺刻，甚至将其吃光。除取食叶片外，有的可在果实、茎秆或种子内钻蛀取食，如蝗虫、黏虫及多种蝶蛾类幼虫。防治具有这类口器的害虫时，常将胃毒剂喷洒在植物表面或制成固体毒饵，害虫取食时，将食物与有毒物质同时摄入体内，发挥杀虫作用。吸收式又因吸收方式不同分为刺吸式，如蝉类；虹吸式，如蝶蛾类；舐吸式，如蝇类；锉吸式，如蓟马；嚼吸式，如蜜蜂；刮吸式，如蝇类幼虫等。刺吸式口器由咀嚼式口器演化而来，上唇退化成三角形小片，下唇延长成管状的喙，上、下颚特化为口针。该类昆虫取食时，上、下颚口针刺入植物组织内吸取植物汁液，使植物出现斑点、卷曲、皱缩、虫瘿等现象，如蚜虫、叶蝉、飞虱等。对于具有这类口器的害虫，选用内吸性杀虫剂防治效果好。

5.1.1.2　昆虫的胸部

胸部是昆虫体躯的第二个体段，由 3 个体节组成，依次称为前胸、中胸和后胸。每个胸节的侧下方各有 1 对分节的足，分别称为前足、中足、后足。多数昆虫在中胸和后胸背侧方还各有 1 对翅，依次称为前翅和后翅。足和翅都是昆虫的运动器官，所以胸部是昆虫的运动中心。

5.1.1.3　昆虫的腹部

腹部是昆虫体躯的第三个体段，通常由 9 ～ 11 个体节组成。腹部 1 ～ 8 体节两侧有气门，腹腔内着生有内部器官，末端有尾须和外生殖器。腹部是昆虫新陈代谢和生殖的中心。

5.1.1.4　昆虫的体壁

体壁是昆虫体躯的最外层组织，具有支撑身体、保护内脏、感触外界环境等作用，与高等动物骨骼和皮肤的功能相当，因而有外骨骼之称。体壁内的各种皮细胞还有特殊的分泌作用。有些昆虫的体壁上还有不同形状的毛刺、角、脊及各种形状的鳞片，这些统称为体壁的衍生物。体壁由基底膜、皮细胞层及表皮层三部分组成，由于其特殊的结构和理化性质，对虫体具有良好的保护作用，直接影响化学防治效果，尤其是体壁上的刚毛、鳞片、蜡粉等覆盖物和上表皮的蜡层及护蜡层，对杀虫剂的侵入起着一定的阻碍作用。因此，在应用药剂防治害虫时，应考虑体壁这个因素。

5.1.2　昆虫的内部器官与防治

5.1.2.1　消化系统

昆虫的消化系统由消化管和消化腺组成，具有消化食物和吸收营养的功能。

昆虫消化食物主要依赖消化液中各种消化酶的作用，糖、脂肪、蛋白质等水解为适当的分子后才能被肠壁吸收。这种分解消化作用，必须在稳定的酸碱度下才能进行。不同昆虫中肠的酸碱度有较大的差异，如蝶蛾类幼虫 pH 多在 8.5 ～ 9.9、蝗虫 pH 为 5.8 ～ 6.9 等，同时昆虫肠液有很强的缓冲作用，不因食物中的酸或碱而改变酸碱度。肠道的 pH 影响胃毒剂在肠内的溶解和吸收，直接关系这些胃毒剂对不同昆虫的杀虫效果。中肠液呈碱性的昆虫，酸性胃毒剂易溶解，杀虫效果好。中肠液呈酸性的昆虫，碱性胃毒剂易溶解，杀虫效果好。

5.1.2.2　呼吸系统

昆虫的呼吸系统由许多富有弹性和按一定方式排列的气管组成。气管在体壁的开口称为气门，气门位于身体两侧。靠空气的扩散和虫体呼吸运动的鼓风作用，空气由气门进入气管、支气管和微气管，最后到达各组织。当空气中含有有毒物质时，毒物也随着空气进入虫体，这就是熏蒸杀虫的基本原理。当温度高或空气中的二氧化碳含量较高时，昆虫的气门开放时间长，施用熏蒸剂的杀虫效果好。因此在进行熏蒸法杀虫时，可在空气中加入二氧化碳使昆虫的呼吸作用增强，便于有毒气体大量进入虫体而提高熏蒸效果。昆虫的气门一般是疏水亲脂性的，水滴不易进入，但油类物质易进入。农药中的油乳剂除了能直接穿透昆虫体壁，大量是由气门进入虫体的。所以，油乳剂是杀虫剂中效果好、应用广泛的剂型。

5.1.2.3　神经系统

昆虫靠许多感觉器来接受各种刺激，如体表附肢上的感觉器，分布在口器上的味觉器，触角上的嗅觉器，腹侧、胫节或触角等位置的鼓膜听器和单眼、复眼等视觉器。由感觉器接收到的刺激，通过周缘神经系统传至中枢神经系统，经信息加工处理后发出相应的行为指令。

了解昆虫神经系统有助于对害虫进行防治。例如，目前使用的有机磷类杀虫剂属于神经毒剂，它的杀虫机制就是破坏乙酰胆碱酯酶的分解作用，使神经传导一直处于过度兴奋和紊乱的状态，最终导致昆虫麻痹衰竭而死亡。此外，还可利用害虫神经系统的习性反应，如假死性、迁移性、趋光性、趋化性等进行防治。

5.1.2.4　生殖系统

昆虫性成熟后，雌雄经过交配、受精产生受精卵，由受精卵能孵化出幼虫。因此，射线照射、化学药剂处理等不育技术也是防治害虫的一个途径。此外，利用遗传工程培育一些杂交不育后代，或生理上有缺陷的品系，释放到田间，使其与正常的防治对象交配，也可造成害虫自然种群的灭亡。还可利用激素的作用开发杀虫剂防治害虫，如性诱剂等。

5.1.3　昆虫的生物学特性

昆虫的数量和种类很多，与其生殖能力强和生殖方式多有关。了解昆虫的个体发育，有利于识别昆虫各虫态类型。

5.1.3.1　昆虫的生殖方式

昆虫在长期适应演化的历程中，生殖方式表现出多样性，常见的有两性生殖、孤雌生殖、多胚生殖和卵胎生等。其中，除两性生殖外，孤雌生殖、卵胎生、多胚生殖等均属特异生殖。

5.1.3.2　昆虫的发育

昆虫的个体发育过程可分为胚胎发育和胚后发育两个阶段。胚胎发育是从卵发育成胚胎的过程，又称卵内发育。胚后发育是从卵孵化后开始，至成虫性成熟的整个发育期。昆虫在胚后发育过程中，要经过一系列形态和内部器官的变化，有幼虫期、蛹期和成虫期。

5.1.3.3　昆虫的变态及各生命活动的特点

昆虫从卵到成虫发生的一系列外部形态、内部器官和生活习性变化称为变态，常见的变态类型有不完全变态和完全变态。昆虫一生中只经过卵、若虫、成虫 3 个阶段称为不完全变态，如蝗虫、蟦象、叶蝉等；昆虫一生中经过卵、幼虫、蛹、成虫 4 个阶段称为完全变态。完全变态发育时，幼虫与成虫在外部形态、内部器官、生活习性和活动行为等方面都有很大差别，如蝶、蛾和甲虫类昆虫。

1. 卵期

卵期是指卵从母体中产出到孵化所经历的时期，是昆虫个体发育的第一个阶段。卵期是一个表面静止虫期。卵壳具有保护作用，成虫产卵有各种保护习性。卵期进行药剂防治效果较差，掌握害虫的产卵习性，结合农事操作采用摘除卵块等措施进行害虫防治。

2. 幼虫期

昆虫完成胚胎发育，幼虫破卵壳而出的过程称为孵化。从孵化到化蛹所经历的时期称为幼虫期。幼虫期是昆虫一生中主要取食为害的时期，也是防治害虫的关键时期。不同虫龄的幼虫不但形态不同，而且在食量、生活习性上有很大差异。初孵幼虫体型小、体壁薄，常群集取食，对药剂抵抗力弱。随着虫龄的增加，虫体的食量增大，对农作物为害加剧，对药剂抵抗力增强。药剂防治幼虫的关键时期是低龄期，特别是在 3 龄前施药可收到理想的效果。

3. 蛹期

末龄幼虫经最后 1 次蜕皮变为蛹的现象称为化蛹。从化蛹至羽化为成虫所经历的时期称为蛹期。蛹是一个表面静止、内部进行着剧烈代谢活动的虫态，抗逆能力差，要求相对稳定的环境来完成由幼虫到成虫的转变过程。老熟幼虫常寻找安全场所化蛹，如树皮下、裂缝中、枯枝落叶下、土缝中等。蛹期是开展综合治理的良好时期，对很多害虫采取如耕翻晒垡、灌水、清理田园等措施都能收到较好的防治效果。

4. 成虫期

昆虫的蛹或不完全变态昆虫的末龄若虫脱皮变为成虫的过程称为羽化。羽化以后的虫态称为成虫。成虫期是成虫羽化到死亡所经历的时期，是昆虫个体发育的最后阶段，是进行交配、产卵、繁殖后代的生殖期。有些昆虫羽化后，性器官已经发育成熟，口器退化，不再取食即可交配产卵，不久便死亡。大多数昆虫羽化后，需要继续取食以满足性器官发育对营养的需要，称为补充营养。了解昆虫补充营养的不同要求，可进行化学诱杀，把害虫消灭在产卵之前。

5.1.4　农业昆虫所属科目分类

农业害虫的种类繁多，多数分类学家把昆虫纲分为 33 个目，与杀虫剂防治关系密切的有鞘翅目、半翅目、鳞翅目、膜翅目、直翅目、同翅目、缨翅目、双翅目等。根据昆虫目科的分类，下面仅列举部分常见农业昆虫。

5.1.4.1　鞘翅目

此目通称甲虫。体小型至大型，体壁坚硬。成虫前翅为鞘翅。口器咀嚼式。触角形状多变，有丝状、锯齿状、锤状、膝状或鳃片状等。多数成虫有趋光性和假死性。完全变态。幼虫寡足型或无足型。蛹为离蛹。该目包括很多果蔬植物的害虫和益虫，如肉食性的虎甲科、步甲科等，植食性的吉丁甲科、天牛科、叩头虫科、叶甲科、金龟甲科等（图 5-2）。

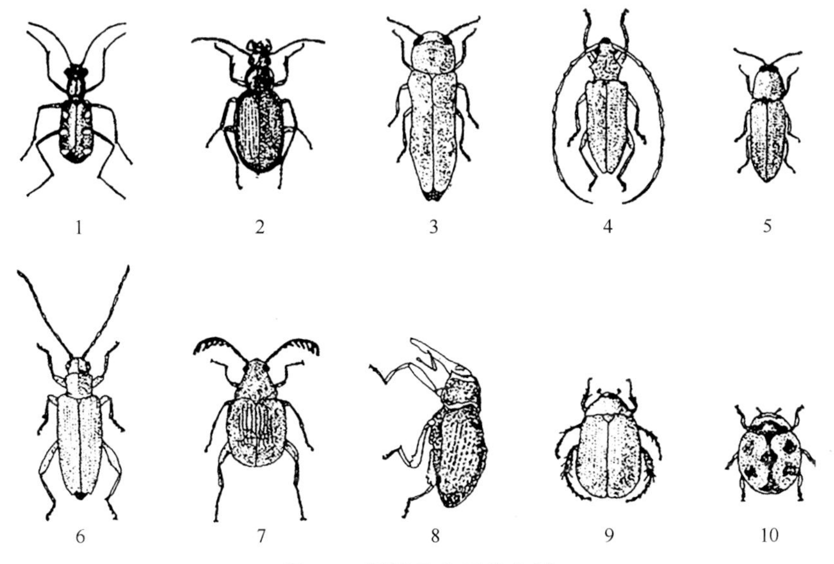

图 5-2 鞘翅目主要代表科

1. 虎甲科；2. 步甲科；3. 吉丁甲科；4. 天牛科；5. 叩头虫科；6. 叶甲科；7. 豆象科；8. 象甲科；9. 金龟甲科；10. 瓢甲科

5.1.4.2 半翅目

此目通称蝽象。体小型至中型，个别大型。体多扁平坚硬。刺吸式口器。触角丝状或棒状。复眼发达，单眼两个或缺。前胸背板发达，中胸小盾片三角形。陆生种类多有发达的臭腺。不完全变态。多为植食性的害虫，少数为肉食性的天敌种类，如猎蝽、小花蝽等。根据触角的节数和着生位置、前翅的分区、翅脉及喙的节数等特征分科（图 5-3）。

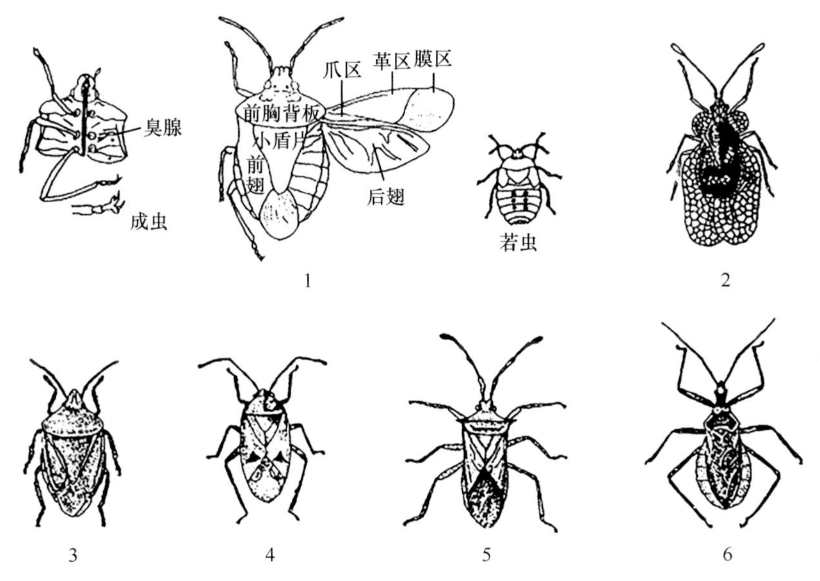

图 5-3 半翅目的体躯构造及主要代表科

1. 半翅目体躯构造；2. 网蝽科；3. 蝽科；4. 盲蝽科；5. 缘蝽科；6. 猎蝽科

5.1.4.3　鳞翅目

此目是昆虫纲中第二个大目。体小型至大型。体翅密被鳞片，翅面上各种颜色的鳞片组成不同的线和斑，是重要的分类特征。成虫口器虹吸式。全变态。幼虫多足型，又称蠋型。幼虫体表柔软，头部坚硬，每侧常有 6 个单眼，唇基三角形，额很狭呈“人”字形，口器咀嚼式，有吐丝器。胸足 3 对，腹足多为 5 对，着生在腹部第 3 ～ 6 节和第 10 节上。腹足底面有趾钩，可与其他目幼虫相区别。幼虫体上常有斑线和毛。蛹为被蛹。

成虫吸食花蜜补充营养，一般不为害作物，有的种类不取食，完成交配产卵的任务后即死亡。幼虫绝大多数为植食性，多为重要的农业害虫，少数如家蚕、柞蚕、蓖麻蚕是益虫。

该目包括蛾和蝶两大类。蝶类成虫触角为球杆状，静止时翅竖立于体背，多在白天活动；蛾类成虫触角有线状、栉齿状、羽状等多种形状，但不呈球杆状，静止时翅平覆或呈屋脊状，大多数在夜间活动。重要的科包括粉蝶科、弄蝶科、螟蛾科、夜蛾科、麦蛾科（图 5-4）。

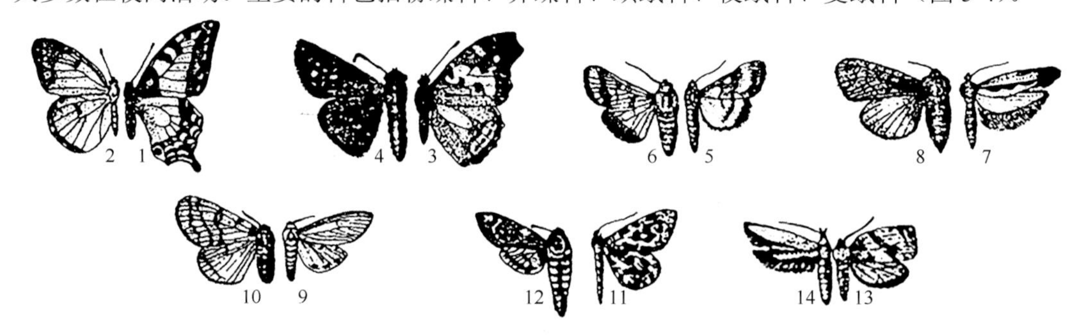

图 5-4　鳞翅目主要代表科

1. 凤蝶科；2. 粉蝶科；3. 蛱蝶科；4. 弄蝶科；5. 螟蛾科；6. 夜蛾科；7. 菜蛾科；8. 木蠹蛾科；9. 灯蛾科；10. 毒蛾科；11. 尺蛾科；12. 天蛾科；13. 卷蛾科；14. 麦蛾科

5.1.4.4　膜翅目

此目包括蜂类和蚂蚁。除一部分是植食性外，大部分是寄生性，很多是有益的种类。体小型至大型。口器咀嚼式或嚼吸式。复眼发达。触角膝状、丝状或锤状等。前、后翅均膜质。雌虫产卵器发达，有的变成螫刺。完全变态。幼虫通常无足。裸蛹，有的有茧。有植食性、捕食性和寄生性之分，多数是天敌昆虫。依据胸腹部连接处是否腰状缢缩，分广腰与细腰两亚目。与果蔬植物关系密切的有叶蜂、茎蜂、姬蜂、茧蜂、小蜂、赤眼蜂、金小蜂等科（图 5-5）。

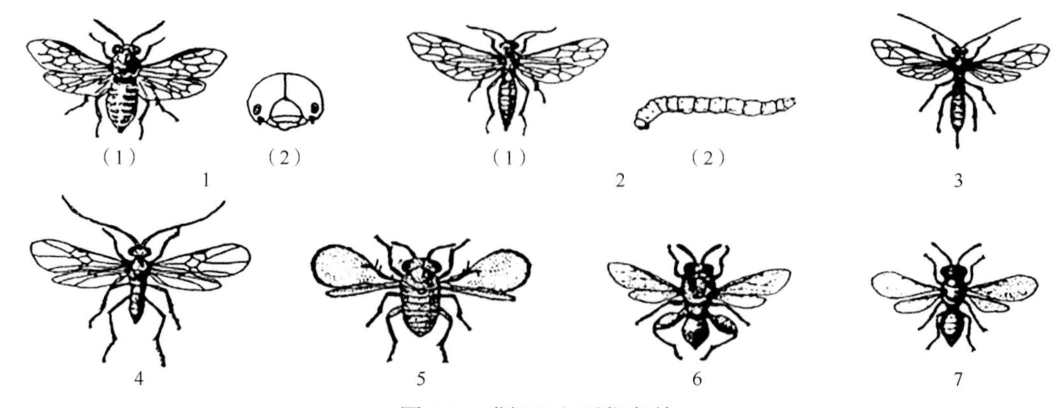

图 5-5　膜翅目主要代表科

1. 叶蜂科：（1）成虫，（2）幼虫头部正面观；2. 茎蜂科：（1）成虫，（2）幼虫；3. 姬蜂科；4. 茧蜂科；5. 赤眼蜂科；6. 小蜂科；7. 金小蜂科

5.1.4.5　直翅目

此目通称蝗虫、蟋蟀、蝼蛄等（图 5-6）。体中型至大型。咀嚼式口器，下口式。触角多为丝状。前胸发达。前翅覆翅，后翅膜翅。后足跳跃足，有的种类前足为开掘足。雌虫产卵器发达，形状多样，呈剑状、刀状、凿状等。不完全变态。多为植食性。

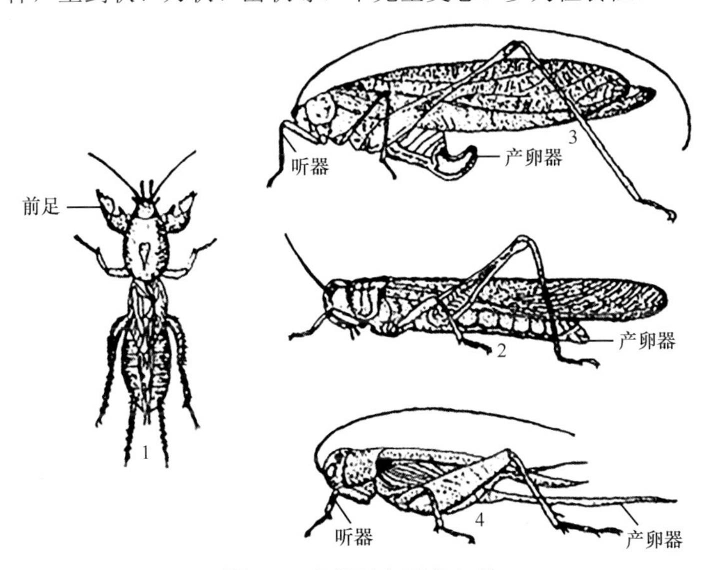

图 5-6　直翅目主要代表科

1. 蝼蛄科（华北蝼蛄）；2. 蝗科（东亚飞蝗）；3. 螽斯科（日本螽斯）；4. 蟋蟀科（油葫芦）

5.1.4.6　同翅目

此目通称蝉、叶蝉、蚜、粉虱、蚧等（图 5-7）。体微小至大型。触角刚毛状或丝状。刺吸式口器从头的后方伸出。喙通常 3 节。前翅革质或膜质，后翅膜质，静止时呈屋脊状，有的种类无翅。有些蚜虫和雌性介壳虫无翅，雄性介壳虫后翅退化成平衡棒。多为两性生殖，有的进行孤雌生殖。不完全变态。植食性，刺吸植物汁液，有的可传播植物病毒病或分泌蜜露而引起煤污病。

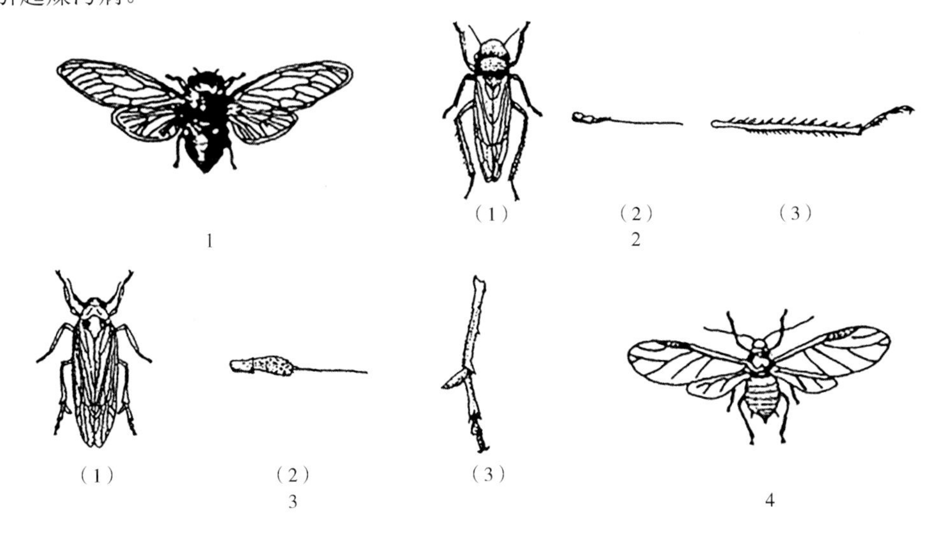

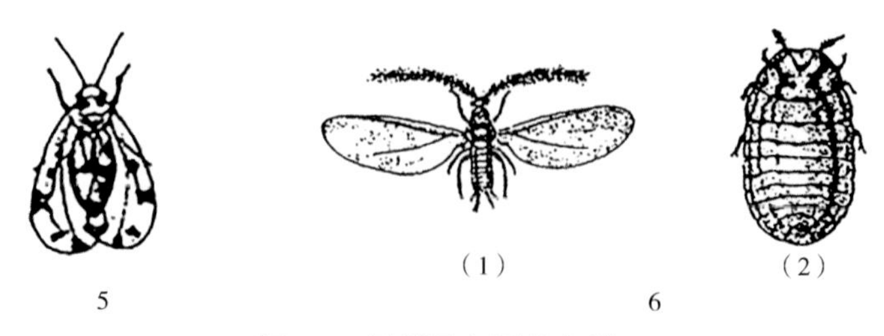

图 5-7　同翅目主要代表科

1. 蝉科；2. 叶蝉科：(1) 成虫，(2) 触角，(3) 胫节刺列；3. 飞虱科：(1) 成虫，(2) 触角，(3) 胫节下方内侧的距；4. 蚜科；5. 粉虱科；6. 绵蚧科：(1) 雄虫，(2) 雌虫

5.1.4.7　缨翅目

此目通称蓟马。体小，细长，一般 1～2mm，小者 0.5mm。翅膜质，狭长，最多有两条纵脉，翅缘着生长而整齐的缨毛。足短小，末端膨大呈泡状。过渐变态。多数植食性，少数捕食蚜虫、螨类等。

5.1.4.8　双翅目

此目包括蚊、蝇、虻等多种昆虫（图 5-8）。体小型至中型。前翅 1 对，后翅特化为平衡棒，前翅膜质，脉纹简单。口器刺吸式、舐吸式。复眼发达。触角有芒状、念珠状、丝状。完全变态。幼虫蛆式，无足。多数围蛹，少数被蛹。包括长角亚目和芒角亚目。与果蔬植物关系密切的有瘿蚊科、食蚜蝇科、实蝇科、花蝇科、寄蝇科。

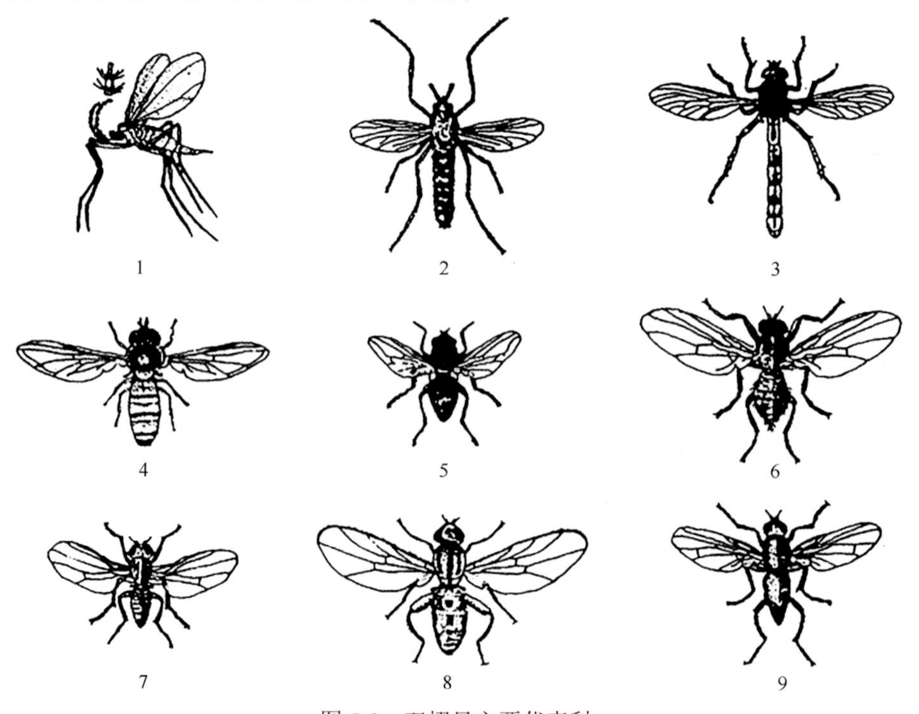

图 5-8　双翅目主要代表科

1. 瘿蚊科；2. 摇蚊科；3. 食虫虻科；4. 食蚜蝇科；5. 寄蝇科；6. 潜蝇科；7. 水蝇科；8. 黄潜蝇科；9. 花蝇科

5.1.4.9 脉翅目

体小型至大型。翅膜质，前后翅大小、形状相似，翅脉多呈网状，边缘两分叉。成虫口器咀嚼式，幼虫刺吸式。完全变态。此目昆虫的成虫、幼虫都是捕食性的益虫。常见的有草蛉科和粉蛉科。

5.1.4.10 螨类

螨类是一些体型微小的动物，属于节肢动物门蛛形纲蜱螨目。世界上大约有 50 万种。螨类与昆虫同属节肢动物，在形态上有许多相似之处，如身体和附肢都分节，具有外骨骼等。但它们是两类不同的动物，它们之间有明显的区别。

5.2 农业植物病害

植物在生长发育过程中，必须有适宜的外界环境条件才能进行正常的生理活动，如细胞的分裂、分化和发育，水分和矿物质的吸收、运输，光合作用的进行，光合产物的输导、贮藏，以及有机物的代谢等。只有在最适宜的环境条件下，植物各种遗传特性才能得到最充分的表现，植物的生长发育才能处于正常的状态。但是，植物在遇到不适宜的环境干扰或其超越了植物所能适应的范围，或者遭受其他病原物的侵袭时，它们正常的生长发育就会受到干扰和破坏，从生理机能到组织结构就会发生一系列的变化，以致在外部形态上表现出各种病态，其结果是植物的产量降低，品质变劣，甚至植株死亡，人们就会遭受一定的经济损失，这种现象称为植物病害。

植物病害发生的性质和一般机械损伤，如昆虫和其他动物的咬伤、刺伤，人为和机械损伤及风暴、雷击、雪害等，都是不相同的。机械损伤是在短时间内受外界因素作用而突然形成的，无病理变化程序，不能称作植物病害。不过，各种机械损伤都会削弱植株生长势，而且伤口的存在往往成为病原生物侵入的门户，从而诱发病害的发生。

5.2.1 植物病害发生的原因

5.2.1.1 植物病害的病原

植物病害发生是多种因素综合作用的结果。其中起主导作用、直接引起病害发生的原因，在病理学上称为病原。病原包括非生物病原和生物病原两大类。

非生物病原主要指植物周围环境中的因素，包括不适宜的物理、化学因素，如营养物质缺乏或过多、水分供应失调、温度过高或过低、日照过强或过弱，以及土壤通气不良、空气中存在有毒气体、农药使用不当等。

生物病原由多种病原生物组成，它们引起的病害能相互传染，有侵染过程，因此称为传染性病害或侵染性病害。传染性病害的病原生物简称为病原物，包括真菌、原核生物，其中主要为细菌和菌原体、病毒、类病毒、寄生性线虫、寄生性植物等。

5.2.1.2 植物病害发生的机理

植物病害发生是寄主与病原在外界环境条件影响下相互作用、相互斗争的结果。因此，植物病害发生的基本因素是寄主、病原和环境条件，即植物病害发生的三要素，也称“植物病害的三角关系”。

在传染性病害的发生中，寄主和病原物是一对主要矛盾。当病原物侵染寄主植物时，植物本身并不是完全处于被动状态，相反它对病原物侵染要进行积极的抵抗。病害发生与否，常取决于寄主抗病能力的强弱，如植物抗病性强，虽有病原物存在，也可能不发病或发病很轻；相反，植物抗病性弱，就可能发病或发病严重。当然，传染性病害发生除了取决于寄主和病原物，还需要适宜发病的环境。环境条件一方面可以直接影响病原物，促进或抑制其生长发育；另一方面可以影响寄主的生活状态，左右其抗病和感病的能力。因此，只有当环境条件有利于寄主而不利于病原物时，病害就不会发生或受到抑制；反之，当环境条件有利于病原物而不利于寄主时，病害就会发生和发展。

5.2.2　植物病害的类型

当一株健全的植物受到干扰，器官和组织的生理机制发生局部的或系统的反常，植物自身表现出病状，且从患病部位提取出的物质具有相应病原物的病征，就是发生了植物病害。干扰植物正常生理机制的因素主要是外来的，外来的因子有的是非生物性的，有的是生物性的。因此，根据诱发病害因子的本质，植物病害可分为非侵染性病害和侵染性病害两大类。

5.2.2.1　非侵染性病害

由非生物因素，即由不适宜的环境条件引起的植物病害，称为非侵染性病害。这类病害没有发生病原物的侵染，不能在植物个体间互相传染，所以也称非传染性病害或生理性病害。引发非侵染性病害的环境因素很多，包括温度、湿度、水分、光照、土壤、大气和栽培管理措施等。

5.2.2.2　侵染性病害

由生物因素引起的植物病害称为侵染性病害。这类病害可以在植物个体间互相传染，所以也称传染性病害。引发植物病害的生物因素称为病原物，主要有真菌、细菌、病毒、线虫和寄生性种子植物等。侵染性病害的种类、数量和重要性在植物病害中均居首位，是植物病理学研究的重点。

侵染性病害和非侵染性病害之间时常可以相互影响、相互促进。例如，长江中下游地区早春的低温冻害，可以加重由绵霉引起的水稻烂秧；由真菌引起的叶斑病，造成果树早期落叶，削弱了树势，降低了寄主在越冬期间对低温的抵抗力，因而患病果树容易发生冻害。

5.2.3　植物病害的病原物

植物侵染性病害是由病原物引起的，这些病原物主要包括真菌、原核生物、线虫、病毒、寄生性种子植物、藻类、原生动物等。

5.2.3.1　真菌

真菌是有真正细胞核、没有叶绿素的生物。一般能进行有性和无性繁殖，产生孢子。真菌种类繁多，数量巨大，分布极广。目前世界上已知的真菌有 11 255 属 10 万种以上，据估计，自然界存在的真菌有 150 万种。真菌引起的植物病害占所有植物病害的 70% ～ 80%，几乎每种植物上都有几种甚至上百种真菌，少数真菌经常造成严重的损失甚至灾难，有些真菌在农产品中产生毒素，对人和动物有毒害作用。

真菌一般根据形态学、细胞学、生物学特性及个体发育和系统发育资料来分类，其中最重要的是形态特征，尤其是有性生殖和有性孢子的性状。按照 Ainsworth 分类系统，依据营养体的形态及有性孢子的类型，真菌分为 5 个亚门（表 5-1）：鞭毛菌亚门、接合菌亚门、子囊菌亚门、担子菌亚门和半知菌亚门。

表 5-1　5 个亚门真菌的形态特征

亚门	营养体	无性孢子	有性孢子
鞭毛菌亚门	无隔菌丝体（少数为原质团或非丝状的单细胞）	游动孢子	卵孢子或休眠孢子
接合菌亚门	无隔菌丝体	孢囊孢子	接合孢子
子囊菌亚门	有隔菌丝体（少数为单细胞）	分生孢子	子囊孢子
担子菌亚门	有隔菌丝体	多数缺少	担子和担孢子
半知菌亚门	有隔菌丝体	分生孢子	多数缺少，如发现多为子囊孢子，少数为担孢子

1. 鞭毛菌亚门

鞭毛菌亚门包括 1100 种低等真菌，其形态差异很大。典型特征是营养体多数为无隔菌丝体，少数为原质团或非丝状的单细胞。无性繁殖产生游动孢子，有性生殖主要形成卵孢子或休眠孢子。这类真菌大多是水生的，水域或潮湿的环境有利于其生长发育。与农作物病害有关的属主要有绵霉属、腐霉属、疫霉属、霜霉属。

2. 接合菌亚门

营养体多为无隔菌丝体，无性繁殖产生孢囊孢子，有性生殖产生接合孢子，故称为接合菌。接合菌在自然界分布较广，均为陆生，多数腐生，少数弱寄生。能够引发重要农作物病害的属有根霉属。

3. 子囊菌亚门

大多是陆生，营养方式有腐生、寄生和共生，许多是植物病原菌，可引发植物病害。子囊菌主要特征是营养体为发达的有隔菌丝体，少数（如酵母菌）为单细胞，许多子囊菌的菌丝体可以形成菌核、菌索、子座等。无性繁殖产生各种类型的分生孢子，对病害蔓延起重要作用。与植物病害有关的属主要有白粉菌属、单丝壳属、布氏白粉菌属、长喙壳属、赤霉属、顶囊壳属、黑痣菌属、麦角菌属、球腔菌属、黑星菌属、核腔菌属、旋孢腔菌属、核盘菌属。

4. 担子菌亚门

担子菌是真菌中最高等的一个亚门，寄生或腐生，其中包括许多人类食用和药用的真菌。主要特征是营养体为发达的有隔菌丝体，有单核（初生菌丝）和双核（次生菌丝）不同阶段。担子菌一般不进行无性繁殖，即不产生无性孢子。有性生殖除锈菌外，通常不形成特殊分化的性器官，而由双核菌丝体的顶端细胞直接产生担子和担孢子。与作物病害有关的属主要有尾孢黑粉菌属、轴黑粉菌属、腥黑粉菌属、条黑粉菌属、叶黑粉菌属、黑粉菌属、柄锈菌属、单胞锈菌属、栅锈菌属、层锈菌属。

5. 半知菌亚门

半知菌亚门的真菌很多是腐生的，也有不少种类是寄生的，引发多种植物病害。由于在半知菌的生活史中只发现无性态，未发现有性态，因此称为半知菌或不完全菌。当发现有性态时，大多数属于子囊菌，极少数属于担子菌。因此半知菌和子囊菌的关系很密切。半知菌主要特征：菌丝体发达，有隔。无性生殖产生各种类型的分生孢子。与作物病害有关的属主要有梨孢属、粉孢属、轮枝孢属、尾孢属、链格孢属、凹脐蠕孢属（德氏霉属）、离蠕孢属、凸脐蠕孢属、丝核菌属、小核菌属、镰孢属、炭疽菌属、茎点霉属、叶点霉属、壳针孢属、壳二孢属。

5.2.3.2 原核生物

原核生物主要包括细菌、菌原体和放线菌。

细菌所引起的植物病害的重要性不及人病及畜病，但是一类较难防治的病原。这类病菌为单细胞微生物，没有叶绿素及真核，以裂殖进行繁殖。其形态简单，主要为杆状、球状和螺旋状，植物病原细菌均为杆状，多数具有鞭毛。同时可根据鞭毛的着生形状进行分类。细菌主要通过雨水和流水传播，通过伤口和自然孔口侵入。

细菌病害的特征：初期有水渍状或油渍状边缘，半透明，病斑上有菌脓外溢，斑点、腐烂、萎蔫、肿瘤是大多数细菌病害的特征，部分真菌也引起萎蔫与肿瘤。切片镜检有无真菌是最简便易行又最可靠的诊断技术。用选择性培养基来分离与挑选细菌，再进行过敏反应的测定和接种也是很常用的方法。

细菌病害主要见于被子植物，栽培植物上较多。大田作物或果树、蔬菜都有一种或几种细菌病害，尤多见于禾本科、豆科和茄科作物。常见的病害有水稻的白叶枯病和条斑病、马铃薯的环腐病、茄科和其他作物的青枯病、十字花科蔬菜及棉花的角斑病、柑橘的疮痂病等。玉米的细菌性枯萎病和梨火疫病常造成世界性危害。

5.2.3.3 病毒

病毒是仅次于真菌的重要病原物。大田作物和果树、蔬菜都有几种或几十种病毒病害，有的危害很大。生产上突出的有禾谷类和十字花科等的病毒病害，以及柑橘的病毒病害等。

病毒病害的症状以花叶、矮缩、坏死多见。无病征，撕取表皮镜检时有时可见内含体。在电镜下可见到病毒粒体和内含体。取病株叶片用汁液摩擦接种或用蚜虫传毒接种可引起发病；用病汁液摩擦接种指示植物或鉴别寄主可见到特殊症状出现。

5.2.3.4 线虫

线虫又称蠕虫，为无色、淡黄色或乳白透明线状，有些雌虫为梨形或球形。雌成虫在寄主体内或土壤中产卵，后孵化为幼虫、成虫。线虫靠水、土壤、种子和运输等传播，并从气孔、伤口侵入，也可直接侵入。其病状为受害植物根部形成许多圆形瘤状物（虫瘿）、表面粗糙，造成叶片畸形、枝条扭曲、植株矮化等，如杨树根结线虫病、菊花叶线虫病、水仙茎线虫病等的病状，不表现病征。

5.2.3.5 寄生性种子植物和附生植物

没有叶、根或者有叶无根，具有寄生根系和吸器的植物，从寄主植物体内吸取养料和水分来维持自身生长。常见的寄生性种子植物有菟丝子、槲寄生和桑寄生等。

5.2.4 植物病害的症状类型

植物生病后其外部所呈现的各种病态称为症状。症状又分为病状和病征两部分。病状是植物感病后，其本身表现的反常状态，如变色、坏死、腐烂、萎蔫、畸形等。病征是植物感病后，由病原物在病部构成的特征，如霉状物、粉状物、粒状物、丝状物、脓状物和伞状物、马蹄状物等。

任何一种植物感病后，一般都有明显的病状，而病征只有由真菌和细菌引起的病害表现较明显，并且必须在病害发展到一定阶段才表现。病毒、类病毒、菌原体在植物细胞内寄生，无外部的病征表现。植物病原线虫多数也在植物体内寄生，一般也无病征。寄生性植物寄生在寄主植物上，本身就具有特征性的植物结构，而非传染性病害，是由非生物病原引起的，故也无病征。各种植物病害症状都具有一定的特征性和稳定性，所以症状是诊断植物病害的重要依据之一。

5.2.4.1 病状类型

常见病害的病状类型有很多，但归纳起来主要有以下5类：变色、坏死、腐烂、萎蔫、畸形。

5.2.4.2 病征类型

病征是病原物在感病部位构成的特征。由于病原物不同，病征或大或小，显著或不显著，具有各种形状、颜色和特征。并不是所有的植物病害都有病征表现，只有一部分病原物引起的病害才具有病征。习惯上也用一些病症来命名病害，如锈病、白粉病、黑粉病、霜霉病、灰霉病、菌核病等。

（1）粉状物

粉状物直接产生于植物表面、表皮下或组织中，以后破裂而散出，包括锈粉（图 5-9）、白粉（图 5-10）、黑粉和白锈。

图 5-9　锈粉（小麦叶锈病）

图 5-10　白粉（黄瓜白粉病）

（2）霉状物

霉状物由真菌的菌丝、各种孢子梗和孢子在植物表面构成，其着生部位、颜色、质地、结构常因真菌种类不同而异，可分为 3 种类型：霜霉（图 5-11）、绵霉（图 5-12）、青霉（图 5-13）。

图 5-11　霜霉（黄瓜霜霉病）

图 5-12　绵霉（黄瓜绵疫病）

图 5-13　青霉（番茄灰霉病）

（3）点状物

点状物是病部产生的形状、大小、色泽和排列方式各不相同的小颗粒状物，它们大多暗褐色至褐色，针尖至米粒大小，由真菌的子囊壳、分生孢子器、分生孢子盘等形成（图 5-14）。

图 5-14　西瓜炭疽病

（4）丝状物

病原真菌在病部表面产生的白色或紫红色丝状物，为真菌的菌丝体，或菌丝体与繁殖体的混合物。常见的有白色，如花生白绢病（图 5-15）；有的在根颈部形成紫红色丝状物，如茶紫纹羽病。

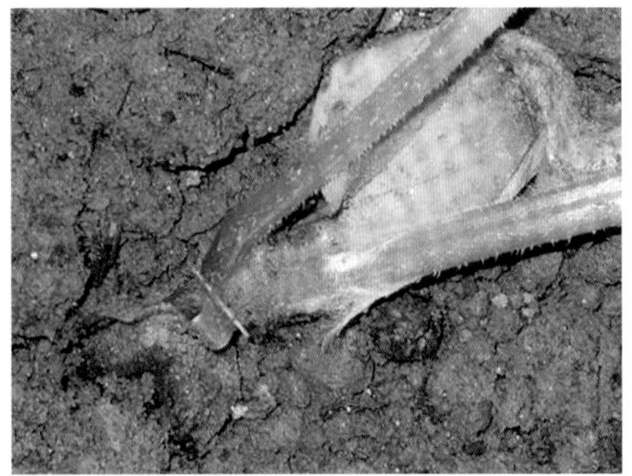

图 5-15　花生白绢病

（5）脓状物

脓状物是细菌病害特有的病征。在高湿条件下，病部表面溢出脓状黏液，称为菌脓，干燥后成为胶质的颗粒或菌膜，白色或黄色，如十字花科蔬菜软腐病、水稻细菌性条斑病、水稻白叶枯病等。

（6）伞状物、马蹄状物

伞状物、马蹄状物是病原真菌在病部产生的结构较大的子实体，形状似伞状或马蹄状。此类病原为担子菌亚门的真菌，主要为害木本植物，如桃木腐病在枝干上形成的马蹄状物，茶根朽病在根颈部产生的伞状物。

5.2.5　植物病害的诊断与防治

植物病害诊断的目的是查明和确定病因，根据病因和发病规律，提出相应的对策和措施，及时有效地防治植物病害。植物病害诊断的意义在于为植物病害及时、正确防治提供科学依据，同时，减少由植物病害所造成的损失。因此，对植物病害进行诊断，特别是对植物病害进行早期判断是非常重要的，在植物病害防治上具有重要意义。

5.2.5.1　各类病害的诊断方法

1. 非侵染性病害的诊断

如果病害在田间大面积发生，但没有逐步传染扩散的现象，而且从发病植物上看不到任何病征，也分离不到病原物，则大体上可考虑为非侵染性病害。

2. 侵染性病害的诊断

（1）真菌病害的诊断

真菌病害的主要病状是坏死、腐烂和萎蔫，少数为畸形；在发病部位常有霉状物、粉状物、锈状物、粒状物等病征。可根据病状特点，结合病征的出现，用放大镜观察病部病征类型，确定真菌病害的种类。

（2）细菌病害的诊断

细菌所致的植物病害症状主要有斑点、溃疡、萎蔫、腐烂及畸形等。多数叶斑受叶脉限制呈多角形或近似圆形。病斑初期呈半透明水渍状或油渍状，边缘常有褪绿的黄晕圈。当空气潮湿时，多数细菌病害在发病后期，从病部的气孔、水孔、皮孔及伤口处溢出黏状物，即菌脓，这是细菌病害区别于其他病害的主要特征。腐烂性细菌病害的重要特点是腐烂的组织黏滑且有臭味。切片镜检有无喷菌是诊断细菌病害简单而可靠的方法。

（3）病毒病害的诊断

植物病毒病害有病状没有病征。病状多表现为花叶、黄化、矮缩、丛枝等，少数为坏死斑点。感病植株多为全株性发病，少数为局部性发病。在田间，一般心叶首先出现症状，然后扩展至植株的其他部分。此外，随着气温的变化，特别是在高温条件卜，病毒病害常会出现隐症现象。

病毒病害症状有时易与非侵染性病害混淆，诊断时要仔细观察和调查，注意病害在田间的分布，综合分析气候、土壤、栽培管理等与发病的关系，病害扩展与传毒昆虫的关系等。

（4）线虫病害的诊断

线虫多数引起植物地下部发病，出现缓慢的衰退症状，很少有急性发病。通常表现为植株矮小、叶片黄化、茎叶畸形、叶尖干枯、须根丛生，以及形成虫瘿、肿瘤、根结等。

5.2.5.2　植物病害的防治

防治病害的措施很多，按照作用原理，通常分为避害、杜绝、铲除、保护、抵抗和治疗 6 个方面。每个防治原理又发展成许多具体的防治方法，分属于植物检疫、农业防治、抗病品种利用、生物防治、物理防治和化学防治等不同领域。

防治病害的原则：坚持“预防为主、综合防治”的植保方针。预防指在病害发生前或初期采取措施，把病害消灭在未发生之前或初发阶段。综合防治指从农业生产的全局和生态系统的总体观点出发，充分利用自然界抑制病害的因素，创造不利于病害发生及为害的条件，使用各种必要的防治措施，把病害的为害控制在经济允许受害水平之下，且不给生态环境、人畜安全等造成危害。

化学防治中的采用喷雾器械包括农用无人机对植物茎叶喷施杀菌剂是植物病害防治的最主要、最有效方法。防治植物病害的喷药技术要求比防治害虫高得多，要达到较好的防治效果，施药者应该了解杀菌剂的作用特点和所防治植物病害病原物的生物学特性，有针对性地进行喷洒。喷施非内吸性杀菌剂时，不仅需要保证药液能够喷施到所有需要保护的茎叶，并能够在茎叶表面形成均匀的药膜，而且对于在叶背面发生的病害，还要将药剂喷施到叶背面。内吸性杀菌剂虽然具有在植物体内再分布的特性，但是，常见的内吸性杀菌剂主要在质外体系输导，只有喷施到植物嫩茎和叶腋处的药剂才可以被吸收输导到上部叶片。喷施在叶面的药剂一般只能沿着叶脉方向朝叶尖和叶缘输导，不能从一片叶片向另一叶片输导。

叶面喷洒杀菌剂除了需要喷施均匀，还需要使药液尽可能多地沉积在植物的茎叶上。喷施的药液雾滴较小时有利于在叶面沉积，大雾滴容易在风的作用下从茎叶上滚落到土壤中。因此，一般喷雾器的喷孔直径应控制在 0.7 ～ 1.0mm。小雾滴喷雾不仅有利于药液沉积，而且能够分布均匀。

药剂喷洒时间是决定防治效果的关键要素。保护性杀菌剂只能在病菌侵入之前发挥作用。在病害已经发生或即使没有发病但病菌已经侵入时，喷施保护性杀菌剂则没有效果。大多数内吸性杀菌剂具有保护和治疗作用，在病菌没有侵入之前或侵入以后没有发病之前喷施，均可以有效防治植物病害。在病害发生以后进行化学防治，无论使用保护性杀菌剂还是治疗性杀菌剂，只能在一定程度上阻止病害进一步蔓延和流行危害。

5.3　农业草害

农业草害是指在农田中为害农作物生长，并造成减产的杂草。农业草害给我国农业生产造成了损失巨大。农田杂草的危害表现在许多方面，其中最主要的是与作物争夺养分、水分和阳光，影响作物生长，降低作物产量与品质。尽管各地农民采用各种栽培耕作技术和化学除草技术不断与农田杂草作斗争，我国每年仍有 8.1 亿亩耕地发生中等以上程度的草害，使作物产量减少约 13.4%。例如，我国水稻、小麦、玉米、大豆及棉花等主要农作物农田中杂草有 580 种，其中稻田 129 种、旱田 427 种、水旱田均有 24 种。对主要农作物为害重而又难以防除的有 17 种，危害重而分布广的有 31 种，地区性的重害杂草有 24 种。稗、野燕麦、看麦娘、藜、蓼、苋、扁秆藨草、眼子菜、马唐、鸭舌草为农田十大草害。

5.3.1　农业草害的类型

按照形态特征，农田杂草可分为单子叶（窄叶）和双子叶（阔叶）杂草。单子叶杂草有 1 片子叶，叶片窄而长，叶脉平行，无叶柄，如禾本科杂草和莎草科杂草。双子叶杂草有 2 片子叶，叶片宽短，叶脉网状，有叶柄，如菊科、十字花科、藜科、蓼科、旋花科等杂草。

根据杂草的生长、繁殖习性，可分为一年生杂草和多年生杂草。前者指杂草从种子发芽、生长到开花、结籽，在一年完成，如狗尾草、马齿苋等。后者指杂草从种子发芽、生长到开花、结籽，在多年完成，而且通过地下根茎繁殖，如水三棱、香附子等。

根据杂草生态型可分为旱地杂草、水生杂草、水旱两生杂草和湿生杂草。旱地杂草只能生长在旱田里，如马齿苋、狗尾草等。水田杂草只能生长在水田，如眼子菜、鸭舌草等。水旱两生杂草既能生长在水田，又能生长在旱地，如稗、水三棱等。湿生杂草生长在土壤湿度较大的地区和田块内，但不是在浸水情况下生长的杂草，如看麦娘、稗等。

多数杂草有很强的生态适应性和抗逆性，对环境要求不太严格，常耐旱、耐涝、耐热、耐盐碱、耐贫瘠，沟旁、路边、田埂、房顶等作物不能生存的地方，杂草同样能生存。当生长条件不良时，杂草可随生育环境的变化，自然调节密度、生长量、结实数和生育期，保证个体生存和物种延续。杂草种子可通过风、水、动物进行传播。

5.3.2　农田杂草的生物学特性

（1）抗逆性

杂草具有强的生态适应性和抗逆性，表现为对盐碱、人工干扰、旱涝、极端高温、极端低温等有很强的耐受能力，因气候、土壤、水分、季节与作物的不同而不同。

（2）可塑性

杂草的可塑性是指杂草在不同的生境下对自身个体大小、种群数量和生长量进行自我调节的能力。多数杂草具有不同程度的可塑性，可在多变的人工环境条件下持续繁衍。

（3）生长性

杂草中 C_4 植物的比例明显较高，常见的恶性杂草狗尾草和马唐等都是 C_4 植物，能够充分吸收光能、CO_2 和水进行有机物的生产。例如，田间杂草稗是 C_4 植物，其净光合速率高，生长迅速，严重抑制了 C_3 植物水稻的正常生长。

（4）杂合性

一般杂草基因型为杂合性，是保证杂草具有较强适应性的重要因素。杂合性增加了杂草的变异性，从而大大增强了其抗逆性能，特别是在遭遇恶劣环境条件时，可以避免整个种群的覆灭，使物种得以延续。

（5）拟态性

有些杂草与作物具有较高的拟态性，属伴生杂草，如稗与水稻、谷子与狗尾草等，它们在形态、生长发育规律、对生态环境的要求上都有许多相似之处，增加了防除的困难。

（6）多产性

杂草具有强大的繁殖能力，其繁殖方式分为种子繁殖和营养繁殖两种类型。一株杂草的种子数少则1000粒，多则数十万粒，通常可达3万～4万粒。具有营养繁殖能力的多年生杂草，其匍匐茎、根茎球、茎块、鳞茎等的繁殖能力也很强。

5.3.3 农业草害的危害和特征

5.3.3.1 直接为害

直接为害主要指农田杂草对作物生长发育产生妨碍，并造成农作物的产量和品质下降。杂草与作物一样需要从土壤中吸收大量的营养物质，并迅速形成地上组织。杂草有顽强的生命力，在地上和地下与作物进行竞争。在地上主要表现为对光和空间竞争，在地下主要表现为对水分和营养竞争，直接影响作物的生长发育。具有发达根系的杂草还掠夺了土壤中的大量水分。在作物幼苗期，一些早出土的杂草严重遮挡阳光，使作物幼苗黄化、矮小等。

5.3.3.2 间接为害

间接为害主要指农田杂草中的许多种类是病虫的中间寄主和越冬场所，有助于病虫的发生与蔓延，从而造成损失，如夏枯草、通泉草和紫花地丁是蚜虫等的越冬寄主。还有许多杂草是作物病虫害的传播媒介，如棉蚜先在夏枯草、小蓟草、紫花地丁上栖息越冬，待春天棉花出苗后，再转移到棉花上进行为害。有些杂草植株或某些器官有毒，如毒麦籽实混入粮食或饲料中能引起人畜中毒，冰草分泌的化学物质能抑制小麦和其他作物发芽生长；禾本科杂草感染麦角病、大麦黄矮病和小麦丛矮病后，可通过昆虫传播给麦类作物使其发病，如小麦田生长的猪殃殃、大豆田生长的菟丝子等，都严重影响作物的管理和收获。

5.3.4 农业草害的防治措施

5.3.4.1 农业防除

农业防除措施包括轮作、土壤耕作整地、精选种子、施用腐熟肥料、清除田边和沟边杂草、合理密植等。合理轮作特别是水旱轮作是改变农田生态环境、抑制某些杂草传播和为害的重要措施，如水田的眼子菜、牛毛草在水改旱后就受到抑制。土壤耕作整地，如利用各种耕翻、耙、中耕松土等措施进行播种前及各生育期除草，能铲除已出土的杂草或将草籽深埋，或将地下茎翻出地面使之干死或冻死。播前对作物种子进行精选（如风选、筛选、水选等）是减少杂草来源的重要措施，如稗种子随稻谷传播、菟丝子种子随大豆传播、狗尾草种子随谷粒传播，通过精选种子，可防止杂草种子传播。有机肥如家畜粪便、杂草堆肥、饲料残渣、粮油加工废料等含有大量的杂草种子，若不经过高温腐熟，这些杂草种子仍具有发芽能力，因此，施用腐熟的有机肥，可抑制其传播。此外，清除田边、沟边、路旁杂草也是防止杂草蔓延的重要措施。

5.3.4.2　植物检疫

杂草种子传播的一条重要途径就是混入作物和其他种子中。因此，加强植物检疫是杜绝杂草种子在大范围内传播、蔓延的重要措施。

5.3.4.3　生物防除

生物防除是利用动物、昆虫、病菌等来防除杂草。

早期的生物防除主要是利用动物来防除杂草，如在果园放养食草家畜家禽、在稻田养殖草鱼等。后期在以虫灭草上收到了很好的效果，许多昆虫都是杂草的天敌，如尖翅小卷蛾是香附子、碎末莎草、荆三棱和水莎草的天敌，盾负泥虫是鸭跖草的天敌等。在以菌灭草方面也取得了成功，如用锈病病菌防除多年生菊科杂草。而利用植物病原物防除杂草的技术和制剂即微生物除草剂，现已进入应用阶段，如用植物炭疽病菌制剂防除美国南部水稻和大豆田中的豆科杂草。我国在利用微生物病菌防除杂草上同样取得了很大的进展，如防除大豆菟丝子的菌药鲁保 1 号已研制成功。

5.3.4.4　化学防除

化学防除是指使用除草剂来防除杂草。化学防除具有效果好、效率高、省工省力的优点，但除草剂的作用机制复杂。目前，主要是基于以下几种机制进行化学防除：①抑制杂草的光合作用；②抑制脂肪酸合成；③干扰杂草的蛋白质代谢；④破坏杂草体内生长素平衡；⑤抑制植物微管和组织发育。使用除草剂灭除农田杂草时，需找出作物对除草剂的“耐药期或安全期”和杂草对药剂的“敏感期”，在适宜时期施用防除才能达到只杀草而不伤苗的效果。

利用有些除草剂药效迅速而残效短的特性，在作物播种前喷施除草剂于土表层以迅速杀死杂草，待药效过后再播种。利用时间差，既灭除了杂草又不伤害作物，如利用灭生性除草剂草甘膦处理土壤，施药后 2 ～ 3d 即可播种和移栽。

利用作物根系在土层中分布深浅的不同和植株高度的不同进行选择性除草。一般情况下，作物的根系在土壤中分布较深，而大多数杂草的根系在土层中分布较浅，将除草剂施于土壤表层可防除杂草而不伤作物，如移栽稻田使用丁草胺。

作物形态不同，对除草剂的反应不同，如稻麦等禾谷类作物叶片狭长，表面的角质层和蜡质层较厚，除草剂药液不易粘附，且对其具有较大的抗性；苋、藜等双子叶杂草的叶片宽大平展，表面的角质层与蜡质层薄，药液容易粘附，因而容易受害被毒杀。

生理生化选择，即利用不同作物的生理功能差异及其对除草剂反应的不同来防除杂草。例如，水稻与稗同属禾本科，形态和习性相似，但水稻体内有一种特殊的水解酶能将除草剂敌稗水解为无毒性的 3,4-二氯苯胺及丙酸，稗则因没有这种酶而被毒杀。总之，根据作物和杂草之间的差异，准确选用除草剂品种，喷施要均匀，剂量要精确；同时，还要看苗情、草情、土质、天气等灵活用药，才能达到高效、安全、经济地灭除杂草的目的。

5.4　农药知识

农药在农业生产中具有重要的作用，作为防治害虫的重要手段之一，具有作用迅速、效果显著、方法简便、适应性广、节省劳动力、经济效益高等优点。同时，农药的合理使用直接关系农产品安全、人畜健康、环境保护和农业可持续发展。滥用化学农药一方面很难达到预期的防治效果，另一方面会对环境造成很大的污染。因此，熟悉并合理使用农药，对一名植保工作者而言是必须做到的。

2017年国务院修订并实施的《农药管理条例》规定，农药是指用于预防、控制为害农业、林业的病、虫、草、鼠和其他有害生物，以及有目的地调节植物、昆虫生长的化学合成或者来源于生物、其他天然物质的一种物质或者几种物质的混合物及其制剂。

5.4.1 农药的分类

农药品种众多，现在世界上各国注册登记的农药有1500多种，其中常用的多达300种。农药的分类方法也有很多，按照原料来源和成分分类，可分为无机农药、有机农药、生物农药、微生物农药、植物性农药；按照用途分类，可分为杀菌剂、杀虫杀螨剂、除草剂、杀鼠剂、杀线虫剂、植物生长调节剂。其中，按照用途和防治对象分类是农药最基本的分类方法。

5.4.1.1 杀虫剂

杀虫剂是一类对昆虫机体或者螨类有直接毒杀作用，以及通过其他途径可控制其种群形成或可减轻害虫为害程度甚至消灭害虫的药剂。在生产中，为方便使用，可根据农药的原料来源、主要成分、防治对象、作用方式、用途进行分类。

1. 杀虫剂的分类及作用方式

按照作用方式，杀虫剂可以分为以下几种类型。

（1）胃毒剂

药液沉积到作物表面，通过害虫口器摄入体内后经过消化系统吸收并发挥作用，进而引起害虫死亡的药剂称为胃毒剂。胃毒剂主要用于防治具有咀嚼式口器的害虫，如鳞翅目幼虫（夜蛾类、卷叶虫等）、直翅目（蝗虫）、鞘翅目（金龟子）、膜翅目幼虫（叶蜂）等。常见的代表性药剂有敌百虫、阿维菌素、氯虫苯甲酰胺等。

（2）触杀剂

通过昆虫体壁进入虫体内破坏虫体内部组织或神经系统引起害虫中毒死亡的药剂称为触杀剂。目前大多数的杀虫剂都具有触杀作用，或者以触杀作用为主。触杀性的药剂可通过多种途径进入昆虫体内，其中最主要的方式是药剂沉积到作物表面，害虫在爬行或者取食过程中将药剂转移至体内。具有触角的害虫，由于触角上有很多的感觉器及神经末梢，对药剂的敏感性更高，同时触角表面有很多的毛状物，具有较大的比表面积，因此更容易接触到喷洒的细小雾滴，进而引发中毒。常见的代表性药剂有有机磷类（辛硫磷、毒死蜱）、拟除虫菊酯类（氰戊菊酯）、氨基甲酸酯类等。

（3）内吸剂

经过植物根、茎、叶不同位置吸收后传导到各个部位或者经种子包衣而吸收到植物体内并在植物体内存储一定时间而不降解，同时不妨碍植物的正常生长进而发挥作用的药剂称为内吸剂。值得注意的是，内吸作用并非药剂杀虫的毒理作用，而是药剂与植物之间的相互作用，即药剂在作物体内运输、传导的现象。具有内吸作用的药剂在农业中具有重要作用，其独特性在于能被植物体吸收，且在植物体内存储较长时间，因此具有较长的持效期，同时具有内吸作用的药剂对药剂沉积密度的要求相对较低，因此在农用无人机喷洒过程中选择内吸剂作为喷洒药剂是一种非常好的选择。常见的代表性药剂有吡虫啉、氯虫苯甲酰胺等。

（4）熏蒸剂

施用后呈气态或者气溶胶状态，通过昆虫气门进入昆虫体内引起昆虫中毒的药剂称为熏蒸剂。常见的熏蒸剂一般在室内或密闭空间使用，如在温室大棚中使用。其具有专门的操作规程及技术手册，需由专业人员操作使用，与田间的施药方法完全不同。常见的代表性药剂有敌敌畏、氯化苦等。

（5）其他类型杀虫剂

拒食剂：能使昆虫产生拒食反应，如拒食胺、印楝素等。不育剂：能破坏生物的生殖能力，使害虫失去繁殖能力，如喜树碱等。驱避剂：能使害虫远离药剂所在地，起趋避作用，如樟脑、驱蚊油等。这些药剂本身并无多大杀虫毒性，但可以作用于特定昆虫，起到防治作用。

尽管已将杀虫剂的作用方式单独介绍，但是各药剂的作用方式往往并非一种。例如，具有内吸作用的药剂由于其作用靶标常常为神经系统，因此具有触杀效果。一种杀虫剂往往具有多种作用，如吡虫啉兼具内吸、触杀和胃毒作用。在喷雾使用中药剂往往以发挥触杀作用为主。农用无人机在喷洒具有触杀及胃毒作用的药剂时应当保证药剂喷施的均匀性，可以增加害虫捕获药剂的概率，提高防治效果。

2. 杀虫剂的作用机制

杀虫剂的作用机制包括杀虫剂穿透体壁进入生物体内及在体内运转和代谢的过程，杀虫剂对靶标的作用机制，以及环境条件对毒性、毒效的影响。根据杀虫剂的主要作用靶标，大致分为以下 4 种作用机制。

（1）神经毒性

以神经系统的靶标位点、靶标酶或受体作为作用靶标发挥毒性，此类药剂统称为神经毒剂。有机磷类、氨基甲酸酯类、拟除虫菊酯类杀虫剂，无论以触杀作用或胃毒作用发挥毒效，它们的作用部位都是神经系统，都属神经毒剂。

（2）呼吸毒性

杀虫剂在与害虫接触后，由于物理或化学作用，对呼吸链的某个环节产生了抑制作用，使害虫呼吸发生障碍而窒息死亡。杀虫剂中呼吸毒剂比较有限，如鱼藤酮、哒螨灵是比较成功的电子传导抑制剂。

（3）调节昆虫生长

通过抑制昆虫生理发育，如抑制蜕皮、新表皮形成、取食等最后导致害虫死亡。这类杀虫剂主要包括几丁质合成抑制剂、保幼激素类似物和蜕皮激素类似物等。

（4）微生物杀虫作用

以寄主的靶组织为营养，大量繁殖和复制，如病毒、微孢子虫等；或者释放毒素使寄主中毒，如真菌、细菌等。在微生物杀虫剂中，目前应用最广的是苏云金杆菌，该类杀虫剂不仅大量应用杆菌制剂，而且通过对其内毒素基因进行遗传工程研究，使转基因杀虫工程菌和转基因抗虫作物得到了商品化应用，如转 *Bt* 基因抗虫棉。

3. 常用杀虫剂简介

（1）有机磷类杀虫剂

有机磷类杀虫剂是一类最常用的农用杀虫剂。多数属高毒或中等毒类，少数为低毒类。主要以触杀、胃毒、熏蒸作用起作用，少数具有内吸作用。代表性产品：辛硫磷、敌百虫、敌敌畏、马拉硫磷、毒死蜱、二嗪磷、氧乐果等。

有机磷类杀虫剂杀虫谱较宽，可以防治多种农林害虫，有些品种可用于防治卫生害虫及家畜、家禽体外寄生虫，药效高，作用方式多种多样，在生物体内易降解为无毒物；有些品种易于分解，残效期很短，适于在果树、蔬菜上使用；有些品种残效期很长，适于防治地下害虫；有些品种具有内吸或渗透作用，使用方便又不易伤害天敌；有些品种具有较好的选择性，抗性产生较慢，对作物较安全。有机磷类杀虫剂虽然使用时间较长，药效比最开始有所降低，但相对来说害虫对其抗药性发展较缓慢，目前仍在大量使用。同时，对作物一般较安全，不易产生药害，当然某些农作物对个别品种较敏感，如敌百虫对高粱有药害，敌敌畏和氧化乐果对玉米、桃树在高浓度时有一定的药害。

（2）氨基甲酸酯类杀虫剂

氨基甲酸酯类杀虫剂是一类广谱、低毒、高效的优良杀虫剂。人工合成了多个品种，同时由于原料易得、合成简单，已成为重要的农用杀虫剂，商品化的品种有 60 余种。大多数品种对高等动物毒性低，但少数品种为剧毒，如克百威。主要以触杀、胃毒作用起作用，部分具有内吸、熏蒸作用。代表性产品：仲丁威、硫双灭多威、甲萘威、抗蚜威、异丙威、丁硫克百威、克百威、涕灭威等。

氨基甲酸酯类杀虫剂杀虫范围不如有机磷类杀虫剂广，一般不能用于防治螨类和介壳虫类，但能有效防治叶蝉、飞虱、蓟马、棉蚜、棉铃虫、棉红铃虫、玉米螟及对有机磷类药剂产生抗性的一些害虫，有的品种如克百威还具有内吸作用，可以防治螟虫类、稻瘿蚊等害虫；大多数品种作用迅速，持效期短，选择性强，一般对天敌比较安全；不同类型的品种，生物活性、防治对象和毒性差异很大；不同结构类型的氨基甲酸酯类杀虫剂混合使用，对抗药性害虫有增效作用；高等动物中毒的解毒药剂为阿托品。

（3）拟除虫菊酯类杀虫剂

拟除虫菊酯类杀虫剂是一类根据天然除虫菊素化学结构仿生合成的杀虫剂。由于它具有杀虫活性高、击倒作用强、对高等动物低毒及在环境中易生物降解的特点，已经发展成为 20 世纪 70 年代以来有机化学合成农药中一类极为重要的杀虫剂。该类杀虫剂对高等动物毒性低，但大多数品种对蜜蜂、鱼类及天敌昆虫毒性高。以触杀和胃毒作用发挥作用，不具有内吸性，为负温度系数药剂。代表性产品：氯氰菊酯、顺式氯氰菊酯、高效氯氰菊酯、氯氟氰菊酯、甲氰菊酯、联苯菊酯等。

拟除虫菊酯类杀虫剂广谱，但大多数品种对植食性螨类、介壳虫类的防治效果较差；高效、速效；对害虫天敌杀伤力强，易引起害虫的再猖獗；如在果园使用，易引起螨类暴发；易引起害虫产生抗药性，抗性发展快，水平高，品种间抗性差异小。抗药性问题已严重威胁拟除虫菊酯类杀虫剂的使用寿命。我国至今没有允许拟除虫菊酯类杀虫剂在水稻上登记使用，原因是其对水生生物毒性高、对水稻害虫的主要天敌杀伤力强、易引起稻飞虱等害虫的再猖獗。

（4）沙蚕毒素类杀虫剂

沙蚕毒素类杀虫剂的先导化合物是沙蚕毒素，是从生活在海滩上的沙蚕体内分离出的一种具杀虫活性的物质，但受先导化合物结构的局限，目前开发的品种很少，生产应用的仅有三四个品种。该类杀虫剂对人、畜、鸟类、鱼类及水生动物的毒性均在低毒和中毒范围内，使用安全；对环境影响小，施用后在自然界容易分解，不存在残留毒性。药剂具有很强的触杀和胃毒作用，还具有一定的内吸和熏蒸作用，有些品种还具有拒食作用。代表性产品：杀虫双、杀虫单、杀螟丹等。

沙蚕毒素类杀虫剂杀虫谱广，作用方式多样；对高等动物、水生动物毒性低，但对蜜蜂、家蚕毒性大；易降解；鳞翅目害虫，特别是螟虫的特效药；对某些作物易造成药害，特别是在高温下和幼苗期，如白菜、甘蓝等十字花科蔬菜、豆类、柑橘等。

（5）昆虫生长发育调节剂

昆虫生长发育调节剂是一类特异性杀虫剂，使用后不直接杀死昆虫，而是阻碍或干扰昆虫正常发育，使昆虫个体生活能力降低、死亡，进而使其种群灭绝。这类杀虫剂通常可分为三类：几丁质合成抑制剂、蜕皮激素类似物和保幼激素类似物。对人畜安全，残毒小。代表性产品：灭幼脲、除虫脲、灭蝇胺等。

昆虫生长发育调节剂生物活性高，选择性强；在昆虫特定的发育阶段使用有效；一般以胃毒、触杀作用起作用，杀虫作用缓慢。

（6）新烟碱类杀虫剂

新烟碱类杀虫剂是在烟碱结构研究的基础上成功开发出来的新型高效低毒杀虫剂，为继拟除虫菊酯类杀虫剂之后合成史上的又一重大突破，是高效低毒新型杀虫剂的典型代表，是自拟除虫菊酯类杀虫剂以后销量增长最快的一类杀虫剂。该类杀虫剂对人、畜、植物和天敌安全，残毒小，但对蜜蜂有毒，应避免在花期使用。除具有触杀、胃毒作用外，还具有较强的内吸作用。代表性产品：吡虫啉、啶虫脒、噻虫嗪、烯啶虫胺等。

新烟碱类杀虫剂高效、广谱、用量少、持效期长、对作物无药害、使用安全、与常规农药无交互抗性。

（7）生物源杀虫剂

来源于自然界生物的对害虫有杀灭活性的成分称为生物源杀虫剂，包括微生物杀虫剂、植物源杀虫剂。在自然界存在许多对害虫有致病作用的微生物，利用这些微生物活体制成的药剂称为微生物杀虫剂；利用植物次生代谢产物制成的防治作物虫害的制剂称为植物源杀虫剂。代表性产品：苏云金杆菌、阿维菌素、印楝素等。

4. 害虫抗药性

世界卫生组织（WHO）1957 年对昆虫抗药性作了如下定义：昆虫具有忍受杀死正常种群大多数个体的药量的能力，并在其种群中发展起来的现象。害虫抗药性产生的原因很多：生理性抗性（表皮阻隔作用增强、代谢抗性、靶标作用部位改变、靶标敏感性降低），环境因子的影响（农药使用不合理、特殊气候对抗性起诱导作用、杀虫剂分子结构的影响）等。

害虫的抗药性给化学防治带来一定的困难，针对其抗药性，应采取“预防为主，综合防治”的对策。科学运用各种防治手段，预防、推迟或克服抗药性的产生。其中，害虫的抗药性防治措施包括：充分利用综合防治技术；正确使用农药，包括混合用药、交互用药、适时用药、改换新药、使用增效剂、停用和限用部分杀虫剂等；推广生物防治等。

5.4.1.2　杀菌剂

杀菌剂可以抑制菌类的生长或直接起毒杀作用，此处的菌类包括真菌、细菌和病毒等，故可用来保护农作物不受病菌的侵害或治疗已被病菌侵害的作物。用于防治由病原物引起的植物病害的药剂称为杀菌剂。

1. 杀菌剂的分类及作用方式

杀菌剂按照化学组成可以分为无机杀菌剂、有机杀菌剂，按照作用方式可分为保护性杀菌剂、内吸性杀菌剂。

保护性杀菌剂在植物染病以前施药，通过抑制病原孢子萌发或杀死萌发的病原孢子保护植物免受病原物侵染。一般来说，保护性杀菌剂只能防治植物表面的病害，在病害流行前（即当病原菌接触寄主或侵入寄主之前）保护植物不受侵染，对深入植物内部和种子胚内的病害无能为力，而且它的用量较多。但它制备较易，费用廉价。大多数保护性杀菌剂都是非“专一性”的，因而较少发生抗性问题，产生残毒的危险也较小。除无机铜制剂和硫制剂外，目前使用的保护性杀菌剂主要有二硫代氨基甲酸酯类、酞酰亚胺类、取代苯类。

内吸性杀菌剂能被植物的叶、茎、根、种子吸收进入体内，经体液输导、扩散、存留或产生代谢产物，可防治一些深入植物体内或种子胚乳内的病害，以保护作物不受病原物的侵染或对已感病的植物进行治疗，因此具有治疗和保护作用。常见的内吸性杀菌剂包括羧酸苯酰胺类杀菌剂、苯并咪唑类杀菌剂及其类似化合物、甾醇生物合成抑制剂等。内吸性杀菌剂与保护性杀菌剂并无严格界限，多数的内吸性杀菌剂有保护作用。

2. 杀菌剂的作用机制

杀菌剂的种类繁多，性质复杂，又受到菌、植物和环境的影响，所以杀菌机制不完全相同。按照杀菌剂对菌的作用方式，其作用机制通常可分为破坏菌的蛋白质合成、破坏细胞壁的合成、破坏菌的能量代谢、破坏核酸的代谢、改变植物的新陈代谢等。

3. 常用杀菌剂简介

（1）无机杀菌剂

无机杀菌剂主要包括含铜杀菌剂、无机硫杀菌剂、无机汞杀菌剂。无机杀菌剂是近代植物病害化学防治中广泛使用的一类杀菌剂。无机杀菌剂属于保护性杀菌剂，原料易得，成本低廉，低毒，杀菌谱广，对真菌和细菌均有效，但对已侵染的病菌无防治作用，环境安全，无抗药性，但是滥用、乱用会造成植物药害、害螨猖獗、土壤污染等问题。代表性产品：波尔多液、石硫合剂等。

（2）有机硫杀菌剂

有机硫杀菌剂是杀菌剂发展史上最早的一类有机化合物，是一种高效、广谱、低毒、价格便宜的保护性杀菌剂，同时具有药害风险小、不易引发抗药性等特点，常与内吸性药剂混配使用，比较重要的品种为代森系列、福美系列。

（3）有机磷杀菌剂

有机磷杀菌剂主要品种有稻瘟净和异稻瘟净、三乙膦酸铝等。稻瘟净和异稻瘟净主要用于防治水稻稻瘟病，具有保护作用和一定的治疗作用，兼治其他一些病害及叶蝉、飞虱等害虫。稻瘟净具内渗作用，异稻瘟净具内吸作用。三乙膦酸铝经植物叶片或根部吸收后，具有向顶性与向基性双向内吸输导作用，兼具保护与治疗作用，可采用多种方法施药，防治多种植物的霜霉病等病害。

（4）三唑类杀菌剂

三唑类杀菌剂是20世纪70年代问世的一类高效杀菌剂。其作用机制是抑制病原菌麦角甾醇的生物合成。低毒，对鱼类、鸟类安全，对蜜蜂和天敌无害。内吸性杀菌剂，具有内吸、治疗及保护作用。代表性产品：三唑酮、戊唑醇、苯醚甲环唑等。

三唑类杀菌剂的共有特点：高效，由于药效高，用药量减少，仅为福美类和代森类杀菌剂的1/10～1/5，用药量的减少降低了用药成本、药剂残留等；广谱，对子囊菌、担子菌、半知菌的许多种病原真菌有很高的活性，但对卵菌无活性，能有效防治的病害达数十种，其中包括一些重大病害；持效期长，一般叶面喷雾的持效期为 15 ～ 20d，种子处理为 80d 左右，土壤处理可达 100d，均比一般杀菌剂长，且随用药量的增加而延长；内吸输导性好、吸收速度快，一般施药 2h 后三唑酮的吸收量已能抑制白粉菌的生长，作物叶片局部吸收三唑酮后能传导到叶片的其他部位，但不能传导至另一叶片，因而茎叶喷雾时，仍应均匀周到，作物根吸收三唑酮能力强，并能向上输导至地上部分，因而可用种子处理方式施药；多种防病作用，具有强的预防保护作用，较好的治疗作用，还有熏蒸和铲除作用，因此，可在作物多个生长期使用，可拌种、叶面喷雾，也可加工成种衣剂；具有生长调节作用，三唑类杀菌剂对植物有生长调节作用，浓度控制得当，可以显著刺激作物生长，浓度过大（如小麦用高浓度三唑酮拌种）可能造成药害。

（5）苯并咪唑类杀菌剂

苯醚甲环唑是 20 世纪 60 年代末 70 年代初开发的一类含有苯并咪唑分子的高效、广谱、内吸性低毒杀菌剂。其作用方式包括保护、治疗、铲除、渗透，典型特点是具有内吸活性，能够被植物体吸收、传导，防治已经侵染的病害。对子囊菌、半知菌和担子菌有效，苯并咪唑类杀菌剂之间存在正交互抗药性。此类杀菌剂适用于多种经济植物、禾谷类、果树、蔬菜等，可防治许多种重要病害，所以用途很广。代表性产品：嘧菌酯、醚菌酯、吡唑醚菌酯、苯醚菌酯、啶氧菌酯、烯肟菌酯、肟菌酯等。

（6）苯基酰胺类杀菌剂

苯基酰胺类杀菌剂是具有保护、治疗及铲除性作用的一类低毒杀菌剂，选择性强，对卵菌高效，对由这类病菌所导致的霜霉病、腐霉病及疫霉病有特效，对其他类真菌的活性很低或无效。这类杀菌剂广泛用于藻菌纲病害（如霜霉病）的防治。作用方式以保护为主，部分具有内吸、治疗作用，同时渗透性强，在植物体内有向顶性、向基性双向内吸输导作用，包括横向传导，所以药剂可由根茎吸收后向上输导，并可运转到施药后长出的幼嫩组织中；叶面喷洒药剂后被叶片吸收，能向基部叶片及其他组织输导，抑制组织内的病害发展。易引起病菌的抗药性，使用单剂叶面喷药时最易产生抗性，连续使用两年，即可导致药效突然减退，甚至无效。例如，甲霜灵单剂只能进行种子处理，叶面喷洒剂要与保护性杀菌剂混配成制剂，可延缓抗药性的发展。在病菌已经产生抗药性的地带，即便改用复配制，也不能使抗性减退。甲霜灵与噁霜灵间有正交互抗药性。代表性产品：甲霜灵、高效甲霜灵、噁霜灵、萎锈灵、苯霜灵、噻呋酰胺、氟酰胺等。

（7）氨基甲酸酯类杀菌剂

氨基甲酸酯类杀菌剂是一类内吸性低毒杀菌剂，因其对人类、环境安全，是世界各农药公司研究的热点之一，目前有多个品种已商品化。主要用来防治卵菌病害，能抑制卵菌的孢子萌发、孢子囊形成、菌丝生长，对由霜霉菌、腐霉菌、疫霉菌引起的土传病害和叶部病害均有好的效果，适用于土壤处理，也可以进行种子处理或叶面喷雾，在土壤中持效期可达 20d，对作物还有刺激生长作用。代表性产品：霜霉威及其盐酸盐、乙霉威。

（8）二甲酰亚胺类杀菌剂

二甲酰亚胺类杀菌剂是 20 世纪 70 年代开发的一类广谱的保护性内吸低毒杀菌剂，具有保护和治疗作用，对孢子萌发的抑制能力强于对菌丝生长的抑制能力，表现为使孢子的芽管和菌丝膨大，甚至胀破，原生质流出，使菌丝畸形，从而阻止早期病斑形成和病斑扩大。对在低温、高湿条件下发生的多种作物的灰霉病、菌核病有特效，对由葡萄孢属、核盘菌属所引起的病害均有显著效果，还可防治对甲基硫菌灵、多菌灵产生抗性的病原菌。对除了酵母的大部分真菌都有很好的防治效果，对灰葡萄孢和核盘菌属有特效。但随着用药次数的增加和用药时间的延长，目前田间已出现大量抗性菌株。代表性产品：乙烯菌核利、腐霉利、异菌脲、菌核净等。

（9）农用抗生素杀菌剂

农用抗生素是微生物产生的代谢物质，能抑制许多植物病原菌的生长和繁殖，用抗生素来防治农作物病害是 20 世纪 80 年代以后的新发现。基于化学合成农药的毒副作用、人们环境保护意识的增强和对“绿色食品”要求的逐步提高，开发、生产和使用无公害的生物农药已成为当务之急。农用抗生素杀菌剂是一种重要的生物农药，它的推广使用不但能有效防治农业病虫害草害，还能保护生态环境，保障食品安全，蕴含巨大的社会和经济效益。

大多数抗生素的有效使用浓度较低，有内吸作用和内渗作用，易被植物吸收，具有治疗作用，并且容易被生物体分解，所以对人、畜毒性较低，残毒问题小，不污染环境，适宜在蔬菜无公害生产中应用。大多数抗生素很容易导致抗药性，但如井冈霉素长期使用并未出现抗药性。代表性产品：春雷霉素、井冈霉素、多抗霉素、宁南霉素等。

5.4.1.3 除草剂

凡能防除林地、果园或苗圃中有害植物的药剂统称为除草剂。农田化学除草的开端可以上溯到 19 世纪末期，在防治欧洲葡萄霜霉病时，偶尔发现波尔多液能伤害一些十字花科杂草而不伤害禾谷类作物；法国、德国、美国同时发现硫酸和硫酸铜等的除草作用，并用于小麦田等的除草。有机化学除草剂时期始于 1932 年选择性除草剂二硝酚的发现。20 世纪 40 年代，2,4-滴的出现大大促进了有机除草剂工业的迅速发展。1971 年合成的草甘膦，具有杀草谱广、对环境无污染的特点，是有机磷除草剂的重大突破。除草剂是指使用一定剂量即可抑制杂草生长或杀死杂草，从而控制杂草为害的制剂。目前使用的除草剂大都是人工合成的有机化合物，即化学除草剂，达 300 种以上，特别是近年来有多种用量超低、具新作用点和高选择性的除草剂相继出现，这些超高效除草剂对提高农业生产率、保护生态环境具有极为重要的意义。

1. 除草剂的分类

除草剂可以根据作用方式、施药时间、使用方法等进行分类。根据作用方式，除草剂可以分为选择性除草剂、灭生性除草剂。

（1）选择性除草剂

选择性除草剂是指在一定的浓度和剂量范围内对杂草有效而对作物安全的药剂。例如，禾草克、拿扑净可以用于双子叶作物防除单子叶杂草，苯磺隆用于小麦田防除双子叶杂草。农业生产中应用的除草剂大多是选择性除草剂。

除草剂的选择性在一定剂量范围内和一定条件下表现，超过这种剂量范围和适宜的环境条件就没有选择性，成为灭生性除草剂，所以在使用时必须注意。选择性好坏由选择系数所决定，所谓系数是一种除草剂杀死或抑制 10% 以下有害植物的剂量和杀死或抑制 90% 以上有害植物的剂量之比，系数越大越安全，一种选择性除草剂其选择系数大于 2 才可以推广。

（2）灭生性除草剂

灭生性除草剂指在常用剂量下可以杀死所有接触到药剂的绿色植物体的药剂。灭生性除草剂主要包括季铵盐类除草剂百草枯（克芜踪）、杀草快，有机磷类除草剂草甘膦（农达）、双丙氨酰膦等。其中应用最广的是百草枯（其因剧毒已被禁用）和草甘膦。

选择性除草剂与灭生性除草剂是相对的，比较而言，选择性除草剂只有在一定条件下才具有选择性，如剂量过高、使用技术不当，也会伤害苗木和目的树种。灭生性除草剂使用方法得当，也会具有一定的选择性。

根据施药时间，除草剂可分为播种前处理剂、播后苗前处理剂、苗后处理剂。

1）播种前处理剂

在育苗播种前对土壤进行封闭处理，这种除草剂也称土壤处理除草剂，如乙氧氟草醚、扑草净、莠去净、氟乐灵、西玛津等。可采取喷雾法、浇洒法或喷粉法将药液或药粉均匀地喷于土壤表面；也可以将药剂与细土混拌成毒土，撒在土壤表面。毒土不但要拌得均匀，而且要撒得均匀。撒毒土最好在降雨前进行，随雨水渗透，使药剂均匀地分布于土表。播种前处理剂一般在有害植物萌发期使用效果为好；也可先诱发有害植物萌发，再用播种前处理剂做茎叶处理。

2）播后苗前处理剂

在种子播种后、出苗前进行土壤处理（图 5-16），播后苗前处理剂主要用于苗木种子和有害植物种子出土方式不同田块的播前和苗前处理，对苗木幼芽安全，一般为土壤处理除草剂。

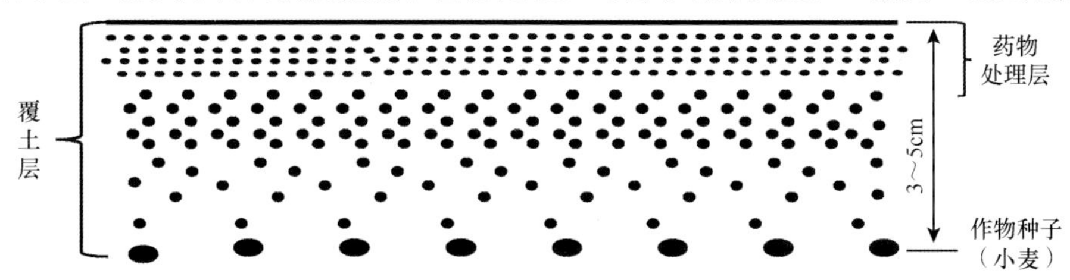

图 5-16 播后苗前土壤处理法除草示意图（以小麦为例）

（3）苗后处理剂

在有害植物出苗后直接喷洒到有害植物的茎叶上。此时作物已出土，所以使用的除草剂必须是对作物安全的选择性除草剂，如高效氟吡甲禾灵、精禾草克等，苗后处理剂多为茎叶处理剂。

根据施药对象，除草剂可分为土壤处理剂和茎叶处理剂。

1）土壤处理剂

施用于土壤，对杂草起封杀作用的药剂。根据处理时期的不同，又可划分为播前土壤处理剂、播后苗前土壤处理剂与苗后土壤处理剂。土壤处理剂的药效和对作物的安全性，受土壤的类型、有机质含量、含水量和整地质量等因素的影响。由于沙土吸附除草剂的能力比壤土差，因此除草剂的使用量在沙土地应比壤土地少。从对作物的安全性来考虑，在沙土地除草剂易被淋溶到作物根层，从而产生药害，所以，在沙土地使用除草剂要特别注意掌握好用药量，以免发生药害。土壤有机质对除草剂的吸附能力强，会降低除草剂的活性。当土壤有机质含量高时，为了保证药效，应加大除草剂的使用量。土壤含水量对土壤处理剂的活性影响极大，土壤含水量高，有利于除草剂的药效发挥；反之，土壤含水量低，土表干燥，则不利于除草剂药效的发挥。在干旱季节施用除草剂，应加大用水量，或在施药前后灌一次水，以保证除草效果。常见的有敌草隆、西玛津与杀草胺等。

2）茎叶处理剂

茎叶处理剂是指在杂草出苗后直接喷于杂草茎叶与芽上并被其吸收而起作用的除草剂。因此茎叶处理剂使用后的药效与药剂在杂草上的沉积量、药剂能够被杂草吸收的量有密切关系。根据农业作业的时期，可以将茎叶处理剂分为播前茎叶处理剂、生育期茎叶处理剂。此类除草剂有敌稗、2,4-滴、苯达松、麦草畏等。

这种分类方法也是相对的，如2,4-滴不仅是茎叶处理剂，也是土壤处理剂。莠去津不仅用于土壤处理，也可作为茎叶处理剂使用。上述分类方法基于标准的不同，同一种除草剂可能出现多种称呼。例如，2,4-滴是选择性除草剂，也是输导性除草剂；草甘膦是灭生性除草剂，也可作为茎叶处理剂或输导性除草剂使用。

除草剂的不同化学结构类型及同类化合物的不同取代基团对其生物活性具有规律性的影响。根据化学结构进行分类，现有的除草剂大致分为酚类、苯氧羧酸类、苯甲酸类、二苯醚类、联吡啶类、氨基甲酸酯类、硫代氨基甲酸酯类、酰胺类、取代脲类、均三氮苯类、二硝基苯胺类、有机磷类、苯氧基及杂环氧基苯氧基丙酸酯类、磺酰脲类、咪唑啉酮类，以及其他杂环类等。

2. 除草剂的作用机制

除草剂能杀死有害植物的原因是很多的，不同的除草剂有不同的作用机制，同一种除草剂也可能有几种作用机制。目前已知的除草剂作用机制包括抑制植物的光合作用、呼吸作用和生物合成，以及干扰植物激素平衡、破坏微管功能和组织发育等。

3. 除草剂的选择性机制

除草剂只杀杂草而不伤作物或只杀某种或某几种杂草而不伤其他杂草和作物的特性称为除草剂的选择性。除草剂的选择性是相对的、有条件的，而不是绝对的。选择性受对象、剂量、时间、方法等条件影响。选择性除草剂在用量大、施药时期或喷施对象不当时也会产生灭生性后果，杀伤或杀死作物。灭生性除草剂采用合适的施药方式或施药时期，也可产生选择性除草剂的效果，即达到草死苗壮的目的。

（1）时差和位差选择性

利用除草剂在土壤中部位和植物生育时间的差异，使除草剂只接触杂草而不接触作物，从而安全有效地防除田间杂草。除草剂施入不同深度土壤中，或播后苗前施于土表借助降雨或灌溉淋溶到一定深度土壤中发挥除草作用。

（2）形态选择性

植物由于形态的差异，即生长点位置、叶片形状、表皮结构、叶片直立程度等的差异，对药剂的附着或吸收量不同从而产生的选择性称为形态选择性。以茎叶处理剂为例，单子叶作物或杂草由于叶片直立狭窄，生长点包裹在叶鞘里，表皮蜡质层较厚，药剂易滚落，因此吸收药剂量少；双子叶植物生长裸露，叶片平展面积大，表皮蜡质层薄，因此着药量多而易受害。另外，有些作物表皮气孔较少，叶毛较多，药剂不易附着，因而安全。

（3）生理选择性

由植物茎、叶、芽或根系对药剂吸收和传导的差异产生的选择性称为生理选择性。一般情况下易被吸收和传导的药剂，植物对其敏感。植物对药剂吸收与传导的差异是与药剂本身理化性质及植物生理生化情况密切相关的。禾本科幼苗对药剂的传导快于成株植物，双子叶植物对2,4-滴的传导快于单子叶植物，均三氮苯类除草剂在耐药性植物体内传导至叶片过程中易被某些物质束缚，从而使到达叶片的量减少。多数情况下，除草剂在植物体内传导快则毒杀作用强，但也有例外的情况。

（4）生化选择性

除草剂在不同植物体内发生的生化反应不同，或被活化活性增加，或被降解失去活性，因而除草剂对不同植物有明显的选择性，这种选择性称为生化选择性。生化选择性主要包括 3 个方面：植物活化除草剂存在差异形成的选择性、植物降解除草剂存在差异形成的选择性、靶标敏感性存在差异形成的选择性。

4. 影响除草剂药效的因素

（1）草相及叶龄

除草剂的药效与杂草的种类、叶龄及株高密切相关。一般不同种类的杂草对除草剂的敏感程度存在差异，所以同一除草剂用于具有不同杂草群落的地块，表现出的除草效果不同。杂草在幼苗阶段根系少，次生根尚未充分发育，抗性差，对药剂敏感，防治效果突出；随着植株的发育，叶龄加大，植株增高，耐药力及抗药性增强，因而药效下降。

（2）土壤条件

土壤有机质含量、质地、pH、墒情（土壤湿度情况）、微生物等对除草剂的药效均有明显影响，尤其对土壤处理剂影响更加突出。

（3）气象条件

气象因素（温度、湿度、光照、降雨、风速等）主要通过影响除草剂雾滴的分布，雾滴滞留时间、吸收速度及利用率来影响除草剂的药效。

（4）施药方法及技术水平

除草剂的剂型（乳油、水剂、可湿性粉剂、悬浮剂、颗粒剂、可溶性粉剂、水分散粒剂等）不同，采用的施药方法不同。例如，颗粒剂可在水稻田直接进行撒施，而可湿性粉剂等则需用细土或其他载体拌匀后再进行撒施。随着农药合成工业的进步，除草剂已经进入超高效时代，所以使用的有效成分剂量非常低，要求施药技术水平愈来愈高。

5. 除草剂的使用原则

（1）对症下药

选用药剂一定要有针对性。例如，防除阔叶作物田中多年生禾本科杂草必须采用内吸传导性好的禾本科除草剂，如精吡氟禾草灵。

（2）适宜剂量

对于不同种类及叶龄的杂草，应使用不同的剂量。土壤处理剂在有机质含量不同的地块使用时剂量差异较大，一般情况下，土壤有机质含量高，除草剂用量则应随之加大。

（3）适时施药

应根据作物及杂草的生育阶段，利用除草剂“时差”和“位差”选择性，选择恰当的施药时期。依据杂草的叶龄适时用药，可明显提高防治效果。

（4）均匀用药

在使用触杀性或传导性差的除草剂时均匀施药非常必要，同时均匀用药是提高防治效果、避免药害的需要。

（5）合理混用

除草剂的合理使用可扩大杀草谱、提高防治效果、减少用量、降低成本。

（6）轮换用药

可明显降低杂草产生抗药性的风险，有利于对恶性杂草进行科学治理。

（7）安全使用

在运输、贮藏及使用中，要注意防护，保护人、畜安全，同时要防止污染水源及周围环境。

6. 常见除草剂简介

（1）苯氧羧酸类除草剂

此类除草剂是 20 世纪 40 年代开发的出现最早的一类人工合成除草剂，以苯氧基羧酸为基本分子骨架，具有选择性、内吸传导性，能够被茎、叶和根系吸收，通过韧皮部筛管和根部木质部导管进行传导。主要对阔叶杂草有效，适用于禾谷类作物进行茎叶处理，如小麦和玉米田防除一年生与多年生阔叶杂草、莎草，具有较强的选择性。不同品种与剂型的防除对象及杀草活性有差异，如两个常用品种的除草效果：2 甲 4 氯≥ 2,4-滴。相同品种不同剂型的除草效果：酯＞酸＞铵盐＞钠盐（钾盐）。此类除草剂属于激素类除草剂，低浓度时促进植物生长，高浓度时抑制生长，更高浓度时具有毒杀作用，可对植物体内的几乎所有生理、生化功能产生广泛的影响。受害植株的主要症状是各种器官扭曲、变形，如叶片卷缩、呈鸡爪状，生长点向下弯曲，茎基部膨胀，根系粗而短等。作用方式主要是抑制光合作用、破坏核酸和蛋白质合成、干扰植物激素平衡、抑制根对水分和无机盐吸收。代表性产品：2,4-滴、2 甲 4 氯钠盐、禾草灵、高效氟吡禾草灵、精吡氟禾草灵、精噁唑禾草灵等。

（2）芳氧基苯氧基丙酸酯类除草剂

此类除草剂是 20 世纪 70 年代才开发的一类防除禾本科杂草的新型除草剂，是在研究苯氧乙酸类除草剂的基础上发展起来的。它具有许多优异的特性，如选择性强，不仅在阔叶与禾本科植物间具有良好的选择性，在禾本科植物内也有良好的属间选择性，因而可用于麦田除草。这类除草剂各品种的适用作物及杀草谱差异不大，几乎对所有的阔叶作物都安全。此类除草剂具内吸传导性，可通过茎、叶、根被植物吸收并传导至全株，用于土壤处理时对根有较强的抑制作用，用于茎叶处理时对幼芽的抑制作用更强，因而以杂草幼龄期进行叶面喷雾的除草效果为佳。同时为植物激素的拮抗剂，因而影响植物体内广泛的生理、生化过程，使用时不能与 2 甲 4 氯等混用或连用；环境条件对药效有一定的影响。例如，禾草灵在高湿条件下药效明显下降；土壤湿度较高，能明显提高药效。代表性产品：禾草灵、吡氟禾草灵、吡氟乙草灵、喹禾灵、噻唑禾草灵等。

（3）磺酰脲类除草剂

磺酰脲类除草剂由美国杜邦公司于 1975 年发现，第一个开发应用的品种是氯磺隆（现已禁用），于 1976 年合成，1982 年在美国登记注册。磺酰脲类除草剂产品的出现，标志着除草剂进入“超高效”时代。磺酰脲类除草剂每公顷以克使用的超高活性与低毒性使其被公认为高效和环保农药，目前仍是除草剂开发最活跃的领域。磺酰脲类除草剂毒性低，对哺乳动物具有较高的安全性，同时容易在土壤中发生化学水解和微生物降解，因此对环境影响很小。不同植物代谢除草剂的能力差异很大，表现出的敏感性不一样，因此除草剂具有较高选择性。此类除草剂杀草谱广，所有品种都能有效地防除绝大多数阔叶杂草，并兼除一部分禾本科杂草，特别是对难以防治的苦荞麦、田紫草、雀麦等也有较好的防治效果。由于作用靶标单一，在连年使用的情况下，杂草容易产生抗药性与交互抗性，通常在连续使用 4 ～ 5 年后，一些杂草会产生一定程度的抗性。代表性产品：苯磺隆、苄嘧磺隆、烟嘧磺隆、氯嘧磺隆、吡嘧磺隆、噻吩磺隆、醚磺隆。

（4）均三氮苯类除草剂

1952年Gast等发现了可乐津的除草活性，从而开始了均三氮苯类除草剂的研究。此类除草剂发展迅速，为现代除草剂中最重要的一类，其中莠去津的年产量曾居除草剂之冠。虽然均三氮苯类除草剂在农田及其他地区的大量使用引起了一系列危害人类健康及农业生态的问题，如土壤中残留的莠去津可以使后茬农作物发生药害，但是该类除草剂在杂草防治中仍发挥着重要作用。均三氮苯类除草剂的取代基不同，不同的品种间存在着明显的差异，因而适用作物、杀草谱、用药量及施药时期各有不同。莠去津和西玛津的选择性强，水溶性低，易被土壤胶体吸附，在土壤中稳定，残效期长达1年左右；玉米有高耐药性，但草净津对玉米有高选择性，持效期为2～3个月，克服了莠去津和西玛津残效期长、影响后茬作物生长的缺点；赛克津是大豆、番茄、马铃薯、甘蔗田的优良除草剂，除草活性高，用药量少；威尔柏是优良的林业除草剂，用于常绿针叶林的幼林抚育，杀草谱广，不但能防治杂草，而且能杀灭阔叶树木等。

均三氮苯类除草剂的所有品种都是土壤处理剂，土壤的理化特性对除草效果影响很大。均三氮苯类除草剂主要由植物根系吸收，沿木质部随蒸腾流向上传导，对植物体内的多种生理、生化功能产生影响，如光合作用、蒸腾作用、呼吸作用、氮代谢和核酸代谢等，其中对光合作用的抑制作用是发挥药效的关键。主要用于防除一年生及以种子繁殖的多年生杂草，其中对双子叶杂草的防治效果优于单子叶杂草。长期使用易产生抗药性。代表性产品：莠去津、氰草津、扑草净、西草净。

（5）取代脲类除草剂

自1951年发现灭草隆的除草作用后，这类除草剂就迅速发展起来，商品化品种达20余种，成为除草剂中品种多、使用广泛的重要一类。取代脲类除草剂大多数品种水溶性低，脂溶性差，因而加工剂型多为可湿性粉剂、悬浮剂，主要被植物根吸收，通过木质部导管随蒸腾流向上运输，防治杂草幼苗，用于芽前土壤处理最有效。

对杂草的主要作用部位在叶片，当叶片受害后自叶尖起发生褪绿，然后呈水浸状，最后坏死，且除草效果与土壤含水量密切相关，含水量高，除草效果好。该类除草剂水溶性低、不易淋溶、抗光解、不挥发、能较长时期存留在土壤表层，因而可以通过位差选择增加其选择性。大多数品种杀草原理是抑制光合作用，光照强有利于药效的发挥。适用作物范围较广，大多数品种主要防除一年生禾本科杂草及某些阔叶杂草。可与多种类型的除草剂复配以提高药效、扩大杀草谱。代表性产品：异丙隆、绿麦隆、敌草隆、伏草隆等。

（6）酰胺类除草剂

酰胺类除草剂是自20世纪60年代发展起来的一类重要除草剂，品种多，使用广泛。酰胺类除草剂多数品种为土壤处理剂，禾本科杂草靠幼芽吸收药剂，仅有少量（约10%）是通过种子和根吸收，因此只能防除一年生禾本科杂草幼芽，对成株杂草无效，或效果很差。阔叶杂草主要是通过根吸收药剂，其次是通过幼芽吸收。其用量与土壤胶体吸附作用和土壤含水量有密切关系，一般是土壤有机质和黏粒含量高、干旱、吸附作用强，除草效果低，用药量相应要增加；反之，除草效果高，用药量可相应减少些。土壤处理品种在土壤中的持效期较长，一般为1～3个月。主要作用机制为抑制脂肪合成，可能主要是抑制脂肪酸的生物合成，包括软脂酸和油酸的生物合成；也可能是抑制发芽种子α-淀粉酶及蛋白酶的活性，从而抑制幼芽和根的生长；另外，也能抑制植物的呼吸作用，作为电子传递链的抑制剂、解偶联剂抑制植物的光合作用，并能干扰植物体蛋白质的生物合成，影响细胞分裂，影响膜的生物合成及完整性。敌稗还能够通过有效地抑制光合作用中的希尔反应来抑制植物的光合作用。代表性产品：敌稗、乙草胺、异丙甲草胺、丁草胺等。

（7）氨基甲酸酯类除草剂

1945年发现苯胺灵的除草活性，1951年发现氯苯胺灵的除草活性，以后相继开发投产了多个品种。此类药剂为高选择性内吸除草剂。不同品种可被植物根、胚芽鞘及叶片吸收，并在体内传导。主要防治杂草幼芽及幼苗，对成株杂草的防治效果较差。主要作用部位是植物的分生组织，抑制根、芽生长，受害植物根尖肿大、矮化、幼芽畸形。主要作用机制是抑制植物细胞分裂，其次是抑制光合作用和氧化磷酸化作用。微生物降解是土壤处理品种从土壤中消失的主要原因。在土壤中的持效期较短，在温暖而湿润的土壤中为3～6周。代表性产品：野麦威、禾草丹、灭草灵、燕麦灵、甜菜宁等。

（8）有机磷类除草剂

内吸传导型广谱灭生性除草剂。药剂通过植物茎叶吸收，在体内传导到各部位，不仅可以通过茎叶传导到地下部分，也可在同一植株的不同分蘖间传导，使蛋白质合成受干扰导致植株死亡，一般施药后植株迅速黄化、褐变、枯死。对多年生深根性杂草的地下组织破坏力强，但不能用于土壤处理。有机磷类除草剂部分品种的选择性比较差，往往作为灭生性除草剂用于林业、果园、非农田及免耕田。可以防除几乎所有的一年生或多年生杂草，对常见的马唐、铁苋、反枝苋、莎草等杂草防除效果突出。草甘膦能被植物茎叶吸收，在植物体内传导迅速，既能沿木质部向上传导，也能沿韧皮部向下传导。哌草磷、草铵膦和莎稗磷通过根、胚芽鞘及幼叶吸收，哌草磷的传导性较差，其他品种均具有较好的内吸传导性。可用于果园、农田、非耕地等定向喷雾。代表性产品：草甘膦、哌草磷、莎稗磷等。

（9）二硝基苯胺类除草剂

二硝基苯胺类除草剂从1953年开始筛选，1959年从80种化合物中筛选出了氟乐灵，至今问世的品种有10多个。目前，在我国农业上使用的仅有3个：氟乐灵、仲丁灵和二甲戊灵。

二硝基苯胺类除草剂为选择性内吸除草剂，多用于土壤处理，对一年生禾本科杂草有特效，对以种子繁殖的多年生禾本科杂草也有效，并能防除阔叶杂草。作为播前或播后苗前处理剂，能被幼芽、幼根和胚轴吸收，主要抑制侧根和次生根的生长。作用机制是微管系统抑制剂，在土壤中持效期中等，对大多数后茬作物安全，但对高粱、谷子有一定的影响。代表性产品：氟乐灵、二甲戊乐灵等。

（10）二苯醚类除草剂

二苯醚类除草剂主要起触杀作用，部分品种是土壤封闭处理剂，部分品种为茎叶处理剂，施入土壤中无效。土壤封闭处理剂主要防治一年生杂草幼芽，而且防治阔叶杂草的效果优于禾本科杂草，应在杂草萌芽前施用；茎叶处理剂可防除多种一年生和多年生阔叶杂草，但仅能杀死多年生阔叶杂草的地上部分。

该类除草剂水溶性低，被土壤胶体强烈吸附，故淋溶性小，在土壤中不易移动，持效期中等。施药后，受害植物产生坏死褐斑，生产中应用时防除低龄杂草效果好，施药时应喷施均匀。对作物易产生药害，但这种药害系触杀性药害，一般经5～10d即可恢复，不会造成作物减产。对鱼、贝类低毒。代表性产品：氟磺胺草醚、乙羧氟草醚、三氟羧草醚、乙氧氟草醚、乳氟禾草灵等。

5.4.1.4　植物生长调节剂

植物激素是指植物在代谢过程中形成的生长调节物质，在极低浓度（＜ 1μm）时即能调节植物的生长和发育过程，并能从合成部位转运到作用部位而发挥作用。植物激素只限于天然产生的调节物质。到目前为止，已发现植物组织中可以形成 5 种植物激素，即生长素、分裂素、赤霉素、脱落酸和乙烯。植物生长调节剂既包括人工合成的具有生理活性的化合物，也包括一些天然的化合物及植物激素。

1. 常用植物生长调节剂的种类和性质

植物生长调节剂指人工合成的具有植物激素活性的一类有机化合物，按照对植物生长的影响，主要可分为三类：植物生长促进剂、植物生长延缓剂和植物生长抑制剂。

（1）植物生长促进剂

生长素、赤霉素、细胞分裂素类物质的主要生理作用是促进植物生长，促进细胞分裂、分化等，包括对植物营养器官生长和生殖器官发育起促进作用。此类生长调节剂常见的包括：生长素类植物生长促进剂（吲哚乙酸、吲哚丁酸、2,4-滴、2,4-滴丙酸、玉米催熟剂、果实增糖剂、萘乙酸、萘氧乙酸、萘乙酸甲酯）、赤霉素类生长促进剂（赤霉素）、细胞分裂素类生长促进剂（玉米素、异戊烯基腺嘌呤、激动素等）、其他生长促进剂（移栽灵、ABT 生根粉、十三烷醇、油菜素内酯等）。

以赤霉素为例。苹果：为提高坐果率，可在盛花期喷 0.025‰ ～ 0.1‰ 赤霉素，可提高坐果率 27% 以上。梨：为提高坐果率，可在沙梨花蕾初露期喷 0.05‰ 赤霉素，可在茌梨雌花受冻后于花托喷 0.05‰ 赤霉素；可在白梨盛花期和幼果膨大期喷 0.025‰ 赤霉素，增加产量。桃：花期喷 0.02‰ 赤霉素可提高坐果率；花期去雄后喷 0.25‰ ～ 1‰ 赤霉素可获得 50% 以上的单性结实；用 0.1‰ ～ 0.5‰ 赤霉素喷施可诱导部分早熟品种单性结实。葡萄：花前 10 ～ 20d 及花后 10d 各喷一次 0.1‰ 赤霉素可使巨峰葡萄获得高产优质的无核果，为防药害也可不喷，改为用药液涂抹花序；用 0.8‰ B9 加 0.2‰ 赤霉素混合喷洒或浸蘸果穗，可减少葡萄腐烂和落粒。

（2）植物生长抑制剂与延缓剂

某些人工合成的有机化合物可使植物的茎枝生长延缓，叶色变深绿，间接影响开花，但不引起植物畸形，人们把这类化合物统称为植物生长延缓剂。

植物生长延缓剂主要起抑制赤霉素生物合成的作用。目前，农业生产上常用的人工合成的植物生长延缓剂有丁酰肼、矮壮素、矮健素、氯化胆碱、氯化膦、哌壮素、多效唑、烯效唑、脱叶脲、三唑酮、伏草胺、缩节胺、缩节胺+乙烯利混合药剂、嘧啶醇、氟节胺、噻节因、壮丰安、抗倒胺等。

抑制植物茎顶端分生组织生长的生长调节剂属于植物生长抑制剂，即对植物顶芽或分生组织都有破坏作用，并且破坏作用是长期的，不为赤霉素所逆转，即使在浓度很低的情况下对植物也没有促进生长的作用。施用于植物后，植物生长停止或生长缓慢。

植物生长抑制剂包括青鲜素、三碘苯乙酸、整形素、乙烯类等。其中，乙烯类中的乙烯利是使用最为广泛的植物生长抑制剂，可以起到催熟果实、促进开花、促进雌花分化、促进脱落、促进次生物质分泌等作用。

2. 植物生长调节剂的合理使用

第一，要明确生长调节剂不是营养物质，也不是万灵药，更不能代替其他农业措施。只有配合水、肥等管理措施施用，方能发挥其效果。

第二，要根据不同对象（植物或器官）和不同目的选择合适的药剂。两种或两种以上植物生长调节剂混合使用或先后使用，往往会产生比单独施用更佳的效果，这样就可以取长补短，更好地发挥其调节作用。此外，植物生长调节剂施用的时期也很重要，应注意把握。

第三，掌握药剂的浓度和剂量。植物生长调节剂的使用浓度范围极大，为0.1～5000μg/L，要视药剂种类和使用目的而异。剂量是指单株或单位面积上的施药量，而实践中常发生只注意浓度而忽略了剂量的偏向。正确的方法应该是先确定剂量，再定浓度。浓度不能过大，否则易产生药害，但也不可过小，过小又无药效。药剂的剂型有水剂、粉剂、油剂等，施用方法有喷洒、点滴、浸泡、涂抹、灌注等，不同的剂型配合合理的施用方法，才能收到满意的效果。此外，还要注意施药时间和气象因素等。

第四，先试验，再推广。保险起见，应先做单株或小面积试验，再中试，最后才能大面积推广，不可盲目推广，否则一旦造成损失，将难以挽回。

5.4.2　农药剂型介绍

农药原料合成的液体产物为原油，固体产物为原粉，两者统称原药。

由于未经过加工的大多数原药本身不溶于水或者稳定性差等，一般不能直接使用或者很难以一定的方式均匀喷洒在作物上，但将农药原药加工成制剂后，原药即可均匀地分散在制剂中，改善其理化性质，提高其对靶标的黏着性、穿透性，实现良好防治效果的同时保证对人畜、作物安全。制剂中添加的其他材料如乳化剂、溶剂、分散剂、润湿剂、黏着剂、稳定剂等，称为添加剂或助剂。由于这些材料一般都没有生物活性，因此也称惰性组分。

一种农药为满足不同防治对象、使用方法、生产厂技术条件等的需求，可以制成有效成分含量不同、用途不一的产品，称为农药制剂。制剂的型态称剂型。通俗来讲，剂型是药的形式，是我们所能见到和使用的状态，如水剂、粉剂等。剂型是为满足治疗或预防需要而制备的不同药剂形式。

农药剂型的选择取决于农药原药的理化性质、使用目的和使用方法等因素，所以同一种原药可能被加工成一种或多种剂型。

5.4.2.1　农药加工的意义

农药厂生产的未经加工的原药多为有机合成化合物，固体的称原粉，液体的称原油，一般都不能直接施用，必须经过一定的手段，按其性质和用途加工成适宜的制剂后方能使用。常说的农药剂型就是指农药制剂的类型。

按我国规定，农药制剂名称应由有效成分在制剂中的百分含量、有效成分的通用名称和剂型三部分组成，如20%氰戊菊酯乳油。农药制剂加工的主要目的如下。

（1）方便使用

原药加工成制剂后可以均匀分散到制剂中，并通过均匀施用到农作物上或其他需要保护的对象上达到节省原药、防止药害等目的。

（2）提高药效

农药制剂中添加的各种助剂，如乳化剂、湿润剂、渗透剂等都可以提高原药的药效。

（3）提高对人、畜、有益生物及环境的安全性

概括来说，农药制剂加工的任务就是用最好的方法将具有生物活性的农药或其混合物加工成适宜于施用在环境中的产品，使之发挥最佳的生物效果，并将其对农作物的危害、对施药人员及环境的不良影响减少到最低限度。为达此目的，农药制剂学家已经研制出了各种农药剂型，同时新的剂型在不断出现。

5.4.2.2　主要农药剂型

1. 乳油

乳油（EC）是农药最基本的剂型之一，是由农药原药、乳化剂、溶剂等配制而成的液态农药剂型。主要依靠有机溶剂的溶解作用使制剂成为均相透明的液体；利用乳化剂的两亲活性，在配制药液时将农药原药和有机溶剂等以极小的油珠（1 ～ 5μm）均匀分散在水中并形成相对稳定的乳状液。一般来说，凡是液态或在有机溶剂中具有足够溶解度的农药原药，都可以加工成乳油。

乳油具有药效高、施用方便、性质稳定、加工容易等优点。药剂喷施后能均匀附着在植株表面形成一层薄膜，且不易被雨水淋洗，药效期也较长，药剂能充分发挥作用。同时，药剂易渗入或渗透到有害物体内或作物内部，大大增强了药剂的毒杀作用。质量优异的乳油制剂兑水后可自发乳化分散，稍加搅拌即可使用，而且不受稀释倍数的限制。乳油制剂不易分解，耐贮藏，物理化学性质稳定。有些农药成分在有机溶剂中不稳定，则不宜加工成乳油。乳油制剂组成简单，加工工艺、生产与使用比较容易，生产成本也较低，基本上不产生“三废”，生产安全。

乳油是一种发展非常成熟的农药剂型，也是日趋被淘汰的一种剂型。乳油因耗用大量对环境有害的有机溶剂，特别是芳香烃有机溶剂而被限用，甚至禁用的呼声甚高，美国等西方发达国家甚至相继颁布条款不再登记以甲苯、二甲苯为溶剂的农药。由于历史原因，乳油在一定时期内仍将是我国农药的主导剂型。对于必须加工成乳油的农药，应充分利用其在有机溶剂中的溶解度，尽可能提高乳油制剂有效成分含量，鼓励并发展高浓度乳油制剂，不用或尽可能少用高毒有机溶剂，从而尽可能避免由传统乳油大量使用有机溶剂给环境带来的危害。未来乳油将向着开发浓度高、乳化剂含量少的产品方向发展。例如，目前国外已出现 80% 马拉硫磷乳油，甚至无溶剂的 98% 乳油。

2. 可湿性粉剂

可湿性粉剂（WP）是用农药原药、惰性填料（大部分是膨润土、高岭土等）和一定量的助剂，按比例经充分混合粉碎后达到一定粉粒细度的剂型。从形状上看，与粉剂无区别，但是由于加入了湿润剂、分散剂等助剂，加到水中后能被水湿润、分散而形成悬浮液，可喷洒施用。大多数农药可加工成可湿性粉剂，特别是不溶于有机溶剂的品种。杀菌剂以可湿性粉剂为主，主要由原药、填料和润湿剂等组成。

可湿性粉剂附着性强，飘移少，对环境污染轻；不使用溶剂和乳化剂，对植物较安全，不易产生药害，对环境安全，同时便于贮存、运输；生产成本低，可用纸袋或塑料袋包装，储运方便、安全，包装材料比较容易处理，生产技术、设备配套成熟；有效成分含量比粉剂高，加工中有一定的粉尘污染；是研发新剂型的基础，如悬浮剂、水分散粒剂等。

3. 颗粒剂

颗粒剂（G）是由原药、载体（黏土、膨润土、高岭土等）和助剂（黏着剂和崩解剂等）加工成的粒状农药剂型，具有使高毒农药低毒化、使用安全、方便等优点。很多高毒农药品种都加工成颗粒剂。

颗粒剂为目前发展迅速的重要剂型之一。施药时具有方向性，使撒布药剂能充分到达靶标生物而对天敌等有益生物安全；药粒不附着于植物的茎叶上，避免直接接触产生药害；施药时无粉尘飞扬，不污染环境；施药过程中可减少操作人员身体附着或吸入药量，避免中毒事故；使高毒农药低毒化，避免人畜中毒；可控制粒剂中有效成分的释放速度，延长持效期；使用方便，效率高。该制剂具有持效期长、使用方便、操作安全、粉尘飞扬少、对环境污染小、对天敌和益虫安全、使高毒农药低毒化、可控制释放速度、应用范围广等众多优点。

4. 水分散粒剂

水分散粒剂（WG）是 20 世纪 80 年代初在欧美发展起来的一种农药新剂型，也称干悬浮剂，前国际农药工业组织国际农药工业协会联合会（GIFAP）将其定义为：在水中崩解和分散后使用的颗粒剂。水分散粒剂主要由农药有效成分、分散剂、润湿剂、黏结剂、崩解剂和填料组成，粒径 2 ～ 200mm，入水后能迅速崩解、分散，形成高悬浮分散体系。

水分散粒剂兼有可湿性粉剂和悬浮剂悬浮性、分散性、稳定性好的特点，使用效果相当于乳油和悬浮剂，优于可湿性粉剂。有效成分含量高，一般在 50% ～ 90%，多在 70% 以上。具有可湿性粉剂易于包装和运输的特点；避免了在包装和使用过程中粉状制剂易产生粉尘的缺点，对环境污染小；物理化学稳定性好。但是其加工过程复杂，加工成本较高。

5. 悬浮剂

悬浮剂（SC）是 20 世纪 70 年代发展起来的新剂型，现已成为基本加工剂型之一。农药水基性悬浮剂是一种发展中的环境相容性好的农药新剂型，是由不溶于水的固体或液体原药、多种助剂和水，经湿法研磨粉碎形成的多组分非均相分散体系，分散颗粒平均粒径一般为 2 ～ 3μm，属于动力学和热力学不稳定体系，流变学上多表现为非牛顿流体性质。悬浮剂的配方组成一般包括原药、润湿剂、分散剂、增稠剂、防腐剂、消泡剂、防冻剂、水或油等。

悬浮剂由于分散介质是水，因此具有成本低，生产、贮运和使用安全等特点；可以与水以任意比例混合，不受水质、水温影响，使用方便；与以有机溶剂为介质的农药剂型相比，具有对环境影响小和药害轻等优点。悬浮剂为略黏稠的、可流动的悬浮液，其黏度非常小，均匀。若因长时间存放出现分层，经手摇可恢复均匀状态，仍可视为合格产品。如果不能重新变成均匀的悬浮液，底部的沉淀物摇不起来，则表示悬浮性能差。

6. 微乳剂

微乳剂（ME）是由水和与水不相溶的农药液体，在表面活性剂和助表面活性剂的作用下形成的各向同性的、热力学稳定的、外观透明或半透明的、单相流动的分散体系。微乳剂中乳化剂的用量比乳油多，为将 10% 的有机农药微乳化需加 20% 左右的乳化剂，因此该制剂中农药有效成分的含量一般不能太高，微乳剂以水为主要基质。

微乳剂闪点高，不燃、不爆炸，便于贮存和运输；以水为主要基质，不用或少用有机溶剂，环境污染小，对生产和使用者毒性低，同时对容器要求不高；乳状液的粒子超细微（0.01 ～ 0.1μm），因此药效好；基质为水，资源丰富、价廉，成本低，包装容易，喷洒时臭味轻；对作物的药害小。

微乳剂由于体系中有大量水存在，有时产品在储存过程中会变混浊或发生分层；乳化剂的用量要比相应的乳油多，在有机溶剂价格低时，微乳剂在成本方面就不再具有竞争力，这也是微乳剂产品远少于乳油产品的原因之一。用常规传统方法制备微乳剂虽然大都未使用极性溶剂，但是有些产品使用了大量的增溶剂和乳化剂，对环境可能有潜在的影响。

7. 水乳剂

水乳剂（EW）也称浓乳剂，是近年来发展较快的一种水基性农药制剂，是将不溶于水的液态原药或固态原药溶于有机溶剂再分散于水中形成的一种农药制剂，是借助于合适的表面活性剂将原药分散于水中，并根据需要添加适量的稳定剂、防冻剂、增稠剂、pH 调节剂、密度调节剂、消泡剂等调制而成的一种外观不透明的乳状液，油珠粒径通常为 0.7 ～ 20μm。水乳剂以廉价的水为基质，不用或少用有毒易燃的芳香烃类溶剂，对生产贮运和使用者的安全性大大提高，对环境的污染比乳油小；避免了使用有机溶剂带来的一些副作用。水乳剂效果近似或等同于乳油，而持效期比乳油长；黏着性和耐雨水冲刷的能力比乳油更强（在加工过程中，为了保证制剂稳定性，除了需要加入表面活性剂，往往还需要加入增稠剂，而此类助剂往往具有良好的黏着性能）；另外，此制剂还具有生产工艺简便高效、成本低、环境兼容性好等诸多优点。

由于水分的大量存在，对某些农药稳定性有一定的影响；对水分敏感的药剂不宜加工成水乳剂。

8. 水剂和可溶性液剂

水剂（AS）是农药原药的水溶液剂型，是有效成分以分子或离子状态分散在水中的真溶液制剂。对原药的要求是在水中有较大溶解度，且稳定，如杀虫双。而在水中溶解度小或不溶于水的原药可以制备成溶解度较大的水溶性盐，并保持原有生物活性，也可加工成水剂。

水剂由原药、水和防冻剂组成，但通常也含有少量润湿剂、防腐剂、着色剂等。

可溶性液剂（SL）是由原药、溶剂、表面活性剂和防冻剂组成的均相透明的液体制剂，用水稀释后有效成分形成真溶液。用于配制可溶性液剂的原药在水中虽有很大溶解度，但在水中不稳定，易分解失效，因此，不能加工成水剂。若原药在与水混溶的溶剂中有较大溶解度则可以加工成可溶性液剂，如吡虫啉。可溶性液剂的溶剂一般使用低级醇类（如甲醇、乙醇）和酮类（如丙酮）。用于配制可溶性液剂的表面活性剂主要起增溶、润湿和渗透作用。

水剂和可溶性液剂具有加工方便、成本低廉等优点；由于制剂中无乳化剂，因此在作物表面的粘附性能相对较差，药效不及乳油；在水中不稳定，长期贮存易分解失效。

9. 种衣剂

种衣剂是近年来迅速发展的剂型，通过改地上施药为地下用药，改田间施药为播前用药，可减少药剂流失，提高药剂利用率。种衣剂的配方是根据种子类型和防治对象而定的，另外添加一定量的黏着剂，用于种子处理后药剂在种子上形成药膜。

种衣剂的配方一般包括原药、分散剂、防冻剂、增稠剂、消泡剂、防腐剂、警戒色等。

种衣剂具有高效、经济、持效期长、一剂多用、一举多得的优势。种衣剂是从农作物生长发育的起点着手，抓住关键部位和有利时机来发挥作用的农药，因而必然能取得较理想的效果。种衣剂药力集中，利用率高，因而比叶面喷洒、土壤处理、毒土、毒饵等方法省药、省工、省时和省种，定量播种，省去间苗。种衣剂包覆种子后，农药一般不易迅速向周围土壤扩散，而是缓慢释放，加之不与土壤广泛接触，又不受日晒雨淋和高温影响，因而持效期相对延长。

容易在土壤中分解失效和影响种子发芽率，甚至引起药害的农药品种，不能制成种衣剂。另外，种衣剂的持效期有限，对生育期长的作物的中后期病虫害，种衣剂无能为力，若加大剂量来进一步延长持效期，往往酿成药害。

10. 超低容量喷雾剂

超低容量喷雾剂是一种油状剂，又称油剂。它是由农药和溶剂混合加工而成，有的还加入少量助溶剂、稳定剂等。这种制剂专供超低量喷雾机使用，或用于飞机超低容量喷雾，不需稀释而直接喷洒。由于药剂喷洒浓度高，因此加工成该种制剂的农药必须高效、低毒，且要求溶剂挥发性低、密度较大、闪点高、对作物安全等。目前，该剂型越来越受到人们的重视。

超低容量喷雾剂具有工效高、浓度高、使用油质载体、使用量少、应用迅速、使用时不需加水或加水量极少等优点。超低容量喷雾剂在单位面积上喷施的药液量通常为 900 ～ 4950mL/hm^2，仅为常规喷雾药液量的百分之一。一般采用飘移累积性喷雾，比常规针对性喷雾工效高几十倍。药液浓度通常为 25% ～ 50%（少数高效农药，如拟除虫菊酯类农药除外），比常规喷雾的药液浓度（0.1% ～ 0.2%）高数百倍。药液主要采用高沸点的油质载体，挥发性低，可利用小雾滴的沉积特性，耐雨水冲刷、持效期长、药效高，而常规喷雾主要采用水作载体。该剂型喷出雾粒细，浓度高，单位受药面积上附着量多。超低容量喷雾剂的雾滴粒径一般在 70 ～ 100μm，比常规喷雾的雾滴粒径（200 ～ 300μm）细。

超低容量喷雾剂具有高毒、使用时如有飘移易带来危害、需要特殊喷施设备、可能腐蚀金属或塑料容器、受风力影响较大、防治范围窄、对操作者技术要求较高等缺点。

超低容量喷雾剂按使用方法可分为地面超低容量喷雾剂和空中超低容量喷雾剂；按制剂组成成分可分为超低容量喷雾油剂、静电超低容量油剂和油悬剂，其中应用最多的是超低容量喷雾油剂。作为一种较为独特的制剂形式，超低容量喷雾剂对原药、溶剂都有较高的要求。

（1）原药要求

用于配制超低容量喷雾剂的原药一般均为高效、低毒的品种，原药对大鼠口服急性毒性的 $LD_{50} \geqslant$ 100mg/kg，制剂的 $LD_{50} >$ 300mg/kg。

（2）溶剂要求

超低容量喷雾剂的主要技术性能指标（如挥发性、溶解性、植物安全性、黏度、闪点、表面张力、相对密度、毒性、化学稳定性等）在很大程度上取决于溶剂的品种及其物性。超低容量喷雾剂中的助剂以溶剂为主要组分，溶剂的用量通常占制剂总量的一半以上，有的品种达 99% 以上。因此，溶剂品种的选择是配制超低容量喷雾剂的关键。在选择溶剂时，要考虑以下几方面的问题。

1）挥发性低

超低容量喷雾剂分散度高，形成的雾滴粒径小，一般为 70 ～ 100μm，易飘移，表面积很大，挥发性强，因此必须选用挥发性低的溶剂。如果溶剂本身的挥发性高，在雾化和雾滴沉降过程中溶剂会大量挥发，这样原药就会在雾化器上附着，特别是固体原药甚至会堵塞喷头，使雾化达不到标准。另外，由于溶剂在雾粒沉降过程中大量挥发，雾粒变得更小，不能沉降到靶标上而飘移流失，造成环境污染。经研究证明，沸点在 170℃以上的溶剂，如多烷基苯（沸程 170 ～ 230℃）、多烷基萘（沸程 230 ～ 290℃）等在挥发性上都可以达到使用要求。

2）溶解度高

超低容量喷雾剂多数为高浓度液体制剂，因此，作为超低容量喷雾剂的溶剂，对原药的溶解度一定要高，特别是原药为固体时，更要选择对其溶解度高的溶剂，这样才能在低温条件下或在储藏过程中不分层、不析出结晶，达到产品的质量标准。通常对农药溶解度高的溶剂大多为挥发性比较高的，而对原药溶解度高的高沸点溶剂却很少。部分挥发性小、对原药溶解度高的溶剂如乙二醇甲醚、乙二醇乙醚、异佛尔酮、环己酮等作为超低容量喷雾剂的溶剂比较理想，但价格比较昂贵，来源困难。因此常用混合溶剂来解决这个矛盾，以价格比较低廉、对原药有一定溶解度的高沸点溶剂（如烷烃、芳香烃、植物油等）为主溶剂，以沸点高、对原药溶解度高、价格比较高的溶剂（如吡咯烷酮、二甲基甲酰胺等）为助溶剂，配制超低容量喷雾剂。

3）黏度低

溶剂是有效成分的载体，其黏度影响药剂的分散度。溶剂的黏度大，不利于药剂的分散，在做同样功的条件下，黏度越大，分散度越小。超低容量喷雾是高度分散的施药方法，如果溶剂的黏度太大，则喷洒时耗能太多，不经济，或达不到分散要求，所以溶剂的黏度要尽量低一些，以利于喷洒。适当加一些中等分子量的醚类或酮类化合物，有利于减小制剂的黏度。

4）闪点高

闪点的高低代表溶剂的易燃程度。闪点高不易燃，闪点低易燃。溶剂闪点高能显著提高超低容量喷雾剂在加工、储藏、运输和使用过程中的安全性，特别是对于飞机超低容量喷雾更为重要，一般溶剂的闪点应不低于 70℃（开口杯测定法），但对地面超低容量喷雾剂中溶剂的闪点的要求并不严格。

5）对人、畜和作物安全

超低容量喷雾剂是不兑水直接喷雾的油剂，溶剂的用量大，喷雾时直接接触人体和作物表面的量大，易引起人、畜中毒或对作物产生药害。因此作为超低容量喷雾剂的溶剂，一定要选择对人、畜和作物都安全的。通常烷烃类（煤油、柴油等）、乙二醇类、乙二醇甲醚、乙二醇乙醚、$C_4 \sim C_8$ 醇类等溶剂对人、畜和大多数作物在通常使用剂量下是安全的。

6）表面张力小、相对密度大

溶剂的表面张力小，有利于药剂的分散和在作物及防治对象上附着。相对密度大，不仅有利于药剂的分散，而且有利于雾滴沉降。

（3）其他助剂要求

为改善超低容量喷雾剂的理化性状，方便使用，提高药效，除选好主溶剂外，有时还需添加助剂（增溶剂）以提高药剂的溶解度，添加减黏剂以降低制剂的黏度，添加化学稳定剂以提高储藏期的稳定性，添加降低药害剂以保证使用时对作物安全，添加增效剂以提高药效等。

静电超低容量油剂专供静电超低容量喷雾使用。它的配制方法基本和超低容量喷雾剂相同，但需加静电剂，调整药液的介电常数和导电率，使药液在一定电场力作用下充分雾化并带电。供超低容量喷雾使用的油悬剂，其组成和制备过程类似悬浮剂。

由于对原药、溶剂的要求较高，同时具有容易出现药害的风险，现阶段国内登记的超低容量喷雾剂较少，主要是广西田园生化股份有限公司登记的产品，如表 5-2 所示。

表 5-2　国内登记的部分超低容量喷雾剂产品

登记证号	登记名称	农药类别	有效成分含量	有效期至	生产企业
LS20140020	阿维菌素	杀虫剂	1.5%	2017-1-14	广西田园生化股份有限公司
PD20098297	氟虫腈	杀虫剂	4g/L	2019-10-18	安徽华星化工有限公司
PD20151781	甲氨基阿维菌素	杀虫剂	1%	2020-8-28	广西田园生化股份有限公司
PD20152045	嘧菌酯	杀菌剂	5%	2020-9-7	广西田园生化股份有限公司
WP20100120	杀虫超低容量液	卫生杀虫剂	2%	2020-9-25	江苏省南京荣诚化工有限公司
PD20160999	戊唑醇	杀菌剂	3%	2021-9-6	广西田园生化股份有限公司
PD20161195	苯醚甲环唑	杀菌剂	5%	2021-9-13	广西田园生化股份有限公司

11. 飞防专用制剂

在农药的剂型分类中本无飞防专用制剂这一类，但随着国内航空植保的快速发展，常规的制剂类型很难满足市场的需求，而国内的超低量制剂登记、使用尚处于起始阶段，有些厂家开始推广一些较为适合飞防作业的常规制剂，并命名为飞防专用制剂。

一般，常规农药制剂仅适用于大水量常规喷洒设备，每亩需用水 30 ～ 50L 稀释 3000 ～ 5000 倍才能分散均匀。而飞防专用制剂用于低容量或超低容量施药，每亩仅用水 500 ～ 1000mL，稀释倍数仅为 30 ～ 50 倍。同时，其还需要适应植保无人机喷洒的实际情况：低容量或超低容量喷雾，药液浓度高，喷洒雾滴细等，一般的农药制剂难以满足。常规制剂与飞防专用制剂的区别参见表 5-3。

表 5-3　常规制剂与飞防专用制剂的区别

常规制剂	飞防专用药剂
用于大水量常规喷洒	用于低容量或超低容量施药
每亩用水 30 ～ 50L	每亩用水 500 ～ 1000mL
稀释 3000 ～ 5000 倍	稀释 30 ～ 50 倍
需满足分散性、润湿性、悬浮率等要求	需满足沉降性、抗飘移性、高粘附性等要求

普通农药制剂通常含有增稠剂，黏度较大，直接将多种药剂桶混容易出现沉淀、结晶、絮凝等不良情况，药效难以得到保证。而飞防专用制剂选取特殊的助剂体系，黏度小，流动性好，多种制剂产品桶混仅有微量沉淀出现。

飞防专用制剂作为高浓度药剂体系，有效成分当满足以下条件：农药成分具有活性高、亩用量少、内吸传导性、对作物安全等特点，同时遵循增效、低毒、无药害、抗性低、无酸碱反应、广谱等基本原则。在药剂组合选择上，应根据有效成分本身特性，结合作物病虫害发生规律，重点关注有效成分的持效期，混用后不应对农作物产生不良影响，避免药害的产生，同时避免有效成分间的负交互抗性。

近年来飞防喷雾助剂具有较高的市场需求，飞防专用助剂是影响防治效果的关键因素之一，其主要起着抗蒸发、抗飘移、促沉降、促附着和促吸收等功效。

抗蒸发：延长雾滴干燥时间。抗飘移：调节雾滴谱，减少小雾滴的形成。促沉降：抑制雾滴蒸发，加快雾滴沉降。促附着：改善雾滴的润湿和铺展，使其耐雨水冲刷。促吸收：加快有机体蜡质层溶解，促进药液吸收。

在喷洒前，助剂的加入有助于桶混制剂体系稀释均匀，增强桶混制剂体系的稳定性。喷洒过程中，助剂的存在能有效降低雾滴蒸发速率，促进助剂快速沉降，减少雾滴飘移，同时改善喷雾雾滴粒径均匀性，提高药效。施药后，助剂的存在能有效降低雾滴表面张力，促进药液浸润、铺展和渗透，同时使药剂耐雨水冲刷，延长持效期。

对于飞防专用助剂，推荐用量一般为 1%，即可满足实际喷洒需要，在天气干燥区域可适当增加至 2% ～ 5%。在农药混配过程中，为了保证专用药剂的充分稀释和混合均匀，需严格按照叶面肥、可湿性粉剂、悬浮剂、水剂、微乳剂、乳油、助剂混配顺序进行。混配过程必须坚守“二次稀释”的原则，即先用少量水将药剂稀释成高浓度母液，再稀释至所需浓度。同时，尽量做到“现用现配，不宜久放”和“先分别稀释，再混合”，防止有效成分分解。

随着专业化航空植保的快速发展，飞防专用制剂 / 助剂作为新兴的研究方向，未来将以抗蒸发、抗飘移、沉积渗透和润湿吸收快、广谱高效多功能制剂或制剂组合为主，涵盖液体剂型或纳米剂型。

5.4.2.3　农药剂型的发展方向

1. 油基向水性化发展

在传统的农药制剂中乳油占绝大部分，而生产乳油需要使用大量的有机溶剂（一般用量>50%，以易燃、易爆、对人畜有毒、对环境污染较重的甲苯和二甲苯为主），造成生产、贮运和使用过程存在安全隐患。发达国家已经禁止或部分禁止在蔬菜和果树上使用乳油。

现以水代替有机溶剂或有机溶剂用量减少的新剂型相继开发成功。目前农药水乳剂、微乳剂发展很快，不仅产品性能稳定，长期贮存不发生相分离，有效成分几乎不降解，而且可避免使用大量有毒溶剂，易燃性、刺激性和经皮毒性降低。由于其活性物质粒径小于粉剂和可湿性粉剂，因此有更高的药效，并能减轻药害，对环境不会产生污染，安全性提高。

2. 粉剂向粒剂和悬浮剂的方向发展

粉剂最早使用的曾经是用量最大的农药剂型。由于其可以直接喷撒使用，工效高，不用水，特别适合在干旱缺水的山区或半山区及林地使用。但是，可湿性粉剂在用水稀释时会产生粉尘飞扬问题，且农药有效利用率低，一般只有 20% 的粉剂沉积在目标生物上。另外，其叶面附着性差，易被风吹落或被雨水冲刷，持效期也比较短。而粒剂具有不粘附容器、使用方便、容器用后易处理、可制得高浓度制剂等优点，是替代粉剂的良好选择。

3. 缓释剂仍然是制剂的发展方向

通常使用的农药制剂如粉剂、可湿性粉剂、乳油、悬浮剂等，使用后有效成分都充分暴露在空气中，毒性高的药剂极易引起中毒和杀伤有益生物；还有，由于光解、水解、生物降解或经水淋溶流失、挥发等，药剂大量损失而无效。为了解决这些问题，人们进行了大量的研究，控制释放技术与缓释剂随之出现。所谓控制释放技术，就是根据有害生物发生规律、为害特点及环境条件，通过农药加工手段，使农药按照需要的剂量、特定的时间、持续稳定地释放以达到最经济、安全、有效控制有害生物目的的技术，其制剂称为缓释剂。缓释剂的使用可提高农药的利用率，延长持效期，降低药剂对哺乳动物和植物的毒性，减少由环境中光、水、空气和微生物等引起的挥发、流失与分解，利于环境保护。

4. 剂型的多样化和功能化

由于不同农药的理化性质和生物活性特点千差万别，有害生物和有益生物的生物学特性与发生规律又各不相同，再加上药剂施用时的环境条件也不一样，因此要高效、安全、经济和方便地使用药剂，必须使药剂多样化和功能化，如粉剂，有适宜在大田作物上使用的无飘移粉剂，也有适宜在温室等保护地使用的微粉剂。另外，为了增效、扩大防治谱、降低药剂使用毒性、延缓抗药性发展、减少施药次数、节省劳力和降低生产成本等，1980 年以来出现了大量多功能混合型制剂，在农业生产上发挥了重要作用，也弥补了新药剂开发跟不上生产需要的不足。随着许多国家出现农业劳力高龄化、妇女化或兼容农业的情况，必然要求提供省力和轻盈的农药剂型，因而开发功能化剂型已成为趋势。剂型的多样化和功能化还体现在剂型—包装—应用结合为一体的产品的出现，如在水面直接施用的水溶性薄膜包装粒剂、胶囊剂、甩剂、滴剂等都无须使用特殊的喷洒工具。前两个可以直接分散扔到水田，后两个都是把包装瓶外盖打开，倒过来直接把药甩在水田或滴在水面就可以。

5.4.2.4 农药复配技术

生产中，同一块农田里往往有多种病虫草同时为害，为了提高防治效率、减轻劳动强度，需要将多种农药混配（桶混）或复配在一起使用，尤其是当某种病害或虫害对某种农药产生抗药性时需要混配制成靶标生物更为敏感的药剂。

将两种或两种以上的农药，依据其毒理机制、交互作用特性，针对一定的防治对象，按照一定的配比和工艺混合使用，称作农药复配，复配而成的农药称作复配农药。

1. 农药复配的形式

在生产中应用的复配农药有多种类型，按照其使用形式分类，包括混剂和现混现用两种：混剂是在农药厂里将两种或两种以上农药的有效成分、助剂、填料等按一定的比例经一系列加工过程加工成的制剂。它可以直接使用，国内外都认定其是一种新农药剂型。混剂的成分已是科研人员反复筛选的最佳配方，一般不宜再与同类农药复配，有时为了扩大防治对象，可以在有关技术指导下进行再复配。现混现用又称混用，是指农民在一定的技术指导下临时将两种或两种以上农药混合在一起使用的复配形式。

2. 农药复配的优点

农药合理复配使用，具有提高工效、扩大使用范围、兼治几种病虫、减少用药量、降低成本、提高药效、降低毒性、减少病虫对药剂的抗性等许多优点，是农药单独使用无法比拟的，其中最主要的好处有以下几点。

一喷多防：杀虫剂、杀菌剂、除草剂复配使用，可以一次施药防除多种病、虫、杂草。

提高防效：农药复配使用可产生增效作用，提高防治病、虫、杂草的效果。

增效节本：复配农药可以取长补短，发挥各种药剂的长处，提高防治效果，降低成本。

多省高效：农药复配使用可达到“一喷多防”的省工、省力、高效目的。

3. 农药复配遵循的原则

在生产中，农药的复配十分普遍，对控制病虫草害起到了十分重要的作用，但是盲目混合、混用，则会失效，甚至造成药害事故发生。为了既保证防治效果，又避免药害，农药复配应遵循以下原则。

（1）要有明确的防治目标和要求

农药混配防治目标要明确，进行对应的农药混配。如要防治同期发生的病虫害，需选择杀菌剂和杀虫剂混配；如要降低成本，需减少价格昂贵农药的用量，增加低廉农药的用量；如要提高防治效果，可选用速效和长效农药复配。

（2）要避免农药间的负面反应

农药混配不应产生物理、化学、生物上的干扰反应。凡是复配后出现分离、沉淀、结絮、变性、灭活等不正常现象，都属于禁止复配范围。一般，碱性农药和酸性农药莫混；含铜元素农药和含锌元素农药莫混。在农药复配前，可先进行少量复配试验，若无反应，再进行大量复配。

（3）复配后要有增效、兼治功效

农药复配后的最低要求就是增效、兼治。如果复配后药剂间相克减效（拮抗作用），或低于单用的防治效果，或无兼治作用，则没有意义。

（4）复配要选用高效、低毒、低残留、短残效的农药

严禁为追求防治效果和其他目的而将禁用的剧毒农药，限用的高毒、高残留与高残效农药乱混用。如果混用上述农药，会产生危害人、畜、下茬作物、环境安全等的严重后果。

（5）复配农药种类不宜超过 3 种

复配农药种类越多，风险越大。

农药复配应遵循“二次稀释”原则，并按叶面肥、可湿性粉剂、悬浮剂、水剂、乳油的顺序依次加入，并在这个过程中不断搅拌（二次稀释指针对每种药剂，要单独用少量水将其稀释后按上述顺序与其他制剂混合，补充所需水量，最后再充分搅拌）。

4. 常见的复配类型

常见的复配类型主要有以下 5 种。

（1）杀虫剂加增效剂

发现芝麻油的芝麻素对天然除虫菊酯有增效作用后相继研究出增效醚、增效酯、增效特等。这些增效剂本身对害虫没有直接的毒杀效果，但加在杀虫剂内，能抑制多功能氧化酶，防止其对杀虫剂进行分解，从而增加杀虫剂的效果。

（2）杀虫剂加杀虫剂

菊酯类农药（如速灭杀丁、敌杀死、功夫等）与各种有机磷类杀虫剂（如马拉硫磷、辛硫磷、乐果等）复配，有增效作用，并能延缓害虫产生抗药性。有机磷类杀虫剂品种间混用，如敌百虫与马拉硫磷；氨基甲酸酯与有机磷复配混用，如叶蝉散与马拉松复配成的叶马乳油；有机氮与氨基甲酸酯复配混用，如杀虫双与速灭威复配成的双 · 速可湿性粉剂等，均表现出明显的增效作用。

（3）杀菌剂加杀菌剂

一般将内吸性的具有治疗作用的杀菌剂与具有保护作用的杀菌剂复配混用。内吸性杀菌剂被植物体吸收并传导到各个部位，可杀死植物体内的病菌，而具有保护作用的杀菌剂残留于植物体表，阻止病原物入侵，如多菌灵、甲基托布津与天然保护剂（如硫黄）或人工合成的保护剂复配使用，可避免病原物产生抗药性。

（4）除草剂加除草剂

将持效期长的除草剂与持效期短的除草剂搭配，内吸传导性除草剂与触杀性除草剂搭配，

可起到相辅相成的作用。如果田间杂草种类多，为扩大除草剂的杀草范围，可根据作物和杂草种类、耕作制度的需要，进行两种或两种以上除草剂的复配使用，如禾草灵与异丙隆复配，能提高对野燕麦和阔叶杂草的防除效果；百草敌与2甲4氯复配，可扩大杀草范围。

（5）杀虫剂加杀菌剂

这种类型主要发挥杀菌、杀虫的兼治作用。

除以上5种主要类型外，还有杀虫剂与除草剂、杀菌剂与除草剂、农药与化肥复配使用的事例。

农药的复配混用虽然可以产生很大的经济效益，但是不能任意组合，盲目地搞“二合一”“三合一”“四合一”。复配混用的基本原则应当是：抱着严肃的科学态度和选择严格的复配混用方法。田间现混现用也不可乱混乱用，也应当坚持先试验后混用，开展配方、药效、毒性、残留等一系列研究，取得相应的数据后，作出正确的选择。

5. 农药复配后的毒力表现

在病虫草害的化学防治中，常把几种药剂混合使用，其目的是提高防治效果、兼治多种对象、抑制或延缓有害生物抗药性并减少用药次数以提高工效等。混合使用时可能出现以下几种情况。

（1）相似的联合作用

相似的联合作用是两种药剂的作用机制相同，但两者之间互不发生影响，它们的致毒作用可以相加或互相替代，即其中一种药剂若用适量的另一种药剂来代替，可以获得同样的结果。

（2）独立的联合作用

独立的联合作用是两种药剂分别独立地作用于昆虫机体的不同部位，它们的致毒作用机制互不相同，两者之间互不发生毒理学上的影响，所以减少其中一种药剂的剂量，不能用增加另一种药剂的剂量来替代。

（3）增效作用

两种药剂混用时产生的毒效，超过各自单独使用时的毒效的总和。

（4）拮抗作用

两种药剂混用时产生的毒效，反而低于各自单独使用时的毒效。

5.4.3 农药毒性与药害

5.4.3.1 农药毒性

农药毒性是指农药损害生物体的能力，农业上习惯将农药对靶标生物的毒性称为毒力。由毒性产生的损害则称为毒性作用或毒效应。农药一般是有毒的，其毒性大小通常用试验动物的致死中量或致死中浓度表示。在农药生产、分装、运输、销售、使用过程中，人体通过呼吸道、皮肤和消化道等途径最易受到伤害，特别是一些挥发性强、易经皮肤吸收的剧毒或高毒品种可导致急性中毒，给接触者造成严重损害或导致其死亡。农药还能通过仪器中的残毒对人群产生危害。因此，在农药投产前必须进行某些毒性试验。

农药对人、畜的危害分直接毒害和间接毒害。直接毒害是由于农药与人畜接触而进入身体内部，产生直接毒害作用；间接毒害则是由于药物通过土壤、流水、植物、食品等中间物体的传递，最终对人、畜产生毒害作用。

1. 毒性的种类

农药对动物的毒害作用，通常分为急性、亚急性和慢性 3 种类型。

（1）急性毒性

急性毒性是指动物经呼吸道、消化道、皮肤一次摄入大量药物，在短时间（一般为 48h）内发生的病理反应。通常以致死中量（LD_{50}）或致死中浓度（LC_{50}）表示，单位是 mg/kg 体重或 mg/L。

（2）亚急性毒性

亚急性毒性是指供试动物在一定时间（一般为3个月左右）内连续摄入一定剂量药剂（低于急性中毒的剂量），逐步发生的病理反应。

（3）慢性毒性

慢性毒性是指供试动物在长时间（1 年以上）内连续摄入一定剂量药物，缓慢表现出的病理反应。

农药毒性不仅有上述 3 种反应，还可对后代产生影响（如致畸等）及造成自然环境污染，导致生态失衡等严重后果。

2. 毒性的分级

极小剂量的农药就能对人体、家畜及有益动物产生直接或间接的毒害作用，或使其生理功能遭到严重的破坏。农药毒性的高低除受其化学结构、理化性质影响外，还与剂量大小、接触有机体的途径和时间、性别等有一定的关系。目前，各种常用农药毒性的高低相差很大，我国农药毒性分级标准是根据农药产品对大鼠的急性毒性大小进行划分的。依据农药的致死中量（LD_{50}）大小，农药毒性分为 5 级：剧毒、高毒、中等毒、低毒和微毒（表 5-4）。

表 5-4　农药毒性分级

毒性程度	大鼠 /（mg/kg）		
	经口致死中量	经皮致死中量	吸入致死中量
剧毒	≤ 5	≤ 20	≤ 20
高毒	5 ～ 50	20 ～ 200	20 ～ 200
中等毒	50 ～ 500	200 ～ 2000	200 ～ 2000
低毒	500 ～ 5000	2000 ～ 5000	2000 ～ 5000
微毒	＞ 5000	＞ 5000	＞ 5000

农药标签上标明的农药毒性是按照农药产品本身的毒性级别来标示的，反映了该产品本身的毒性。但当农药产品的毒性级别与其所使用的原药毒性级别不一致时，应在产品毒性级别标示后用括号注明原药的毒性级别。当产品中含有多种农药成分时，应在括号中注明该产品所含原药毒性最高的那种成分的毒性级别，以引起生产、经营和使用者的注意。

3. 施药过程中发生农药中毒的原因

施药人员选择不当：儿童、少年、老人、“三期”（月经期、孕期和哺乳期）妇女，以及体弱多病、皮肤有损伤、精神不正常、对农药过敏或中毒后尚未完全恢复健康者施药容易中毒。不注意个人防护：配药、拌种和拌毒土时不戴橡胶手套和防毒口罩，喷粉、喷雾时不穿长袖衣服、长裤和鞋，赤足露背喷药，或用手直接撒施经杀虫剂拌种的种子。配药不小心：药液污染皮肤没有得到及时清洗，或药液溅入眼内；人员在下风向配药，吸入农药过多，甚至用手直接拌种、拌毒土等。喷雾方法不当：在下风向喷雾，或几架喷雾机同时、同田喷药，且未按照梯形前进（下风向先行），上风向喷雾作业的细小雾滴、粉尘污染下风向作业人员。喷雾器械跑冒滴漏严重：由于喷雾器械质量问题，喷雾器开关、喷头等连接部件经常发生漏液现象，或药液过滤不严，喷头经常发生堵塞现象，当发生以上故障时，操作人员常徒手操作，甚至用嘴吹，农药污染皮肤或经口腔进入体内。施药时间不正确：每年 7 ～ 8 月是农作物生长旺季，也是农药使用次数和使用量最多的季节，由于此时天气炎热，施药人员不愿意使用皮肤防护用品，暴露在农药雾滴下的皮肤面积大，被农药污染的机会多；再者由于天气炎热，人体皮肤毛孔张开度大，血液循环加剧，因而易吸收农药，发生中毒，为此，操作人员要避开中午前后高温时段喷药，而应选择在每天早、晚凉爽时间进行。施药时间过长：目前，很多地区出现了“打药专业户”，这些人员长时间地从事喷药作业，经皮肤和呼吸道进入身体的药量多，加上身体疲劳、抵抗力减弱，更容易发生中毒。

5.4.3.2　农药药害

农药对生物具有刺激、抑制或毒杀作用，科学合理使用农药可以起到防治作物病虫害、调节植物生长、提高作物产量与产品质量的作用。但是，农药使用不当则会引起作物植株发生组织损伤、生长受阻、植株变态、落叶落果等一系列非正常生理变化，影响农产品产量或品质，这就称为药害。

1. 药害的种类

（1）急性药害

急性药害发生快，一般在施药后 2 ～ 5d 就会出现，其症状也很明显，表现为穿孔、烧伤、凋萎、落叶、落花、落果、卷叶畸形、幼嫩组织枯焦、失绿变色或黄化、矮化、发芽率下降、发根不良、生育期推迟等。易发生这一类药害的农药有石硫合剂、波尔多液等，把敌百虫错用到高粱上，也会使叶片很快灼伤，以致全株枯死。

（2）慢性药害

农药施用后，药害不马上出现，症状不明显，主要是影响农作物的生理活动，大多数表现为光合作用减弱、生长发育缓慢、结果延迟、着花减少、颗粒不饱满、果实变小畸形、产量降低或质量变差、色泽恶化等。鉴别慢性药害，一般应与健康的作物进行比较。

（3）残留药害

残留药害是由残留在土壤中的农药或其分解产物引起的。这一类药害的产生，主要是因为有些农药的残留期较长，影响下茬作物的生长，如氯磺隆等。

2. 药害的症状

农药使用不当，常会使果树及与其间作农作物发生药害，主要症状如下。

斑点：主要出现在叶片上，有时茎秆、果皮上亦有症状，如褐斑、黄斑、枯斑、网斑等。药斑与病斑的区别：前者斑点大小、形状变化大，无发病中心；后者有发病中心，斑点形状一致。药斑与生理病害的区别：前者分布无规律性，有轻有重；后者发生普遍，症状一致。

黄化：主要发生在叶片上，药害造成的黄化，分布不均匀，且很快枯死。缺肥引起的黄化，比较均匀一致。病毒病害造成的黄化，病株与健株混生。

畸形：主要发生在叶片和果实上，如卷叶、裂果、畸形果等。

枯萎：整株表现症状，先黄化、后死株。

其他症状：生长延缓，叶片脱落等。

3. 药害产生的原因

农药质量差：农药中杂质多或贮存时间过长，引起乳油分层、水剂沉淀、粉剂潮湿结块。敏感作物容易发生药害：不同作物、不同品种对农药的敏感程度不一样，不按规定避开敏感作物，容易使作物发生药害，如高粱、豆类对敌百虫特别敏感，部分糯玉米、甜玉米对除草剂烟嘧磺隆较敏感，容易发生药害。温湿度：高温、高湿和干旱天气易发生药害。使用技术错误或农药施用剂量过大：喷药次数多，间隔期短，农药混用不当，以及施药不匀等均易发生药害。使用时期不当：作物在生长期或长势不同对农药的敏感性不同，不按标签规定的作物生长时期施药容易造成药害。例如，一般作物花期较为敏感，玉米 5 片叶后对除草剂较为敏感，在作物此类特殊时期施药易使作物遭受药害。

4. 药害的预防

防止药害的发生，关键在于正确掌握农药的使用方法，应注意以下几点：不要用错药，过期变质的农药不要用；新农药或自行混配的农药要先试验后应用；要准确掌握施药浓度，不得随意增加施药剂量和施药次数；避免对敏感果树和在敏感生育期用药；配制农药时要搅拌均匀，施药时要喷洒均匀，不能随意重喷，剩余农药不能随意乱倒；避免在高温、高湿、严重干旱天气喷药。

由于农用无人机施药具有高浓度喷洒的特点，因此农药药害的问题更应当予以注意，在喷洒中尽量使用已验证过的配方，在使用新的喷洒配方时，应当进行小范围的破坏性试验，如使用小喷壶，加大药剂浓度后进行喷洒，不清楚的混配或配方改变应当在多咨询了解药剂特性后进行喷洒。

5. 补救措施

（1）灌水喷水

如药害发现早应立即喷水冲洗受害植株，以稀释和洗掉粘附于叶面与枝干上的农药，降低植株内的农药含量。此项措施越早越及时，效果则越好。

（2）喷药中和

如药害造成叶片白化，可用粒状的 50% 腐殖酸钠（先用少量的水溶解）配成 3000 倍液进行叶面喷雾，或用同样方法将 50% 腐殖酸钠配成 5000 倍液进行灌溉，3 ～ 5d 后叶片会逐渐转绿。例如，由波尔多液中硫酸铜离子产生的药害，可喷 0.5% ～ 1.0% 的石灰水来消除药害；由石硫合剂产生的药害，在水洗的基础上，再喷洒米醋 400 ～ 500 倍液可减轻药害；由乐果使用不当引起的药害，可喷施硼砂 200 倍液 1 ～ 2 次；由错用或过量使用有机磷类、菊酯类、氨基甲酸酯类等农药造成的药害，可喷洒 0.5% ～ 1.0% 的石灰水、洗衣粉溶液、肥皂水等，尤以喷洒碳酸氢铵碱性化肥溶液为佳，不仅有解毒作用，而且可以起到根外追肥、促进生长发育的作用。不管是喷洒碱性物质还是碱性化肥，一定要注意适量，以免浓度过大而加重药害。

（3）及时追肥

果树遭受药害后，必须及时追肥（氮、磷、钾等化肥或稀薄的人粪尿），以促进受害果树尽快恢复长势，如药害由酸性农药造成，可撒施一些草木灰、生石灰，药害重的用 1% 的漂白粉液进行叶面喷施，由碱性农药引起的药害，可追施硫酸铵等酸性化肥。无论何种药害，叶面喷施 0.3% 的尿素溶液加 0.2% 的磷酸二氢钾混合液，或用 1000 倍液植物动力 2003 喷施，每隔 15 ～ 17d 一次，连喷 2 ～ 3 次，均可减轻药害。

（4）注射清水

在防治天牛、吉丁虫、木蠹蛾等钻蛀害虫时，若用药浓度过高而引起药害，要立即白树干上虫孔处向树体注入大量清水，并使其向低处流，以稀释农药，如为酸性农药药害，在所注清水中加入适量的生石灰，可加速农药的分解。

（5）中耕松土

果树受害后要及时对园地进行中耕松土（深度 10 ～ 15cm），并在根干进行人工培土，适当增施磷、钾肥，以改善土壤的通透性，促进根系发育，增强果树自身的恢复能力。

（6）适量修剪

果树遭受药害后，要及时适量地进行修剪，剪除枯枝，摘除枯叶，防止枯死部分蔓延或受病菌侵染而引起病害。

5.4.4 农药的科学使用

科学合理使用农药，不但可以达到防治病、虫、草、鼠害，增加农业产量的目的，而且可以避免盲目增加用药量，从而降低用药成本，减少农药对人、畜和环境的危害，是一项符合安全、经济、有效原则的农业措施。

5.4.4.1 农药标签解读

农药标签是直接向使用者传递农药产品信息的桥梁，是指导安全合理使用农药的依据，也是具有法律效力的一种凭据。使用者按照标签上的说明施用农药，如果按照标签用药出现了中毒或作物药害等问题，可向有关部门投诉或向法院起诉，要求赔偿经济损失，生产厂家或经销单位应承担法律责任。反之，用户不按标签指南和建议使用农药，出现问题，则由自己负责。图 5-17 展示了农药标签中的产品性能、注意事项等信息。

图 5-17　农药标签（以“阿维菌素乳油”为例）

1. 农药名称

单制剂使用农药有效成分的通用名称。混配制剂使用各有效成分通用名称的组合作为简化通用名称，但不多于 5 个字，各有效成分通用名称间插入间隔号“·”，如丁硫克百威与福美双混配，其混剂有效成分的名称为丁硫·福美双。混配制剂要标注总有效成分含量、各有效成分的通用名称和含量，如 25% 辛硫·甲氰菊酯乳油，其中辛硫磷 20%、甲氰菊酯 5%。

2. 农药“三证”

农药“三证”是指农药的登记证号、生产许可证号或批准文件号、产品标准号。国产农药必须有“三证”。

农药的登记证有两种，即正式登记证和临时登记证。对于田间用农药，其临时登记证号以“LS”标识，正式登记证号以“PD”标识。对于卫生用农药，其临时登记证号以“WL”标识，正式登记证号以“WP”标识。直接销售的进口农药只有农药登记证号；国内分装的进口农药，具有分装登记证号、分装批准证号和执行标准号。2017 年 2 月国务院通过的《农药管理条例（修订草案）》取消了农药临时登记。

农药生产许可证号以“XK”开头，农药生产批准文件号以“HNP”开头。我国农药质量标准主要有国家标准、行业标准和企业标准，其标识语分别以“GB”“NY”“Q”开头。如果产品的“三证”不是以上述字母开头的，往往是自己编写的，不受法律保护，其质量值得怀疑。

3. 农药类别颜色标志带

各类农药标签下方均有一条与底边平行的、不褪色的特征颜色标志带，表示不同种类农药，公共卫生用农药除外，如杀菌剂为黑色；杀虫剂、杀螨剂、杀螺剂为红色；除草剂为绿色；杀鼠剂为蓝色；植物生长调节剂为深黄色。农药产品中含有两种或两种以上不同类别的有效成分时，其产品颜色标志带应由各有效成分对应的标志带分段组成。

只有在有效期内的农药，其质量与效果才有保证。有效期有 3 种表示方法，分别为产品质量保证期限、有效日期或失效日期。根据生产日期和有效期来判定产品是否在质量保质期限内，千万不要购买没有生产日期或已过期的农药。

4. 产品性能、用途及用法

产品性能包括基本性质、主要功能、作用特点等。用途和用法主要包括适用作物或使用范围、防治对象，以及施用时期、剂量、次数和方法等。未经登记的使用范围和防治对象不得出现在标签上。

用于大田作物时，使用剂量采用每公顷使用该产品的制剂量表示，并以括号注明每亩用制剂量或稀释倍数，如用 24% 虫酰肼悬浮剂防治甘蓝甜菜夜蛾，每公顷用制剂量为 600mL（折合每亩 40mL）。

用于树木等作物时，使用剂量采用总有效成分量的浓度表示，并以括号注明制剂稀释倍数，如用 24% 虫酰肼悬浮剂防治苹果卷叶蛾，有效浓度为 100 ～ 200g/L（即 1200 ～ 2400 倍）。

种子处理剂的使用剂量用农药与种子的质量比表示。特殊用途的农药，使用剂量的表述应与农药登记批准的内容一致，如使用 70% 种子处理可分散粉剂拌棉花种子防治苗期蚜虫，其药种比为 1∶500 ～ 600。

5. 注意事项

产品使用需要明确安全间隔期的，应当标注使用安全间隔期及农作物每个生产周期的最多施用次数。

对后茬作物生产有影响的，应当标注其影响，以及后茬仅能种植的作物或后茬不能种植的作物、间隔时间。

对农作物容易产生药害，或者病虫容易产生抗性的，应当标明主要原因和预防方法。

对有益生物（如蜜蜂、鸟、蚕、蚯蚓、天敌及鱼、水蚤等水生生物）和环境容易产生不利影响的，应进行明确说明，并标注使用时的预防措施、施用器械的清洗要求、残剩药剂和废旧包装物的处理方法。

此外，已知与其他农药等物质不能混合使用的，应当标明；开启包装物时容易出现药剂撒漏或人身伤害的，应当标明正确的开启方法及施用时应当采取的安全防护措施。另外，所有农药应标明国家规定禁止使用的作物或范围等。

6. 农药毒性标识及安全使用象形图

农药毒性标识应当为黑色，描述文字应当为红色。农药安全使用象形图见图 5-18。

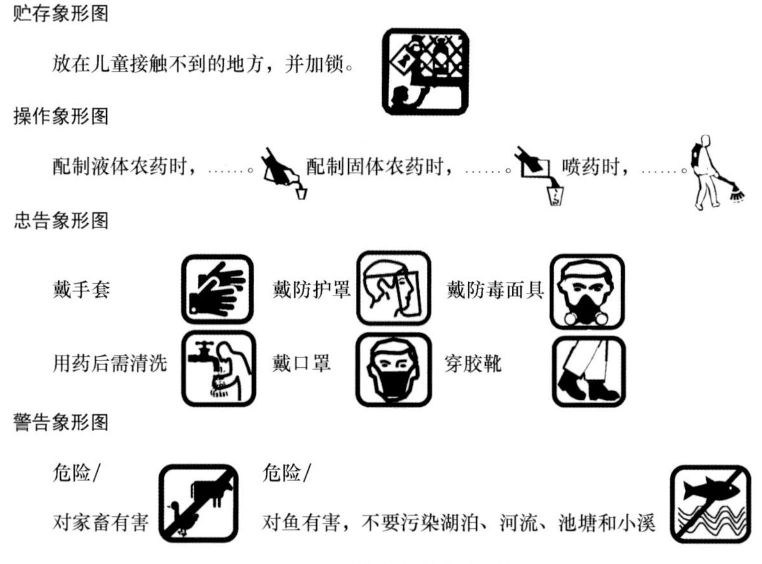

图 5-18　农药安全使用象形图

7. 生产日期和有效期

生产日期应当按照年、月、日的顺序标注，年份用 4 位数字表示，月、日分别用两位数字表示。有效期以产品质量保证期限、有效日期或失效日期表示。

8. 其他

贮存和运输方法应当包括贮存时的光照、温度、湿度、通风等环境条件，要求及装卸、运输时的注意事项，并醒目标明“远离儿童”“不能与食品、饮料、粮食、饲料等混合贮存”等警示内容。此外，还应有企业名称、地址、邮政编码、联系电话等。

标签虽小，却涵盖了诸多内容，农民朋友在购买农药时应仔细查看标签，辨别真伪农药，并做到科学使用农药。

自《农药标签和说明书管理办法》实施以来，农药标签走向了规范化，但现实中仍存在一些问题，如标签上的农药名称和批准登记的名称不符。有的农药生产厂家为了增加其产品的吸引力和扩大销路，往往不顾农业农村部农药检定所批准登记的农药名称的法规效力，再另起别的新奇名称。还有的农药超越批准登记的范围，任意增加适用作物和防治对象。农药效果的好坏受很多因素的影响，适用作物和防治对象必须由严格的试验来确定，这正是要求农药推广使用前必须经过注册审批的重要原因。盲目扩大适用作物和防治对象极有可能出现防治效果不好、产生药害等问题，使农业生产遭受损失。

5.4.4.2　农药的名称

农药的名称是它的有效成分及商品的称谓，包括化学名称、通用名称（中文通用名称和国际通用名称）和商品名称（在农药登记管理中已取消）。

1. 化学名称

化学名称是根据有效成分的化学结构而命名的名称，没有地域性差别。

2. 通用名称

通用名称是农药标准化机构规定的农药有效成分的名称，也是该农药专有的名称。农药中文通用名称是指农药单制剂的通用名称，或混合制剂的简化通用名称。任何农药标签或说明书上都必须标注农药中文和国际通用名称，以便于检索、管理，也是农民群众区分和使用农药品种的重要依据。2001 年 4 月 12 日，农业部发布的《农药登记资料要求》对农药标签和说明书中的内容已明确规定："农药产品名称，包括有效成分的中文通用名称和国际通用名称"。在农药标签上，中文通用名称要以醒目大字表示。

3. 商品名称

商品名称是农药生产厂家将其产品在工商管理机构登记注册所用的名称或办理农药登记时批准的商品名称，不同的农药制剂具有不同的商品名。我国"一药多名"的问题曾经很突出，如吡虫啉就有 700 多个商品名。我国从 2008 年 1 月 8 日起，停止批准商品名称，农药名称一律使用通用名称或简化通用名称。一个完整的商品名称包括有效成分的含量（用百分数表示）、有效成分的名称（包括药剂本身的品种名称，如三唑锡）和剂型（如悬浮剂）3 部分，如三唑锡 20% 悬浮剂。也有少数无机农药不需加工，可以直接使用，因此直接采用原药本身的名称，如硫黄、硫酸铜等。

5.4.4.3　农药的施用方法

农药的施用方法应结合防治对象的发生规律、保护作物的特点、自然环境因素、药剂种类和剂型等特点而确定，基本原则是适时、适当、对症下药。

1. 喷雾法

喷雾法是利用喷雾机具将液态农药或其稀释液雾化并分散到空气中形成液气分散体系的施药方法，是目前有害生物防治中使用频率最高的施药技术。可以液态使用的农药制剂如乳油、可湿性粉剂、水剂、悬浮剂及可溶性粉剂等，需加水调配后喷洒使用。根据喷液量的多少及其他特点，可分为以下几种类型。

（1）大容量喷雾法

大容量喷雾法又称常规喷雾法，喷出药液的雾滴粒径为 200μm 左右，一般作物每公顷用液量在 600L 以上。适宜进行喷雾的剂型有可湿性粉剂、乳油、水剂、可溶性液剂等。喷雾的技术要求是使药液雾滴均匀覆盖在带病虫的植物体上，对于常规喷雾而言，一般以叶面充分湿润，但药液不从叶上流下为度，对于在叶片背面为害的害虫，还应注意进行叶背喷药。常见的采用大容量喷雾法的植保机械包括手动喷雾器、大田喷杆喷雾机、果园风送式喷雾机等。

常规喷雾法与喷粉法比较，具有附着力强、残效期长、效果好等优点。缺点是工效低，用水量大，对于暴发性病虫常不能及时控制其危害。

（2）低容量喷雾法

低容量喷雾法又称弥雾法，是通过器械的高速气流，将药液分散成 100 ～ 150μm 粒径的液滴。用液量介于常规与超低容量喷雾法之间，每公顷 50 ～ 200L。

其优点是喷洒速度快、省劳力、效果好，用于少水或丘陵地区较为适宜。

（3）超低容量喷雾法

这种方法用液量比低容量喷雾法更少，每公顷在 5L 以下。超低容量喷雾法是通过高能的雾化装置，使药液雾化成粒径 100μm 以下的细小雾滴，经飘移而沉降在作物上。其优点是省工、省药、喷雾速度快、劳动强度低。缺点是需要专用的施药器械，喷雾操作技术要求严格，施药效果受气流影响，不宜喷洒高毒农药。

超低容量喷雾法的药液一般不用水作载体，而多采用挥发性低，对作物、人、畜安全的油作载体。现阶段的农用无人机喷雾多采用超低容量喷雾，通过安装小孔径的液力式喷头或者转盘式喷头进行喷雾，具有用水量少、雾滴细的优点。

药液的雾化是靠机械来完成的。雾化的实质是药液在喷雾机具提供的外力作用下克服自身的表面张力，实现比表面积大幅增加的过程。雾滴的大小与雾化方式、药械性能有直接关系。按药液雾化原理，其可分为以下几种类型。

1）液力雾化法

药液在液力作用下通过狭小喷孔而雾化的方法称液力雾化法。药液通过孔口后通常先形成薄膜，然后扩散成不稳定的、大小不等的雾滴。影响薄膜形成的因素有药液的压力、药液的性质，如药液的表面张力、浓度、黏度和周围的空气条件等。

液力雾化法喷出雾滴的粒径取决于喷雾器内的压力和喷孔的孔径。雾滴粒径与压力的平方根成反比，因此，必须保证在整个工作期喷雾器内有足够的压力。压力恒定时，喷孔越小，雾滴越细。单位时间内排出的液量，与喷雾器内压力强弱和喷孔直径大小呈正相关，尤以喷孔直径的影响为大。液力雾化法是最为常见的雾化方式，常见的采用液力雾化法的设备包括手动式喷雾器、喷杆喷雾机、部分农用无人机等。

2）气力雾化法

利用高速气流对药液的拉伸作用而使药液分散雾化的方法称气力雾化法。因为空气和药液都是流体，因此又称为双流体雾化法。这种雾化方法利用双流体喷头产生细而均匀的雾滴，在气流压力波动的情况下雾滴粒径变化不大。气力雾化方式可分为内混式和外混式两种。内混式是气体和液体在喷头体内撞混，外混式则在喷头体外撞混。常见的采用气力雾化法的设备有风送式弥雾机、果园喷雾机等。

3）离心雾化法

离心雾化法又称转盘雾化法、超低容量弥雾法。圆盘高速旋转时会产生离心力，在离心力的作用下，药液被抛向盘的边缘并先形成液膜，在接近或到达边缘后再形成雾滴。其雾化原理是药液在离心力的作用下脱离转盘边缘而延伸成液丝，液丝断裂后形成细雾滴。

2. 喷粉法

喷粉法使用喷粉器将分散度合乎要求的粉剂均匀地喷施到目标作物上。该法操作简单，工效高，粉粒在作物上沉积分布比较均匀，不需用水，在大面积防治时速度快，可将害虫种群迅速控制住。粉剂附着在作物上易被震落，不耐雨水冲洗，喷药后 24h 内若有降雨，需要补喷。喷粉法飘移性强，污染环境较严重。目前主要应用在密闭的温室、大棚，以及郁闭度高的森林、果园中和高秆作物上等。

3. 地面撒粉法

用于撒施的农药形态主要是颗粒，药剂为粉剂时可直接与细土拌和；药剂为液剂时，应先加 4 ～ 5 倍水稀释，用喷雾器喷到细土上，拌匀。地面撒粉最好在早晨晨露未干时进行，用手撒施的药剂必须是低毒或经加工已低毒化的药剂。此法优点是持效期较长，不用药械，便于大面积应用，对在土壤中越夏、越冬及在地面和土壤中活动的病虫害有很好的防治效果。

4. 种、苗浸渍法

种、苗浸渍法是用一定浓度的药剂浸渍种子或苗木，是防治某些种传病害及使用植物生长调节剂时常用的用药方法。刚萌动的种子或幼苗对药剂一般都很敏感，尤其是根部反应最为明显，处理时应格外慎重，避免发生药害。

5. 烟雾法

烟雾法是利用烟剂或雾剂防治病害的方法。烟剂系农药的固体微粒（直径 0.001 ～ 0.1μm）分散在空气中起作用，雾剂系农药的小液滴分散在空气中起作用。施药时用物理加热法或化学加热法引燃烟雾剂。烟雾法施药扩散能力强，只在密闭的温室、塑料大棚和隐蔽的森林或果园中应用。

6. 土壤浇灌和根施法

土壤浇灌是以水为载体，采用浇灌的方法把农药施入土壤中。土壤浇灌法主要用于防治土传病虫害。

根施法是指在作物根部开沟或挖穴，根据需要施药后覆土的施药方法。所用药剂多为内吸剂，通过作物根部吸收达到防治病虫害的目的。此法不足之处是土壤因素会对药剂产生影响，如砂质土壤易使药剂流失，黏重或有机质多的土壤对药剂吸附较强，使药剂不能充分利用，土壤酸碱度和某些重金属会使药剂分解等。

7. 毒饵法

毒饵法是利用害虫喜食的饵料与农药混合制成毒饵，引诱害虫前来取食，从而产生胃毒作用将害虫毒杀而死的方法。

8. 熏蒸法

熏蒸法是指利用熏蒸剂在常温密闭或较密闭的场所产生的毒气或气化来防治病虫害的方法，主要用在仓库、车厢、温室大棚等场所。由于在密闭条件下进行，因此可以彻底消灭害虫和病菌，但此方法受温度影响较大。

5.4.4.4　农药正规产品甄别

1. 标签内容要完整

标签内容应包括：农药产品通用名称（境外产品暂不要求，但需有商品名）、农药商品名称（没有商品名称的除外）、企业名称、有效成分名称、净重量、生产日期、质量保证期限、产品性能特点、使用方法、毒性标志、注意事项、贮存方法、中毒急救措施、农药登记证号、生产批准文件号和产品质量标准号（境外产品没有后两项编号）、农药类别颜色标志带。

2. 登记证号要正确

每个产品的农药登记证号必须与取得登记的农药产品相符。不得假冒、伪造、转让农药产品登记证号。

3. 通用名称要规范，商品名称要获得批准

农药产品通用名称由三部分构成：含量、有效成分名称和剂型。农药商品名称未经农业农村部批准的不得擅自使用。获准的商品名称，由申请人专用，未经专用人许可，不得随意使用。农药产品通用名称和商品名称必须与登记证上的一致。

5.4.4.5　农药的稀释与配制

除少数可以直接使用的农药制剂以外，一般农药都要经过配制才能施用。农药的配制就是把商品农药配制成可以施用的状态。例如，乳油、可湿性粉剂等本身不能直接施用，必须兑水稀释成所需要浓度的喷施液才能喷施。

农药配制一般要经过农药和配料取用量的计算、量取、混合等几个步骤，正确配制农药是安全、合理使用农药的一个重要环节。

商品农药的标签和说明书中一般均标明了制剂的有效成分含量、单位面积有效成分用量，有的还标明了制剂用量或稀释倍数。所以要准确计算农药制剂和配料取用量，首先要仔细、认真阅读农药标签和说明书。目前，我国市场上流通的农药绝大部分都办理了登记，其标签和说明书都经过了严格审查，是可靠的。

如果农药标签或说明书上已注有单位面积农药制剂用量，可以用以下公式计算农药制剂用量：

$$\text{农药制剂用量 [mL(g)]=单位面积农药制剂用量 [mL(g)/ 亩]×施药面积（亩）} \tag{5-1}$$

如果农药标签上只有单位面积有效成分用量，其制剂量可以用以下公式计算：

$$\text{农药制剂用量 [mL(g)]=[单位面积有效成分用量 [mL(g)/ 亩]/ 制剂中有效成分百分数（\%）]×施药面积（亩）} \tag{5-2}$$

如果已知农药制剂要稀释的倍数，可通过以下公式计算农药制剂用量：

$$\text{农药制剂用量 [mL(g)]=要配制的药液量或喷雾器容量 [mL(g)]/ 稀释倍数} \tag{5-3}$$

5.4.4.6　农药科学使用的基本原则

（1）注意对症下药

防治不同种类的病虫草害，应使用不同种类的农药。

（2）适时喷药

掌握病虫草害在不同生育阶段的活动特性，适时喷药，可收到事半功倍的效果。

（3）适量配药

无论使用哪一种农药，都要求配制成适宜浓度，谨防造成药害（浓度过高）或防治力度过小（浓度过低）。

（4）适法施药并注意施药质量

根据病虫害为害方式和生活习性，选用适当的施药方法、施药部位和技术措施。

（5）选用适当的农药剂型和品种

每一种农药剂型都有它的特点。例如，颗粒剂的施用对人畜较为安全、污染小、对天敌危害也小，但药效较迟。缓释剂可以延长药效，但对于要求迅速扑灭的灾害性病虫不能马上收效。应根据防治需要和特点选择合适的剂型。

注意农作物种类、生长发育和生理特性对不同药剂的反应，以免发生药害。一般来说，不同作物耐药力不同，应根据具体作物确定药量。此外，同一作物不同品种之间，它们的耐药力也不完全相同。作物在幼苗期、扬花期、灌浆期和果树在芽期、开花期或生长不良等时耐药力都很差，应尽量避免用药。

（6）注意农药与天敌的关系

在使用农药时，一定要注意选择农药的剂型、使用方法、施药次数、施药量和施药时间等，适度施药既能不杀伤害虫天敌，也能控制病虫害，还能避免抗药性的产生或者害虫再猖獗。

（7）注意施药的环境条件

要权衡温度、湿度、风雨、日照和土壤酸碱度等对药效、药害等都有很大影响的因素。

（8）合理复配药剂

农药复配要以保持原有有效成分或有增效作用、不增加对人畜的毒性并具有良好的物理性状为前提。中性农药之间可以混用，中性农药与酸性农药可以混用，酸性农药之间可以混用，碱性农药不能与其他农药混用，微生物杀虫剂不能同杀菌剂及内吸性强的农药混用。

5.4.5　农药田间药效评价方法

田间药效试验是在室内毒力测定的基础上，在田间自然条件下检验某种农药防治有害生物实际效果的方法，是评价农药是否具有推广应用价值的主要环节。试验可分以下两类：一类是以药剂为主体的系统田间试验，大致包括田间药效筛选、田间药效评价、特定因子试验等；另一类是以某种防治目标为主体的田间药效试验，如针对某种新的防治对象筛选出最有效的农药，确定最佳剂量、最佳施药次数、施药时期及最佳施药方法等。现阶段随着农用植保无人机的发展，农药喷洒方式与以往大有不同，传统的低浓度、高施药量喷洒方式正在转变为高浓度、低施药量方式，在此种情况下药剂的喷洒是否能够对特定的病虫害起到较好的防治效果，仍需要进行进一步探索，只有进行过严格的药效试验并在确定不会出现药害后，该药剂采用农用无人机喷洒才适合进行大面积推广。

5.4.5.1　田间药效试验设计

1. 试验地的选择与规划管理

试验地点应选择在防治对象经常发生的地方。如果发生很轻微（远未达到防治指标），试验结果不尽可靠，人工接种条件下防治效果往往偏高。试验小区面积和形状应当进行一定的规划，土地条件差异较大的地块，小区面积宜大些。植株高大、株距较大的作物（如棉花、玉米），单位面积株数较少，小区面积可大些；反之，小麦、水稻等作物，小区面积可小些。活动性强的害虫（如稻蝗），小区面积宜大些；活动性差的害虫（如蚜、螨），小区面积可小些。总之，小区面积大小应根据土地条件、作物种类、栽培方法、供试农药数量、试验目的而定。在大多数情况下，小区面积在 15 ～ 50m^2。果树除苗木阶段外，树型较大，小区一般以株数为单位，每小区 2 ～ 10 株。小区形状以长方形为好，长宽比例应根据地形、作物栽培方式、株行距大小而定，一般长宽比可为 2 ～ 8∶1。

选定试验地点后，试验地块具体位置的选择也十分重要。一般，杀虫剂田间试验最好在大片作物田中规划（如防治棉花害虫就应在大片棉田中规划），因为大田中害虫是自然分布的。避免试验田过分靠近虫源田（如棉铃虫防治试验的试验田不宜靠近绿肥留种田或玉米地），否则将使试验田的部分区域受害过重，而另一些区域受害轻微，造成试验误差。试验地块要求地势平坦、土质一致、农作物长势均衡、其他非试验对象发生较轻。对交通、水源及周围环境（如鱼塘、菜田、桑园等）也要适当考虑，同时要避免试验受到不必要的干扰（如试验标志丢失，家禽、家畜侵入试验田等）。

试验应设置对照区、隔离区和保护行，田间药效试验必须设对照区。

一般应在试验地四周设保护区，小区与小区之间设保护行，其目的是使试验区少受外界种种因素的影响，避免小区各处理间的相互影响，提高试验的标准性。

2. 试验材料与用具

（1）试验药剂

所有试验农药，都必须注明药剂通用名称、中文名称、商品名称或代号、剂型含量和生产厂家。对照药剂应是已登记注册，并在生产实践中证明是有较好药效的产品。

（2）试验用具

施药设备如喷雾器等，安全防护用具，记号牌，标签，调查记录本，铅笔等。

（3）作物信息

作物品种、树体长势、树龄或蔬菜花卉生育阶段一致。

（4）气候条件

应选择晴天微风的天气。

3. 试验设计的基本原则

（1）试验必须设重复

田间试验中，每个处理必须设置适当的重复次数，主要作用是估计试验误差，试验重复数不小于3。

（2）局部控制

将试验地人为地划成若干大区（重复），每个大区均包含不同处理，即控制每种处理只在每个大区中出现一次，这就是局部控制。运用局部控制可使处理小区之间病虫草害的差异减小。在重复之间，因距离较远，病虫草害的差异可能较大，但每种处理在各个重复内都有，每种处理存在于不同环境中的机会是均等的，因此运用局部控制能减少重复之间的差异。

（3）随机排列

由于偶然因素的作用（试验误差），重复间的差异总是存在的。为了获得无偏的试验误差估计值，要求试验中每一处理都有同等的机会设置在任何一个试验小区，必须采用随机排列。

5.4.5.2 农药田间药效试验实施

1. 施药技术

（1）施药方法

应按照农药标签说明进行，并结合当地农业生产实际，科学合理地选用施药方法。

（2）使用剂量和容量

根据标签上推荐的剂量或试验设计剂量施用。剂量单位通常采用 mg/L。喷雾时要同时记录稀释倍数和每公顷的药液用量（L/hm^2），果树上喷雾时还必须记录每株药液用量（L/ 株）。

（3）施药时间和次数

病害防治应于发病初期或发病前进行，施药次数视病情发展情况而定，一般间隔 10 ～ 15d 或药剂作用有效期后再喷一次；害虫防治于幼虫低龄期进行，喷药 2 次左右，并于上午露水干后或下午日落前进行。做好记录工作。

（4）施药器械

选用生产上常用的器械，且保证药量准确、分布均匀。用药量如有 10% 以上的偏差应予以记录。

同时，应做好药液配制工作，采用二次稀释法。稀释所用容器必须清洗干净，尽可能避免不同处理间的相互干扰。喷雾时，做到均匀周到。

2. 调查与记录

（1）气象资料

应从试验当地气象部门收集降水（雨日、雨量及降水类型，单位为 mm），温度（最高、最低气温及日平均气温，单位为℃），湿度等气象资料。

（2）土壤资料

记录土壤类型、土壤肥力、土壤水分（如干、湿、涝）、土壤覆盖物（作物残茬、塑料薄膜覆盖、杂草等）等内容。

（3）药效调查

通常情况下，杀虫剂田间药效试验于施药后 1d、3d、7d 各调查一次，记录死虫数、活虫数等数据；杀菌剂田间药效试验则于药后 7d、10d、15d 各调查一次，记录病叶数或分级发病情况数据，以便统计病情指数。于施药前调查一次病虫发生基数，调查取样方法因不同作物与病虫发生情况而不同，多数采用五点取样法，果树叶片病虫发生数调查多从东西南北向及上中下方向多方位进行。

田间调查取样必须有充分的代表性，根据被调查田块的大小、病虫在田间的分布情况，确定取样范围和方法，以尽可能反映整体情况，最大限度地缩小误差。常用的取样方法有五点取样法、棋盘式取样法、对角线取样法（又分单对角线和双对角线）、平行线取样法、“Z”字形取样法等。

1）五点取样法

从田块四角的两条对角线的交驻点，即田块正中央，以及交驻点到 4 个角的中间点进行五点取样（图 5-19a）。或者，在离田块四边 4 ～ 10 步远的各处，随机选择 5 个点取样。该法是应用最普遍的方法，一般适合密集或成行的植物。

2）棋盘式取样法

将所调查的田块均匀地划成许多小区，形如棋盘方格，然后将调查取样点均匀分配在田块的一定区块上（图 5-19b），这种取样方法多用于分布均匀的病虫害调查，能获得较为可靠的调查数据。

3）对角线取样法

调查取样点全部落在田块的对角线上，可分为单对角线取样法（图 5-19c）和双对角线取样法（图 5-19d）两种。单对角线取样方法是在田块的某条对角线上，按一定的距离选定所需的全部样点。双对角线取样法是在田块四角的两条对角线上均匀分配调查样点取样。两种方法可在一定程度上代替棋盘式取样法，但误差较大。

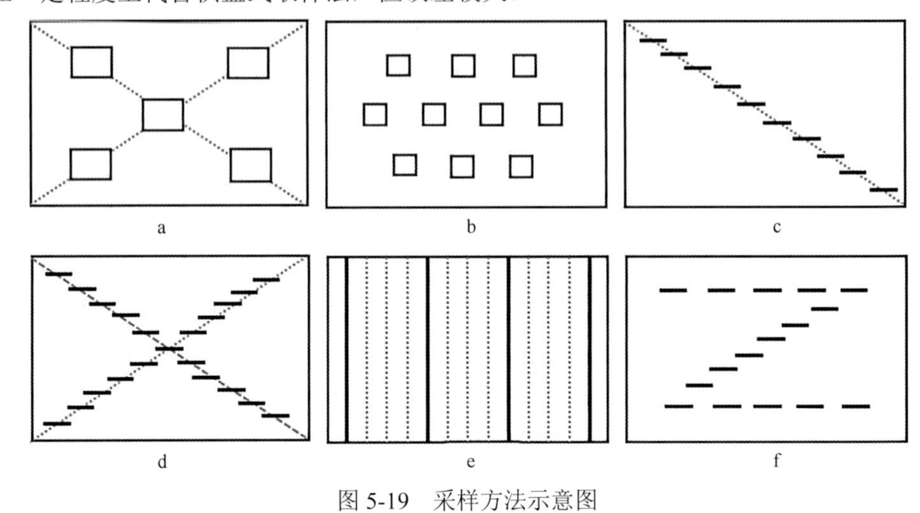

图 5-19　采样方法示意图

a. 五点取样法；b. 棋盘式取样法；c. 单对角线取样法；d. 双对角线取样法；e. 平行线取样法；f.“Z”字形取样法

4）平行线取样法

在田块中每隔数行取一行进行调查（图 5-19e）。本法适用于分布不均匀的病虫害调查，调查结果的准确性较高。

5）“Z”字形取样法

“Z”字形取样法又称蛇形取样法，样点分布田边多、中间少（图 5-19f），对于田边发生多、迁移性害虫，在田边呈点片状不均匀分布时用此法为宜，如螨等害虫的调查。

由以上各种取样方法的特性可以看出，不同的取样方法适用于不同的病虫害分布类型：五点取样法和对角线取样法适用于随机分布型的病虫害调查，棋盘式取样法和平行线取样法适用于核心分布型，“Z”字形取样法适用于嵌纹分布型。

（4）药剂对作物的其他影响

观察作物是否有药害产生及药害程度，记录药剂对作物的其他有益影响（如促进成熟、刺激生长等），能被测量和计算的药害用绝对值表示（如株高、株重、结实形状和结实率等）。药害分级方法如下。

−：无药害。

+：轻度药害，不影响作物正常生长。

++：中度药害，可复原，不会造成作物产量损失。

+++：重度药害，影响作物正常生长，对作物产量和品质造成一定程度的损失，一般需要补偿部分经济损失。

++++：药害严重，作物生长受阻，产量和品质损失严重，必须补偿经济损失。

5.5　精准农业航空在病虫害防治方面的应用

5.5.1　研究实例一：植保无人机飞防油菜菌核病效果初探

5.5.1.1　材料与方法

1. 试验设计

试验共设 4 个处理。处理Ⅰ：植保无人机飞防 8hm^2，用 25% 咪鲜胺水乳剂 750mL/hm^2 兑水 15L。处理Ⅱ：背负式电动喷雾器喷药 0.67hm^2，用 25% 咪鲜胺水乳剂 750mL/hm^2 兑水 450L。处理Ⅲ：手动式喷雾器喷药 0.67hm^2，用 25% 咪鲜胺水乳剂 750mL/hm^2 兑水 450L。处理Ⅳ：未喷药，为空白对照（CK），面积 0.67hm^2。其他田间管理措施一致。于 2015 年 3 月 13 日油菜盛花期进行。

2. 试验材料

供试油菜品种为‘常杂油 3 号’，常德市农林科学研究院提供。

供试药剂为辉丰使百克（25% 咪鲜胺 EC），江苏辉丰生物农业股份有限公司生产。

植保无人机为“田秀才”电动 8 旋翼机，河南田秀才实业集团股份有限公司生产。

背负式电动喷雾器为力邦牌 3WBD-16 型，台州市路桥奇达喷雾器厂生产。

人工手动喷雾器为卫士牌 WS-16 型，山东卫士植保机械有限责任公司生产。

3. 试验地概况

试验设在安乡县深柳镇桃花岭村。前茬为一季水稻。土壤肥力水平中等偏上，排灌情况良好。‘常杂油 3 号’于 2014 年 10 月 5 日机械直播，连片种植 10hm^2，至盛花期油菜长势较好，开花一致性好。

4. 调查方法

在油菜收获前 7 ～ 10d 开展菌核病防治效果调查，调查时将各处理均等分成 3 个小区，作为重复。

调查时采用五点取样法，每点调查 50 株，即每小区调查 250 株，记录病株数，并对病株逐一进行严重度分级。成熟期菌核病调查分级标准如下：0 级，全株茎、枝、果轴无发病症状。1 级，全株 1/3 以下分枝（含果轴，下同）发病或主茎有小型病斑；全株受害角果数（含病害引起的非生理性早熟和不结实角果数，下同）在 1/4 以下。2 级：全株 1/3 ～ 2/3 分枝发病，或分枝发病数在 1/3 以下而主茎中上部有大型病斑；全株受害角果数达 1/4 ～ 1/2。3 级：全株 2/3 以上分枝发病，或分枝发病数在 2/3 以下而主茎中下部有大型病斑；全株受害角果数达 1/2 ～ 3/4。4 级：全株绝大部分分枝发病，或主茎有多个病斑，或主茎下部有大型绕茎病斑；全株受害角果数达 3/4 以上（注：大型病斑大于 3cm，小型病斑小于 3cm）。

5. 数据统计和分析

分别计算发病率、病情指数、发病率防效、病情指数防效，并采用 Duncan’s 检验进行不同处理防效比较分析。

$$\text{发病率}=\text{发病植株数}/\text{调查总株数}\times 100\% \tag{5-4}$$

$$\text{病情指数}=\sum[(\text{各级病株数}\times\text{相对级数值})/(\text{调查总株数}\times 4)]\times 100 \tag{5-5}$$

$$发病率防效=(空白区发病率-处理区发病率)/空白区发病率\times 100\% \quad (5\text{-}6)$$

$$病情指数防效=(空白区病情指数-处理区病情指数)/空白区病情指数\times 100\% \quad (5\text{-}7)$$

5.5.1.2 结果与分析

1. 不同处理发病情况

由表 5-5 可知，与对照相比，3 种施药方式均可显著降低油菜菌核病的平均发病率和病情指数。以飞防效果最佳，平均发病率和病情指数为 12.67% 和 8.07，分别比对照降低 19.4 个百分点和 14.2；其次为背负式电动喷雾防治，平均发病率和病情指数为 14.67% 和 9.93，分别比对照降低 17.46 个百分点和 12.34；再次为人工手动喷雾防治，平均发病率和病情指数为 14.93% 和 10.27，分别比对照降低 17.2 个百分点和 12.0；3 种施药方式间无显著差异。

表 5-5 不同处理油菜菌核病发病情况

处理	重复	病株分级				平均发病率 /%	平均病情指数
		1 级	2 级	3 级	4 级		
Ⅰ	1	9	4	6	12	12.67Bb	8.07Bb
	2	13	8	8	10		
	3	7	3	7	8		
Ⅱ	1	9	6	10	12	14.67Bb	9.93Bb
	2	12	8	6	15		
	3	6	5	7	14		
Ⅲ	1	12	8	10	16	14.93Bb	10.27Bb
	2	9	4	5	18		
	3	6	3	7	16		
Ⅳ	1	27	9	9	34	32.13Aa	22.27Aa
	2	29	11	11	35		
	3	23	6	7	45		

注：同列不同小写字母表示差异显著（$P < 0.05$，Duncan's 检验），同列不同大写字母表示差异极显著（$P < 0.01$，Duncan's 检验），下同

2. 不同处理防治效果

由表 5-6 可知，3 种处理间病株防效无显著差异，以飞防处理的发病率防效（60.57%）最高，分别比背负式电动喷雾和人工手动喷雾防效高 6.23 个百分点和 7.04 个百分点；3 种处理间病情指数防效以飞防处理最高，病情指数防效达 63.76%，比背负式电动喷雾和人工手动喷雾分别高 8.35 个百分点和 9.88 个百分点，分别达显著和极显著水平。这说明飞防与其他两种施药方式相比，能更有效地抑制油菜菌核病的危害。

表 5-6　不同处理油菜菌核病防治效果的比较

处理	重复 1		重复 2		重复 3		平均防治效果	
	发病率防效 /%	病情指数防效 /%	发病率防效 /%	病情指数防效 /%	发病率防效 /%	病情指数防效 /%	发病率防效 /%	病情指数防效 /%
I	61.41	62.73	51.45	58.24	68.88	70.36	60.57Aa	63.76Aa
II	53.94	55.55	48.96	52.40	60.16	58.24	54.34Aa	55.41ABb
III	43.98	51.95	56.43	53.30	60.16	56.44	53.53Aa	53.88Bb

3. 不同处理作业情况

对 3 种施药方式作业情况进行比较可知，飞防处理作业效率高，成本低（表 5-7）。每公顷油菜飞防喷雾仅耗时 15min，而背负式电动喷雾耗时 450min，人工手动喷雾耗时 750min，飞防提高作业效率 30 ～ 50 倍。另外，飞防喷雾每公顷用工费仅为 150 元，而背负式电动喷雾和人工手动喷雾用工费均为 360 元，加上每公顷 120 元的 25% 咪鲜胺 EC 费用，飞防喷雾成本为 270 元 /hm^2，背负式电动喷雾和人工手动喷雾均为 480 元 /hm^2，无人机防治成本下降 43.75%，且节水 96.67%。

表 5-7　不同施药方式作业情况比较

处理	防治耗时 /（min/hm^2）	兑水量 /（L/hm^2）	用工费 /（元 /hm^2）	用药费 /（元 /hm^2）	防治成本 /（元 /hm^2）
I	15	15	150	120	270
II	450	450	360	120	480
III	750	450	360	120	480

5.5.1.3　结论

试验结果表明，由于飞防时施药高度较低，高速运行时飘移小，植保机螺旋桨产生的下压气流可将油菜吹开，使药液到达植株中下部，确保下部叶片和茎秆均匀着药，相比于背负式电动喷雾和人工手动喷雾，能更有效地抑制油菜菌核病的危害，且作业效率提高 30 ～ 50 倍，防治成本降低 40% 以上，节水 90% 以上。此外，飞防作业地形适应性好，喷雾雾滴小，喷雾均匀，安全性高，可实现人药分离，田间作业时也不会留下辙印和损伤油菜，在统一药剂、统一测报、统一组织的前提下可轻松实现统防统治，提高菌核病防治的专业化水平。

本次飞防咪鲜胺用量为 750mL/hm^2，其防治油菜菌核病最适用量还有待进一步比较研究。

5.5.2　研究实例二：利用无人机释放赤眼蜂研究

赤眼蜂（*Trichogramma* spp.）是目前世界上生产和释放最广泛的卵寄生蜂。全世界约有 20 种赤眼蜂被大量繁殖和释放，每年放蜂治虫的面积达 3000 万 hm^2 以上，主要包括玉米、水稻、甘蔗、棉花、蔬菜等农作物及一些林木和果树，一般能有效控制害虫为害，取得明显的经济、生态和社会效益。

目前赤眼蜂的应用主要依靠淹没式释放，长期以来一直依靠人工进行释放，即采用人工在田间步行悬挂蜂卡。此方式效率低，且随着人工费用日益增长，释放的人工成本也越来越高。植株生长后期，特别是甘蔗、玉米、林场等，植株长得很高，仅靠人工很难进入田间内部悬挂蜂卡，因此还存在释放工作难以进行、释放难以多点均匀分布等困难。

为了解决上述难题，本研究探索了无人机释放赤眼蜂相关技术。首先寻找无人机释放赤眼蜂的载体，筛选赤眼蜂悬浮液的最佳溶质和溶质浓度，并明确赤眼蜂悬浮不同时间对羽化率的影响。其次统计了利用无人机释放时赤眼蜂悬浮液在植株上的落点率和赤眼蜂的羽化率。通过上述试验探索无人机释放赤眼蜂的可行性。

5.5.2.1 材料与方法

1. 试验昆虫及器材

螟黄赤眼蜂（*Trichogramma chilonis*）：采自广东省湛江市甘蔗田间条螟（*Chilo sacchariphagus*）、二化螟（*Chilo infuscatellus*）寄生卵，室温下在米蛾（*Corcyra cephalonica*）卵上饲养多代。

米蛾卵：室温下用麦麸饲料饲养米蛾，每日收集米蛾卵，除去杂物后用40目的筛选器过筛，获得清洁、正常的米蛾卵。

无人机：由广西禾康农业科技有限公司提供的智能无人直升机，具有体积小、重量轻、工作效率高（8～10hm^2/h）等特点，飞控手在地面遥控飞机作业。

蠕动泵：保定创锐泵业有限公司提供的OEM18-DC12/TH15（102R/D），直流电机，工作电压12V，配用内径4.8mm的硅胶管，流量控制在75mL/min。

2. 试验方法

（1）赤眼蜂悬浮液溶质的筛选

选用3种物质作为备选溶质，将3种溶质标记为A、B和C，以清水为对照，进行不同溶质不同浓度悬浮赤眼蜂试验。将A、B和C配制成0.5‰、1‰、1.5‰、2‰和2.5‰浓度的溶液，将一定量的羽化前0.5～1d的寄生了赤眼蜂的米蛾卵（简称寄生卵，下同）加入溶液中，玻璃棒搅拌均匀，配制成1%体积浓度的寄生卵悬浮液。将悬浮液静止0min、15min、30min、45min、60min、90min、120min后，观察寄生卵在溶液中的悬浮状态，比较并筛选能均匀悬浮寄生卵的溶质及浓度。

（2）寄生卵在溶液中悬浮不同时间对羽化率的影响

用羽化前0.5～1d的寄生卵配制成1%体积浓度的寄生卵悬浮液，将悬浮液静止0～2h，在静止0min、15min、30min、45min、60min、90min、120min时，用滴管吸出寄生卵悬浮液，并滴在普通白纸上，将白纸平铺在25℃、相对湿度80%的室内干燥，第5天（赤眼蜂已全部羽化）调查羽化数和未羽化数，并统计羽化率。以清水浸泡的寄生卵作为CK1，未经浸泡悬浮的寄生卵作为CK2，每个处理和对照统计3张白纸，视为3个重复，试验重复3次。

$$羽化率=羽化数/(羽化数+未羽化数)\times 100\% \tag{5-8}$$

（3）无人机释放时悬浮液落在植株上的落点率调查

试验前配制寄生卵悬浮液，悬浮液A溶质浓度为1.5‰，寄生卵体积浓度为1%。无人机释放悬浮液落点率的调查在甘蔗地进行。在广西南宁市玉米研究所附近的甘蔗基地内，选择甘蔗为10节、10片叶左右的田块，面积20m×45m。为了试验较顺利进行，特意选择植株比一般蔗田稀疏、行距1m的田块。于试验场（108.243°N、22.609°E）在晴天、无风时释放悬浮液，试验进行时经温湿度计测定温度为36.5℃，相对湿度为40%。

将白布平铺在甘蔗地的地面上，布与布之间不留空隙，以保证悬浮液落下时，除了落在植株上，其他均落在白布上，白布大小为 3m×15m。飞机以 88m/min 的速度，在距地面 5m 的高度从甘蔗地飞过，同时寄生卵悬浮液以 75mL/min 的速度从空中落下，并一滴一滴地落在甘蔗植株或白布上。飞机在每行甘蔗上空飞过，即在铺有白布的区域共飞行 3 次，每次飞行轨道间隔 1m。待飞机飞行完指定区域，立刻统计白布上悬浮液点数，并记为 a。

然后在上述甘蔗地附近 10m 左右的空旷处，同样铺上 3m×15m 的白布，布与布之间不留空隙，以保证悬浮液落下时全部落在白布上。飞机采用相同的参数及悬浮液喷洒量喷过。飞机在白布上空共飞行 3 次，每次飞行轨道间隔 1m。飞行完毕立刻统计白布上悬浮液点数，并记为 b，寄生卵悬浮液在植株上的落点率为

$$\text{寄生卵悬浮液在植株上的落点率}=(b-a)/b\times 100\% \tag{5-9}$$

（4）蠕动泵转动过程对寄生卵羽化率的影响

飞机释放时，寄生卵悬浮液在硅胶管内经蠕动泵转动由飞机储存箱内匀速落下，蠕动泵转动过程对寄生卵是否有损伤，是必须考虑的问题。在室内用羽化前 0.5 ～ 1d 的寄生卵配制 1% 体积浓度的寄生卵悬浮液，将硅胶管内悬浮液经蠕动泵转动而落到白纸上，将白纸平铺在 25℃、相对湿度为 80% 的室内，待其干燥，第 5 天（赤眼蜂已全部羽化）调查羽化数和未羽化数，并统计羽化率。以没有采用蠕动泵而由滴管滴在白纸上的悬浮液作为对照，处理和对照统计 3 张白纸，视为 3 个重复，试验重复 3 次。

3. 数据统计与分析

以上数据用 Excel 进行统计和处理，用 SPSS 进行数据分析。

5.5.2.2　结果与分析

1. 寄生卵悬浮液溶质的筛选

在溶质 A、B、C 的 0.5‰、1‰、1.5‰、2‰、2.5‰ 溶液中，加入寄生卵配制成 1% 体积浓度的悬浮液，将悬浮液静止 15 ～ 120min，显示 B 和 C 的所有处理和 0.5‰、1‰ 的 A 溶液各时间处理均出现寄生卵漂浮在溶液表面的现象，而不是悬浮在溶液内。1.5‰、2‰、2.5‰ 的 A 溶液在 0 ～ 120min，寄生卵均匀悬浮在溶液内，说明 1.5‰、2‰、2.5‰ 的 A 溶液是寄生卵的理想悬浮液。

2. 寄生卵在溶液中悬浮不同时间对羽化率的影响

未经悬浮处理的对照（CK2）寄生卵羽化率为（81.33±1.76）%，经过 Duncan's 检验发现，1.5‰ A 溶液和清水对照（CK1）0 ～ 90min 的羽化率，与没有经过浸泡的对照（CK2）的羽化率差异不显著（$P > 0.05$），1.5‰ A 溶液和清水浸泡 120min 后，羽化率显著低于 CK2（$P < 0.05$）。说明在 1.5‰ 的 A 溶液和清水中浸泡悬浮 90min 以内，寄生卵的羽化率不受影响。通过独立样本 t 检验发现，同一浸泡时间下 1.5‰ A 溶液和清水对照（CK1）间的差异不显著（$P > 0.05$），说明 A 溶质不影响寄生卵的羽化率。

3. 无人机释放时悬浮液在植株上的落点率调查

甘蔗田间白布上落点 a=27 点，空旷地面白布上落点 b=218 点，无人机在行距为 1m 的甘蔗田间释放时，悬浮液从飞机上落下，87.61% 的悬浮液落在甘蔗植株上，仅 12.39% 的悬浮液落在甘蔗田间的地面上。

4. 蠕动泵转动过程对寄生卵羽化率的影响

寄生卵悬浮液在硅胶管内经蠕动泵转动而落下的羽化率与采用滴管落下的对照的差异不显著（$P > 0.05$），均在 72% ～ 75%，说明蠕动泵转动对悬浮液内的寄生卵羽化率无显著影响。

5.5.2.3　结论

通过本研究筛选出了能均匀悬浮寄生卵的溶质 A，溶质 A 对赤眼蜂虫体羽化无负面影响，并明确了溶质 A 悬浮寄生卵的最佳浓度为 1.5‰，羽化前 0.5 ～ 1d 的寄生卵在 1.5‰ 的 A 溶质内悬浮 90min 以内羽化率不受显著影响。通过在甘蔗地试验，明确了无人机释放赤眼蜂防治甘蔗蔗螟时，悬浮液在甘蔗植株的落点率高达 87.61%，无人机释放时蠕动泵转动对寄生卵羽化率无影响。以上说明，无论从释放时赤眼蜂载体，还是释放出的赤眼蜂准确落到植株上，或者各环节赤眼蜂虫体是否受损、羽化率是否会下降等方面考虑，无人机释放赤眼蜂的相关技术是成熟完善的，无人机释放赤眼蜂是可行的。和传统人工释放方式相比，无人机释放赤眼蜂更均匀，释放效率也大大提高，解决了人工很难进入田间内部悬挂蜂卡等难题。

第 6 章　精准农业航空植保技术在小麦上的应用

小麦是世界上栽培历史最古老、分布最广的作物之一，也是种植面积最大、总产量最多、商品率最高的作物。小麦籽粒营养价值高，是食品工业重要原料。全世界有 1/3 以上的人口以小麦为主粮。

小麦是我国的主要粮食作物，近年种植面积稳定在 2400 万 hm^2 左右，病虫害是影响其稳产、高产的重要生物灾害。据统计，我国小麦上常见病虫害有 70 多种，其中，病害 38 种、虫害 37 种。常年病虫害发生面积约 7000 万 hm^2，损失小麦 25 亿～30 亿 kg，发生普遍、危害严重的病害主要有小麦条锈病、叶锈病、秆锈病、白粉病、赤霉病、纹枯病、全蚀病、根腐病、孢囊线虫病、雪霉叶枯病、黑穗病、黄矮病；常见虫害有麦蚜、吸浆虫、黏虫、麦蜘蛛、麦秆蝇、蝼蛄、蛴螬、金针虫等。我国幅员辽阔、生态环境多样，各麦区地理环境、气象条件、小麦品种、栽培制度和耕作措施存在很大差异，小麦病虫害的分布与发生、危害规律亦因地而异。

6.1　小麦常见病害及防治

6.1.1　小麦赤霉病

小麦赤霉病是一种世界性的流行病害，其发病部位在穗部，因常出现以红色为主基色的霉层，故称为赤霉病，也称穗枯病、烂麦头、红麦头（图 6-1）。赤霉病多发生在抽穗扬花期多雨潮湿的地区，小麦发病后一般可减产 10%～20%，严重时达 80%～90%，甚至颗粒无收。

图 6-1　小麦赤霉病

6.1.1.1　症状

小麦赤霉病主要为害穗部引起穗枯，也可侵害幼苗引起苗腐。穗部症状于小麦扬花后出现。最初在颖壳上出现水渍状褐斑，渐蔓延至整个小穗，感病小穗变黄枯死。通常一个麦穗的少数小穗先发病，然后扩展至穗轴，破坏穗轴输导组织而影响养分和水分的正常输送，使病小穗上部的其他小穗迅速枯死而不能结实，或形成干瘪籽粒，严重时整穗凋枯。发病后期，在病颖壳缝隙处和小穗基部出现砖红色胶质霉层。在高温条件下，霉层处产生蓝黑色小颗粒。苗枯是由种子或土壤带菌引起的。病苗芽鞘变褐、腐烂，根冠也随之腐烂。病苗黄瘦，最后枯死。

6.1.1.2 发病

小麦赤霉病的发生和流行与气候条件、菌源数量、寄主小麦的抗病性，以及生育时期、栽培措施等因素都有密切的关系。由于目前各小麦品种普遍感病，而且田间具有充足的菌源，只要具有适宜的气候条件并与小麦扬花期相吻合，就容易造成赤霉病流行。

6.1.1.3 病害循环

中国中部、南部稻麦两作区，病菌除在病残体上越夏外，还在水稻、玉米、棉花等多种作物病残体中营腐生生活越冬。翌年在这些病残体上形成的子囊壳是主要侵染源。子囊孢子成熟正值小麦扬花期，借气流、风雨传播，溅落在花器凋萎的花药上萌发，先营腐生生活，然后侵染小穗，几天后产生大量粉红色霉层（病菌分生孢子）。在开花至盛花期侵染率最高。穗腐形成的分生孢子对本田再侵染作用不大，但对邻近晚麦田侵染作用较大。该菌还能以菌丝体在带病种子内越夏、越冬。

在中国北部、东北部麦区，病菌能在麦株残体、带病种子和其他植物如稗、玉米、大豆、红蓼等残体上以菌丝体或子囊壳越冬，在北方冬麦区则以菌丝体在小麦、玉米穗轴上越夏、越冬，待条件适宜时产生子囊壳释放出子囊孢子进行侵染。赤霉病主要通过风雨传播，雨水作用较大。

6.1.1.4 防治方法

目前，对小麦赤霉病主要采用农业防治和喷施杀菌剂相结合的方式来进行防治。农业防治包括选育和推广抗病品种；避免在小麦扬花期灌水，特别是不能大水漫灌，多雨地区应该注意排水降湿；另外，在小麦扬花期前处理完麦秸、玉米秸等植株残体，从而消灭或减少菌源数量。化学防治是小麦赤霉病的主要防治措施。

1. 种子处理

用增产菌拌种。每亩用固体菌剂 100 ～ 150g 或液体菌剂 50mL 兑水喷洒种子拌匀，晾干后播种。

2. 喷雾防治

防治重点是在小麦扬花期预防穗枯发生，要在小麦齐穗扬花初期（扬花株率 5% ～ 10%）用药。药剂防治应选择渗透性、耐雨水冲刷性和持效性较好的农药，每亩可选用 25% 氰烯菌酯悬浮剂 100 ～ 200mL，或 40% 戊唑 · 咪鲜胺水乳剂 20 ～ 25mL，或 28% 烯肟 · 多菌灵可湿性粉剂 50 ～ 95g，兑水细雾喷施。视天气情况、品种特性和生育期早晚再隔 7d 左右喷第二次药，注意交替轮换用药。此外，小麦生长中后期的赤霉病、麦蚜、黏虫混发区，每亩用 40% 毒死蜱 30mL，或 10% 抗蚜威 10g 加 40% 禾枯灵 100g，或 60% 防霉宝 70g 加磷酸二氢钾 150g，或尿素、丰产素等，防治效果优异。在长江中下游，喷药时期往往阴雨连绵或时晴时雨，必须抢在雨前或雨停间隙露水干后抢时喷药，喷药后遇雨可间隔 5 ～ 7d 再喷一次，以提高防治效果，喷药时要重点对准小麦穗部，均匀喷雾。

6.1.2 小麦锈病

小麦锈病分为条锈病、叶锈病和秆锈病 3 种，是我国小麦上发生面积广、危害最重的一类病害。条锈病主要为害小麦。叶锈病一般只侵染小麦。秆锈病小麦变种除侵染小麦外，还侵染大麦和一些禾本科杂草。

6.1.2.1　小麦条锈病

1. 症状

小麦条锈病主要为害叶片，也可为害叶鞘、茎秆及穗部。小麦受害后，叶片表面出现褪绿斑，以后产生黄色疱状夏孢子堆，后期产生黑色的疱状冬孢子堆。小麦条锈病夏孢子堆小，长椭圆形，在成株上沿叶脉排列成行，呈虚线状，幼苗期则不排列成行。小麦三种锈病的症状进行田间诊断时，可根据“条锈成行叶锈乱，秆锈是个大红斑”加以区分。参见图 6-2。

图 6-2　小麦条锈病

2. 发病条件

春季是小麦条锈病为害的主要时期。在大面积种植感病品种的条件下，决定我国多数麦区春季流行条锈病的关键因素是越冬菌量和春季降水量。

在种植感病品种的前提下，如果秋苗发病重，冬季又比较温暖，就有较多的带菌病叶可顺利越冬。凡有越冬菌源的地区，在温、湿度条件适宜的情况下，病害发生早且重；如病菌在当地不能越冬，则异地越冬菌源通过气流远距离传播侵入本地区，造成小麦生长中、后期病害的发生和流行。小麦条锈病菌的传播距离可达 800 ～ 2400km，距菌源地越近，发病越重。

冬季温暖，病菌越冬率高；早春气温偏高，春雨早，之后又多雨，则病害在早期即可普遍发生，并持续发展，造成病害早流行和大流行。

3. 病害循环

小麦条锈病是典型的远程气传病害。其病菌主要在我国西北和西南高海拔、低气温地区越夏，越夏区产生的夏孢子经风吹到广大麦区，在适合的温度（14 ～ 17℃）和有水滴或水膜的条件下侵染小麦。夏孢子在寄主组织内生长，潜育期长短因环境不同而异。每个夏孢子堆可持续产生夏孢子若干天，夏孢子比冬孢子繁殖快约 200 万倍，可随风传播，吹送到几百千米以外的地方而不失活进行再侵染。因此，条锈菌借助东南风和西北风的吹送，在高海拔冷凉地区晚熟春麦和晚熟冬麦自生麦苗上越夏，在低海拔温暖地区冬麦上越冬，完成周年循环。

在我国黄河、秦岭以南较温暖的地区，小麦条锈菌不需越冬，从秋季一直到小麦收获前，可以不断侵染和繁殖为害。但在黄河、秦岭以北冬季小麦生长停止的地区，病菌在最冷月日均温不低于−6℃，或有积雪日均温不低于−10℃的地方，主要以潜育菌丝状态在未冻死的麦叶组织内越冬，待翌年春季温度适合生长时，再繁殖扩大为害。

条锈病在秋季或春季发病的轻重主要与夏季、秋季和春季雨水的多少，越夏、越冬菌源量和感病品种面积大小关系密切。一般，秋冬、春夏雨水多，感病品种面积大，菌源量大，锈病发生重，反之则轻。

4. 防治方法

小麦条锈病流行年份，可在小麦拔节初期用 15% 三唑酮可湿性粉剂 100 ～ 150g，铲除或封锁发病中心，可有效地控制病害扩散蔓延和流行。常发病田和易发病田，每亩可用 15% 三唑酮可湿性粉剂 60 ～ 100g，全田喷雾，铲除越冬菌源，控制穗期流行。偶发病田或晚发病田，穗期每亩可用 15% 三唑酮可湿性粉剂 40 ～ 60g，叶面喷雾，保护顶部功能叶。

6.1.2.2 小麦叶锈病

1. 症状

叶锈病主要为害小麦叶片，有时也为害叶鞘和茎。叶片受害，产生许多散乱的、不规则排列的圆形至长椭圆形的橘红色夏孢子堆，表皮破裂后，散出黄褐色夏孢子粉。夏孢子堆较秆锈病菌小而比条锈病菌大，多发生在叶片正面。偶尔叶锈病菌也可穿透叶片，在叶片正反两面同时形成夏孢子堆，但叶片背面的孢子堆比正面的要小。后期在叶片背面散生椭圆形的黑色冬孢子堆。参见图 6-3。

图 6-3　小麦叶锈病

2. 发病条件

叶锈病菌侵入寄主的临界温度为 10℃。春季到达这一温度的一旬及其前、后一旬的 30d 为叶锈病发生临界期。临界期温度回升早晚和雨量多少，是叶锈病能否流行的决定因素。温度回升早且多雨露，叶锈病发生早且重。小麦生长中、后期，以湿度对叶锈病的发生影响较大。小麦抽穗前、后，如果降雨次数多，病害即可流行。同时，由于叶锈病菌夏孢子可以在相对湿度高于 95% 的条件下萌芽，因此在雨水较少、田间相对湿度较高的条件下，病害仍有可能流行。

3. 病害循环

叶锈病菌越夏和越冬的地区较广，我国大部分麦区小麦收获后，病菌转移到自生麦苗上越夏，冬小麦秋播出土后，病菌从自生麦苗转移到秋苗上为害，并以菌丝体潜伏在叶组织内越冬。冬季寒冷地区，秋苗易冻死，病菌的越冬率很低；冬季较温暖地区，病菌越冬率较高。同一地区病菌越冬率的高低，与一年春季病害流行程度呈正相关。小麦叶锈病菌越冬后，当早春均温上升到 5℃时，潜育病叶开始复苏显症，产生夏孢子，进行再侵染，但此时叶锈病发展很慢，当旬平均温度稳定在 10℃以上时，才能较顺利地侵染新生叶片，感染率明显上升，进入春季流行的盛发期。

叶锈病菌从气孔侵入。夏孢子萌发后长出芽管，沿叶表生长，遇到气孔后，芽管顶端膨大形成附着胞。附着胞下方长出侵入丝，在气孔下腔内形成泡囊，再长出侵染菌丝，在叶肉细胞间隙蔓延生长，以吸器伸入寄主细胞内，夺取寄主的营养。除典型的从气孔侵入外，还可以直接侵入寄主细胞。病菌侵入后形成夏孢子堆和夏孢子，借助于气流向周围传播，进行再侵染。条件适宜时，经 5 ～ 6d 即可完成一个病程。防治方法同条锈病。

6.1.2.3　小麦秆锈病

小麦秆锈病在我国主要发生在东北、内蒙古等地的春麦区，以及华东沿海、长江流域、淮河流域及南方各省的冬麦区，流行年份可在短期内造成较大损失。近 30 年来，由于推广种植抗病品种等措施，有效控制了秆锈病在我国的发生为害。参见图 6-4。

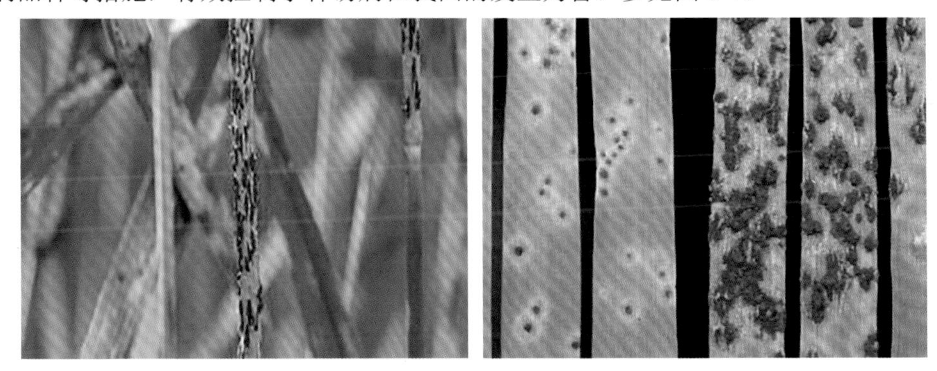

图 6-4　小麦秆锈病

1. 症状

秆锈病主要为害叶鞘、茎秆及叶片基部，严重时麦穗的颖片和芒上也有发生。受害部位产生的夏孢子堆较大，长椭圆形，深褐色，排列不规则，表皮很早破裂并外翻，大量的锈褐色夏孢子向外扩散。小麦成熟前，在夏孢子堆中或其附近产生长椭圆形或长条形的黑色冬孢子堆，后期表皮破裂。发生在叶片上的孢子堆穿透能力较强，导致同一侵染点叶片两面均出现孢子堆，且叶背面的孢子堆一般比正面的大。

2. 发病条件

在种植感病品种的条件下，秆锈病流行与否及流行程度与小麦抽穗期前后的气候条件及菌源量有密切关系。一般小麦抽穗期的气温可满足秆锈病菌夏孢子萌发和侵染的要求，决定病害是否流行的主要因素是湿度条件。但在长江、淮河流域，常年 4 ～ 5 月降雨较多，所以湿度并非病害流行的限制因素，病害流行受温度的影响较大，通常 4 月中下旬的平均气温上升到 16℃以上，同时外来菌源量大，病害就可能流行。华北地区发病重，夏孢子始见期早，而本地 5 ～ 6 月气温偏低，小麦发育延迟，但 6 ～ 7 月降雨日数较多，就有可能大流行。

3. 病害循环

小麦秆锈病菌夏孢子不耐寒冷，在北部麦区不能越冬。据考察，秆锈病菌的越冬区域比较小，主要在福建、广东等东南沿海地区和云南南部地区越冬。这些地区冬季最冷月日均温可达 10℃左右，小麦可持续生长，秆锈病菌可不断侵染为害，不存在休止越冬的问题。而且小麦播期为 9 ～ 12 月，收获期为 1 ～ 4 月，为秆锈病菌越冬提供了寄主条件。

此外，山东半岛和江苏徐淮地区虽然秋苗发病普遍，但受害叶片大多不能存活到翌年返青后。因此，病菌越冬率极低，仅可为当地局部麦田提供少量菌源，对全国范围的秆锈病流行影响很小。

春季、夏季，越冬区的菌源自南向北、自东向西逐步传播，经由长江流域、华北平原到达东北、西北及内蒙古等地的春麦区，造成全国大范围的春季、夏季流行。由于大多数地区没有或极少有本地菌源，因此春季、夏季的病害流行几乎全部是由南方早发地区的外来菌源所引起，所以一旦发病便是大面积普发，没有发病中心。防治方法同条锈病。

6.1.3 小麦纹枯病

6.1.3.1 症状

小麦发生纹枯病后在不同生育阶段所表现出的症状不同，主要发生在叶鞘和茎秆上。幼苗发病初期，在地表或近地表的叶鞘上先产生淡黄色小斑点，随后出现典型的黄褐色梭形或眼点状病斑，后期病株基部茎节腐烂，病苗枯死。小麦拔节后在基部叶鞘上形成中间灰色、边缘棕褐色的云纹状病斑，病斑融合后，茎基部呈云纹花秆状，病斑继续沿叶鞘向上部扩展至旗叶。后期病斑侵入茎壁后，形成中间灰褐色、四周褐色的近圆形或椭圆形眼斑，造成茎壁失水坏死，最后病株枯死，形成枯株白穗，结实少，籽粒秕瘦。麦株中部或中下部叶鞘病斑的表面会产生白色霉状物，最后形成许多散生圆形或近圆形的褐色小颗粒状菌核。参见图 6-5。

图 6-5　小麦纹枯病

6.1.3.2 发生条件

冬麦播种过早、密度大，冬前旺长，偏施氮肥或施用带有病残体而未腐熟的粪肥，有利于发病。春季发生低温冻害等的麦田发病重。秋冬季温暖、春季多雨、病田常年连作有利于发病。重化肥、轻有机肥和重氮肥、轻磷钾肥的地块发病重。沙土地纹枯病重于黏土地，黏土地重于盐碱地。

6.1.3.3 病害循环

病菌主要以菌核在土壤中或附着在病残体上越夏、越冬，成为下季初侵染的主要菌源。麦子整个生育阶段均可感染纹枯病，主要发生部位为叶鞘及茎秆。病害在田间发生和消长的两个高峰出现在冬前与小麦拔节至孕穗期。大、小麦种子萌发后，地下部的幼根、幼芽即可遭受病菌的侵染。随着气温变化，病害的发生、发展大致可分为冬前发病期、病株越冬期、春季病害横向扩展期、病害严重度增长期和枯株白穗显症期 5 个阶段。冬前病害零星发生，播种早的田块会有较明显的侵染高峰，随着气温下降，越冬期病害趋于停止。翌年春天，麦子返青后，天气转暖，随气温的升高，病情又加快发展。小麦进入拔节阶段时，病情开始加重，拔节后期或孕穗阶段，病株率和严重度都急剧增长，达到高峰。在小麦抽穗以后，植株茎秆组织老健，不利于病菌的侵入与扩展，病害发展减慢，但在已受害的麦株上，病菌可由表层深及茎秆，加重危害，使病情严重度继续增加，造成田间出现枯株白穗。

6.1.3.4　防治方法

小麦纹枯病的发生与农田生态状况关系密切，在病害控制上应以改善农田生态为基础，结合药剂防治的策略。加强栽培管理，促进小麦健壮生长，是防治纹枯病的重要基础。种子处理，用 25% 三唑酮可湿性粉剂，或 12% 三唑醇乳油，或 12.5% 烯唑醇可湿性粉剂，或 2% 戊唑醇可湿性粉剂拌种，药剂用量一般为有效成分为种子重量的 0.02% ～ 0.03%。

春季是病害的发生高峰期，仅靠种子处理很难控制春季病害流行，在小麦返青拔节期应视病情发展及时进行喷雾防治。以分蘖末期施药防治效果最好，拔节期次之，孕穗期较差。在分蘖末期病株率达 5% 时，用 5% 井冈霉素水剂 100 ～ 150mL/ 亩，或 20% 井冈霉素粉剂 50g/ 亩，或 16% 纹病清 40g/ 亩，或 25% 三唑酮可湿性粉剂 30 ～ 50g/ 亩，或 40% 多菌灵胶悬剂 50 ～ 100g/ 亩，或 70% 甲基硫菌灵可湿性粉剂 50 ～ 75g/ 亩，兑水喷雾。

6.1.4　小麦白粉病

6.1.4.1　症状

小麦白粉病是一种世界性病害，在各主要产麦国均有分布，自幼苗到抽穗均可发病。该病可侵害小麦植株地上部各器官，但以叶片和叶鞘为主，发病重时颖壳和芒也可受害。初发病时，叶面出现 1 ～ 2mm 的白色霉点，后霉点逐渐扩大为近圆形或椭圆形白色霉斑，霉斑表面有一层白粉，后期病部霉层变为白色至浅褐色，上面散生黑色颗粒。病叶早期变黄，后卷曲枯死，重病株常矮缩不能抽穗。参见图 6-6。

图 6-6　小麦白粉病

6.1.4.2　发生条件

发病适温 15 ～ 20℃，在相对湿度大于 70% 时，有可能造成病害流行。冬季温暖、雨雪较多，或土壤湿度较大，有利于病原菌越冬。雨日、雨量过多，可冲刷掉表面分生孢子，从而减缓病害发生。偏施氮肥，造成植株贪青，发病重。植株生长衰弱、抗病力低，易发病。

6.1.4.3　病害循环

小麦白粉病菌的越夏方式有两种：一种是以分生孢子在夏季气温较低地区的自生麦苗或夏播小麦上继续侵染繁殖或以潜伏状态越夏；另一种是以闭囊壳于病残体上在低温、干燥的条件下越夏。在以分生孢子越夏的地区，秋苗发病较早、较重，在无越夏菌源的地区，则发病较晚、较轻或不发病，秋苗发病以后一般均能越冬。病菌越冬的方式有两种：一种是以分生孢子的形态越冬；另一种是以菌丝体潜伏在病叶组织内越冬。影响病菌越冬率的主要因素是冬季的气温，其次是湿度。越冬的病菌先在植株底部叶片上沿水平方向扩展，以后依次向中部和上部叶片发展。

6.1.4.4　防治措施

1. 种植抗病品种

条锈病常发区：种植对条锈病新小种抗性较好的品种，成株期发病的地区可选用慢锈性品种。条锈病越夏区：在不同海拔区域，种植含有不同抗病基因的小麦良种以控制条锈病的初始菌源量。赤霉病发生区：选择对赤霉病具有一定抗性的品种，避免盲目引种不抗病的高产品种，减轻后期赤霉病流行风险。孢囊线虫病严重发生区：种植新培育的对孢囊线虫病具有一定抗性的品种。小麦黄花叶病常发区与新发生区：种植对土传病毒病有一定抗性的品种。

2. 农业防治

越夏区麦收后及时耕翻灭茬加铲除自生麦苗；合理密植和施用氮肥，适当增施有机肥和磷钾肥；改善田间通风透光条件；降低田间湿度，提高植株抗病性。

3. 药剂防治

用种子重量 0.03%（有效成分）的 6% 戊唑醇悬浮种衣剂或 25% 三唑酮可湿性粉剂拌种，也可用 2.5% 适乐时 20mL+3% 敌萎丹 100mL 兑适量水拌种 10kg，并堆闷 3h，兼治黑穗病、条锈病等。

在小麦抗病品种少或病菌小种变异大、抗性丧失快的地区，当小麦白粉病病情指数达到 1 或病叶率达 10% 以上时，开始喷洒 15% 三唑酮可湿性粉剂，每亩用有效成分 8 ～ 10g；或 12.5% 特普唑可湿性粉剂，每亩用有效成分 4 ～ 6g。也可根据田间情况采用杀虫剂与杀菌剂混配，做到关键期一次用药，兼治小麦白粉病、锈病等主要病虫害。小麦生长中后期，条锈病、白粉病、穗蚜混发时，每亩用三唑酮有效成分 7g+抗蚜威有效成分 3g+磷酸二氢钾 150g；条锈病、白粉病、吸浆虫、黏虫混发区或田块，每亩用三唑酮有效成分 7g+40% 氧化乐果 2000 倍液+磷酸二氢钾 150g；赤霉病、白粉病、穗蚜混发区，每亩用多菌灵有效成分 40g+三唑酮有效成分 7g+抗蚜威有效成分 3g+磷酸二氢钾 150g。

6.1.5　小麦全蚀病

小麦全蚀病是典型的土传性根部病害，广泛分布于世界各地。主要为害根部和茎基部 1 ～ 2 节，地上部分的症状均为根和茎基部腐烂所致。小麦在整个生育期均可感病。小麦全蚀病是迄今为止明显发生自然衰退的一种病害。所谓“全蚀病自然衰退”，是指全蚀病田连作，病情逐年加重，当病害发展到高峰后，在不采取任何防治措施的情况下病情逐年自然下降的现象。

6.1.5.1　症状

幼苗感病后，初生根变为黑褐色，次生根上也出现许多病斑，严重时病斑连在一起，使整个根系变黑死亡，病株易从根茎部拔断。发病较轻时，基部叶片黄化，心叶内卷，植株矮小，生长不良，类似干旱缺肥状。分蘖期地上部分无明显症状，仅重病植株表现稍矮，基部黄叶多，此时若拔出麦苗，用水冲洗麦根，可见根和茎基部都变成了黑褐色。拔节期病株返青迟缓，植株矮小稀疏，叶片自下而上变黄，麦田出现矮化发病中心。后期茎基部 1 ～ 2 节叶鞘内侧和茎秆基部表面在潮湿情况下，形成肉眼可见的黑褐色菌丝层，俗称“黑脚”或“黑膏药”。抽穗灌浆期病株出现早枯，形成“白穗”。“根腐”、“黑脚”和“白穗”是小麦全蚀病的典型症状。近收获时，在潮湿条件下，根茎处可见到黑色点状凸起的子囊壳。参见图 6-7。

图 6-7　小麦全蚀病

6.1.5.2　发生条件

小麦全蚀病菌发育温度为 3 ～ 35℃，适宜温度为 19 ～ 24℃，致死温度为 52 ～ 54℃（温热）10min。土壤性状和耕作管理条件对全蚀病影响较大。一般土壤土质疏松、肥力低，碱性土壤发病较重。土壤潮湿有利于病害发生和扩展，水浇地较旱地发病重。与非寄主作物轮作或水旱轮作，发病较轻。根系发达品种抗病性较强，增施腐熟有机肥可减轻发病。冬小麦播种过早，发病重。

6.1.5.3　病害循环

病菌主要以菌丝体随病残体在土壤中越夏或越冬，成为下茬作物的初侵染源。未腐熟有机肥中的病残体也可作为初侵染源。以寄生方式存在于自生麦苗、杂草或其他作物上的全蚀病菌也可以传染下一季作物。上述各类初侵染源中以病残体上的菌丝体作用最大。子囊孢子落入土壤后，萌发和侵染受到抑制，虽能导致一定的发病，但其作用远不如病残体中菌丝体。小麦播种后，菌丝体从麦苗种子根的根冠区、根茎下节、胚芽鞘等处侵入。在菌源量较大的土壤中，冬小麦播种后约 50d，麦苗种子根即受侵害变黑。病菌以菌丝体在小麦的根部及土壤中病残组织内越冬时，小麦返青后，随地温升高，菌丝体增殖加快，沿根扩展，向上侵害分蘖节和茎基部。拔节后期至抽穗期，菌丝体蔓延侵害茎基部 1 ～ 2 节。由于茎基部受害腐解，阻碍了水分、养分的吸收、输送，病株陆续死亡，田间出现白穗。小麦全蚀病菌为土壤寄居菌，病原菌在土壤中存活年限因试验条件和方法不同其结果也不一致，为 1 ～ 5 年。

6.1.5.4 防治措施

小麦全蚀病的防治应采取以农业措施为主，生物、化学防治和植物检疫为辅的综合防治策略。

1. 加强检疫

小麦全蚀病可通过混杂在小麦种子间的病残体进行远距离传播而蔓延。在旱作麦区的小麦良种繁育田、留种田要严格执行产地检疫制度，不留用病田种子，不从发病区调入种子或将病区的种子外调，以防病情进一步扩展蔓延。

2. 种植耐病品种

鉴于目前尚缺乏抗病品种，可选用耐病且丰产性能较好的小麦品种，如‘豫麦 18’‘豫麦 49’‘烟农 15 号’‘济南 13 号’‘西农 291’‘陕 872’‘济宁 3 号’等。

3. 农业措施

合理轮作，重病区轮作倒茬可控制小麦全蚀病，零星发病地区及时轮作倒茬可延缓病害的扩展，一般可与甘薯、棉花、绿肥、大蒜、油菜等非寄主作物轮作，有条件的地方可实行水旱轮作。合理施肥，增施有机底肥和磷肥，可提高植株抗病性，改良土壤理化性质，促进土壤微生物活动，增强拮抗微生物的竞争性，抑制全蚀病菌的侵染。加强田间管理，春麦区麦收后尽早深翻、晒土、蓄水，以消除病残体，减少侵染源；冬麦区病田应适当推迟播期，适时浇水追肥，返青拔节期适时中耕，促进根系发育，灌浆期及时灌水，降低土温，延长生育期，推迟“白穗”出现。

4. 药剂防治

生产上常用三唑酮、氟咯菌腈、戊唑醇等药剂处理种子或在小麦苗期和拔节期进行喷施，可有效控制小麦全蚀病的发生和为害。

5. 生物防治

对全蚀病衰退的麦田或即将出现全蚀病衰退的麦田，要保持小麦连作或小麦、玉米一年两熟制，调节土壤生态环境，加速土壤中拮抗微生物繁衍。此外，使用生防菌剂如荧光假单孢菌剂、消蚀灵等也可达到一定的防治效果。

6.1.6 小麦根腐病

小麦根腐病是由禾旋孢腔菌引起，为害小麦幼苗、成株的根、茎、叶、穗和种子的一种真菌病害。根腐病分布极广，小麦种植国家均有发生，我国主要发生在东北、西北、华北等地区，近年来不断扩大，广东、福建麦区也有发现。

6.1.6.1 症状

典型症状包括初生根和次生根及茎基部产生褐色至黑色病斑，根冠褐色，病株黄化，分蘖少、纤细柔弱，穗小。

根部受害后，产生褐色或黑色病斑，最终引起根系腐烂，植株茎基部易折断而枯死，或虽直立不倒，但提前枯死。枯死植株青灰色，白穗不实。拔取病株可见根毛和主根表皮脱落，根冠变黑褐色并粘附土粒。

叶片受侵后，病斑初期为梭形小褐斑，后扩大呈椭圆形或较长的不规则形，病斑周围常有黄色晕圈，枯死斑中心枯黄色，外围淡褐色。湿度大时病斑上可见霉层（分生孢子梗和分生孢子）。严重时病叶迅速枯死。叶鞘上病斑较大，呈黄褐色。

穗部颖壳上的病斑初期褐色，不规则形，遇潮湿天气时，穗上产生黑色霉状物，穗轴和小穗梗常变色，严重时小穗枯死，病穗种子不饱满，胚部变黑。病穗种子较正常种子发芽率显著降低，且种子萌发后容易死苗。

带菌种子播后，种子根变黑腐烂，胚芽鞘和地下茎初生浅褐色条斑，后变暗褐色，严重时幼芽烂死。出土后的幼苗因地下部分腐烂，也陆续死亡。未死病苗发育延迟，生长衰弱。参见图 6-8。

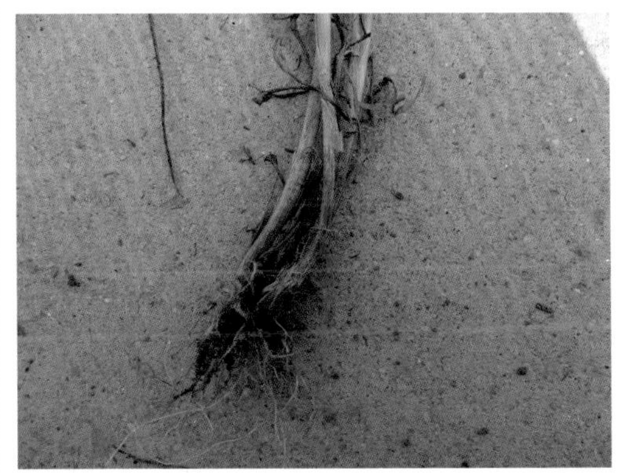

图 6-8　小麦根腐病

6.1.6.2　发生条件

小麦根腐病的发生与种子带菌量、耕作制度、土壤温度及湿度、播种质量、寄主抗病性、气象因素等有关。

种子带菌量高，幼苗发病重，病菌再侵染的初始菌源量大，植株中后期发病重，甚至流行。

小麦连作或轮作，可使田间土壤中积聚大量病菌，加重病害。侵染大麦的菌系与侵染小麦的菌系不同，因此，尽管连作感病小麦品种田块上小麦发病严重，但大麦发病可能很轻，反之亦然。所以，即使禾谷类之间的轮作也有利于减轻病害。土温低或高温干旱最有利于发病。

土壤潮湿和干燥均可发病，干旱更有利于发病。播种后土壤过干或过湿均不利于种子萌发和幼苗生长，发病重。土质黏重、地势低洼可加重发病。

冬小麦播种过迟、春小麦播种过早，或播种过深，幼苗发病重。小麦播种适宜深度为 3 ～ 4cm，超过 5cm 时不利于幼苗出土，幼芽滞留在土壤中的时间长，增加感染病菌的机会，病情明显加重。

尚未发现免疫品种，但品种间抗病性差异显著，一般春小麦品种较感病。

苗期如遇低温，幼苗抗病性下降，发病重。成株期气温在 18℃以上时，叶片病害急剧上升。小麦开花期到乳熟期伴有旬平均相对湿度 80% 以上的温暖天气有利于病情发展，但干旱少雨造成根系生长衰弱，也会加重病情。穗期多雨、多雾而温暖易引起枯株白穗和黑胚粒，提高种子带病率。

6.1.6.3 病害循环

病菌以菌丝体潜伏于种子内外及病残体上越冬，如病残体腐烂，体内的菌丝体随之死亡；分生孢子也能在病残体上越冬，分生孢子的存活力随土壤湿度的提高而下降。种子和田间病残体上的病菌均为苗期侵染来源，尤其种子内部带菌更为主要。一般感病较重的种子常常未出土就腐烂而死。病轻者可出苗，但生长衰弱。当气温回升到16℃左右，带病组织及病残体所产生的分生孢子借风雨传播，在温度和湿度适合条件下，分生孢子直接侵入或由伤口和气孔侵入。直接穿透侵入时，芽管与叶面接触后顶端膨大，形成球形附着胞，穿透叶角质层侵入叶片内；由伤口和气孔侵入时，芽管不形成附着胞直接侵入。在25℃下病害潜育期为5d。气候潮湿和温度适宜，发病后不久病斑上便产生分生孢子，进行多次再侵染。病菌侵入叶组织后，菌丝体在寄主组织间蔓延并分泌毒素，破坏寄主组织，使病斑扩大，病斑周围变黄，被害叶片呼吸增强；发病初期叶面水分蒸腾增强，后期叶片丧失活力，造成植株缺水，叶片枯死。小麦抽穗后，分生孢子从小穗颖壳基部侵入而造成颖壳变褐枯死。颖片上的菌丝可以蔓延侵染种子，种子上产生病斑或形成黑胚粒。

6.1.6.4 防治措施

1. 农业防治

因地制宜地选用适合当地栽培的抗根腐病品种；选用无病种子和进行种子处理；施用腐熟的有机肥，麦收后及时耕翻灭茬，使病残组织当年腐烂，以减少下年初侵染源；进行轮作换茬，适时早播、浅播；土壤过湿要散墒后播种，土壤过干则应采取镇压保墒等农业措施减轻受害。

2. 化学防治

种子处理：用25%三唑酮可湿性粉剂或50%福美双可湿性粉剂或50%扑海因可湿性粉剂拌种，用量为种子重量的0.2%。

喷雾：在发病初期及时喷药进行防治，效果较好的药剂有50%异菌脲可湿性粉剂900～1500g/hm^2、15%三唑酮乳油600～900mL/hm^2+50%多菌灵可湿性粉剂750～900g/hm^2、25%丙环唑乳油375～600mL/hm^2，兑水喷雾。成株开花期，用25%丙环唑乳油4000倍液+50%福美双可湿性粉剂1500g/hm^2，兑水均匀喷洒。成株抽穗期，可用25%丙环唑乳油600mL/hm^2、25%三唑酮可湿性粉剂1500g/hm^2，兑水喷洒1～2次。

6.1.7 小麦病毒病

6.1.7.1 小麦黄矮病

1. 症状

小麦黄矮病的常见症状为病株节间缩短，植株矮小，叶片失绿变黄，多由叶尖或叶缘开始变色，向基部扩展，叶片中下部出现黄绿相间的纵纹。

小麦在全发育期均可被侵染，症状特点随侵染时期不同而有所差异。幼苗期被侵染的，根系浅，分蘖减少，叶片由叶尖开始褪绿变黄，逐渐向基部发展，但很少全叶黄化；病叶较厚、较硬，叶背蜡质层较厚，多在冬季死亡；残存病株严重矮化，旗叶明显变小，不能抽穗结实，或抽穗结实后籽粒数减少，千粒重降低。拔节期被侵染的，只有中部以上叶片发病，病叶也是先由叶尖开始变黄，通常变黄部分仅达叶片的 1/3 ～ 1/2 处；病叶亮黄色，变厚、变硬，有的叶脉仍为绿色，因而出现黄绿相间的条纹，后期全叶干枯，有的变为白色，多不下垂；病株矮化不明显，秕穗率增加，千粒重降低。穗期被侵染的，仅旗叶或连同旗叶下 1 ～ 2 叶发病变黄，病叶由上向下发展；植株矮化，秕穗率高，千粒重降低。

大麦的症状与小麦相似。叶片由尖端开始变黄，以后整个叶片黄化，沿中肋残留绿色条纹，老病叶变黄而有光泽，黄化部分有褐色坏死斑点。某些品种叶片变红色或紫色。成株被侵染，仅主茎最上部叶片变黄，早期病株显著矮化。黑麦也产生类似症状。

燕麦的症状因品种、病毒株系与侵染发生阶段不同而异，病叶变黄色、红色或紫色。许多燕麦品种病株叶片变红色，因而也称为“燕麦红叶病”。燕麦红叶病是我国燕麦种植区重要病害。植株染病后一般上部叶片先表现症状。叶部受害后，自叶尖或叶缘开始呈现紫红色或红色，逐渐向下扩展成红绿相间的条纹或斑驳，病叶变厚、变硬，后期叶片橘红色，叶鞘紫色，病株有不同程度的矮化。参见图 6-9。

图 6-9　小麦黄矮病

2. 发病条件

冬麦播种早，发病重；阳坡重、阴坡轻，旱地重、水浇地轻；粗放管理重、精耕细作轻，瘠薄地重。发病程度与麦蚜虫口密度有直接关系。有利于麦蚜繁殖的温度，对传毒也有利，病毒潜育期较短。冬麦区早春麦蚜扩散是小麦黄矮病传播的主要时期。小麦拔节孕穗期遇低温，抗性降低，易发生黄矮病。小麦黄矮病流行与毒源基数多少有重要关系，如自生苗等病毒寄主量大，麦蚜虫口密度大，易造成黄矮病大流行。

3. 传播途径

黄矮病病毒只能经由麦二叉蚜、禾谷缢管蚜、麦长管蚜、麦无网长管蚜及玉米缢管蚜等进行持久性传播，不能经由种子、土壤、汁液传播。16 ～ 20℃，病毒潜育期为 1520d，温度低，潜育期长，25℃以上隐症，30℃以上不显症。麦二叉蚜在病叶上吸食 30min 即可获毒，在健苗上吸食 5 ～ 10min 即可传毒。获毒后 3 ～ 8d 带毒蚜虫传毒率最高，约可传 20d，以后逐渐减弱，但不终生传毒。刚产若蚜不带毒。冬麦区冬前感病小麦是翌年发病中心。返青拔节期出现一次高峰，发病中心的病毒随麦蚜扩散而蔓延，到抽穗期出现第二次发病高峰。春季收获后，有翅蚜迁飞至谷子、高粱及禾本科杂草等植物上越夏，秋麦出苗后迁回麦田传毒并以有翅成蚜、无翅若蚜在麦苗基部越冬，有些地区也产卵越冬。冬、春麦混种区 5 月上旬冬麦上有翅蚜向春麦迁飞。晚熟麦、糜子和自生麦苗是麦蚜及病毒越夏场所，冬麦出苗后麦蚜飞回传毒。春麦区的虫源、毒源有可能来自部分冬麦区，成为春麦区初侵染源。

4. 防治措施

防治小麦黄矮病以农业防治为基础，药剂防治为辅助，开发抗病品种为重点，实行综合防治。

（1）农业防治

优化耕作制度和作物布局，减少虫源，切断介体蚜虫的传播。在进行春麦改冬麦或间作套种时，要考虑对黄矮病发生的影响，慎重规划。要合理调整小麦播种期，冬麦适当迟播，春麦适当早播。清除田间杂草，减少毒源寄主，扩大水浇地的面积，创造不利于蚜虫孳生的农田环境。加强肥水管理，增强麦类的抗病性。

选用抗病、耐病品种，大麦、黑麦及其近缘野生物种中存在较丰富的抗病基因。我国已将中间偃麦草的抗黄矮病基因导入小麦中，育成了一批抗源，并进而育成了抗黄矮病的小麦品种，如‘临抗 1 号’‘张春 19’‘张春 20’等。另有一些小麦品种具有明显的耐病性或慢病性，发病较晚、较轻，产量损失较低，如‘延安 19 号’‘复壮 30 号’‘蚂蚱麦’‘大荔三月黄’等。在生产上，要尽量选用抗病、耐病、轻病品种。

（2）化学防治

选用 70% 吡虫啉可分散粒剂、灭蚜松等拌种。生长期间用 2.5% 吡虫啉可湿性粉剂或 50% 抗蚜威等药剂喷雾治蚜。秋苗期重点防治未拌种的早播麦田，春季重点防治发病中心麦田和蚜虫早发麦田。

6.1.7.2　小麦丛矮病

1. 症状

小麦丛矮病的典型症状是上部叶片有黄绿相间的条纹，分蘖显著增多，植株矮缩，呈现明显的丛矮状。秋苗期感病，在新生叶上有黄白色断续的虚线条，以后发展成为不均匀的黄绿条纹，分蘖明显增多。冬前感病的植株大部分不能越冬而死亡，轻病株返青后分蘖继续增多，表现细弱，叶部仍有明显黄绿相间的条纹，病株严重矮化，一般不能拔节抽穗或早期枯死。拔节以后感病的植株只上部叶片显条纹，能抽穗，但穗很小，籽粒秕，千粒重下降。

2. 发生条件

小麦感染丛矮病程度及损失轻重，依感病时生育期的不同而异。苗龄越小，越易感病。小麦出苗后至三叶期感病的植株，越冬前绝大多数死亡；分蘖期感病的病株，病情及损失均很严重，基本无收；返青期感病的植株，损失达 46.6%；拔节期感病的植株，虽受害较轻，但损失也有 32.9%；孕穗期基本不发病。套作麦田有利灰飞虱迁飞繁殖，发病重；冬麦早播，发病重；邻近草坡、杂草丛生麦田，发病重；夏秋多雨、冬暖春寒年份，发病重。

3. 传播途径

小麦丛矮病不经汁液、种子和土壤传播，主要由灰飞虱传播。灰飞虱吸食病毒后，需经一段循回期才能传毒。日均温 26.7℃，潜育期平均 10 ～ 15d；20℃，潜育期平均 15.5d。1 ～ 2 龄若虫易得毒，而成虫传毒能力最强。最短获毒时间 12h，最短传毒时间 20min。获毒率及传毒率随吸食时间延长而提高。一旦获毒可终生带毒，但不经卵传递。病毒在带毒若虫体内越冬。冬麦区灰飞虱秋季从带病毒的越夏寄主上大量迁飞至麦田为害，造成早播秋苗发病。越冬带毒若虫在杂草根际或土缝中越冬，是翌年的毒源，次年迁回麦苗为害。小麦成熟后，灰飞虱迁飞至自生麦苗、水稻等禾本科植物上越夏。

4. 防治措施

防治丛矮病应采取以农业措施为主、药剂防虫为辅的综合防治策略。

（1）农业防治

铲除田间地边杂草，冬麦避免早播，不在秋作田中套种小麦。返青期病田应早施肥、早灌水，以增强植株抗病性。种植抗病、耐病品种。

（2）化学防治

早播田、套种田、小块零星种植的麦田、秋季发病重的麦田和达到防治指标的麦田为药剂防治重点。小麦出苗率达 20% 时喷第一次药，间隔 6 ～ 7d 再喷第二次。套种田在播种后出苗前全面喷药一次，间隔 6 ～ 7d 再喷一次。用药种类与施药方法参照灰飞虱的防治。对邻近虫源的麦田边行喷药，可起到保护带的作用。

6.2　小麦常见虫害及防治

6.2.1　小麦吸浆虫

小麦吸浆虫又名麦蛆，分为麦红吸浆虫、麦黄吸浆虫两种，属昆虫纲双翅目瘿蚊科。吸浆虫主要为害小麦、大麦、燕麦、青稞、黑麦、硬粒麦等。被吸浆虫为害的小麦，其生长势和穗型大小不受影响。同时由于麦粒被吸空，麦秆表现直立不倒，具有“假旺盛”的长势。受害小麦麦粒有机物被吸食，麦粒变瘦，甚至成空壳，出现“千斤的长势，几百斤甚至几十斤产量”的残局。参见图 6-10。

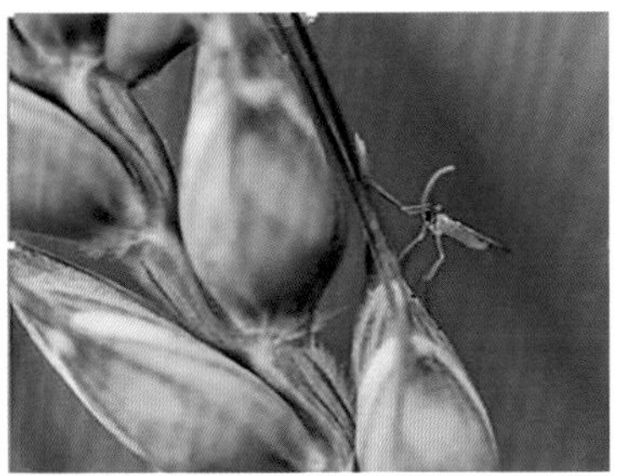

图 6-10　小麦吸浆虫

6.2.1.1　形态特征

小麦红吸浆虫橘红色，雌虫体长 2 ～ 2.5mm，雄虫体长约 2mm。雌虫产卵管伸出时约为腹长的 1/2。卵呈长卵形，末端无附着物。幼虫橘黄色，体表有鳞片状凸起。蛹橙红色。小麦黄吸浆虫姜黄色，雌虫体长 1.5mm，雄虫略小。雌虫产卵管伸出时与腹部等长。卵呈香蕉形，末端有细长卵柄附着物。幼虫姜黄色，体表光滑。蛹淡黄色。

6.2.1.2　为害特点

吸浆虫对小麦产量具有毁灭性，一般可造成 10% ～ 30% 的减产，严重的达 70% 以上甚至绝产。近年来，随着小麦产量、品质的不断提高，水肥条件的不断改善和农机免耕作业、跨区作业的发展，吸浆虫发生范围不断扩大，发生程度明显加重，对小麦生产构成严重威胁。

6.2.1.3 生活史及习性

自然状况下两种吸浆虫均一年一代，有时遇到不适宜的环境多年发生一代，红吸浆虫可在土壤内滞留 7 年以上，甚至达 12 年仍可羽化为成虫。黄吸浆虫可滞留 4 ～ 5 年。吸浆虫以老熟幼虫在土中结茧越冬、越夏。一般黄河流域 3 月上、中旬越冬幼虫破茧向地表上升，4 月中下旬在地表大量化蛹，4 月下旬至 5 月上旬成虫羽化飞上麦穗产卵，一般 3d 后孵化，幼虫从颖壳缝隙钻入麦粒内吸食浆液。吸浆虫化蛹和羽化的迟早虽然依各地气候条件而异，但与小麦生长发育阶段基本相吻合。一般小麦拔节期幼虫开始破茧上升，孕穗期幼虫上升地表化蛹，抽穗期成虫羽化，抽穗盛期也是成虫羽化盛期。吸浆虫具有“富贵性”，小麦产量高、品质好，土壤肥沃，利于吸浆虫发生。如果温湿条件利于化蛹和羽化，往往导致加重发生。

6.2.1.4 防治措施

小麦吸浆虫的防治应贯彻“蛹期和成虫期防治并重，蛹期防治为主”的指导思想。

1. 农业防治

（1）选用抗虫品种

一般穗型紧密、内外颖缘毛长而密、麦粒皮厚而浆液不易外溢的品种抗虫性好。

（2）农业措施

对重虫区实行轮作，不进行春灌，实行水地旱管，减少虫源化蛹率。

2. 化学防治

（1）蛹期（小麦抽穗期）防治

2% 甲基异柳磷粉剂 2 ～ 3kg，或 50% 辛硫磷乳油 250mL 兑水 2kg 配成母液，均匀拌细土（细砂土、细炉灰渣均可）25 ～ 30kg，均匀撒在地表。撒在麦叶上的毒土要及时用树枝、扫帚等辅助扫落在地表上。要保持良好的土壤墒情，土壤干燥往往防治效果不佳。撒毒土后浇水效果更好。

（2）成虫期（小麦灌浆期）防治

每 10 网复次幼虫 20 头左右，或用手扒开麦垄一眼可见 2 ～ 3 头成虫，即可立即防治。可选用 50% 辛硫磷乳油、40% 乐果乳油、菊酯类等高效低毒药剂进行喷雾防治。要禁用高毒农药品种。

6.2.2 小麦蚜虫

小麦蚜虫分布极广，几乎遍及世界各产麦国。我国为害小麦的蚜虫有多种，通常较普遍而重要的有麦长管蚜、麦二叉蚜、禾谷缢管蚜、麦无网长管蚜。参见图 6-11。

图 6-11　小麦蚜虫

6.2.2.1　形态特征

麦长管蚜：无翅孤雌蚜体长 3.1mm、宽 1.4mm，长卵形，草绿色至橙红色，头部略显 2 色，腹侧具灰绿色斑；触角、喙端节、跗节、腹管黑色，尾片色浅；触角细长，全长不及体长；喙粗大，超过中足基节，端节圆锥形；腹管长圆筒形，长为体长 1/4，在端部有网纹十几行；尾片长圆锥形。有翅孤雌蚜体长 3.0mm，椭圆形，绿色；触角黑色；喙不达中足基节；腹管长圆筒形，黑色；尾片长圆锥状，有 8 ～ 9 根毛。

麦二叉蚜：无翅孤雌蚜体长 2.0mm，卵圆形，淡绿色，背中线深绿色，腹管浅绿色，顶端黑色；中腹部具短柄；触角 6 节，全长超过体之半；喙超过中足基节，端节粗短；腹管长圆筒形；尾片长圆锥形。有翅孤雌蚜体长 1.8mm，长卵形；体绿色，背中线深绿色；头、胸黑色，腹部色浅；触角黑色，共 6 节，全长超过体之半；前翅中脉二叉状。卵椭圆形。

6.2.2.2　为害特点

麦蚜的为害主要包括直接和间接两个方面。直接为害主要以成虫、若虫吸取小麦汁液，再加上蚜虫排出的蜜露落在小麦的叶片上严重影响了小麦的光合作用，后期在作物受害部位形成枯斑，麦叶逐渐发黄，麦粒不饱满，严重时麦穗枯白，不能结实，甚至整株枯死，影响小麦产量。间接为害是小麦蚜虫能够传播小麦黄矮病，使小麦叶片变黄，植株矮小，影响产量。

6.2.2.3　生活史及习性

4 种麦蚜一年均可发生 10 ～ 20 代。麦长管蚜在南方以成、若虫越冬，每年春季 3 ～ 4 月随气温回升，小麦由南至北逐渐成熟，越冬区麦长管蚜产生大量有翅蚜，随气流迁入北方冬麦区进行繁殖为害。麦二叉蚜、禾谷缢管蚜和麦无网长管蚜均以卵越冬，初夏飞至麦田。小麦返青至乳熟初期，麦长管蚜种群数量最大，随植株生长向上部叶片扩散为害，最喜在嫩穗上吸食，故也称“穗蚜”。麦二叉蚜分布在下部，在叶片背面为害；乳熟后期禾谷缢管蚜数量有明显上升，为害叶片；小麦生育后期麦无网长管蚜数量增多，主要为害茎和叶鞘。麦长管蚜及麦二叉蚜发育最适气温 6 ～ 25℃，禾谷缢管蚜在 30℃左右发育最快，麦无网长管蚜则喜低温条件。麦长管蚜生存最适相对湿度为50%～80%，麦二叉蚜则喜干旱。麦蚜的天敌有瓢虫、食蚜蝇、草蛉、蚜茧蜂等 10 余种，天敌数量大时，能有效控制后期麦蚜种群数量增长。

6.2.2.4　防治措施

1. 农业防治

调整作物布局　在西北地区麦二叉蚜和黄矮病发生流行区，应缩减冬麦面积，扩大春麦面积，在南方禾谷缢管蚜发生严重地区，应减少秋玉米的播种面积，切断其中间寄主，减轻发生为害。在华北地区提倡冬麦和油菜、绿肥（苕子）间作，对保护利用麦蚜天敌资源、控制蚜害有较好效果。

保护利用自然天敌　要注意改进施药技术，选用对天敌安全的选择性药剂，减少用药次数和数量，保护天敌免受伤害。当天敌与麦蚜比小于 1 ∶ 150（蚜虫小于 150 头）时，可不用药防治。

2. 化学防治

化学防治主要是防治穗期麦蚜。首先是查清虫情，在冬麦拔节、春麦出苗后，每 3 ～ 5d

到麦田随机取 50 ～ 100 株（麦蚜量大时可减株）调查蚜量和天敌数量，当百株（茎蚜）超过 500 头，天敌与蚜虫比在 1 ∶ 150 以上时，即需防治。可用 50% 抗蚜威可湿性粉剂 4000 倍液、10% 吡虫啉 1000 倍液、50% 辛硫磷乳油 2000 倍液或菊酯类农药兑水喷雾，在穗期防治时应考虑兼治小麦锈病和白粉病及黏虫等，每亩可用三唑酮 6g+抗蚜威 6g+灭幼脲 2g（三者均指有效成分）混用，对上述病虫综合防治效果可达 85% 以上。

6.2.3　小麦黏虫

黏虫又名东方黏虫，俗称剃枝虫、行军虫、五色虫。全国各地均有分布。我国有黏虫类害虫 60 余种，较常见的还有劳氏黏虫、白脉黏虫等，在南方与黏虫混合发生，但数量、危害一般不及黏虫，在北方各地虽有分布，但较少见。黏虫为害对象有 34 科 89 种植物之多。

在南方稻区，秋季主要为害晚稻，冬春季为害小麦；北方则主要为害小麦、玉米、谷子、高粱、青稞等，亦为害禾本科牧草。

6.2.3.1　形态特征

成虫体长 15 ～ 17mm，翅展 36 ～ 40mm。头部与胸部灰褐色，腹部暗褐色。前翅灰黄褐色、黄色或橙色，变化很多。内横线往往只现几个黑点，环纹与肾纹褐黄色，界限不显著，肾纹后端有一个白点，其两侧各有一个黑点。外横线为一列黑点。后翅暗褐色，向基部色渐淡。卵长约 0.5mm，半球形，初产白色渐变黄色，有光泽。卵粒单层排列成行成块。老熟幼虫体长 38mm，头红褐色，头盖有网纹，额扁，两侧有褐色粗纵纹，略呈“八”字形，外侧有褐色网纹。体色由淡绿至浓黑，变化甚大（常因食料和环境不同而有变化）。在大发生时背面常呈黑色，腹面淡污色，背中线白色，亚背线与气门上线之间稍带蓝色，气门线与气门下线之间粉红色至灰白色。腹足外侧有黑褐色宽纵带，足的先端有半环式黑褐色趾钩。蛹长约 19mm，红褐色，腹部 5 ～ 7 节背面前缘各有一列齿状点刻，臀棘上有刺 4 根，中央 2 根粗大，两侧的细短刺略弯。参见图 6-12。

图 6-12　小麦黏虫幼虫

6.2.3.2　为害特点

低龄时咬食叶肉，使叶片呈透明条纹状，3 龄后沿叶缘啃食小麦叶片成缺刻，严重时将小麦吃成光秆，穗期可咬断穗或咬食小枝梗，引起大量落粒。大发生时可在 1 ～ 2d 吃光成片作物，造成严重损失。

6.2.3.3　生活史及习性

幼虫食叶，大发生时可将作物叶片全部食光，造成严重损失。因其群聚性、迁飞性、杂食性、暴食性，成为全国性重要农业害虫。

黏虫属迁飞性害虫，其越冬分界线在 33°N 一带。在 33°N 以北地区任何虫态均不能越冬；在湖南、江西、浙江一带，以幼虫和蛹在稻桩、田埂杂草、绿肥田、麦田表土下等处越冬。北方春季出现的大量成虫系由南方迁飞所致。成虫产卵于叶尖或嫩叶、心叶皱缝间，常使叶片纵卷。初孵幼虫腹足未全发育，所以行走如尺蠖；初龄幼虫仅能啃食叶肉，使叶片呈现白色斑点；3 龄后可蚕食叶片成缺刻，5 ～ 6 龄幼虫进入暴食期。幼虫共 6 龄。成虫昼伏夜出，傍晚开始活动。黄昏时觅食，半夜交尾产卵，黎明时寻找隐蔽场所。成虫对糖醋液趋性强，产卵趋向黄枯叶片。在麦田喜把卵产在麦株基部枯黄叶片叶尖处折缝里；在稻田多把卵产在中上部半枯黄的叶尖上，着卵枯叶纵卷成条状。每个卵块一般有 20 ～ 40 粒卵，呈条状或重叠，多者达 200 ～ 300 粒，每雌一生产卵 1000 ～ 2000 粒。3 龄后的幼虫有假死性，受惊动迅速卷缩坠地，畏光，晴天白昼潜伏在麦根处土缝中，傍晚后或阴天爬到植株上为害，幼虫发生量大、食料缺乏时，常成群迁移到附近地块继续为害，老熟幼虫入土化蛹。成虫喜在茂密的田块产卵，生产上长势好的小麦地、谷子地、水稻田，生长茂密的密植田及多肥、灌溉好的田块，利于该虫大发生。

6.2.3.4　防治措施

（1）农业防治

在成虫产卵盛期前选叶片完整、不霉烂的稻草 8 ～ 10 根扎成一小把，每亩 30 ～ 50 把，每隔 5 ～ 7d 更换一次（若草把经药剂浸泡则可减少换把次数），可显著减少田间虫口密度。幼虫发生期间放鸭啄食。

（2）物理防治

用频振式杀虫灯诱杀成虫，效果非常好。

（3）药物防治

重发麦田，在幼虫低龄期（2 龄、3 龄高峰期），选用 25% 灭幼脲 3 号悬浮剂 2000 倍液，或 90% 敌百虫晶体，或 2.5% 高效氯氟氰菊酯乳油 2000 倍液，或 25% 杀虫双水剂 200 ～ 400 倍液，按每亩加水 30 ～ 45kg 均匀喷雾，进行常规喷雾防治。

6.2.4　麦叶蜂

麦叶蜂俗称齐头虫、小黏虫和青布袋虫，属膜翅目叶蜂科。在我国发生的有小麦叶蜂和大麦叶蜂两种。其中分布范围广、为害较重的是小麦叶蜂。麦叶蜂主要分布在华东、华北、东北和西北东部地区。除可为害小麦、大麦外，尚可取食看麦娘等禾本科杂草。以幼虫取食叶片成刀切状缺刻，严重发生时，可将麦叶吃光，仅剩麦穗，使麦粒灌浆不足，影响产量。

6.2.4.1　形态特征

成虫：体长 8 ～ 9mm。体大部为黑色微带蓝光，仅前胸背板与中胸盾片的盾纵沟之间部分、翅基片和中胸侧板为赤褐色，后胸背面两侧各有一白斑。头部有网状花纹，复眼大；雌虫触角短于腹部，雄虫触角与腹部等长。胸部光滑，翅透明膜质。

卵：扁平肾形，淡黄色，长 1 ～ 8mm，表面光滑。

幼虫：共 5 龄。老熟幼虫体长 18mm，灰绿色，圆筒形，头深褐色，上唇不对称，后头后缘中央有一黑点。胸部粗，腹部较细，胸腹各节均有横皱纹。腹足 8 对，腹足基部各有一暗纹。

蛹：长 9mm 左右，淡黄色到棕黑色，腹部细小，末端分叉。

大麦叶蜂各虫态基本与小麦叶蜂相似，但雌蜂中胸盾片除后缘赤褐色外，其余均为黑色，盾板两侧赤褐色；雄蜂全体黑色。参见图 6-13。

图 6-13 麦叶蜂成虫（a）及幼虫（b）

6.2.4.2 为害特点

以幼虫为害麦叶，从叶边缘向内咬食成缺刻，重者可将麦叶全部吃光。严重发生年份，麦株可被吃成光秆，仅剩麦穗，使麦粒灌浆不足，影响产量。

6.2.4.3 生活史及习性

麦叶蜂在北方麦区 1 年发生 1 代，以蛹在土中 20cm 深处越冬。在北京翌年春季 3 月中下旬羽化为成虫，在麦田内交尾，交尾后 3 ～ 4min，雌虫即开始产卵。成虫用锯状产卵器将卵产在叶片主脉旁边的组织中，成串产下，叶面上出现长 2cm、宽 1cm 的凸起。每叶产卵 1 ～ 2 粒或 6 ～ 7 粒，卵期 1d。幼虫共 5 龄，1 ～ 2 龄幼虫日夜在麦叶上取食，3 龄后畏惧强光，白天常潜伏在麦丛里或附近土表下，傍晚后开始为害麦叶，4 龄后食量大增，可将整株叶吃光。4 月上旬至 5 月初是幼虫为害盛期。幼虫有假死性，稍遇震动即落地缩成一团。小麦抽穗时，幼虫老熟入土，分泌黏液将周围土粒黏成土茧，在土茧内滞育越夏，至 9 ～ 10 月才蜕皮化蛹越冬。麦叶蜂在冬季气温偏高，春季气温回升快，土壤湿度大时可大发生，为害严重。沙质土壤麦田比黏性土麦田受害重。

6.2.4.4 防治措施

1. 农业防治

麦播前深耕翻土，可将土中休眠的幼虫翻出，使其不能正常化蛹而死亡。有条件地区实行水旱轮作，可彻底根除害虫。

2. 化学防治

防治适期应在 3 龄幼虫前，可用 50% 辛硫磷乳油 1500 倍液，或 2.5% 溴氰菊酯乳油 300 ～ 600mL，或 20% 氰戊菊酯乳油 4000 ～ 6000 倍液喷雾；也可用 2.5% 敌百虫粉剂或 4.5% 甲・敌粉剂，每亩 1.5 ～ 2.5kg，加入细土 20 ～ 25kg 拌匀，顺麦垄撒施。施药时间宜选择傍晚或 10:00 前，可提高防治效果。

3. 人工捕杀

利用麦叶蜂幼虫的假死性，傍晚时用脸盆顺麦垄敲打，将其振落在盆中，集中捕杀。

6.3　小麦田主要杂草及防治

我国小麦栽培面积较广，北方冷凉地区主要栽培春小麦，南方温暖地区主要栽培冬小麦。栽培方式多种多样，有旱地小麦，也有水浇地小麦；有轮作倒茬，有连作种植，也有间作、套种等。据全国杂草普查资料，我国麦田杂草种类有 200 多种，草害面积约占小麦种植面积的 30%，损失约占小麦总产量的 15%，达 100 亿 kg，其中野燕麦（图 6-14）、看麦娘（图 6-15）、牛繁缕（图 6-16）、猪殃殃（图 6-17）、播娘蒿（图 6-18）等为害面积均在 3000 万亩以上。

图 6-14　野燕麦（禾本科）

图 6-15　看麦娘（禾本科）

图 6-16　牛繁缕（石竹科）

图 6-17　猪殃殃（茜草科）

图 6-18　播娘蒿（十字花科）

图 6-19　稗（禾本科）

由于各地气候、土壤和栽培条件等不同，小麦田杂草发生种类和为害程度也有很大差别。在春小麦区发生的一年生禾本科杂草主要有稗（图 6-19）、野燕麦、狗尾草、毒麦等；一年生阔叶杂草有藜（图 6-20）、蓼、荞蔓、苋、苍耳（图 6-21）、香薷、鸭跖草、野薄荷等；多年生杂草有小蓟草、问荆、苣荬菜等。在冬小麦地区发生的一年生或越年生禾本科杂草主要有看麦娘、蔺草、早熟禾、棒头草（图 6-22）等；一年生或多年生阔叶杂草有蓼、繁缕（图 6-23）、猪殃殃、麦蓝菜（图 6-24）、独行菜（图 6-25）、离子草（图 6-26）、大野豌豆、婆婆纳、雀舌草（图 6-27）等。这些杂草有不同的生长特性和发生条件，只有认识它、掌握它，才能做到“对症下药”，进行经济有效的防除。

图 6-20　藜（藜科）

图 6-21　苍耳（菊科）

图 6-22　棒头草（禾本科）

图 6-23　繁缕（石竹科）

图 6-24　麦蓝菜（石竹科）

图 6-25　独行菜（十字花科）

图 6-26　离子草（十字花科）

图 6-27　雀舌草（石竹科）

6.3.1　麦田杂草的发生规律

杂草的共同特点是种子成熟后有 90% 左右能自然落地，随着耕地播入土壤，在冬麦区有 4 ～ 5 个月的越夏休眠期，其间即便给予适当的温湿度也不萌发，到秋季播种小麦时，随着麦苗逐渐萌发出苗。河南省农业科学院植物保护研究所对华北麦区的主要杂草野燕麦、猪殃殃、播娘蒿、大野豌豆和荠菜进行了发生规律研究，结果如下。

（1）种子萌发与温度的关系

猪殃殃和播娘蒿的发育起点温度为 3℃，最适温度为 8 ～ 15℃，到 20℃发芽明显减少，25℃则不能发芽。野燕麦的发育起点温度为 8℃，15 ～ 20℃为最适温度，25℃时发芽明显减少，40℃则不能发芽。

（2）种子萌发与湿度的关系

土壤含水量在 15% ～ 30% 为发芽适宜湿度，低于 10% 则不利于发芽。小麦播种期的墒情或播种前后的降水量是决定杂草发生量的主要因素。

（3）种子出苗与土壤覆盖深度的关系

杂草种子大小各异，顶土能力和出苗深度不同。猪殃殃在 1 ～ 5cm 处出苗最多；大野豌豆在 3 ～ 7cm 处出苗最多，8cm 处出苗明显减少；野燕麦在 3 ～ 7cm 处出苗最多，3 ～ 10cm 能顺利出苗，超过 11cm 出苗受抑制；播娘蒿种子较小，在 1 ～ 3cm 处出苗最多，超过 5cm 一般就不能出苗。

（4）小麦播种期与杂草出苗的关系

杂草种子随农田耕翻犁耙入土，在土壤疏松、通气良好的条件下才能萌发出苗。麦田杂草一般比小麦晚出苗 10 ～ 18d。其中，猪殃殃比小麦晚出苗 15d，出苗高峰期在小麦播种后 20d 左右；播娘蒿比小麦晚出苗 9d，出苗高峰期不明显，但与土壤表土墒情有关；大野豌豆出苗期在麦播后 12d 左右，麦播后 15 ～ 20d 为出苗盛期；荠菜在麦播后 11d 进入出苗盛期；野燕麦比小麦晚出苗 5 ～ 15d。麦田杂草的发生量与小麦的播种期密切相关，一般情况下，小麦播种早，杂草发生量大，反之则少。

（5）杂草出苗规律

猪殃殃和大野豌豆在年前（10 月中旬至 11 月下旬）有一出苗高峰期，年前出苗数占总数的 95% ～ 98%，年后 3 月下旬至 4 月上旬还有少量出苗；野燕麦、播娘蒿和荠菜等几乎全在年前出苗，呈现“一炮轰”现象，年后一般不再萌发出土。一般年前杂草处于幼苗期，植株小，组织幼嫩，对药剂敏感，而年后随着生长发育植株壮大，组织抗性加强，表皮蜡质层加厚，耐药性相对增强。又由于绝大多数麦田杂草都在年前出苗，因此要改变以往麦田除草多在春季杂草较大时施药的不良做法，抓住年前杂草小苗的敏感期施药，以取得最佳除草效果，并能减少某些残效期过长的除草剂在年后施药会对小麦或后茬作物产生药害的风险。

6.3.2　我国麦田杂草的区域划分

根据生态环境、品种类型和耕作栽培制度的不同，全国可以分为 4 个大的草害区，即亚热带冬麦草害区、暖温带冬麦草害区、温带和高寒春麦草害区、云贵川高原春麦草害区。

6.3.2.1　亚热带冬麦草害区

此区域指淮河以南，主要为长江流域冬麦区和南方麦区，包括广东、广西、福建至江苏连云港和新沂，并向西延伸到安徽中部、河南南部、湖北、陕西汉中盆地及四川。气候属亚热带和暖温带气候，年平均气温在 15℃以上，年平均降水量在 1000mm 以上。以种植水稻为主，一年 2 ～ 3 熟，多为稻麦轮作或稻油轮作。10 ～ 11 月播种，翌年 4 ～ 5 月收获，麦田杂草在秋、冬、春季均有萌发生长，但萌发高峰在秋末冬初和早春，常常在小麦播种时丛生。主要杂草有看麦娘、牛繁缕，其他杂草有猪殃殃、日本看麦娘、繁缕、大野豌豆、春蓼、雀舌草、碎米荠、球花蔺草、硬草、早熟禾、棒头草、泥胡菜、婆婆纳等。该区麦田杂草发生严重，发生面积在 90% 以上，必须进行化学防治。

6.3.2.2　暖温带冬麦草害区

此区域主要包括黄淮海流域和陕西、山西中北部黄土高原到长城以南麦区，是我国小麦主产区。该区处于亚热带向北温带过渡地带，各地杂草发生差别较大，以其自然条件又可以分为两个草害区，如果细分还可以分成若干小区。

6.3.2.3　温带和高寒春麦草害区

该区冬季低温，麦苗不能越冬，生产上只能种春麦。由于春麦与杂草同时出苗，因此易造成危害。该区可以分为以下 3 个亚区：温带春麦草害区，包括长城以北的辽宁中北部、吉林、黑龙江和内蒙古东部；高寒春麦草害区，包括青海、西藏及四川的高海拔地区；西北灌溉春麦草害区，包括新疆、甘肃、宁夏等地区。

6.3.2.4　云贵川高原春麦草害区

该区气温差异较大，地形复杂，小麦分布于不同海拔的坝田坡地。主要杂草有看麦娘、牛繁缕、碎米荠、雀舌草、棒头草、猪殃殃、野燕麦等。

6.3.3　麦田杂草的防治适期

冬麦田杂草的发生量与小麦播种期、播种深度、耕作制度和土壤状况有关，与小麦播种期关系最大，小麦播种期是影响杂草发芽出土的关键。例如，10 月上旬播种小麦，野燕麦、看麦娘、田紫草等萌芽出土的高峰期一般在小麦播种后 10 ～ 15d，10 月中下旬播种小麦，其高峰期推迟到小麦播种后 15 ～ 20d；播娘蒿、野豌豆、大野豌豆，一般在小麦播种后 10d 左右进入出苗高峰期；猪殃殃，一般在小麦播种后 20 ～ 30d 才能达到出苗高峰期。一般而言，小麦播种期晚，杂草种子萌芽出土的高峰期相应推迟。以地下根茎无性繁殖的多年生杂草，其发生高峰期主要在小麦返青、拔节期。同时麦田杂草的发生量和气温和降雨有关，冬前气温高，播种早，降温迟缓，雨水充足，往往杂草发生较重。

麦田杂草在田间萌芽出土的高峰期一般以冬前为多，只有个别种类在次年返青期还可以出现一次小高峰。大多数杂草出苗高峰期都在小麦播种后 15 ～ 20d，即 10 月下旬至 11 月中旬是麦田杂草出苗的高峰期，在此期间出苗的杂草占杂草总数的 80% ～ 90%，如野燕麦、猪殃殃、看麦娘、棒头草、田紫草、婆婆纳、大野豌豆、野豌豆、播娘蒿、野油菜、繁缕等主要杂草；翌年 3 月下旬到 4 月初，还有少量杂草出苗，如猪殃殃、野油菜、播娘蒿等。

6.3.4　麦田杂草的防治措施

6.3.4.1　物理防治方法

1. 轮作倒茬

不同的作物有着不同的伴生杂草或寄生杂草，这些杂草与作物的生存环境相同或相近，采取科学的轮作倒茬，改变种植作物则可改变杂草生活的外部生态环境条件，明显减轻杂草的危害。

2. 深翻整地

通过深翻将前年散落于土表的杂草种子翻埋于土壤深层，使其不能萌发出苗，同时可防除苦荬菜、小蓟草、田旋花、芦苇、扁秆藨草等多年生杂草，切断其地下根茎或将根茎翻于表面暴晒使其死亡。

6.3.4.2　化学防治方法

1. 土壤处理

播种前施药：在野燕麦发生严重的地块，可在整地播种前用 40% 燕麦畏乳油 175 ～ 200mL/ 亩，兑水均匀喷施于地面，施药后需及时用圆片耙纵横浅耙地面，将药剂混入 10cm 深的土层内，之后播种。对看麦娘和早熟禾也有较好的控制作用。

播后苗前施药：采用化学除草剂进行土壤封闭，对播后苗前的麦田可起到较明显的效果。使用的药剂：25% 绿麦隆可湿性粉剂，兑水在小麦播后 2d 喷雾，进行地表处理；或用 50% 扑草净可湿性粉剂，或用 50% 杀草丹乳油和 48% 拉索乳油，混合后兑水喷雾地面，可有效防除禾本科杂草和一些阔叶杂草。

2. 茎叶喷雾处理

麦田杂草化学防除，主要是在小麦生长期施药。在以禾本科杂草为主的田块，在小麦苗期、杂草 2 ～ 4 叶期施药效果为好，每公顷用 6.9% 骠马悬浮剂 750mL，或者 36% 精吡氟禾草灵乳油 2000 ～ 3000mL，或者 64% 燕麦枯可湿性粉剂 1500 ～ 1800g，兑水稀释均匀喷雾。

春季麦田以阔叶杂草为主时，可选用杜邦巨星、2 甲 4 氯、麦喜、使阔得、使它隆、拌地农等进行茎叶处理。一般 75% 杜邦巨星干燥悬浮剂每公顷用量为 13.5 ～ 21.0g，20% 2 甲 4 氯水剂用量为 3750mL/hm^2，5.8% 麦喜悬浮剂用量为 150mL/hm^2，48% 麦草敌水剂用量为 300 ～ 450mL/hm^2，48% 苯达松水剂用量为 2000 ～ 2500mL/hm^2，兑水进行茎叶处理。

对于野燕麦及其他单子叶杂草与阔叶杂草混生的麦田，可混用除草剂。例如，75% 巨星与 6.9% 骠马，2 甲 4 氯和苯达松、麦草敌、扑草净或伴地农，20% 使它隆乳油与彪虎、阔世玛、麦极、异丙隆等混合使用，可扩大杀草谱，有效提高除草效果。施药时间一般在小麦返青后至拔节初期。施药时要避开大风、低温、干旱、寒潮等恶劣天气。

3. 化学除草注意事项

土壤处理剂要在杂草出土之前施用，且整地质量影响药效发挥，土地不平整、土块较大，药效不好。此外，施药时要注意土壤墒情，土壤干燥则不利于药效发挥。茎叶处理宜在冬前出草高峰期用药，此时气温不太低，杂草处于幼苗期，耐药性差，防除效果好。

冬前杂草发生量大，出草量占总草量的 80% 左右，密度大，单株生物量大，竞争力强，危害重，是防治的重点，因此冬前是化学除草的关键时期。同时此时杂草处于幼苗期，植株小，组织幼嫩，对药剂敏感，气温较高（日平均温度在 10℃以上），药剂能充分发挥药效。而到翌年春天，随着杂草生长发育，植株壮大，表皮蜡质层加厚，不易穿透，耐药性相对增强，则用药效果会相对较差；此时，气温迅速回升，麦苗生长速度也加快，杂草易被麦苗覆盖，杂草不易着药。因此，麦田除草，冬前最好。应改变在春季施药的老习惯，抓住冬前杂草的敏感期施药，不仅可取得最佳的除草效果，而且能减少某些田间持效期过长的除草剂产生的药害。

冬前或者春季用药，宜选择在土壤湿润、晴天 9:00 至 16:00 时，此时气温高、光照足，可增强杂草吸收药剂的能力，增加吸收量。用水量要足，冬前每亩用水量为 30 ～ 40kg，春季为 40 ～ 50kg。春季杂草草龄偏大，要适当增加用药量，药液要喷细喷匀，以保证防治效果。

春季（3 月中下旬）应在小麦拔节前、杂草 3 ～ 4 叶期用药，小麦拔节后严禁用药，避免产生药害。除草剂活性高，用过的器械要认真清洗，避免残留药剂对其他作物造成药害。切忌盲目将除草剂与杀虫剂、杀菌剂混用，以免影响药效和产生药害。

风速较大，容易造成药液飘移，加快药液挥发，降低防除效果，发生药害，所以必须在无风或微风天气施药。

6.4　航空施药防治小麦田病虫草害实例

6.4.1　研究实例一：小型无人机低空喷洒在小麦田的雾滴沉积分布及对小麦吸浆虫的防治效果研究

6.4.1.1　基本情况

2012 年 4 月 27 日，风速 0.4 ～ 1.0m/s，相对湿度 52.1%，温度 28.4℃，东北农业大学高圆圆等在陕西省渭南市蒲城县进行农用无人机低空喷洒防治小麦吸浆虫的试验，进行了不同喷头、不同制剂类型、添加助剂防治效果等方面的比较，这是初次应用小型无人机进行低空喷洒防治小麦吸浆虫。

6.4.1.2　供试药剂

1.5% 吡虫啉超低容量喷雾剂（ULV）、2.5% 联苯菊酯超低容量喷雾剂（ULV）、5% 吡虫啉乳油（EC）、25% 辛硫磷 · 氰戊菊酯乳油（EC）、52.25% 毒死蜱 · 高效氯氰菊酯乳油（EC）、助剂 1（广西田园生化股份有限公司提供）、助剂 2（中国农业科学院植物保护研究所提供）。

6.4.1.3　试验仪器

Af-811 小型无人直升机（广西田园生化股份有限公司研制）；喷头 1 类型：转盘式离心喷

头（山东卫士植保机械有限公司提供），4 个；喷头 2 类型：液力式雾化喷头，4 个；风速仪（北京中西远大科技有限公司提供）；温湿度仪（深圳市华图电气有限公司提供）；雾滴测试卡（中国农业科学院植物保护研究所提供）。

6.4.1.4　试验方法

1. 雾滴密度的测定

喷雾开始前，在每小区随机布放雾滴测试卡；喷雾结束后，计数纸卡上每平方厘米的雾滴数，即雾滴密度（个 /cm^2）。

2. 小麦吸浆虫防治效果的调查方法

防治效果调查应在施药后小麦乳熟中期、吸浆虫老熟幼虫入土前进行，每小区按等距取样法取 5 点，每点 10 穗，共 50 穗，剥查每麦粒表面虫数，用式（6-1）计算防治效果。

$$\text{防治效果（\%）}=\frac{\text{空白对照区虫口数}-\text{药剂处理区虫口数}}{\text{空白对照区虫口数}}\times 100\% \tag{6-1}$$

3. 小型无人机单个喷幅内的雾滴沉积密度与小麦吸浆虫防治效果的关系

药剂用量与处理编号见表 6-1。试验小区面积 65m×10m，每小区之间留出 6m 的保护区。试验时，Af-811 小型无人机飞行速度为 18km/h，飞行高度（距小麦植株顶部的高度）为 3m，流量为 1000mL/min。喷雾开始前，在距起点 15m、30m、45m 处各设一雾滴采收带，分别在每小区与喷雾带相垂直的中心线上，采用雾滴测试卡从喷幅中心线分别向两边间隔 0m、3.0m、3.5m、4.0m 布点，共 7 个点，每个点分别在小麦上部（穗部）、中部（倒三叶）和下部（倒二叶）用曲别针夹雾滴测试卡于叶片正面，待雾滴沉降完毕后取回，检测雾滴密度。

表 6-1　各处理的药剂和浓度

处理	药剂	有效成分用量 /（g/hm^2）	制剂用量 /（mL/hm^2）	补水量 /（mL/hm^2）	施药液量 /（mL/hm^2）	喷头类型
1	5% 吡虫啉（EC）+助剂 1	52.5	1050+1500	4950	7500	液力式
2	5% 吡虫啉（EC）+助剂 1	60	1200+1500	4800	7500	液力式
3	5% 吡虫啉（EC）+助剂 2	60	1200+1500	4800	7500	液力式
4	25% 辛・氰（EC）+助剂 1	150	600+1500	5400	7500	液力式
5	25% 辛・氰（EC）+助剂 1	187.5	750+1500	5250	7500	液力式
6	25% 辛・氰（EC）+助剂 2	187.5	750+2250	4500	7500	液力式
7	52.25% 毒・氯（EC）+助剂 2	313.5	600+1500	5400	7500	液力式
8	1.5% 吡虫啉（ULV）	52.5	3300	4200	7500	液力式
9	2.5% 联苯菊酯（ULV）	30	1200	6300	7500	液力式
10	2.5% 联苯菊酯（ULV）	37.5	1500	6000	7500	液力式
11	2.5% 联苯菊酯（ULV）	30	1200	6300	7500	离心式
12	2.5% 联苯菊酯（ULV）	37.5	1500	6000	7500	离心式
13	CK					

按照雾滴采收带，采用小麦吸浆虫防治效果的调查方法，调查小型无人机施药对小麦吸浆虫的防治效果。

6.4.1.5 结果与分析

1. 不同喷头喷洒联苯菊酯（ULV）在小麦冠层的雾滴沉积分布状况

采用液力式雾化喷头喷洒联苯菊酯（ULV），小麦上部（穗部）、中部（倒三叶）、下部（倒二叶）的雾滴沉积密度分别为 8.8 个 /cm^2、4.2 个 /cm^2、2.0 个 /cm^2；采用转盘式离心喷头喷洒联苯菊酯（ULV），小麦上部（穗部）、中部（倒三叶）、下部（倒二叶）的雾滴沉积密度分别为 12.4 个 /cm^2、5.7 个 /cm^2、3.3 个 /cm^2。总体来看，无人机采用转盘式离心喷头喷洒联苯菊酯（ULV）在麦田的雾滴沉积密度是液力式雾化喷头的 1.5 倍左右。

2. 单个喷幅内喷洒联苯菊酯（ULV）在小麦冠层不同部位的雾滴沉积分布状况

无人机低空喷洒联苯菊酯（ULV），小麦冠层不同部位的雾滴沉积密度有差异：上部（穗部）＞中部（倒三叶）＞下部（倒二叶），单个喷幅内无人机采用液力式雾化喷头低空喷洒联苯菊酯（ULV），小麦上部（穗部）的雾滴沉积密度在 5.9 ～ 12.0 个 /cm^2，中部（倒三叶）的雾滴沉积密度在 1.9 ～ 8.5 个 /cm^2，下部（倒二叶）的雾滴沉积密度在 0.3 ～ 3.9 个 /cm^2；无人机采用转盘式离心喷头喷施联苯菊酯（ULV），小麦上部的雾滴沉积密度在 7.1 ～ 20.3 个 /cm^2，中部（倒三叶）的雾滴沉积密度在 4.3 ～ 7.7 个 /cm^2，下部（倒二叶）的雾滴沉积密度在 0.8 ～ 6.3 个 /cm^2。

3. 不同喷头喷施不同剂型不同药剂对小麦吸浆虫的防治效果

由表 6-2 可知，小型无人机低空喷洒所用药剂用量及喷头类型相同，而药剂剂型不同时，对小麦吸浆虫的防治效果有明显差异，处理 1 喷施 5% 吡虫啉（EC）对小麦吸浆虫的防治效果为 61.2%，而处理 8 喷施 1.5% 吡虫啉（ULV）对小麦吸浆虫的防治效果为 73.5%；处理 10 与处理 12 所用药剂剂型及用量相同，而采用的喷头类型不同，处理 10 采用的是液力式雾化喷头，其防治效果为 75.5%，处理 12 采用的是转盘式离心喷头，其防治效果为 81.6%，明显高于处理 10，两者有显著差异；由处理 2 与 3、处理 5 与 6 的防治效果可看出，同种药剂添加助剂 1 要比添加助剂 2 的效果稍好，且经观察两种助剂均无药害；处理之间相比，使用转盘式离心喷头喷洒 2.5% 联苯菊酯（ULV）37.5g/hm^2 对小麦吸浆虫的防治效果最好，达到 81.6%，其他处理对小麦吸浆虫的防治效果均低于 80%。

表 6-2　几种药剂采用无人机喷雾对小麦吸浆虫的防治效果

处理	药剂处理	有效成分用量 /（mL/hm^2）	喷头类型	防治效果 /%
1	5% 吡虫啉（EC)+助剂 1	52.5	液力式	61.2±3.2e
2	5% 吡虫啉（EC)+助剂 1	60.0	液力式	79.6±2.6ab
3	5% 吡虫啉（EC)+助剂 2	60.0	液力式	75.5±3.9bc
4	25% 辛 · 氰（EC)+助剂 1	150.0	液力式	59.2±4.2e
5	25% 辛 · 氰（EC)+助剂 1	187.5	液力式	75.5±3.1bc
6	25% 辛 · 氰（EC)+助剂 2	187.5	液力式	63.3±2.6e
7	52.25% 毒 · 高氯（EC)+助剂 2	313.5	液力式	61.2±0.5e
8	1.5% 吡虫啉（ULV）	52.5	液力式	73.5±2.0cd
9	2.5% 联苯菊酯（ULV）	30.0	液力式	69.4±1.0d

续表

处理	药剂处理	有效成分用量 /（mL/hm²）	喷头类型	防治效果 /%
10	2.5% 联苯菊酯（ULV）	37.5	液力式	75.5±1.7bc
11	2.5% 联苯菊酯（ULV）	30.0	离心式	73.5±2.6cd
12	2.5% 联苯菊酯（ULV）	37.5	离心式	81.6±1.8a
13	CK			

注：不同小写字母表示不同处理间差异显著（$P < 0.05$）

6.4.2　研究实例二：飞行高度对八旋翼无人机喷雾防治小麦白粉病的影响研究

6.4.2.1　基本情况

2013 年 5 月 25 日，多云，气温 26.3℃，相对湿度 51%，风速 0.8 ～ 1.3m/s，中国农业科院植物保护研究所杨帅等在中国农业科学院植物保护研究所新乡综合试验基地，进行飞行高度对八旋翼无人机喷雾防治小麦白粉病的影响研究。通过不同飞行高度、不同喷施药械雾滴沉积密度、药效的比较，初步得出了飞行高度对小麦冠层不同高度叶片雾滴沉积密度和防治效果的影响。

6.4.2.2　试验仪器与材料

TXC-8-5-0-1 八旋翼无人机、载玻片、卡罗米特纸、诱惑红、雾滴测试卡（中国农业科学院植物保护研究所农药研究室研制）、测试卡布放架（江苏省农业科学院提供）、DepositScan 软件（美国农业部提供）、风速仪、Dwyer485 温湿度仪（美国 Dwyer485 公司研制）。

6.4.2.3　供试药剂

6% 戊唑醇 ULV，10% 戊唑醇 EC。

6.4.2.4　试验方法

1. 试验处理与测试卡的布放

设置 0.5m、1m、2m 三个不同无人机飞行高度与背负式喷雾器 4 个试验处理与一个空白对照。飞机喷雾流量为 0.375L/min，设定每亩有效成分用量为 6g，每试验处理小区为 6m×10m，重复 3 次，具体试验安排如表 6-3 所示。将测试卡布放于布放架上，布放位置为距地面 20cm、30cm、40cm 三处（图 6-28），每小区在对角线设 5 个采集点，重复 3 次。

表 6-3　各试验处理安排

处理	高度 /m	剂型	药剂量 /mL	补水量 /mL	总体积 /L	时间 /s
飞防	0.5	ULV	27	108	135	21.6
飞防	1	ULV	27	108	135	21.6
飞防	2	ULV	27	108	135	21.6
CK						
背负式喷雾器喷施		EC	16.2	13 500	13.5	

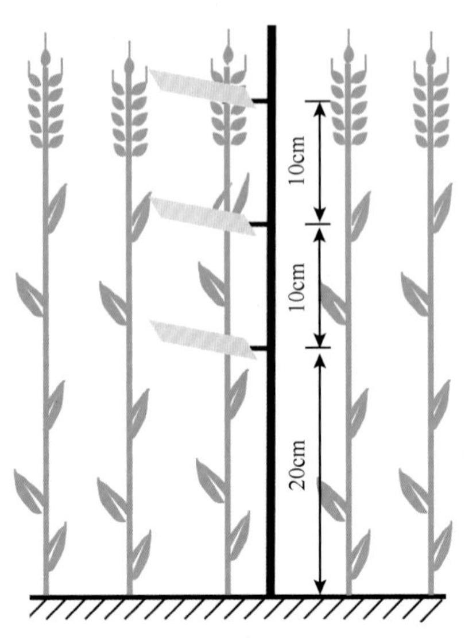

图 6-28　测试卡的布置

2. 试验调查

施药后收集雾滴测试卡，通过扫描仪与 DepositScan 软件配合分析喷雾的雾滴密度分布。另外，在各采集带附近选取 5 个病情调查点，施药前调查病情指数，施药 10d 后，调查调查点每株的最上部两片叶，记录病情指数，计算防治效果。

6.4.2.5　结果与分析

1. 八旋翼无人机施药与背负式喷雾器施药在成熟期小麦不同部位的雾滴沉积密度

根据采集获得的雾滴沉积密度数据（表 6-4 ～表 6-6）得知，八旋翼无人机喷雾随飞行高度的增加，雾滴沉积密度降低，其中以飞机喷头距离作物冠层 0.5m 高度处理雾滴沉积密度最大，上部叶片为 24.9 个 /cm^2。

表 6-4　无人机飞行高度为 0.5m 时不同位置雾滴沉积密度　（单位：个 /cm^2）

重复	位置		
	上	中	下
1	23.5	9.8	7.7
2	24.3	10.9	6.9
3	27.0	12.8	8.2
平均值	24.9	11.2	7.6
最高雾滴沉积密度分布变异系数 /%	8.43	14.29	7.89

表 6-5　无人机飞行高度为 1m 时不同位置雾滴沉积密度　（单位：个 /cm^2）

重复	位置		
	上	中	下
1	10.9	6.0	4.2
2	7.8	4.2	1.9
3	7.7	3.4	2.0

续表

重复	位置		
	上	中	下
平均值	8.8	4.6	2.7
最高雾滴沉积密度分布变异系数 /%	23.86	30.43	55.56

表 6-6　无人机飞行高度为 2m 时不同位置雾滴沉积密度　（单位：个 /cm^2）

重复	位置		
	上	中	下
1	6.7	3.6	1.6
2	5.8	3.8	0.7
3	5.5	3.1	0.9
平均值	6.0	3.5	1.1
最高雾滴沉积密度分布变异系数 /%	11.70	8.57	45.45

八旋翼无人机不同飞行高度处理不同位置的最高雾滴沉积密度分布变异系数：0.5m 处理为 7.89% ～ 14.29%；1m 处理为 23.86% ～ 55.56%；2m 处理为 8.57% ～ 45.45%。相比较而言，0.5m 处理变异系数最小，而 1m 与 2m 处理较大，说明三种飞行高度处理中 0.5m 高度喷雾处理同一位置雾滴沉积密度差异较小，喷雾质量较高。其原因可能在于喷头距离作物冠层较近，八旋翼无人机旋翼使气流下行而形成的筒形风一方面可以使雾滴更容易渗入冠层的不同位置，从而提高冠层不同位置的雾滴沉积密度；另一方面能够稳定地将雾滴送至作物冠层，使相同冠层位置雾滴沉积密度差异较小。

背负式喷雾器处理的雾滴沉积密度最大，上部叶片雾滴沉积密度可达 66.6 个 /cm^2，最高雾滴沉积密度分布变异系数范围为 17.17% ～ 18.50%（表 6-7）。与八旋翼无人机 3 个不同飞行高度处理比较，背负式喷雾器处理的雾滴沉积密度要高，但最高雾滴沉积密度分布变异系数低于 1m 与 2m 飞行高度处理，说明背负式喷雾器处理的喷雾均匀度要高于八旋翼无人机 1m、2m 飞行高度处理，其原因一方面可能是八旋翼无人机在 1m、2m 飞行高度，旋翼使气流下行形成的筒形风的作用减弱，造成雾滴不能在风力作用下进入冠层下部而使上部形成较高雾滴沉积密度，另一方面则可能是雾滴受到喷头下部到冠层上部空气气流影响更大而产生飘移现象，造成雾滴损失，最终降低了喷雾质量。

表 6-7　背负式喷雾时不同位置雾滴沉积密度　（单位：个 /cm^2）

重复	位置		
	上	中	下
1	66.6	60.2	56.7
2	39.1	50.1	58.7
3	64.3	42.1	34.9
平均值	56.7	50.8	50.1
最高雾滴沉积密度分布变异系数 /%	17.46	18.50	17.17

2. 无人机施药与背负式喷雾器施药的药效

试验结果表明，3 种不同的飞行高度处理下，防治效果有显著差异，其中 0.5m 高度处理八旋翼无人机有最高的防治效果，可达 70.93%；而 1m、2m 高度处理的防治效果分别为 61.07% 和 57.01%，低于背负式喷雾器处理的防治效果。八旋翼无人机 0.5m 高度处理的雾滴沉积密度小于背负式喷雾器处理，而防治效果高于背负式喷雾器处理，其原因可能是：一方面，航空施药具有低施药量、高效的特点，药剂浓度大于背负式喷雾器，因而具有更好的防治效果；另一方面，0.5m 高度处理航空施药的雾滴沉积密度更为合理，而背负式喷雾器处理的雾滴沉积密度过大，造成药液沾满叶片后流失，再加上施药后雨水的冲刷，进一步降低了防治效果；此外，无人机专用药剂对叶片有更强的渗透作用，对药效的发挥起到积极作用。

6.4.3 研究实例三：无人机防治小麦病虫害田间防效研究

6.4.3.1 基本情况

2015 年 6 月 18 日，呼图壁县农业技术推广站杨福生等在呼图壁县（44.12°N，86.78°E，海拔 607.41m）进行小麦病虫害飞防试验，采用无人机喷雾防治小麦病虫害，与常规防治对比防治效果，同时使用不同杀虫剂对小麦病虫害进行不同方式的防治，旨在从中筛选出适合防治小麦病虫害的作业方案。

6.4.3.2 供试试验仪器

新疆施泽福莱航空设备有限公司提供的智航牌 ZHNY-001 植保无人直升机，WFB-19 型背负式机动喷雾机。

6.4.3.3 供试药剂

美谐®（50% 苯甲 · 丙环唑）水乳剂、包胜®（44% 氯氰 · 毒死蜱）水乳剂、70% 吡虫啉水分散粒剂、30% 己唑醇悬浮剂。

6.4.3.4 试验方法

1. 试验设计

试验共设 4 个处理。处理 1：应用无人机喷施美谐®（15g/ 亩）、包胜®（25g/ 亩）防治小麦病虫害，面积 3.33hm^2。处理 2：应用背负式机动喷雾器喷施美谐®（15g/ 亩）、包胜®（25g/ 亩）防治小麦病虫害，面积 1.33hm^2。处理 3：应用无人机喷施 70% 吡虫啉（3g/ 亩）、30% 己唑醇（5g/ 亩）防治小麦病虫害，面积 3.33hm^2。处理 4（CK）：应用无人机喷施清水，面积 3.33hm^2。

2. 调查方法

采用定点调查法和随机五点法调查，施药前调查病情指数和虫口密度，施药后 7d、14d 调查小麦的发病情况和虫口密度，以病情指数、虫口减退率计算防病效果、虫口防效。

$$\text{病情指数}=\sum\frac{\text{病级叶数}\times\text{该病级值}}{\text{调查总叶数}\times\text{最高级值}}\times 100 \tag{6-2}$$

$$\text{防病效果（\%）}=\frac{\text{对照区病情指数}-\text{处理区病情指数}}{\text{对照区病情指数}}\times 100\% \tag{6-3}$$

$$虫口减退率（\%）=\frac{防治前虫口基数-防治后虫口基数}{防治前虫口基数}\times 100\% \quad (6\text{-}4)$$

$$虫口防效（\%）=\frac{处理区虫口减退率-对照区虫口减退率}{1-对照区虫口减退率}\times 100\% \quad (6\text{-}5)$$

6.4.3.5　结果与分析

由表 6-8 ～表 6-10 可知，在小麦锈病和小麦蚜虫防治上，背负式机动喷雾器喷施的效果略高于无人机，优势不明显。无人机在病虫害防治效率方面更有优势，具有施药快、便于操作、节约防治成本等优点。

表 6-8　施用戊唑醇防治小麦白粉病的效果

处理	病情指数	防病效果 /%
八旋翼无人机 0.5m 飞行高度施药	23.71	70.93a
八旋翼无人机 1m 飞行高度施药	23.68	61.07b
八旋翼无人机 2m 飞行高度施药	24.45	57.01b
背负式机动喷雾器施药	24.62	63.34ab
CK	52.81	

表 6-9　各处理小麦锈病的田间防治效果

处理	施药前病情指数	施药后 7d		施药后 14d	
		病情指数	防病效果 /%	病情指数	防病效果 /%
1	10.3	8.8	61.9	13.9	62.4
2	11.7	8.2	64.5	12.8	65.4
3	12.3	9.1	60.6	14.6	60.5
4	11.9	23.1		37.0	

表 6-10　各处理蚜虫的田间防治效果

处理	施药前蚜虫基数 / 头	施药后 7d			施药后 14d		
		虫口数 / 头	虫口减退率 /%	虫口防效 /%	虫口数 / 头	虫口减退率 /%	虫口防效 /%
1	123	57	53.6	62.3	79	35.7	59.5
2	120	44	63.3	70.2	67	44.0	64.6
3	118	54	54.2	62.8	75	36.4	59.8
4	125	154	–23.2		198	–58.4	

从药剂防治病虫的田间效果来看，江苏克胜集团股份有限公司的美谐® 水乳剂防治小麦锈病的效果高于 30% 己唑醇悬浮剂、包胜® 水乳剂防治小麦蚜虫的效果与 70% 吡虫啉相当。

6.4.4 研究实例四：植保无人机在麦田化学除草中的应用效果试验

6.4.4.1 基本情况

2015 年 12 月，广州天翔航空科技有限公司联合安徽宿州市植保站在埇桥区西寺坡镇幸福村开展无人机喷施小麦田除草剂效果的研究，采用不同除草剂喷施剂量研究无人机喷施除草剂对小麦的药害、对阔叶杂草的防除效果、对小麦产量的影响。

6.4.4.2 供试机型

广州天翔航空科技有限公司生产的 TXA-翔农植保无人机，高压雾化喷头，药滴微粒直径 70 ～ 120μm，可携带 16kg 药液。

6.4.4.3 供试药剂

美国陶氏益农公司生产的 20% 双氟 · 氟氯酯水分散粒剂（锐超麦）。

6.4.4.4 试验方法

1. 试验设计

试验共设 4 个处理，处理 1 ～ 3 分别为 20% 双氟 · 氟氯酯水分散粒剂 60g/hm^2、75g/hm^2、90g/hm^2（加专用助剂），处理 4 为空白对照。每个处理小区面积为 0.33hm^2（100m×33.33m），按照除草剂使用剂量依次排列，最后为空白对照。施药时间为 2015 年 12 月 8 日上午，用水量 30kg/hm^2，共施药 1 次。施药时天气多云，温度 5 ～ 12℃，东南风 3 ～ 4 级。12 月上中旬当地以晴好天气为主，几乎无降雨，平均气温 3 ～ 5℃，与历年相当，日照 103h，充足，整个越冬期以阴雨雪天气为主，其中有 2 次降雪过程，无明显积雪，较历年偏低约 1℃，日照约 43h，较历年偏少约 20%。

2. 杂草防治效果调查时间、次数和方法

试验共调查 4 次，分别于施药当天（2015 年 12 月 8 日）调查杂草基数，施药后 7d（2015 年 12 月 15 日）、施药后 35d（2016 年 1 月 14 日）、施药后 75d（2016 年 2 月 26 日）调查杂草数。每小区调查 4 点，每点 0.25m^2，调查杂草的种类、株数，最后一次称取杂草鲜重（去除根上泥土）。

药效计算方法如下：

$$防治效果（\%）=\frac{空白对照区活草数（鲜重）-处理区活草数（鲜重）}{空白对照区活草数（鲜重）}\times 100\% \tag{6-6}$$

3. 调查分析

在调查杂草防治效果的同时观察作物生长情况，观察药剂对小麦有无药害，记录药害的类型和程度，描述小麦药害的症状（生长抑制、失绿、枯斑、畸形等）。于小麦收获前（2016 年 5 月 25 日）测产，每个处理随机取 4 个点，每点 0.25m^2，调查有效穗数，计算出 1hm^2 穗数。同时每点随机选取 20 穗，带回室内考种，调查穗粒数、千粒重等。

产量计算方法如下：

$$理论产量（kg/hm^2）=1hm^2 穗数\times 穗粒数\times 千粒重\times 10^{-6}\times 85\% \tag{6-7}$$

6.4.4.5　结果与分析

1. 不同处理对作物的安全性

在调查杂草化除效果的同时观察小麦生长状况，飞机防治区域小麦植株生长正常，未见药害症状出现，对作物安全。

2. 不同处理对麦田阔叶杂草的防除效果

施药后 7d（2015 年 12 月 15 日）调查，小麦生长正常，杂草症状不明显，但与空白对照相比，杂草生长明显受到抑制，猪殃殃叶色发暗、呈灰黄色；播娘蒿叶片明显失水卷曲，草龄小的症状明显。施药后 35d（2016 年 1 月 14 日）调查，小麦生长正常，杂草出现明显症状，杂草生长量明显减少，防治田猪殃殃叶片失绿、发红发黄，开始枯萎，相继整株死亡；播娘蒿已经发黄干枯死亡。施药后 75d（2016 年 2 月 26 日）调查，小麦生长正常，药剂处理区杂草已干枯死亡，田间基本不见杂草；由于墒情适宜，气温又开始回升，空白对照区杂草开始迅速生长，播娘蒿和猪殃殃普遍在 10 叶以上。由表 6-11 可知，使用 TXA-翔农植保无人机应用 20% 双氟・氟氯酯水分散粒剂（锐超麦）防治小麦田阔叶杂草，具有较好的防治效果，该药剂 3 种浓度对播娘蒿的株防效在 98.7% ～ 100%，对猪殃殃的株防效在 98.07% ～ 100%，鲜重防效在 98.86% ～ 100%。

表 6-11　TXA-翔农植保无人机使用锐超麦防治小麦田杂草的示范防除效果

药剂处理	鲜重防效 /%	株防效 /%	
		播娘蒿	猪殃殃
20% 双氟・氟氯酯水分散粒剂 60g/hm²+专用助剂	98.86	98.70	98.07
20% 双氟・氟氯酯水分散粒剂 75g/hm²+专用助剂	99.54	100	99.04
20% 双氟・氟氯酯水分散粒剂 90g/hm²+专用助剂	100	100	100

3. 不同处理对产量的影响

试验期间多次田间观察，无人机防治区小麦生长正常，未见药害症状出现，对作物安全。由于 2016 年 4 月以来当地降雨频繁，土壤墒情适宜，空白对照区杂草后期迅速生长，特别是播娘蒿显著高于小麦，拔除田间杂草（称量鲜重）后，明显看出空白区小麦纤细，生长受到影响。小麦收获前测产结果（表 6-12）表明，防治区不论是 1hm² 穗数，还是穗粒数、千粒重均高于未防治区，增产率在 21.72% ～ 28.60%，增产效果明显。

表 6-12　TXA-翔农植保无人机使用锐超麦防治小麦阔叶田杂草的示范增产效果

药剂处理	穗数 /（穗 /hm²）	穗粒数	千粒重 /g	产量 /（kg/hm²）	增产率 /%
20% 双氟・氟氯酯水分散粒剂 60g/hm²+专用助剂	6 233 040	26.95	45.32	6471.00	21.72
20% 双氟・氟氯酯水分散粒剂 75g/hm²+专用助剂	6 183 795	27.84	46.72	6836.70	28.60
20% 双氟・氟氯酯水分散粒剂 90g/hm²+专用助剂	6 323 160	26.79	45.93	6613.35	24.40
空白对照	5 697 720	24.35	45.08	5316.15	

6.4.5　研究实例五：新型植保无人机防治小麦蚜虫研究

6.4.5.1　基本情况

2015年5月21日，多云，平均气温25℃，西南风3～4级，阵风5级，山东省滨州植保站巴秀成等运用植保无人机和常规手动喷雾器，使用氯氟氰菊酯和吡虫啉对小麦穗期蚜虫进行防治，研究防治效果。

6.4.5.2　供试药械

广东省珠海羽人飞行器有限公司生产的R-10L plus植保无人机，对照药械为WS-16型手动喷雾器。

6.4.5.3　供试药剂

2.5%氯氟氰菊酯乳油+25%吡虫啉。

6.4.5.4　试验方法

1. 试验设计

试验共设4个处理，即无人机喷施氯氟氰菊酯300g/hm^2+吡虫啉150g/hm^2（A）、无人机喷施氯氟氰菊酯450g/hm^2+吡虫啉150g/hm^2（B）、手动喷雾器喷施氯氟氰菊酯300g/hm^2+吡虫啉150g/hm^2（C）、清水对照（CK）。采用小区对比试验，每个处理重复3次，各小区随机排列，飞机喷药小区面积为2亩，手动喷雾小区面积为0.5亩，各处理间设保护行进行隔离。

R-10L plus植保无人机按照其操作应用说明进行喷药，达到其最佳的使用状态。飞机喷杆距离麦苗1.0～1.5m，喷幅4.0～4.5m，推荐速度3～8m/s，喷洒流量1.2～1.5L/min。WS-16型手动喷雾器按照群众的使用习惯进行喷药。

2. 防效调查记载方法

虫口密度调查采用单对角线五点取样法，每点调查20穗，取样点固定，调查虫量。施药前调查活虫基数，施药后1d、3d、7d调查活虫数，计算虫口减退率和虫口防效。记载施药当日及施药后7d的天气情况。计算方法如下：

$$\text{虫口减退率（\%）}=\frac{\text{防治前虫口基数}-\text{防治后虫口基数}}{\text{防治前虫口基数}}\times 100\% \tag{6-8}$$

$$\text{虫口防效（\%）}=\frac{\text{处理区虫口减退率}-\text{对照区虫口减退率}}{1-\text{对照区虫口减退率}}\times 100\% \tag{6-9}$$

3. 作业效率调查记载方法

R-10L plus植保无人机和WS-16型手动喷雾器分别加满药剂，在开始喷药后分别用秒表记录作业时间，根据作业面积和作业时间分别计算出作业效率。

6.4.5.5　结果与分析

1. 作业效率

飞机喷雾3个处理共用时708s，作业效率平均为1770s/hm^2。手动喷雾器作业效率平均为25 440s/hm^2。无人飞机作业效率是手动喷雾器的14倍之多。

2. 防治效果

由表 6-13 可知，施药后 1d，防治效果最好的是处理 C，为 85.30%，其次是处理 B，防效为 82.55%，效果最差的是处理 A，与处理 B、C 的差异极显著；施药后 3d，各处理的防效明显增加，效果最好的是处理 C，为 98.79%，其次为处理 B，为 96.96%，2 个处理的防效与处理 A 差异显著，处理 A 为 83.45%；施药后 7d，各处理防效达到最大值，3 个处理之间的差异不显著，处理 C 最高，为 99.80%，其次为处理 B，防效为 99.07%，最低为处理 A，防效为 95.80%。

表 6-13　不同药剂处理防治麦蚜效果统计

处理	重复	施药后 1d		施药后 3d		施药后 7d	
		虫口减退率 /%	虫口防效 /%	虫口减退率 /%	虫口防效 /%	虫口减退率 /%	虫口防效 /%
A	1	52.83	65.30bB	84.91	83.45bB	100	95.80aA
	2	48.57		60.00		90.00	
	3	64.46		76.86		92.56	
	平均	55.29		73.92		94.19	
B	1	75.31	82.55aA	97.49	96.96aA	100	99.07aA
	2	79.29		94.28		99.18	
	3	77.95		93.87		96.94	
	平均	77.52		95.21		98.71	
C	1	77.94	85.30aA	98.79	98.79aA	100	99.80aA
	2	83.51		97.40		99.18	
	3	81.73		99.04		100	
	平均	81.06		98.10		99.73	
CK		−28.86		−57.54		−38.17	

研究发现无人机与手动喷雾器相比，在相同剂量杀虫剂的情况下，施药后 1d、3d 之间的防治效果有显著差异，在杀虫剂减量使用的情况下，第 1 天差异极显著，第 3 天差异显著，第 7 天差异不显著，说明使用无人机减量喷施杀虫剂可以达到控制麦蚜的目的，虽然速效性差一些，但是持效性基本相当。

6.4.6　研究实例六：不同配方航空植保专用药剂对小麦病虫害的田间防治效果

6.4.6.1　基本情况

2016 年 5 月，国家航空植保科技创新联盟在河南内黄县联合 5 家企业，在冬小麦扬花灌浆期通过航空植保无人机进行“一喷三防”作业后，调查验证不同配方航空植保专用药剂对小麦病虫害的田间防治效果。

6.4.6.2　供试机型

安阳全丰航空植保科技股份有限公司生产的 3WQF120-12 型航空植保无人机。

6.4.6.3 试验方法

试验共设置 7 个处理（表 6-14），包括 6 个药剂处理和 1 个空白对照，每个处理区的面积为 30 亩。

表 6-14 试验处理

处理	药剂	助剂代码
1	善思药剂	
2	招标药剂+爱尚助剂 1	ASFA+B
3	招标药剂+广源益农助剂	Gyt1602
4	招标药剂+全丰助剂	QF-LY
5	招标药剂+爱尚助剂 2	ASFA+C
6	招标药剂	
7	空白对照	

处理 1 的药剂为善思药剂，由南京善思生物科技有限公司生产，配方为噻虫嗪+苦参碱+胺鲜酯，每亩有效成分用量为噻虫嗪 2.91g、苦参碱 0.45g、胺鲜酯 0.5g。

处理 2、3、4、5、6 的药剂相同，均为同一种招标药剂，由安阳全丰生物科技股份有限公司生产，药剂配方为每亩使用 600g/L 吡虫啉悬浮剂 6g+20% 氰戊 · 马拉松乳油 50mL+30% 戊唑醇悬浮剂 25g+10% 氨基酸水溶肥 25mL。

6.4.6.4 结果与分析

由表 6-15 可知，与单用招标药剂（处理 6）相比，加入航空助剂的处理，除施药后 1d 加入爱尚助剂对麦蚜的防治效果有所降低外，其他的助剂处理均有不同程度提高，最高能增效 18% 左右。在 5 个招标药剂中，施药后 3 ～ 14d 处理 4 中助剂（全丰助剂）防治麦蚜的增效作用最好且持效期最长，该处理最高防治效果达到 88.9%，防治效果可持续到药后 14d 左右；其次为处理 2 中助剂，该处理最高防治效果可达到 86.1%；处理 1、3 和 5 中助剂的增效作用略次于处理 2 中助剂，这 3 个处理的最高防治效果在 80% 左右。

表 6-15 2016 年无人机喷雾防治麦蚜试验结果

厂家	处理	防治效果/%			
		施药后 1d	施药后 3d	施药后 7d	施药后 14d
南京善思	1	52.0bB	71.7abAB	78.2bA	73.2bcA
招标药剂 ASFA+B	2	46.8bB	72.5abAB	86.1aA	81.5abA
招标药剂 Gyt1602	3	65.4aA	70.0abAB	82.0abA	78.3abcA
招标药剂 QF-LY	4	62.3aA	78.3aA	88.9aA	83.9aA
招标药剂 ASFA+C	5	45.3bB	68.9abAB	81.1abA	77.2abcA
招标药剂	6	47.5bB	66.5bB	77.8bA	72.4cA

施药后 7d，药剂才表现出明显的防治效果，从试验结果（表 6-16）可看出，与单用招标药剂（处理 6）相比，处理 4 中助剂（全丰助剂）防治小麦病害的增效作用较好，该处理防

治效果最高，施药后 7d 对叶锈病的防治效果为 75.2%，施药后 14d 对白粉病的防治效果为 62.5%；其次为处理 5 中助剂（爱尚助剂 2），施药后 7d 该处理对叶锈病的防治效果为 77.4%，施药后 14d 对白粉病的防治效果为 55.4%；而处理 2 和处理 3 中助剂的增效作用略差于处理 5 中助剂，这 3 个处理间防治效果差异不显著。

表 6-16　2016 年无人机喷雾防治小麦病情试验结果

厂家	处理	叶锈病		白粉病
		施药后 7d 防效 /%	施药后 14d 防效 /%	施药后 14d 防效 /%
南京善思	1			
招标药剂 ASFA+B	2	55.0aA	47.5aA	53.9aAB
招标药剂 Gyt1602	3	54.1aA	48.3aA	43.4abAB
招标药剂 QF-LY	4	75.2aA	63.3aA	62.5aA
招标药剂 ASFA+C	5	77.4aA	58.2aA	55.4aAB
招标药剂	6	59.8aA	52.4aA	52.1aAB

6.4.7　研究实例七：不同除草剂飞防除草试验报告

6.4.7.1　试验目的

试验由“农一网”农药电商平台在 2016 年 11 月 19 日实施，主要通过对比不同除草剂对小麦草害的无人机飞防效果，选出几种复配无人机飞防效果好、经济效益显著且对小麦及后茬作物安全的除草剂，为广大小麦种植户飞防草害提供科学依据。

6.4.7.2　试验药剂及设备

85% 2 甲 4 氯钠可溶性粉剂、200g/L 氯氟吡氧乙酸乳油。采用大疆 MG-1 型无人机，每亩 1000mL 的施药液量，飞行速度 5m/s，飞行高度 1.5m，喷洒速度 3 挡，喷幅 4.5m。

6.4.7.3　试验地点与试验对象

试验地区设在安徽省亳州市谯城区大扬镇，面积为 30 亩。试验对象：小麦田一年生阔叶杂草，如猪殃殃、播娘蒿、荠菜等。

6.4.7.4　试验设计

施药情况如表 6-17 所示。试验共选择 2 种药剂及 2 种助剂。春季杂草草龄大，抗药性增强，防治时必须增加药量，既增加成本，也容易对小麦和后茬及邻近的作物产生药害，所以本次试验选在冬季，小麦处在 5 叶至分蘖初期，作业时间 2016 年 11 月 19 日 11:00。

表 6-17　施药情况表

药剂名称	生产厂家	用量	稀释倍数	有效成分
85% 2 甲 4 氯钠可溶性粉剂	江苏省利民化工有限责任公司	20g	50	2 甲 4 氯钠
200g/L 氯氟吡氧乙酸乳油	青岛金尔农化研制开发有限公司	40g	25	氯氟吡氧乙酸
农一网专用助剂一	农一网	5g	200	—
农一网专用助剂二	农一网	20g	50	—
清水		940mL		

注：“—”表示有效成分未知

掌握施药时的温度非常重要，施药时温度的高低直接影响除草剂的效果，尤其是内吸传导性除草剂，本次试验的温度在15℃左右，阴天，2～3级风。

6.4.7.5　试验结果与讨论

使用85% 2甲4氯钠可溶性粉剂、200g/L氯氟吡氧乙酸乳油进行小麦田除草后，一年生阔叶杂草（安徽亳州谯城区主要是猪殃殃、播娘蒿、荠菜等）都已中毒枯萎，另外，小麦长势良好，没有受到药剂的影响。通过对防治效果及安全等因素综合分析，冬小麦苗期除草剂可首选85% 2甲4氯钠可溶性粉剂+200g/L氯氟吡氧乙酸乳油，使用大疆植保无人机均匀喷雾，对小麦杂草防效优良。

两种除草剂均不影响小麦生长，对杂草的防效良好，并且杂草后期不返青，这种复配药剂及无人机喷洒方式值得在生产中进行示范推广。

6.4.8　研究实例八：诺普信雨燕智能“麦轻松”飞防套餐解决方案

6.4.8.1　“麦轻松”套餐情况

2017年深圳雨燕智能科技服务有限公司依据大疆农业植保无人机制定“稻轻松”“麦轻松”飞防专用药剂/助剂套餐，“麦轻松”产品方案如表6-18所示（“稻轻松”详见7.4.8）。

表6-18　“麦轻松”套餐方案

套餐	次数	推荐施药时间	本期主要发生病虫害	本期需兼治病虫害	药剂防治套餐
“麦轻松”北方版	第一遍	返青–孕穗	纹枯病、麦蜘蛛、吸浆虫、蚜虫	条锈病	32%噻呋·戊唑醇20mL+30%噻虫·高氯氟20mL+飞防助剂10mL
	第二遍	扬花10%～50%	赤霉病、条锈病、白粉病、蚜虫	纹枯病、黑穗病、预防干热风	32%噻呋·戊唑醇20mL+30%噻虫·高氯氟20mL+阿迈速（叶面肥）20mL+飞防助剂10mL
“麦轻松”江淮版	第一遍	返青–孕穗	纹枯病、麦蜘蛛、吸浆虫	蚜虫、条锈病	32%噻呋·戊唑醇20mL+30%噻虫·高氯氟20mL+飞防助剂10mL
	第二遍	扬花10%～50%	赤霉病、条锈病、白粉病、蚜虫	纹枯病	32%噻呋·戊唑醇20mL+30%噻虫·高氯氟20mL+阿迈速（叶面肥）+飞防助剂10mL
	第三遍	灌浆期	赤霉病、黑穗病、蚜虫、吸浆虫	白粉病、纹枯病	32%噻呋·戊唑醇20mL+30%噻虫·高氯氟20mL+飞防助剂10mL

注意事项：病虫害发生存在地区差异，请咨询当地县级以上植保部门，如赤霉病、白粉病暴发，可在套餐中加入其他悬浮剂、乳油；禁止混配高毒、高残留农药制剂。在喷施药剂时，作业高度应当小于2m，飞行速度小于6m/s，喷洒量第一遍药时，应当≥700mL/亩，第二遍药时，应当≥1000mL/亩，第三遍药时，应当≥800mL/亩。作业人员在使用“麦轻松”产品作业时，需参照“麦轻松”飞防应用方案设置对应作业参数，北方版参照前两次标准数据进行作业，江淮版使用全部3次标准数据进行作业；“麦轻松”第二、三遍喷防为重点防治时期，注意控制每亩喷洒量达到标准及以上。

6.4.8.2 “麦轻松”测试结果

1. 试验简介

试验分别在河南孟州、安徽肥东实施；试验风速为 3 ～ 4m/s；防治对象为麦蚜。

2. 试验目的

检测植保无人机作业的防治效果，并与常规人工喷药比较；验证专用助剂对药液雾滴质量、药效的影响；验证农药减量效果。

3. 试验结果情况

施药后 1d，对蚜虫的防治效果进行调查，E（麦轻松+2% 助剂）处理组虫口防效最高，达到 88.69%；A（麦轻松+水）、B（70% 麦轻松+1% 助剂）、D（麦轻松+1% 助剂）、K（人工）效果次之，依次为 77.69%、74.63%、72.62%、77.55%，但相互之间差异不显著。

施药后 2d，对蚜虫的防治效果进行调查，E 处理虫口防效在 92.82% ～ 97.96%；施药后 7d，E 处理虫口防效在 98.37% ～ 99.19%，其余处理均在 90% 以上，无明显差异。

第7章　精准农业航空植保技术在水稻上的应用

水稻是中国重要的粮食作物之一，年种植面积3000万hm^2，约占粮食作物种植面积的1/3，稻谷产量占粮食总产量的45%。尤其是近年来，受种植业结构调整的影响，水稻栽培面积不断扩大，随着优质但抗病虫性差的品种大量种植，加之气候变暖等有利于病虫害发生的因素，水稻病虫害发生面积增大，危害日益严重。全国每年因病虫害造成的水稻产量损失达400万～500万t。

在中国为害水稻的有害生物很多，据记载，水稻病害有61种，水稻害虫有78种，稻瘟病、白叶枯病、纹枯病和病毒病等病害，以及稻螟、稻飞虱、稻纵卷叶螟、叶蝉等虫害是在中国普遍发生的、对产量有明显影响的主要病虫害。其中，稻飞虱、稻纵卷叶螟、稻螟、稻瘟病、纹枯病对水稻生产危害最为严重。

7.1　水稻常见病害及防治

7.1.1　稻瘟病

稻瘟病在我国明代宋应星的《天工开物》（1637年）一书中便有记载，称为发炎火。目前是世界性的分布最广、危害最重的水稻病害之一，尤其在东南亚、日本、韩国、印度和中国发生严重。流行年份，一般发病田块产量损失10%～30%，如不及时防治，局部田块会颗粒无收。

7.1.1.1　症状

稻瘟病在整个水稻生育期都有发生。根据受害时期和部位不同，可分为苗瘟、叶瘟、叶枕瘟、节瘟、穗颈瘟、枝梗瘟和谷粒瘟。参见图7-1。

（1）苗瘟

苗瘟发生在3叶期以前。初期在芽和芽鞘上出现水渍状斑点，基部变黑褐色，上部呈黄褐色或淡红色，严重时病苗枯死。

（2）叶瘟

叶瘟发生在3叶期以后。随水稻品种抗病性和天气条件的不同，病斑分为白点型、急性型、慢性型和褐点型4种类型。①白点型：病斑白色，多为圆形，不产生分生孢子。在感病品种的幼嫩叶片上发生时，遇适宜温、湿度能迅速转变为急性型病斑。②急性型：病斑暗绿

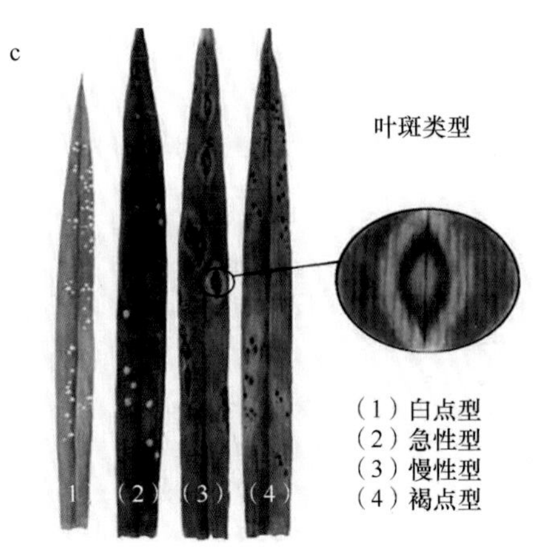

图 7-1　稻瘟病症状

a. 苗瘟；b 和 c. 叶瘟；d. 节瘟

色，多数近圆形，后逐渐发展为纺锤形。正、反两面密生灰绿色霉层（分生孢子梗和分生孢子）。急性型病斑的大量出现常是叶瘟流行的先兆。遇干燥天气或经药剂防治后，急性型病斑可转化为慢性型。③慢性型：呈纺锤形，两端常有沿叶脉延伸的褐色坏死线，病斑最外圈为黄色的中毒部，内圈为褐色的坏死部，中央为灰白色的崩溃部。④褐点型：病斑为褐色小点，多局限于叶脉间，有时病斑边缘有黄色晕圈，无霉层，常发生在抗病品种或稻株下部老叶上。

（3）叶枕瘟和节瘟

叶耳易感叶枕瘟，初为污绿色病斑，后向叶环、叶舌、叶鞘及叶片不规则扩展，最后病斑呈灰白色至灰褐色。节瘟主要发生在穗颈下第一、二节上，初为褐色或黑褐色小点，以后环状扩大至整个节部，易折断。节瘟可影响水分和养料的输送，导致谷粒不饱满，甚至白穗。

（4）穗颈瘟和枝梗瘟

穗颈瘟和枝梗瘟发生于穗颈、穗轴与枝梗上。病斑初呈浅褐色小点，逐渐环绕穗颈、穗轴和枝梗并向上下扩展。病部因品种不同呈黄白色、褐色或黑色。穗颈发病早的多形成全白穗，发病迟的则谷粒不充实，其危害轻重与发病迟早密切相关。

（5）谷粒瘟

谷粒瘟发生在谷壳和护颖上，形成近椭圆形黑褐色病斑，并可延及整个谷粒。

稻瘟病无论在何部位发生，其诊断要点是病斑具明显褐色边缘，中央灰白色，遇潮湿条件病部产生灰绿色霉状物。

7.1.1.2　发病条件

此病是一种经气流传播、可多次再侵染、与环境和品种关系密切的病害。

1. 品种抗病性

水稻品种之间对稻瘟病的抗性差异极大。尽管品种的抗病性有明显的地域性和特异性，但有些品种能在较广的稻区或较长时间种植而不感病，如‘谷梅 2 号’‘谷梅 3 号’‘谷梅 4 号’‘红脚占’‘三黄占 1 号’‘赤块矮选’‘湘资 3150’‘魔王谷’‘青谷矮 3 号’‘毫乃焕’‘砦糖’‘中国 31’‘奥羽 244’等是较好的抗源。

品种的抗病性因生育期不同而异。一般成株期抗性高于苗期。有的抗病基因可提供全生育期抗性，但也有的仅提供苗期抗性或仅提供成株期抗性。一般籼稻较粳稻抗病，耐低肥力强的品种其抗病性也强。籼稻多具抗扩展的能力，而粳稻多具抗侵入能力。中国和印度的籼稻品种抗性最好，其次为日本的粳稻品种，而中国粳稻品种的抗性最弱。同一生育期叶片抗病性随出叶后日数的增加而增强。水稻分蘖末期出新叶最多，也是叶瘟出现的高峰期。穗颈瘟以始穗期最易感病，抽穗 6d 后抗病性逐渐增强。

品种的抗病性虽可因外界条件的不同而发生一定变化，但主要受遗传基因控制。大部分抗病基因为主效显性基因，多数品种的抗病性受 1 ～ 2 对主效基因控制，也有的受 3 对以上基因控制，或受微效多基因控制，而且基因间还存在互补、累加、抑制和上位作用。已鉴定和命名了 40 多个抗稻瘟病基因，其中 24 个抗病基因 *Pi-b*、*Pi-ta*、*Pi2*、*Pi9*、*Pid2*、*Piz-t*、*Pi-36*、*Pi-37*、*Pik-m*、*Pi5*、*Pi-d3*、*Pi-21*、*Pi-t*、*Pb1*、*Pi-sh*、*Pi-k*、*Pik-p*、*Pi-a*、*NLS1*、*Pi-25*、*Pi-54*、*Pi54rh*、*Pi54of* 和 *Pid3-A4* 已被成功克隆。

就品种的抗病机制而言，一般株型紧凑，叶片上水滴易滚落，可相对降低病菌的附着量，减少侵染机会。寄主表皮细胞的硅质化程度和细胞的膨压与抗侵入、抗扩展能力呈正相关。另外，过敏性坏死反应是抗扩展的一种机制。

多数抗病品种在大田推广 3 ～ 5 年后便失去抗性，一般认为主要原因是田间病原菌群体致病力变化，品种对病原菌有定向选择作用。

2. 气象因子

温度、湿度、降雨、雾、露、光照等对稻瘟病菌的繁殖和稻株的抗病性都有很大影响。当气温在 20 ～ 30℃、相对湿度达 90% 以上时，有利稻瘟病发生。在 24 ～ 28℃，湿度越大，发病越重。在 5d 平均气温上升到 20℃左右，越冬病菌遇降雨后或相对湿度达 90% 以上时，可不断产生分生孢子，传播为害。温度对潜育期的影响较大，9 ～ 10℃为 13 ～ 18d；17 ～ 18℃为 8d；24 ～ 25℃为 5 ～ 6d；26 ～ 28℃为 4 ～ 5d。北方地区，6 月下旬平均气温如达 20℃以上，稻瘟病的流行就取决于降雨的迟早和降雨量。天气时晴时雨，或早晚常有雾、露时，最有利病菌的生长繁殖，此时不但孢子数量大，发芽快，侵入率高，潜育期短，而且稻株同化作用慢，碳水化合物含量低，组织柔软，抗病性弱，病害容易流行。低温和干旱也有利发病，尤其抽穗期忽遇低温，水稻的生活力削弱，抽穗期延长，感病机会增加，穗颈瘟较重。日光不足时，植株柔软，抗病性下降，有利病害的发生和蔓延。

3. 栽培管理措施

栽培管理措施可影响水稻的抗病性和田间小气候，从而影响病害的发生发展。①施肥：偏施氮肥会造成稻株体内碳氮比降低，游离态氮和酰胺态氮含量增加，硅质化程度减弱，增加外渗物中铵含量，引起植株徒长、组织柔软、叶片披垂、含水量增加、色浓绿、无效分蘖增多，导致株间郁闭，湿度增加，有利病菌的生长、繁殖和侵入。追肥过迟，造成后期氮素过多，引起水稻贪青，抽穗不整齐，往往诱发穗颈瘟。②灌溉：长期深灌的稻田、冷浸田及地下水位高、土质黏重的黄黏土田，土壤氧化还原电位高，土中嫌气微生物产生大量硫化氢、二氧化碳及有机酸等有毒物质，使根系生长不良，影响根系吸收养分，致使水稻代谢失调，抗病性降低。但田间水分不足（如旱秧田、漏水田）会导致水稻水分生理失调，造成植株抗病性下降而发病加重。

7.1.1.3 传播途径

病菌以菌丝和分生孢子在病稻草、病稻谷上越冬。因此，病稻草和病稻谷是翌年病害的主要初侵染源。未腐熟的粪肥也可成为初侵染源。病菌在干燥病组织中的存活时间比潮湿的要长，稻草堆中部病草上的菌丝可存活 1 年，而浸入水中稻草上的菌丝存活不到 1 个月。当次年气温回升到 20℃左右时，越冬病菌遇水可不断产生分生孢子，借风雨传播到秧苗或本田稻株，首先侵染发病，之后在病组织上产生大量分生孢子释放扩散，引起再侵染，造成病害蔓延。双季稻区，早稻病残体上的病菌产生分生孢子，传播到晚稻秧苗或本田稻株上侵染，引起晚稻发病。双季稻和单季稻混栽可增加病菌侵染的机会。

孢子接触稻株后，萌发形成附着胞，由附着胞产生的侵染丝侵入寄主表皮。病菌以表皮上的机动细胞为主要侵染点，也可从伤口侵入，但不从气孔侵入。

长期以来，人们一直认为稻瘟病菌只能从水稻地上部叶片等组织侵入引起发病。但研究发现，在实验室条件下病菌还可从植株根系表面侵入，引起稻株根部发病，具有根系入侵病原菌的特征。不仅如此，侵入根部的病菌还可沿着根部维管组织向上扩展蔓延到植株地上部，引起茎叶发病形成病斑，具有系统侵染的特征。从根部侵染的病菌孢子萌发不形成附着胞。如同叶部侵染一样，从根部侵染也符合专化抗病性中的基因对基因假说。不过，在病害流行方面，这种从根部侵入的作用应该小于从地上部侵入的作用。

7.1.1.4　防治措施

采取以种植高产抗病品种为基础，减少菌源为前提，加强保健栽培为关键，药剂防治为辅助的综合防治措施。

1. 种植抗病品种

可因地制宜地选用抗病品种。杂交稻‘冈优 22’‘汕优 22’‘寻杂 36’，常规稻‘吉粳 57’‘吉粳 60’‘京引 127’‘普黏 7 号’‘藤系 137’‘牡丹江 20’‘龙粳 8 号’等品种可推广使用。注意合理使用抗病品种：①定期轮换，当抗病品种在一地种植 2 ～ 3 年后，应及时地轮换下来，用新的抗病良种替换老品种，避免单一抗病基因品种长期种植。②合理布局，在同一生态区内同时种植几个抗病基因不同的品种。③应用多主效抗病基因和微效抗病基因品种，将携带多个不同抗病基因的品种或多个不同微效抗病基因的品种应用于大田，可延长品种的使用年限。

2. 减少病源

①不用带菌种子。②及时处理病稻草。收获时，病田的稻草和谷物应尽量分别堆放，室外堆放的病稻草应在春播前处理完毕。不用病稻草催芽和扎秧苗，如病稻草还田，应犁翻于水和泥土中沤烂。用作堆肥和垫栏的病稻草，应在腐熟后施用。③带菌种子消毒，可用 80% 乙蒜素药液浸种 2 ～ 3d 或 85% 强氯精溶液浸种 0.5 ～ 1d 或 25% 使百克药液浸种 1 ～ 2d。

3. 改进栽培方式，加强水肥管理

云南农业大学创建了利用水稻遗传多样性控制稻瘟病的技术，即利用与抗病品种生育期相当但高度感病的品种，与抗病品种按一定比例间作。经在多个水稻产区推广，证明了该技术可有效控制稻瘟病的发生和流行。合理施肥，不偏施和过多施用氮肥，注意氮、磷、钾配合，适当施用含硅酸的肥料，如草木灰、矿渣、窑灰钾肥等。做到施足基肥，早施追肥，中后期看苗、看天、看田酌情施肥。提倡有机肥与化肥配合使用。管水方面必须与施肥密切配合，要求做到薄水插秧，深水回青，浅水分蘖，够苗晒田，穗期湿润灌溉。促进稻株健壮生长，提高抗病性。

4. 药剂防治

用于防治稻瘟病的化学药剂较多。防治苗瘟一般在秧苗 3 ～ 4 叶期或移栽前 5d 施药；防治穗颈瘟可于破口至始穗期喷施 1 次杀菌剂，然后根据天气情况在齐穗期施第二次药。常用的杀菌剂：①黑色素生物合成抑制剂，如三环唑和氰菌胺，是防治稻瘟病的专用杀菌剂。内吸性强，只具预防作用。施药后能迅速被稻叶及稻根吸收，喷施 1h 后遇雨也不需补喷。防治苗瘟和叶瘟可用药液处理秧苗根部，即将洗净的秧苗根部浸泡在药液中 10min，取出沥干后栽插，或在叶瘟初期叶面喷雾。防治穗颈瘟在始穗期喷药，在适宜发病条件下应该于齐穗期喷施第二次药。在病菌侵入以后或叶面存在可被病菌侵入的伤口时使用，这类杀菌剂则会失去防治效果。②其他有效药剂，有稻瘟灵、嘧菌酯、吡唑醚菌酯、枯草芽孢杆菌、春雷霉素、肟菌 · 戊唑醇、春雷 · 噻唑锌、春雷 · 三环唑等，这类杀菌剂宜在病菌侵入之前和发病初期使用。

7.1.2　水稻纹枯病

水稻纹枯病又称云纹病，俗名花足秆、烂脚瘟、眉目斑。该病的病原菌为立枯丝核菌，为半知菌亚门丝孢纲无孢目无孢科丝核菌属真菌，其有性态为瓜亡革菌（*Thanatephorus cucumeris*），多在高温、高湿条件下发生。纹枯病在南方稻区为害严重，是当前水稻生产上的主要病害之一。该病使水稻不能抽穗，或抽穗的秕谷较多，粒重下降。参见图 7-2。

图 7-2　水稻纹枯病症状

7.1.2.1　症状

起初在近水面的叶鞘上产生暗绿色水渍状小斑点，以后逐渐扩大成椭圆形斑纹，呈云彩状。病斑中央灰白色，边缘暗褐色或灰褐色。叶片上的病斑与叶鞘上的相似。稻穗受害变成墨绿色，严重时成枯孕穗或变成白穗。当田间湿度大时，病斑上可出现白色粉状霉层。病部菌丝集结成菌核，容易脱落。

7.1.2.2　发病条件

病原菌在稻田中越冬，为初侵染源。春耕灌水时，越冬菌核与浮屑、浪渣混杂漂浮在水面上，粘附在稻株上进行侵染，形成病斑。病斑上的病菌通过接触侵染邻近稻株而在稻丛间蔓延。病部形成的菌核落入田中随水漂浮，进行再侵染。抽穗前病部新生菌丝以横向蔓延为主，抽穗后主要沿稻秆表面向上部叶鞘、叶片蔓延侵染，孕穗至抽穗期侵染最快，抽穗至乳熟期单株病害向上蔓延最快。早稻菌核为晚稻主要病源。

7.1.2.3　传播途径

菌核在稻田土壤里或稻行、杂草中越冬。当温湿度条件适宜时，菌核萌发长出菌丝，直接侵入叶鞘，病斑不断扩大蔓延，病部的菌丝集结形成菌核，落入水中，随水流传播。水稻生长前中期，病害主要在稻株基部叶鞘横向扩展。抽穗以后，在温湿度条件适宜情况下，病害很快向上面的叶鞘、叶片侵染扩展。水稻生长的一生中，分蘖期、孕穗期至抽穗期抗病能力低，病菌侵染最快。

7.1.2.4　防治措施

1. 农业防治

加强栽培管理，增强植株抗病性，减少为害。合理密植，实行东西向宽窄行条栽，以利通风透光，降低田间湿度；浅水勤灌，适时晒田；合理施肥，控氮增钾。

2. 药剂防治

在水稻分蘖期和破口期各喷一次药进行防治。可选用的药剂有己唑醇、戊唑醇、噻呋酰胺、嘧菌酯、氟环唑、井冈霉素、申嗪霉素、井冈·蜡芽菌、肟菌·戊唑醇、苯甲·嘧菌酯、丙环·嘧菌酯等，兑水喷雾。其中，使用 30% 苯甲·丙环唑可兼治稻曲病、稻瘟病、紫秆病、胡麻叶斑病、粒黑粉病等多种水稻中后期病害，并有明显的增产作用，注意喷雾时重点喷在水稻基部。

7.1.3　水稻稻曲病

稻曲病在我国南方稻区发生较多，在东北三省也有发生，以辽宁省发生较多，黑龙江省发生较少，但近年来由于种植面积和年限的增加，病情有所加重。此病发生后可使空秕粒增加，结实率、千粒重与穗粒重下降，造成不同程度的减产。加工后，精米率下降，米质变劣，并对人、畜、禽有慢性毒性作用（稻曲病菌产生毒素）。参见图 7-3。

图 7-3　稻曲病症状

7.1.3.1 症状

稻曲病在水稻开花后至乳熟期发生，只发生在穗部单个谷粒上，一般一个穗上几个谷粒受害，也有多达几十个谷粒受害的。病菌侵入谷粒后，在颖壳内形成菌丝块，病粒内部的组织被破坏。以后菌丝块逐渐长大，使谷粒颖壳稍稍裂开，露出橘黄色小型块状凸起物（孢子座），以后逐渐膨大，颖壳包裹起来形成“稻曲”。稻曲比谷粒大数倍，近球形，颜色由黄经黄绿到墨绿色，表面最初平滑，以后龟裂外表密生墨绿色粉状物（厚垣孢子）。有的病粒在橘黄色小型块状凸起物（孢子座）基部两侧生出 1 ～ 4 个黑色菌核。

7.1.3.2 发病条件

1. 品种

目前在栽培的品种中尚未发现免疫品种，但不同品种之间发病程度仍有明显差异，凡穗大、粒多的密穗型品种发病重，晚熟品种常比早熟品种发病重。

2. 气象条件

一般在水稻幼穗形成至抽穗期间，多雨、高湿（相对湿度 90% 以上）、日照时数少、开花期间低温（20℃以下）和适期降雨的气候条件有利于病菌侵染，发病常重。

3. 肥料

植株在高肥条件下发病常重。

7.1.3.3 传播途径

病菌以落入土中的菌核或附于种子上的厚垣孢子越冬。翌年菌核萌发产生厚垣孢子，由厚垣孢子再生小孢子及子囊孢子进行初侵染。

7.1.3.4 防治措施

1. 选用优质、抗病品种

选用优质、抗病品种，如‘牡 19’‘合江 23’‘雪光’等。

2. 加强肥水管理

施足底肥，氮、磷、钾肥配合施用；灌水应浅水灌溉，及时排水晒田，防止灌溉污水，提高植株的抗病性。

3. 药剂防治

一般应在水稻孕穗期喷药，在田间多数水稻植株剑叶抽出 1/2 至全部抽出，植株呈锭子形但未破肚，水稻破口前 10d 左右施药，效果最佳。常用的药剂包括戊唑醇、氟环唑、丙环唑、苯甲 · 丙环唑、井冈 · 蜡芽菌、肟菌 · 戊唑醇等。

7.1.4 水稻白叶枯病

水稻病害之一，病株叶尖及边缘初生黄绿色斑点，后沿叶脉发展成苍白色、黄褐色长条斑，最后变灰白色而枯死。病株易倒伏，稻穗不实率增加。病菌在种子和病稻草上越冬传播。分蘖期病害开始发展。高温多湿、暴风雨、稻田受涝及氮肥过多时有利于病害流行。

7.1.4.1　症状

由于品种、环境和病菌侵染方式不同，病害症状有以下几种类型。

1. 普通型

即典型的叶枯型症状。苗期很少出现，一般在分蘖期后才较明显。发病多从叶尖或叶缘开始，初为暗绿色水渍状短侵染线，后沿叶脉从叶缘或中脉迅速向下加长加宽而扩展成黄褐色至枯白色病斑，可达叶片基部和遍布整个叶片。病健组织交界明显，呈波纹状（粳稻品种）或直线状（籼稻品种）。有时病斑前端还有鲜嫩的黄绿色断续条状晕斑。湿度大时，病部易见蜜黄色珠状菌脓。该病害的诊断要点是病斑沿叶缘坏死呈倒“V”形斑，病部有黄色菌脓溢出，干燥时形成菌胶。

2. 急性型

发生在环境比较适宜的条件下或感病品种上。病叶暗绿色，迅速扩展，几天内全叶呈青灰色或灰绿色，随即迅速失水纵卷青枯，病部也有蜜黄色珠状菌脓。此种症状的出现标志着病害正在急剧发展。

3. 凋萎型

一般不常见，多在秧田后期至拔节期发生。病株心叶或心叶下 1 ～ 2 叶先呈现失水、青枯，随后其他叶片相继青枯。病轻时仅 1 ～ 2 个分蘖青枯死亡；病重时整株整丛枯死，若折断病株茎基部，并用手挤压时有大量黄色菌脓溢出，剥开刚刚青卷的枯心叶，也常见叶面有珠状黄色菌脓。这些病株基部无虫蛀孔，可与螟虫引起的枯心相区别。

4. 中脉型

剑叶下 1 ～ 3 叶中脉呈淡黄色，沿中脉逐渐向上下延伸，并向全株扩展，成为发病中心。这类症状是系统侵染的结果，植株多在抽穗前便枯死。参见图 7-4。

图 7-4　水稻白叶枯病（中脉型）

7.1.4.2　发病条件

在病稻草、病稻谷和病稻桩上越冬的病菌，在翌年春季播种期间一碰到雨水便随水流传播。病菌初次侵染的途径有几种不同的看法：一种认为病种萌芽时，病菌先感染芽鞘，当真叶穿过芽鞘接触病菌时，第一片真叶叶尖或叶的两边受侵害形成带菌苗。另一种认为病菌先污染根部，然后从茎基部叶鞘的伤口侵入。因为水里的病菌都聚集于根部周围，并在根的表面进行繁殖，当稻根产生新根时，幼根穿过叶鞘基部向外伸出，所以当病菌与叶鞘的伤口接触时，就侵入内部，在细胞空隙处繁殖，然后到达叶鞘基部的维管束感染发病。还有一种认为稻苗叶鞘上有部分开张的变态气孔，病菌可以由此侵入，能到达维管束的，就在里面繁殖移动直至发病，到不了维管束的不能致病，但可就地繁殖，排出体外后进行再侵染。上面所讲的早期进入稻体内的病菌，在维管束内繁殖转移过程中，当被局限在一处时，所表现出来的症状是局部的，如常见的叶部病斑，称局部侵染；当病菌沿维管束传导到其他部位时，有的就表现为枯心或全株凋萎等，有的即使不表现症状，但叶、叶鞘、茎、穗等部位均有病菌存在，这种全株性的发病，称系统侵染。

7.1.4.3　传播途径

初侵染源主要是病稻草，病菌在干燥处堆放的稻草中可以存活六七个月甚至更长，翌年春耕时，保湿后产生的细菌流胶，接种仍能侵染稻株。用病稻草在催芽时盖种、捆秧等均可引起种秧苗发病。稻草上的病菌翌年入夏以后急剧减少。种子上的病菌也是重要的初侵染源之一，播种带菌的种子可引起秧苗发病。稻种带菌又与种子调运有关，对新区病害引入的作用更为重要。因此，比较一致的看法是老病区稻草是新病区的主要侵染源。

种子及稻草上的病菌到翌年春天遇水分就开始运动。种子上的病菌可以直接侵染秧苗。稻草上的病菌则通过催芽时盖种、秧田覆盖、扎秧把、堵水口等途径侵染秧苗，水稻的根系分泌物能够吸引周围的病原菌向根际聚集，并使生长停滞的病原菌活化增殖。

白叶枯病菌主要是从叶片的水孔侵入，因此病斑也多从叶尖和叶缘开始。侵入途径中其次是伤口。病菌侵入水稻后，只能在维束管中蔓延繁殖，所以从水孔侵入的病菌最能有效地建立寄生关系。水稻生长后期，经伤口侵入的可能性逐渐增加，从伤口侵入的病菌，有时只能在侵入点形成局部的条斑。秧苗在维束管未受侵染前，不表现症状，只有当细菌重新分泌出来，再从水孔进入植物体时，才能表现症状。所以水稻幼苗可以成为隐症带菌者。

水稻白叶枯病的田间传播是短距离的，但在水流传动和供水淹灌、串灌的条件下可长距离传播。

7.1.4.4　防治措施

选用适合当地的 2 ～ 3 个主栽抗病品种。

加强植物检疫。不从病区引种，必须引种时，用 1% 石灰水或 80% 402 抗菌剂 2000 倍液浸种 2d，或 50 倍液的甲醛浸种 3h，再闷种 12h，洗净后再催芽。

种子处理。播前用 50 倍液的甲醛浸种 3h，再闷种 12h，洗净后再催芽。也可选用浸种灵乳油 2mL，加水 10 ～ 12L，充分搅匀后浸稻种 6 ～ 8kg，浸种 36h 后催芽播种。

清理病田稻草残渣，病稻草不直接还田，尽可能防止病稻草上的病原菌传入秧田和本田。搞好秧田管理，培育无病壮秧。选好秧田位置，严防淹苗，秧田应选择地势高，无病，排灌方便，远离稻草堆、打谷场和晒场地的地方，连作晚稻秧田还应远离早稻病田。防止串灌、漫灌和长期深水灌溉。防止过多偏施氮肥，还要配施磷、钾肥。

药剂防治。20% 叶青双可湿性粉剂 100g/ 亩，25% 叶枯宁可湿性粉剂 100g/ 亩，10% 氯霉素可湿性粉剂 100g/ 亩，50% 代森铵水剂 100mL/ 亩（此药抽穗后不得使用），90% 克菌壮可溶性粉剂 75g/ 亩或 72% 农用链霉素 10g/ 亩。以上药剂兑适量清水后叶面喷雾。

7.1.5 水稻条纹叶枯病

水稻条纹叶枯病是以灰飞虱为介体传播的病毒病，俗称水稻上的癌症。病株常出现枯孕穗或穗小畸形不实。拔节后发病在剑叶下部出现黄绿色条纹，各类型稻均不枯心，但抽穗畸形，结实很少。参见图 7-5。

图 7-5　水稻灰飞虱及条纹叶枯病

7.1.5.1 症状

病株症状主要有卷叶型、展叶型两种。卷叶型症状为典型的“假枯心”，即心叶褪绿、捻转，并弧圈状下垂，严重的心叶枯死。展叶型心叶展开基本正常或完全正常，且从心叶基部开始沿叶脉呈现褪绿斑驳，后向上呈漫射状扩展，形成不规则的黄白条斑或褪绿条斑，一般不捻转、下垂。卷叶型和展叶型症状表现与水稻品种及感病龄期有关。早期感染的水稻植株症状严重，提前枯死，而后期感染的植株症状稍轻，呈现轻微矮缩，病株分蘖减少，只抽出少数劣质的穗子，但穗头小，枝梗、颖壳扭曲畸形，或稻穗不能从叶鞘抽出，严重影响水稻产量。

7.1.5.2 发病条件

水稻条纹叶枯病的发生与流行受耕作制度、品种抗病性、灰飞虱带毒率、气温等因素的影响。

1. 耕作制度

以麦类为前作的单季晚粳稻发病重，而油菜–稻或蚕豆–稻轮作对病害有明显的抑制效应。耕作制度的单一和感病水稻品种的单一化大面积种植是近年来水稻条纹叶枯病在我国部分稻区多次暴发流行的主要原因。例如，我国江苏广泛的稻麦套种为介体灰飞虱提供了极好的越冬场所和连续不断的食物来源，极大地增加了迁入稻田的带毒灰飞虱种群量。

2. 品种抗病性

一般糯稻发病重于晚粳，晚粳重于中粳，籼稻发病最轻。籼稻品种中，一般矮秆品种发病重于高秆品种，迟熟品种重于早熟品种。同一品种不同生育期中，幼苗期最易感病，拔节后基本上不感病。

3. 灰飞虱带毒率

发病株率与灰飞虱发生量无显著相关性，与灰飞虱带毒率有显著相关性。由于灰飞虱发生量年度间变化很大，灰飞虱带毒率又随着流行年后时间的延长而逐渐递减，因而，发病率与带毒率间有极显著的相关性，即带毒率大，发病率高。

4. 气温

早春气温高，灰飞虱发育快，成虫迁入秧田为害时间早，传毒天数延长，发病较重；早春气温低则发病较轻。气温高于 30℃时对灰飞虱的生长发育不利，故在热带和亚热带高温区病害很少流行。

此外，该病发生程度还与水稻播种期和秧苗移栽期有关，一般早栽田发病较重。

7.1.5.3　传播途径

该病病原仅靠介体昆虫传播，其他途径不传病。介体昆虫主要为灰飞虱，一旦获毒可终生并经卵传毒，至于白脊飞虱，在自然界虽可传毒，但作用不大。灰飞虱最短吸毒时间 10min，循回期 4 ～ 23d，一般 10 ～ 15d。病毒在虫体内增殖，还可经卵传递。

该病病原侵染禾本科的水稻、小麦、大麦、燕麦、玉米、谷子、黍、看麦娘、狗尾草等 50 多种植物。但除水稻外，其他寄主在侵染循环中作用不大。该病病原在灰飞虱体内越冬，成为主要初侵染源。在大、小麦田越冬的若虫，羽化后在原麦田繁殖，然后迁飞至早稻秧田或本田传毒为害并繁殖，早稻收获后，再迁飞至晚稻上为害，晚稻收获后，迁回冬麦上越冬。水稻在苗期到分蘖期易感病。叶龄长，潜育期也较长，随植株生长其抗性逐渐增强。

7.1.5.4　防治措施

1. 选用抗（耐）病品种

水稻条纹叶枯病防治的根本措施是抗病品种的选育与推广，要因地制宜、合理应用抗病品种，坚持优质、高产、多（高）抗原则，选择品质优、丰产性好、综合抗性突出的品种。水稻品种间条纹叶枯病发病存在较大差异，晚粳稻‘秀水 09’‘秀水 63’‘嘉禾 218’等发病相对较轻，丙 03-123 品系等抗病性较强，而‘武运粳 7 号’‘加育 991’等发病较重。因此，在水稻条纹叶枯病重发区，应压缩感病品种种植面积，要优先考虑抗病品种的应用，这不失为防治水稻条纹叶枯病的经济有效措施。

2. 适当调整播栽期

多年调查结果显示，水稻播栽期越早，灰飞虱传毒就越早，水稻条纹叶枯病发生为害也就越严重。分析原因，主要是早播田块诱发灰飞虱集中传毒为害。因此，在水稻条纹叶枯病重发区，提倡同期播种或适当推迟，避免部分田块零星早播，在浙江嘉兴、湖州单季直播晚稻播种期从原 5 月 25 日推迟至 6 月 10 日左右，能有效地避开 1 代灰飞虱成虫的迁移传毒高峰，使其多数成为无效虫源，从而减轻水稻发病程度。要结合塑盘育秧、工厂化育秧和机插秧、抛栽稻、直播稻等栽培技术的推广，减少常规水（旱）育秧，从而推迟水稻播栽期，避开 1 代成虫迁入秧田和早栽大田的时机。水稻条纹叶枯病发生严重的地区，要尽量压缩套种麦的种植面积。对于套种麦田，要加强灰飞虱防治配套技术的推广应用，缩短麦稻共生期。

3. 集中育苗、培育壮秧

小麦和杂草是越冬代与 1 代灰飞虱的主要寄主。秧田选址应尽量远离麦田，避免麦田建畦进行旱育秧，以减少 1 代成虫迁入传毒。秧田尽量集中连片，减少秧苗被灰飞虱刺吸与传毒的概率，同时便于肥水管理和灰飞虱统防统治，提高防治效果。同时要科学施肥，适当控制氮肥施用量，培育老健秧苗，增强植株抗逆性和抗病性。

4. 防除杂草、清洁田园

从各地治理实践看，水稻无论是秧田还是大田，在其他管理措施一致的情况下，田园清洁的田块最终水稻条纹叶枯病发病程度明显轻于杂草丛生的田块。水稻秧田要在清洁的环境中选择，做好春季麦田和冬闲田等虫源地杂草防除，减少 1 代灰飞虱迁移传毒，减轻水稻发病。

5. 合理施肥

施肥水平与水稻条纹叶枯病发生为害有一定关系。浙江省长兴县植保站的不同肥料和施肥量对水稻条纹叶枯病的影响试验结果表明：①不同肥料对水稻条纹叶枯病发生的影响存在一定差异，氮肥对水稻条纹叶枯病发生的影响最大，磷肥次之，钾肥影响最小。②不同施肥量对水稻条纹叶枯病发生的影响明显，氮、磷、钾 3 种肥料不施，均会造成水稻生长不良，抗病性下降，导致发病加重；氮、磷施用过量也会加重水稻条纹叶枯病的发生。试验表明，化肥的施用对水稻条纹叶枯病的发病程度有一定的影响，必须科学合理施用，才能促进水稻健康生长，提高植株抗病能力，减轻水稻条纹叶枯病的发生。

6. 药剂防治

药剂浸种是控制早期条纹叶枯病的重要措施之一。可用 10% 吡虫啉可湿性粉剂或 5% 锐劲特悬浮剂浸种 48h，随后进行催芽播种。早稻、晚稻秧田分别平均有成虫 18 头 /m^2、5 头 /m^2，本田平均有成虫 1 头 /m^2 时进行防治，可用毒死蜱、吡虫啉、锐劲特等进行喷雾防治。喷药时要连同田埂杂草和邻边同时喷药，组成保护带。药剂品种需交替使用，以免产生抗药性。

7.1.6　南方水稻黑条矮缩病

南方水稻黑条矮缩病是一种以飞虱为主要传播介体，在我国南方稻区广为发生流行的一种水稻病毒病。该病害在我国最早于 20 世纪 60 年代初发现。20 世纪 90 年代以来，该病害在越南和我国南方稻区发生面积迅速扩大、为害程度明显加重，尤其是 2010 年造成了多点成片田块颗粒无收，对我国水稻生产造成巨大威胁。参见图 7-6。

图 7-6　南方水稻黑条矮缩病

7.1.6.1　症状

南方水稻黑条矮缩病是近年水稻上发生的新病害，目前对它的症状研究还不够系统，对其发生规律尚不完全清楚，但通过研究发现南方水稻黑条矮缩病在水稻上呈现的各种症状，部分具有典型特征，部分与其他水稻病毒病比较相似。总体分析发现，南方水稻黑条矮缩病可在不同的组织部位表现症状，如根系变化，水稻根系在染病后表现出根系变短、减少，后期变为黑褐色；茎干变化，在染病后期，茎干部有白色瘤状凸起，手摸明显有粗糙感，凸起纵向排列，习惯称为“蜡白条”，后期“蜡白条”的颜色常变为黑褐色或黄褐色，茎干节间的根须朝上生长，与自然生长方向相反，习惯称为“倒生根”或“气生根”，在早期染病，特别是在苗期，还可导致水稻拔节困难，表现为植株“矮缩”，在较高节间出现分枝现象，习惯称为“高节位分枝”；叶片变化，部分病叶有明显的皱褶凸起，往往发生在叶片中间部位两侧，并且沿叶片伸展方向扩展，感病新生叶片在基部或叶尖部出现明显的卷曲，同时，叶片颜色深绿；穗部变化，分蘖期染病后，抽穗困难或抽包颈穗，穗小畸形、结实少。通过对多种水稻病毒病症状的比较分析，发现“蜡白条”和“高节位分枝”是该病比较典型的特征。

通过对不同生长时期的水稻染病情况分析发现，南方水稻黑条矮缩病在各个时期侵染水稻均有相应的症状，染病越早，症状越重，可导致水稻明显矮缩、拔节困难、分蘖增多，严重者可导致水稻死亡。此外，水稻感染南方水稻黑条矮缩病后的症状也受水稻品种、水稻生长状态和环境因素等的影响。

7.1.6.2　发病条件

1. 品种抗病性

常规稻发病重于杂交稻，杂交稻大多为高发品种，但‘协优 963’抗病性好，发病较轻，与其他品种有显著差异。

2. 菌源

传毒昆虫越冬存活率高是病害传播流行的关键，暴发主要依赖于水稻的生长条件和带毒昆虫的种群数量。

3. 栽培条件

缺锌是南方水稻黑条矮缩病发生流行的重要环境条件。秧田靠近菜园、房屋的中稻大田发病重；棉田改水田的中稻大田发病重；低湖、低地势田发病重。发病高峰期在中稻分蘖盛期至末期。

7.1.6.3　传播途径

该病病原可由灰飞虱、白背飞虱、白带飞虱等传播，其中以灰飞虱传毒为主。介体一经染毒，终生带毒，但不经卵传毒。该病病原主要在大麦、小麦病株上越冬，有部分也在灰飞虱体内越冬。

1 代灰飞虱在病麦上接毒后传到早稻、单季稻、晚稻和春玉米上传毒；2 代、3 代灰飞虱在水稻病株上吸毒后，迁入晚稻和秋玉米上传毒；在晚稻上繁殖的灰飞虱成虫和越冬代若虫又进行传毒，传给大麦、小麦。由于灰飞虱不能在玉米上繁殖，因此玉米对该病病原再侵染的作用不大。田间病毒通过麦–早稻–晚稻的途径完成侵染循环。灰飞虱最短获毒时间为 30min，1 ～ 2d 即可充分获毒。病毒在灰飞虱体内循回期为 8 ～ 35d，接毒时间仅 1min。稻株接毒后潜育期 14 ～ 24d。晚稻早播比迟播发病重，稻苗幼嫩发病重。水稻发病程度取决于大麦、小麦发病轻重和毒源多少。南方水稻黑条矮缩病的传毒昆虫灰飞虱在湖北常年以高龄若虫在看麦娘、棒头草、小麦、大麦、黑麦、野燕麦等禾本科植物上越冬，暖冬可大大提高其越冬存活率，使春季灰飞虱种群数量增大，从而有利于田间传毒。

7.1.6.4　防治措施

1. 消灭传染源

田边地头杂草是条纹叶枯病和南方水稻黑条矮缩病病原的中间寄主，应予以重点防除。可采用 30% 草甘膦水剂兑水向田边及田埂杂草定向喷雾。秧田期首次迁入的飞虱同样是该病害的初侵染源，应在水稻催芽后，采用 35% 丁硫克百威种子干粉处理剂拌种子，以防秧苗期飞虱迁入为害。

2. 切断传播途径

该病害主要通过灰飞虱、白背飞虱传毒为害，且不经卵传毒，不经种子传毒，说明该病害传毒途径较为单一，飞虱是重点防治对象。各期可采用 25% 吡蚜酮可湿性粉剂或 50% 烯啶虫胺可溶性粒剂兑水均匀喷雾。

3. 保护易感作物

除采取上述措施之外，采用药剂保护水稻植株不受感染同样是重要的一环。水稻植株在分蘖盛期之前较易感病，应在播种至分蘖盛期着重施药保护。播种期：水稻催芽后，采用 30% 毒氟磷可湿性粉剂 15g 拌 1.2 ～ 2kg 种子（以干种子计），可减少水稻在秧苗期被病毒侵染。移栽、抛秧前送嫁，移栽后 10 ～ 15d 两个时期：采用 30% 毒氟磷可湿性粉剂 15g 兑水 15kg 均匀喷雾。水稻封行期：可视田间发病情况，按照上述两种方法巩固施药一次。

7.1.7　水稻苗期病害

烂秧是水稻苗期多种生理性病害和侵染性病害的表现。生理性烂秧常见的有烂种、漂秧、“黑根”等。烂种是指种子播种后不发芽而腐烂，或幼芽陷入秧板泥层中腐烂而死；漂秧是指种子出芽后长久不能扎根，稻芽漂浮倾倒，最后腐烂而死。以上两种烂秧是由种子质量差，催芽过程中稻种受热或受寒或秧田整地质量欠佳，蓄水过深、缺氧窒息等所致。“黑根”是一种中毒现象，当施用未腐熟的绿肥或大量施用有机肥和硫铵苗肥后，加上蓄水过深，土壤还原态过强，土壤中广泛存在的硫酸根还原细菌迅速繁殖，产生大量硫化氢、硫化铁等还原性物质，毒害稻苗，使稻根变黑腐烂，叶片逐渐枯死，周围土壤也变黑，有强烈臭气。侵染性烂秧主要包括绵腐病和立枯病。

7.1.7.1　症状

1. 绵腐病

播种后 5 ～ 6d 即可发生绵腐病。初期种壳裂口处或幼芽基部出现少量乳白色胶状物，后逐渐向四周长出白色絮状菌丝，呈放射状，最后常因氧化铁沉淀或藻类、泥土粘附而呈铁锈色、绿褐色或泥土色。受侵稻种内部腐烂而不能萌发，或病苗基部腐烂而枯死。初发病时秧田中零星点片出现，如持续低温覆水，可迅速蔓延，全田枯死。

2. 立枯病

早期受害，植株枯萎，茎基软弱，易拔断；较晚受害，心叶萎垂卷缩，茎基软腐，全株黄褐枯死，病部长出白色、粉红色或黑色霉层。

7.1.7.2　防治措施

水稻烂秧的防治应以提高育秧技术，改善秧田环境条件，增强稻苗抗病性为主，必要时进行药剂防治。

1. 改进育秧方式

保证秧田质量：应因地制宜采用塑料薄膜育秧和温室育秧，露地育秧的秧田应选择避风向阳、地势较高而平坦、肥力中等、灌溉方便的田块。整地力求精细而平整：凡冬闲田作秧田要冬耕晒白，施足基肥，多施温性肥料，以增加土温及其通透性，播种前除去板面杂草和稻根。

2. 精选谷种

谷种要做到纯、净、健壮。在浸种前认真做好晒种工作，以提高种子的生活力和发芽率。晒种后，进行风选或盐（泥）水选种，浸种消毒后再行催芽。

3. 提高浸种催芽技术

浸种催芽应在温度基本稳定在 10℃以上时进行，催芽时掌握好温度和水分。

4. 适期播种，注意播种质量

早春寒流频繁，天气多变，南方稻区在当地日平均气温达 12℃以上时，方可大批播种露地秧；北方稻区一般采用水床或改良水床育秧，气温稳定在 10℃时播种。播种量要适当，落谷要均匀，塌（埋）谷不见谷。覆盖物要因地制宜采用暖性又有肥效的草木灰等，播种后让其自然落干和晒秧板。增温通气，消除土壤中还原性毒物，利于扎根出苗，使秧苗得以齐、全、匀、壮。

5. 科学管水，合理施肥

在管水上要做到既能控水促根，又能灌水保暖护苗。一般保持寸（1 寸≈ 3.33cm）水育苗。施肥要掌握稳、轻、重的原则，使秧苗“得氮增糖”，增强抗寒力。

6. 药剂防治

防治立枯病，可于播种前和发病始期喷施 30% 噁霉灵水剂，或于秧田发病前或秧田 1 叶 1 心期至 3 叶期、发病始期每平方米秧板喷施 75% 敌磺钠可湿性粉剂，可兼治绵腐病。

防治绵腐病，在绵腐病初发时先将秧田用清水灌溉 2 ～ 3 次，排水落干后，每公顷浇洒 75% 敌克松可湿性粉剂或每公顷喷洒 0.2% 硫酸铜液。喷洒硫酸铜液时应保持薄水层，或在进水口处用纱布袋装入硫酸铜 100 ～ 200g，随水流灌秧田。

7.2　水稻常见虫害及防治

7.2.1　水稻螟虫

稻螟包括二化螟、三化螟和大螟，为害时都是钻蛀水稻茎秆，在苗期和分蘖期造成枯心苗；在孕穗初期侵入，造成枯孕穗；在孕穗末期和抽穗初期侵入，咬断穗颈，造成白穗或虫伤株。二化螟初孵幼虫还会在叶鞘取食造成枯鞘。二化螟还有群集为害的习性，每株可多达数十头，是田间识别二化螟最简单的方法。参见图 7-7。

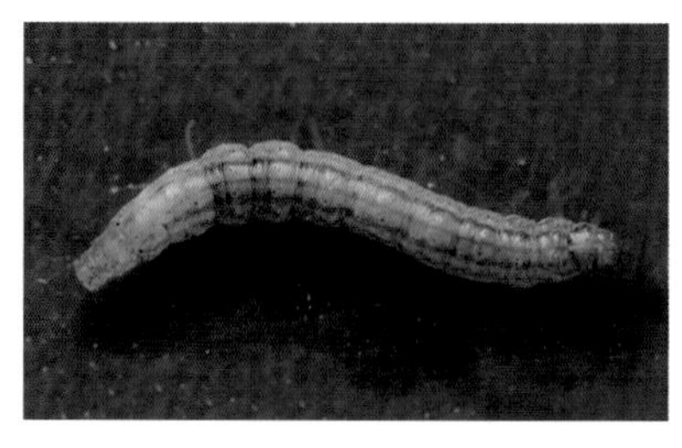

图 7-7　水稻二化螟（左侧幼虫，右侧成虫）

二化螟在我国每年发生 1 ～ 5 代。以老熟幼虫在稻桩、稻草、茭白及稻田周围、田埂上的杂草茎秆中越冬。有世代重叠现象。春季，越冬幼虫还会转移蛀入麦类、蚕豆、油菜的茎秆内取食。成虫昼伏夜出，趋光性强。在水稻分蘖期和孕穗期产卵较多；刚插秧的稻苗，拔节期和抽穗灌浆期的稻株产卵量少。秆高、茎粗、叶片宽大、叶色浓绿的稻田最易诱蛾产卵。分蘖前，卵块主要产在叶正面离叶尖 3 ～ 7cm 处；分蘖后期至抽穗期，多产在离水面 7cm 以上的叶鞘上。初孵幼虫称"蚁螟"，蚁螟孵出后，一般沿稻叶向下爬行或吐丝下垂，从叶鞘缝隙侵入。幼虫 3 龄以后食量增大，并转株为害，蛀孔离地面 3 ～ 13cm。越冬代幼虫在稻桩和稻草中化蛹，其他世代幼虫在稻茎内或叶鞘与茎秆间化蛹。

三化螟因在江浙一带每年发生 3 代而得名。在我国每年发生 2 ～ 7 代。以老熟幼虫在稻桩内越冬。春季气温 16℃时，幼虫化蛹羽化飞往稻田产卵。螟虫夜晚活动，趋光性强，特别是在闷热无月光的黑夜会大量扑灯。产卵具有趋嫩绿习性，水稻处于分蘖期或孕穗期，或施氮肥多、长相嫩绿的稻田，卵块密度高。蚁螟，从孵化到钻入稻茎内需 30 ～ 50min。蚁螟蛀入稻茎的难易程度及存活率与水稻生育期有密切的关系：水稻分蘖期，稻株柔嫩，蚁螟很容易从近水的茎基部蛀入；孕穗期，稻穗外只有 1 层叶鞘，蚁螟也易侵入；孕穗末期，当剑叶裂开露出稻穗时，蚁螟极易侵入；其他生育期蚁螟侵入率很低。因此，分蘖期和孕穗至破口露穗期这两个生育期，是水稻受螟害的"危险生育期"。被害的稻株，多为 1 株 1 头幼虫，每头幼虫多转株 1 ～ 3 次，以 3 龄、4 龄幼虫为盛。幼虫老熟后在稻茎内下移至基部化蛹。春季，在越冬幼虫化蛹期间，如经常阴雨，稻桩内幼虫因窒息或因微生物寄生而大量死亡。温度 24 ～ 29℃、相对湿度 90% 以上，有利于蚁螟的孵化和侵入为害；超过 40℃，蚁螟大量死亡；相对湿度 60% 以下，蚁螟不能孵化。参见图 7-8。

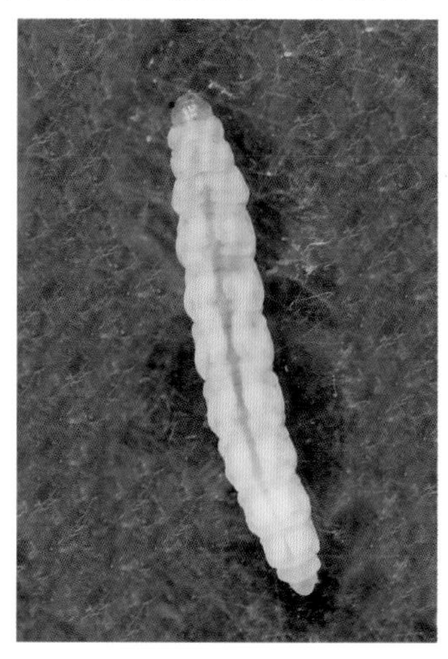

图 7-8　水稻三化螟（左侧幼虫，右侧成虫）

大螟在我国每年发生 2 ～ 8 代。云贵高原 2 ～ 3 代，江苏、浙江 3 ～ 4 代，江西、湖南、湖北、四川 4 代，福建、广西及云南 4 ～ 5 代，广东南部、台湾 6 ～ 8 代。在温带以幼虫在茭白、水稻等作物茎秆或根茬内越冬，翌年春季老熟幼虫在气温高于 10℃时开始化蛹，15℃时羽化，越冬代成虫把卵产在春玉米或田边看麦娘、李氏禾等杂草叶鞘内侧，幼虫孵化后再转移到邻近水稻上蛀入叶鞘内取食，蛀入处可见红褐色锈斑块。3 龄前常十几头群集在一起，把叶鞘内层吃光，后钻进心部造成枯心。3 龄后分散，为害田边 2 ～ 3 墩稻苗，蛀孔距水面 10 ～ 30cm，老熟时化蛹在叶鞘处。成虫飞翔能力弱，常栖息在株间，每雌可产卵 240 粒，卵历期 1 代为 12d，2 代、3 代 5 ～ 6d；幼虫期 1 代约 30d，2 代 28d，3 代 32d；蛹期 10 ～ 15d。

就栽培制度而言，纯双季稻区比多种稻混栽区螟害发生轻；而在栽培技术上，基肥足，水稻健壮，抽穗迅速、整齐的稻田螟害轻；追肥过迟和偏施氮肥，水稻徒长，螟害重。一般糯稻受害程度高于粳稻，粳稻高于籼稻。稻茎坚韧，抽穗快、整齐，成熟早的品种较抗螟害；品种混杂，生长参差不齐的田块受害重。

7.2.1.1　症状

二化螟以幼虫钻蛀为害水稻叶鞘和茎秆，水稻分蘖期受害，造成枯鞘和枯心；孕穗期、抽穗期受害，分别造成枯孕穗和白穗；灌浆期、乳熟期受害，出现半枯穗和虫伤株，秕粒增多，遇大风易倒折。参见图 7-9。

图 7-9　水稻螟虫田间为害症状

7.2.1.2　发病条件

1. 气候

三化螟各虫期生长的适宜温度为 20 ～ 27.5℃，卵孵化的适宜温度为 20 ～ 27.5℃，蚁螟侵入的适宜温度为 20 ～ 35℃，蚁螟生长的适宜温度为 22.5 ～ 27.5℃，幼虫化蛹和羽化的适宜温度为 20 ～ 32.5℃，产卵的适宜温度为 22.5 ～ 27.5℃。卵、幼虫、蛹的发育起点温度分别是 16.0℃、12.0℃、15.0℃，有效积温分别是 81.1℃、507.2℃、103.7℃；1 个世代的有效积温是 692.0℃。越冬期间不同月份三化螟越冬幼虫的发育起点温度和有效积温是有变化的，随着时间的推移而呈下降趋势。

2. 食料

水稻是水稻螟虫发生与为害极其重要的环境基础。螟害的轻重程度，一是取决于螟虫的数量，二是取决于水稻的危险生育期即分蘖期和孕穗期，若与螟虫高峰期相吻合，则螟害发生严重。

不同的水稻生育期，招引三化螟的能力不同，因而在不同类型的田块，卵块的分布不平衡，本田多于秧田，分蘖期和孕穗期产卵特别多，可比其他生育期多数倍甚至数十倍。研究表明，秧苗期螟虫入侵为害受到明显的抑制。水稻的不同生育期对蚁螟侵入存活率有相当大的影响，三化螟在分蘖、圆秆、孕穗、破口期的侵入存活率分别约为 81%、53%、75%、79%。二化螟侵入为害程度与水稻生育期的关系，虽不如三化螟那样显著，但一般分蘖期和孕穗期侵入率和存活率都较高，而圆秆期以后则较低。其他几种稻蛀螟同样表现为以分蘖期和孕穗期的侵入存活率较高。

3. 天敌

螟虫的天敌种类很多，对抑制其发生有一定的作用。天敌中捕食性的有青蛙、蜻蜓、步行虫、隐翅虫、虎甲、蜘蛛和鸟类等；寄生性的有各类寄生蜂、病原微生物，其中已知最重要的是卵寄生蜂和早春时期使疫病流行的病原微生物如白僵菌，有些地方线虫亦相当重要。

7.2.1.3　防治措施

水稻螟虫的防治，应根据螟虫的发生规律和水稻的栽培制度及生长情况，采用防、避、治的综合治理措施；药剂防治则采用挑治轻害代，普治重治重害代。

消灭越冬虫源，压低虫口基数，控制 1 代螟虫发生量。水稻收割后及时翻耕灌水淹没稻桩，杀死稻桩内幼虫；清除冬季旱作稻田内的稻桩；春前处理完玉米、高粱等二化螟、大螟寄主秸秆；次春及早翻耕，灌水灭蛹，铲除田边杂草。

调整水稻布局，改进栽培技术。在保证高产的前提下，调整品种布局，改单、双混栽的布局为大面积双季稻或一季稻，减少三化螟辗转增殖为害的“桥梁田”；选择螟虫少的田块作为绿肥留种田；选用纯种，适时栽插，加强田间管理等，使水稻生长整齐，使螟虫盛发期与水稻分蘖期及孕穗期错开；培育、选用优良抗虫品种，合理用肥，避免氮肥过量。

人工防除及设置诱杀田。结合中耕除草，人工摘除卵块、拔除枯心株和白穗株；在大面积稻田中，用 5% ～ 10% 的田提前栽插，加强肥水管理，使水稻生长茂盛，诱集大量螟虫产卵，集中消灭。

化学药剂防治。在预测数据的指导下，结合防治指标，及时施药防治。二化螟的防治指标常以枯鞘率来确定，单季稻二化螟的防治指标：1 代早稻为 7% ～ 8%，常规中稻为 5% ～ 6%，杂交稻为 3% ～ 5%；2 代各类水稻均为 0.6% ～ 1.0%。关于秧田的防治指标，据西南农业大学研究，四川杂交稻和常规中稻混栽地区，当蚁螟盛孵期枯鞘率达 0.1% 以上时，应进行防治；在江西则为杂交稻病株密度为 0.12 株 / 丛、常规稻为 0.18 株 / 丛。对于大螟，凡处于孕穗期的水稻，通过调查“白穗斑”（剑叶鞘内侧的卵块隐迹）数来确定施药日期。常用药剂种类和用法：5% 锐劲特悬浮剂对螟虫有很好的防治效果，用药量 450 ～ 600mL/hm^2，防治效果近 100%，且具有速效、持效期长等优点；5% 杀虫双颗粒剂，用药量 15 ～ 18.75kg/hm^2，拌土 375kg 撒施，残效期 10 ～ 12d，防效达 90% 以上，特别适宜于蚕桑稻区；12% 敌杀星乳油 750mL/hm^2，兑水喷雾，防效达 97.7%；50% 杀螟松乳油，兑水喷雾或兑水泼苗，或拌土撒施；50% 杀螟松乳油及 40% 乐果乳油各 750 ～ 1125mL/hm^2。

上述药剂最好交替使用，以防螟虫抗药性的产生。近年试验采用带药漂浮载体水面施药法，借助水的表面张力和稻茎秆在水中的附着力，使载体漂浮扩散并附着于稻茎秆周围，不断溶解的药剂借助茎秆和叶鞘间缝隙的毛细作用，上升至螟虫为害作用点而杀螟。做法是用干玉米秸秆粉等载体 15 ～ 22.5kg/hm^2，拌农药施用，效果很好。施用农药时，应保持田水深

3 ～ 7cm，要求施药均匀周到。若遇大雨，应酌情补施。天旱田内无水，可采用喷雾。每公顷的用药量需加水 1500kg。施药后 2 ～ 3d 检查效果，最后 1 次在施药后 7 ～ 15d 检查。

生物防治。保护天敌，着重合理用药，减少药剂杀伤天敌，而使其发挥自然控制螟害的作用。将用药与采摘卵块相结合，将摘回卵块放在寄生蜂保护器内，既可减少虫源，又可促进寄生蜂群落回升。利用微生物农药，如用杀螟杆菌防治二化螟，每公顷用工业产品 4.2 ～ 7.5kg，混合少量化学农药，在广东、广西有的县曾收到良好效果。

7.2.2　稻飞虱

稻飞虱在各地每年发生的世代数差异很大，褐飞虱每年发生 1 ～ 13 代，白背飞虱每年发生 1 ～ 11 代，灰飞虱每年发生 4 ～ 8 代。褐飞虱在 21°N 以南、白背飞虱在 26°N 以南地区越冬，灰飞虱抗寒能力强，在各发生区以卵在杂草组织中或以若虫在田边杂草丛中越冬。前两者属迁飞性害虫，由南方稻区迁飞而至。以褐飞虱和白背飞虱为害较重，白背飞虱在水稻生长前中期发生，与 2 代稻纵卷叶螟发生的时间接近，在防治稻纵卷叶螟的同时可得到控制。而有些年份在水稻生长中后期为害最重的是褐飞虱。该虫有群集为害的习性，为害时群集在稻株的下部取食，用刺吸式口器刺进稻株组织吸食汁液，虫量大时引起稻株下部变黑，瘫痪倒伏，叶片发黄干枯，且能传播水稻病毒病。成虫趋光性强，一头雌虫能产卵 200 ～ 300 粒。长翅型与短翅型成虫的比例主要受温度及营养条件的影响，短翅型繁殖力较强，大量出现时说明环境对其有利，是大发生的预兆。水稻在孕穗期到乳熟期，温度 25 ～ 30℃、相对湿度 80% ～ 85% 为飞虱发生的有利条件。虫害发生时多呈点片状，先在下部为害，很快暴发成灾，导致严重减产或绝收。在亚洲已发现褐飞虱有 5 种生物型。褐飞虱的发生也与水稻的田间管理措施有关，凡偏施氮肥和长期浸水的稻田，较易暴发。褐飞虱的天敌已知有 150 种以上，卵期主要有缨小蜂、褐腰赤眼蜂和黑肩绿盲蝽等；若虫和成虫期的捕食性天敌有小黑蛛、拟水狼蛛、拟环纹狼蛛、黑肩绿盲蝽、步行虫、隐翅虫和瓢虫等，寄生性天敌有线虫、白僵菌等。参见图 7-10。

图 7-10　稻飞虱及其为害症状

a. 灰飞虱；b. 白背飞虱；c 和 d. 为害症状

7.2.2.1　症状

成虫、若虫刺吸汁液为害。田间受害稻丛开始常呈点、片状，远望比正常稻株黄矮，俗称“冒穿”、“黄塘”或“塌圈”等。

雌虫产卵为害。

排泄物常招致霉菌孳生，影响水稻的光合和呼吸作用。

传播植物病毒病。褐飞虱能传播水稻丛矮缩病等，白背飞虱能传播南方水稻黑条矮缩病等，灰飞虱能传播水稻条纹叶枯病等。

7.2.2.2　发病条件

1. 温度

褐飞虱生长发育的温度为 20 ～ 30℃，最适温度为 26 ～ 28℃，高于 30℃或低于 20℃对成虫繁殖、若虫孵化和若虫生存都不利。因此，一般盛夏不热而晚秋（9 ～ 10 月）温度偏高，则有利于褐飞虱的发生。若夏末、秋初（7 月下旬、8 月中旬）平均气温低于 28℃，昼夜温差大，褐飞虱的虫口数量上升快；若 9 月下旬气温在 20℃以上，即晴天多的年份，预兆褐飞虱将大发生。白背飞虱对温度适应范围较广，在 30℃高温和 15℃较低的温度都能正常生长、发育。灰飞虱则耐低温能力强，而对高温的适应性差，其发育最适温度为 25℃左右。冬季低温不会造成灰飞虱越冬若虫大量死亡，但夏季高温对其发育、繁殖和生存都不利，这在南方稻区十分明显。

2. 雨量

褐飞虱、白背飞虱属喜湿的种类，因此多雨及高湿（相对湿度在 80% 以上）对其发生有利。6～9 月降雨日多、雨量适中特别有利于褐飞虱的发生，尤其在 6 月底、7 月上旬卵盛孵期，雨日多，降雨强度小，虫口数量可数十倍增长；若 7 月中旬后突然干旱，预兆当地会暴发成灾。但大暴雨对稻飞虱有冲刷作用。湿度偏低有利灰飞虱发生。因此，一般田块生长茂密和长期有水，有利褐飞虱和白背飞虱发生。田边及通风透光良好田块，灰飞虱易发生。干旱对白背飞虱不利，洪涝对褐飞虱不利，淹水使褐飞虱的卵孵化率明显下降，尤其是淹水和高温的互作可杀死稻株内的绝大部分褐飞虱卵。淹水能使褐飞虱的取食量、产卵量和生殖率都明显下降。同时淹水使稻株内游离氨基酸含量明显下降，总糖含量明显增加，从而不利褐飞虱的生长发育。虫源地的降雨量对我国褐飞虱和白背飞虱的迁入量有决定性的影响。有研究证明，湄公河三角洲 9 月、10 月两个月的月降雨量如超过 200mm，次年我国褐飞虱的迁入量就少；如连续两个月都低于 200mm，则我国的褐飞虱发生就会猖獗。

3. 全球气候异常

过去的研究认为，稻飞虱的发生与 ENSO 事件（厄尔尼诺–南方涛动事件）有关。在南方涛动异常强烈的当年，我国将为褐飞虱大发生年；在厄尔尼诺或拉尼娜事件发生的当年，为中到大发生年；在 ENSO 事件的间歇期，为轻发生年。

7.2.2.3　防治措施

在分蘖期到圆秆拔节期平均每丛稻有虫 1 头，或孕穗、抽穗期每丛稻有虫 10 头左右，或灌浆乳熟期每丛稻有虫 10 ～ 15 头，或蜡熟期每丛稻有虫 15 ～ 20 头时进行防治。可选用的药剂种类有吡蚜酮、噻虫嗪（25% 以上，不适用防治褐飞虱）、吡虫啉（20% 以上，不用于防治褐飞虱）、呋虫胺、三氟苯嘧啶、氟啶虫胺腈、烯啶虫胺、吡蚜酮·烯啶虫胺、吡蚜酮·异丙威等。喷药时，田间一定要保持 3cm 左右的水层，防治效果可达 95% 以上，药效时间长达 30d 左右。对稻飞虱防治时应当对准水稻基部进行喷雾。

7.2.3　稻叶蝉

水稻叶蝉又称浮尘子，属同翅目叶蝉科，是我国稻作的一类重要害虫。在我国为害水稻的叶蝉有黑尾叶蝉、白翅叶蝉等 10 多种，以黑尾叶蝉和白翅叶蝉发生最普遍，危害最重。黑尾叶蝉在我国稻区皆有分布，白翅叶蝉主要分布在长江以南稻区，两种叶蝉皆以南方稻区发生较为严重。黑尾叶蝉以成、若虫群集于稻株茎秆上刺吸液汁，也可在叶片和穗上取食，对水稻生产的为害类似稻飞虱。黑尾叶蝉还是水稻矮缩病、黄矮病、黄萎病和暂黄病的重要传播介体。白翅叶蝉在叶片上吸食，被害叶初呈现白色斑点，后变成褐色斑点，严重时整叶干枯，形同火烧。叶蝉类的主要寄主为禾本科作物和杂草等，如水稻、小麦、大麦、稗、甘蔗、茭白、看麦娘等。参见图 7-11。

图 7-11　黑尾叶蝉（左）和白翅叶蝉（右）

7.2.3.1　症状

1. 取食和产卵为害

稻叶蝉以成虫、若虫群集在稻株上刺吸汁液，在取食和产卵的同时刺伤了水稻茎叶，破坏其输导组织，轻的使稻株叶鞘、茎秆基部呈现许多棕褐色斑点，严重时褐斑连片，全株枯黄，甚至成片枯死，像火烧过；在水稻抽穗、灌浆时期，成虫、若虫群集在水稻穗部取食，形成白穗或半枯穗。

2. 传播病毒病

稻叶蝉除刺吸汁液为害水稻外，还是病毒及类菌原体的传播介体，通常情况下，稻叶蝉吸食为害往往不及其传播水稻病毒病的危害严重，稻叶蝉主要传播水稻矮缩病、黄萎病、黄矮病等多种病毒病，被传毒的稻株表现为病毒病症状。

7.2.3.2　发病条件

1. 气候

黑尾叶蝉发生的适温为 28℃，相对湿度为 75% ～ 90%。冬春霜冻、寒冷多雨，死亡率高；若温暖干燥则有利于其越冬，死亡率低，越冬基数大，有利于大发生。

白翅叶蝉生长、发育的适宜温度为 20 ～ 25℃，相对湿度为 85% ～ 90%。白翅叶蝉抗寒能力低，冬春低温霜冻，越冬死亡率高；气温偏高年份，死亡率低，越冬虫口基数大。若 7 月雨水适中，8 ～ 9 月干旱，稻叶蝉的发生量大，如四川东南地区的“伏旱”常是大发生的预兆。

2. 食料

栽培制度方面，小麦种植面积大，越冬场所广，相应的叶蝉越冬虫口基数增高。单双季水稻混栽、品种混杂、生育期不整齐、桥梁田多、食料丰富时，有利于叶蝉发生，各代成虫可互相辗转迁移扩散，虫口增长快，为害重。一般双季连作稻区较混栽区发生轻。密植、肥多、生长茂盛、嫩绿郁闭、小气候湿度增大，有利于叶蝉的发育繁殖，虫口基数增多。水稻对叶蝉的抗性差异：籼稻＞粳稻＞糯稻。

3. 天敌

稻飞虱的捕食性天敌一般也能捕食叶蝉。寄生性天敌有叶蝉卵赤眼蜂类和小蜂类，如褐腰赤眼蜂，其寄生率相当高，8 月寄生率高达 50% 以上；成虫、若虫的寄生性天敌有双翅目的趋稻头蝇等。还有白僵菌，寄生率可达 70% ～ 80%。

7.2.3.3　防治措施

稻叶蝉的防治应以农业防治为主，结合保护天敌和药剂防治进行。

压低越冬虫源，结合冬、春季施肥，铲除田边杂草，减少虫源。

避免混栽，因地制宜，改革耕作制度，减少桥梁田；选用抗虫品种。

加强水肥管理，合理管理肥水和合理密植，防止水稻贪青徒长。

诱杀，在成虫盛发期进行灯光诱杀。

药剂防治，药剂种类和方法参照 7.2.2。

7.2.4　稻纵卷叶螟

稻纵卷叶螟和稻显纹纵卷叶螟属鳞翅目螟蛾科，别名刮青虫、白叶虫，小苞虫。原是间歇性、局部性害虫，从 1966 年起在全国范围内的为害程度明显上升，1972 年以来，曾几次大发生，已成为我国稻区的一种常发性主要害虫。我国各稻区皆有分布和为害，但以南方稻区发生量大，受害重。稻显纹纵卷叶螟局部发生于两广和四川，常与稻纵卷叶螟混合发生。

稻纵卷叶螟是一种迁飞性害虫。成虫有很强的趋绿性，喜在生长繁茂、嫩绿隐蔽的稻田里群集。初孵出的幼虫先在嫩叶上取食叶肉，很快即到叶尖处吐丝卷叶，在里面取食。随着虫龄的增大，叶苞增大，白天躲在苞内取食，晚上出来或转移到新叶上卷苞取食。老熟幼虫多在稻株下部枯死的叶鞘或叶片上结茧化蛹。稻纵卷叶螟发生轻重与气候条件密切相关，适温、高湿条件，有利成虫产卵、孵化和幼虫成活，因此，多雨日及多露水的高湿天气，有利于其猖獗。

幼虫在水稻分蘖、孕穗和抽穗期为害叶片。水稻受害后千粒重降低，空秕率增加，生育期推迟，一般减产 2% ～ 3%，重的达 5% 以上，大发生时稻田一片枯白，甚至颗粒无收。还能为害谷子、甘蔗、玉米、高粱、小麦等作物，并取食双穗雀稗、马唐、芦苇、狗尾草等杂草。参见图 7-12。

图 7-12　稻纵卷叶螟及其为害症状

a 和 b. 幼虫；c. 成虫；d. 为害症状

7.2.4.1　症状

主要为害水稻，有时为害小麦、甘蔗、禾本科杂草。初孵幼虫先在叶鞘内活动，取食心叶，出现针头状小点，1 龄幼虫不结苞，2 龄幼虫可将叶尖卷成小虫苞称卷叶尖，随着虫龄增大，幼虫可吐丝缀合稻叶两边，使叶片纵卷成筒状，幼虫藏身其内啃食叶肉，留下表皮形成白色条斑，幼虫可辗转为害多个叶片。苗期受害，水稻生长受影响，甚至枯死；分蘖期至拔节期受害，分蘖减少，植株缩短，生育期推迟；孕穗后特别是抽穗到齐穗期剑叶受害，影响开花结实，千粒重下降而减产和品质下降。

7.2.4.2　发病条件

1. 世代和越冬

稻纵卷叶螟在我国一年发生的世代数随由纬度和海拔不同导致的温差不同而异，且世代重叠。台湾南部、海南岛、云南元江和西双版纳一年发生 9 ～ 11 代，周年为害，无越冬现象；南岭以南的两广南部及福建南部发生 6 ～ 8 代，此区常年有部分幼虫和蛹越冬；南岭以北到 31°N 的长江中游沿江南部地区及重庆发生 5 ～ 6 代，此区有零星蛹越冬；长江以北到山东泰沂山区至陕西秦岭一线以南地区发生 4 ～ 5 代，此区任何虫态均不能越冬；泰沂山区到秦岭以北地区，包括华北、东北各地，发生 1 ～ 3 代，此区不能越冬。稻纵卷叶螟抗寒能力弱，越冬北界为 30°N 左右。

2. 迁飞

稻纵卷叶螟是一种具有远距离迁飞特性的昆虫，在我国春、夏季随偏南气流逐区往北有

5个代次的北迁；秋季由于北方冷空气入侵，大陆高压南撤，则随偏北气流向南有3个代次的回迁。第1次北迁在3月中下旬至4月上中旬，虫源由大陆以外的南方迁入我国岭南地区，构成当地第1代虫源；第2次北迁在4月中下旬至5月中下旬，仍由中南半岛及我国海南岛等地向岭南和岭北地区迁入，构成当地第2代（岭南）和第1代（岭北）虫源；第3次北迁在5月下旬至6月中旬，由岭南地区向岭北及长江中游江南地区迁入，并波及江淮地区，构成当地第2代和第1代虫源；第4次北迁在6月下旬至7月中下旬，由岭北地区向江淮地区迁入，波及华北、东北地区，分别构成当地第2代和第1代虫源；第5次北迁在7月下旬至8月中旬，由江南和岭北地区向江淮地区与北方迁入，构成北方第2代虫源。8月底到11月有3次回迁过程：第1次在8月下旬至9月上中旬，由北方和江淮地区向江南、岭北、岭南迁入；第2次和第3次分别在9月下旬至10月上旬和10月中下旬。在山区，如我国福建古田稻纵卷叶螟有“7月上山、8月下山”的垂直迁飞现象。

据南京农业大学研究，春、夏季北迁主要是由逐渐上升的高温所引起的，临界温度为28.2℃；秋季光照逐渐缩短，并伴随温度逐渐降低，是诱导回迁的主要因素，临界光照、温度分别是13.5h、24℃。上升气流、高空平流气流和下沉气流则会直接影响其起飞、降落等迁飞过程。

3. 习性

成虫喜群集在嫩绿、荫蔽、湿度大的稻田，生长茂密的草丛或甘薯、大豆、棉花等田中；夜间活动，飞行力强，有一定的趋光性，对金属卤素灯趋性较强；需补充营养，常吸食棉花、双穗雀稗、女贞等植物上的花蜜及蚜虫排泄的“蜜露”，取食活动在18:00～20:00最盛。

稻纵卷叶螟的发生与水稻的品种、生育期和施肥水平等有着密切的关系。越是多肥嫩绿、叶片下披、生长旺、密闭、阴湿的稻田，产卵越多。氨是引诱稻纵卷叶螟成虫产卵的最重要物质，叶色浓、叶绿素含量高、大量氨基酸的存在是稻纵卷叶螟落卵量增加的重要因素。不同水稻类型和品种受害程度不同，一般粳稻比籼稻受害重；矮秆品种比高秆品种受害重；阔叶品种比窄叶品种受害重；杂交水稻比常规水稻受害重。栽培措施和施肥的影响表现在：密植比稀植受害重；施氮肥过多受害重。水稻不同生育期受害程度不一样，据河南信阳地区调查，在相同虫量下，因稻纵卷叶螟为害而减产的程度是抽穗期＞分蘖期＞乳熟期。补充营养的成虫产卵多，产卵期和寿命都长。幼虫期食物及成虫期补充营养对迁飞有显著的影响。

7.2.4.3　防治措施

一般在水稻孕穗期或抽穗期只需施药一次，即可达到防治的目的。现阶段登记的产品多达944个，常用的单剂有40%毒死蜱乳油、30%毒死蜱水乳剂、1%甲维盐微乳剂、5%阿维菌素水乳剂、35%氯虫苯甲酰胺水分散粒剂、苏云金杆菌（8000IU/mg以上）、短稳杆菌（100亿孢子/mL以上）等；复配型药剂有40%甲维·毒死蜱水乳剂、10%甲维·茚虫威、6%阿维·氯苯悬浮剂等。

7.2.5　稻苞虫

稻苞虫吐丝卷叶做苞，取食叶片，成虫为稻弄蝶，主要有直纹稻弄蝶（*Parnara guttata*）、隐纹稻弄蝶（*Pelopidas mathias*）等，均属鳞翅目弄蝶科。除新疆、宁夏未见报道外，广泛分布各稻区。常局部成灾，以新垦稻区、水旱混作区、山区、半山区及滨湖地区稻田发生较多，山区盆地边沿稻田受害最重。参见图7-13。

图 7-13 稻弄蝶

a. 直纹稻弄蝶幼虫；b. 隐纹稻弄蝶幼虫；c. 直纹稻弄蝶成虫；d. 隐纹稻弄蝶成虫

7.2.5.1 症状

幼虫孵化后，爬至叶片边缘或叶尖处吐丝缀合叶片，做成圆筒状纵卷虫苞，潜伏在其中为害。1～2 龄幼虫在叶片边缘或叶尖结 2～4cm 长小苞；3 龄幼虫所结苞长 10cm，亦常将单叶横折成苞；4 龄幼虫开始缀合多片叶做成苞，虫龄越大缀合的叶片越多，虫苞越大。食后叶片残缺不全，严重时仅剩中脉。

7.2.5.2 发病条件

我国从北到南发生 3～8 代，大致在北方稻区每年 2～3 代，黄河以南、长江以北稻区 4～5 代，长江以南、南岭以北 5～6 代，南岭以南 6～8 代，四川 4～6 代。

在南方稻区，直纹稻弄蝶以老熟幼虫于背风向阳的稻田边、低湿草地、水沟边、河边等处的杂草中结苞越冬，以在游草上越冬的最多，次为再生稻、白茅、芦苇和其他杂草。其越冬场所分散，在远离稻田的山坑杂草中仍可发现越冬幼虫。在黄河以北，则以蛹在向阳处杂草丛中越冬。

越冬幼虫次年春季小满前化蛹羽化为成虫后，主要在野生寄主上产卵繁殖 1 代，少数在早稻上产卵，以后的成虫飞至稻田产卵。在 1 年发生 6～8 代的华南稻区，一般 1 代生活于杂草中，2 代和 3 代发生于稻田，但数量少、危害轻；8～9 月，4 代、5 代常大量发生，为害晚稻。江浙一带一般在 7 月以 3 代发生量最大；河南 7 月上旬以 2 代集中为害早稻，8 月下旬 3 代为害晚稻；四川山区一季中稻区有 3 个为害代，丘陵区有 4 个为害代，均以 6～8 月发生的 2 代、3 代为重为害代，以迟中稻、一季晚稻和双季晚稻受害严重。末代幼虫除为害双季晚稻外，多数生活于野生寄主上，天冷后即以幼虫越冬。

成虫日间活动，以晴天、阴天 8:00 ～ 11:00 和 16:00 ～ 18:00 活动最盛；夜晚和阴雨、大风、盛夏中午阳光强烈而气温过高时则伏于树叶背面，花丛、稻丛和草丛等均为其隐蔽场所。成虫飞行力极强，飞行高、远、快；需补充营养，嗜食花蜜，如千日红、野菊、芝麻、向日葵、瓜类等的花蜜。成虫羽化后，经 1 ～ 4d 开始交配。交配后 1 ～ 3d 开始产卵。成虫有趋绿产卵的习性，喜在生长旺盛、叶色浓绿的稻叶上产卵；水稻分蘖至圆秆期产卵量大于孕穗期，且幼虫成活率高。卵散产，多产于寄主叶的背面，一般 1 叶仅有卵 1 ～ 2 粒；少数产于叶鞘。单雌产卵量平均约 200 粒，最多 300 粒以上。

初孵幼虫先咬食卵壳，然后爬至叶片边缘近叶尖处咬一缺刻，吐丝缀合叶缘卷成小苞，在苞内取食。以后各龄缀叶结苞的状态通常是：1 龄、2 龄在叶尖或叶缘缀合成小叶苞，3 龄以单叶或两叶缀合成苞；4 龄以 3 ～ 4 片叶缀合成苞；5 龄一般以 5 片以上叶缀合成苞。大龄幼虫虫苞致密。在田间，从缀合苞的状态，可粗略分辨龄期。幼虫白天多在苞内，清晨前或傍晚，或在阴雨天气时常爬出苞外取食。幼虫咬食叶片，不留表皮，大龄幼虫可咬断稻穗小枝梗。3 龄前食量小，5 龄食量最大，约占总食量的 86%，且 3 龄后抗药性强。各龄幼虫在蜕皮前或气候变化时有咬断叶苞坠落、随苞漂流的习性，靠岸后弃苞爬行，或寻找避风所，或再择主结苞。幼虫探出虫苞，若受惊则迅即退回或假死坠落。幼虫共 5 龄，老熟后，有的在叶上化蛹，有的下移至稻丛基部化蛹，大多是重新缀叶结苞化蛹。蛹苞缀叶 3 ～ 13 片，苞的两端紧密而细小，略呈纺锤形。老熟幼虫可分泌出白色棉状蜡质物，遍布苞内壁和身体表面。化蛹时，一般先吐丝结薄茧，将腹两侧的白色蜡质物堵塞于茧的两端，再蜕皮化蛹。

7.2.5.3　防治措施

1. 农业防治消灭越冬虫源

结合冬季积肥，铲除塘、沟、田边杂草，特别是游草，消灭越冬幼虫。

2. 栽培技术

一般中稻区，搞好栽培制度的改革，选用高产抗虫早熟品种，合理安排迟、中、早熟品种的播栽期，使分蘖、圆秆期避开 3 代幼虫发生期。加强田间管理，合理施肥，对于冷浸田、烂泥田要增施热性肥料，干湿间歇浅水灌溉，促进水稻早熟。

3. 药剂防治

在预测的基础上，于幼虫 3 龄以前用药。在山区以喷粉防治，早晨或傍晚施药效果较好。常用药剂：每公顷用 90% 晶体敌百虫 1.125kg 或杀螟松乳油 1500g，兑水喷雾；3% 杀虫双颗粒剂，每公顷用 24.75kg 均匀撒施。

4. 保护利用天敌

采取各种措施保护和增加天敌昆虫数量。秋冬季在稻田周围堆土保护蜘蛛，或在麦收插秧期间于田埂堆放麦草，为稻田蜘蛛提供潜藏和过渡条件；利用寄生蜂保护器，或有条件地区，繁殖和释放寄生蜂，增加田间天敌数量。更重要的是合理施药，使用选择性或内吸性药剂。尽可能不采用喷雾、喷粉和泼浇方法，而采用颗粒剂或土壤处理剂；避免在天敌繁殖、活动时间用药，施药量和施药次数不要超过规定等，以免杀伤天敌，便于发挥它们控制害虫的作用。

7.2.6　稻蝗

稻蝗俗称蚱蜢、蚂蚱，为害水稻的主要是中华稻蝗。成虫雌虫体长 20 ～ 40mm，雄虫体长 15 ～ 25mm，从腹部到胸部两侧各有 1 条棕褐色带纹。成虫和若虫咬食叶片，可将叶片全部吃光，在水稻乳熟期常咬破穗秆造成穗头断折而形成白穗，还能咬破部分乳熟谷粒。参见图 7-14。

图 7-14 稻蝗

7.2.6.1 症状

中华稻蝗为害的植物主要有水稻、玉米、高粱、麦类、甘蔗、甘薯、棉花、豆类、茭白、芦苇、蒿草等，以成虫和若虫咬食叶片，轻则成缺刻，重则叶片被吃光。在水稻抽穗及乳熟期，喜咬食稻茎，咬断、咬伤穗茎，形成白穗；在乳熟期还喜咬食乳熟谷粒。

7.2.6.2 发病条件

中华稻蝗在广东一年发生 2 代。1 代成虫出现于 6 月上旬，2 代成虫出现于 9 月上中旬。以卵在稻田田埂及其附近荒草地的土中越冬。越冬卵于翌年 3 月下旬至清明前孵化，1 ～ 2 龄若虫多集中在田埂或路边杂草上；3 龄开始趋向稻田，取食稻叶，食量渐增；4 龄起食量大增，且能咬破茎和谷粒，至成虫时食量最大。6 月出现的 1 代成虫，在稻田取食的多产卵于稻叶上，常把两片或数片叶胶黏在一起，于叶苞内结黄褐色卵囊，产卵于卵囊中；若产卵于土中时，常选择低湿、有草丛、向阳、土质较松的田间草地或田埂等处造卵囊产卵，卵囊入土深度为 2 ～ 3cm。2 代成虫以 9 月中旬为羽化盛期，10 月中旬产卵越冬。

中华稻蝗在除广东外地区每年发生 1 代，以受精卵越冬。卵在 5 月上旬开始孵化，跳蝻蜕皮 5 次，至 7 月中下旬羽化为成虫。再经半月，雌雄开始交配。卵在雌蝗输卵管内受精；雌蝗产出的受精卵形成卵块，一生可产 1 ～ 3 个卵块。卵块颇似半个花生，呈黄根色，长 13 ～ 20mm，直径 6 ～ 9mm。每块含卵 35 粒左右。卵呈长椭圆形，黄色，长 3.6 ～ 4.5mm，直径 1.0 ～ 1.4mm。雌蝗产卵可延至 9 月，多产在田埂内。

7.2.6.3 防治措施

耕翻稻田地边，使其不能生长杂草，宽度在 2m 左右。这样做一是破坏蝗虫卵块，使蝗卵不能孵化；二是阻止草原上的蝗蝻进入稻田。

在蝗虫进入稻田之前，在稻田与草原交界处打一条 2m 宽的药带，使蝗虫未进入稻田就被杀死。打药带最好采用 5% 锐劲特悬浮剂，每亩用药 20 ～ 30mL 兑水喷雾。这种药剂持效期长，可达 20d 左右，而且防治蝗虫效果好。

当蝗虫进入稻田后，喷洒乳油类杀虫剂，如 25% 快杀灵或 5% 高效氯氰菊酯，每亩用药 25 ～ 30mL，既有胃毒作用，又有触杀作用，而且药液喷在稻叶上不易挥发。

7.2.7　稻象甲

稻象甲（*Echinocnemus squameus*）属鞘翅目象甲科（Curculionidae）。在国内分布很广，北起黑龙江，南至海南岛，西抵陕西、四川和云南，东达沿海各省和台湾。国外分布于日本及印度尼西亚等国。寄主植物除水稻外，还有麦类、玉米、稗、李氏禾、看麦娘等禾本科植物及油菜、棉花、瓜类、番茄、甘蓝等。

稻象甲在 20 世纪 50 年代曾是江西、湖南、湖北等省份的主要稻虫之一，但在六七十年代只是零星发生，为害症状常被误为由缺肥或赤枯病所致。70 年代末 80 年代初以来，随着农业生产技术的改革，尤其是停止使用有机氯农药以来，该虫种群数量在长江流域及其以南稻区有回升趋势。例如，1979 年广东仅佛山地区该虫发生面积就达 60 万亩，损失严重。1986 年广西恭城大发生时早稻秧苗受害率一般在 47.5% ～ 72.2%，最高达 99.3%，田块虫口密度最高为 10 头 /0.1m^2，一般为 2 ～ 7 头 /0.1m^2。浙江 1989 年全省发生面积已达 40 多万亩，遍及 30 多个市县。此外，近年来该虫在贵州、江苏部分地区严重为害油菜和棉花，严重影响了棉花全苗早发和油菜生长。成虫在小麦抽穗以后还可以喙刺入吸食麦浆。参见图 7-15。

图 7-15　稻象甲及其为害症状

7.2.7.1　症状

成虫以管状喙咬食秧苗茎叶，被害心叶抽出后，轻的呈现一横排小孔，重的秧叶折断而漂浮水面。幼虫食害稻株幼嫩须根，致叶尖发黄，生长不良。严重时不能抽穗，或造成秕谷，甚至成片枯死。

7.2.7.2　发病条件

浙江 1 年 1 代；江西、贵州部分地区 1 代，多为 2 代；广东 2 代。1 代区以成虫越冬，1 代、2 代交叉区和 2 代区以成虫越冬为主，幼虫也能越冬，个别地区以蛹越冬。幼虫、蛹多在土表 3 ～ 6cm 深处的根际越冬，成虫常蛰伏在田埂、地边杂草落叶下越冬。江苏南部地区越冬成虫于翌年 5 ～ 6 月产卵，10 月羽化。江西越冬成虫则于 5 月上中旬产卵，1 代幼虫 5 月下旬孵化，7 月中旬至 8 月中下旬羽化；2 代幼虫于 7 月底至 8 月上中旬孵化，部分于 10 月化蛹或羽化后越冬。一般在早稻返青期为害最重。1 代存活约 2 个月，2 代长达 8 个月，卵期 5 ～ 6d，1 代幼虫存活 60 ～ 70d，越冬代的幼虫期则长达 6 ～ 7 个月。1 代蛹期 6 ～ 10d。成虫早晚活动，白天躲在秧田或稻丛基部株间或田埂的草丛中，有假死性和趋光性。产卵前先在离水面 3cm 左右的稻茎或叶鞘上咬一小孔，每孔产卵 13 ～ 20 粒，幼虫喜聚集在土下，食害幼嫩稻根，老熟后在稻根附近土下 3 ～ 7cm 处筑土室化蛹。生产上，通气性好、含水量较低的沙壤田、干燥田、旱秧田易受害。春暖多雨，利于其化蛹和羽化，早稻分蘖期多雨，利于成虫产卵。除浙江外地区年发生 1 ～ 2 代，一般在单季稻区发生 1 代，双季稻区和单、双季混栽区发生 2 代。以成虫在稻桩周围、土隙中越冬为主，也有在田埂、沟边草丛松土中越冬的，少数以幼虫或蛹在稻桩附近土下 3 ～ 6cm 深处做土室越冬。成虫有趋光性和假死性，善游水，好攀登。卵产于稻株近水面 3cm 左右处，成虫在稻株上咬一小孔产卵，每处 3 ～ 20 粒。幼虫孵出在叶鞘内短暂停留取食后，沿稻茎钻入土中，一般都群聚在土下深 2 ～ 3cm 处，取食水稻的幼嫩须根和腐殖质，一丛稻根多的有虫几十条发生为害，一般丘陵、半山区比平原多，高燥田比低洼田多，砂质土比黏质土多。

7.2.7.3　防治措施

1. 农业防治

利用农业生产技术，如翻耕、灌水、除草等，创造不利于稻象甲生活的环境，达到除虫和减少虫源的目的。主要措施如在稻象甲为害严重地区，晚稻收割后要抓紧犁翻，减少冬季免耕面积，早春及时沤田，多犁多耙，使越冬的成虫、蛹及幼虫大量伤亡，尽量减少越冬虫源；冬季清除田边杂草，减少越冬虫源；在绿肥田、冬种田翻耕后、播种前，用糖醋草把诱杀成虫，翻耕时田面捕捉或田埂上喷药，田边围歼成虫，消灭虫源；灌水浸蛹。早稻 6 月、晚稻 10 月中旬至 11 月初水稻生长后期即化蛹期间保持田间适量浸水，或浅水勤灌，稻田后期不宜断水过早，以便产生不利化蛹和羽化的条件。

2. 药剂防治

以越冬代成虫防治为全年重点，采用“治成虫控幼虫”的策略。防治重点是早、晚稻秧田和早插的早、晚本田。在防治上应抓住各代成虫发生迁移盛期，把成虫消灭在产卵以前，即在早稻插秧后 7 ～ 10d 和晚稻插秧后 3 ～ 5d 施药，在成虫盛发产卵前依据防治指标进行防治。注意在盛发产卵前施药效果最好，自成虫发生高峰期起，治成虫控幼虫的效果随防治时间推迟而下降。在未及时治成虫控幼虫时，可用呋喃丹（0.5kg/ 亩）直接防治幼虫。治幼虫应抓住孵化高峰用药，自孵化高峰起，其防治效果随防治时间推迟而下降。

试验表明，杀灭菊酯、倍硫磷、三唑磷等农药对稻象甲成虫的控制效果均高于或相当于甲六粉；由于菊酯类农药对天敌和水生生物毒性大等，在稻区不宜推广应用。倍硫磷、三唑磷等每亩 100mg 对成虫防效好，但对幼虫防效较差。

7.3　水稻田主要杂草及防治

7.3.1　水稻田杂草为害特点

杂草是水稻作物的一大灾害，它直接影响水稻的产量和品质。其发生为害特点：①发生种类多，达 16 科 23 种以上；②繁殖快，1 株稗可产生数千粒种子，最多上万粒；③抗逆性强，稗种子在土壤深层 10 年之久还有发芽力；④竞争力强，1m^2 耕地有稗、鸭跖草等 800 ～ 1000 株时，当这些杂草进入开花结实期，要从土壤中夺走相当于施肥 30 ～ 45t/hm^2 的养料；⑤助长病虫害的发生与蔓延，许多杂草是病虫害的中间寄主，如马唐是稻飞虱、稻瘟病的寄主。在栽培管理中稍有疏忽，会引起“草荒”，减产 10% 左右，严重的达 50% 以上。为此，杂草的危害性逐渐被人们认识，杂草防除已成为夺取水稻高产优质的重要措施。

7.3.2　水稻田主要杂草

莎草科：异型莎草、扁秆藨草、水莎草、牛毛毡、萤蔺、猪毛草等。雨久花科：鸭舌草、雨久花。禾本科：稗。千屈菜科：节节菜、圆叶节节菜。苹科：苹。泽泻科：矮慈姑、野慈姑。柳叶菜科：丁香蓼、水龙。鸭跖草科：水竹叶。茨藻科：小茨藻、草茨藻。双星藻科：水绵。参见图 7-16～图 7-31。

图 7-16　异型莎草（莎草科）

图 7-17　扁秆藨草（莎草科）

图 7-18　水莎草（莎草科）

图 7-19　牛毛毡（莎草科）

图 7-20　萤蔺（莎草科）

图 7-21　鸭舌草（雨久花科）

图 7-22　雨久花（雨久花科）

图 7-23　稗（禾本科）

图 7-24　节节菜（千屈菜科）

图 7-25　萍（苹科）

图 7-26　矮慈姑（泽泻科）

图 7-27　野慈姑（泽泻科）

图 7-28　丁香蓼（柳叶菜科）

图 7-29　水竹叶（鸭跖草科）

图 7-30　小茨藻（茨藻科）

图 7-31　水绵（双星藻科）

7.3.3　我国稻田杂草的区域划分

我国幅员辽阔，不同地区气候、土壤、耕作等条件各异，各地稻田杂草的种类、发生情况不同，稻田草害可以划分成 5 个区。

1. 热带和南亚热带 2 ～ 3 季稻稻田草害区

热带和南亚热带 2 ～ 3 季稻稻田草害区包括海南、云南、福建、广东和广西的岭南地区，年平均气温 20 ～ 25℃，年平均降水量 1000mm 以上。主要杂草种类有稗、异型莎草、节节菜、水龙、尖瓣花、千金子、四叶萍、鸭舌草、日照飘拂草、草龙等。

2. 中北部亚热带 1 ～ 2 季稻稻田草害区

中北部亚热带 1 ～ 2 季稻稻田草害区主要在华中长江流域，是我国主要稻作区，包括福建北部、江西、湖南南部直至江苏、安徽、湖北、四川北部，以及河南和陕西南部，年平均气温 14 ～ 18℃，年平均降水量 1000mm 左右。该区稻田杂草为害面积约占 72%，其中中等程度以上为害面积占 45.6%。发生普遍、为害严重的杂草有稗、异型莎草、牛毛毡、水莎草、扁秆藨草、碎米莎草、眼子菜、鸭舌草、矮慈姑、节节菜、水苋菜、千金子、双穗雀稗、野慈姑、空心莲子草、鳢肠、陌上菜、刚毛荸荠、萤蔺和萍等。

3. 暖温带单季稻稻田草害区

暖温带单季稻稻田草害区主要指长城以南的黄淮海流域，包括江苏、安徽北部、河南中北部、陕西秦岭以北直至长城以南及辽宁南部，多为稻麦轮作区，年平均气温 10 ～ 14℃，年平均降水量 600mm 左右。稻田杂草为害面积约占 91%，中等程度以上为害面积占 71.5%。其中，发生普遍、为害严重的有稗、异型莎草、扁秆藨草、牛毛毡、野慈姑、水苋菜、鳢肠、眼子菜和鸭舌草等。

4. 温带稻田草害区

温带稻田草害区主要指长城以北的东北三省和西北、华北北部，年平均气温 2 ～ 8℃，年平均降水量 50 ～ 700mm。该区水稻面积较小，杂草发生相对南方为轻。主要杂草有稗、扁秆藨草、眼子菜、牛毛毡、异型莎草等。

5. 云贵高原稻田草害区

云贵高原稻田草害区包括云南、贵州、四川西南地区，年平均气温 14 ～ 16℃，年平均降水量 1000mm 左右，地形地势复杂。主要杂草有稗、异型莎草、眼子菜、鸭舌草、泽泻、野慈姑、四叶萍、萤蔺、牛毛毡、扁秆藨草等。

7.3.4 水稻田杂草的消长规律

北方地区，一般 4 月中旬平均气温达到 7.3 ～ 10℃，有充足水分及氧气时稗即开始萌发，4 月末到 5 月初部分出土，5 月末进入为害期；5 月末到 6 月初土层 10cm 深处，地温达 15℃时，以扁秆藨草为主的莎草科杂草出土；6 月上、中旬气温上升，慈姑、泽泻、鸭舌草、雨久花、眼子菜、牛毛草等杂草开始大量发生，6 月下旬至 7 月初进入为害期。

稻田杂草发生高峰期，受温度、温度、栽培措施的影响较大，多于播种后或水稻移栽后开始大量发生。就时间上划分，一般稻田杂草发生高峰期大致有 3 次，第 1 次发生高峰在 5 月末至 6 月初，以稗为主，占总发生量的 45% ～ 75%；第 2 次发生高峰在 6 月下旬，为扁秆藨草、慈姑、泽泻发生期；第 3 次发生高峰在 6 月下旬至 7 月，为眼子菜、鸭舌草、水绵等杂草的发生期。

7.3.5 水稻田杂草的防治适期

稻田杂草的发生规律，一般是播种（移栽）后杂草陆续出苗，播种（移栽）后 7 ～ 10d 出现第 1 次杂草萌发高峰，这批杂草主要是稗、千金子等禾本科杂草和异型莎草等一年生莎草科杂草；播种（移栽）后 20d 左右出现第 2 次萌发高峰，这批杂草以莎草科杂草和阔叶杂草为主。由于第 1 次高峰杂草数量大、发生早，因此这些杂草为害性大，是杂草防治主攻目标。

目前，稻田除草剂品种仍以土壤处理剂为主，主要是防治杂草幼芽。综合稻田杂草的发生规律和除草剂的应用性能，稻田杂草的防治应立足早期用药，即芽前芽后施药。除了苯达松、2 甲 4 氯钠盐、麦草畏等防治阔叶杂草和敌稗、二氯喹啉酸等防治禾本科杂草的少数茎叶处理剂，一般多要求除草剂在杂草 3 叶期以前施用，因为在杂草 3 叶期以前施药时，杂草的敏感期和除草剂的药效高峰期相吻合，易于收到较好的除草效果。

7.3.6 水稻田杂草防治技术

1. 稻田杂草常用除草剂性能比较

稻田杂草常用除草剂性能比较详见表 7-1。

表 7-1 稻田杂草常用除草剂性能比较

除草剂	马唐	狗尾草	千金子	稗	异型莎草	水莎草	扁秆藨草	四叶萍	鳢肠	鸭舌草	丁香蓼	眼子菜	泽泻	野慈姑
丁草胺	6	6	6	6	5	4	1	3	4	3	3	3	2	1
丙草胺	6	6	6	5	6	5	2	6	4	6	5	5	2	1
异丙甲草胺	6	6	6	6	6	4	1	4	4	5	4	3	2	1
敌稗	3	3	3	6	1	1	1	1	1	2	1	1	1	1
克草胺	6	6	6	6	5	1	1	4	5	3	4	3	1	1
扑草净	6	5	4	4	5	1	1	6	6	6	6	5	3	3
西草净	5	4	4	4	4	1	1	5	5	6	6	6	5	5
苄嘧磺隆	4	3	2	2	6	4	2	5	6	6	6	5	5	5
吡嘧磺隆	4	4	5	3	6	3	3	6	6	6	6	5	5	4
乙氧氟草醚	6	6	6	6	6	1	1	4	5	5	6	1	1	1

续表

除草剂	马唐	狗尾草	千金子	稗	异型莎草	水莎草	扁秆藨草	四叶萍	鳢肠	鸭舌草	丁香蓼	眼子菜	泽泻	野慈姑
甲氧除草醚	6	6	6	6	6	1	1	4	5	5	6	1	1	1
草枯醚	5	5	5	6	5	1	1	4	4	5	6	2	1	1
莎扑隆	4	4	4	4	6	5	5	6	5	5	6	4	1	1
杀草丹	6	6	6	6	3	1	2	5	5	5	6	2	2	1
禾草特	5	4	5	6	1	1	1	1	1	1	1	1	1	1
哌草丹	3	3	3	6	3	1	1	1	1	1	1	1	1	1
2甲4氯钠盐	1	1	1	1	5	4	4	5	6	6	6	6	5	4
噁草酮	6	6	6	6	6	4	3	6	6	6	6	2	5	1
苯达松	1	1	1	1	6	6	6	6	6	6	6	6	6	6
二氯喹啉酸				6	1					1			2	1
环庚草醚	6	5	5	6	6	1	1	4	4	5	6	2	1	1

注：1——无效；2——效果差，防效在50%以下；3——有一定除草效果，防效为51%～75%；4——除草效果一般，防效为76%～85%；5——除草效果好，防效为86%～95%；6——除草效果极好，防效为96%～100%

2. 水稻秧田杂草防治技术

（1）发生特点

秧田杂草种类多，但为害较大的主要是稗、莎草科杂草及节节菜、陌上菜、眼子菜等。一般，稗为害最为普遍而且严重，它与水稻很难分清，不易人工剔除，常常作为“夹心稗”移入本田；另一在秧田为害较为普遍的种类是莎草科杂草，如扁秆藨草等，其块茎发芽生长极快，不仅严重影响秧苗的生长，而且影响拔秧的速度和质量；牛毛毡、藻类也易形成某些地区性的严重为害。

在秧田杂草的发生时间上，稗、球花碱草、牛毛毡一般在播后一星期内陆续发生，而扁秆藨草、眼子菜等杂草要在播后10d左右才开始发生。

稗的发生受气温影响很大。一般田间气温达到10℃以上时，表土层湿润，稗种子才能吸水萌发，随着气温的升高，萌发生长加快。据调查，在华北地区稗从4月中旬就开始出土，到5月上旬便达到出土的高峰。稗的发生历期（17.3～17.6℃）分别为针前期5d、针期2d、1叶期1d、2叶期4～5d、3叶期5～6d、4叶期5～7d。莎草科杂草扁秆藨草的越冬块茎发芽较快，但一般要在10℃以上的平均气温才能发芽，气温高，发芽生长也加快。

（2）防治技术

湿润育秧田，可以进行播前和播后苗前土壤处理及苗期茎叶处理。秧田杂草的防治策略：第一，防除秧田稗是防除稻田稗的关键所在，要抓好秧田稗的防除；第二，秧田早期必须抓好以稗为主、兼治阔叶杂草的防除；第三，加强肥水管理，促进秧田早、齐、壮，防止长期脱水、干田是秧田杂草防除的重要农业措施。生产中，通常在播后芽前和苗期施药除草。

播种前处理，在整好苗床（秧板）后，以喷雾法（个别药剂用撒施法）将配制好的药剂（或药）施于床面，间隔适当时间，润水播种，用药液量通常为30～40kg/亩。

播后苗前处理，露地湿润育秧田由于播后苗前不具有水层，厢（床、畦）面裸露而难以维持充分湿润，因此用药量要比覆盖湿润育秧田提高20%～30%，用药种类应选择水旱兼用或对水分要求不严格的丁·噁（丁草胺+噁草酮）混剂、杀草丹、优克稗、草枯醚和丁草胺等，以保持稳定的药效；而如丙草胺和禾草特，对水分条件要求比较严格，不宜在这种育秧田的播后苗前施用。

常用除草剂品种及应用技术介绍如下。

噁草酮，以 12% 乳油 100 ～ 150mL/ 亩或 25% 乳油 50 ～ 75mL/ 亩，配成药液喷施，施药后 2 ～ 3d 播种。

丁草胺，以 60% 乳油 80 ～ 100mL/ 亩，配成药液喷施，施药后 2 ～ 3d 播种。可以有效防除稗、莎草等一年生禾本科和莎草科杂草，也能防治部分阔叶杂草。秧田使用丁草胺的技术关键为播前施药，在齐苗前秧板上切忌积水，否则会产生严重的药害，严重影响出苗率和秧苗素质；秧田要平，秧苗 1 叶 1 心期施药时，要灌浅水层，灌不到水的地段除草效果差，深灌的地段易产生药害（丁草胺在秧田施用安全性差，在未探明其安全使用技术之前，一般不宜在秧田大量推广使用丁草胺）。

禾草特，在稗 1.5 ～ 2 叶期，以 96% 乳油 100 ～ 150mL/ 亩，拌细土或细沙撒施。主要防除稗，其次抑制牛毛毡和异型莎草。在气温稳定在 12 ～ 15℃、阴雨天数多、日照不足的情况下，使用禾草特后一周左右，水稻秧苗幼嫩叶首先出现褐色斑点，然后所有叶片均出现斑点，天气转晴、气温升高，斑点将自然消失。禾草特施药后如遇大雨易形成药害；水层太深，漫过秧心，易造成药害；秧苗生长过弱施药时也易产生药害。

丁·噁（丁草胺+噁草酮），以 20% 乳油 100 ～ 150mL/ 亩，配成药液喷施，施药后 2 ～ 3d 播种。

丁草胺+丙草胺，在水稻播种后 2d，以 60% 丁草胺乳油 60mL/ 亩+30% 丙草胺乳油 60mL/ 亩，配成药液喷雾，常规管理，可以有效防除一年生禾本科、莎草科和阔叶杂草。二者复配除草效果好，而且对作物安全。

苯达松，在稻苗 3 ～ 4 叶期，以 48% 苯达松水剂 100 ～ 150mL/ 亩，配成药液，排干水层后喷施，施药后 1d 复水。可以防除莎草科杂草、鸭舌草、矮慈姑、节节菜等。

3. 水稻直播田杂草防除技术

直播稻可分为水直播稻和旱直播稻两类，旱直播又可分为旱播水管稻和旱（陆）稻两种。而根据耕作方法的不同又可分为耕翻直播和少、免耕直播。三种类型直播稻田杂草发生规律大体趋势为都有两个发生高峰。针对直播稻田杂草发生规律，应贯彻以化学防治为重点，农业防治与化学防治相结合的综合防治策略，以苗压草、以药灭草、以水控草、以工拔草，应及时采取一封、三除、三补的化学除草技术体系。具体地区或田块可以采用一封一补、一封一除、一除一补或一次性除草。

（1）播前施药

各地可根据当地的播种、栽培方式、草相等情况，合理选用除草剂。稻田开沟平整后，趁浑水（水层 3 ～ 5cm）以每亩 25% 噁草酮乳油 75 ～ 100mL，或原瓶装噁草酮甩滴全田，施药后保水层 2 ～ 3d，然后排水播种；也可以开沟平整后，灌上水层，每亩用 60% 丁草胺乳油 100mL 拌湿润细土均匀撒施，待 2 ～ 3d 田水自然落干后播种。

（2）播后苗前施药

旱直播稻田可选用 36% 丁·噁乳油 150mL；水直播稻田可选用 30% 丙草胺乳油 120mL、30% 丙草胺乳油 100mL/ 亩+10% 苄嘧磺隆 15g/ 亩。

（3）苗后施药

水稻（杂草）不同叶龄期、杂草不同种群组合可选用不同的化学药剂。旱直播稻田，可选用 50% 二氯喹啉酸可湿性粉剂 20 ～ 30g/ 亩+苯达松水剂 100 ～ 150mL/ 亩；水直播稻田，可选用 10% 苄嘧磺隆 15g/ 亩+90% 高效禾草丹乳油 110mL/ 亩、36% 二氯 · 苄可湿性粉剂 40g/ 亩、50% 二氯喹啉酸可湿性粉剂 20 ～ 30g/ 亩+48% 灭草松水剂 100 ～ 150mL/ 亩、48% 苯达松 150mL/ 亩+20% 2 甲 4 氯 150mL/ 亩、96% 禾草特乳油 150 ～ 200mL/ 亩等。

4. 水稻移栽田杂草防除技术

（1）发生特点

移栽稻田的特点是秧苗较大，稻根入土有一定的深度，抗药性强；但其生育期较秧田长，一般气温适宜，杂草种类多，交替发生。因此，施用药剂的种类和适期不同。一年生杂草的种子因水层隔绝了空气，一般 1cm 以内表土层中的种子才能获得足够的氧气而萌发，水稻移栽后 3 ～ 5d 稗率先萌发，1 ～ 2 周达到萌发高峰。多年生杂草的根茎较深，可达 10cm 以上，出土高峰在移栽后 2 ～ 3 周。

（2）防治技术

根据各种杂草的发生特点，对于水稻移栽本田杂草的化学防除，当前的策略是狠抓前期、挑治中后期。通常是在移栽后的前期采取土壤处理，以及在移栽后的后期采取土壤处理或茎叶处理。前期（移栽前至移栽后 10d），以防除稗及一年生阔叶和莎草科杂草为主；中后期（移栽后 10 ～ 25d），以防除扁秆藨草、眼子菜等多年生莎草科和阔叶杂草为主。施药可以在移栽前、移栽后前期和移栽后中后期 3 个时期进行。

在水稻本田施用除草剂，除要求必须抽干水层、喷洒到茎叶上的几种除草剂外，其他都应在保水条件下施用，并且大部分药剂施药后需要在 5 ～ 7d 不排水、不落干，缺水时应补灌至适当深度。

排草净、噁草酮、丁 · 噁和莎扑隆，在移栽前施用最好。因为移栽前施用可用拉板耢平将药剂赶匀，并附着于泥浆土随微粒下沉，形成较为严密的封闭层，比移栽后施用效果好且安全。水稻移栽前用除草剂，多是在拉板耢平时，将已配制成的药土、药液或原液就混浆水分别以撒施法、泼浇法或甩施法施到田里。撒施药土的用量为 20kg/ 亩，泼浇药液的用量为 30kg/ 亩。

移栽后前期封闭土表的处理方法已被广泛应用。移栽后的前期是各种杂草种子的集中萌发期，此时用药容易获得显著效果。但这一时期恰是水稻的返青阶段，因此使用除草剂的要求严格，防止产生药害。施药时期，早稻一般在移栽后 5 ～ 7d，中稻在移栽后 5d 左右，晚稻在移栽后 3 ～ 5d。此外，还应根据不同药剂的特性、不同地区的气候而适当提前或延后。药剂安全性好或施药时气温较高、杂草发芽和水稻返青扎根较快，可以提前施药；反之，则适当延后。施药方法，以药土撒施或药液泼浇为主。大部分除草剂还可结合追肥拌化肥撒施。

水稻移栽后中后期，如有稗和莎草科杂草及眼子菜、鸭舌草、矮慈姑等一些阔叶杂草发生，可于水稻分蘖盛期至末期施用除草剂进行防治。

7.4 航空施药防治水稻田病虫害实例

7.4.1 研究实例一：N-3 型无人直升机施药方式对稻飞虱和稻纵卷叶螟防治效果的影响

7.4.1.1 基本情况

农业农村部南京农业机械化研究所薛新宇等在《植物保护学报》上发表的文章初次使用N-3 型农用无人直升机研究了不同作业高度和不同喷洒浓度对水稻不同生育时期稻飞虱和稻纵卷叶螟防治效果的影响。

7.4.1.2 供试药剂

40% 二嗪 · 辛硫磷 EC；25% 吡蚜酮 SC；48% 毒死蜱 · 锐劲特 EC。

7.4.1.3 农用无人机型号及喷洒系统

N-3 型无人直升机；喷头类型：转盘式离心喷头（农业农村部南京农业机械化研究所提供）；喷头个数：2 个；喷头流量：850mL/min；雾滴体积中径：300μm；作业高度：5m；喷幅：7m，行驶速度：10.8km/h；药箱容量：20L；施药液量：15L/hm^2。

7.4.1.4 试验方法

水稻分蘖后期稻飞虱、稻纵卷叶螟防治试验，采用 48% 毒死蜱 · 锐劲特 EC，剂量为432g/hm^2，施药液量为 15L/hm^2，以担架式喷雾机常规喷洒 432g/hm^2、施药液量 750L/hm^2 为对照，并设不喷洒农药空白对照。小区面积为 0.06hm^2，小区之间有隔离带，以防雾滴飘移。于 8 月 28 日施药，施药时田间保持水层 5cm，并保持 10d。施药后 3d、5d、10d 调查药效。

水稻孕穗期稻飞虱防治试验，采用 25% 吡蚜酮 SC，剂量分别为 75.0g(a.i.)/hm^2、60.0g(a.i.)/hm^2、52.5g(a.i.)/hm^2 和 45.0g(a.i.)/hm^2，以担架式喷雾机常规喷洒 75.0g(a.i.)/hm^2 为对照，并设空白对照。水稻孕穗期稻纵卷叶螟防治试验，采用 40% 二嗪 · 辛硫磷 EC，剂量分别为 480g(a.i.)/hm^2、384g(a.i.)/hm^2、336g(a.i.)/hm^2 和 288g(a.i.)/hm^2，施药液量为 15L/hm^2，以担架式喷雾机常规喷洒 480g(a.i.)/hm^2、施药液量 750L/hm^2 为对照，并设空白对照。飞机作业高度为距离地面 3m、5m、7m，小区面积为 0.12hm^2，共 12 个小区，每个药剂用量处理按3m、5m、7m 飞行高度各飞 1 个小区。小区之间有隔离带，以防雾滴飘移。于 8 月 27 日施药，施药时田间保持水层 5cm，并保持 10d。施药后 5d、10d 调查药效。

参考《农药田间药效试验准则》调查药剂对稻飞虱、稻纵卷叶螟的防治效果。

7.4.1.5 结果与分析

水稻分蘖后期飞机喷雾防治稻飞虱、稻纵卷叶螟的杀虫、保叶效果均优于常规喷洒，特别是 10d 后防治效果尤为显著（表 7-2 和表 7-3）。

表 7-2　分蘖后期施药对稻飞虱的防治效果

施药方式	药剂	剂量 /（g/hm²）	活虫基数 / 头	施药后天数	活虫数 / 头	杀虫效果 /%	校正防效 /%
N-3 型无人直升机	48% 毒死蜱 · 锐劲特 EC	432	92.33	3	2.67	96.43±4.57a	96.93±4.16a
				5	4.33	94.90±5.59a	92.21±8.54a
				10	3.33	95.70±3.07a	88.12±8.49a
担架式喷雾机	48% 毒死蜱 · 锐劲特 EC	432	83.67	3	16.00	80.43±4.39b	82.19±3.99b
				5	17.67	78.71±1.65b	67.50±2.52c
				10	21.67	73.82±2.79c	26.65±7.71d
空白对照			97.67	3	107.30	0.00±.0.00d	0.00±0.00e
				5	64.00	0.00±.0.00d	0.00±0.00e
				10	35.33	0.00±.0.00d	0.00±0.00e

表 7-3　分蘖后期施药对稻纵卷叶螟的防治效果

施药方式	药剂	剂量 /（g/hm²）	施药后天数	虫苞数	活虫数 / 头	杀虫效果 /%	校正防效 /%
N-3 型无人直升机	48% 毒死蜱 · 锐劲特 EC	432	3	2.67	1.00	86.36±13.64a	63.29±9.96a
			5	4.33	0.67	88.24±10.18a	54.00±8.54a
			10	3.33	0.67	79.98±17.34a	58.33±9.55a
担架式喷雾机	48% 毒死蜱 · 锐劲特 EC	432	3	36.00	3.00	59.07±13.64c	42.56±1.59b
			5	27.67	2.67	52.97±10.18c	44.67±6.43b
			10	31.00	2.33	29.93±17.34d	32.72±1.20c
空白对照			3	62.67	7.33	0.00±.0.00e	0.00±0.00d
			5	50.00	5.67	0.00±.0.00e	0.00±0.00d
			10	48.00	3.33	0.00±.0.00e	0.00±0.00d

注：不同小写字母表示不同处理间差异显著（$P < 0.05$），下同

水稻孕穗期飞机喷雾防治稻飞虱在施药后 5d 的杀虫效果优于常规喷洒；施药后 10d 的杀虫效果与常规喷洒相比差异不明显；飞机喷雾防治稻纵卷叶螟的效果均优于常规喷洒（表 7-4 和表 7-5）。不同剂量处理对病虫害的防治效果虽有一定的差异，但飞机喷雾在每公顷用药量比常规喷洒用药量减少 20% 时也能有较好的防治效果，说明低容量、高浓度的航空施药作业增加了药液在水稻上的沉积，减少了农药在非靶标区的流失，对于农药减量具有积极意义。

表 7-4　孕穗期不同作业高度下施药对稻飞虱的防治效果

施药方式	药剂	作业高度 /m	剂量 /［g(a.i.)/hm²］	活虫数 / 头		杀虫效果 /%	
				施药后 5d	施药后 10d	施药后 5d	施药后 10d
N-3 型无人直升机	25% 吡蚜酮 SC	3	75.0	7.50	5.70	95.20±3.20a	96.60±1.70a
			60.0	27.70	25.30	82.40±1.80b	84.80±1.80a
			52.5	16.30	23.00	89.50±1.00a	86.20±1.50b
			45.0	23.30	11.50	85.70±1.60b	93.10±1.90a

续表

施药方式	药剂	作业高度/m	剂量/[g(a.i.)/hm²]	活虫数/头		杀虫效果/%	
				施药后 5d	施药后 10d	施药后 5d	施药后 10d
N-3 型无人直升机	25% 吡蚜酮 SC	5	75.0	14.80	17.20	90.50±1.70a	89.70±1.90a
			60.0	14.80	40.20	90.50±2.10a	75.90±2.80c
			52.5	21.50	23.50	86.20±2.00b	85.90±3.10b
			45.0	16.30	7.70	89.50±2.60b	95.40±2.20a
		7	75.0	26.00	57.90	83.30±2.80b	65.30±1.40c
			60.0	14.80	17.20	90.50±3.40a	89.70±2.60a
			52.5	40.70	24.20	73.80±3.20c	85.50±2.70a
			45.0	33.20	33.20	78.60±3.5bc	78.60±1.30b
担架式喷雾机			75.0	37.00	9.00	76.20±2.80b	94.80±1.70a
空白对照			0.0	157.00	215.00	0.00±0.00d	0.00±0.00d

表 7-5　孕穗期不同作业高度下施药对稻纵卷叶螟的防治效果

施药方式	药剂	作业高度/m	剂量/[g(a.i.)/hm²]	活虫数/头		杀虫效果/%	
				施药后 5d	施药后 10d	施药后 5d	施药后 10d
N-3 型无人直升机	40% 二嗪・辛硫磷 EC	3	480	2.20	2.20	83.33±0.57a	90.90±0.57a
			384	2.20	2.20	83.33±0.57a	90.90±0.57a
			336	2.20	6.70	83.33±0.57a	72.68±0.67b
			288	2.20	6.70	83.33±0.57a	72.68±0.67b
		5	480	4.40	6.70	66.68±0.60a	72.68±0.67a
			384	4.40	6.70	66.68±0.60a	72.68±0.67a
			336	6.70	6.70	50.00±1.00b	72.68±0.67a
			288	4.40	8.90	66.68±0.60a	63.68±0.58b
		7	480	6.70	6.70	50.00±1.00b	72.68±0.67b
			384	4.40	6.70	66.68±0.60a	72.68±0.67b
			336	4.40	4.40	66.68±0.60a	81.80±0.58a
			288	4.40	6.70	66.68±0.60a	72.68±0.58b
担架式喷雾机			480	6.70	8.90	50.00±1.10b	63.30±0.58b
空白对照			0.0	13.30	24.40	0.00±0.00c	0.00±0.00c

飞机作业高度对稻飞虱和稻纵卷叶螟防治效果的影响程度为 3m ＞ 5m ＞ 7m，在同一飞行作业高度，施药量与防治效果成正比，但从节约农药与药效的角度出发，作业高度 3 ～ 5m 时，防治效果最好。3m 作业高度时，施药效果较好，说明 N-3 型无人直升机在超低量喷洒时，形成的小雾滴具有水平方向分速度大、弥漫性能好的特点，螺旋桨产生的下旋气流使雾滴更具穿透性。而 7m 作业高度时，下旋气流对雾滴的作用减弱，侧风对雾滴的作用相对增强，导致雾滴飘移增多，防治效果相对较差。

综上所述，基于 GPS 的 N-3 型无人直升机采用低空、低量、高浓度喷洒技术，产生的雾滴具有较强的穿透性，提高了对水稻生长中后期中下部病虫害的防治效果，基本上解决了水稻中下部病虫害的防治问题，有效地提高了航空植保作业质量。

7.4.2　研究实例二：TH80-1 型植保无人机施药对水稻主要病虫害的防治效果研究

7.4.2.1　基本情况

2015 年湖南农业大学荀栋等通过植保无人机低空低容量喷雾和人工电动喷雾器大容量喷雾两种不同施药方式的田间药效试验，研究了 TH80-1 型植保无人机施药对水稻中后期主要病虫害稻飞虱、稻纵卷叶螟和水稻纹枯病的防治效果，研究结果发表在《湖南农业科学》。

7.4.2.2　供试药剂

20% 氯虫苯甲酰胺悬浮剂（美国杜邦公司生产）；20% 吡虫啉可溶液剂（山东省联合农药工业有限公司生产）；27.8% 噻呋・己唑醇悬浮剂（浙江博仕达作物科技有限公司生产）；怀农特高效植物油助剂（美国奥罗阿格瑞国际有限公司生产）。

7.4.2.3　施药设备型号及作业情况

TH80-1 型植保无人机（湖南大方植保有限公司和长沙拓航农业科技发展有限公司研制），喷头型号：离心旋转式喷头，转速 9600r/min，平均雾滴粒径 88.60μm。

3WBD-16HBA 背负式喷雾器（山东卫士植保机械有限公司研制），喷头型号：液力切向进液式双喷头，d=1.6mm，平均雾滴粒径 176.67μm。

施药设备参数：TH80-1 型植保无人机，飞行速度 3m/s，飞行高度（离冠层）1m，分蘖后期喷幅 4m，流量（喷雾电机电压）9.6V（控制药剂用量在 0.4 ～ 0.6L/min），施药液量 7.5L/hm^2；3WBD-16HBA 背负式电动喷雾器喷雾，双扇形喷头，喷头流量 1L/min，工作压力（0.2 ～ 0.4）×10^6Pa，人工行走速度 0.6m/s，施药液量 480.0L/hm^2。详细参数见表 7-6。

表 7-6　不同施药设备的喷药设计方案

施药设备	喷洒方式	防治面积 /hm^2	20% 氯虫苯甲酰胺 /mL	20% 吡虫啉 /mL	27.8% 噻呋・己唑醇 /mL	怀农特助剂 /mL	施药液量 /L
TH80-1 型植保无人机	低容量	0.5	75	150	120	75	3.75
3WBD-16HBA 电动喷雾器	大容量	0.5	75	150	120	75	240.0

7.4.2.4　试验方法

喷洒时间 2014 年 6 月 15 日 8:00 至 9:00，天气晴，温度 6.3℃，相对湿度 82%，风速 0.8m/s。试验完成后参考《农药田间药效试验准则》调查药剂对稻飞虱、稻纵卷叶螟、水稻纹枯病的防治效果。

7.4.2.5　结果与分析

施药后 1d、3d、7d、14d 对比观察，未发现施药对水稻生长造成不良影响，表明利用 TH80-1 型植保无人进行高浓度药液低空喷雾对水稻安全。

对稻飞虱的防治效果研究表明（表 7-7），采用背负式喷雾器与 TH80-1 型植保无人机喷洒 20% 吡虫啉后 3d、7d、14d，稻飞虱的虫口减退率相当，因此人工喷雾防治稻飞虱的杀虫速效性与植保无人机施药接近。另外，从整体防效来看，施药后 14d，植保无人机施药对飞虱的校正防治效果为 91.04%，人工喷雾为 85.68%，两者均达到较好的防治效果，但植保无人机施药比人工喷雾高 5.36 个百分点。

表 7-7　水稻分蘖后期不同施药设备施药对稻飞虱的防治效果

施药设备	施药前基数 / 头	施药后天数	活虫数 / 头	虫口减退率 /%	校正防效 /%
TH80-1 型植保无人机	91.9	3	13.9	85.10±1.47b	70.83±2.87c
		7	4.2	94.91±0.9a	81.23±3.64b
		14	3.0	96.60±0.73a	91.04±1.92a
3WBD-16HBA 电动喷雾器	86.5	3	11.8	86.91±1.25b	74.37±2.45c
		7	4.9	94.47±0.49a	79.40±2.58bc
		14	4.8	94.56±1.27a	85.68±3.34ab
空白对照	93.2	3	47.6		0.00±0.00d
		7	25.0		0.00±0.00d
		14	35.4		0.00±0.00d

对稻纵卷叶螟的防治效果研究表明（表 7-8），施药后 3d、7d、14d 植保无人机施药防治稻纵卷叶螟的效果分别低于人工喷雾 5.31 个百分点、1.53 个百分点、0.88 个百分点，但随着时间推移，杀虫效果逐渐接近。从保叶效果看，TH80-1 型植保无人机施药后 14d 保叶效果为 87.33%，比人工喷雾高 1.56 个百分点。总体来说，两种方法防治效果显著，杀虫效果人工喷雾高于植保无人机施药，保叶效果植保无人机施药优于人工喷雾，总体防治效果植保无人机施药优于人工喷雾。

表 7-8　水稻分蘖后期不同施药设备施药对稻纵卷叶螟的防治效果

施药设备	施药后天数	虫苞数 / 个	活虫数 / 头	杀虫效果 /%	保叶效果 /%
TH80-1 型植保无人机	3	66.5	31.7	58.79±3.90b	66.76±5.30b
	7	128.7	5.7	95.16±0.88a	69.32±2.62b
	14	105.5	2.2	96.96±1.11a	87.33±1.02a
3WBD-16HBA 电动喷雾器	3	72.7	29.2	64.10±7.01b	40.97±6.53c
	7	132.5	4.2	96.69±0.45a	70.20±3.60b
	14	118.5	1.7	97.84±1.00a	85.77±1.00a
空白对照	3	123.2	92.2	0.00±0.00c	0.00±0.00d
	7	402.0	104.2	0.00±0.00c	0.00±0.00d
	14	770.0	81.5	0.00±0.00c	0.00±0.00d

对水稻纹枯病的防治效果研究表明（表 7-9），两种喷洒方式 14d 的防治效果均达到 87.89%，防治效果显著。施药 14d 后植保无人机施药的防治效果为 91.22%，比人工喷雾高 3.23 个百分点。

表 7-9　水稻分蘖后期不同施药设备施药对水稻纹枯病的防治效果

施药设备	施药前病情指数	施药后 7d		施药后 14d	
		病情指数	防治效果 /%	病情指数	防治效果 /%
TH80-1 型植保无人机	5.27	4.00	76.62±0.89a	1.47	91.22±0.13d
3WBD-16HBA 电动喷雾器	5.07	4.27	68.40±0.89b	2.04	87.89±0.31c
空白对照	5.18	13.50	0.00±0.00e	16.82	0.00±0.00e

7 月 16 日收割后经测产，与空白区相比较，植保无人机防治区增产 25.2%，人工防治区增产 21.3%，增产效果显著，植保无人机防治区比人工防治区高 3.9 个百分点。

7.4.3　研究实例三：不同施药器械对水稻“两迁”害虫的防治效果比较研究

7.4.3.1　基本情况

钦州市植保植检站吴玉东等在《广西植保》上发表了《不同施药器械对水稻“两迁”害虫的防治效果比较研究》，比较了多旋翼无人植保机、担架式机动喷雾机、背负式动力喷雾机器、背负式电动喷雾器、手动喷雾器、不锈钢拉杆喷枪 6 种植保机械喷施 40% 氯虫 · 噻虫嗪 WG 对水稻“两迁”害虫的防治效果。

7.4.3.2　田间施药参数设定

WSZ-0805 多旋翼无人植保机双喷头流量 400mL/min，每亩施药 0.5L，飞行速度 3 ～ 4m/s，飞行高度 2.5 ～ 3.0m，雾滴粒径 50 ～ 100μm，喷幅 3 ～ 4m；3WD-25 担架式鹰形机动喷雾机液泵流量 30L/min，工作压力 2.5MPa。其他人工喷施器械按照每种药械常用最佳喷雾参数设置。

7.4.3.3　结果与分析

采用不同施药药械处理后调查“两迁”害虫的防治效果，显示存在差异（表 7-10）。6 种不同药械田间喷雾后，得到的“两迁”害虫防效明显不同。施药后 3d，6 种不同施药机械对两种害虫的防效分别为 46.6% ～ 86.4% 和 35.9% ～ 84.7%，且二者差异显著。多旋翼无人植保机飞行速度快，喷雾一次性完成，虽药液量少，但雾滴均匀，且有效附着于水稻基部及叶面，而拉杆不锈钢喷枪喷雾如同抽水注射器，一次喷射完成，几乎不存在雾滴，药液以水柱形式射出，较少附着在水稻上，大量药液流入稻田，药液浪费严重，污染极大；其他不同施药机械对“两迁”害虫的防效存在差异。

表 7-10　不同施药药械处理后“两迁”害虫的防治效果

处理	用水量 /（L/ 亩）	用时 /（min/ 亩）	施药后 3d 稻飞虱防效 /%	施药后 7d 稻飞虱防效 /%	施药后 3d 卷叶螟防效 /%	施药后 7d 卷叶螟防效 /%
WSZ-0805 多旋翼无人植保机	0.5	0.9	86.4Aa	94.2Aa	84.7Aa	93.1Aa
3WD-25 担架式鹰形机动喷雾机	45	1.5	82.5Bb	88.6Bb	80.2Bb	86.8Bb
WSJB-6C 背负式动力喷雾机器 45	45	8	78.7Cc	82.5Cc	77.4Cd	85.3BCc
WS-1456D 背负式电动喷雾器	45	35	79.3Cc	84.3Dd	78.6Cc	85.1Cc

续表

处理	用水量 /（L/ 亩）	用时 /（min/ 亩）	施药后 3d 稻飞虱防效 /%	施药后 7d 稻飞虱防效 /%	施药后 3d 卷叶螟防效 /%	施药后 7d 卷叶螟防效 /%
WS-20 手动喷雾器	45	47	71.2Dd	77.2Dd	73.7De	78.5Dd
不锈钢拉杆喷枪	45	68	46.6Ee	46.6Ee	35.9Ef	41.0Ee
CK	45					

注：不同大写字母表示不同处理间差异极显著（$P < 0.01$）

6 种不同施药药械作业效率差异巨大。相同面积下，多旋翼无人植保机作业效率是手动喷雾器的 52 倍多，是不锈钢拉杆喷枪的 75 倍多。

7.4.4 研究实例四：小型无人直升机喷雾参数对杂交水稻冠层雾滴沉积分布的影响

7.4.4.1 基本情况

2016 年，华南农业大学陈盛德等在不同的飞行参数下研究了不同喷雾作业参数对水稻冠层雾滴沉积分布的影响。该试验以 HY-B-10L 型单旋翼电动无人机搭载北斗定位系统 UB351 绘制作业轨迹，以质量分数为 5‰ 的丽春红 2R 水溶液模拟生长调节剂喷施沉积情况，以图像处理软件 DepositScan 来分析靶区和非靶区的雾滴沉积参数并得出雾滴的沉积分布结果，试验结果发表在《农业工程学报》。

7.4.4.2 采样点布置

试验中的采样点布置如图 7-32 所示，在足够大的地块中设置间隔不同距离的 3 条雾滴采集带（第一条采集带与第二条采集带之间间隔 5m，第二条采集带与第三条采集带之间间隔 15m），每条采集带上设置无人机的靶区及在靶区的左右设置 2 个非靶区，其中，在靶区根据无人机的有效喷幅设置雾滴采集点，根据给出的无人机有效喷幅 4 ～ 6m，预设靶区的宽度

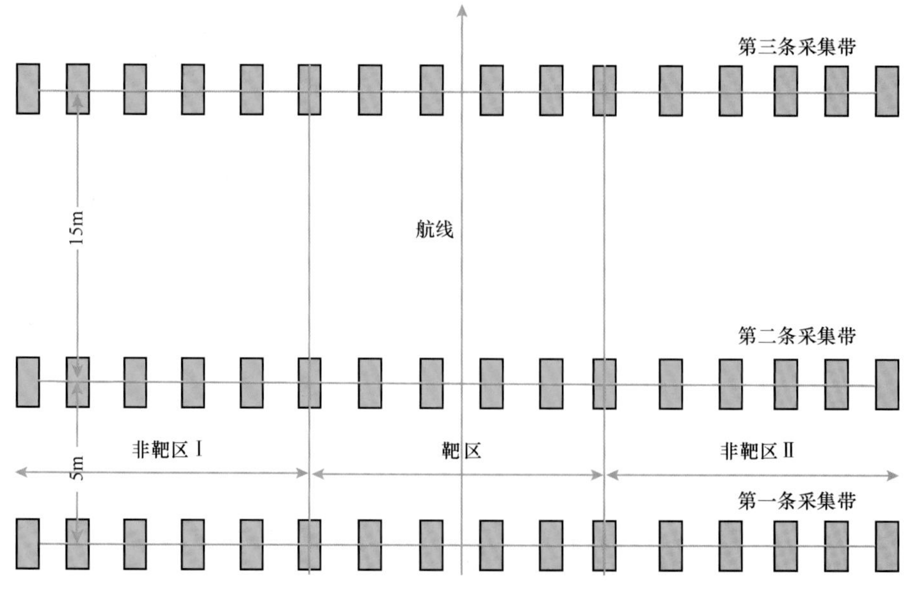

图 7-32　试验方案示意图

为 5m，在非靶区同样采取此种采集布点方法，即每块非靶区也设置宽度为 5m 的雾滴采集区，此外，2 个雾滴采集点之间间隔 1m。根据以上采集布点方法，每条采集带有 16 个雾滴采集点，从航线的左侧到右侧依次编号为 1# ～ 16#，试验区域共有 48 个雾滴采集点，在每个采集点按照水稻植株的穗层高度布置雾滴采集卡以收集喷洒雾滴。

7.4.4.3　作业参数及轨迹采集

北斗定位系统为航空用北斗系统 UB351，具有 RTK 差分定位功能，平面精度达（$10+5\times D\times 10^{-7}$）mm，高程精度达（$20+1\times D\times 10^{-6}$）mm，其中 D 表示该系统实际测量的距离值，单位为 km。无人机搭载该系统移动站为作业航线绘制轨迹及为各个雾滴采样点定位，通过北斗系统绘制的作业轨迹来观察实际作业航线与各雾滴采集点之间的关系。

图 7-33a 由北斗定位系统 UB351 对布置的各采集点进行定位获取地理数据后绘制所得，图 7-33b 为飞机飞行时搭载北斗定位系统 UB351 而获取的无人机第 1 次喷施作业的飞行轨迹。其中，北斗定位系统 UB351 的轨迹定位频率为 2Hz。通过北斗定位系统测定，3 次飞行高度分别为 1.33m、1.92m 和 3.15m。

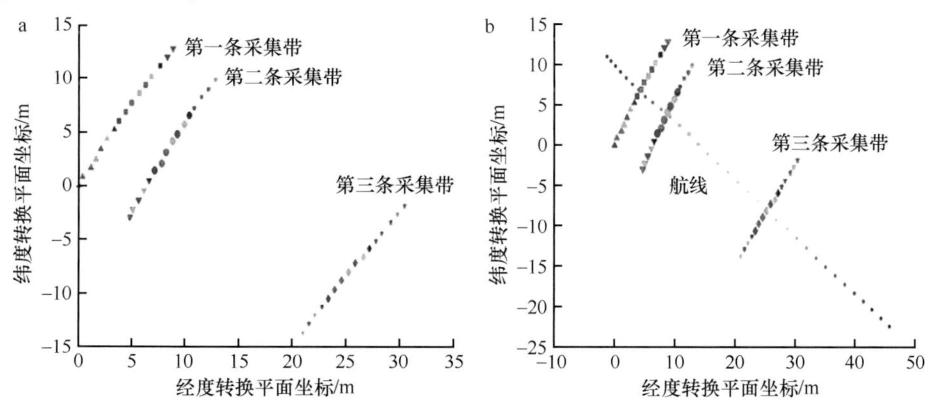

图 7-33　雾滴采集点及飞行轨迹图

a. 雾滴采集点分布图；b. 飞行轨迹图

7.4.4.4　结果与分析

由图 7-34 可知，飞行高度和飞行速度对靶区内采集点上雾滴平均沉积量影响均显著，而飞行高度和飞行速度对靶区内雾滴沉积均匀性影响并不显著。

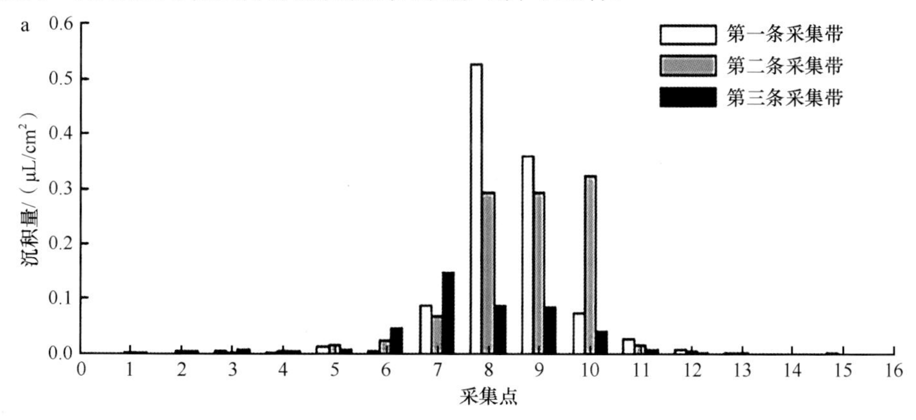

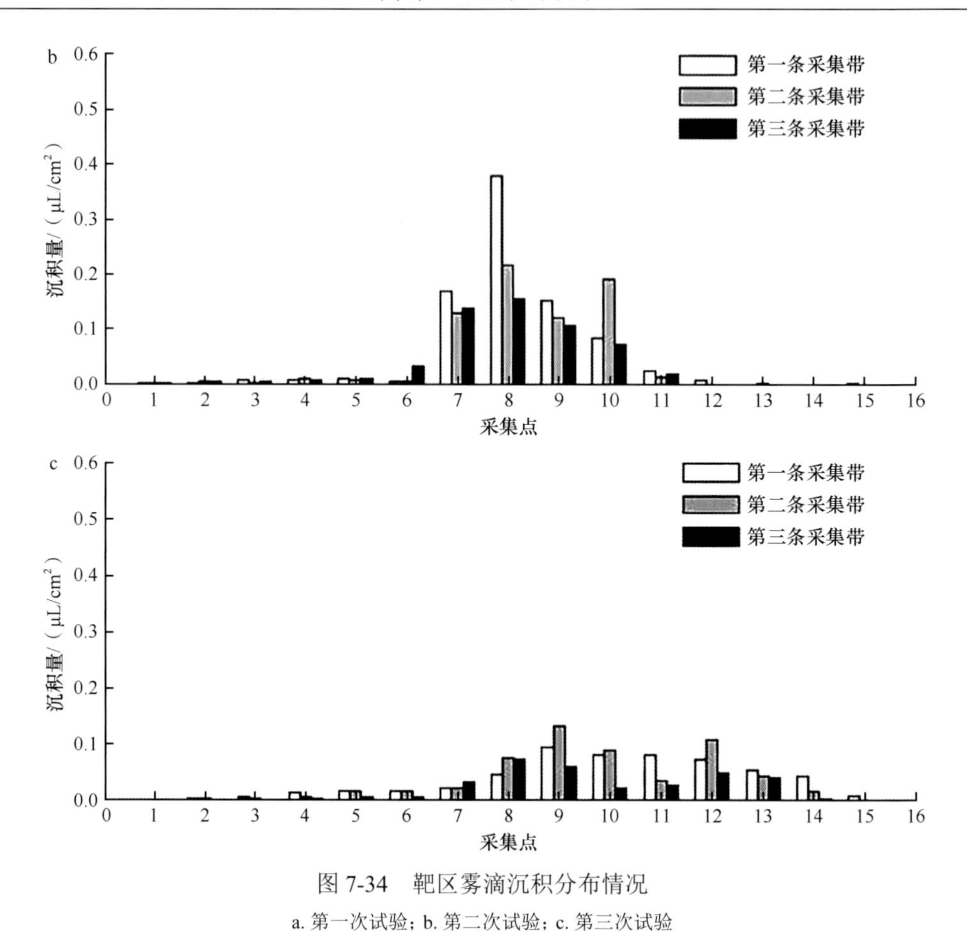

图 7-34　靶区雾滴沉积分布情况

a. 第一次试验；b. 第二次试验；c. 第三次试验

在 3 次飞行高度分别为 1.33m、1.92m、3.15m 的无人机航空喷施试验中，靶区内的雾滴沉积量随着高度的增加而减少，靶区内单个采集点上的平均雾滴沉积量分别为 2.380μL/cm²、1.905μL/cm²、1.156μL/cm²；而移区内（图 7-35），飞行高度为 3.15m 条件下单个采集点的雾滴飘移量最大（0.270μL/cm²），飞行高度为 1.33m 时飘移量次之（0.205μL/cm²），飞行高度为 1.92m 时飘移量最少（0.174μL/cm²），且此时靶区内的雾滴沉积均匀性最佳。

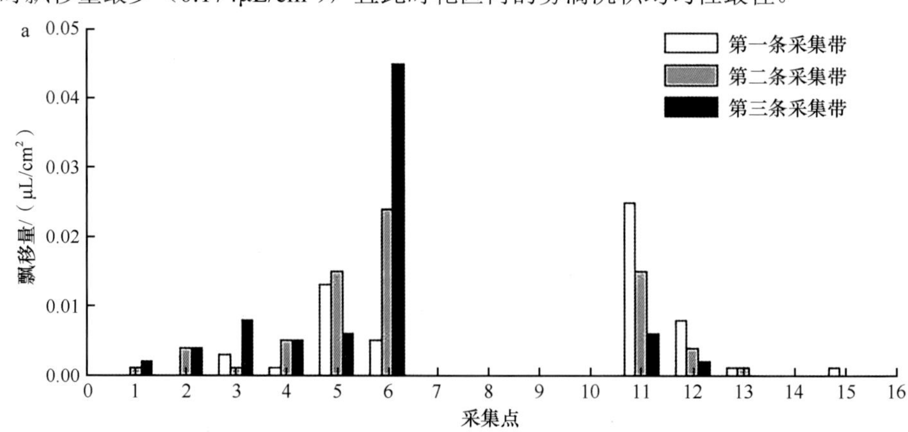

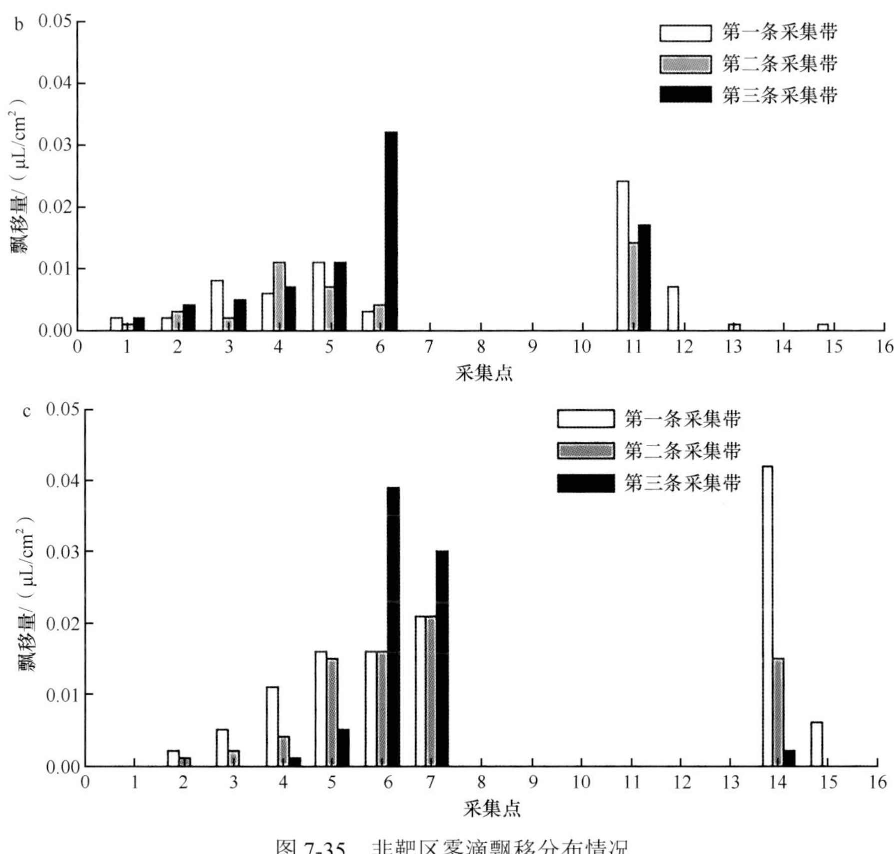

图 7-35　非靶区雾滴飘移分布情况

a. 第一次试验；b. 第二次试验；c. 第三次试验

在同一高度的飞行试验中，靶区内第一和第二条采集带上的雾滴沉积量均明显多于飞行速度较大的第三条采集带上的雾滴沉积量。推断这一现象的出现是由试验操作误差引起的，由于第一条采集带距离无人机悬停准备喷施作业的起点较近，缓冲距离过短不足以使旋翼下方的风场分布均匀，因此第一条采集带上的雾滴沉积均匀性与后面采集带上的沉积均匀性相差较大。所以，喷施作业时留出足够长的缓冲距离对雾滴沉积均匀是十分重要的。

由于外界风场的影响，无人机作业靶区内下风向的每条雾滴采集带上的雾滴沉积量均多于上风向的雾滴沉积量，非靶区内下风向的雾滴飘移量和雾滴飘移距离明显大于上风向的雾滴飘移量和雾滴飘移距离；在非靶区内的下风向，作业速度较大的第三条采集带上的雾滴飘移量均大于第一和第二条采集带上的雾滴飘移量。

7.4.5　研究实例五：无人机防治水稻病虫害效果分析

7.4.5.1　基本情况

重庆市秀山县植保植检站肖晓华等组织开展了无人机防治水稻重大病虫害试验、示范，将无人机与机动喷雾机、电动喷雾器、静电机动喷雾机进行对比，并进行无人机防治水稻病虫害大面积示范试验。

7.4.5.2 试验药剂

40% 春雷 · 噻唑锌悬浮剂（浙江新农化工股份有限公司生产）；25% 噻虫嗪水分散粒剂（江苏绿叶农化有限公司生产）；36% 氰虫 · 毒悬浮剂（浙江新农化工股份有限公司生产）；30% 茚虫威悬浮剂（江苏克胜集团股份有限公司生产）；飞防助剂（QFEJ-01）。

7.4.5.3 试验无人机参数

无人机为多轴无人机，标准空载重量 23kg，有效载荷 10kg，最大有效起飞重量 35kg，旋翼直径（每副）860mm，机宽 1070mm，机高（至旋翼桨毂顶部）530mm，喷头 4 个，最大飞行速度 8m/s，巡航速度 4.8m/s，续航时间 20min，喷幅 6 ～ 8m，操控长度 200m 以内，施药飞行高度 4m，用水量 1kg/ 亩，动力为电能。

7.4.5.4 试验设计

试验共设置 6 个处理，分别为无人机施药 6670m^2、无人机施药+助剂 6670m^2、机动喷雾机施药 3335m^2、电动喷雾器施药 667m^2、静电机动喷雾机施药 2668m^2、空白对照，试验不设重复。

7.4.5.5 结果与分析

秀山县 2015 年水稻虫害防治试验、示范结果表明，无人机防治效果最好，静电机动喷雾机次之，机动喷雾机、电动喷雾器较差。具体数据分析如表 7-11 和表 7-12 所示。

表 7-11 秀山县 2015 年水稻虫害防治试验、示范效果调查（施药后 7d）

处理	施药时间	白背飞虱				稻纵卷叶螟		
		施药前活虫基数 /（头 / 百丛）	施药后虫量 /（头 / 百丛）	虫口减退率 /%	校正防效 /%	卷叶率 /%	百丛虫量 / 头	校正防效 /%
无人机试验	7 月 7 日	563.2	0	100	100	0.6	8	85.7
无人机+助剂试验	7 月 7 日	563.2	0	100	100	0.1	0	100
机动喷雾机试验	7 月 7 日	563.2	50	91.1	89.6	1.0	28	50.0
电动喷雾器试验	7 月 7 日	563.2	110	80.5	77.1	2.3	64	–14.3
静电机动喷雾机试验	7 月 7 日	563.2	10	98.2	97.9	0.5	4	92.9
无人机示范	7 月 7 日	563.2	0	100	100	0.6	8	85.7
无人机示范	7 月 7 ～ 10 日	950.0	80	91.6	90.1	0.5	4	92.9
无人机示范	7 月 8 ～ 10 日	1825.0	58.3	96.8	96.2	0.4	3.3	94.1
无人机示范	7 月 8 ～ 10 日	2388.2	170	92.9	91.7	1.6	6.7	88.0
对照区		510.0	435	14.8		5.3	56	

表 7-12 秀山县 2015 年水稻虫害防治试验、示范效果调查（施药后 1 4d）

处理	施药时间	白背飞虱				稻纵卷叶螟		
		施药前活虫基数 /（头 / 百丛）	施药后虫量 /（头 / 百丛）	虫口减退率 /%	校正防效 /%	卷叶率 /%	百丛虫量 / 头	校正防效 /%
无人机试验	7 月 7 日	563.2	12	97.9	98.7	1.2	12	88.6

续表

处理	施药时间	白背飞虱				稻纵卷叶螟		
		施药前活虫基数 /（头 / 百丛）	施药后虫量 /（头 / 百丛）	虫口减退率 /%	校正防效 /%	卷叶率 /%	百丛虫量 / 头	校正防效 /%
无人机+助剂试验	7 月 7 日	563.2	8	98.6	99.1	0.8	10	90.5
机动喷雾机试验	7 月 7 日	563.2	65	88.5	92.9	2.1	23	78.1
电动喷雾器试验	7 月 7 日	563.2	152	73.0	83.3	3.5	35	66.7
静电机动喷雾机试验	7 月 7 日	563.2	28	95.0	96.9	1.8	17	83.8
无人机示范	7 月 7 日	563.2	52	90.8	94.3	1.6	12	88.6
无人机示范	7 月 7 ～ 10 日	950.0	98	89.7	93.6	1.5	9	91.4
无人机示范	7 月 8 ～ 10 日	1825.0	101	94.5	96.6	1.9	18	82.9
无人机示范	7 月 8 ～ 10 日	2388.2	204	91.5	94.7	2.0	15	85.7
对照区		510.0	825	−61.8		15.4	105	

8 月 25 日，水稻纹枯病为害定型后调查水稻纹枯病防治效果。无人机、无人机+助剂处理防效分别为 92.4%、92.6%，大面积示范区防治效果平均为 85.8%，最高为 88.1%。无人机处理与机动喷雾机、静电机动喷雾机处理差异不显著，无人机、机动喷雾机及静电机动喷雾机处理均明显优于电动喷雾器处理，防效均增加 10 个百分点以上（表 7-13）。

表 7-13　不同处理防效情况

处理	病株率 /%	病丛率 /%	病情指数	防效 /%
无人机试验	9.8	22	2.48	92.4
无人机+助剂试验	10.1	20	2.43	92.6
机动喷雾机试验	14.7	22	3.87	88.2
电动喷雾器试验	33.5	55	9.60	70.7
静电机动喷雾机试验	11.5	11	3.28	89.9
无人机示范	13.8	28	4.43	86.5
无人机示范	17.4	25	4.26	87.3
无人机示范	12.1	31	6.20	81.1
无人机示范	11.5	20	3.89	88.1
对照区	59.7	85	32.78	

无人机作业能力强，施药时间相对减少，只有依靠植保部门进行准确预报，才能提供最佳施药时期，因而病虫监测预警是无人机防治工作的前提。以 2015 年示范区为例，常年需组织 20 余人，出动 10 台机动喷雾机，喷施 200hm^2 面积一般需要 7 ～ 10d，遇到雨日，施药时间还需推迟。实践中，无人机防治区域需尽量避免一家一户的水稻田，应选择业主连片种植、管理基本一致、基础条件良好的地域，既能方便作业、提高工效，也能提高防治效果，同时免除收费上的纠纷。

无人机防治是农作物病虫害专业化统防统治的新发展，是未来发展的方向，建议进行多点多年多作物各类试验、示范，特别是在重大病虫大发生年份，有针对性地开展试验、示范，不断总结经验，并完善规程及管理办法。

7.4.6 研究实例六：水稻病虫害无人机防控试验探究

7.4.6.1 基本情况

宁波市镇海区农业农村局吴水祥等在《浙江农业科学》上发表了《水稻病虫害无人机防控试验初探》，针对水稻的稻飞虱、纹枯病开展新型无人机喷雾器田间喷药试验，并与常规喷雾器喷药进行防效对比。

7.4.6.2 试验药剂

10% 肟菌·戊唑醇水分散粒剂（拿敌稳）、80% 烯啶·吡蚜酮水分散粒剂（极锐），均由拜耳作物科学（中国）有限公司生产。

7.4.6.3 试验设计

设 3 个处理，即人工喷雾器常规施药；无人机常规施药，施药量为拿敌稳 225g/hm^2+极锐 150g/hm^2；不施药对照。小区面积 534m^2，随机区组排列，重复 3 次。2015 年 9 月 8 日下午施药，各处理参试药剂按照试验设计用量兑水后均匀喷施，用水量人工喷雾器 600kg/hm^2，无人机 15kg/hm^2。试验前后调查稻飞虱、纹枯病的防治效果。

7.4.6.4 结果与分析

由表 7-14 可见，无人机喷药防治稻飞虱施药后 5d、10d、15d 的防治效果分别为 88.8%、96.4%、97.2%，分别比人工喷雾器喷药防效高 6.1 个百分点、7.8 个百分点、5.3 个百分点，但两者无显著差异，防治效果均非常明显，能有效控制稻飞虱的发生，说明无人机喷药在防治稻飞虱方面能达到与人工喷雾相同的效果。

表 7-14 各处理的稻飞虱防治效果

处理	施药前活虫基数 /（万头 /hm^2）	施药后 5d		施药后 10d		施药后 15d	
		虫量 /（万头 /hm^2）	防效 /%	虫量 /（万头 /hm^2）	防效 /%	虫量 /（万头 /hm^2）	防效 /%
无人机	129.60	84.90	88.8a	58.35	96.4a	50.40	97.2a
人工喷雾器	148.35	130.35	82.7a	182.70	88.6a	146.85	91.9a
空白（CK）	136.80	752.25	0	1600.50	0	1811.55	0

施药后 11d，无人机处理田块病情指数为 0.40，对纹枯病的防效为 71.9%，高于人工喷雾器处理的防效 48.2%，说明无人机喷药对纹枯病的防效较好，但二者差异不显著。

7.4.7 研究实例七：无人机喷施方式与人工喷施方式的水稻施药效果对比试验

7.4.7.1 基本情况

2015 年 8 月 17 日国家精准农业航空施药技术团队在湖南武冈制种基地进行无人机喷施方式与人工喷施方式的水稻施药效果对比试验，研究对比了不同类型无人机喷施方式与人工喷施方式下水稻植株上、中、下层的雾滴沉积均匀性及穿透性，并寻找无人机喷施作业的雾滴沉积规律，同时对比无人机喷施方式与人工喷施方式的作业效率及作业效益。

7.4.7.2　试验设备

农用无人机：图 7-36 为 3 种不同的喷雾设备，表 7-15 为 3 种喷雾设备的相关参数，图 7-37 为 3 种设备的喷雾现场。

图 7-36　喷雾设备

a. 80-2 型单旋翼油动无人机；b. HY-B-15L 型单旋翼电动无人机；c. 3WBD-16 型背负式电动喷雾器

表 7-15　喷雾设备相关参数

参数	80-2 型单旋翼油动无人机	HY-B-15L 型单旋翼电动无人机	3WBD-16 型背负式电动喷雾器
药箱容量 /L	16	15	16
喷杆长度 /mm	1800	1800	1200
喷头类型	离心式雾化喷头	扇形雾化喷头	圆锥雾化喷头
喷头数量 / 个	4	5	1
喷施流量 /（mL/min）	2400	2400	1400
喷施压力 /MPa	0.6	0.6	0.15 ～ 0.40
有效喷幅 /m	4 ～ 6	4 ～ 6	

图 7-37　喷雾现场

a. 80-2 型单旋翼油动无人机；b. HY-B-15L 型单旋翼电动无人机；c. 3WBD-16 型背负式电动喷雾器

环境监测系统：包括便携式风速风向仪和试验用数字温湿度表。

北斗定位系统：为航空用北斗系统 UB351，具有 RTK 差分定位功能，平面精度达 1cm，高程精度达 2cm，无人机搭载该系统移动站为作业航线绘制轨迹及为各个雾滴采样点定位，通过由北斗系统绘制的作业轨迹来观察实际作业航线与各雾滴采集点之间的关系。

试剂：采用丽春红 2R 现场配制成质量分数为 5‰ 的水溶液代替液体农药进行喷施试验，试验采用纯白纸片作为雾滴采集卡以收集喷施雾滴，纸片尺寸为 700mm×300mm。

7.4.7.3　试验设计

1. 采样点布置

如图 7-38 所示，根据无人机有效喷幅，选取 2 倍的有效喷幅进行喷雾试验，在采集区每隔 1m 设置一个雾滴采集点。如图 7-39 所示，每个采集点分别在水稻上层、中层、下层的位置布置雾滴采集卡以收集雾滴。

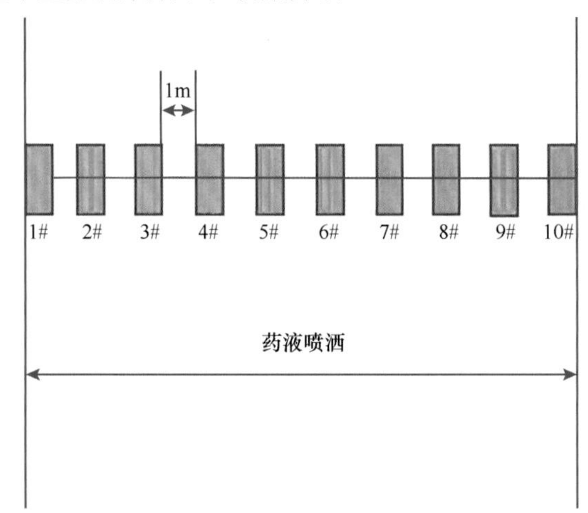

图 7-38　喷幅方案示意图

图 7-39　采集点布置示意图

2. 作业方式设计

无人机喷施选定两种飞行高度（较低的飞行高度 h_1、较高的飞行高度 h_2）和两种飞行速度（较慢的飞行速度 v_1、较快的飞行速度 v_2）进行试验，人工喷施按照普通的方式进行。其中，喷施方式分别为 1（湖南大方植保有限公司 80-2 型单旋翼油动无人机）、2（深圳高科新农技术有限公司 HY-B-15L 型单旋翼电动无人机）、3（3WBD-16 型背负式电动喷雾器）。

7.4.7.4　数据处理

1. 作业参数及轨迹处理

飞机飞行时搭载北斗定位系统 UB351 获取无人机第 1 次至第 4 次（80-2 型单旋翼油动无人机）和第 5 次至第 8 次（HY-B-15L 型单旋翼电动无人机）喷施作业的飞行轨迹，计算飞行时的飞行高度和速度数据。表 7-16 为飞机通过搭载北斗定位系统 UB351 获取的每次无人机喷施作业的飞行参数。

表 7-16　喷施作业参数

参数	1	2	3	4	5	6	7	8
飞行高度 /m	1.21	1.29	2.86	2.84	1.34	1.49	3.75	4.08
飞行速度 /（m/s）	2.46	4.24	2.58	3.78	2.21	3.61	1.68	3.89

2. 数据采集与处理

每次试验完成，待采集卡上的雾滴干燥后，按照序号收集雾滴采集卡，并逐一放入相对应的密封袋中，带回实验室进行数据处理。

将收集的雾滴采集卡逐一用扫描仪扫描，扫描后的图像通过图像处理软件 DepositScan 进行分析，得出在不同的航空施药参数下雾滴的覆盖率、覆盖密度及沉积量。

本文以飞机有效喷幅区内每层不同采集点上雾滴沉积量的变异系数（CV）来衡量 3 组试验中雾滴沉积均匀性，以飞机有效喷幅区内每个采集点上、中、下层雾滴沉积量的变异系数（CV）来衡量雾滴穿透性。变异系数越小表示雾滴沉积越均匀或穿透性越强，变异系数计算公式如下。

$$\mathrm{CV}=\frac{S}{\overline{X}}\times 100\% \tag{7-1}$$

$$S=\sqrt{\sum_{i=1}^{n}\left(X_i-\bar{X}\right)^2\Big/(n-1)} \tag{7-2}$$

式中，S 为同组试验采集点沉积量标准差（μL/cm^2）；X_i 为各采集点沉积量（μL/cm^2）；$\overline{X}$ 为各组试验采集点沉积量平均值（μL/cm^2）；n 为各组试验采集点个数。

7.4.7.5　结果与分析

1. 雾滴沉积量分析

表 7-17 为此次喷施试验雾滴沉积结果。对于单旋翼油动无人机，作业高度为 1.21m、作业速度为 2.46m/s 的试验 1 在水稻上、中、下三层的雾滴沉积量最大。对于单旋翼电动无人机，作业高度为 1.34m、作业速度为 2.21m/s 的试验 5 在水稻植株上、中、下三层的雾滴沉积量最大。

表 7-17　雾滴沉积结果　（单位：μL/cm²）

试验号		1#	2#	3#	4#	5#	6#	7#	8#	9#	10#
1	上层	0.253	0.649	0.952	0.261	0.135	0.187	0.095	0.030	0.171	0.138
	中层	0.373	0.189	0.397	0.076	0.085	0.055	0.049	0.081	0.047	0.140
	下层	0.369	0.096	0.247	0.056	0.020	0.117	0.021	0.019	0.057	0.010
2	上层	0.069	0.745	0.049	0.211	0.372	0.153	0.037	0.017	0.086	0.014
	中层	0.073	0.094	0.014	0.087	0.174	0.049	0.030	0.017	0.026	0.016
	下层	0.037	0.058	0.009	0.066	0.066	0.019	0.071	0.013	0.039	0.084
3	上层	0.090	0.138	0.363	0.252	0.123	0.186	0.068	0.281	0.374	0.165
	中层	0.035	0.097	0.084	0.121	0.079	0.108	0.060	0.140	0.052	0.034
	下层	0.066	0.152	0.108	0.051	0.038	0.056	0.066	0.031	0.027	0.028

续表

试验号		1#	2#	3#	4#	5#	6#	7#	8#	9#	10#
4	上层	0.065	0.185	0.278	0.324	0.108	0.077	0.125	0.121	0.064	0.269
	中层	0.055	0.109	0.138	0.141	0.058	0.058	0.080	0.086	0.129	0.074
	下层	0.076	0.057	0.032	0.105	0.145	0.051	0.070	0.056	0.059	0.081
5	上层	0.566	2.532	0.404	0.400	0.806	0.457	0.480	0.502	6.006	4.945
	中层	0.488	2.574	0.261	0.563	1.037	0.325	0.693	0.749	5.591	1.132
	下层	0.510	0.537	0.228	0.801	0.743	0.199	0.320	0.519	0.908	0.818
6	上层	0.121	0.617	0.430	1.079	0.628	1.125	0.121	0.151	1.213	1.188
	中层	0.053	0.351	0.345	0.498	0.503	0.379	0.249	0.227	0.354	0.627
	下层	0.047	0.326	0.230	0.437	0.351	0.191	0.154	0.127	0.178	0.257
7	上层	0.277	1.065	0.500	2.394	3.225	0.646	0.713	0.459	0.116	0.574
	中层	0.180	0.661	0.229	1.794	2.006	0.236	0.823	0.213	0.560	0.379
	下层	0.214	0.220	0.334	1.530	2.602	0.233	0.389	0.184	0.824	0.286
8	上层	0.294	0.468	0.177	0.253	0.488	0.158	0.112	0.218	0.098	0.011
	中层	0.153	0.016	0.186	0.098	0.197	0.019	0.160	0.175	0.051	0.038
	下层	0.145	0.022	0.129	0.111	0.241	0.150	0.225	0.061	0.048	0.043
9	上层	0.037	1.787	209.2	83.23	81.63	123.9	6.600	4.156	126.3	121.1
	中层	0.013	1.634	2.920	10.04	18.08	52.99	15.39	0.388	1.103	0.438
	下层	0.002	3.879	0.302	0.538	3.895	9.484	10.32	0.227	0.181	0.239

注：以上所得雾滴沉积结果的作业环境参数为平均风速 0.8m/s、平均温度 30.2℃、平均相对湿度 71.4%

2. 雾滴沉积均匀性分析

对每次试验结果分析，得出水稻上、中、下三层的平均雾滴沉积量，并且求出每一层 10 个采集点的雾滴沉积量变异系数（表 7-18）。结果表明：当单旋翼油动无人机飞行高度为 1.21m、飞行速度为 2.46m/s 时，水稻植株上、中、下三层的雾滴沉积量均达到最多，但均匀性很差；当飞行高度为 2.84m、飞行速度为 3.78m/s 时，水稻植株上、中、下三层的雾滴沉积量较少，但均匀性最好。

表 7-18　雾滴沉积均匀性

试验号	平均雾滴沉积量 / (μL/cm²)			变异系数 /%		
	上层	中层	下层	上层	中层	下层
1	0.287	0.149	0.101	95.18	83.89	110.6
2	0.175	0.058	0.046	123.7	82.84	54.46
3	0.204	0.081	0.062	50.63	42.20	60.75
4	0.162	0.093	0.073	56.67	34.67	41.43
5	1.710	1.341	0.558	116.5	115.5	43.21
6	0.667	0.359	0.229	64.83	42.81	47.97
7	0.997	0.708	0.682	95.87	89.16	110.5
8	0.228	0.109	0.118	64.43	63.28	61.07
9	75.79	10.30	2.906	89.42	151.2	129.9

当单旋翼电动无人机飞行高度为 1.34m、飞行速度为 2.21m/s 时，水稻植株上、中、下三层的雾滴沉积量均达到最多，但均匀性最差；当飞行高度为 1.49m、飞行速度为 3.61m/s 时，水稻植株上、中、下三层的雾滴沉积量较少，但均匀性最好。

总体看来，我们可以发现，对于单旋翼油动无人机，飞行高度对雾滴沉积均匀性的影响明显，对雾滴沉积量的影响不明显，其飞行高度增加有利于提高雾滴沉积均匀性；飞行速度对雾滴沉积均匀性的影响不明显。

对于单旋翼电动无人机，其飞行高度对雾滴沉积量的影响明显，但对雾滴沉积均匀性影响不明显，飞行高度较低有利于提高雾滴沉积量；飞行速度对雾滴沉积均匀性的影响明显，其飞行速度增加有利于提高雾滴沉积均匀性。

我们推断出现这一差别的原因是，单旋翼油动无人机的旋翼风场强于单旋翼电动无人机的旋翼风场，当单旋翼油动无人机飞行高度过低时，其旋翼产生的风场太强而出现紊流导致雾滴沉积不均匀。

对于人工施药，水稻植株上层的雾滴沉积量远远高于中、下层的雾滴沉积量，且植株每层的雾滴沉积均匀性均非常差。

3. 雾滴穿透性分析

如表 7-19 所示，通过对水稻植株上、中、下三层的平均雾滴沉积量分析，可以得出雾滴在水稻植株间的穿透性，即变异系数。结果表明：对于单旋翼油动无人机，当飞行高度为 2.84m、飞行速度为 3.78m/s 时，雾滴在水稻植株间的穿透性最好，变异系数达到 34.7%，当飞行高度为 1.21m、飞行速度为 2.46m/s 时，雾滴在水稻植株间的穿透性较好，变异系数达到 43.9%，略高于 34.7%，但此时雾滴在水稻植株每层上的沉积量均大于飞行高度为 2.84m、飞行速度为 3.78m/s 时的沉积量；对于单旋翼电动无人机，当飞行高度为 3.75m、飞行速度为 1.68m/s 时，雾滴在水稻植株间的穿透性最好，变异系数达到 17.9%，且此时雾滴在每层的沉积量也较多。

表 7-19　雾滴沉积穿透性

试验号	平均雾滴沉积量 / (μL/cm²)			变异系数 /%
	上层	中层	下层	
1	0.287	0.149	0.101	43.9
2	0.175	0.058	0.046	62.5
3	0.204	0.081	0.062	54.3
4	0.162	0.093	0.073	34.7
5	1.710	1.340	0.558	39.9
6	0.667	0.360	0.230	43.8
7	0.997	0.710	0.682	17.9
8	0.228	0.110	0.117	35.6
9	75.80	10.30	2.910	110.4

对两种机型无人机的喷施作业分析可以发现，无人机飞行高度较高时的雾滴穿透性要优于飞行高度较低时的雾滴穿透性，我们推断是因为当飞行高度较低时，单旋翼无人机的垂直

下旋气流较大，造成水稻植株出现倒伏而导致水稻植株的中、下层不能很好地收集雾滴，因此雾滴在植株间的穿透性较差。对于人工施药，药液雾滴很难到达水稻植株的中、下层，雾滴的穿透性较差。

4. 喷药方式效益分析

通过对无人机喷施方式与人工喷施方式的效率及效益对比，我们可以看出，无人机（喷幅为 4m）一般喷施方式的工作效率在 0.9 ～ 1.5 亩 /min，而人工喷施方式在 0.17 亩 /min，无人机作业效率为人工喷施方式的 10 倍左右，且成本低，效益高。

7.4.8　研究实例八：诺普信雨燕智能“稻轻松”飞防套餐解决方案

7.4.8.1　“稻轻松”套餐情况

2017 年深圳雨燕智能科技服务有限公司根据大疆农业植保无人机制定“稻轻松”“麦轻松”飞防专用药剂 / 助剂套餐，“稻轻松”产品方案参见表 7-20（“麦轻松”详见 6.4.8）。

表 7-20　“稻轻松”套餐方案

套餐	次数	推荐施药时间	本期主要发生病虫害	本期需兼治病虫害	药剂防治套餐
雨燕智能“稻轻松”（早稻、杂交稻）	第一遍	分蘖期	纹枯病、叶瘟、白背飞虱、稻蓟马	1 代二化螟、稻纵卷叶螟	32% 噻呋 · 戊唑醇 20mL+40% 稻瘟灵 80mL+25% 吡蚜酮 20mL+21% 甲维 · 毒死蜱 80mL+阿迈速（叶面肥）40mL+飞防助剂 10mL
	第二遍	破口期	纹枯病、叶瘟、稻纵卷叶螟	1 代二化螟、白背飞虱	32% 噻呋 · 戊唑醇 20mL+40% 稻瘟灵 80mL+25% 吡蚜酮 20mL+5% 氯虫苯甲酰胺 40mL+飞防助剂 10mL
	第三遍	齐穗期	穗颈瘟、稻曲病、稻粒黑粉病、大螟、褐飞虱	纹枯病、稻纵卷叶螟	32% 噻呋 · 戊唑醇 20mL+40% 稻瘟灵 80mL+25% 吡蚜酮 20mL+5% 氯虫苯甲酰胺 40mL+阿迈速（叶面肥）40mL+飞防助剂 10mL
雨燕智能“稻轻松”（中稻、晚稻）	第一遍	分蘖期	纹枯病、叶瘟、白背飞虱、稻蓟马	1 代二化螟、稻纵卷叶螟	32% 噻呋 · 戊唑醇 20mL+40% 稻瘟灵 80mL+25% 吡蚜酮 20mL+21% 甲维 · 毒死蜱 80mL+阿迈速（叶面肥）40mL+飞防助剂 10mL
	第二遍	孕穗器	纹枯病、叶瘟、1 代二化螟、稻纵卷叶螟	灰飞虱、节瘟	32% 噻呋 · 戊唑醇 20mL+40% 稻瘟灵 80mL+25% 吡蚜酮 20mL+5% 氯虫苯甲酰胺 40mL+飞防助剂 10mL
	第三遍	破口期	叶瘟、二化螟、稻纵卷叶螟、灰飞虱	纹枯病、节瘟	32% 噻呋 · 戊唑醇 20mL+40% 稻瘟灵 80mL+25% 吡蚜酮 20mL+5% 氯虫苯甲酰胺 40mL+阿迈速（叶面肥）40mL+飞防助剂 10mL
	第四遍	齐穗期	穗颈瘟、谷粒瘟、灰飞虱、褐飞虱	稻曲病、稻粒黑粉病	40% 稻瘟灵 80mL+25% 吡蚜酮 20mL+飞防助剂 10mL

注：病虫害发生存在地区差异，请咨询当地县级以上植保部门；由于稻飞虱具有迁飞性，如出现大面积暴发，可在套餐中加入其他悬浮剂、乳油药剂等；禁止混配高毒、高残留农药制剂

7.4.8.2 “稻轻松”测试情况

试验共进行 3 次，飞行高度低于 2.0m，飞行速度低于 6.0m/s，每亩喷液量第一遍药时应当≥ 700mL，在第二遍药时应当≥ 1000mL，在第三遍药时应当≥ 800mL。注意：作业人员在使用“稻轻松”产品作业时，需参照“稻轻松”飞防应用方案设置对应作业参数；早稻田参考顺序为第一遍、第二遍、第三遍 3 遍标准数据进行作业；江淮水稻田使用全部 4 遍标准数据进行作业；早稻田第二遍为重点防治时期，中稻、晚稻田第二遍、第三遍为重点喷防时期，注意控制每亩喷洒量达到标准及以上。

1. 试验一

试验介绍：时期为早稻第一遍，地点为湖南株洲，风速为2～3m/s，防治对象为稻飞虱（白背飞虱）。

试验目的：验证“稻轻松 1.0”在湖南株洲早稻上针对稻飞虱的相对防效。

试验结果：早稻第一遍药，20d 为一个周期，作业一次，针对稻飞虱的相对防效在 90.19%～91.59%。

2. 试验二

试验简介：次数为中稻第二遍，地点为湖北京山，风速为 3～4m/s，防治对象为纹枯病、稻飞虱（灰飞虱）。

试验目的：验证“稻轻松 1.0”在京山中稻上针对纹枯病、稻飞虱的相对防效。

试验结果：中稻第二遍药，35d 为一个周期，连续作业两次，针对稻飞虱的相对防效为 93.8%～98.5%，针对纹枯病的相对防效为 97.1%～100.0%。

3. 试验三

试验简介：次数为晚稻第二遍，地点为安徽霍邱，风速为 4～5m/s，防治对象为二化螟、三化螟和稻纵卷叶螟。

试验目的：验证“稻轻松 1.0”在安徽霍邱晚稻上针对螟虫的相对防效。

试验结果：晚稻第二遍药，20d 为一个周期，作业一次，针对二化螟、三化螟的相对防效为 95.83%～98.24%。

7.4.9 研究实例九：湖南中航飞防水稻全程飞防方案

籼型常规品种‘中早 39 号’，全生育期 112.2d，直播比移栽生育期缩短 5～7d，为 105～107d。株高 87.1cm，分蘖力中等。穗瘟 5 级，中感稻瘟病，高感白叶枯病，高感褐飞虱、白背飞虱。植保飞防需重点注意白背飞虱，一类区重点注意钻心虫基数，注意白叶枯病、留意稻瘟病。全程防治方案参见表 7-21。

表 7-21　早稻直播品种‘中早 39 号’生长期全程防治方案

作用	用药时间	用药品种	规格	备注
种子处理	浸种	45% 咪鲜胺水乳剂	50mL	①浸种预防稻瘟病，45% 咪鲜胺浸种，50mL 兑水 250kg，约可浸种 200kg；②拌种可防鼠、驱鸟、防冻、强根、壮苗、促生长，增强作物抗逆性，大幅度提高产量，预防黑条矮缩病，种子催牙后露白用 70% 噻虫嗪 1g+碧护 0.1g 拌种 0.5kg
	拌种	0.136% 赤·吲乙·芸苔可湿性粉剂	10g	
		70% 噻虫嗪可分散粉剂	100g	

续表

作用	用药时间	用药品种	规格	备注
封闭除草	直播前后	28% 丙草胺+2% 苄嘧磺隆乳油	1000g	控制田间杂草基数的必要手段，飞防喷洒后次日播种，地面施药播种后 5d 内勿灌溉，1 瓶喷施 10 亩
		迈飞或倍达通或易滴滴	1000g	
茎叶除草	必须在 3 叶 1 心后，早稻直播后 15 ～ 20d	除草伴侣	500g	①使用飞防除草安全助剂，避免和降低药害风险；②防除稗、千金子及阔叶杂草等，注意双草醚的安全用药事项（请查阅《双草醚安全使用技术汇编》）；③除草后，注意保水 7 ～ 10d，否则杂草会反弹；④注意早春低温时，水稻生育进程推迟，需 20d 才达到 3 叶 1 心
		4% 双草醚+10% 氰氟油悬浮剂	1000g	
		迈飞或倍达通或易滴滴	1000g	
防虫防病提质增产	分蘖期，大致为播种后 43 ～ 45d	5% 己唑醇+40% 多菌灵悬浮剂	500g	①防螟虫（卷叶、钻心）、飞虱、病害（纹枯、稻曲），增强免疫力，促进分蘖，预防倒伏；②钻心虫二类区 5% 丁虫腈用量减少到 120 ～ 150g/ 亩，钻心虫三类区 5% 丁虫腈用量减少到 100 ～ 120g/ 亩；③澳飞莱微量元素水溶肥料（液体）1 瓶可打 30 亩，50g 约 33mL；④如杂草反弹，可在本次施药时加入除草剂
		30% 噻虫嗪悬浮剂	200g	
		5% 丁虫腈乳油	5000g	
		澳飞莱微量元素水溶肥料（液体）	1500g	
		迈飞或倍达通或易滴滴	1000g	
防虫防病提质增产	破口前 5 ～ 7d，大致为播种后 72 ～ 75d	5% 丁虫腈乳油	5000g	①控螟虫（卷叶、钻心）、飞虱、病害（纹枯、稻曲），预防穗期综合征，促进光合作用，保护功能叶不早衰，提升产量和品质；②提高结实率，促进灌浆，壮籽，提高品质和产量；③降水量大时，空气湿度大，使用迈飞或倍达通飞防助剂 15g/ 亩，天气干燥、温度高使用中航飞防助剂 10g/ 亩；④早稻破口期大致为全生育期减 33 ～ 35d，品种、气候环境及播期不同会有所差异
		30% 噻虫嗪悬浮剂	200g	
		240g/L 噻呋酰胺悬浮剂	200g	
		澳飞莱微量元素水溶肥料（液体）	1500g	
		迈飞或倍达通或易滴滴	1000g	

三系杂交中熟晚稻‘盛泰优 018’，全生育期 114.5d，株高 99cm，分蘖力强，剑叶直立。稻瘟 6.32 级，耐低温能力中等。植保飞防需要留意白叶枯病、稻瘟病。全程防治方案参见表 7-22。

表 7-22　晚稻机插品种‘盛泰优 018’生长期全程防治方案

作用	用药时间	用药品种	规格	每亩用量	备注
种子处理	浸种	45% 咪鲜胺水乳剂	50mL	1mL	①浸种预防稻瘟病，45% 咪鲜胺浸种，50mL 兑水 250kg，约可浸种 200kg；②送嫁药强根、壮苗、促生长，促进机插后快速返青，增强作物抗逆性，大幅度提高产量，预防黑条矮缩病
	送嫁药	0.136% 赤・吲乙・芸苔可湿性粉剂	10g	1g	
		200g/L 氯虫苯甲酰胺悬浮剂	5000g	30g	
		30% 噻虫嗪悬浮剂	200g	20g	
茎叶除草防虫防病	秧苗返青后，约机插后 10d	飞防除草安全助剂	500g		①使用飞防除草安全助剂，避免和降低药害风险；②防除稗、红拌根、千金子及阔叶杂草等，注意双草醚的安全用药事项；③除草后，注意保水 7 ～ 10d，否则杂草会反弹；④防螟虫（卷叶、钻心）、飞虱、病害（纹枯、稻曲），增强免疫力，促进分蘖，预防倒伏；⑤ 5% 己唑醇+40% 多菌灵悬浮剂可更换为 24% 三环唑+6% 己唑醇悬浮剂 50g/ 亩；⑥钻心虫高发区丁虫腈用量增加到 150 ～ 200g/ 亩；⑦此方案有重大风险，切勿使用错误
		4% 双草醚+10% 氰氟草酯油悬浮剂	1000g	100g	
		5% 己唑醇+40% 多菌灵悬浮剂	500g	50g	
		25% 吡蚜酮悬浮剂	300g	30g	
		5% 丁虫腈乳油	5000g	100g	
		迈飞或倍达通或易滴滴	1000g	10g	

续表

作用	用药时间	用药品种	规格	每亩用量	备注
防虫防病提质增产	破口前 5 ～ 7d	200g/L 氯虫苯甲酰胺悬浮剂	5000g	10g	①控螟虫（卷叶、钻心）、飞虱、病害（纹枯、稻曲），预防穗期综合征，促进光合作用，保护功能叶不早衰，提高产量和品质；②提高结实率，促进灌浆，壮籽，提高产量和品质
		20% 烯啶虫胺水剂	200mL	20mL	
		25% 吡蚜酮悬浮剂	300g	30g	
		50% 戊唑醇+25% 肟菌酯水分散粒剂	1000g	20g	
		澳飞莱微量元素水溶肥料（液体）	1500g	50g	
		迈飞或倍达通或易滴滴	1000g	10g	
防虫防病提质增产	齐穗后	2% 阿维菌素+16% 吡蚜酮悬浮剂	1000g	100g	①控飞虱、病害（纹枯、稻曲）；②特殊年份考虑卷叶虫为害；③降水量大时，空气湿度大，使用助剂迈飞或倍达通，干燥、温度高使用中航飞防助剂 10g/ 亩
		5% 己唑醇+40% 多菌灵悬浮剂	500g	50g	
		迈飞或倍达通或易滴滴	1000g	10g	

注意事项：①混用时请按悬浮剂 → 水乳剂 → 水剂 → 微乳剂 → 乳油顺序放药，搅拌均匀，禁止使用粉剂。②因地区及病虫害发生存在差异，用药时间和用量依据实际情况而定，产品搭配和选择请在专业人员指导下进行。③正确按所提供的方案施药壮苗、防冻、壮根、壮秆、壮籽，增产效果显著。④稻瘟病、稻曲病（籼粳杂交品种）敏感品种，需根据田间实际情况安排药剂。⑤农药残留与土壤、水源和周围施药环境有关，本公司仅对提供的药品负责。⑥技术支持：湖南省农作物病虫害专业化防治协会。⑦本方案由湖南中航飞防农机专业合作社提供，因地域存在差异，本方案提供或介绍的产品并无附带任何形式的明示或暗示保证，非本单位技术人员指导时（以书面合同为准），在任何情况下，对于使用这些产品或无法使用这些产品而导致的任何损害赔偿，本单位均无须承担法律责任。

以上方案由湖南中航飞防农专业合作社提供，各飞防组织仅作参考。

第 8 章　精准农业航空植保技术在玉米上的应用

玉米是重要的粮食作物和饲料来源，也可以作为工业原料，随着市场需求不断增加，种植面积持续上升，成为全世界种植面积最大、总产量最高的粮食作物。我国主要的玉米种植地在中部和北部，尤其是东北和华中地区。玉米在种植到成熟的过程中会遇见各种各样的病虫害，如玉米螟、玉米黏虫、玉米大斑病和小斑病等常见病虫害，每年我国对此都投入了大量的人力物力。本章主要介绍几种常见的玉米病虫草害及其防治方法，为农用无人机施药防治提供参考。

8.1　玉米常见病害及防治

8.1.1　玉米大斑病

玉米大斑病又称玉米条斑病、玉米叶枯病，病原菌以菌丝或分生孢子附着在病残组织内越冬，是玉米重要的叶部病害。在我国东北、西北和南方山区、华北北部的冷凉玉米产区发病较重。一般减产 15% ～ 20%，大发生年减产 50% 以上。近年来，随着易感玉米大斑病品种‘先玉 335’的普遍推广，玉米大斑病的问题越来越突出，加之秸秆还田等耕作方式的推广和气候条件的变化，该病的发生逐年加重，并出现提前发生的趋势。2012 年、2013 年东北地区玉米大斑病大范围发生，严重地块达 7 级或 9 级，重病田减产高达 46% 以上，并较常年提早 1 个月发生。参见图 8-1。

图 8-1　玉米大斑病为害症状

8.1.1.1　发病症状

玉米在整个生育期均可感染玉米大斑病。在自然条件下由于存在阶段性抗病性，苗期很少发病，到玉米生长后期，尤其是在抽雄后发病逐渐加重。

该病主要为害叶片，严重时也可为害叶鞘、苞叶和籽粒。叶片发病后，发病部位先出现水渍状（室内）或灰绿色（田间）小斑点，随后沿叶脉方向迅速扩大，形成黄褐色或灰褐色菱形大斑，病斑中间颜色较浅、边缘较深。病斑一般长 5 ～ 10cm、宽 1 ～ 2cm，有时长可达 20cm 以上、宽可超过 3cm。严重发病时，多个病斑相互汇合成片，致使植株过早枯死。枯死株根部腐烂，果穗松软而倒挂，籽粒干瘪细小。田间湿度较大或大雨过后或有露水时，病斑表面常密生一层灰黑色的霉状物（分生孢子梗和分生孢子）。叶鞘、苞叶和籽粒发病，病斑也多呈菱形，灰褐色或黄褐色。

玉米大斑病在田间的发病往往是从下部叶片开始，逐渐向上扩展。该病的田间诊断要点有二：一是看叶片上是否出现菱形大斑（一般长度为 10cm 左右），二是看病部有无灰黑色的霉状物出现。

8.1.1.2　发病条件

玉米大斑病的发生和流行主要取决于玉米品种的抗病性、气候条件、栽培条件、耕作条件。

目前尚未发现对玉米大斑病免疫的玉米品种，但玉米品种间的抗性有明显差异，种植感病品种是病害大流行的主要原因。20 世纪 60 年代选育和推广具有抗病基因的玉米品种后，该病未能在大范围内流行。2006 年起，随着感病玉米品种‘先玉 335’的普遍推广，该病的发生日趋严重。近几年，我国玉米品种的培育也多以‘先玉 335’为目标，在其父本、母本或相似的美系品种自交系基础上进行培育，多数新品种易感此病。

在具有足够菌源量和一定面积的感病品种时，玉米大斑病的发病程度主要取决于温度和降水量。该病的发病适温为 20 ～ 25℃，超过 28℃对病害有抑制作用；适宜发病的湿度条件是相对湿度在 90% 以上，这对孢子的形成、萌发和侵入都有利。因此 7 ～ 8 月，如果温度偏低，多雨高湿，日照不足，均有利于玉米大斑病的发生和流行。我国北方各玉米产区，6 ～ 8 月气温大多适于发病，这样降雨就成为玉米大斑病发生轻重的决定因素。

8.1.1.3　防治措施

玉米大斑病防治策略以推广和利用抗病品种为主，同时加强栽培管理，及时辅以必要的药剂防治。

1. 种植抗病品种

种植抗病品种是防治玉米大斑病最经济有效的措施。20 世纪 40 ～ 60 年代，许多国家利用的玉米品系大多表现为多基因控制的水平抗性，这些品系的病斑数量和大小均减少，在控制玉米大斑病的发生和流行方面起到了重要作用。在选育和推广抗病品种时必须注意以下几点。

充分利用我国丰富的抗玉米大斑病资源。目前，我国已筛选出一批重要的抗玉米大斑病种质资源，高抗的有‘白鹤黏’‘吉 770’，自交系中抗病的有‘唐四平头’‘百黄混’‘赤 403’‘铁 205’‘铁 222’‘吉 818’‘大风 71’等。

密切关注玉米大斑病菌生理小种的分布和消长动态，合理利用单基因抗病品种。单基因抗病品种抗病性因抗病程度较高、对环境的反应较稳定，在育种时容易转育。

必须与优良的栽培管理措施相结合，使抗病性得以充分发挥。

利用亲本抗病性时，应首先考虑水平抗性或一般抗性类型。

注重抗源的合理布局，避免抗性品种的大面积推广。

注重抗病基因的定期轮换，防止强（超）毒力小种的出现。

2. 加强栽培管理，及时清除菌源

玉米大斑病菌属于弱寄生菌，植株从营养生长过渡到生殖生长时最易受到病菌的侵染，因此，增施粪肥可提高寄主的抗病能力，如施足基肥，适时追肥，氮磷钾合理配合。由于玉米对该病存在阶段性抗性，可适当早播以避免病害的发生和流行。此外，应注意合理密植，以降低田间湿度，一般来讲，高肥力地块掌握在 75 000 株 /hm^2，中等肥力地块在 60 000 株 /hm^2，低肥力地块在 45 000 株 /hm^2。

3. 化学防治

尽管使用化学药剂防治玉米大斑病在生产上较难推广，但在极端情况（抗病品种大面积丧失抗性）及发病初期仍不失为一种补救措施。安全有效的药剂有苯醚甲环唑、苯醚甲环唑 · 嘧菌酯、丁香 · 戊唑醇+嘧菌酯、克菌丹水分散粒剂等，一般在大喇叭口期防治 1 ～ 2 次，每次间隔 7 ～ 10d。

8.1.2　玉米小斑病

玉米小斑病在全世界玉米产区都有发生，是温暖潮湿玉米栽培区的重要叶部病害。从苗期到成株期均可发生，玉米抽雄后发病逐渐加重。近年来由于易感品种的大面积应用，在河北、河南、北京、山东、广东、广西等地区该病严重为害，对产量影响很大。该病病菌主要以菌丝体在病叶、病秆上越冬。由于早播春玉米上的玉米小斑病菌能够侵染夏玉米，因此春玉米与夏玉米混播地区发病较重。参见图 8-2。

图 8-2　玉米小斑病为害症状

8.1.2.1　发病症状

从苗期到成株期均可发生玉米小斑病，但苗期发病较轻，抽雄后发病逐渐加重。病菌主要为害叶片，严重时也可为害叶鞘、苞叶、果穗和籽粒。

叶片发病常从下部叶片开始，逐渐向上蔓延。病初为水渍状小点，随后病斑逐渐变成黄褐色或红褐色，边缘颜色较深。根据不同品种对玉米小斑病菌不同生理小种的反应，常将病斑分成以下 3 种类型。

（1）感病型 Ⅰ

这类病斑呈椭圆形或长椭圆形，黄褐色，边缘颜色较深，病斑的扩展受叶脉限制。

（2）感病型Ⅱ

这类病斑呈椭圆形或纺锤形，灰色或黄色，无明显边缘，病斑扩展不受叶脉限制。

（3）抗病型

这类病斑为坏死小斑点，黄褐色，周围具有黄褐色晕圈，病斑一般不扩展。

感病型病斑常常相互联合致使整个叶片萎蔫，严重时病株会提早枯死。天气潮湿或多雨季节，病斑上会出现大量灰黑色霉层（分生孢子梗和分生孢子）。

玉米小斑病的田间诊断要点有二：一是看叶片上是否有黄色（颜色或深或浅）的小病斑（一般长度不会超过2cm）；二是看病部有无灰黑色的霉层。

8.1.2.2　发病条件

玉米小斑病的发生和流行与品种抗病性、气候条件及栽培管理措施都有密切关系。

1. 品种抗病性

玉米品种之间对玉米小斑病的抗性存在明显差异，但目前尚未发现免疫品种。大面积种植感病品种或杂交品种是该病大发生和流行的主要原因。同一植株在不同生育期或其不同叶位对玉米小斑病的抗性也存在差异，一般新叶生长旺盛，抗病性强，老叶和苞叶抗病性差；玉米生长前期抗病性强，后期抗病性差。因此玉米存在着阶段性抗性，即在玉米拔节前期，发病多限于下部叶片，当抽雄后营养生长停止，叶片老化，抗病性衰退，病情迅速扩展，常导致病害流行。

2. 气候条件

在大面积种植感病品种和有足够菌源的前提下，限制玉米小斑病发生和流行的关键因素是温度、湿度和降水量。特别是在7～8月，如果月平均温度在25℃以上，雨日、降雨量、露水日、露水量多的年份和地区，玉米小斑病发生重；6月的降水量和气温也起很大作用，因为此时的降水量和气温有利于菌源量的积累。

3. 栽培管理

凡是使田间湿度增大、植株生长不良的各种栽培措施都有利于玉米小斑病的发生。玉米小斑病菌对氮肥敏感，如果拔节期肥力低，植株生长不良，发病早且重；相反，肥料充足，发病迟且轻。增施磷钾肥，适时追肥，可提高植株的抗病能力。地势低洼、排水不良、土壤潮湿、土质黏重及田间湿度大、通风透光差的地块发病都重；而实施宽窄行种植或与矮秆作物间套种均可减轻病害的发生。此外，由于菌源的逐渐积累，一般夏玉米比春玉米发病重，夏玉米中的晚播田比早播田发病重，因此生产中实施轮作和适期早播都会减轻病害的发生。

8.1.2.3　防治措施

玉米小斑病防治应采取以种植抗病品种为基础，并加强栽培管理措施以减少菌源，适时进行药剂防治的综合措施。

1. 选育和种植抗病良种

利用抗病、优质和高产的玉米品种或杂交种是保证玉米稳产、增收的重要措施。杂交种对玉米小斑病的反应主要决定于亲本的抗病性状，因此对亲本进行抗病性鉴定至关重要。目前用抗病自交系‘Mo17’‘330’‘E28’‘黄早四’等培育的杂交种，如‘丹玉13’‘中单2号’‘豫玉11号’‘烟单14’‘掖单4’等都抗玉米小斑病。为防止品种抗病性退化和丧失，必须密切监测玉米小斑病菌生理小种的变化与消长，尽可能地利用水平抗性品种和优良的栽培管理措施相配合。关于品种抗病性利用可参照玉米大斑病。抗玉米小斑病的杂交种在不同年代变化很大，近年来推广的有‘郑单 14’‘冀单 29’‘农大 60 ’‘农大 3138’‘西九 3 号’等。

2. 加强栽培管理

在施足基肥的基础上，及时进行追肥，合理配合施用氮磷钾，尤其是避免拔节和抽穗期脱肥，促使植株健壮生长，提高抗病性。适期早播，合理间作套种或实施宽窄行种植，如与大豆、花生、小麦、棉花间作效果较好。此外，还应合理密植，注意低洼地及时排水，降低田间小气候湿度，加强土壤通透性，并做好中耕、除草等。

3. 搞好田间卫生，减少菌源

严重发生玉米小斑病的地块要及时打除底叶，玉米收获后要及时消灭遗留在田间的病残体，秸秆不要留在田间地头，秸秆堆肥时要彻底进行高温发酵，加速腐解等，可减轻病害的发生。

4. 化学防治

药剂防治玉米小斑病是大流行年的一种补救措施，有些药剂除了具有防病作用，还有健苗作用。目前，用于防治玉米小斑病的主要药剂有苯醚甲环唑、戊唑醇、氟硅唑、扑海因、嘧菌酯、克菌丹等。最近研究表明，对玉米小斑病进行早期防治（喇叭口期喷药）也收到了较好的效果。

8.1.3　玉米灰斑病

玉米灰斑病又称尾孢叶斑病，是世界玉米产区普遍发生的叶部病害。最早发现于 1925 年的美国伊利诺伊州，20 世纪 70 年代由于免耕法和少耕法的广泛应用，田间玉米残留物增多，该病严重发生。1991 年，辽宁庄河等地方大发生，进而成为东北玉米产区的重要病害。目前，该病已蔓延到全国各玉米产区，东北、华北、西南局部地区经常流行成灾，重病田病叶率 100%，病情指数可达 80 以上，减产 30% 以上，沿海地区发生更重，减产 50% 以上。参见图 8-3。

图 8-3　玉米灰斑病为害症状

8.1.3.1　发病症状

玉米灰斑病主要为害叶片，也可侵染叶鞘和苞叶。在感病品种上病斑呈长方形。早期坏死斑很小，淡褐色，具褪色晕圈，然后扩展至整个病斑。扩展的病斑初期呈褐色，当病菌在叶背开始产孢时，病斑变成灰色长条形，与叶脉平行。该病最典型的特征是成熟病斑具有明显的平行边缘，病斑不透明。出现这种明显的边缘主要是由于病菌无法穿过叶片主脉的厚壁组织，限制了病斑扩展。病斑不透明则是由于病菌形成了由暗色坚硬菌丝组成的子座组织，填满气孔下室。严重时病斑汇合连片，叶片枯死，叶片两面产生灰色霉层，以叶背产生的多。病斑的大小、数量和形状与品种的抗病性关系较密切，感病品种上产生大量的坏死斑，而抗病品种通常只形成褪绿小斑点。

8.1.3.2 发病条件

抗玉米灰斑病的自交系通常表现为水平抗性；杂交种中未见免疫品种，少数表现为抗病。气候条件对该病的流行有明显的影响，其中湿度是关键，相对湿度大于 90% 维持 12 ～ 13h，叶片保持表面湿润 11 ～ 13h，有利于病害的发生和发展，所以该病多在温暖、湿润的山区和沿海地带发生。植株叶龄也影响此病的发展，发病初期在抽雄的下部叶片，继而发展到中部和上部叶片。

8.1.3.3 防治措施

玉米灰斑病防治应采用以种植抗病品种为主，并加强栽培管理的综合措施。

1. 选用抗病品种

近年各重病区均筛选出了一些适宜当地的抗病品种，根据情况因地制宜选用。较为抗病的品种有‘农大 108’‘东单 60’‘辽 613’‘濮单 6 号 ’‘郑单 958 ’‘豫玉 22 ’‘沈单 10 号’‘沈单 16 号’‘铁单 18 ’‘铁单 19 ’‘川单 29 ’‘雅玉 26’‘农单 5 号’‘丹玉 86’‘路单 8 号’‘安玉 12’‘奥玉 16’‘长城 706’‘登海 3 号’‘海禾 3 号’‘海禾 14 号’‘承玉 13’‘邯丰 08’‘郝育 19’‘吉单 29’‘吉东 4 号’‘浚单 20’‘辽单 565’‘鲁单 981’‘沈玉 17’‘云端 1 号’‘云端 3 号’‘德玉 4 号’‘掖 107’等。

2. 农业防治

秋季收获后及时将病秸秆堆沤腐熟还田或粉碎后深翻入土，或集中焚烧，或移出田间作其他用途，减少初侵染源。春季播种时施足底肥，及时追肥，防止后期脱肥。重病区搞好轮作倒茬，实行间种套种，合理密植，以降低田间扩展速度。

3. 化学防治

在病害初发期及时用药，连续用药 2 ～ 3 次，每次用药间隔 7 ～ 10d，防治效果较好。国家玉米产业技术研发中心近年的研究表明，在大喇叭口期提前防治可以收到较好的效果。常用药剂有氟硅唑、苯醚甲环唑、甲基硫菌灵、多菌灵、嘧菌酯、克菌丹、代森锰锌等。

8.1.4 玉米褐斑病

玉米褐斑病原本是玉米生产上的次要病害，在国内外均有发生，一般损失不大。但近年来，随着玉米品种的更新、栽培制度的变革和气候条件的变化，该病在我国玉米产区尤其是黄淮海产区普遍发生，造成大面积流行，危害严重，在河南、河北、北京、山东、安徽、江苏等地为害较重，已经成为玉米生产上的主要真菌性病害。这种病害对玉米的产量影响很大。如果在玉米生长初期发病且不对其采取措施，就会造成玉米绝收；中期已长出玉米穗时发病，会使玉米大幅减产；如果晚期发病，则会出现籽粒不饱满的症状。由于天气条件适宜，2006

年玉米褐斑病在夏玉米种植区大面积暴发流行，产量损失一般为 10% ～ 15%，严重的可达 30% ～ 40%。有些年份，玉米褐斑病在玉米制种田暴发流行，重病地块甚至绝收。目前，该病在不少地方已成为影响玉米生产的主要病害之一，应引起高度重视。参见图 8-4。

图 8-4　玉米褐斑病为害症状

8.1.4.1　发病症状

玉米褐斑病是玉米中后期的主要病害之一，为害叶片、叶鞘和茎秆，以叶和叶鞘交接处病斑最多，常密集成行。田间症状类型有整株黄点型和局部褐斑型两种。

1. 整株黄点型症状

这是一种新出现的玉米褐斑病症状，一般是整株叶片发病，但以雌穗上下各 3 片叶发病最为严重。初为白色到黄色密集小斑，大小分布较均匀，使叶片和植株失绿发黄。密集的小黄点渐变成褐色或紫褐色的圆形或椭圆形病斑，直径为 0.5 ～ 1.0mm，隆起呈疱状，即孢子堆，内有近圆形的休眠孢子，这些休眠孢子埋藏于叶肉细胞组织中，孢子粉不易散出，发病植株轻者结苞小，产量低，严重者不结苞。不同玉米品种的发病情况不同，感病品种一旦被侵染，全株叶片迅速产生大量黄色小斑点，叶片快速干枯。

2. 局部褐斑型症状

这是一种常见的症状，主要发生在叶鞘和叶主脉上，多从叶脉开始发生，并沿中脉向叶片上部发展，形成条状病斑，黑褐色，直径可达 2 ～ 3mm，大小如黄豆粒，有时连成大斑块，病斑附近的叶组织常呈红色，成熟病斑为褐色的孢子堆，内有休眠孢子。茎上病斑多发生于节的附近，遇风易倒折。后期病斑的表面破裂，散出褐色粉末。病叶局部散裂，叶细胞组织呈坏死状，叶脉和维管束残存如丝状，最后叶片褪绿发黄、干枯，严重者植株死亡。

8.1.4.2　发病条件

玉米褐斑病的发生和流行受诸多因素的影响，与品种抗病性、气候条件和栽培管理措施都有密切关系。

1. 品种抗病性

目前种植的品种大多属于竖叶型高产品种，如‘沈单 16’‘豫玉 26’‘浚单 20’‘冀单 18’‘郑单 958’‘中科 4 号’等抗性较差，普遍发病，尤其是‘中科 4 号’发病最为严重。多数品种病情指数超过 15，病株率大于 50%，其中高感品种‘中科 4 号’在豫北地区一些地块病情指数超过 30，病株率达 80% 以上。

2. 气候条件

一般在 7 ～ 8 月玉米生长发育中期，温度高、湿度大、雨后骤晴的气候条件是引起该病发生的重要因素。该病呈现前期轻（7 月 20 日前后，玉米正处于拔节期），后逐渐加重（7 月 27 日至 8 月 3 日，玉米正处于营养生长向生殖生长过渡期），到玉米生长发育后期（8 月 10 日前后，玉米正处于生育后期）又减轻的趋势，可能与该病害发生的气候条件相关，因为玉米生长发育中期，一直是高温、高湿的天气，而前期和后期天气相对凉爽、干旱。

8.1.4.3 防治措施

根据目前我国玉米褐斑病发生规律和流行因素，应采取以农业措施为主，并充分利用抗病品种，适时进行药剂防治的综合防治策略。

1. 农业措施

减少侵染源；改良秸秆还田技术；创造不利于病害发生的环境条件；加强田间管理，配方施肥，施足底肥，适时追肥；大力推广早播，掌握好播期。

2. 选择抗病品种

当前生产上主推的玉米品种多数对玉米褐斑病较为感病或中抗，尚无免疫的品种，选育和栽培抗病品种是预防该病害的有效途径之一。目前，抗病性较强的品种有‘豫玉 22’‘郑单 22’‘宽城 10 号’‘中单 306’‘登海 11’等。重病区要适当压缩‘浚单 20’‘郑单 958’‘冀单 18’‘中科 4 号’‘新单 23’等感病品种的种植面积。另外，可以选择美国 GEM（Germplasm Enhancement of Maize，美国于 20 世纪 90 年代启动的玉米育种项目）材料作为亲本，培育玉米褐斑病的抗性品种。

3. 化学防治

提早预防，在玉米 4 ～ 5 叶期，用 25% 三唑酮可湿性粉剂或 25% 戊唑醇可湿性粉剂叶面喷雾，可预防玉米褐斑病的发生；及时防治，玉米初发病时，立即用 25% 三唑酮可湿性粉剂喷洒茎叶或用真菌类药剂进行喷洒防治。为了提高防治效果，可在药液中适当加些叶面肥，如磷酸二氢钾、磷酸二铵水溶液、蓝色晶典多元微肥、壮汉液肥等，结合追施速效肥料，即可控制病害的蔓延，且可促进玉米健壮，提高玉米抗病能力。根据多雨的气候特点，应喷施杀菌剂 2 ～ 3 次，间隔 7d 左右，喷后 6h 内如下雨应雨后补喷。

8.1.5 玉米丝黑穗病

玉米丝黑穗病又称乌米、哑玉米，在华北、东北、华中、西南、华南和西北地区普遍发生。此病自 1919 年在中国东北首次报道以来，扩展蔓延很快，每年都有不同程度发生。从中国来看，以北方春玉米区、西南丘陵山地玉米区和西北玉米区发病较重。一般年份发病率在 2% ～ 8%，个别地块达 60% ～ 70%，损失惨重。20 世纪 80 年代，玉米丝黑穗病已基本得到控制，但仍是玉米生产的主要病害之一。参见图 8-5。

8.1.5.1 发病症状

玉米丝黑穗病的典型病症是雄性花器变形，雄花基部膨大，内为一包黑粉，不能形成雄穗。雌穗受害，果穗变短，基部粗大，除苞叶外，整个果穗为一包黑粉和散乱的丝状物，严重影响玉米产量。

图 8-5 玉米丝黑穗病为害症状

1. 玉米丝黑穗病的苗期症状

玉米丝黑穗病属苗期侵入的系统侵染性病害。一般在穗期表现典型症状，主要为害雌穗和雄穗。受害严重的植株，在苗期可表现各种症状。幼苗分蘖增多呈丛生形，植株明显矮化，节间缩短，叶片暗绿挺直，农民称此病状：个头矮，叶子密，下边粗，上边细，叶子暗，颜色绿，身子还是带弯的。有的品种叶片上出现与叶脉平行的黄白色条斑，有的幼苗心叶紧紧卷在一起弯曲呈鞭状。

2. 玉米丝黑穗病的成株期症状

玉米成株期病穗上的症状可分为两种类型，即黑穗和变态畸形穗。

黑穗：除苞叶外，整个果穗变成一个黑粉包，其内混有丝状寄主维管束组织，故名为丝黑穗病。受害果穗较短，基部粗，顶端尖，近似球形，不吐花丝。

变态畸形穗：是由于雄穗花器变形而不形成雄蕊，其颖片因受病菌刺激而呈多叶状；雌穗颖片也可能因病菌刺激而过度生长成管状长刺，呈刺猬头状，长刺的基部略粗，顶端稍细，中央空松，长短不一，由穗基部向上丛生，整个果穗呈畸形。

8.1.5.2 发病条件

玉米丝黑穗病无再侵染能力，发病程度主要取决于品种抗性、菌源数量及土壤环境。

感病品种的大量种植，是玉米丝黑穗病严重发生的因素之一。另外，病原菌可能出现新的生理小种，导致原来抗病的品种丧失抗性。

长期连作致使土壤含菌量迅速增加。据报道，如果以病株率来反映菌量，那么土壤中含菌量每年可大约增长 10 倍。

使用未腐熟的厩肥。据试验，施猪粪的田块发病率为 0.1%，而沟施带菌牛粪的田块发病率高达 17.4% ～ 23.0%，铺施牛粪的田块发病率为 10.6% ～ 11.1%。

种子带菌未经消毒、病株残体未被妥善处理都会使土壤中菌量增加，导致该病的严重发生。

玉米播种至出苗期间的土壤温度、相对湿度与发病关系极为密切。土壤温度在 15 ～ 30℃利于病原菌侵入，以 25℃最为适宜。土壤相对湿度过高或过低都不利于病原菌侵染，在 20%的相对湿度下发病率最高，土壤相对湿度低于 12% 或高于 29% 不利于发病。另外，海拔越高、播种过深、种子生活力弱的情况下发病较重。

8.1.5.3　防治措施

玉米丝黑穗病防治应采取以种子处理为主，并种植抗病品种，及时消灭菌源的综合措施。

选用抗病杂交种，如‘丹玉 2 号’‘丹玉 6 号’‘丹玉 13 号’‘中单 2 号’‘吉单 101’‘吉单 131’‘四单 12 号’‘辽单 2 号’‘锦单 6 号’‘本育 9 号’‘掖单 11 号’‘掖单 13 号’‘酒单 4 号’‘陕单 9 号’‘京早 10 号’‘中玉 5 号’‘津夏 7 号’‘冀单 29’‘冀单 30’‘长早 7 号’‘本玉 12 号’‘辽单 22 号’‘龙源 101’‘海玉 8 号’‘海玉 9 号’‘西农 11 号’‘张单 251’‘农大 3315’等。

实行 3 年以上轮作，调整播期，提高播种质量，适当迟播，采用地膜覆盖新技术。及时拔除新病田病株，减少土壤带菌量。

药剂防治：用根保种衣剂包衣玉米，播前按药种比 1 ∶ 40 进行种子包衣或用 10% 烯唑醇乳油 20g 湿拌玉米种 100kg，堆闷 24h，防效优于三唑酮。也可用种子重量 0.3% ～ 0.4% 的三唑酮乳油拌种，或 40% 拌种双可湿性粉剂或 50% 多菌灵可湿性粉剂按种子重量 0.7% 拌种，或用种子重量 0.2% 的 12.5% 速保利可湿性粉剂拌种，采用此法需先喷清水把种子湿润，然后与药粉拌匀后晾干即可播种。此外，还可用种子重量 0.7% 的 50% 萎锈灵可湿性粉剂或 50% 敌克松可湿性粉剂、种子重量 0.2% 的 50% 福美双可湿性粉剂拌种。

早期拔除病株：在病穗白膜未破裂前拔除病株，特别要注意检查抽雄迟的植株，连续拔几次，并把病株带到田外深埋或烧毁。苗期表现症状的品种或杂交种，更应结合间苗完成拔除。拔除病苗应做到坚持把“三关”，即苗期剔除病苗、怪苗、可疑苗；拔节、抽雄前拔除病苗；抽雄后继续拔除，彻底扫残，并对病株进行认真处理。

加强检疫：各地应自己制种，外地调种时，应做好产地调查，防止从病区传入带菌种子。

8.1.6　玉米黑粉病

玉米黑粉病又称瘤黑粉病、黑穗病，农民俗称灰包、乌霉，是我国玉米产区常见的一种真菌性病害。幼苗发病会引起枯死；成株发病引起的损失与感病时期及菌瘿形成部位、数量及大小有关。此病减产率可达 30%。参见图 8-6。

图 8-6　玉米黑粉病为害症状

8.1.6.1　发病症状

玉米黑粉病属局部侵染性病害，近地面的茎基部产生小瘤状物，苗长到约 30cm 高时，症状更为明显。植株地上部幼嫩的茎、叶、雄花序、果穗乃至气生根均可受害，受害组织因受病原菌的刺激而肿大成瘤，病瘤未成熟时，外被白色或淡红色、具光泽的薄膜，后转成灰白色或灰黑色，病瘤成熟时外膜破裂，散出黑粉，此为本病症状的最大特点。病瘤大小差异悬殊，通常在叶片和叶鞘上的病瘤似豆粒，不产生或很少产生黑粉；茎节、果穗上的病瘤似鸡蛋或拳头；雄穗的小花染病长出囊状或角状小瘤，常数个聚成一堆；雌穗受害多见上半部个别小花染病生瘤，其余仍能正常结籽，也有整个雌穗受侵染而不结实的。茎上的病瘤多生于茎节的腋芽上；叶上的病瘤多生于叶片中脉两侧，细如豆粒，密集成串。病株茎秆多扭曲、矮小，早发病的植株果穗少而小，甚至不结穗。本病能侵染植株任何幼嫩部位而形成肿瘤并散出黑粉。

8.1.6.2　发病条件

厚垣孢子萌发适温为 26 ～ 30℃，最高 38℃，最低 5℃。担孢子萌发适温为 20 ～ 25℃，最高为 40℃，侵入适温为 26.7 ～ 35℃。这两种孢子萌发后可不经气孔直接侵入发病。高温高湿利于孢子萌发。寄主组织柔嫩，有机械伤口，病菌易侵入。玉米受旱，抗病性弱，遇微雨或多雾、多露，发病重。前期干旱，后期多雨或干湿交替，易发病。连作地或高肥密植地，发病重。

8.1.6.3　防治措施

防治此病采用以控制减少菌源、选用抗病良种为主，化学防治为辅的综合措施。

1. 农业防治

彻底清除田间的病残株，带出田外深埋，以减少菌源，防止再侵染；实行秋翻地、深翻土地，把散落在地表上的菌源深埋地下，减少初侵染源；施用腐熟厩肥或不施；轮作、倒茬，重病地段实行 3 年以上轮作，可与大豆等其他作物倒茬种植；选用抗病品种；加强栽培管理，合理密植，避免偏施氮肥，灌溉要及时，特别是在抽雄前后易感病阶段必须保证水分供应充足；彻底防治玉米螟等均可减轻发病。

2. 化学防治

用 15% 三唑酮可湿性粉剂拌种，用药量为种子重量的 0.4%。在玉米快抽穗时，用 1% 波尔多液喷雾，有一定保护作用。在玉米抽穗前 10d 左右，用 50% 福美双可湿性粉剂喷雾，可以减轻黑粉病的再侵染。

8.2　玉米常见虫害及防治

8.2.1　玉米螟

玉米螟又称玉米钻心虫，属鳞翅目螟蛾科，是世界性玉米大害虫。玉米螟是多食性害虫，寄主植物达 200 种以上，主要为害玉米、高粱、谷子等禾本科旱粮作物。玉米螟在国内主要有亚洲玉米螟和欧洲玉米螟，其中亚洲玉米螟以黄淮平原春、夏玉米栽培区和北方春玉米栽培区发生最为严重，欧洲玉米螟仅分布在西北等地区。参见图 8-7。

8.2.1.1　形态特征

成虫：黄褐色，雄蛾体长 10 ～ 13mm，翅展 20 ～ 30mm，体背黄褐色，腹末较瘦尖，触角丝状，灰褐色，前翅黄褐色，有两条褐色波状横纹，两纹之间有两条黄褐色短纹，后翅灰褐色；雌蛾形态与雄蛾相似，色较浅，前翅鲜黄色，线纹浅褐色，后翅淡黄褐色，腹部较肥胖。

图 8-7　玉米螟卵（a）、蛹（b）、幼虫（c）和成虫（d）

卵：扁平椭圆形，数粒至数十粒组成卵块，呈鱼鳞状排列，初为乳白色，后渐变为黄白色，孵化前卵的一部分呈黑褐色（为幼虫头部，称黑头期）。

幼虫：老熟幼虫体长 25mm 左右，圆筒形，头黑褐色，背部颜色有浅褐、深褐、灰黄等多种，中、后胸背面各有毛瘤 4 个，腹部 1 ～ 8 节，背面有两排毛瘤，前后各两个，均为圆形，前大后小。

蛹：长 15 ～ 18mm，黄褐色，长纺锤形，尾端有刺毛 5 ～ 8 根。

8.2.1.2　为害症状

玉米心叶期，初孵幼虫啃食叶肉，留下表皮，俗称“花叶”；后钻入纵卷的心叶，产生的典型症状是心叶被蛀穿后，展开玉米叶出现整齐的横排圆孔，俗称“排孔”；4 龄以后蛀食茎秆。玉米抽雄期，幼虫先取食雄穗，抽雄后转移钻蛀雄穗柄，雄穗枯死或折断。玉米抽丝期，幼虫取食雌穗的花丝、穗轴，大龄幼虫向下转移蛀入穗柄和茎节，使茎秆易被大风吹折，也可蛀入雌穗取食籽粒，导致受害植株籽粒不饱满，青枯早衰，有些穗甚至无籽粒，造成严重减产。参见图 8-8。

玉米螟因各地气候条件不同，1 年可发生 1 ～ 6 代。以幼虫在玉米秆和玉米芯中越冬，部分幼虫在杂草茎秆中越冬。各种越冬场所的温度和湿度差别较大，影响越冬幼虫的化蛹羽化，致使发生期极不整齐。同时，玉米螟可在不同的寄主上为害，而这些寄主的营养水平影响其生长发育，致使发生期不整齐，因而出现世代重叠现象。

图 8-8 玉米螟幼虫蛀食茎秆

8.2.1.3 发生条件

亚洲玉米螟喜中温高湿，高温干燥限制其发生为害，其最适生长温度为 25 ～ 30℃、相对湿度为 60% 以上。年平均气温越高，年发生代数越多。一般早春气候温暖，6 ～ 8 月降雨均匀，相对湿度达 70% 以上，是玉米螟大发生的征兆。

8.2.1.4 防治技术

1. 越冬期防治

玉米螟幼虫绝大多数在玉米秆和穗轴中越冬，立春在其中化蛹，因此 4 月底前应把玉米秆、穗轴作为燃料烧完，或制作饲料加工粉碎完毕，并应清除苍耳等越冬寄主杂草，这是消灭玉米螟的基础措施。

2. 心叶期防治

在心叶末期被玉米螟蛀食的花叶率达 10%，或夏秋玉米的叶丝期虫穗率达 5% 时应进行防治。防治方法为用颗粒剂和药液灌注。

3. 穗期防治

抽丝穗期是穗期防治的最佳时期，一般抽丝株率达 60% 时为抽丝盛期。预测穗期虫穗率达 10% 或百穗花丝有虫 50 头时，在抽丝盛期应防治 1 次。如果虫穗率超过 30%，6 ～ 8d 后需再防治 1 次。通常将颗粒剂撒在玉米的 4 叶 1 顶（即雌穗着生节的叶腋及其上 2 叶和下 1 叶的叶腋、雌穗顶的花丝）上。也可将配制好的药液滴在穗顶上。常用药剂有溴氰菊酯、氯氟氰菊酯、苏云金芽孢杆菌等，也可将这些药剂与甲维盐复配，可提高防治效果，兼治其他害虫。

4. 生物防治

赤眼蜂在消灭玉米螟方面有很显著的作用，并且成本低。在玉米螟产卵的始期、盛期末期分别放蜂，每亩放蜂 1 万～ 3 万只，设 2 ～ 4 个放蜂点。用玉米叶把卵卡卷起来，卵卡高度以距地面 1m 为宜。

另外，白僵菌、苏云金芽孢杆菌、青虫菌等对亚洲玉米螟有较好的防治效果，常用的是白僵菌和苏云金芽孢杆菌。春玉米区可于春季越冬代幼虫化蛹前 15d 进行白僵菌封垛，用量为白僵菌粉 100g/m^3 秸秆。在卵孵化率达到 30% 时喷洒苏云金芽孢杆菌制剂，或在心叶末期撒施苏云金芽孢杆菌颗粒剂，或在穗期用无人机喷洒苏云金芽孢杆菌制剂。

8.2.2　黏虫

黏虫是一种暴发性、毁灭性的害虫，又称绵虫蝗、行军虫、夜盗虫、剃枝虫等，是典型的暴食性、迁飞性、食叶性害虫，主要取食禾本科作物和杂草。国内除新疆未见报道外，其他各省份均有分布。参见图 8-9。

图 8-9　玉米黏虫幼虫（a）、成虫（b）及其为害叶片症状（c）

8.2.2.1　形态特征

幼虫：头顶有“八”字形黑纹，头部褐色、黄褐色至红褐色，2 ～ 3 龄幼虫黄褐色至灰褐色，或带暗红色，4 龄以上幼虫多为黑色或灰黑色。身上有 5 条背线，所以又称五色虫。腹足外侧有黑褐纹，气门上有明显的白线。

成虫：体长 15 ～ 17mm，翅展 36 ～ 40mm。头部与胸部灰褐色，腹部暗褐色。前翅灰黄褐色、黄色或橙色，变化很多；内横线往往只现几个黑点，环纹与肾纹褐黄色，界限不显著，肾纹后端有一个白点，其两侧各有一个黑点；外横线为一列黑点；缘线为一列黑点。后翅暗褐色，向基部色渐淡。

卵：长约 0.5mm，馒头形，稍带光泽，初产时白色，后逐渐加深，将近孵化时黑色。卵粒单层排列成行成块。

蛹：长约 19mm，红褐色，腹部 5 ～ 7 节背面前缘各有一列齿状点刻，臀棘上有刺 4 根，中央 2 根粗大，两侧的细短刺略弯。

8.2.2.2　为害症状

黏虫幼虫裸露在植物表面取食为害；1 ～ 2 龄幼虫潜入心叶取食叶肉形成小孔；3 ～ 4 龄沿叶片边缘咬食形成缺刻；5 龄后进入暴食期，大发生时可将大片作物的叶片在短期内全部吃光，仅剩光秆，造成大面积减产。

8.2.2.3　发生条件

温湿度及风对黏虫的影响较大。黏虫是一种喜欢温暖环境的昆虫，既不耐低温，又不耐高温。发育起点温度为 8.6 ～ 10.6℃，生长发育的适宜温度为 10 ～ 25℃，温度低于 0℃或高于 35℃对其生长发育和存活均有不利影响。成虫发育和产卵的适宜温度为 15 ～ 30℃，最适温度为 19 ～ 22℃，当温度低于 15℃或高于 25℃时，产卵数量均明显下降，尤其在高温低湿条件下，产卵量更少。温度高于 35℃时，初孵幼虫均不能存活。

高湿度有利于黏虫的生长发育和繁殖。适宜相对湿度在 85% 以上，在 75% 以上时对成虫产卵有利，低于 40% 时，即使适温条件下产卵数量也较少。

风主要影响迁飞的各个环节。黏虫迁飞有顺风运转的特点，风向和风速决定迁飞方向与迁飞距离。迁飞的黏虫成虫遇风雨被迫降落，则当地黏虫发生为害就重。

8.2.2.4　防治技术

防治黏虫要做到捕蛾、采卵及灭杀幼虫相结合。要抓住“消灭成虫在产卵之前、采卵在孵化之前、药杀幼虫在 3 龄之前”3 个关键环节。在大发生年份，应采取“控制成虫发生，减少产卵数量，抓住关键时期，分区防控幼虫”的策略。在幼虫重发生区，应普治集中连片区，隔离局部高密度区，控制重发生田幼虫的转移为害。在一般发生区，应密切监视虫情，对超过防治指标的点片及时进行防治。

（1）诱捕成虫

利用成虫的趋化性和趋光性，以诱捕方法把成虫消灭在产卵之前。糖醋液按红糖 350g、酒 150g、醋 500g、水 250g、90% 晶体敌百虫 15g 的用量配制。配好后分放于田间 1m 高的水盆诱捕器中，密度为每公顷 15 盆，注意及时清除盆中诱捕到的昆虫。杀虫灯按间距 100m 放置，于 20:00 至 5:00 开灯。

（2）诱卵采卵

利用成虫产卵习性，把卵块消灭于孵化之前。从产卵初期到末期，在田间插设小谷草把，在谷草把上洒糖醋液诱蛾产卵，效果很好。

（3）化学防治

防治黏虫的化学药剂较多，应注意尽可能选择高效、低毒、低残留的药剂或与环境相容性好的剂型。低龄幼虫期可用 5% 卡死克乳油、灭幼脲 1 号、灭幼脲 2 号或灭幼脲 3 号悬浮剂喷雾防治，且不杀伤天敌。常规喷雾防治可选用 50% 辛硫磷乳油、80% 敌敌畏乳油、40% 毒死蜱乳油、20% 灭幼脲 3 号悬浮剂、4.5% 高效氯氰菊酯乳油、5% 甲氰菊酯乳油、5% 氰戊菊酯乳油、2.5% 高效氯氟氰菊酯乳油、40% 氧化乐果乳油、10% 吡虫啉可湿性粉剂等。在幼虫大发生时，为防止幼虫迁移为害，可在田块四周撒施 15cm 宽的辛硫磷毒土带进行封锁。

（4）生物防治

为减少药剂对天敌的伤害，应尽量使用生物杀虫剂。目前已经产业化应用的生物农药主要有苏云金芽孢杆菌、中华卵索线虫、黏虫核型多角体病毒等，对黏虫均有较好的防治效果。

8.2.3　东亚飞蝗

东亚飞蝗俗称蚂蚱、蝗虫，属直翅目蝗科，为迁飞性、多食性害虫，在中国的分布北起河北、山西、陕西，南至福建、广东、海南、广西、云南，东达沿海各省，西至四川、甘肃南部，其中黄淮海平原为主要蝗区。该虫喜欢取食小麦、玉米、高粱、谷子、水稻等多种禾本科作物和禾本科、莎草科杂草，一般不取食双子叶植物。成虫和蝗蝻取食叶片与嫩茎，大发生时可将作物吃光，造成颗粒无收。

8.2.3.1　形态特征

雄成虫体长 33 ～ 48mm，雌成虫体长 39 ～ 52mm。有群居型、散居型和中间型三种类型。体灰黄褐色（群居型）或头、胸、后足带绿色（散居型）。头顶圆。颜面平直，触角丝状，前胸背板中降线发达，沿中线两侧有黑色带纹。前翅淡褐色，有暗色斑点，翅长为后足股节 2 倍以上（群居型）或不到 2 倍（散居型）。胸部腹面有长而密的细绒毛，后足股节内侧基半部上、下降线之间呈黑色。卵囊圆柱形，长 53 ～ 67mm，每块有卵 40 ～ 80 粒，卵粒长筒形，长 4.5 ～ 6.5mm，黄色。第 5 龄蝗蝻体长 26 ～ 40mm，触角 22 ～ 23 节，翅节长达第 4、5 腹节，群居型红褐色，散居型体色较浅，在绿色植物多的地方为绿色。2 龄幼虫也有翅芽，只是小，芽尖为圆形。3 龄幼虫可以明显看到翅芽，翅芽为长形，但后翅在上，前翅在下，芽尖也向下。4 龄和 3 龄相反，翅脉明显。参见图 8-10。

图 8-10　东亚飞蝗

8.2.3.2　发生条件

气候直接影响东亚飞蝗的分布区域、发生代数和发生程度。其中影响最大的是温度和降雨量，蝗区多位于水旱交替的低海拔地区，这些地区适宜飞蝗发生的气候特点是春旱多风、夏热多雨、秋旱少雨和冬寒少雨。

东亚飞蝗发育的适温为 20 ～ 42℃，最适发育温度为 28 ～ 34℃。卵的发育起点温度为 15℃，蝗蝻的发育起点温度为 20℃，整个生育期要求 25℃以上的天数不少于 30d。在日均气温−10℃以下超过 20d 或−15℃以下超过 5d 的地区，东亚飞蝗的卵不能安全越冬。

8.2.3.3　防治技术

飞蝗的防治必须贯彻“改制并举，根除蝗患”的治蝗方针。“改”是因地制宜改造蝗虫发生地的自然环境，消灭适合其发生繁殖的生态条件。“治”是在加强蝗情监测的基础上，当种群密度达到防治指标时，采取有效的灭蝗方法，及时控制蝗害。

（1）改造蝗区

兴修水利，稳定湖河水位，大面积垦荒种植，减少蝗虫发生基地。植树造林，改善蝗区小气候，消灭飞蝗产卵繁殖场所。

（2）化学防治

飞蝗的防治适期为卵孵化出土盛期至 3 龄前，可控制群居型的发生。在中高密度发生区，为防止出现群迁或群飞，需用药剂及时进行防治。常用药剂有马拉硫磷等有机磷类农药、氯氰菊酯等拟除虫菊酯类农药。在集中连片面积 500hm^2 以上的区域，提倡进行飞机防治，推广全球定位系统（GPS）飞机导航精准施药技术，或采取隔带式防治。在集中连片面积不足 500hm^2 的区域，可组织专业飞防队开展地面应急防治，应重点推广超低容量喷雾技术。

（3）生物防治

在中低密度发生区、湖区、库区、水源区和自然保护区，应使用生物农药控制蝗虫。可选用杀蝗绿僵菌、蝗虫微孢子虫等。使用杀蝗绿僵菌时可采用飞机进行超低容量喷雾；使用蝗虫微孢子虫时，可单独使用或与昆虫蜕皮抑制剂混用。

8.2.4　玉米蚜

玉米蚜又称玉米叶蚜，属同翅目蚜科，为世界性害虫，在国外广泛分布于热带、亚热带和温带地区，在我国主要分布于华北、东北、华东、华中、华南、西南等地。主要为害玉米，还为害高粱、谷子、小麦、大麦、燕麦、水稻等禾本科作物和马唐、狗尾草、牛筋草、稗、雀稗、看麦娘、狗牙根、李氏禾、芦苇等禾本科杂草。

8.2.4.1　形态特征

无翅孤雌蚜卵形，体长 1.8 ～ 2.2mm，活虫深绿色，被薄层白粉，附肢黑色，复眼红褐色。腹部第 7 节毛片黑色，第 8 节具背中横带，体表有网纹。触角、喙、足、腹管、尾片黑色。触角 6 节，长短于体长 1/3。喙粗短，不达中足基节，端节为基宽 1.7 倍。腹管长圆筒形，端部收缩，腹管具覆瓦状纹。尾片圆锥状，具毛 4 ～ 5 根。

有翅孤雌蚜长卵形，体长 1.6 ～ 1.8mm，头、胸黑色发亮，腹部黄红色至深绿色，腹管前各节有暗色侧斑。触角 6 节，比身体短，长度为体长的 1/3，触角、喙、足、腹节间、腹管及尾片黑色。腹部第 2 ～ 4 节各具 1 对大型缘斑，第 6 和第 7 节有背中横带，第 8 节背中贯通全节。其他特征与无翅型相似。参见图 8-11。

图 8-11　玉米蚜虫

8.2.4.2　发生症状

玉米蚜常与禾谷缢管蚜、高粱蚜混合发生，以成虫和若蚜刺吸寄主植物汁液，为害玉米时引起叶片变黄或发红，导致叶面生霉变黑，影响光合作用，严重时造成空棵和秃顶现象，甚至整株枯死。玉米蚜还能传播多种玉米病毒病，造成更严重的后果。

8.2.4.3　发生条件

温暖干旱有利于玉米蚜发生为害。玉米蚜生长发育和繁殖的适宜温度为 15 ～ 30℃，最适温度为 25℃，温度低于 10℃或高于 35℃则存活率下降。在适宜温度范围内，随着温度的增加世代历期缩短，在 23 ～ 28℃时仅 4 ～ 5d，很容易在短期内暴发成灾。适宜玉米蚜发生的相对湿度为 85%，雨日少、降雨量小有利于其繁殖为害，而雨日多、降雨量大则不利于其发生。

另外，寄主营养状况与发生为害程度密切相关。玉米抽雄扬花期植株营养丰富，可为玉米蚜繁殖提供良好的营养条件，加之营养生长转向生殖生长后玉米的抗虫能力下降，玉米蚜极易暴发。玉米灌浆后植株开始衰老，营养条件恶化，玉米蚜则开始产生有翅蚜迁出玉米田。

此外，不同玉米品种抗蚜性也有差异，甜玉米、糯玉米和饲用玉米被害较重，常规玉米中的早熟品种被害较轻。

8.2.4.4　防治技术

（1）农业防治

减少春播禾本科作物种植面积，选种抗虫丰产玉米品种，可有效减轻玉米蚜的发生为害。及时清除田间禾本科杂草，拔除为害中心蚜株，可压低虫口基数。

（2）诱杀防治

玉米蚜发生初期，在田间放黄色黏虫板诱杀有翅蚜，可减轻玉米病毒病传播。

（3）化学防治

在玉米蚜重发区，应推广应用吡虫啉包衣种子或进行药剂拌种。大田防治应把蚜虫控制在点片发生阶段，玉米抽雄率 5%、有蚜株率 10% 以上时为防治有利时机。在玉米心叶期，可结合防治玉米螟，在心叶内撒施颗粒剂或滴灌药液。在玉米孕穗期喷药防治比较困难，可用无人机喷施吡虫啉、啶虫脒、吡蚜酮等。

（4）生物防治

玉米蚜的天敌较多，常见的有蚜茧蜂、瓢虫、食蚜蝇、蜘蛛等，特别是瓢虫和蜘蛛是主要的捕食性天敌。创造有利于天敌繁衍的田间环境，保护利用自然天敌，当田间天敌与蚜虫比在 1 ∶ 100 以上时，天敌可以控制玉米蚜的发生为害。必须进行防治时，应选用对天敌安全的农药。

8.3　玉米田主要杂草及防治

8.3.1　玉米田杂草的危害

杂草为害是影响玉米产量的主要因素之一，在玉米生长期温度高、湿度大，田间极易孳生杂草。尤其是夏玉米，播种前后正逢高温多雨的季节，田间既有前茬作物遗留的杂草，又有玉米播种后与玉米同时出土的杂草，对玉米幼苗生长构成严重威胁。玉米田杂草为害主要表现在以下几个方面。

1. 影响玉米正常生长

田间杂草与玉米植株争水、争肥、争光，抑制植株生长发育。研究表明，田间杂草需水量、水分利用率及吸收养分能力都明显高于玉米。田间杂草为害严重的地块，玉米植株瘦弱、矮小，生长缓慢，果穗缺粒、秃尖，造成大幅减产，甚至绝收。

2. 加重玉米田病虫害

田间大多杂草是玉米病虫的中间寄主及传播介体，杂草生育期一般较长，且具有很强的抗逆性，是病虫寄生和过冬的场所，田间杂草丛生，极易加重病虫害的发生。

3. 影响籽粒外观与品质

杂草与玉米植株争夺水分、养分、光照及对病虫为害的加重，一方面造成玉米籽粒饱满度差、养分含量低；另一方面造成籽粒破损、发霉，严重影响籽粒外观与品质，特别是用来鲜食的特用玉米，商品性受到极大影响。

8.3.2 玉米田主要杂草

玉米田杂草有上百种之多，因地理环境、气候条件等因素的不同，各地玉米田主要杂草种类也存在一定的差异。其中常发生造成严重危害的有 20 多种。其中一年生禾本科杂草有稗（图 7-18）、狗尾草（图 8-12）、马唐（图 8-13）、野燕麦（图 6-14）、牛筋草（图 8-14）等，一年生阔叶杂草有苍耳（图 6-21）、龙葵（图 8-15）、风花菜、香薷、狼巴草、本氏蓼、酸模叶蓼（图 8-16）、猪毛菜、藜（图 6-20）、菟丝子、鸭跖草、马齿苋（图 8-17）、繁缕（图 6-23）等，多年生杂草有问荆（图 8-18）、苦苣菜、蓟、小蓟草、芦苇等。其中，主要为害杂草有马唐、稗、狗尾草、牛筋草、反枝苋、马齿苋、铁苋菜、苘麻、苍耳、田旋花等。

图 8-12　狗尾草（禾本科）

图 8-13　马唐（禾本科）

图 8-14　牛筋草（禾本科）

图 8-15　龙葵（茄科）

图 8-16　酸模叶蓼（蓼科）

图 8-17　马齿苋（马齿苋科）

图 8-18　问荆（木贼科）

8.3.3　玉米田杂草的生物学特性及发生规律

8.3.3.1　杂草的生物学特性

玉米田的杂草，大多数是通过种子进行繁殖，有少数杂草通过营养器官繁殖，尤其是多年生杂草，具有发达的根茎，且有很强的再生能力。

1. 种子数量多

1 株杂草产籽少则数百粒，多则数万粒，如 1 株稗可产种子 1 万粒左右，1 株马齿苋可产种子 10 万粒以上。

2. 生活力很强

杂草生长耐贫瘠、耐干旱及其他不良环境。尤其是一年生杂草，遇到不良条件，可提前开花结实，迅速完成生活史。苦苣菜、小蓟草有强大的分枝，可深入土壤 1m 以上；香附子一年内地上部分单株所占面积可达 $10m^2$。

3. 种子寿命长

杂草种子寿命一般为 2 ～ 3 年，有的达数十年，如龙葵种子寿命长达 20 年，车前、马齿苋种子几十年后还能发芽。

4. 传播途径广

杂草种子可借助风、水和动物活动进行传播，亦可人为传播。

8.3.3.2　杂草的发生规律

1. 杂草发生条件

玉米田杂草的发生为害受耕作制度及气候条件的影响大，在适宜的温度、湿度及光照等条件下，杂草发芽多，出土快，危害重。

2. 杂草发生规律

玉米是中耕作物，行株距比较大，从出苗到封垄前地面覆盖率很小，杂草不断发生，有 4 个高峰期。

2 月下旬至 3 月下旬。荠菜、附地菜、蒲公英、问荆、小蓟草、蒿等一些越年生和多年生杂草陆续出土，但密度不大。

3 月至 5 月上旬。一年生早春杂草葎草、藜、卷茎蓼、萹蓄、尼泊尔蓼及多年生的田旋花、苣荬菜等大量出土。

5 月至 6 月上中旬。一年生晚春杂草，如马唐、牛筋草、狗尾草、稗、异型莎草、马齿苋等萌发出土，此时玉米田杂草发生量达最高峰，其中单子叶杂草占杂草总发生量的 75% ～ 90%，阔叶杂草占 10% ～ 25%。

6 月下旬至 7 月上旬。伏雨来临，部分晚春杂草和一些喜温杂草，如马唐、香薷、铁苋菜、猪毛菜、苍耳等仍不断出苗，一场雨过后，大草猛长，小草丛生，是为害玉米的主要时期。待玉米植株全部将地面覆盖，田间杂草基本不再萌发出土。

8.3.4　玉米田杂草的区域划分

玉米在全国各地均有种植，但地理环境不同，使得玉米田杂草种类和分布各不相同。唐洪元 1988 年报道，可将玉米田草害分为 6 个区，各个区域的杂草种类和主要杂草群落如下。

1. 北方春播玉米田草害区

该区包括黑龙江、吉林、辽宁中北部、河北、山西、陕西北部，是我国第二大玉米种植区，以玉米为主粮，一年一熟，一般玉米和麦类、大豆、高粱轮作。

主要农田杂草有马唐、稗、龙葵、白蔹、铁苋菜、反枝苋、狗尾草、葎草、苍耳、叉分蓼等。

主要杂草群落：①玉米–铁苋菜+稗+反枝苋；②玉米–稗+马唐+反枝苋；③玉米–龙葵+稗+马唐；④玉米–铁苋菜+马唐+稗；⑤玉米–白蔹+马唐+稗。该区草害面积占玉米种植面积的 100%，中等程度以上危害面积达 90% 以上。

2. 黄淮海夏播玉米田草害区

该区包括河北中南部、山西南部、陕西关中、山东、河南、安徽和江苏北部，是我国玉米种植面积最大的地区。该地区属暖温带，部分地区两年三熟，部分地区一年两熟，栽培方式普遍为玉米和麦类轮作，或玉米和大豆套作。

主要农田杂草有马唐、马齿苋、牛筋草、田旋花、藜、反枝苋、画眉草、狗尾草和香附子等。

主要杂草群落：①玉米–马唐+马齿苋+藜；②玉米–马齿苋+牛筋草+马唐+藜；③玉米–牛筋草+马唐+马齿苋；④玉米–田旋花+马唐+马齿苋；⑤玉米–藜+马唐+马齿苋+反枝苋；⑥玉米–狗尾草+马唐+反枝苋+藜；⑦玉米–反枝苋+香附子+马唐+藜；⑧玉米–香附子+马唐+狗尾草+马齿苋。该区草害面积占玉米种植面积的 82% ～ 96%，中等程度以上危害面积达 64% ～ 66%。

3. 长江流域玉米田草害区

该区包括江苏南通、上海崇明及浙江东阳、义乌等地。该区一年两熟或三熟，一般玉米和麦类套种，玉米收割后种水稻。

主要杂草有马唐、牛筋草、千金子、凹头苋、马齿苋、臭矢菜、碎米莎草、粟米草、鳢肠、稗、双穗雀麦、空心莲子草。

主要杂草群落：①玉米–马唐+牛筋草+马齿苋+千金子；②玉米–千金子+马唐+牛筋草+凹头苋+碎米莎草；③玉米–牛筋草+马唐+千金子；④玉米–凹头苋+牛筋草+千金子；⑤玉米–马齿苋+马唐+凹头苋。该区草害面积占玉米种植面积的 66% ～ 98%，中等程度以上危害面积达 43% ～ 72%。此外，该区玉米播种较早，如上海郊区在 3 月下旬播种，届时牛繁缕、婆婆纳、猪殃殃等麦田杂草还能为害苗期玉米，待盛夏到来，玉米封行之后，这些杂草逐渐死亡。

4. 华南玉米田草害区

该区包括广西、广东、福建等丘陵地区。该区主要是玉米和甘薯轮作，可以种春、秋两季。

主要杂草有马唐、牛筋草、稗、青葙、胜红蓟、香附子、狗尾草、碎米莎草、黄花草、野花生。

主要杂草群落：①玉米–马唐+稗+青葙；②玉米–稗+马唐+青葙；③玉米–青葙+马唐+稗；④玉米–胜红蓟+青葙+马唐；⑤玉米–香附子+马唐+青葙；⑥玉米–碎米莎草+牛筋草+马唐。该区草害面积占玉米种植面积的 84%，中等程度以上危害面积达 43%。

5. 云贵川玉米田草害区

该区的玉米种植面积居我国第三位，大多数分布在海拔 1500 ～ 2500m 的山坡或坡地上，一年两熟或两年三熟。

主要杂草有马唐、辣子草、毛臂形草、狗尾草、荠菜、尼泊尔蓼、苦苣菜、小蓟草、凹头苋、金狗尾、风轮菜。

主要杂草群落：①玉米–马唐+辣子草+凹头苋；②玉米–辣子草+凹头苋+马唐；③玉米–狗尾草+马唐+辣子草；④玉米–凹头苋+马唐+辣子草；⑤玉米–碎米莎草+马唐+辣子草；⑥玉米–金狗尾+马唐+辣子草；⑦玉米–小蓟草+马唐+辣子草。该区草害面积占玉米种植面积的 96%，中等程度以上危害面积达 70% ～ 75%。

6. 西北玉米田草害区

该区包括甘肃的河西走廊、新疆的部分灌溉地，一年一熟或两年三熟。

主要杂草有藜、稗、田旋花、大刺儿菜、凹头苋、冬寒菜、萹蓄、苦苣菜、狗尾草、灰绿藜、芦苇等。

主要杂草群落：①玉米–藜+稗+凹头苋；②玉米–田旋花+大刺儿菜+藜；③玉米–稗+藜+田旋花；④玉米–大刺儿菜+藜+田旋花；⑤玉米–萹蓄+藜+稗；⑥玉米–丹契草+芦苇+萹蓄。该区草害面积占玉米种植面积的 80%，中等程度以上危害面积达 48.7%。

我国春玉米田以早春性杂草、越年生杂草和多年生杂草为主，如荠菜、苣荬菜、田旋花、打碗花、泥胡菜、葎草、藜和蓼等，而夏播玉米田则以一年生禾本科杂草和晚春性杂草为主，如稗、马唐、牛筋草、狗尾草、反枝苋、铁苋菜、马齿苋、龙葵、异型莎草和鳢肠等。玉米苗期受杂草为害较重，其植株矮小，秆细叶黄，会导致以后生长不良，双穗率降低，空秆率增多，穗粒数和粒重减少，产量下降。玉米封行以后，尤其在中后期，进入快速生长期，株高，叶茂，杂草难以生长，基本上对玉米没有什么影响。

8.3.5　玉米田杂草的化学防治方法

8.3.5.1　土壤封闭除草法

玉米播后苗前，最好在玉米播种后 3d 内，用 40% 乙阿合剂悬浮剂、42% 玉美思悬浮剂每亩 150 ～ 200mL，兑水 50kg 均匀喷施于地表，进行土壤封闭。

使用时应掌握以下技术要点：①土壤表层湿润是药效发挥的最佳条件，应在土壤墒情良好的情况下，一次喷洒均匀，不重喷、不漏喷，播种前降雨或浇水有助于提高药效。②机收小麦、贴茬播种玉米的地块，必须灭茬；否则，不宜采用土壤封闭除草法。因为不灭茬，药液多粘附在麦茬上，不能在地表形成药膜，影响药效的正常发挥。③干旱、缺水的沙壤土不宜采用土壤封闭除草法。因为药液接触地表后，水分便迅速蒸发，不能在地表形成药膜，也阻碍了药剂在杂草体内的传导。④应克服惜水不惜药的现象，干旱条件下适当加大兑水量，每亩兑水量不少于50kg。⑤喷药时间宜在10:00前或16:00后，避免高温施药。⑥喷施时采取倒行或侧向直线行走方式，使药剂在地表形成的药膜不被破坏，确保药效的正常发挥。

8.3.5.2　苗后茎叶喷雾除草法

玉米3叶期后，不宜使用土壤封闭除草法时，可采用苗后茎叶喷雾除草法。可使用莠去津、砜嘧磺隆、烟嘧磺隆、硝酸草酮等于玉米3～5叶期、杂草2～4叶期，兑水均匀喷雾。

使用时应注意以下技术要点：①严格掌握施药时期。玉米5叶期、杂草4叶期后，禁止使用，以免产生药害或影响除草效果。②严格按照稀释倍数喷施，不要擅自加大或缩小使用倍数。③避免高温喷雾，大风天气禁用。④施药前后7d内，勿喷施有机磷类农药，以免产生药害。

8.3.5.3　定向喷雾除草法

夏玉米8～9叶期，在无风条件下，行间兑水定向均匀喷施草甘膦药剂。

使用时应注意以下技术要点：①施药时应加装定向喷雾罩，严禁药雾飘移到作物上造成药害。②施药后3d内不得割草、翻地。③机割、麦茬较高的玉米田都可选用苗后茎叶喷雾除草法和定向喷雾除草法。

8.3.5.4　玉米田化学施药原则

（1）因土壤施药

在土壤有机质含量高的地区，土壤处理剂的用量比其他地区高，其施用剂量选用上限。

（2）因湿度施药

气候干燥、少雨，不利于土壤处理剂活性的发挥，在雨后天晴用药效果好，或用药前适当沟灌，于土壤潮湿时用药。

（3）因后茬施药

阿特拉津、乙阿合剂和西玛津等药剂在土壤中持效期长，为3～6个月，会对后茬作物不利，特别是大豆和十字花科作物为后茬的玉米田不能使用。

（4）定剂量施药

使用药剂量一定要准确，以免发生药害或降低药效，喷药结束后，要及时清洗药械，以免再次使用药械时使其他作物受害。

8.4　航空施药防治玉米病虫害实例

8.4.1　研究实例一：海城市玉米螟航空施药喷雾质量检测

8.4.1.1　基本情况

2015年7月19日，山东瑞达有害生物防控有限公司在辽宁省海城市感王镇进行了玉米螟飞机施药工作，华南农业大学国家精准农业航空施药技术国际联合研究中心技术人员对喷雾质量做了相应检测。

8.4.1.2　作业机型

AS350B3 型（“小松鼠”）直升机，机身长 10.93m、高 3.41m、翼展 10.69m，载药量 600 ～ 650kg，最大航速 287km/h。

8.4.1.3　喷洒药剂

飞防专用甲氨基阿维菌素苯甲酸盐，飞防专用助剂。

8.4.1.4　亩喷液量和飞行参数

亩喷液量为 500mL，飞行高度距玉米冠层 10m 以下，喷幅 35m，作业速度 110km/h，每架次喷洒时间 11.5min。

8.4.1.5　喷雾质量测定方法

调查地块共设置 3 个取样区（3 次重复），每个取样区域随机选择 5 株玉米，在每株玉米的顶叶和穗位叶上分别放置一张雾滴测试卡（瑞士先正达公司）。喷雾结束待雾滴全部沉降后，收集雾滴测试卡，应用 DepositScan 软件分析检测雾滴体积中径（μm）、雾滴密度（个 /cm^2）。根据各采样点雾滴密度计算雾滴密度变异系数，用于反映雾滴沉积均匀性，一般在 70% 以下即为沉积均匀。

8.4.1.6　检测结果

雾滴体积中径、密度和沉积均匀性见表 8-1。

表 8-1　“小松鼠”飞机防治玉米螟雾滴检测结果

处理	顶叶			穗位叶		
	体积中径 /μm	雾滴密度 /（个 /cm^2）	变异系数 /%	体积中径 /μm	雾滴密度 /（个 /cm^2）	变异系数 /%
Ⅰ	166.6	17.98	43.82	233.2	10.6	23.18
Ⅱ	132.2	20.38	34.98	259.8	9.12	31.31
Ⅲ	148.8	19.11	35.37	276.0	6.14	33.17
平均	149.2	19.16	38.06	256.3	8.62	29.22

从表 8-1 可以看出，植株顶部雾滴体积中径平均为 149.2μm，属于细雾滴；中下部雾滴体积中径平均为 256.3μm，属中雾滴，雾滴大小适中，对冠层穿透力强；不仅顶部平均雾滴密度高达 19.16 个 /cm^2，而且中下部平均雾滴密度也达 8.62 个 /cm^2，且由于雾滴较大，虽然中下部密度相对顶部较低，但也有较高的着药量；顶部雾滴密度变异系数平均为 38.06%，中下部平均为 29.22%，均小于 40%，表明雾滴沉积均匀性好。从雾滴粒径、密度、沉积均匀性三大指标综合分析，飞防质量较高，完全达到了超低容量喷雾技术指标和玉米螟防控要求。

8.4.2　研究实例二：安阳市玉米害虫航空施药作业效果与作业参数研究

8.4.2.1　基本情况

2011 年，安阳全丰航空植保科技股份有限公司联合中国农业科学院植物保护研究所，在河南省安阳市北关区玉米试验田进行了针对玉米蚜等主要玉米害虫的飞防作业试验，检测了植保无人机航空施药的作业效果与最佳作业参数。

8.4.2.2 作业机型

QF80-1 型农用无人直升机。

8.4.2.3 供试药剂

600g/L 吡虫啉悬浮剂，20% 马 · 氰乳油，助剂。

8.4.2.4 试验方法

1. 雾滴密度的测定

试验小区长 100m、宽 20m，每小区之间留出 20m 的保护区。于各处理小区内距起点 30m、50m、70m 处，在小区中心线及其两侧每隔 1 行（行距 0.75m）各选 1 株玉米，共 27 株玉米，每株玉米分别在其雄穗（雄穗中部）、雌穗上中（雌穗以上茎秆中部）、雌穗（雌穗高处）、雌穗下中（雌穗以下茎秆中部）各放 2 张雾滴测试卡，1 张卡水平放置，1 张卡垂直放置，并用曲别针或大头针固定在玉米植株上。无人直升机沿小区中心线飞行，飞机高度设 1m、3m、5m 三个处理，飞行速度设 3m/s 一个处理，一次重复。无人直升机喷雾后 10min，待雾滴沉降后取回室内镜检。

2. 防治雄穗害虫的调查

试验小区长 100m、宽 6m，每小区之间留出 6m 的保护区。试验药剂 600g/L 吡虫啉悬浮剂设亩用药量 3g（有效成分）1 个处理。无人直升机飞行高度为 1m、3m、5m，飞行速度为 3m/s，流量为 500mL/min，3 次重复。每小区 5 点取样，每点随机选定 20 株，于喷雾前和喷雾后 7d，定株调查各雄穗上的蚜虫，统计防治效果。雾滴测试卡测定方法同雾滴密度测定，但只放置在雄穗中部。

8.4.2.5 结果与分析

表 8-2 和表 8-3 的结果表明，安阳全丰航空植保科技股份有限公司生产的小型农用无人直升机，适用于在玉米等高秆作物田开展病虫害防治作业，可以大面积推广应用，有利于解决当前高秆作物田病虫害防治的难题。推荐的最佳作业参数：飞行高度 3m，飞行速度 3m/s，风速≤ 3m/s。施药作业时，最好采用 GPS 自动导航，按规划航线飞行，使用专用药剂，以提高防治效果和防治效率。

表 8-2 不同飞行高度下植株不同部位雾滴密度测定结果 （单位：个 /cm^2）

植株部位	1m		3m		5m	
	水平	垂直	水平	垂直	水平	垂直
雄穗	20.2	4.1	17.8	3.8	16.2	3.6
雄穗上中	27.5	3.8	25.2	3.5	24.0	3.0
雌穗	24.3	3.1	21.9	2.9	20.0	2.7
雌穗下中	19.2	2.0	17.1	1.9	14.4	0.7

表 8-3　不同飞行高度及不同处理下玉米雄穗蚜虫的防治效果统计

飞行高度	雾滴密度 / （个 /cm²）		雄穗蚜虫防治效果 /%	处理	雾滴密度 / （个 /cm²）		雄穗蚜虫防治效果 /%
	水平	垂直			水平	垂直	
1m	22.0	3.9	76.9	马 · 氰	16.1	2.0	70.0
3m	19.2	3.7	80.8	马 · 氰+助剂	19.4	2.3	78.4
5m	16.8	3.2	75.0				

8.4.3　研究实例三：多旋翼电动无人机玉米植保作业试验分析

8.4.3.1　基本情况

2015 年 9 月 1 日（气温 20℃、相对湿度 70%、无风），吉林省农业机械研究院研究人员在德惠市郭家镇（44.32°N、125.42°E）郭家镇农机合作社 66.7hm² 黏玉米地进行多旋翼电动无人机玉米植保作业试验，利用多旋翼植保无人机进行喷洒试验，检测其喷洒效果及雾滴穿透性。作业对象为高度 2.4m、行距×株距为 600m×250m 的黏玉米‘垦粘 5 号’。

8.4.3.2　试验机型与参数

作业飞机为吉林省农业机械研究院研制的 NJY-1260 八旋翼电动植保无人机（图 8-19），试验时飞行高度距玉米株冠 2m、飞行速度 4m/s（图 8-20）。八旋翼电动植保无人机载药量 10kg，喷幅 3m，喷洒流量 1L/min。

图 8-19　NJY-1260 八旋翼电动植保无人机

图 8-20　作业现场

8.4.3.3　供试药剂

日落黄（上海染料研究所有限公司研制）水溶液。

8.4.3.4　试验设计

在喷幅范围内，横向每间隔 0.6m 为一个点，连续布样 A、B、C、D、E 共 5 个点，纵向间隔为 0.5m，连续布置 5 排，每点为 1 个玉米植株，共计 25 株，飞机作业后，分别取玉米株冠顶部叶和植株底部第 1 片叶，检测 1cm×10cm 玉米叶面积上液滴的数量。

8.4.3.5　结果与分析

测定结果见表 8-4。从中可以看出，玉米株冠顶部叶与植株底部第 1 片叶均有药滴附着，玉米植株底部第 1 片叶仅比株冠顶部叶（2m 处）平均着药液滴数少 12.5%，证明小型多旋翼电动植保无人机的雾滴穿透性强。

表 8-4　玉米叶片雾滴数量　　（单位：个 /cm²）

重复	A 列		B 列		C 列		D 列		E 列	
	上	下	上	下	上	下	上	下	上	下
1	29	24	37	33	45	29	39	37	30	25
2	33	28	39	32	41	38	38	33	31	27
3	34	30	40	35	42	36	42	36	27	28
4	35	27	36	34	41	37	37	35	33	29
5	28	26	42	36	40	36	40	36	32	30

8.4.4　研究实例四：无人机低空喷施苯氧威防治亚洲玉米螟初探

8.4.4.1　试验条件

试验药械为八旋翼无人机（河南田秀才植保股份有限公司），配备 1 对旋转式离心喷头（山东卫士植保机械有限公司），双喷头总流量为 500mL/min。试验药剂为 3% 苯氧威乳油（河南田秀才植保股份有限公司）。雾滴测试卡和雾滴蒸发抑制剂（含有白油、黄原胶等，改变药液重量与黏度，从而减少雾滴沉降过程中水分蒸发）由中国农业科学院植物保护研究所研制，雾滴采集架由江苏省农业科学院制造。

试验地点为河南省新乡县中国农业科学院综合试验基地。试验开展时玉米处于抽穗期，玉米螟已有一定程度的发生，施药前平均每株虫口约 7 头。施药当天气温 35℃，相对湿度 38.6%，东南风，风速 1.1 ～ 1.7m/s。每处理重复 4 次，每小区面积均为 50m²，处理间设置保护行。

8.4.4.2　试验方法

1. 采样点布置方法及无人机飞行参数

喷雾前，在距离起飞处 10m、20m、30m（飞行状态稳定后）设 3 条平行雾滴采集带，无人机航线垂直于采集带并居中。每条采集带内从左向右平均分布 9 个采集样点。其中，样点 5 为中间点，在航线的正下方。各样点间隔均为 0.5m，每点布放 1 张雾滴测试卡，布放位置与玉米植株冠层顶部平齐。喷雾（12L/hm²）后，按顺序收集雾滴测试卡，分析卡上面的雾滴密度，以单卡上的雾滴密度大于 5 个 /cm² 作为判定其处于有效喷幅范围内的标准。设定无人机飞行高度为 0.5m、1m、2m，每个飞行高度重复测定 3 次，平均飞行速度约为 3.5m/s。

2. 喷雾雾滴在玉米冠层中的沉积分布与防效调查

除空白对照外，施药试验共设 6 个飞防处理。对无人机施药高度、药液兑水量、是否加入雾滴蒸发抑制剂 3 个因素进行对比。具体设定见表 8-5。

表 8-5　八旋翼无人机喷洒 3% 苯氧威乳油防治亚洲玉米螟处理设置 *

飞行高度 /m	每处理制剂用量 /mL	每处理兑水量 /mL	每处理喷洒药液量 /mL	折每公顷制剂用量 /mL	折每公顷喷洒药液量 /L
0.5	12	228	240	600	12.0
1	12	228	240	600	12.0
2	12	228	240	600	12.0
1	12	138	150	600	7.5
1	12	288	300	600	15.0
1	12	182.4+45.6**	240	600	12.0

* 表示试验另设施药防治的空白对照：每处理面积为 $200m^2$；** 表示该处理除兑水 182.4mL 外，还在药液中添加雾滴蒸发抑制剂 45.6mL

每个处理在小区内随机选定 5 个雾滴采集点，每个雾滴采集点在上、中、下、雌穗 4 个位置布放雾滴测试卡，分别对应玉米冠层雄穗下 1 叶、穗部叶、基部第 3 叶、雌穗 4 个冠层部位。喷雾结束后，分别收集各处理不同位置的雾滴测试卡，分析雾滴密度。

分别在施药当天和施药后第 10 天调查施药处理区与空白对照区的虫口数，每小区调查 40 株玉米的虫口数，计算防治效果。采用 DPS 软件邓肯氏新复极差法对试验数据进行统计分析。

$$防治效果（\%）=\frac{1-(空白对照区药前虫口数\times处理区药后虫口数)}{空白对照区药后虫口数\times处理区药前虫口数}\times100\% \qquad (8\text{-}1)$$

8.4.4.3　结果与分析

1. 飞行高度对喷幅和雾滴沉积的影响

经测定，无人机喷洒药液后雾滴密度（表 8-6）呈“M”形分布，双峰位置对称于航线两侧且与喷头位置相吻合，对应采样点 #4 和 #6 的雾滴密度显著高于其他采样点。飞行高度在 0.5 ～ 2m 对喷幅无显著影响，喷幅约为 2m。飞行高度对雾滴密度峰值有影响：0.5m 高度时雾滴密度峰值约为 39.7 个 /cm^2 和 57.7 个 /cm^2，而 2m 高度时则衰减为 11.7 个 /cm^2 和 14.7 个 /cm^2，约为 0.5m 高度时雾滴密度的 25%。总之，在无人机下旋气流影响下，飞行高度的增加并未影响无人机的喷幅，但使喷幅范围内雾滴密度峰值迅速衰减，影响较大。随着飞行高度的增加，喷幅范围内雾滴沉积均匀性有所上升：0.5m 高度雾滴密度变异系数为 79.1%，1m 高度时为 52.2%，2m 时为 33.2%。

表 8-6　无人机不同飞行高度施药的玉米冠层顶部雾滴密度

飞行高度 /m	沉积密度 / （个 /cm^2）								
	#1	#2	#3	#4	#5	#6	#7	#8	#9
0.5	0.7	1.3	8.7	39.7	15.3	57.7	12.3	0.7	1.7
1	3.0	2.3	13.7	28.3	16.0	33.0	8.3	0.7	2.3
2	1.3	3.0	0.3	11.7	7.3	14.7	8.0	0.7	7.3

注：无人机飞行平均速度约为 3.5m/s

2. 无人机喷雾雾滴在玉米冠层的沉积分布及其对玉米螟的防效

在无人机飞行速度（3.5m/s）、喷洒药液量（$12L/hm^2$）一定的条件下，飞行高度对玉米冠层不同部位的雾滴密度有明显影响（表 8-7）。同一飞行高度时，穗部叶与雌穗的雾滴密度较高。飞行高度为 1m 时，穗部叶雾滴密度最高，约为 26.8 个 $/cm^2$，飞行高度为 0.5m 时次之，飞行高度为 2m 时密度最低。雌穗上的雾滴密度呈现相似的分布特点。雄穗下 1 叶，随飞行高度升高，雾滴密度呈下降趋势。

表 8-7　无人机施药在玉米冠层的雾滴沉积分布及对亚洲玉米螟的防效

飞行高度 /m	雾滴沉积密度 /（个 $/cm^2$）				防治效果 /%
	雄穗下 1 叶	穗部叶	雌穗	基部第 3 叶片	
0.5	13.1±1.2ab	19.6±1.6a	16.8±2.2a	11.3±2.3b	69.3±3.4b
1	8.4±1.6b	26.8±5.9a	20.4±3.0a	10.1±1.4b	79.3±3.1a
2	3.0±1.0b	17.4±2.7a	14.3±1.7a	8.6±0.9b	69.6±3.8b

注：雾滴密度、防治效果数据均为平均值 ± 标准误；表中同列不同小写字母表示差异显著（$P < 0.05$，Duncan's 检验）；下同

从防治效果看（表 8-7），苯氧威对玉米螟的防治效果与雾滴密度表现出相同变化趋势，防治效果均在 69% 以上，且以飞行高度为 1m 时的防治效果最高。由此可见，穗部叶和雌穗的雾滴密度与防治效果具有一定的对应关系，即提高玉米冠层中部雾滴密度有助于提升防治效果。

从表 8-8 可以看出，当药液量从 $7.5L/hm^2$ 增加到 $12L/hm^2$ 时，防治效果从 64.1% 上升到 79.3%，但当药液量进一步增加到 $15L/hm^2$ 时，对防治效果无显著影响。雾滴蒸发抑制剂可以使药液雾滴在下落过程中减少蒸发，因而添加雾滴蒸发抑制剂提高了雌穗的雾滴沉积密度，约为 25.5 个 $/cm^2$，比相同施药量下的常规制剂平均提高了 5.1 个 $/cm^2$，该处理的防治效果也提高至 83.3%，为各施药处理中最高。

表 8-8　不同药液量下玉米冠层雾滴沉积分布及对玉米螟的防效 *

药液量 /（L/hm^2）	雾滴沉积密度 /（个 $/cm^2$）		防效 /%
	穗部叶	雌穗	
7.5	15.3±1.6b	11.1±0.9b	64.1±4.6c
12.0	26.8±4.1ab	20.4±1.4a	79.3±3.1a
15.0	31.5±3.6a	23.9±3.0a	76.3±2.7ab
12.0**	33.9±5.2a	25.5±4.9a	83.3±5.1a

* 表示各处理飞行高度为 1m；** 表示该处理的药液中添加雾滴蒸发抑制剂 $2280mL/hm^2$

8.4.5　研究实例五：无人直升机喷雾参数对玉米冠层雾滴沉积分布的影响

2013 年 6 月 16 日《农业工程学报》上发表了由农业部南京农业机械化研究所秦维彩等撰写的《无人直升机喷雾参数对玉米冠层雾滴沉积分布的影响》，研究了作业高度、横向喷幅对植株上雾滴沉积量和沉积均匀性的影响，并在综合考虑雾滴沉积特性与喷洒效果的情况下，选择飞行高度为 7m、横向喷幅为 7m 的作业参数。

8.4.5.1　仪器设备

喷雾作业采用 N-3 型无人驾驶直升机。任务载荷 90kg、作业时间≥ 1h、作业高度 3 ～ 7m。控制模式为手动控制和自动控制，作业高度、速度可以根据作业要求控制。搭载药箱容量 20L，施药液量 1L/ 亩，喷幅 7m，作业速度 3m/s，有 2 个转盘式离心喷头，每只喷头流量 850mL/min。

试验用数字温湿度表每隔 60s 记录离作物高 1.0m 处的空气温度、湿度；用风速测量仪 GM8901 每隔 60s 记录离作物高 2.0m 的风速、2.5m 处的风向；采用 GPS 定位仪 QminiA1（广州中海达测绘仪器有限公司）对每个喷洒区进行精确定位。

8.4.5.2　试验方法

试验在河南许昌张潘镇玉米田内进行（图 8-21），作物生育期为抽穗期，高度为 1.8 ～ 2.2m。使用数字温湿度表和风速测量仪测量并记录试验时间段内的环境参数。田块为矩形，选取 40m×60m 地块作为一个处理的作业小区，每个处理小区 4 边缘均留有 10m 的缓冲隔离带，以避免飘移造成的试验误差。喷雾液体为可溶性荧光示踪剂（Rh-B）水溶液（质量分数为 0.1%）；收集器采用圆形聚酯卡（Φ 9cm），按 ISO 22866 标准布样。

进行无人直升机喷洒的玉米冠层的雾滴沉积量试验时（图 8-21），在同一作业喷幅（7m）下，作业高度设定为 5m、7m 和 9m，3 组喷雾试验进行对比；在喷幅范围内（图 8-22），横向：每间隔 1.5m 设置一个采样点，连续布样 5 点；纵向：对应横向，每间隔 2m 为一个点，连续布样 3 点；每点选取 1 穴（图 8-23）。每穴在作物的顶部（雄花处）、上部（第 3 个叶处）、穗部（雌穗部）、下部（距地面 20cm）（图 8-24）分别水平布置雾滴收集器。每次作业，飞机沿着预设定的中轴线飞行，为了使喷洒更加稳定，飞机在离喷洒区 10m 处悬停起飞，在远离喷洒区 10m 时停止喷洒。在作业时间内用数字温湿度表和风速测量仪测量并记录环境参数。进行无人直升机多喷幅雾滴沉积均匀性试验时，用全球定位系统（GPS）对每个喷洒航线进行精确定位，使无人直升机沿着预设定的中轴线飞行，保证喷幅的精确对接。无人直升机在同一作业高度（7m）下，喷幅设定为 5m、7m、9m，3 组喷雾试验进行对比：①喷幅为 5m 时，布样点间隔为 0.5m，在同一方向布样 25 个，重复 3 次；②喷幅为 7m 时，布样点间隔为 0.5m，在同一方向布样 42 个，重复 3 次；③喷幅为 9m 时，布样间隔为 0.5m，在同一方向布样 54 个，重复 3 次。

图 8-21　喷雾试验现场图

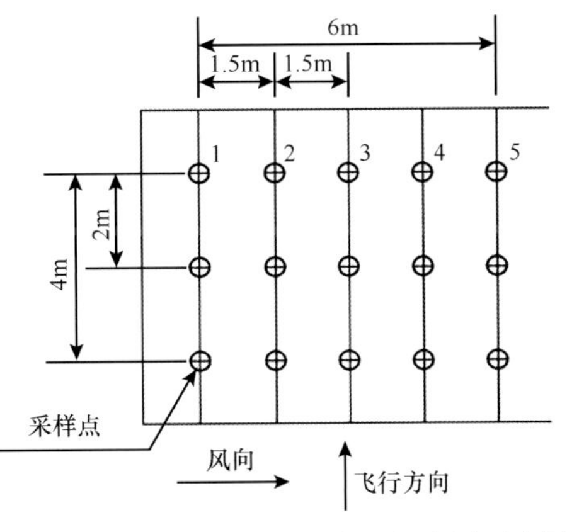

图 8-22　雾滴收集器在玉米层间布置示意图

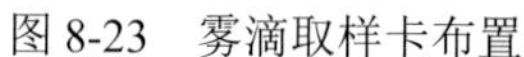

图 8-23　雾滴取样卡布置

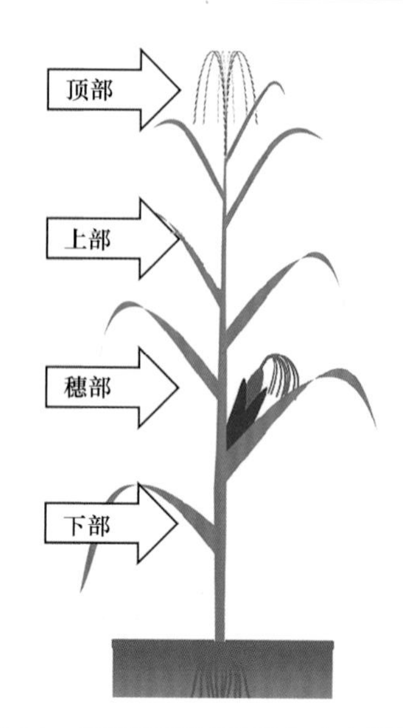

图 8-24　雾滴沉积试验采集点布置图

每个架次喷雾试验完成后，等聚酯卡上的雾滴晾干后，戴一次性手套，收取，并做好标记，放入自封袋，置于阴凉处，带回实验室进行分析。每一个样品用定量的去离子水洗脱聚酯卡上的 Rhodamine-B，用荧光分光光度计（F95）测定每份洗脱液的荧光值，根据 Rhodamine-B 标样的“浓度-荧光值”标准曲线可计算出洗脱液中 Rhodamine-B 的沉积量，即可精确测定药液在单位面积上的沉积量。

8.4.5.3　雾滴沉积状态参数的统计方法

雾滴沉积状态参数为雾滴沉积量、沉积水平和沉积均匀性。

1. 雾滴沉积量

雾滴沉积量指单位面积上雾滴的重量，按照式（8-2）计算。

$$\beta_{\text{dep}}=\frac{\left(\rho_{\text{smpl}}-\rho_{\text{blk}}\right)\times F_{\text{cal}}\times V_{\text{dii}}}{\rho_{\text{spray}}\times A_{\text{col}}} \tag{8-2}$$

式中，β_{dep} 为雾滴沉积量（μg/cm^2）；ρ_{smpl} 为样本采样器的荧光计读数；ρ_{blk} 为空白采样器（采样器+稀释水）的荧光计读数；F_{cal} 为校准系数（等于回收率的倒数）（μg/L）；V_{dii} 为溶解来自采样器的示踪剂的稀释液（如自来水或去离子水）的量（L）；ρ_{spray} 为喷雾液中示踪剂的浓度（g/L）；A_{col} 为聚酯卡的面积（cm^2）。

2. 沉积水平

沉积水平由雾滴沉积量占喷雾量的百分比表示，按照式（8-3）计算。

$$k=\frac{\beta_{\text{dep}}\times 10\,000}{\beta_{\text{v}}} \tag{8-3}$$

式中，k 为雾滴沉积量占喷雾量的百分比（%）；β_{dep} 为雾滴沉积量（μg/cm^2）；β_{v} 为喷雾量（L/hm^2）。

3. 雾滴沉积均匀性

采用变异系数（CV）作为雾滴沉积均匀性的度量，计算公式如下。

$$\mathrm{CV}=\frac{S}{\bar{X}},\ S=\sqrt{\frac{\sum_{i=1}^{n}\left(X_i-\bar{X}\right)^2}{n-1}} \tag{8-4}$$

式中，S 为采样卡雾滴数的标准差；X_i 为各采样卡单位面积的雾滴数；$\bar{X}$ 为采样卡单位面积平均雾滴数；n 为每层采样卡总数。

8.4.5.4　结果与分析

1. 不同作业高度的雾滴分布状况

用聚酯片代替植物叶片有一定的误差，但雾滴在聚酯片上的分布能够近似说明不同高度植物叶片之间的相互影响。

图 8-25 是不同作业高度喷洒的试验结果。每个试验单元取 15 株。纵坐标代表每一株玉米 4 个取样位置的雾滴沉积量的总和，所以看不出雾滴在沿玉米植株高度方向的分布情况，但可以看出不同作业高度下雾滴在玉米植株上的沉积情况有明显的不同。试验时环境平均风速为 1.77m/s、平均温度为 30℃、平均相对湿度为 52.1%。

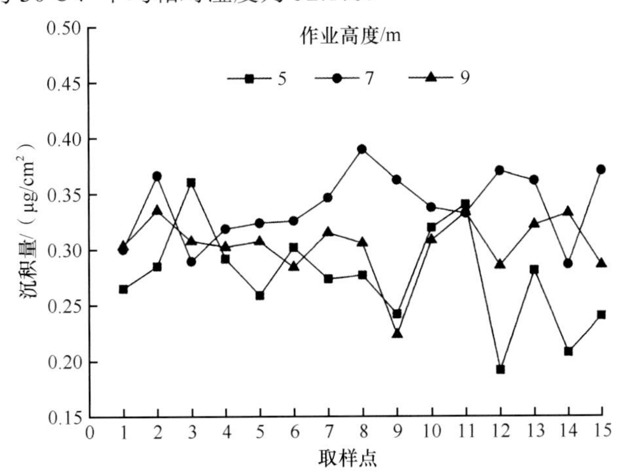

图 8-25　不同作业高度下玉米植株的雾滴沉积量

从图 8-25 可以看出，总体沉积量 7m ＞ 9m ＞ 5m。作业高度为 5m 时目标的总沉积量最低，且目标的雾滴沉积量离散程度最大，极差为 0.17，说明作业高度太低会导致较强的下旋气流，会使喷洒目标产生较大幅度的摇摆，雾滴不易被目标俘获，极易落在地面上，这样就会引起局部沉积量的较大变化，所以雾滴沉积量变化幅度高于其他飞行作业高度。

2. 在玉米冠层的雾滴沉积分布

由试验数据的数理统计分析结果可知：试验区域玉米植株各层雾滴沉积量的方差之间没有显著差异；由于田间试验是随机采样，即对各个试验点的采样概率相等（等概率采样），因此采样样品沉积量的数学期望与其算术平均值相等；对于雾滴沉积量与玉米高度之间的关系，可以用玉米植株各层雾滴沉积量的平均值来代表各层高度的沉积量。

采用变异系数作为雾滴沉积均匀性的度量，而变异系数由均值和标准差决定，为判断沉积区域的雾滴沉积是否均匀，需对均值和方差分别进行假设检验。经检验，在 0.05 水平下，不同作业高度的相同取样位置，雾滴沉积均匀性有显著差异（表 8-9）。

表 8-9　沉积量与雾滴沉积均匀性

作业高度 /m	取样位置	沉积量 /（μg/cm²）	雾滴沉积均匀性 /%
5	顶部	0.064±0.021a	32.26
	上部	0.070±0.024ab	33.72
	穗部	0.063±0.025b	39.26
	下部	0.069±0.031ab	45.4
7	顶部	0.091±0.007ab	8.22
	上部	0.104±0.012a	12.01
	穗部	0.088±0.015b	16.54
	下部	0.056±0.016c	27.94
9	顶部	0.082±0.0.012b	14.16
	上部	0.095±0.008a	8.34
	穗部	0.082±0.016b	19.6
	下部	0.050±0.011c	22.89

注：表中数据为平均值 ± 标准误；作业高度 5m 时环境参数：平均风速 1.5m/s、平均温度 28.6℃、平均相对湿度 54.3%，作业高度 7m 时环境参数：平均风速 1.8m/s、平均温度 30.5℃、平均相对湿度 51.4%，作业高度 9m 时环境参数：平均风速 2.0m/s、平均温度 31℃、平均相对湿度 50.6%；下同

从图 8-26 可以看出，不同取样位置的雾滴沉积量不同，并不是从上到下沉积量呈逐渐递减趋势，而是上部取样位置出现最高值，顶部取样位置的沉积量反而低于上部取样位置的沉积量，而玉米下部的雾滴沉积量占到上部沉积量的 50% 以上，具有明显的优势，很好地说明 N-3 型无人直升机进行低量喷洒时，雾滴弥漫性好，在下旋翼气流的辅助下雾滴穿透性好。

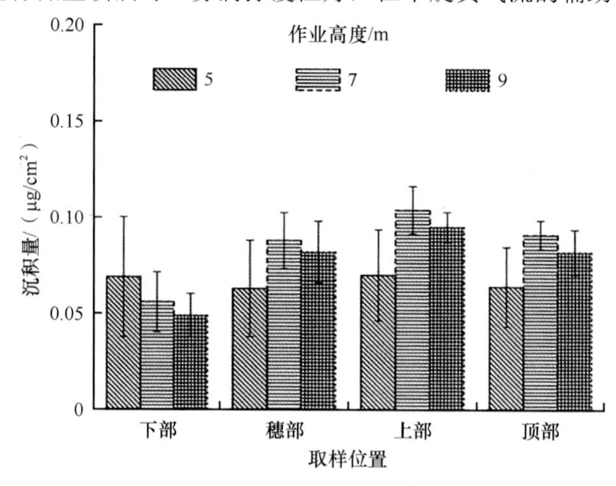

图 8-26　不同作业高度下不同玉米取样部位的雾滴沉积量

3. 同一作业高度不同喷幅对雾滴沉积均匀性的影响

喷雾雾滴在目标上均匀沉积的程度一般用变异系数表示，变异系数越小，雾滴沉积均匀性越好。图 8-27 为在同一高度下采用不同喷幅喷雾时不同取样位置的雾滴沉积水平对比图。

作业前，用手持式 GPS 仪对每个喷洒区进行精确定位，输入操作系统，可以使无人直升机沿着预设定的中轴线飞行，保证喷幅的精确对接。设定不同的喷洒时间，以保证不同喷幅下单位面积施药液量相同。从图 8-27a 可以看到，喷幅为 5m 时，在 3 个喷幅范围内，雾滴沉积水平最大值为 48.1%，最小值为 9.7%，变异系数为 41.0%；由图 8-27b 可知，喷幅为 7m 时，在 3 个喷幅范围内，雾滴沉积水平最大值为 48.3%，最小值为 22%，变异系数为 25.0%；在图 8-27c 中，喷幅为 9m 时，在 3 个喷幅范围内，雾滴沉积水平最大值为 49.2%，最小值为 11.1%，变异系数为 34.4%。因此，作业高度为 7m、喷幅为 7m 时，雾滴沉积均匀性最好。

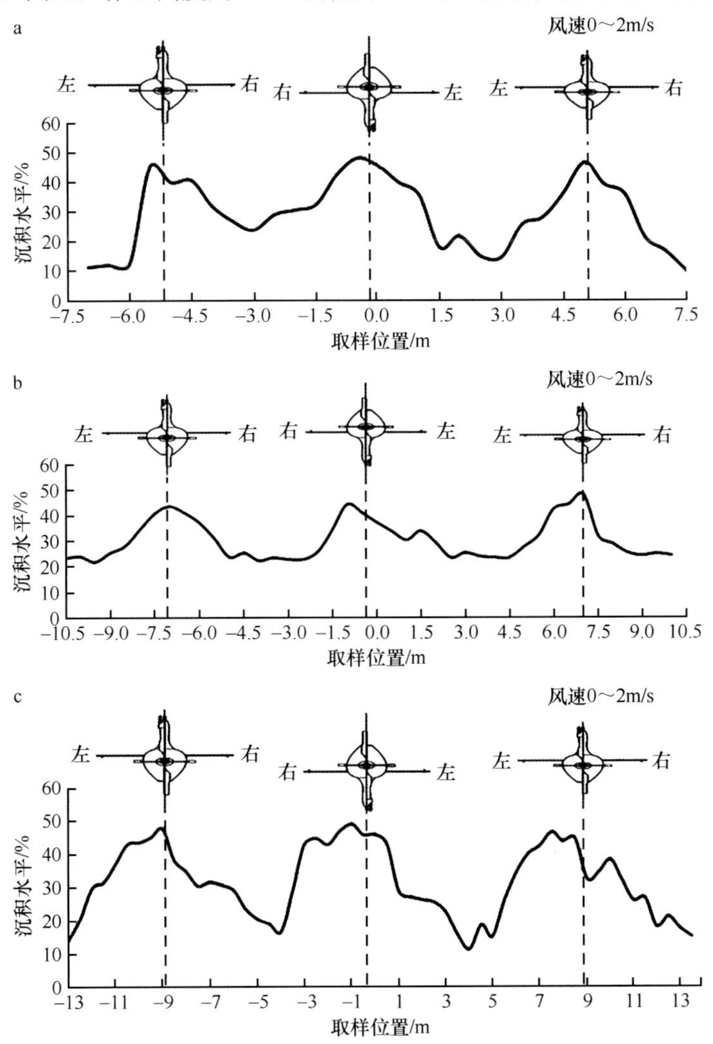

图 8-27　同一作业高度下不同喷幅对雾滴沉积均匀性的影响

a. 作业高度 7m，喷幅 5m；b. 作业高度 7m，喷幅 7m；c. 作业高度 7m，喷幅 9m

8.4.5.5　结论

本试验在玉米中后期用含示踪剂的水溶液代替农药，初次应用 N-3 型无人直升机进行低空喷洒，使用了转盘式离心喷头，在不同作业高度和不同喷幅条件下，对雾滴在玉米不同冠层的沉积分布状况进行了研究和分析，结论如下。

在 3 个作业高度中，距离地面作业高度为 7m 时，雾滴在玉米上部（第 3 片叶）和穗部的沉积量相对较多，沉积均匀性也较好；当作业高度降低时，大部分雾滴落在靶标的下部，甚至由于较强的下旋气流，雾滴穿透冠层沉积到地面，从而影响整体的雾滴沉积效果；而作业高度较高，雾滴在降落过程中易受侧风的影响，导致部分雾滴飘移，使雾滴沉积量减少，沉积均匀性降低。

为提高雾滴的穿透性和沉积量，在环境平均温度28.6℃、相对湿度51%、风速小于3m/s时，N-3型无人直升机作业最佳的喷雾参数为作业高度7m、喷幅7m。

第 9 章　精准农业航空植保技术在棉花上的应用

我国每年棉花种植面积约 500 万 hm^2，仅次于水稻、小麦、玉米和大豆，为第五大农作物，棉花总产量位居世界第一，其中山东、河北、河南、新疆、安徽等地为主要产棉地带。植棉业是我国农业的支柱产业，对国民经济发展至关重要。棉花生产不但促进了农村经济的发展，也促进了农业、纺织业和棉副产品加工业的发展。在棉花生产中，病、虫、草害是影响棉花产量的大问题。例如，1992 年北方棉花严重减产，便是由虫害引起。我国棉区分布广，生态条件各异，病虫草害种类多，为害重，如不防治，一般年份减产 30% 左右，大发生年份可减产 50% 以上。

棉花从播种出苗到成熟收获的各生育阶段都将遭受多种病虫草害的侵袭。棉花常见的病害有 10 多种，其中，危害广、影响大的有棉花枯萎病、黄萎病等。有些病害能在棉花的整个生长期进行为害，有些只在棉花苗期发生。这些病害的发生，轻者造成棉花产量降低、品质变劣，重者则造成落叶枯死，严重威胁棉花生产。常发性棉花虫害有 7 ～ 8 种，偶然发生或局部造成为害的有 10 多种。若对这些害虫防治不当或不及时，将会严重阻碍棉株的正常生长和发育，造成棉株瘦弱，收成减少，品质降低，有的甚至会造成棉株死亡。因此认识棉花的病虫草害对于科学的防治至关重要，本章将从棉花病害、虫害、草害及其防治与航空防治应用实例四部分进行讲解，以期为农用无人机在棉田植保中的应用提供参考。

9.1　棉花常见病害及防治

9.1.1　棉花苗期病害

在棉花生产中，培育“三苗”（早苗、全苗、壮苗）是生产“三桃”（伏前桃、伏桃、秋桃）的基础，也是提高棉花产量和品质的前提。病害是培育“三苗”最重要的障碍之一。棉花苗期，尤其是播种到出苗 20d 前后，极易遭受多种病菌侵袭，造成烂种、烂茎和死苗，出现缺苗断垄，幼苗发育迟缓。近年来，随着作物种植结构、生产管理水平及水浇条件不断改变，棉花苗期病害在一些地区有逐渐加重的趋势，严重影响棉花产量。棉花苗期发生的病害种类较多，为害较重的有立枯病、炭疽病和红腐病，发病率一般在 25% 左右，严重年份可达 80%。北方棉区以立枯病、炭疽病和红腐病为主；南方棉区以炭疽病为主。参见图 9-1。

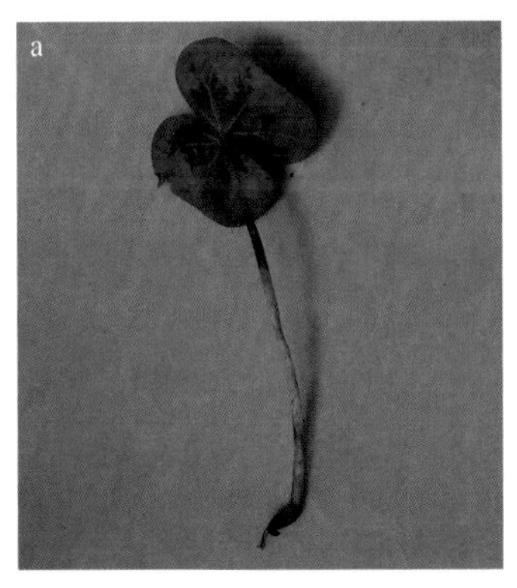

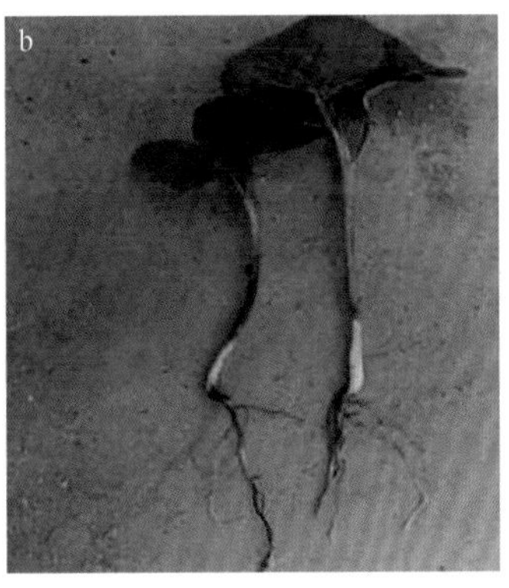

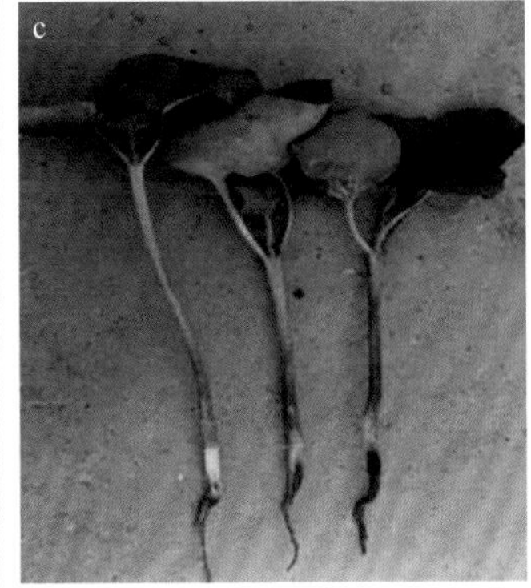

图 9-1　棉花苗期病害

a. 立枯病；b. 炭疽病；c. 红腐病

9.1.1.1 症状

棉花苗期病害根据其主要为害的部位分为根茎基部病害和叶部病害两大类。根茎基部病害发生在子叶期至 2 片真叶期，由于根茎过于幼嫩，抗病能力弱，易遭受病菌侵染而腐烂，通常称作烂根。叶部病害发生在棉苗的子叶或真叶上。

1. 棉花立枯病

棉花立枯病俗称烂根病、黑根病和猝倒病等，是一种多发性常见病害，其为害具有以下特点：①棉籽在土壤中受侵染，能引起烂种或幼苗变褐死亡；②棉苗受害，茎基部出现黄褐色病斑，逐渐扩展包围整个茎基，病部缢缩、凹陷较深，病苗猝倒枯死；③病斑不规则，黄褐色，多发生在子叶中部，往往穿孔脱落；④病苗及周围土壤中可见病菌菌丝体；⑤现蕾期如遇多雨天气，茎基部常出现黑褐色病斑，略凹陷，严重时包围整个茎基，明显缢缩，呈湿腐状，皮层剥落，木质纤维暴露，易折断致死；⑥发病适宜土温为 15 ～ 23℃，春季低温多雨病害发生严重；⑦土质黏重、地势低洼、排水不良及连作棉田利于发生；⑧早播棉田，土温低，出苗慢，病菌侵染时间长，棉苗抵抗力弱，容易感病。

2. 棉花炭疽病

棉花炭疽病主要为害幼根，引起苗猝倒和幼苗基部溃疡，常与立枯病和红腐病混合发生，造成缺苗断垄，甚至毁种，具有以下为害特点：①棉籽在土壤中受侵害，呈水渍状腐烂，不能出土而死亡。②幼苗发病，茎基部或稍偏上部产生红褐色条纹，逐渐扩展成条形病斑，稍凹陷，严重时失水纵裂，幼苗萎蔫死亡。③子叶受害，边缘产生红褐色半圆形病斑。干燥时，病斑受抑制，边缘紫红色；潮湿时，病斑扩展至子叶，造成子叶枯死早落。真叶症状与子叶相似，一般发生于叶片中部。④叶柄和茎秆上也能产生红褐色长条形病斑，略凹陷，病部容易折断。⑤苗期连续低温多雨，可导致病害发生较重。⑥棉苗出土 15d 左右为死苗高峰期，长出真叶后，病苗死苗明显减少。

3. 棉花红腐病

棉花红腐病是我国棉花种植中一种危害较大的苗期病害，主要引起棉花烂种、烂芽、茎基腐烂和根部腐烂。棉花红腐病主要发生在胚茎和根部，子叶、真叶也可受害，具有以下的为害特点：①棉苗出土前受害，幼芽变褐腐烂。②幼茎和根部受害，根尖、侧根先变黄，后全根变褐腐烂，上下嫩茎、幼根肥肿。③子叶多从边缘发病，初生黄褐色小斑，后扩大为不规则或近圆形灰红色病斑。潮湿时病斑表面出现粉红色霉层；低温时，病斑停止发展并转呈褐色，边缘色泽较深，质脆易碎。④真叶症状与子叶相似，顶部幼嫩真叶及生长点受害后，呈黑褐色腐烂。⑤发病最适气温为 19 ～ 24℃、相对湿度在 80% 以上，日照少，雨量多，易流行。⑥子叶展开至子叶增绿、侧根 10 余条时，根部受害最重；苗龄 2 周时，子叶受害最重，常全部干枯；真叶展开后，抗病力增强，很少死苗。⑦盐、碱土发病重，砂壤土发病轻；低洼棉田发病重，地势高的坡地发病轻。⑧连作棉田及前茬为豆科作物的棉田发病重，禾谷类作物田发病轻，早播发病重。

9.1.1.2 发病因素

棉花苗期病害的发生和流行受多种因素的影响，其中与气候条件、种子质量和耕作栽培措施关系最为密切。

气候条件：是引起棉花苗期病害的主导因素，各种棉花苗期病害的发生均需要较高的湿度，故阴雨高湿天气最适合病害的发生。棉花是喜温作物，播种后低温会影响棉种发芽和出土的速度，若播种后一个月内遇低温多雨，特别是遇寒流，常诱发棉苗病害严重发生。

棉种质量：成熟度好、籽粒饱满、纯度高的种子，活力强，播种后迅速出苗，整齐苗壮，不易遭受病菌侵染，故发病轻。

播种质量：播种过早、过深或覆土过多，棉种萌发慢，出苗延迟，感染病菌的机会增加；棉苗弱小，抵抗力差，容易感病。

耕作栽培措施：多年连作会使土壤中病菌大量积累，加重病害的发生。地势低洼，排水不良，地下水位较高，土壤水分过多，土壤温度偏低和通透性差，棉苗出土时间延长，长势弱，会导致发病较重。

9.1.1.3　病害循环

棉花苗期病害有好多种，多数是由种子或土壤带菌引起的。棉花苗期病害大发生和流行的共同点：苗期低温多雨，湿度大。低温高湿一方面是利于病菌入侵，另一方面是不利于棉苗生长，棉苗对病害的抵抗力弱。

1. 棉花立枯病

病原菌为立枯丝核菌。初侵染源主要为带菌的土壤。该病菌在土壤中几乎无处不在，植物残体和病种子上也有病菌。在干燥条件下，病菌可保持活力 2 ～ 6 年，在高温潮湿条件下只能存活 4 ～ 6 个月。棉花播种后，遇多雨高湿，温度下降，棉苗生长不利，容易遭受病菌侵袭，发病就严重。

2. 棉花炭疽病

病原菌为棉炭疽菌和印度炭疽菌。初侵染源主要为带菌的种子，一般棉籽带菌率为 30% ～ 80%。种子萌发时病菌开始为害，通过风、雨、昆虫、灌溉水传播，再侵染无病的棉苗。病菌还可随病残体落入田间使土壤带菌。在铃期通过风雨飞溅侵染棉铃的病害，即棉铃炭疽病，使棉籽带菌，成为来年的侵染源。土壤水分过多，相对湿度在 85% 以上，为害就会加剧，相对湿度低于 70% 时则不利于发病。连阴雨的情况下往往导致温度下降，不利棉苗生长，易于病害流行。

3. 棉花红腐病

病原菌以串珠镰刀菌为主。初侵染源主要为带菌的土壤，带菌的种子也是初侵染源之一。播种后病菌侵入种子为害。在棉花生长季节，病菌在土中腐生生活，到铃期借助于昆虫、风、雨传播到棉铃上，从伤口侵入，造成烂铃，病铃产生的种子成为来年的侵染源。日照少，雨量大，雨日多，利于发病。苗期遇低温高湿环境，有利于病菌的繁殖生长，不利于棉苗的发育，则发病严重。

9.1.1.4　防治措施

棉花苗期病害的防治应采取以精选种子和棉种消毒处理为重点，加强农业措施，搞好田间管理，及时以药剂保护为辅助的综合策略。

1. 农业防治

（1）精选种子

播前精选种子，去掉烂籽、病虫籽和杂籽，晴天将种子暴晒，以杀死种子上的病菌，提高种子活力，促使苗齐、苗壮，增强抗病能力。

（2）农业措施

①精耕细作，清理病残体，整地前彻底清理棉田及周围枯枝落叶和烂铃，翻地前施足基肥，地要整平整细，并开好排水渠道，地势低洼棉田要深沟高畦。②适时播种，迟播不利于棉苗生长，早播气温、土温偏低，出苗太慢，有利于病菌侵入为害。通常以 5cm 土温稳定在 12℃以上为播种适期，即长江流域棉区最佳播种期为 4 月中旬，华北棉区最佳播种期为 4 月下旬。③加强苗期管理，棉花出苗后，要及时松土、除草，拔除病苗、死苗，防治蚜虫、小地老虎等，可减轻棉花苗期病害的发生。

2. 化学防治

（1）种子消毒处理

药剂浸种，可用抗菌剂浸种 24h，或将抗菌剂浇洒于堆放在晒场的棉籽上，浇洒后将棉籽用塑料薄膜覆盖闷种 24h；药剂拌种，用多菌灵、敌菌酮、代森锰锌等拌种；种子包衣，先将棉籽用硫酸脱绒，晾干后用适乐时悬浮种衣剂进行包衣处理；温汤浸种，棉籽在 55 ～ 60℃温汤浸泡 30min，置冷水中冷却，捞出沥干，然后用细土或草木灰搓后播种。

（2）药剂保护

棉苗出土后，若遇低温多雨，特别是寒潮侵袭，苗期病害很可能发生流行，要及时用药防治。常用药剂：波尔多液（硫酸铜∶熟石灰∶水=1 ∶ 1 ∶ 100）或 50% 多菌灵可湿性粉剂 800 倍液，或 20% 稻脚青可湿性粉剂 1000 倍液，或 50% 退菌特可湿性粉剂 1000 倍液，或用其他有效农药进行防治和保护，每亩每次用药液 50kg 喷雾。

9.1.2 棉花枯萎病

棉花枯萎病是棉花生产中危害严重的病害之一，除少数地区为纯枯萎病区，大多数地区为枯萎病和黄萎病混发区。该病具毁灭性，一旦发生很难根治。重病株于苗期或蕾铃期枯死，轻病株发育迟缓，结铃少，吐絮不畅，纤维品质和产量均受影响。参见图 9-2 和图 9-3。

图 9-2 棉花枯萎病症状类型

a. 皱缩型；b. 青枯型

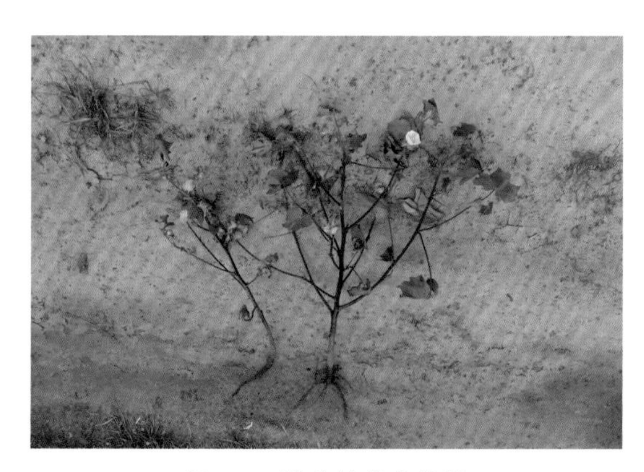

图 9-3　棉花枯萎病植株

9.1.2.1　症状

症状受棉株生育期、品种抗性、病菌致病性、气候条件等的影响而不同。

苗期症状常见有以下 4 种类型。

黄色网纹型：枯萎病早期典型症状。病苗子叶或真叶的叶面边缘或半边出现黄色斑块，斑块中叶脉变黄，后逐渐变为褐色。

紫红型或黄化型：子叶或真叶变紫色或黄色，叶脉不变色，不呈网纹状。

皱缩型：病株节间缩短，株型矮小，叶片深绿、皱缩。

青枯型：叶片不变色，但萎蔫死亡。

以上类型的共性是根茎内部导管变墨绿色，茎的纵剖面呈黑褐色条纹状。现蕾期前后，除上述症状外，还有矮缩型病株，即株型矮小，叶片皱缩变厚，叶色变深绿。

苗期症状在成株期同样可以发生，但成株症状常见的是矮缩型、急性萎蔫型和顶枯型。

矮缩型：5 ～ 7 片真叶时，大部分病株顶部叶片皱缩、畸形，色深绿，节间缩短，比健株矮小，中下部叶片有时出现黄色网纹或黄斑，一般不死亡。

急性萎蔫型：夏季大雨转晴时，病株全部叶片失水萎蔫、干枯。

顶枯型：大多发生在棉花生长后期，病株自上而下逐渐枯死，叶、铃大量脱落。

以上类型的共性是根茎内部导管变墨绿色，茎的纵剖面呈黑褐色条纹状。潮湿条件下，枯死的病株茎秆产生粉红色霉层（分生孢子）。

9.1.2.2　发病因素

病害流行与否与气候条件、栽培品种、生育期及田间管理等因素关系密切。

（1）温度与湿度

棉花枯萎病的发生、蔓延与土温、湿度关系密切。地温 20℃左右开始出现症状，上升到 25 ～ 28℃出现发病高峰，地温高于 33℃时，病菌的生长发育受抑或出现暂时隐症，进入秋季，地温降至 25℃左右时，又会出现发病高峰。在适宜温度下，雨水成为病害发展的重要因素，夏季大雨或暴雨后，地温下降，易发病。

（2）地势与土质

地势高，排水方便，土壤含水量低，发病相对较轻；地势低洼，土壤黏重、偏碱、容易积水或地下水位高，发病相对较重，故湖滨平原地区重于丘陵山区。砂壤土保水保肥能力弱，棉株抗性差，发病相对较重；壤土、红壤土则相反，发病相对较轻。

（3）棉花生育期

通常情况下，棉花枯萎病发病盛期都在现蕾前后。现蕾时棉花由营养生长时期进入营养生长和生殖生长并进的时期，需要大量养分，若蕾肥埋施不及时或养分不够、不合理，均减弱其抗病性，加上埋蕾肥时深中耕损伤部分根系，病菌易侵入。现蕾期过后，棉株抗病性逐渐增强，轻病株常可恢复生长而症状开始隐蔽。

（4）栽培管理

棉花不同品种对枯萎病的抗性不同，一般常规棉较杂交抗虫棉抗病性好，发病轻。新植棉田或轮作棉田较连作棉田发病轻；合理施肥的棉田较偏施肥的棉田发病轻。

9.1.2.3 病害循环

病菌以菌丝体及微菌核在棉籽（以棉绒带菌为主）、病残体、土壤和未腐熟的粪肥中越冬，成为翌年的初侵染源。微菌核在适宜条件下萌发，产生侵入丝，直接从根的分生区或者下胚轴侵入根，并经过表皮和内皮层进入导管，也可从伤口侵入。

导管内的菌丝产生分生孢子，随液流上升，分生孢子发芽再产生大量的菌丝和孢子，继续上升到棉株各部分。病菌不仅仅以菌丝与分生孢子堵塞导管，更重要的是分泌轮枝毒素，引起发病。棉株受害后，产生大量的菌丝、分生孢子，借流水、农事操作在田间传播蔓延，引起再次发病，但以初侵染为主。

9.1.2.4 防治措施

1. 植物检疫

严禁从病区调运棉种或棉饼，建立无病良种繁殖基地和良种田，力求做到自育、自选、自繁。如需从病区引种，应严格进行棉籽消毒处理，并采取无病营养钵土保温育苗。

2. 农业防治

选用抗病包衣良种，禁止毛籽下地。

选用无病的水稻钵苗移栽，可避免、减轻或推迟苗期发病。

无病栽培，合理轮作。棉田尽可能 2 ～ 3 年深耕一次，深埋病残体，同时搞好“三沟”配套，做到雨停无积水。实行配方施肥，施足基肥，适时追肥，增施枯饼、磷、钾肥。苗期最好用农家肥（人粪尿、草木灰），不用或少用化肥，可减轻病害发生。蕾肥适当早施，埋蕾肥时最好用菜籽枯饼，不用棉种枯饼，避免带菌棉种传病。及时中耕、抗旱，集中烧毁拔除的病苗和枯枝、落叶。重发旱地可与小麦、玉米轮作 5 年以上，重发棉田可以与水稻等水生作物轮作。

3. 化学防治

选用 20% 噻菌铜可湿性粉剂、75% 多菌灵悬乳剂、50% 多菌灵悬浮剂等兑水均匀喷施，在病株及周围 1m^2 范围内灌蔸，每株 100mL。

9.1.3 棉花黄萎病

棉花黄萎病是棉花生产中最重要的病害，也是全国农业植物检疫对象之一。从 1891 年在美国首次发现至今，已遍布全世界各主要产棉区。我国于 1935 年在由美国引进的‘斯字棉 4B’品种上发现，后随棉种调运不断扩大，该病害已成为我国棉花持续高产稳产的主要障碍。参见图 9-4。

图 9-4　棉花黄萎病症状

9.1.3.1　症状

棉花黄萎病为系统性侵染病害，分为落叶型（光秆型）和枯斑型。落叶型感病初期，叶缘和叶脉间出现淡黄色病斑，后病斑逐渐扩大并褪绿变黄，叶片边缘向下卷曲，叶片变厚发脆。随后，病斑边缘至中心颜色逐渐加深，但靠近主脉处不褪色，出现黄色掌状斑纹，主脉及附近保持绿色，叶肉变厚，叶片向下卷曲，后期叶片焦枯，由下而上脱落。发病严重时，整株叶片枯焦破碎，脱落成光秆。病株一般不矮缩，可少量结铃，但早期发病重的植株较矮小。落叶型症状为病叶叶脉间或叶缘处突然大片褪绿萎蔫，叶色由淡黄色急速变为黄褐色至紫褐色，叶缘向背面卷曲，病株主茎顶梢、侧枝和果枝顶端变褐枯死，蕾、花、铃、叶片大量脱落，10d 左右即落成光秆。剖削病株根、茎和叶柄，可见木质部有淡褐色变色条纹，为诊断该病的重要特征。

9.1.3.2　发病因素

（1）土壤菌源数量

土壤菌源数量是棉花黄萎病能否流行的先决条件。其来源包括带菌的棉株残体如根、茎、叶、叶柄、铃壳、棉种加工下脚料和带菌棉籽饼等。施用带菌粪肥，也可使棉田土壤病菌积累，形成“病土”。

（2）气候条件

气候条件是棉花黄萎病能否发生流行的重要决定因素。棉花黄萎病发病的最适温度为 22 ～ 25℃，高于 30℃发病缓慢，35℃以上时症状暂时隐蔽。

（3）品种和生育期抗病性

棉花品种不同，对棉花黄萎病的抗性也不同。以海岛棉抗病性最强，陆地棉次之，亚洲棉较弱。棉花生育期不同，抗病性也不同，棉花由营养生长进入生殖生长时，抗病性开始下降，棉花黄萎病的发生逐渐加重。

（4）病原菌致病力的变异

棉花黄萎病菌存在异核现象，群体内也存在不同的致病类型，病菌与寄主相互作用的协同进化，以及抗病品种给予的选择压力等，都可导致病菌发生相应遗传性的改变，产生新的生理小种或致病类型。

（5）耕作与栽培措施

耕作栽培条件不同，棉花黄萎病发生率也不同。棉田连作，土壤中病菌积累越多，病害越重；与非寄主作物轮作，深耕，可使病菌窒息死亡，发病减轻。地势低洼、排水不良利于病害发生；营养失调也是寄主感病的诱因，缺磷、钾肥或偏施或重施氮肥，棉田发病重。

9.1.3.3 病害循环

初侵染源与枯萎病基本相同，也是带病的棉种、棉籽饼、棉籽壳、病残体、土壤和未经腐熟的土杂肥等，带病（菌）的作物也是重要的初侵染源。

病菌主要在病残体、土壤、棉种、棉籽饼及粪肥等中越冬。病株根、茎、叶、铃、壳等均可带菌，病菌在土壤中的病残体上能存活 6 ～ 7 年，微菌核在土壤中可存活 8 ～ 10 年。传播途径和方式与枯萎病基本相同，但由于其寄主范围更广泛，增加了传病的复杂性。远距离传播主要靠带病棉籽的调运，病区蔓延主要由病残体、带菌粪肥、棉籽饼及病土的扩散引起。病菌从棉株伤口或根系表皮直接侵入，菌丝先在基部导管内发展，而后产生孢子，孢子随营养液上升到另一管胞中发芽生长，形成大量菌丝体，后又产生孢子，依次上升发展。

9.1.3.4 防治措施

1. 植物检疫

加强植物检疫，做好产地检疫，保护无病区，禁止从病区引种或调种，应严格禁止落叶型病区黄萎病随调种传入无病区和普通黄萎病区。

2. 农业防治

培育和种植抗耐病品种，推广种植抗耐病优良品种，如‘中棉 12’‘辽棉 5 号’等。

土壤处理，对于发病区，除应拔除病株烧毁外，还可采用氯化苦等土壤熏蒸剂处理土壤，及时消灭菌源。

轮作倒茬，加强栽培管理，对连续种植 3 ～ 5 年的田块或病株较多的田块采取轮作，与多年种植禾本科作物的田块轮换倒茬。清洁棉田，减少土壤菌源，及时清沟排水，降低棉田湿度，使其不利于病菌孳生和侵染。增施有机肥，氮、磷、钾合理配比，切忌氮肥过量，使棉株健壮生长，增强自身的抗逆能力。

3. 药剂防治

芽孢杆菌属和假单胞属细菌的某些种能有效地抑制大丽轮枝菌生长。木霉菌肥有防病增产作用。研究表明，枯草芽孢杆菌叶面喷雾的最佳浓度为 300 ～ 600 倍液，防治效果可达 54.4% ～ 57.4%。

植物疫苗渝峰 99 植保、激活蛋白、氨基寡糖素单独使用及与植物生长调节剂缩节胺混合使用，对棉花黄萎病有较好的防治效果。

9.2 棉花常见虫害及防治

9.2.1 棉铃虫

棉铃虫又名钻桃虫、钻心虫等，属鳞翅目夜蛾科。该虫为世界性棉花害虫，我国各棉区均有分布和为害。棉铃虫食性杂，粮食作物、棉花、油料作物、蔬菜、果树、药用植物、牧草等绝大多数人、畜食用的植物上都有其为害。在棉花上除直接取食营养器官外，主要为害蕾、花和铃，1 头幼虫一生可为害 5 ～ 22 个蕾铃，对棉花产量影响极大。参见图 9-5 和图 9-6。

图 9-5　棉铃虫幼虫

a. 绿色型；b. 灰色型

图 9-6　棉铃虫成虫（a）与蛹（b）

9.2.1.1　形态特征

棉铃虫是昆虫纲鳞翅目夜蛾科的害虫。一生有 4 个虫态，即成虫、幼虫、蛹和卵，主要以幼虫为害棉花等多种农作物，是经济作物和粮食作物的重要害虫之一。以老熟幼虫入土化蛹。各虫态有其重要的识别特征。

成虫体长 15 ～ 17mm，翅展 30 ～ 38mm。前翅青灰色、灰褐色或赤褐色，线、纹均黑褐色，不甚清晰；肾纹前方有黑褐色纹；后翅灰白色，端区有一黑褐色宽带，其外缘有两相连的白斑。幼虫体色变化较多，有绿色、黄色、淡红色等，体表有褐色和灰色的尖刺；腹面有黑色或黑褐色小刺；蛹自绿变褐。卵呈半球形，顶部稍隆起，纵棱间或有分支。

9.2.1.2　为害特点

棉铃虫以幼虫取食棉花的叶、蕾、花、铃等器官，可钻蛀棉铃为害。嫩叶被害，可形成缺刻和孔洞；蕾被害，常形成空洞，侧部或底部有蛀孔，蕾外有粒状粪便，苞叶张开变黄，2 ～ 3d 后即脱落；青铃被害，基部蛀孔较大、近圆形，粪便堆积在蛀孔外，铃内被食去一室或多室的棉籽和纤维，未吃的纤维和种子呈水渍状，造成烂铃和僵瓣。幼铃被害后脱落，成铃一般不脱落。

9.2.1.3　生活史及习性

棉铃虫在我国各棉区的年发生代数和主要为害世代各不相同。在辽河流域棉区和新疆大部分棉区 1 年发生 3 代，以 2 代为害为主；在黄河流域棉区和部分长江流域棉区 1 年发生 4 代，以 2 代为害最重，3 代次之；在长江流域大部分棉区 1 年发生 5 代，以 3 和 4 代为害最重；在 25°N 以南地区 1 年可发生 6 ～ 7 代，以 3 ～ 5 代为害严重。各地一般均以蛹在土中越冬。

棉铃虫全年的发生过程因地而异。西北内陆棉区 5 月下旬越冬虫进入羽化盛期，在玉米、谷子、西葫芦、豌豆等作物上产卵。1 代卵、幼虫和成虫发生盛期分别在 6 月初、6 月上中旬和 7 月上旬，2 代卵、幼虫和成虫的盛发期分别在 7 月中旬、7 月下旬和 8 月下旬，3 代卵和幼虫的盛发期分别在 8 月下旬至 9 月初、9 月中旬。黄河流域棉区 4 月下旬至 5 月中旬，当气温升至 15℃以上时，越冬代成虫羽化，1 代幼虫主要为害小麦、豌豆、苜蓿、春玉米、番茄等作物，6 月上中旬入土化蛹，6 月中下旬 1 代成虫盛发，大量迁入棉田产卵；2 代幼虫发生较重，6 月底至 7 月中下旬为 2 代幼虫化蛹盛期，7 月下旬至 8 月上旬为 2 代成虫盛发期，主要集中于棉花上产卵；3 代幼虫为害盛期在 8 月上中旬，成虫盛发期在 8 月下旬至 9 月上旬，大部分成虫仍在棉花上产卵；9 月下旬至 10 月上旬 4 代幼虫老熟，在 5 ～ 15cm 深的土中筑土室化蛹越冬。长江流域棉区 4 月底至 5 月上旬越冬代成虫羽化，在早春寄主上产卵；1 代成虫 6 月盛发，迁入棉田产卵；2 代成虫盛发期在 7 月中下旬至 8 月上旬，常出现 2 ～ 3 次发蛾高峰；3 代成虫盛发期在 8 月中下旬，发生期长，发蛾高峰次数多；4 代幼虫在旺长迟发的棉田发生较重；发生 5 代的棉区 4 代成虫盛发期在 9 ～ 10 月，多数成虫在秋玉米、向日葵、晚秋蔬菜等寄主上产卵。

成虫：昼伏夜出，晚上活动、觅食和交尾、产卵。成虫有补充营养的习性，羽化后吸食花蜜或蚜虫分泌的蜜露。雌成虫有多次交配习性，羽化当晚即可交尾，2 ～ 3d 后开始产卵，产卵历期 6 ～ 8d。产卵多在黄昏和夜间进行，喜欢产卵于嫩尖、嫩叶等幼嫩部分。卵散产，1 代卵集中产于棉花顶尖和顶部的 3 片嫩叶上，2 代卵分散产于蕾、花、铃上。单雌产卵量 1000 粒左右，最多达 3000 多粒。成虫飞翔能力强，对黑光灯，尤其是波长 333nm 的短光波趋性较强，对萎蔫的杨、柳、风杨、刺槐等散发的气味有趋性。

幼虫：一般 6 龄。初孵幼虫先吃卵壳，后爬行到心叶或叶片背面栖息，第 2 天集中在生长点或果枝嫩尖处取食嫩叶，但为害状不明显。2 龄幼虫除食害嫩叶外，开始取食幼蕾。3 龄以上的幼虫具有自相残杀的习性。5 ～ 6 龄幼虫进入暴食期，每头幼虫一生可取食蕾、花、铃 10 个左右，多者达 18 个。幼虫有转株为害习性，转移时间多在 9:00 和 17:00。

老熟幼虫在入土化蛹前数小时停止取食，多从棉株上滚落到地面。在原落地处 1m 范围内寻找较为疏松干燥的土壤钻入化蛹，因此在棉田畦梁处入土化蛹最多。

各虫态历期：卵 3 ～ 6d，幼虫 12 ～ 23d，蛹 10 ～ 14d，成虫寿命 7 ～ 12d。

9.2.1.4　防治措施

1. 农业防治

结合种植业结构的调整，实行棉花集中连片种植，尽可能减少棉花与其他作物间隔种植，减少棉田内间、套种作物的面积和种类。因地制宜地选择适合本地区栽培，且抗虫性能好的品种。

冬闲地要及时冬耕春翻，以降低棉铃虫越冬蛹的成活率。春熟作物如油菜、小麦等在开春前后应进行翻耕，棉苗移栽后要及时中耕，蕾期结合埋肥进行深中耕，既可除去田间杂草，有利于棉株生长，又可杀死部分越冬代及 1 代和 2 代蛹。7 ～ 8 月，通过前期的冬耕春翻，结合抗旱灌水，可提高 3 代和 4 代蛹的死亡率。

结合棉花的栽培管理，及时除去棉花的空枝、叶枝，摘去棉株顶心、边心，抹去赘芽等，可除去部分幼虫和卵。叶面喷施 1% ～ 1.5% 过磷酸钙浸出液或磷酸二氢钾浸出液，降低棉田的落卵量和幼虫存活率。

有针对性地使用助壮素，调控棉花的株高，一方面减少田间施药操作难度，提高施药质量和防治效果；另一方面直接降低田间虫、卵量，减轻为害程度。

2. 生物防治

棉花生长前期病虫害的防治，应选择专一性较强的药剂，严格按防治标准施药，局部挑治，尽可能推迟棉田第一次大面积喷药时间，有助害虫天敌群落的及早建立与稳定发展。

改变施药方法，实行局部施药、隐蔽施药（如采用高浓度药液滴心防治棉蚜和 2 代棉铃虫；结合棉苗移栽时的基肥和蕾肥施用进行药肥混合埋施，防治棉蚜、棉盲蝽和 2 代棉铃虫等）。

3. 物理机械防治

在各代发蛾盛期，用杀虫灯、杨柳树把、棉铃虫性引诱剂等诱杀成虫，降低棉铃虫田间落卵量和卵的孵化率。在各代的后期，捕捉田间棉铃虫的幼虫，既减轻当代的为害，又可降低下一代的发生基数。

4. 化学防治

防治指标：抗虫棉以幼虫为标准，即百株低龄幼虫 10 条；非抗虫棉以卵为标准，2 代为当日百株卵量 30 粒，其余各代为当日百株卵量 20 粒。

药剂及使用方法：选用 5% 氟铃脲乳油或 5% 氟啶脲乳油、40% 毒死蜱乳油、20% 丙溴磷乳油、1% 甲氨基阿维菌素苯甲酸盐微乳剂、50% 辛硫磷乳油或棉铃虫核型多角体病毒等兑水均匀喷雾。

9.2.2　棉蚜

棉蚜俗称腻虫，为世界性棉花害虫。中国各棉区都有发生，是棉花苗期的重要害虫之一。寄主植物除棉花外，还有石榴、花椒、木槿、鼠李、瓜类等。参见图 9-7。

图 9-7　棉蚜

9.2.2.1 形态特征

棉蚜翅胎生，雌蚜体长不到2mm，身体有黄、青、深绿、暗绿等色。触角约为身体一半长。复眼暗红色，腹管黑青色，较短，尾片青色。有翅胎生蚜体长不到2mm，体黄色、浅绿色或深绿色。触角比身体短。翅透明，中脉三叉。卵初产时橙黄色，6d后变为漆黑色，有光泽。卵产在越冬寄主的叶芽附近。无翅若蚜与无翅胎生雌蚜相似，但体较小，腹部较瘦。有翅若蚜形状同无翅若蚜，2龄出现翅芽，向两侧后方伸展，端半部灰黄色。

9.2.2.2 为害特点

棉蚜以刺吸式口器在棉叶背面和嫩头部分吸食汁液，使棉叶畸形生长，向背面卷缩。受害叶片叶表有蚜虫排泄的蜜露（油腻），并往往孳生霉菌。棉花受害后植株矮小、叶片变小、叶数减少、根系缩短、现蕾推迟、蕾铃数减少、吐絮延迟。

9.2.2.3 生活史及习性

除华南棉区局部地方外，棉蚜在全国大部分棉区以卵在越冬寄主上过冬。每年发生十几到三十几代，由北往南代数逐渐增加。越冬寄主主要有花椒、木槿、鼠李、石榴、蜀葵、夏枯草、车前草、菊花、苦丁菜等。早春卵孵化后先在越冬寄主上生活繁殖几代，到棉田出苗阶段产生有翅胎生雌蚜，迁飞到棉苗上为害和繁殖。当被害苗上棉蚜过多而拥挤时，棉蚜再次迁飞，在棉田扩散，南北不同棉区迁飞次数不一致，一般为1～3次。晚秋气温降低，棉蚜从棉花上迁飞到越冬寄主上，产生雌、雄蚜，交尾后产卵过冬。棉蚜在棉田的为害有苗蚜和伏蚜两个阶段。苗蚜发生在棉花出苗到现蕾前，适宜偏低的温度，气温超27℃时繁殖受到抑制，虫口数迅速下降。伏蚜主要发生在7月中下旬到8月，适宜偏高的温度，在27～28℃下大量繁殖，当平均气温高于30℃时虫口数才迅速下降。大雨对蚜虫虫口数有明显的抑制作用，因此多雨的气候不利于蚜虫发生。而时晴时雨天气有利于伏蚜虫口数增长。苗蚜10多天繁殖一代，伏蚜4～5d就繁殖一代。每头成蚜有10多天繁殖期，共产60～70头仔蚜。棉蚜生长发育最适温度为24～28℃，平均气温高于29℃对棉蚜有抑制作用。降雨，一方面对棉蚜有冲刷作用；另一方面可增加田间湿度，蚜茧蜂寄生蚜量会增多，可抑制蚜的增加，同时高湿促进伏蚜传播蚜病。因此，在气温适宜范围内，降雨和高湿是抑制棉蚜种群数量的另一主导因素。

9.2.2.4 防治措施

1. 农业防治

清除越冬虫源。秋冬季棉秆粉碎后掩埋，铲除田边、地头杂草。在12月底和翌年3月中旬，组织技术人员对室内花卉和温室大棚彻底灭蚜，减少有翅蚜向田间的迁飞。

诱杀蚜虫。开春在温室大棚、居民区摆放黄色诱蚜板，防止棉蚜外迁。6月初在棉田四周摆放黄色诱蚜板，防止棉蚜向棉田迁飞。黄色诱蚜板的制作方法：采用50cm×50cm的纸板，双面刷上黄色漆，外包塑料膜，再涂上废机油即可。

实行棉麦套种。棉田中播种或地边点种春玉米、高粱、油菜等，招引天敌控制棉田蚜虫。

2. 化学防治

药剂拌种。可用3%呋喃丹颗粒剂20kg拌100kg棉籽，再堆闷4～5h后播种。也可用

10% 吡虫啉有效成分 50 ～ 60g 拌棉种 100kg，对棉蚜、棉卷叶螟防效较好。

药液滴心。40% 氧化乐果乳油 150 ～ 200 倍液，每亩用兑好的药液 1.0 ～ 1.5kg，用喷雾器在距棉苗顶心 3 ～ 5cm 高处滴心 1s，使药液似雪花盖顶状喷滴在棉苗顶心上即可。

药液涂茎。田菁胶粉 1g 或聚乙烯醇 2g，兑水 100mL 搅匀，于成株期涂在棉茎的红绿交界处，不必重涂，不要环涂。

喷雾防治。苗蚜，3 片真叶前卷叶株率 5% ～ 10%、4 片真叶后卷叶株率 10% ～ 20% 时，伏蚜，卷叶株率 5% ～ 10% 或平均单株顶部、中部、下部 3 叶蚜量 150 ～ 200 头时，及时喷药防治。药剂可选用 40% 毒死蜱乳油、4.5% 高效氯氟氰菊酯、22% 噻虫·高氯氟微囊悬浮剂、30% 氰戊 · 辛硫磷等。

9.2.3　棉叶螨

棉叶螨又称棉花红蜘蛛，我国各棉区均有发生，除为害棉花外，还为害玉米、高粱、小麦、大豆等，寄主广泛。棉叶螨主要在棉花叶片背部刺吸汁液，使叶片表现出黄斑、红叶和落叶等为害症状，形似火烧，俗称“火龙”。暴发年份，造成大面积减产，甚至绝收。它在棉花整个生育期都可为害。

9.2.3.1　形态特征

棉叶螨主要分为朱砂叶螨、二斑沙螨和截形叶螨。朱砂叶螨卵圆球形，初产时无色、透明，渐变为锈红色至深红色；幼螨体近圆形，体色浅红，稍透明，足 3 对；若螨体椭圆形，深红色，体侧出现深色斑点，足 4 对；雌螨背面呈卵圆形，红色，无季节性变化，眼前方淡黄色，体两侧有 2 对黑斑，前面 1 对较大；雄成螨背面观呈菱形，体红色或淡红色，阳茎的远侧突较尖利，近侧突较圆钝。截形叶螨和二斑沙螨外部形态与朱砂叶螨十分相似，只能依据雄虫的生殖器官来区分。参见图 9-8。

图 9-8　棉叶螨及其为害症状

9.2.3.2　为害特点

受害初期棉叶正面出现黄白色斑点，3d 以后斑点面积扩大，斑点变密，叶片开始出现红褐色斑块（单是截形叶螨为害，只有黄色斑点，叶片不红）。随着为害加重，棉叶卷曲，最后脱落，受害严重的，棉株矮小，叶片稀少甚至光秆，棉铃明显减少，发育不良。

天气是影响棉叶螨发生的首要条件。高温干旱、久晴无降雨，棉叶螨将大面积发生，造成叶片变红，落叶垮秆。而大雨、暴雨对棉叶螨有一定的冲刷作用，可迅速降低虫口密度，抑制和减轻棉叶螨为害。

9.2.3.3 生活史及习性

棉叶螨的1年发生代数因地区气候条件不同而异。在辽宁1年发生12代左右，华北棉区12～15代。于10月中下旬雌成螨由棉田迁至杂草、土缝、干枯的棉叶、棉秆、树皮下等处吐丝结网，群集越冬。通常以间作套种棉田内和靠近棉田的渠边、路边的杂草根际越冬虫口密度最大。翌年2月下旬至3月初，当日平均气温达5～7℃时，越冬螨开始出蛰活动。3月底气温达10℃以上时，卵开始孵化。4月底至5月初出现1代成螨，在早春寄主上取食繁殖1～2代。5月上旬开始迁入棉田，初期点片状发生，以后蔓延到全田。6～8月进入发生为害盛期。一般年份，棉田6月上旬出现第一次螨量高峰，6月下旬出现第二次螨量高峰，7月下旬至8月初阴雨季来临，降雨频繁，螨群密度骤降，如持续干旱，8月仍可出现第三次螨量高峰。9月中旬气温下降，棉株衰老后，迁到晚秋寄主上为害，并准备越冬。

棉叶螨发育历期的长短与温度关系较大。温度16～20℃时，完成1代所需时间平均为19～29d；温度22～28℃时，10～13d完成1代；28℃以上时只需7～8d。

9.2.3.4 防治措施

1. 农业防治

棉花收获后，及时清除田间的棉秆、枯叶和杂草，并及时秋耕冬灌（以深16～20cm为好），同时破除田埂，减少棉叶螨的越冬虫口基数。

合理轮作倒茬，间作、套作，避免连作及与大豆、芝麻、玉米、瓜类等棉叶螨寄主作物间作套种。安排好棉田边的邻作，减少棉叶螨喜好寄主的种植面积，棉田周围以种单子叶植物为好。

选用抗螨品种，合理使用氮、磷、钾肥，促进棉株健壮生长，控制螨害。

2. 化学防治

在棉叶螨点片状发生时，及时采取措施进行点片药剂喷雾防治，控制害螨进一步蔓延和为害。喷雾时应使用专用杀螨剂，先喷外围，逐渐向内圈收缩。可选药剂有73%炔螨特乳油、1.8%阿维菌素乳油、氧乐果、乙唑螨腈等。

9.2.4 棉盲蝽

棉盲蝽是棉花上的主要害虫，在我国棉区为害棉花的盲蝽有5种：绿盲蝽、苜蓿盲蝽、中黑盲蝽、三点盲蝽、牧草盲蝽。其中，绿盲蝽分布最广，数量最多。棉盲蝽的寄主植物非常广泛，主要为害棉花、枣树、葡萄、玉米等作物。参见图9-9。

图9-9 棉盲蝽（a）及其为害症状（b）

9.2.4.1　形态特征

绿盲蝽成虫体长5mm，除前翅膜质部暗灰色外，全体绿色，前胸背板上有许多小黑点，触角比身体短，小盾片黄绿色；卵长口袋形，产于植物组织内，黄绿色，卵盖乳黄色，中央凹陷，两端稍凸起，无附属物；初孵若虫黄绿色，复眼红色，触角、喙和足末端均黑色；5龄若虫鲜绿色，全身被黑色细毛，翅蚜尖端黑色达腹部第4节，复眼灰色。中黑盲蝽体长7mm，全体黄褐色，前胸背板中央有两个较小的黑色圆点，前翅膜质部淡灰白色，触角比身体长，小盾片黑色；卵长口袋形，产于植物组织内，淡黄色，卵盖有黑色斑，边上有一根丝状附属物；初孵若虫全体绿色，5龄时深褐色，有黑色刚毛，头部赭褐色，腹部中央色较浓，触角赭色。

9.2.4.2　为害特点

棉盲蝽对棉花的为害时间很长，从幼苗一直到吐絮期，为害期长达3个月，以棉花花铃期3代棉盲椿为害最为严重。棉盲蝽以成虫、若虫刺吸棉株汁液，造成蕾铃大量脱落、破头叶和枝叶丛生。棉株不同生育期被害后表现不同，子叶期被害，表现为枯顶；真叶期顶芽被刺伤则出现破头疯；幼叶被害也出现破叶疯；幼蕾被害则由黄变黑，2～3d后脱落；中型蕾被害则形成张口蕾，不久即脱落；幼铃被害伤口处出现水渍状斑点，重则僵化脱落；顶心或旁心受害，形成扫帚棉。

9.2.4.3　生活史及习性

棉盲蝽均以卵在寄主植物组织内越冬。但种类不同，发生代数也不同。

绿盲蝽每年发生3～5代。越冬卵在3月中旬孵化，1代主要在苜蓿、蒿类植物上为害，4月下旬见成虫，6月上旬棉花现蕾时2代成虫迁入棉田，直至棉花吐絮无嫩头时才迁到其他植物上为害，11月开始以卵越冬。主要是3代、4代为害棉花较重。

三点盲蝽每年发生3代，以卵在洋槐、加拿大杨、柳、榆、杏等树皮内越冬。5月上旬开始孵化，后迁入棉田为害。越冬代成虫5月下旬至6月上旬羽化；1代7月中旬羽化；2代8月下旬羽化，后期世代重叠。其将卵产于棉花的叶柄与叶片相接处，其次为叶柄及主脉附近。白天成虫在向日葵、玉米、大麻等花内取食。

苜蓿盲蝽和中黑盲蝽发生世代与发生期基本相同。越冬卵翌年4月中旬进入盛孵期，2代、3代为害棉花较重。越冬代5月中旬羽化，1代7月上旬羽化，2代8月上旬羽化，3代9月中旬羽化。

成虫怕阳光、喜阴湿，但有趋光性，活泼，喜在幼嫩叶片、嫩茎苞叶及多蕾的植株上产卵和为害。

9.2.4.4　防治措施

1. 农业防治

（1）加强管理

合理密植，平衡施肥。实施氮、磷、钾配方施肥，增施生物肥料及微肥，切忌偏施氮肥，以防棉花生长过旺。棉花生长期出现多头苗时及早进行人工整枝，去丛生枝，留1～2枝壮秆，使棉株加快生长补偿损失。尽量不在棉田四周种植油料作物、果树等越冬虫源寄主。

（2）切断早春虫源

棉花收获后及时拔去棉秆，冬季和早春清除棉田内、田埂、路边、沟边的杂草，集中深埋或烧毁，防止越冬卵孵化。

2. 化学防治

棉盲蝽的抗药性弱，一般在 6 月至 7 月初，可以用药剂防治，适用的药剂有 2.5% 溴氰菊酯乳油、20% 氰戊菊酯乳油。要每隔 5 ～ 7d 喷一遍药，并做到以上药物交替使用，以提高防治效果。6 月上旬棉盲蝽进入为害盛期，应连续喷药 2 ～ 3 次。防治关键期为若虫期，在 9:00 以前或 17:00 以后用药防治，所有棉田进行统一防治，以防止成虫窜飞。

9.2.5 棉大卷叶螟

棉大卷叶螟属于鳞翅目螟蛾科，在中国，除宁夏、青海、新疆外，其余省份均有分布。主要为害苋、蜀葵、黄蜀葵、棉花、苘麻、芙蓉、木棉等作物。幼虫为害大花秋葵叶片，严重时仅留茎枝残叶，甚至整株死亡。

9.2.5.1 形态特征

成虫：体长 10 ～ 14mm，翅展 22 ～ 30mm。体淡黄色，头、胸部背面有 4 行棕黑色小点，腹部各节有黄褐色带。触角丝状。前、后翅外横线、内横线褐色，呈波纹状，外缘线和亚外缘线波纹状，缘毛淡黄色。卵椭圆形，扁平，长约 0.12mm，初产时乳白色，孵化前浅绿色。幼虫共 5 龄，体长约 25mm，淡青绿色，化蛹前变成桃红色，全身具稀疏长毛，胸足、臀足黑色，腹足半透明。蛹体长 13 ～ 14mm，红褐色。

9.2.5.2 为害特点

幼虫卷叶成圆筒状，藏身其中食叶成缺刻或孔洞。严重的吃光棉叶，继续为害棉铃内苞叶或嫩蕾，影响棉株生长发育。

9.2.5.3 生活史及习性

在东北地区 1 年发生 2 ～ 3 代，华北地区 3 ～ 4 代，长江流域 4 ～ 5 代。各地均以老熟幼虫在棉秆或地面枯卷叶中越冬，棉田附近老树皮裂缝中亦有。翌年春天化蛹，长江流域一般在 4 月下旬。各地各代成虫发生期由北向南逐渐提前。1 代在其他寄主如苘麻、木槿上为害，2 代有少量迁入棉田，以后数代均可在棉田内为害。

成虫白天不大活动，受惊扰时才稍稍移动，19:00 开始活动，21:00 ～ 22:00 活动最盛，有趋光性。成虫寿命 3 ～ 10d，平均 7d。卵散产于叶背，靠叶脉基部最多。卵粒在主茎中、上部分布较多。单雌可产卵 70 ～ 200 粒。卵历期各代不等，一般 3 ～ 5d。幼虫一般 5 龄，少数 6 ～ 7 龄，历期 14 ～ 22d。1 ～ 2 龄幼虫聚集在叶背取食，保留叶的上表皮，3 龄后分散，并能吐丝将叶片卷成喇叭筒形，在筒内取食，并将粪便排泄在筒内。发生重时，1 个叶筒内多达数头幼虫，一片叶吃光后可转移为害其他叶片，甚至将叶片吃光后还可转害蕾铃苞叶或嫩蕾。幼虫老熟后化蛹于卷叶内。化蛹时吐丝系在尾端并黏于叶上。

春、夏干旱，秋季多雨年份发生最多，为害最重。凡靠近村庄、树林等避风的地方发生较多。

9.2.5.4　防治措施

1. 农业防治

冬天深耕灌溉，清除枯枝、落叶及杂草，可消灭大部分越冬虫源。在棉田管理时，幼虫卷叶结包时捏包灭虫。

2. 化学防治

种子处理：用 70% 吡虫啉水分散粒剂有效成分 50 ～ 60g 拌棉种 100kg，播后 2 个月内对棉大卷叶螟防效优异，而且兼治棉蚜。

药剂防治：产卵盛期至卵孵化盛期，用 40% 毒死蜱乳油，或 25% 喹硫磷乳油，或 50% 辛硫磷乳油，或 50% 甲萘威可湿性粉剂，喷雾处理；在幼虫 3 龄（开始卷叶）以前，用 90% 晶体敌百虫，或 4.5% 高效氯氰菊酯乳油，喷雾防治。

9.3　棉田主要杂草及防治

9.3.1　棉田主要杂草

棉花采用宽窄行种植，苗期温度低，生长缓慢，封行时间迟，杂草出苗为害时间长，加上棉花生长季多高温多雨，杂草种类多，数量大。由于土壤湿度大，人工除草费工费时，而机械除草又难以进行，因此，管理不及时容易造成草荒。全国农田杂草考察组的调查结果显示，我国棉花产量因杂草为害损失 14.8%，全国每年皮棉因草害约减产 25 万 t。

各个棉区的杂草种类因地理位置、生态环境、栽培制度不同而不同。黄淮海棉区是我国最大的产棉区，棉田主要杂草有马唐（图 8-13）、牛筋草（图 8-14）、狗尾草（图 9-10）、莎草、画眉草（图 9-11）、马齿苋（图 8-17）、藜（图 6-20）、铁苋菜（图 9-12）、反枝苋（图 9-13）、凹头苋（图 9-14）、旱稗、小蓟草、鳢肠（图 9-15）、田旋花（图 9-16）和打碗花等。

长江流域棉区也是我国主要产棉区之一，该区气候温和，降水量大，尤其是棉花苗期正遇梅雨季节，草害十分严重。棉田主要杂草有马唐、千金子（图 9-17）、牛筋草、画眉、稗、鳢肠、碎米莎草、小藜和牛繁缕等。其他棉田杂草参见图 9-18 ～图 9-21。

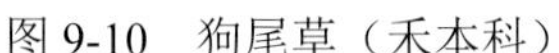

图 9-10　狗尾草（禾本科）

图 9-11　画眉草（禾本科）

图 9-12　铁苋菜（大戟科）

图 9-13　反枝苋（苋科）

图 9-14　凹头苋（苋科）

图 9-15　鳢肠（菊科）

图 9-16　田旋花（旋花科）

图 9-17　千金子（大戟科）

图 9-18　酸模叶蓼

图 9-19　香附子

图 9-20　苘麻（锦葵科）

图 9-21　灰绿藜（藜科）

9.3.2　棉田杂草的区域划分

由于各棉区的地理位置、生态条件和作物栽培制度不同，因此，杂草的种类和群落也各不相同。我国五大棉区中主要杂草发生情况如下。

1. 长江流域棉区

地处亚热带，气候温和，雨量充沛，土壤肥力高，日照条件稍差，棉田耕作制度较复杂，农作物一年二熟或三熟。露地直播面积逐步缩小，地膜直播和营养钵移栽面积达 80% 以上。不论是旱粮棉区还是水旱棉区，多以麦棉套作为主，近年来长江中下游地区正逐步扩大麦后移栽棉。杂草种类多，由于该区气候温和，降水量大，尤其是棉花苗期正遇梅雨季节，草害十分严重，以喜温喜湿性杂草占优势。出现频率较高的杂草主要有马唐（75.2%）、千金子（68.7%）、凹头苋（61.2%）、稗（47.8%）、马齿苋（46%）、鳢肠（10% ～ 82%）、铁苋菜（24% ～ 68%）、通泉草（8% ～ 62%）、酸模叶蓼（33%），牛筋草、狗尾草、双穗雀稗、狗牙根、小蓟草、苘麻、空心莲子草、泽漆、香附子和扁秆藨草等也较多发生。以千金子、牛繁缕和空心莲子草等为主组成许多杂草群落，主要有千金子+牛繁缕+马唐、马唐+牛筋草+香附子、马唐+千金子+稗、马唐+牛筋草+千金子、空心莲子草+鳢肠等。5 月中旬左右为第一出草高峰，6 月中旬至 7 月初形成第二出草高峰。

2. 黄河流域棉区

气温比长江流域棉区低，日照较为充足，降水量较少，土壤肥力中等。棉田耕作制度有营养钵（块）育苗移栽、露地直播和地膜直播，近年来麦棉套作（麦套移栽和麦套直播）占较大面积，还有一小部分麦后移栽棉。以喜凉耐旱的杂草为主，优势杂草的出现频率为牛筋草 72%、马唐 36% ～ 62%、马齿苋 10% ～ 87.5%、凹头苋 30.7% ～ 67.3%、藜和酸模叶蓼 40% 以上，苍耳、萹蓄、旱稗、小蓟草、狗尾草、反枝苋、铁苋菜、田旋花和香附子等也多有发生。主要杂草群落有马唐+狗尾草+马齿苋、香附子+马唐+田旋花、田旋花+马唐+狗尾草+牛筋草、马唐+香附子+反枝苋+马齿苋、藜+马唐+龙葵+马齿苋、牛筋草+马唐+马齿苋、香附子+狗尾草+马唐、马唐+牛筋草+铁苋菜等。5 月中下旬形成第一出草高峰，7 月随雨季的到来形成第二出草高峰。

3. 西北内陆棉区

完全是大陆性气候，昼夜温差大，光照充足，降水量少，纯属灌溉农业区，以耐旱耐盐的杂草为主。新疆棉垦区报道有杂草 20 科 56 种，发生量大的主要杂草有禾本科的马唐、稗、狗尾草、画眉草、金色狗尾草、芦苇、藜、灰绿藜、小藜、苍耳、田旋花、苘麻、野西瓜苗、反枝苋、凹头苋和龙葵等；据库尔勒调查，出现频率较高的主要有田旋花（90%）、灰绿藜（76.4%）、反枝苋（70%）、野西瓜苗（90%），马唐、萹蓄、苍耳、芦苇、扁秆藨草的发生频率在10%以下。主要杂草群落有田旋花+野西瓜苗+灰绿藜、灰绿藜+稗+芦苇、反枝苋+野西瓜苗+田旋花、芦苇+灰绿藜+稗、马唐+田旋花+灰绿藜等。

4. 北部特早熟棉区

降水量少，日照充足，热量稍差。主要杂草为稗、马唐、铁苋菜、鸭跖草、荞麦蔓、苍耳、马齿苋、反枝苋、藜、酸模叶蓼等。部分主要杂草的出现频率为马唐100%、铁苋菜56%、苍耳54%、酸模叶蓼34%、狗尾草31%、葎草28%等。

5. 华南棉区

由于雨日多，温度高，无霜期长，日照不足，土壤属酸性又较黏重，杂草种类比较复杂，为害严重。主要杂草有稗、马唐、千金子、胜红蓟、香附子、辣子草、蓼等。

9.3.3 棉田杂草的发生规律

9.3.3.1 露地直播棉田杂草发生特点

这类棉田从播种到棉花成熟时间长，封行前在田间生长约两个半月或更长时间，是杂草为害的主要时段。江苏省各棉区由于播种时间早晚不一、土壤湿度与降水量不同、气温回升时间不同，田间出草规律也有很大差异。

棉花播种后，一般有3个出草高峰。

第一个出草高峰在5月上中旬，主要是马唐、芒稷、旱稗、狗尾草、苘麻、苍耳、藜、苋、萹蓄、打碗花、田旋花等，这时的出草量不太大，出草持续10～15d。此时棉苗小，杂草生长条件好，容易发生草害。但是，如在播种期施药，此时正值药效高峰期，对这批杂草尚易控制。

第二个高峰在梅雨期，主要有牛筋草、马唐、画眉、狗牙根、鳢肠、小蓟草、苦荬、蒲公英、苘麻、龙葵、灯笼草、铁苋菜、地锦、藜、地肤子、苋、青葙、马齿苋、香附子等，这时如遇正常的梅雨，出草量大，持续时间可达20d左右，但遇空梅年份，出草量则不太大。此时气温高、土壤湿度大，杂草营养生长旺盛，播后施用的除草剂药效已处于消退期，如不及时防除，极易引发棉田草荒。

第三个出草高峰在7月末至8月上旬，这一时期出草量较少，持续时间仅10d左右，主要是牛筋草和少量狗尾草。此时棉花已经封行，杂草对棉花生长影响不大。

9.3.3.2 地膜直播棉田杂草发生特点

地膜直播棉田覆盖地膜后，膜内耕作层地温与土壤含水量都高于膜外露地，与露地直播棉田相比，棉花及杂草的出苗均大大提前，且出苗集中。杂草萌发通常只有一个高峰，一般在盖膜后半个月左右即进入出草高峰期，盖膜后30～35d，出草量即可占棉花生长期内总出草量的80%～90%。

9.3.3.3　移栽棉田杂草发生特点

（1）苗床杂草

制作营养钵及盖种均取土于表层，带有大量杂草种子，播种盖膜前又浇施了充足的水分，盖膜后苗床形成了高温高湿的特殊环境。因此，苗床中杂草发生早，一般在盖膜后 10 ～ 15d 出现出草高峰；出草量大，苗床杂草量比直播田多 4 ～ 5 倍；出草集中，出草高峰出现后苗床出草量相对减少，在苗床揭膜降湿后，随土壤湿度降低，出草量也迅速下降。

（2）移栽大田杂草

棉苗移栽后，在棉花大田一般也有 3 个出草高峰：第一个出草高峰在 5 月上中旬，以马唐、狗尾草、芒稷、旱稗、苍耳、小蓟草、藜、萹蓄、打碗花、苘麻等为主；第二个出草高峰出现在 6 月中下旬至 7 月上旬，时值梅雨天气，空气湿度大，土壤含水量高，马唐、狗尾草、牛筋草、画眉草、鳢肠、小蓟草、铁苋菜、地锦、藜、苋、青葙、香附子等大量萌发，如防除失时，常易发生棉田草荒；第三个出草高峰常出现在 8 月上旬，此时出草量不大，以牛筋草、狗尾草为主。

9.3.4　棉田杂草的化学防治方法

由于我国棉区类型多，耕作制度复杂，不同地区棉田的杂草优势种和群落构成有很大差异，但棉田杂草化学防治要保证以下几点：①在有较好化学除草基础的棉区，所选用的除草剂应一次施药能同时有效防治单、双子叶两类杂草；在化学除草基础薄弱的棉区，应重点防治单子叶杂草，兼除部分双子叶杂草。②所选用的除草剂品种一定要对棉花安全，避免直接药害、间接药害和隐性药害的产生。③施药方法目前以土壤处理封闭除草为主，苗后施药的除草剂要有较高的选择性，对杂草要有较强的灭生性。④除草剂的田间持效期，在营养钵育苗的苗床和地膜覆盖棉田从盖膜后维持到杂草基本出齐，在直播棉田和移栽棉田维持到蕾花期，若能维持到棉花封行时，那么一次施药便可保证棉花整个生育期不受杂草危害，达到理想的除草效果。棉田杂草的化学防除应根据棉花的栽培方式和施药时期不同而采用不同的方法。

9.3.4.1　棉花苗床除草技术

由于棉花苗床选用肥沃的表层土育苗，因此杂草种子含量高，加之苗床经地膜覆盖后，形成高温高湿的环境条件，杂草出土早而集中。一般在盖膜 5d 后开始出草，10 ～ 15d 后进入出草高峰，因此要在播种后立即施药。由于苗床播种时盖土较浅，因此选择性差和水溶性大的土壤处理剂不宜使用。而禾耐斯、都尔、氟乐灵和伏草隆等对棉苗比较安全。

棉花苗床化学除草，常在播种覆土后，每亩用 90% 禾耐斯乳油 40 ～ 50mL，或用 72% 都尔乳油 80mL，兑水均匀喷雾。这两种除草剂对棉苗安全，对禾本科杂草有特殊防治效果，禾耐斯乳油对部分阔叶杂草也有一定防治效果。

若棉花播后苗前没来得及施用除草剂，以禾本科杂草为主的苗床，可在棉花炼苗时，用收乐通、高效盖草能、精稳杀得、精禾草克或拿捕净进行茎叶处理，用药量比常规用量减少一半即可。

棉花幼苗期，遇低温、多湿、苗床积水或药量过多，易受药害，因此，应严格控制施药量，不宜过大。对于苗床，一定要以苗床实际面积计算用药量，且需分床配药、分床使用，千万不要一次配药多床使用，以免造成苗床因用药量多少不均匀而产生药害。苗床使用除草剂后，需加强管理，保持苗床温度 25 ～ 30℃，防止高温造成高脚苗或产生药害。

9.3.4.2　地膜覆盖棉田杂草化学防除

在棉花播种覆膜后或覆膜移栽后，由于地膜的密闭增温保墒作用，膜内耕作层的墒情好，温度较高且变化小，非常有利于杂草的萌发，因而杂草出苗早而集中。土壤墒情正常情况下，覆膜后 5 ～ 7d 杂草开始出苗，在 15d 左右达到出苗高峰。即便土壤墒情较差，只要棉花能正常出苗，杂草在覆膜后 25d 内也会达到出苗高峰。一般出草高峰期比露地直播棉田早 10d 左右，出草结束期早 50d 左右。若不施药防治，杂草往往还能顶破地膜旺盛生长，危害更大。因此，地膜覆盖栽培必须与化学除草相结合。由于地膜覆盖棉田杂草出苗快，时间短，出苗数量集中，因此覆膜前一次施药即可获得理想的除草效果。再者，膜内的高温高湿条件有利于除草剂药效的充分发挥，因此除草剂的使用剂量可比露地直播棉田减少 30% 左右，并且选用的除草剂杀草谱要广，但田间持效期不必很长。目前，地膜覆盖棉田常用的土壤处理除草剂有乙草胺、二甲戊灵、氟乐灵、甲草胺、扑草净、伏草隆、乙氧氟草醚等。

地膜覆盖棉田还可用适宜棉田使用的除草剂单面复合地膜，即地膜的一面附着有一层选择性芽前处理除草剂，其除了具有一般地膜的增温保墒功能，还具有良好的除草功能。地膜上的除草剂在盖膜后 3 ～ 5d，即随凝聚在地膜上的水分滴落至土壤表面，形成一定浓度的药剂处理层，进而杀死刚萌发的杂草。主要防治单子叶杂草，对双子叶杂草也有一定的兼治作用。用除草地膜覆盖棉田，不仅节省了喷施除草剂的时间，而且有抑盐、保墒、保肥、抗风、耐侵袭等作用。但需注意，地膜覆盖时，要求土壤平、细，使地膜紧贴地面，这样才能提高药效。棉苗出土后应及时破膜，防止棉苗发生药害。

9.3.4.3　露地直播棉田杂草化学防除

一般情况下，露地直播棉田播种前均要翻耕平整土地，因此，播种前或播后苗前利用土壤处理除草剂进行杂草防治是一个最有利、最关键的时期，并且应该根据当地田间常见杂草种类和发生情况，选择合适的除草剂。

以禾本科为主要杂草的棉田可选用乙草胺、仲丁灵、氟乐灵、精异丙甲草胺进行喷雾防治。

9.3.4.4　免耕棉田杂草防除技术

免耕是在前作收获后不耕翻土壤，直接开沟播种的轻型保护性耕作技术。免耕棉播后苗前，为防除前茬作物田仍在生长的残存杂草，减轻其对栽培作物的危害，为栽培作物创造良好的生长环境，化学除草是重要保障措施。一年生杂草和多年生杂草混生的农田，可用草甘膦处理。由于草甘膦是灭生性除草剂，施药时必须注意风向风速，压低喷头喷雾，以免对作物产生药害。

9.4　航空施药防治棉花病虫害实例

9.4.1　研究实例一：国家精准农业航空施药技术国际联合研究中心研究农用无人机喷施棉花脱叶催熟剂概况

9.4.1.1　基本情况

自 2014 年起，国家精准农业航空施药技术国际联合研究中心在国家产业技术体系棉花田间管理岗位专家兼中心主任兰玉彬教授的亲自带领下，每年均在新疆多地多次开展使用农用无人机喷施棉花脱叶催熟剂的应用技术研究。国家精准农业航空施药技术国际联合研究中心主要从以下几方面对农用无人机喷施棉花脱叶催熟剂进行了研究：①农用无人机低空低量喷雾，雾滴在棉花冠层的沉积分布；②不同施药液量对棉花脱叶催熟效果的影响；③农用无人机喷施脱叶催熟剂减量施药研究；④低容量高浓度喷施脱叶催熟剂对棉花纤维品质和产量的影响；⑤农用无人机喷施棉花脱叶催熟剂的飘移研究；⑥不同农用无人机机型对棉花脱叶催熟效果的影响；⑦农用无人机和传统喷施机械喷施棉花脱叶催熟剂的作业效率。

9.4.1.2　代表性田间试验研究

2019 年 5 ～ 10 月，国家精准农业航空施药技术国际联合研究中心师生在新疆石河子开展了棉花水肥遥感监测、病虫害遥感监测、产量预测、棉花品质预测及农用无人机喷施脱叶催熟剂等试验（图 9-22）。

图 9-22　国家精准农业航空施药技术国际联合研究中心在田间开展试验研究

2018 年 9 月，国家精准农业航空施药技术国际联合研究中心在新疆石河子开展了农用无人机喷洒棉花脱叶催熟剂及雾滴穿透飘移性试验，内容包括雾滴冠层穿透性、雾滴飘移量及棉花脱叶催熟效果影响因素三部分，重点为雾滴的穿透性及棉花中下部的脱叶率。

2017 年 9 月，国家精准农业航空施药技术国际联合研究中心在新疆石河子开展了诸因素对农用无人机喷洒棉花脱叶催熟效果影响的试验，分别探究喷液量、药剂类型、喷雾助剂类型等对棉花脱叶催熟效果的影响，同时选用地面机械作为对比，分析了农用无人机的脱叶催熟效果。一起参与本次试验的单位还包括山东理工大学、石河子大学、安阳全丰航空植保科技股份有限公司、深圳高科新农技术有限公司、新疆疆天航空科技有限公司，以及多家喷雾助剂生产公司。

2016 年 9 月，国家精准农业航空施药技术国际联合研究中心在新疆石河子北泉镇参与并组织了新疆棉花脱叶催熟剂联合飞防测试，并开展了农用无人机精准农业航空试验，联合测试内容包括棉花脱叶催熟剂穿透性测试、脱叶催熟剂脱叶催熟效果测试等，为参加测试的农用航空植保企业提供的测试机型筛选出适合喷洒棉花脱叶催熟剂的参数和施药技术，为测试企业在航空植保领域的可持续发展提供科学依据。试验首先用无人机对棉田进行了可见光信息采集，然后使用多旋翼无人机搭载多光谱相机和北斗定位系统对施药前后的棉田进行多次多光谱信息采集与坐标采集，制作了处方图，还对比了棉花喷施脱叶催熟剂后不同时间的脱叶效果（图 9-23）。

图 9-23　2016 年新疆石河子棉花脱叶催熟剂飞防试验

2015 年 9 月，应新疆生产建设兵团邀请，国家精准农业航空施药技术国际联合研究中心在新疆石河子新疆生产建设兵团第八师 121 团 4 连组织开展了使用农用无人机喷施棉花脱叶催熟剂的综合试验。此次棉花脱叶催熟剂喷施试验，由华南农业大学农业航空团队制定喷施方案，并组织无人机企业参加。试验邀请了国内生产三种典型农用无人机的著名企业参与测试，包括广州极飞科技股份有限公司（电动多旋翼无人机）、新疆高科新农航空技术有限公司（电动单旋翼无人机）与安阳全丰航空植保科技股份有限公司（油动单旋翼无人机）。试验在 121 团 4 连的两种棉花种植密度（8000 株 / 亩与 12 000 株 / 亩）田块中进行，在相同施药液量的条件下，对地面机械喷施效果与无人机喷施效果对比；分析无人机喷施药液雾滴在作物叶面沉积的情况与选择各类型无人机较佳的作业参数。此外，还利用华南农业大学自行组装研制的基于北斗导航系统的无人机作业信息获取系统与基于 Android 的低成本农田图像信息获取系统，开展无人机作业信息获取与田间农情图像信息采集试验。石河子市科学技术局作为共同组织方参加了这次试验，新疆生产建设兵团 121 团提供了场地和地面喷施机械。受邀参加试验的还有中国农业科学院棉花研究所石河子综合试验站、石河子大学、新疆农业大学等多家单位，参与试验人员近百人。

2014 年 9 月，兰玉彬教授带领团队师生在新疆昌吉州玛纳斯县开展了国内首次农用无人机喷施棉花脱叶催熟剂试验。试验主要目的在于评价农用无人机喷施棉花脱叶催熟剂后的脱叶率和吐絮率（图 9-24 和图 9-25）。

图 9-24　国内首次农用无人机喷施棉花脱叶催熟剂试验参加人员合影

图 9-25　农用无人机喷施脱叶催熟剂后棉花脱叶和吐絮效果
a. 药后 10d；b. 药后 17d

国家精准农业航空施药技术国际联合研究中心经过近几年的试验研究证明，无人机喷施棉花脱叶催熟剂具有良好的效果（图 9-25）。前几年的研究主要侧重于药剂使用量及施药参数（飞行高度、飞行速度等）对施药效果的影响等方面，2019 年度棉花脱叶催熟试验围绕遥感监测、施药决策模型建立、处方图生成、脱叶催熟效果评估等方面进行，旨在结合精准农业航空的思想，将农用无人机农药减施技术应用在棉花生产实践中。

通过与广大农用无人机企业、药剂企业、助剂企业及其他科研院所的合作，国家精准农业航空施药技术国际联合研究中心在推进农用无人机应用于棉花脱叶催熟剂喷施方面取得了显著成果，受到业界广泛关注。例如，2019 年 6 月，国家精准农业航空施药技术国际联合研究中心与国家航空植保科技创新联盟、中国农业科学院棉花研究所及拜耳作物科学（中国）有限公司，共同面对广大终端用户发布了《农用无人机喷施棉花脱叶催熟剂操作指南》，详细内容参见附录。

9.4.2　研究实例二：不同农用无人机在棉花上喷施农药的有效利用率测定

9.4.2.1　基本情况

国家航空植保科技创新联盟于 2016 年 7 月在新疆石河子市组织国内 11 家农用无人机企业联合开展了无人机施药棉花沉积试验、农药有效利用率测定试验。

9.4.2.2　试验材料

农药喷雾指示剂诱惑红（浙江吉高德色素科技有限公司），UV 2100 型紫外–可见分光光度计（北京莱伯泰科仪器股份有限公司），卷尺，尼龙绳，12 号自封袋，5 号自封袋，2L 量杯，剪刀，便携式电子秤，注射器，带滤膜 2mL 离心管，记号笔，口罩，手套等。

9.4.2.3　供试机型

参与测试的共有 10 架植保无人机，包括安阳全丰航空植保科技股份有限公司 3WQF120-12 型油动单旋翼，北京韦加智能科技股份有限公司 JF01-20 型四轴八旋翼，深圳高科新农技术有限公司 HB-Y-15L 型电动单旋翼，广州极飞科技股份有限公司 P20 型四旋翼，新疆天山羽人航空科技有限公司 3WDM8-20 型，深圳大疆创新科技有限公司 MG-1 型八旋翼，北方天途航空技术发展（北京）有限公司 M6A-PRO 型六旋翼，新疆疆天航空科技有限购本公司 JT-30 型电动 6 轴六旋翼，无锡汉和航空技术有限公司 3CD-15 型油动单旋翼，重庆金泰航空工业有限公司 JT-30 型四旋翼。

9.4.2.4 试验方法

1. 指示剂诱惑红标准曲线的绘制

准确称取诱惑红（精确至 0.0002g）于 10mL 容量瓶中，用蒸馏水定容，即得到质量浓度分别为 40mg/L、20mg/L、10mg/L、5mg/L、2.5mg/L、1mg/L、0.5mg/L 的诱惑红标准溶液。分别用紫外–分光光度计于波长 514nm 处测定其吸光度。每个浓度连续测定 3 次，取吸光度平均值对诱惑红标准溶液浓度作标准曲线。

2. 不同处理的雾滴有效沉积率

试验开始前，将一定量的诱惑红作为指示剂加入水中，水中添加的诱惑红的量为 675g/hm^2。田间小区试验结束 30min 后，在垂直飞机航线方向的位置取整株棉花植株，共取 9 点，重复两次。每点取棉花植株 1 株，将每株棉花苗放入自封袋内，测定时向自封袋中加入适量的蒸馏水，振荡洗涤 10min，使诱惑红完全溶解于水中。用紫外–分光光度计测定洗涤液在 514nm 处的吸光度（A）。

根据预先测定的诱惑红质量浓度与吸光度的标准曲线，计算洗涤液中诱惑红的质量浓度，继而计算每点的诱惑红总沉积量，选取 10 个 1m^2 的试验范围，调查该范围内的棉花株数，计算平均数，用试验面积除以棉花株数即可得到每株棉花所占的面积。用单位面积的施药量乘以每株棉花的面积即可得到每株棉花的理论施药量，最后计算出棉花田喷雾雾滴的有效沉积率。

设 10 个不同的处理，每个处理小区的宽度为每个植保机械 4 个喷幅的宽度，从喷幅一边每隔 1m 取样，取到喷幅另一边（图 9-26）。小区长度为 50m。

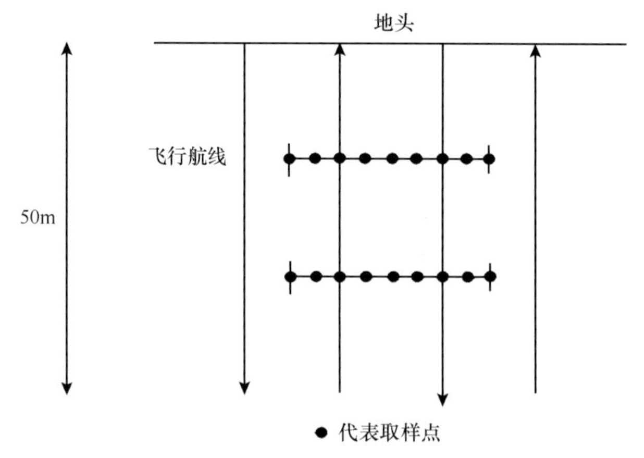

图 9-26 单个处理取样点示意图

9.4.2.5 结果与分析

试验结果表明：新疆棉花种植密度较大，同时在生长后期，棉花较高，冠层雾滴密度较大，药剂更多地沉积到作物靶标上，药剂流失较少，整株的雾滴沉积率基本都在 50% 以上（表 9-1）。从变异情况可知，雾滴沉积率整体的变异系数在 25% ～ 62%，不同飞行高度对雾滴沉积均匀性有较大的影响，从沉积均匀性角度来看，无人机施药还有很大的提升空间。

表 9-1　不同处理小区棉花上的雾滴沉积率

参数	A	B	C	D	E	F	G	H	I	J
沉积率 /%	64.30a	59.05a	60.17a	62.25a	58.07a	45.04a	50.98a	54.61a	42.79a	49.68a
变异系数 /%	25.73	61.39	46.10	31.20	31.13	47.97	39.53	46.83	57.28	55.01

9.4.3　研究实例三：植保无人机在新疆棉田喷施脱叶催熟剂测试结果评述

9.4.3.1　基本情况

新疆棉花的种植模式具有“矮、密、早”的特点，后期喷施脱叶催熟剂主要依赖拖拉机等地面大型施药机械。但拖拉机在田间作业过程中往往对棉株损伤较大，严重影响产量，因而近两年来应用无人植保机喷施脱叶催熟剂的技术逐渐兴起。

为了探明植保无人机在棉田喷施脱叶催熟剂的应用效果及其施药技术参数，规范指导植保无人机在棉田的作业方式，国家航空植保科技创新联盟组织多家植保无人机企业与国内相关科研院所及大专院校共 10 余家联盟单位，于 2016 年 9 月在新疆石河子开展了 4 种植保无人机喷施棉花脱叶催熟剂的联合飞防试验。

通过本次联合测试，全面详细地收集和掌握了参试机型喷施棉花脱叶催熟剂的技术参数与脱叶效果及其对棉花产量及品质的影响，旨在为进一步研究筛选出植保无人机喷施棉花脱叶催熟剂的适合技术参数和施药技术奠定基础。

9.4.3.2　试验材料

供试品种：棉花品系为 162，属优质丰产早熟棉品系。2016 年 4 月 11 日播种，膜下滴灌。一膜 6 行，宽窄行行距分别为 66cm 和 10cm，株距为 10 ～ 12cm，平均种植密度为每亩 1.5 万株。脱叶时期正值棉花吐絮期，棉铃平均吐絮率达到 60% 左右。

试验药剂：540g/L 棉海悬浮剂（有效成分为噻苯隆+敌草隆）和棉海助剂（烷基乙基磺酸盐），由江苏激素研究所股份有限公司生产；50% 欣噻利悬浮剂（有效成分为噻苯隆+乙烯利），由河北国欣诺农生物技术有限公司生产；50% 乙烯利水剂，由河北神华药业有限公司生产。

9.4.3.3　供试机型

共有 4 家植保无人机企业参与测试，分别为新疆疆天航空科技有限公司、北京韦加智能无人机科技股份有限公司、安阳全丰航空植保科技股份有限公司、新疆猎鹰无人机科技有限公司。每家企业提供了 1 种测试机型，包含 2 种电动多旋翼和 2 种油动单旋翼，分别将其随机编号为电动机型 1、电动机型 2、油动机型 1、油动机型 2。

9.4.3.4　试验处理

整个试验共施药 2 次，2016 年 9 月 4 日进行第 1 次施药，2016 年 9 月 12 日进行第 2 次施药。每个测试机型作业面积为 2.0 ～ 3.3hm^2，设置 4 个喷雾处理。

第 1 次施药试验处理分别为（每亩用量）：处理 1，欣噻利 120mL，喷雾量为 1.2L；处理 2，棉海 12g+助剂 48g+乙烯利 30mL，喷雾量为 1.2L；处理 3，棉海 12g+助剂 48g+乙烯利 30mL，喷雾量为 0.8L；处理 4，棉海 12g+助剂 48g+乙烯利 30mL，喷雾量为 1.5L。

第 2 次施药试验处理分别为（每亩用量）：处理 1，欣噻利 120mL，喷雾量为 1.5L；处理 2～4 设置相同，均为棉海 12g+助剂 48g，喷雾量均为 1.5L。

以在邻近地块采用地面机械喷施脱叶催熟剂作为对照，相邻棉田地面机械第 1 次喷洒的脱叶催熟剂及喷雾量为（每亩用量）：棉海 12g+助剂 48g+乙烯利 30mL，喷雾量为 65L；第 2 次施用药剂与喷雾量与第 1 次相同。

第 1 次施药天气情况：白天晴，最高温度 32℃，风力≤ 3 级；夜晚多云，最低温度 17℃，风力≤ 3 级。第 2 次施药天气情况：白天晴，最高温度 32℃，风力≤ 3 级；夜晚晴，最低温度 15℃，风力≤ 3 级。

9.4.3.5　调查方法

（1）脱叶、催熟效果调查

在每个处理地块的中间区域按照“Z”字形随机取样 4 点，每点调查 5 株，并挂牌标记。施药前调查整株棉花叶片数和未吐絮棉铃数，施药后调查残留的叶片数和未吐絮棉铃数，计算脱叶率［（式 9-1）］及药后增加吐絮率［式（9-2）］。分别于第 1 次施药后 4d 进行第 1 次调查，第 1 次施药后 7d 进行第 2 次调查，第 2 次施药后 7d 进行第 3 次调查。

脱叶率=（施药前植株叶片数−调查时植株残留叶片数）/ 施药前植株叶片数×100%　（9-1）

药后增加吐絮率=（施药前未吐絮棉铃数−调查时未吐絮棉铃数）/
施药前未吐絮棉铃数×100%　（9-2）

（2）产量、品质调查

待田间吐絮率达到 90% 左右，对各处理区棉花样品进行采收，每个处理采收 3 个样点。每个点在其周围棉株的上、中、下部共采收 25 个吐絮棉铃，晾干至籽棉含水量低于 12% 时进行室内考种、轧花，计算铃重、衣分、籽指，并从中随机称取 100g 皮棉样品送至农业农村部棉花品质监督检验测试中心（安阳）进行纤维品质检测。

9.4.3.6　结果与分析

（1）不同植保无人机施药的棉花脱叶催熟效果

从脱叶效果来看（表 9-2），4 种植保无人机在第 1 次喷洒脱叶催熟剂 4d 后，处理区叶片已开始形成离层，逐渐脱落，但此时脱叶率较低，平均为 50% 左右；之后脱叶率逐渐上升，施药后 7d 平均脱叶率可达到 70% 左右，最高达到 92.8%。第 2 次施药后 7d 的脱叶率平均达到 98% 左右，有的处理达到 100%，其脱叶效果达到或接近地面机械喷雾的水平，基本达到机采棉的脱叶标准和技术要求。由试验结果可看出，在相同用药水平下，单位面积内，随着植保无人机喷雾量的增加，脱叶率相应上升，且以 1.5L 喷雾量（每亩用量）的脱叶效果最好。

表 9-2　4 种植保无人机喷施脱叶催熟剂的田间效果

参试机型	处理	第 1 次施药后 4d		第 1 次施药后 7d		第 2 次施药后 7d	
		脱叶率 /%	药后增加吐絮率 /%	脱叶率 /%	药后增加吐絮率 /%	脱叶率 /%	药后增加吐絮率 /%
电动机型 1	1	59.0b	50.9a	70.5c	54.9a		
	2	85.1a	51.8a	80.1b	64.7a		
	3	61.4b	43.2a	74.0bc	58.0a		
	4	83.1a	53.4a	92.8a	61.2a		

续表

参试机型	处理	第 1 次施药后 4d		第 1 次施药后 7d		第 2 次施药后 7d	
		脱叶率 /%	药后增加吐絮率 /%	脱叶率 /%	药后增加吐絮率 /%	脱叶率 /%	药后增加吐絮率 /%
电动机型 2	1	38.7b	43.2a	47.0a	82.5a		
	2	50.5a	45.8a	62.5a	70.4a		
	3	37.8b	56.7a	54.9a	73.3a		
	4	47.3ab	43.6a	57.8a	73.1a		
油动机型 1	1	47.1a	32.1b	71.1a	76.7a	97.6a	98.5a
	2	42.8	31.3b	77.8a	51.1b	97.6a	94.5a
	3	34.5a	54.6a	77.2a	84.8a	100a	96.9a
	4	41.0a	48.2ab	81.3a	78.7a	100a	100a
油动机型 2	1	31.0b	19.4b	38.1b	62.4b	94.6a	98.6a
	2	42.5ab	35.4ab	62.0a	69.9b	98.5a	95.5a
	3	36.8ab	41.0a	55.1ab	73.6ab	95.4a	98.5a
	4	47.7a	50.4a	60.9a	90.2a	97.8a	90.1b
地面机械喷雾		48.2	50.4	74.7	77.1	98.8	95.1

注：对同一款机型不同处理间的结果进行方差分析，字母相同者表示差异不显著（$P < 0.05$），下同；电动机型 1 和电动机型 2 的测试地块由于在施药后第 3 次调查时已开始机械采收棉花，影响了数据的采集

由此可见，脱叶效果与植保无人机单位面积喷雾量密切相关，合适的喷雾量使植株上、中、下部叶片最大限度地均匀受药，从而能达到理想的脱叶效果。

同时，由表 9-2 可以看出，植保无人机喷施脱叶催熟剂后，各处理区棉铃的药后增加吐絮率逐步上升，平均药后增加吐絮率从第 1 次施药后 4d 的 43.8% 上升到第 2 次施药后 7d 的 96.6%，但不同药液处理之间药后增加吐絮率差异不显著。

（2）不同植保无人机施药对棉花产量因子和纤维品质的影响

对田间样品进行检验分析，结果表明（表 9-3 和表 9-4）：4 种植保无人机按照不同处理喷施脱叶催熟剂后，对棉花产量因子和纤维品质无明显影响，且处理间无显著差异。测试时试验田棉花吐絮率已达到 50% ～ 60%，且当时气温稳定正常，符合喷洒脱叶催熟剂的要求。整个测试棉田棉花平均铃重为 5.0g，衣分为 44.0%、籽指为 9.4g、衣指为 7.4g，与该品种未施用脱叶催熟剂表现的产量指标相当（铃重 4.9g、衣分 43.9%、籽指 9.3g、衣指 7.3g）。棉花纤维样品送农业农村部棉花品质监督检验测试中心（安阳）检测，结果表明（表 9-4）：4 种植保无人机不同药剂处理的纤维品质指标平均值如下：上半部平均长度为 29.5mm，断裂比强度为 30.4cN/tex，马克隆值为 4.5，整齐度指数为 85.0%，伸长率为 6.7%，与该品种未喷施脱叶催熟剂表现的品质指标相当（上半部平均长度为 28.7mm，断裂比强度为 29.1cN/tex，马克隆值为 4.5，整齐度指数为 85.2%，伸长率为 6.7%），且同一机型不同处理之间差异不显著。

表 9-3　4 种植保无人机喷施脱叶催熟剂对棉花产量因子的影响

参试机型	处理编号	铃重 /%	衣分 /%	籽指 /%	衣指 /g
电动机型 1	1	5.0a	42.9a	9.02a	7.47a
	2	4.9a	44.6a	9.00a	7.39a
	3	4.8a	43.9a	9.31a	7.40a
	4	5.0a	44.3a	9.32a	7.56a
电动机型 2	1	5.2a	43.9a	9.79a	7.79a
	2	5.1a	44.3a	9.50ab	7.63a
	3	4.9a	44.4a	8.93b	7.35a
	4	4.9a	44.5a	9.10ab	7.42a
油动机型 1	1	4.9a	43.0a	9.36a	7.11a
	2	4.7a	47.8a	9.44a	7.35a
	3	5.0a	43.2a	9.08a	6.95a
	4	5.0a	43.3a	9.23a	7.19a
油动机型 2	1	5.0a	43.9a	9.56a	7.67a
	2	5.0a	43.2a	9.88a	7.54a
	3	5.1a	43.5a	9.71a	7.59a
	4	5.0a	43.5a	9.70a	7.39a

表 9-4　4 种植保无人机喷施脱叶催熟剂对棉花纤维品质的影响

参试机型	处理编号	上半部平均长度 /mm	断裂比强度 /（cN/tex）	马克隆值	整齐度指数 /%	伸长率 /%
电动机型 1	1	29.5a	30.2a	4.6a	85.3a	6.8a
	2	29.3a	31.2a	4.3a	83.3a	6.8a
	3	29.4a	31.1a	4.4a	84.3a	6.8a
	4	29.6a	30.1a	4.5a	83.8a	6.7a
电动机型 2	1	29.2a	29.6a	4.6a	84.8a	6.7ab
	2	29.0a	29.5a	4.5ab	84.1a	6.6b
	3	29.3a	29.9a	4.4b	84.5a	6.7ab
	4	29.6a	31.1a	4.4b	85.0a	6.8a
油动机型 1	1	29.4a	30.2a	4.6a	85.9a	6.7a
	2	29.7a	31.1a	4.4a	86.2a	6.8a
	3	29.5a	30.0a	4.7a	85.8a	6.7a
	4	29.6a	30.7a	4.5ab	85.2a	6.7a
油动机型 2	1	29.9a	31.1a	4.4a	85.5a	6.8a
	2	29.7a	30.5a	4.6a	85.3a	6.8a
	3	30.2a	30.6a	4.5a	85.8a	6.8a
	4	29.8a	31.1a	4.6a	85.5a	6.8a

第 10 章　精准农业航空植保技术在果树上的应用

我国是水果生产大国，果树总面积居世界首位。丰富的劳动力资源和较低的劳动力成本是我国果树生产快速发展与水果商品参与国际市场竞争的重要基础。然而，随着我国城市化进程的加快和农村劳动力的转移，农村劳动力日趋匮乏，劳动力成本日渐增高，在大多依旧沿用传统生产管理模式的地区，商品果园生产成本快速增加，劳动力缺乏和劳动力成本过高已经成为我国水果产业发展的最大障碍之一。

据统计，目前我国集约化柑橘商品生产基地的劳动力支出已经占到果园管护成本的 50%左右，其中人工成本总量的 30% 甚至更高比例为施药作业所消耗，在病虫害发生较严重的产区，施药人工成本更高。此外，目前我国的植保喷雾主要采用背负式喷雾器或机动喷雾器施药，操作者近距离直接接触农药喷雾存在严重的安全隐患，农药喷施作业中的安全事故越来越多。由此可见，施药作业已成为果园管理工序中最费时、费力、投入较高且危险性较大的作业项目，现代集约化果树基地迫切需要机械化高效喷雾技术。我国现有的柑橘园大多位于丘陵或山地，行走式施药机械难以在这类果园中作业，柑橘园病虫害防治与根外施肥等仍主要依靠背负式喷雾机、踏板式喷雾器和机动高压喷枪等进行人工喷雾作业。这类作业不但劳动强度大，成本高，农药消耗大，环境污染重，而且在闷热、潮湿的果园环境中施药，施药人员易发生农药中毒事件。此外，果园病虫害防治的时效性强，尤其是木虱、溃疡病和潜叶蛾等重要病虫害的防控，往往需要在较短时间内进行快速全覆盖式的喷雾才能取得较好的防控实效。因此，目前在规模化商品生产基地采用传统喷雾作业显然难以达到防控要求，甚至可能延误防控时机。

近年来，农业航空技术的发展，特别是小型无人机及其飞控技术的不断改进与提高，促进了航空植保技术的研究发展与实际应用。无人机航空施药可适应丘陵、山地等各种复杂地形和无机械通行条件下的喷雾作业，深受种植者青睐。

然而，使用无人机进行非自主飞行施药，为保证视野，操作人员必须站在高处，遥控无人机进行喷洒，而这种喷洒方式存在很多的问题。例如，人眼对空间的感知能力较弱，无人机飞远后，飞手无法判断飞机位置，很难准确停留在果树上方；对于长得较为茂盛的果树，飞快了打不透，飞慢了浪费药物，达不到防治效果；遥控无人机飞行的过程中，无法准确控制喷头的开关和流速，造成大量农药浪费和环境污染等。可较好解决这些问题的 2016 年广州极飞科技股份有限公司发布的 P20 型 2017 款植保无人机，具有全自主飞行控制、RTK（real time kinematic，实时动态）精准导航、动态变量喷洒和视觉环境感知 4 项功能，可以根据测绘信息和果树生长情况，自动规划两种全新的飞行航线。在喷洒前的果园测绘中，测绘人员使用 RTK 手持测绘器标记出果园中每一棵果树及障碍物的位置，系统会自动规划喷洒航线；若果树树冠直径小于等于 P20 型无人机的喷幅，其会在果树上方自转飞行一周喷洒，若树冠直径大于 P20 型无人机的喷幅，其则在果树上方，以树冠为中心，从中心到周边，进行“蚊香状航线”飞行。无人机只有飞行到果树上方执行航线时，才会打开喷头喷洒，其他时候喷头都处于关闭状态，从而保证农药有效喷洒在树叶上。得益于 RTK 精准导航和动态变量喷洒技术，P20 型无人机可以按照预先设定航线进行全自主飞行，并且精准控制每棵树的施药量，进而在果园实现精准、定量、高效的植保作业，而此种作业方式也是未来果树植保的发展趋势。

10.1 农用无人机在褚橙果树上的喷施试验研究

10.1.1 试验基本情况

1. 试验时间

2015 年 1 月 20 日和 21 日。气象条件：气温分别为 10 ～ 20℃和 11 ～ 22℃，相对湿度分别为 38% ～ 76% 和 31% ～ 72%，无持续风向。

2. 试验地点

云南省玉溪市新平县戛洒镇褚橙庄园。

3. 试验对象

褚橙果树，种植面积 2486 亩，总种植果树数量 30 多万棵，每亩种植 55 ～ 60 株，平均株高 1.5 ～ 2.5m。试验作物最大高度差 1m。

4. 试验机型

安阳全丰航空植保科技有限公司生产的 3WQF125-16 型油动无人驾驶智能悬浮植保机。

5. 试验材料

染色剂；雾滴采集卡（白色纸片 10.7cm×9.9cm）；水敏纸（2.6cm×7.6cm）；密封袋，用于收集和保护雾滴采集卡；镊子，用于收集雾滴采集卡，主要是避免人体直接接触雾滴采集卡而造成污染，从而对分析结果造成影响；量杯，测试有效载荷和喷头流量时使用；试验药剂为磷酸二氢钾+甲基硫菌灵。

10.1.2 试验设计

1. 采样点布点方法

无人机沿作物行飞行，每组试验选择 2 棵果树进行采样。根据果树冠层形状和枝叶疏密程度确定采样点个数与位置，将树冠层分为上、中、下三层。以靠近施药机具一侧最左端的采样点作为起始采样点，按逆时针方向在橙树冠层布置 6 个采样点，最上层的 6 个采样点作为 A 层，并以同样的方式分别布置 B、C 两层的 6 个采样点。在树冠中间布置顶、上、中、下层 4 个采样点。每棵树共采集 7 列，22 个采样点。每个采样点用回形针将 2 张雾滴采集卡卡在树叶上，用于测定叶片正、反面雾滴沉积量和雾滴密度，如图 10-1 所示。

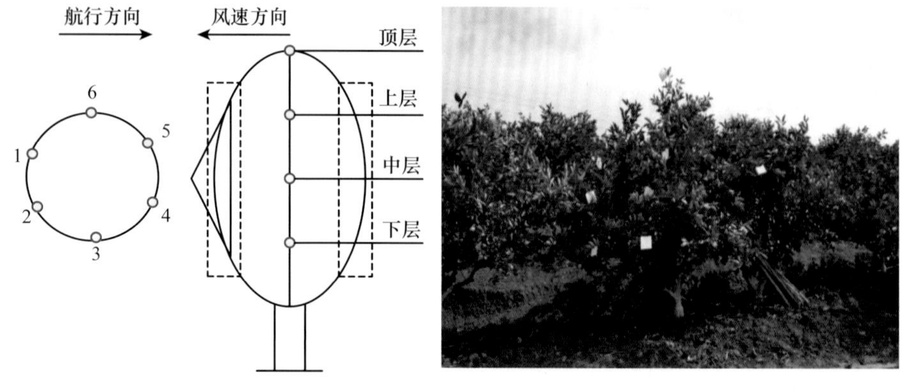

图 10-1 采样点布置示意图（左）及现场图（右）

2. 采样点编号规则

1-O：第 1 棵树的树冠顶层外部叶。

1-M-1：第 1 棵树中列上层采样点，中列中层、下层采样点分别编号为 1-M-2、1-M-3。

1-A-1：第 1 棵树上层第一个采样点，第 2 ～ 6 个采样点的编号依次类推。

1-B-1：第 1 棵树中层第一个采样点，第 2 ～ 6 个采样点的编号依次类推。

1-C-1：第 1 棵树下层第一个采样点，第 2 ～ 6 个采样点的编号依次类推。

第 2 棵树、第 3 棵树……依此类推。

3. 正交试验设计

通过 2 因素 3 水平正交试验，重点考察无人机飞行高度和速度对雾滴沉积的影响。其中两因素分别为飞行高度和飞行速度，飞行高度的 3 个水平分别为 1.0m、1.5m、2.0m，飞行速度的 3 个水平分别为 1m/s、2m/s、3m/s。

因素 A 为无人机飞行时距离植物顶部冠层的高度，因素 B 为无人机的飞行速度。2 因素 3 水平的正交试验设计如表 10-1 所示，由于飞行速度为 3m/s 时作业效果不理想，雾滴沉积少，不适用于褚橙喷洒，因此接下来的几组试验未进行 3m/s 飞行速度的试验。无人机的有效载荷为 10kg，当无人机飞行高度为 1m 时，喷幅为 3.5m，对应流量为 1.8L/min；当飞行高度为 2m 时，喷幅为 4m，对应流量为 1.9L/min。

表 10-1　正交试验设计表

试验号	因素 A（飞行高度，m）	因素 B（飞行速度，m/s）
1	3（2.0）	1（1.0）
2	1（1.0）	3（3.0）
3	1（1.0）	1（1.0）
4	2（1.5）	1（1.0）
5	2（1.5）	2（2.0）
6	1（1.0）	2（2.0）
7	3（2.0）	3（1.0）

褚橙庄园试验现场见图 10-2。

图 10-2　褚橙庄园试验现场

10.1.3　试验结果与分析

1. 试验结果

利用 DepositScan 软件对水敏纸雾滴图像进行图像处理，并进行数据分析与统计，得到的试验结果如表 10-2 所示。试验过程中，分别采集褚橙果树上、中、下三层和中列叶片正反两面的雾滴。

表 10-2　褚橙正交试验方案与试验结果

试验号	因素 A（飞行高度，m）	因素 B（飞行速度，m/s）		试验结果							
				雾滴密度 / （个 /cm²）				变异系数 /%			
				上层	中层	下层	中列	上层	中层	下层	中列
1	1（1.0）	1（1.0）	正	56.3	35.4	13.6	54.8	37.8	72.4	33.2	36.6
1	1（1.0）	1（1.0）	反	18.2	10.6	12.8	18.9	39.3	73.8	43.9	55.5
2	2（1.5）	1（1.0）	正	56.9	62.3	49.5	45.3	26.0	58.3	32.6	19.5
2	2（1.5）	1（1.0）	反	7.62	8.82	5.91	19.7	38.6	32.3	42.8	12.3
3	2（1.5）	2（2.0）	正	35.9	45.8	38.5	45.8	16.6	37.2	36.4	44.5
3	2（1.5）	2（2.0）	反	8.11	6.48	9.41	17.7	37.2	51.9	49.9	97.5
4	1（1.0）	2（2.0）	正	24.8	27.8	41.8	32.5	85.7	20.9	44.1	39.6
4	1（1.0）	2（2.0）	反	9.92	9.23	4.41	6.20	28.3	37.8	29.4	43.7
5	3（2.0）	3（1.0）	正	62.7	61.9	38.8	61.5	52.0	31.6	45.9	42.9
5	3（2.0）	3（1.0）	反	4.66	5.93	8.36	5.94	32.6	57.2	54.2	27.9

2. 试验分析

（1）极差分析

对表 10-2 中的数据进行极差分析，得到表 10-3 和表 10-4，分别为雾滴密度及其变异系数的极差分析结果。影响雾滴沉降的主要因素：飞行高度和速度。表 10-3 和表 10-4 中的 K 为各因素试验结果之和；k 为各因素试验结果的平均值；极差 R 为 k 值的最大数减去最小数。根据 k 值大小可以确定各因素的较优水平，根据 R 值可以确定各因素的主次顺序。

表 10-3　雾滴密度极差分析结果

K 值	雾滴密度 / （个 /cm²）							
	飞行高度				飞行速度			
	上层	中层	下层	中列	上层	中层	下层	中列
$K1$	81.1	63.2	55.4	87.3	113.2	97.6	63.1	100.2
$K2$	92.8	108.0	38.8	91.1	112.7	73.6	77.6	78.3
$K3$	62.6	55.9	40.9	61.5	52.6	61.9	45.2	56.5
$k1$	40.5	31.6	27.7	43.7	56.6	48.8	25.6	50.1
$k2$	46.4	54.0	38.8	45.5	31.4	36.8	38.8	39.1
$k3$	62.6	55.9	40.9	61.5	52.6	61.9	45.2	56.5

续表

K 值	雾滴密度 /（个 /cm²）							
	飞行高度				飞行速度			
	上层	中层	下层	中列	上层	中层	下层	中列
极差 *R*	22.1	24.3	13.3	17.8	21.3	24.1	8.59	16.4
较优水平	A3	A3	A3	A3	B1	B3	B3	B3
主次因素	AB	AB			AB	AB		

表 10-4　雾滴密度变异系数极差分析结果

K 值	变异系数 /%							
	飞行高度				飞行速度			
	上层	中层	下层	中列	上层	中层	下层	中列
*K*1	123.5	93.3	73.2	76.2	108.8	162.3	111.7	98.0
*K*2	92.8	108.1	94.0	91.1	102.3	78.1	80.5	84.1
*K*3	62.6	60.9	38.8	61.3	52.0	31.5	45.9	42.9
*k*1	61.8	46.6	36.6	38.1	36.3	54.1	37.2	32.7
*k*2	46.4	54.0	47.0	45.5	51.1	39.1	40.2	42.1
*k*3	62.6	61.9	38.8	61.3	52.0	31.6	45.9	42.9
极差 *R*	16.2	15.3	10.4	23.2	15.7	15.0	8.73	9.41
较优水平	A3	A3	A3	A3	B3	B1	B3	B3
主次因素	AB		AB		AB		AB	

（2）雾滴密度极差分析

从表 10-3 可以看出，影响上、中、下三层及中列雾滴密度的因素 A（飞行高度）的最优水平为 A3（2m），因素 B（飞行速度）最优水平为 B1、B3（1m/s）（由于 3m/s 飞行速度作业时雾滴沉积效果比较差，因此使用 1m/s 代替 3m/s 进行作业，因素 B1、B3 均为 1m/s）。根据 *R* 值，可知影响雾滴密度的主次因素顺序为 A（飞行高度）、B（飞行速度）。由表 10-3 还可以看出，雾滴密度在褚橙果树冠层从上到中、下逐层减小，由于风场的作用，中列雾滴密度相对中层和下层较大。

（3）雾滴密度变异系数极差分析

雾滴沉积均匀性用雾滴密度变异系数表示，变异系数越小，表示雾滴沉积均匀性越高。

由表 10-4 可以看出，变异系数的最优水平：飞行高度 A3（2m），飞行速度 B1、B3（1m/s）。影响变异系数的主次因素顺序为 A（飞行高度）、B（飞行速度）。

（4）参数综合分析

雾滴密度及其变异系数的分析结果表明：在褚橙航空植保作业过程中，对于雾滴密度，上、中、下三层及中列的较优水平为飞行高度 A3（2m）、飞行速度 B1（1m/s），主次因素为 A（飞行高度）、B（飞行速度）；对于雾滴密度变异系数，上、中、下三层及中列的较优水平为飞行高度 A3（2m）、飞行速度 B1、B3（1m/s），主次因素顺序为 A（飞行高度）、B（飞行速度），两者一致。

利用雾滴密度及其变异系数对无人机作业效果进行评价仅仅是一个方面，在实际的航空植保作业过程中，还需考虑作业效率、经济效益等因素。无人机的飞行高度和速度是直接影响作业效率的两个因素，根据飞行高度和速度可以计算出无人机相应的作业效率［式（10-1）］。

$$作业效率（m^2/s）=作业幅宽（m）×飞行速度（m/s）\tag{10-1}$$

根据安阳全丰 3WQF125-16 型油动无人驾驶智能悬浮植保机在作业高度 1.0m、2.0m 和 3.0m 下的幅宽分别为 3.5m、4.0m 和 4.5m 可知，当高度为 2m 时，作业幅宽为 4.5m，当最优作业速度为 1m/s 时，作业效率=4.5m×1m/s=4.5m^2/s，当作业速度为 2m/s 时，作业效率=4.5m×2m/s=9m^2/s。由此可见，飞行速度为 2m/s 时的作业效率是飞行速度为 1m/s 时的作业效率的 2 倍，而雾滴密度及其变异系数在飞行速度分别为 1m/s 和 2m/s 时相差不大。

因此，综合雾滴沉积效果与作业效率考虑：作业高度为 2m、作业速度为 2m/s 是安阳全丰 3WQF125-16 型油动无人驾驶智能悬浮植保机在褚橙庄园进行植保作业的较优参数。

10.2　农用无人机在橘树上的喷施试验研究

10.2.1　试验基本情况

1. 试验时间

2015 年 5 月 19 日，气象条件：小雨转晴，气温 31℃左右，相对湿度 70% 左右，风速 1 ～ 2m/s，无持续风向。

2. 试验地点

广东省肇庆市怀集县冷坑镇将军岭砂糖橘种植基地。冷坑镇地处亚热带季风区，气候暖热，夏长冬短，日照充足，雨量充沛，年平均气温为 20.5℃，年平均降水量为 2094.7mm。

3. 试验对象

砂糖橘果树，种植面积达 500 多亩，平均株高 2 ～ 3m。试验作物最大高度差 1m。

4. 试验机型

农用无人机 TXA-翔农，如图 10-3 所示。此无人机机身装有两种作业喷头，分别为喷头 015 和喷头 020，喷头喷雾压力均为 1MPa，其中，喷头 015 和喷头 020 的喷施流量分别为 0.6L/min 和 1.0L/min。

图 10-3　试验对象——砂糖橘果树及试验用农用无人机 TXA-翔农

5. 试验材料

气象站、数据传输终端（图 10-4）、雾滴卡片扫描仪、雾滴采集卡（白纸片 82mm×40mm）、雾滴示踪染色剂（丽春红）、密封袋、回形针等。

图 10-4　气象站、数据传输终端

10.2.2　试验设计

1. 采样点布置

无人机沿作物行飞行，每组试验选择 1 棵果树进行采样。根据果树冠层形状和枝叶疏密程度确定采样点个数与位置，将树冠层分为上、中、下三层。以靠近施药机具前进方向一侧最左端的采样点作为起始采样点，按顺时针方向在橙树冠层布置 8 个采样点，最上层的 8 个采样点作为 A 层，并以同样的分别方式布置 B、C 两层的 8 个采样点。在树冠中间布置顶、上、中、下层 4 个采样点。每棵树共采集 9 列，28 个采样点。每个采样点用回形针将雾滴采集卡卡在树叶上，用于测定叶片表面雾滴沉积量和雾滴密度，如图 10-5 所示。施药现场见图 10-6。

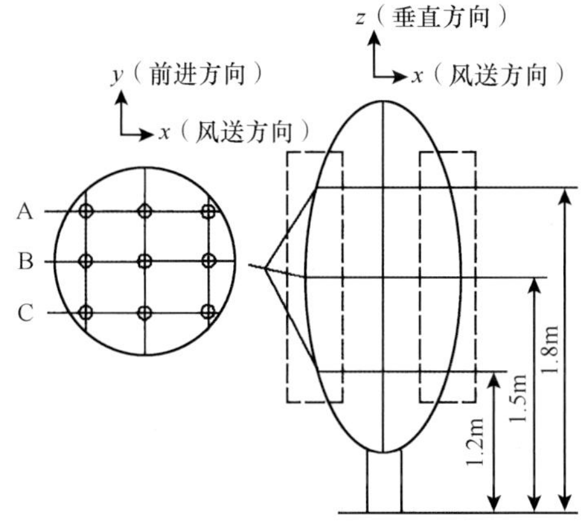

图 10-5　采样点布置示意图

图 10-6　TXA-翔农无人机航空施药现场图

2. 采样点编号规则

1-O：第一棵树的树冠顶层外部叶。

1-M-1；1-M-2；1-M-3：依次表示第一棵树中列上层、中层、下层采样点。

1-A-1；1-A-2……1-A-8：顺时针依次表示第一棵树上层 8 个采样点。

1-B-1；1-B-2……1-B-8：顺时针依次表示第一棵树中层 8 个采样点。

1-C-1；1-C-2……1-C-8：顺时针依次表示第一棵树下层 8 个采样点。

第 2 棵树、第 3 棵树……依此类推。

3. 作业方式设计

无人机沿着树行的树冠顶部飞过。通过设计 3 因素 3 水平正交试验，考察无人机喷头种类、飞行高度和速度对雾滴沉积的影响。试验因素、水平如表 10-5 所示。表 10-5 中因素 A 为喷头类型，因素 B 为无人机飞行时距离植物顶部冠层的高度，因素 C 为无人机的飞行速度。通过拟水平法设计正交试验方案。

表 10-5　因素水平对照表

水平	因素 A（喷头类型）	因素 B（飞行高度，m）	因素 C（飞行速度，m/s）
1	015	1.5	2
2	020	2.0	4
3	020	2.5	6

4. 雾滴密度、沉积分布量及穿透性测量

在不同施药参数下，分别对选定果树进行喷施，测量雾滴在果树冠层采样点的沉积情况。每个采样点布置雾滴采集卡，用于测量叶片的雾滴密度及沉积量及穿透性。雾滴采集卡按照采样点次序进行编号，喷雾结束后，将干透的雾滴采集卡取下放入密封袋，带回实验室进行扫描，输入计算机图像分析系统进行统计分析，即可精确测量单位面积雾滴密度、沉积量及穿透性。

10.2.3　试验结果与分析

1. 试验结果

图 10-7 分别展示了果树外围施药效果、中列施药效果，可见在外围水平层上，雾滴受风力影响在水平方向上产生飘移，人为操控无人机产生的航线误差导致果树施药不均匀，而在中列，雾滴沉积均匀性较高，雾滴沉积穿透性较好。

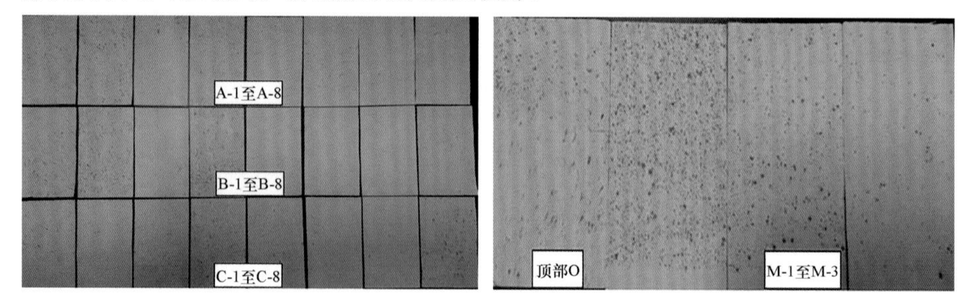

图 10-7　无人机外围（左）及中列（右）施药效果图

2. 结果分析

（1）雾滴密度测量分析

1）雾滴密度正交试验结果

表 10-6 为果树施药的雾滴密度试验结果，从中可以看出，试验号 9-A3B3C2 为较佳的作业方式，试验号 4-A2B1C2 和试验号 8-A3B2C1 次之。

表 10-6　正交试验方案与雾滴密度试验结果

试验号	因素 A	因素 B	因素 C	雾滴密度 / （个 /cm²）			变异系数 /%		
				上层	中层	下层	上层	中层	下层
1	1	1	1	60.4	66.9	69.6	83.1	100.9	72.6
2	1	2	2	124.3	72.6	91.5	62.3	62.2	54.8
3	1	3	3	161.7	97.2	60.0	69.1	64.6	44.7
4	2	1	2	162.2	92.5	75.0	52.7	76.1	70.9
5	2	2	3	125.3	57.4	47.7	45.8	67.2	69.5
6	2	3	1	85.72	43.8	47.3	64.2	70.7	36.0
7	3	1	3	77.61	76.5	52.8	36.7	85.1	81.3
8	3	2	1	108.2	91.6	154.1	60.6	94.3	65.8
9	3	3	2	196.1	114.7	73.6	45.6	68.6	51.1

2）雾滴密度极差分析

表 10-7 为雾滴密度的极差分析结果，从中可以看出，较优的作业水平为试验号 9-A3B3C2，即喷头类型为 020，飞行高度为 2.5m，飞行速度为 4m/s；根据极差的大小可以知道，这 3 种影响因素的主次顺序依次为飞行速度（C）、飞行高度（B）、喷头类型（A）。

表 10-7　雾滴密度极差分析结果　（单位：个 /cm²）

K 值	喷头类型			飞行高度			飞行速度		
	上层	中层	下层	上层	中层	下层	上层	中层	下层
*K*1	346.4	236.8	221.1	300.2	235.9	297.5	254.4	202.4	271.1
*K*2	373.3	193.7	270.0	357.9	221.7	293.3	482.7	279.8	340.1
*K*3	381.9	282.9	280.6	443.6	255.8	180.9	364.6	231.2	160.5
*k*1	115.5	78.9	73.7	100.1	78.7	99.2	84.8	67.5	90.4
*k*2	124.5	64.6	90.0	119.3	73.9	97.7	160.9	93.3	113.4
*k*3	127.3	94.3	93.5	147.8	85.3	60.3	121.5	77.1	53.5
极差 *R*	11.8	29.7	19.8	47.8	11.4	38.8	76.1	25.8	59.8
较优水平	A3	A3	A3	B3	B3	B2	C2	C2	C2
主次因素	CBA								

3）雾滴密度变异系数分析

表 10-8 为雾滴密度变异系数的极差分析结果，可表示雾滴沉积均匀性。从中可以看出，较优的作业水平为试验号 9-A3B3C2，即喷头类型为 020，飞行高度为 2.5m，飞行速度为 4m/s；试验号 8-A3B2C1 次之。根据极差的大小可以知道，这 3 种因素在不同果树高度下影响雾滴沉积均匀性的主次顺序不一样，其中，上层的主次顺序依次为喷头类型（A）、飞行速度（C）、飞行高度（B）；中层的主次顺序依次为飞行速度（C）、飞行高度（B）、喷头类型（A）；下层的主次顺序依次为飞行高度（B）、喷头类型（A）、飞行速度（C）。

表 10-8　变异系数极差分析结果　（单位：%）

K 值	喷头类型			飞行高度			飞行速度		
	上层	中层	下层	上层	中层	下层	上层	中层	下层
K1	214.2	227.7	172.0	172.5	262.1	224.8	207.9	265.9	174.4
K2	162.6	213.9	176.4	168.4	223.7	190.0	160.2	206.9	176.8
K3	142.9	248.1	198.2	178.9	203.9	131.9	151.6	216.9	195.5
k1	71.4	75.9	57.3	57.5	87.4	74.9	69.3	88.6	58.1
k2	54.2	71.3	58.8	56.1	74.6	63.3	53.4	68.9	58.9
k3	47.7	82.7	66.1	59.6	67.9	43.9	50.5	72.3	65.1
极差 R	23.8	11.4	8.7	3.5	19.4	30.9	18.8	19.6	7.01
较优水平	A3	A2	A2	B2	B3	B3	C3	C2	C1
主次因素	上层 ACB，中层 CBA，下层 BAC								

（2）雾滴沉积量测量分析

1）雾滴沉积量正交试验结果

表 10-9 为雾滴沉积的试验结果，从中可以看出，试验号 4-A2B1C2 和试验号 8-A3B2C1 为较佳的作业方式。

表 10-9　正交试验方案与雾滴沉积量试验结果

试验号	因素 A	因素 B	因素 C	雾滴沉积量 /（μL/cm²）			变异系数 /%		
				上层	中层	下层	上层	中层	下层
1	1	1	1	0.078	0.091	0.092	71.1	120.3	75.6
2	1	2	2	0.199	0.06	0.113	86.6	53.8	87.9
3	1	3	3	0.257	0.08	0.069	82.4	63.3	60.1
4	2	1	2	0.288	0.152	0.148	70.8	112.0	86.8
5	2	2	3	0.236	0.094	0.052	101.0	86.8	85.8
6	2	3	1	0.180	0.047	0.048	135.8	65.3	49.9
7	3	1	3	0.116	0.096	0.051	80.3	109.6	92.2
8	3	2	1	0.256	0.159	0.293	111.1	110.0	106.7
9	3	3	2	0.328	0.132	0.064	78.8	87.2	68.2

2）雾滴沉积量极差分析

表 10-10 为雾滴沉积量的极差分析结果，从中可以看出，较优的作业水平为试验号 4-A2B1C2 或试验号 8-A3B2C2，即喷头类型为 020，飞行高度为 1.5m，飞行速度为 4m/s 或喷头类型为 020、飞行高度为 2.0m，飞行速度为 2m/s。根据极差的大小可以知道，这 3 种因素在不同果树高度下影响雾滴沉积均匀性的主次顺序不一样，其中，上层的主次顺序依次为飞行速度（C）、飞行高度（B）、喷头类型（A）；中层的主次顺序依次为喷头类型（A）、飞行高度（B）、飞行速度（C）；下层的主次顺序依次为飞行高度（B）、飞行速度（C）、喷头类型（A）。

表 10-10　雾滴沉积量极差分析　（单位：μL/cm²）

K 值	喷头类型			飞行高度			飞行速度		
	上层	中层	下层	上层	中层	下层	上层	中层	下层
*K*1	0.534	0.231	0.274	0.482	0.339	0.291	0.514	0.297	0.433
*K*2	0.704	0.293	0.248	0.691	0.313	0.258	0.815	0.344	0.325
*K*3	0.700	0.387	0.408	0.765	0.259	0.181	0.609	0.270	0.172
*k*1	0.178	0.077	0.091	0.161	0.113	0.097	0.171	0.099	0.144
*k*2	0.235	0.098	0.083	0.230	0.104	0.086	0.272	0.115	0.108
*k*3	0.234	0.129	0.136	0.255	0.086	0.060	0.203	0.090	0.057
极差 *R*	0.057	0.052	0.053	0.094	0.027	0.093	0.101	0.025	0.087
较优水平	A2	A3	A3	B2/B3	B1	B1	C2	C2	C1
主次因素	上层 CBA，中层 ABC，下层 BCA								

3）雾滴沉积量变异系数极差分析

表 10-11 为雾滴沉积量变异系数的极差分析结果，可表示雾滴沉积均匀性。从中可以看出，较优的作业水平为 A1（喷头类型为 015）、B1/B3（飞行高度为 1.5m/2.5m）、C2/C1（飞行速度为 4m/s/2m/s）；根据极差的大小可以知道，这 3 种因素在不同果树高度下影响雾滴沉积均匀性的主次顺序不一样，其中，上层的主次顺序依次为飞行速度（C）、飞行高度（B）、喷头类型（A）；中层和下层的主次顺序依次均为飞行高度（B）、喷头类型（A）、飞行速度（C）。

表 10-11　雾滴沉积量变异系数极差分析结果　（单位：%）

K 值	喷头类型			飞行高度			飞行速度		
	上层	中层	下层	上层	中层	下层	上层	中层	下层
*K*1	240.1	237.5	223.0	222.2	341.9	254.7	318.1	295.7	232.3
*K*2	307.5	264.2	222.6	298.7	250.6	280.5	236.2	253.1	242.9
*K*3	270.2	306.8	267.0	297.0	215.9	178.3	263.6	259.7	238.1
*k*1	80.0	79.2	74.0	74.0	113.9	84.9	106.0	98.6	77.4
*k*2	102.5	88.1	74.2	99.6	83.5	93.5	78.7	84.4	80.9
*k*3	90.1	102.3	89.0	99.0	71.9	59.4	87.9	86.6	79.4
极差 *R*	22.5	23.1	14.8	25.5	42.0	34.1	27.3	14.2	3.5
较优水平	A1	A1	A1	B1	B3	B3	C2	C2	C1
主次因素	上层 CBA，中层 BAC，下层 BAC								

（3）雾滴穿透性测量分析

1）雾滴密度正交试验结果

表 10-12 为雾滴密度的试验结果，综合雾滴密度及其变异系数可以看出，试验号 4-A2B1C2 和试验号 8-A3B2C1 应为较佳的作业方式，其雾滴密度大且穿透性较好；由极差大小可以看出，影响雾滴密度的因素主次顺序为因素 B（飞行高度）、因素 C（飞行速度）、因素 A（喷头类型）。

表 10-12　正交试验方案与雾滴密度试验结果

试验号	因素 A	因素 B	因素 C	试验结果			
				雾滴密度 / (个 /cm²)			变异系数 /%
				上层	中层	下层	
1	1	1	1	60.4	66.9	69.6	5.87
2	1	2	2	124.3	72.6	91.4	22.2
3	1	3	3	161.6	97.2	60.0	39.5
4	2	1	2	162.2	92.4	175.0	25.3
5	2	2	3	125.3	57.4	47.6	44.9
6	2	3	1	85.7	43.8	47.3	32.2
7	3	1	3	77.5	76.5	52.8	16.5
8	3	2	1	108.2	91.6	154.1	22.4
9	3	3	2	196.1	114.7	73.6	39.7
*K*1	67.5	47.7	60.5				
*K*2	102.5	89.6	87.2				
*K*3	78.7	111.4	101.0				
*k*1	22.5	15.9	20.1				
*k*2	34.1	29.8	29.0				
*k*3	26.2	37.1	33.6				
R	11.6	21.2	13.5				

2）雾滴沉积量正交试验结果

表 10-13 为雾滴沉积量的试验结果，综合雾滴沉积量及其变异系数可以看出，试验号 4-A2B1C2 和试验号 8-A3B2C1 应为较佳的作业方式，其雾滴沉积量大且穿透性较好；由极差大小可以看出，影响雾滴沉积量的因素主次顺序为因素 B（飞行高度）、因素 C（飞行速度）、因素 A（喷头类型）。

表 10-13　正交试验方案与雾滴沉积量试验结果

试验号	因素 A	因素 B	因素 C	雾滴沉积量 / (μL/cm²)			变异系数 /%
				上层	中层	下层	
1	1	1	1	0.078	0.091	0.092	7.67
2	1	2	2	0.199	0.060	0.113	46.26
3	1	3	3	0.257	0.080	0.069	63.84
4	2	1	2	0.288	0.152	0.148	33.21
5	2	2	3	0.236	0.094	0.052	62.11
6	2	3	1	0.180	0.047	0.048	68.46
7	3	1	3	0.116	0.096	0.051	30.97
8	3	2	1	0.256	0.159	0.293	24.01
9	3	3	2	0.328	0.132	0.064	64.12

续表

试验号	因素 A	因素 B	因素 C	雾滴沉积量 / (μL/cm²)			变异系数 /%
				上层	中层	下层	
*K*1	117.7	71.8	100.1				
*K*2	163.7	132.3	143.5				
*K*3	119.1	196.4	156.9				
*k*1	39.2	23.9	33.3				
*k*2	54.5	44.1	47.8				
*k*3	39.7	65.4	52.3				
R	15.3	41.5	18.9				

(4) 综合分析

综合雾滴密度、雾滴沉积量及雾滴穿透性分析结果，我们知道，较优的作业方式为试验号 4-A2B1C2 和试验号 8-A3B2C1；影响雾滴密度、雾滴沉积量及雾滴穿透性的三个因素的主次顺序为因素 B（飞行高度）、因素 C（飞行速度）、因素 A（喷头类型）。

10.3　农用无人机在槟榔树上的喷施试验研究

10.3.1　试验基本情况

华南农业大学王娟等 2019 年 7 月在《农业机械学报》上发表了《单旋翼无人机作业高度对槟榔雾滴沉积分布与飘移影响》，使用植保无人机在槟榔树上进行了喷施试验研究。试验地点位于海南省澄迈县国家精准农业航空施药技术国际联合研究中心槟榔示范基地。树高范围为 4.7 ～ 6.3m，种植密度为 1800 株 /hm^2，郁闭度约为 0.4，叶面积指数范围为 1.01 ～ 1.91，槟榔树之间的行列间距为 2.0m×2.5m。

10.3.2　试验材料

试验环境监测系统为 Kestrel 气象计（美国 NK 公司生产），型号为 NK-5500，用于监测和记录环境风速、风向和温湿度等。定位系统为华南农业大学国家精准农业航空施药技术国际联合研究中心研发的轻型机载北斗 RTK 差分系统。除此之外，还包括 CI-110 型植物冠层图像分析仪、雾滴卡片扫描仪、雾滴采集卡（白纸片 82mm×40mm）、雾滴示踪染色剂（丽春红）、密封袋、别针等。试验所用的植保无人机为安阳全丰航空植保科技有限公司生产的 3WQF120-12 型单旋翼无人机，无人机参数详见 2.2.3.4 部分。

10.3.3　试验设计

1. 槟榔树冠层雾滴采样布置方式

槟榔树采样共分为 3 层，冠层雾滴采样分为 2 层，第 1 层布置在距离树顶约 0.5m 的树冠上层位置，共 9 个采样点；第 2 层布置在距离第 1 层约 0.5m 的树冠下层位置，共 9 个采样点；第 3 层布置在树果层，圆周等间距布置 8 个采样点，较传统病虫害东南西北中 5 个取样位置多 3 个采样点。每棵树共计布置采样点 26 个，9 棵树共计 234 个采样点 / 架次。

2. 地面雾滴流失采样布置方式

地面采样分为A、B、C 3块，作为3个重复。每块地面雾滴采样区域包含3颗采样槟榔树，布置3列，每列7个，共21个采样点，第1列为上风向位置，第2列包括槟榔树根部3个采样点，第3列为下风向位置。雾滴采集卡固定在万向夹上，万向夹固定在插入地里的PVC管上，距离地面约30cm，共计63个采样点/架次（图10-8）。

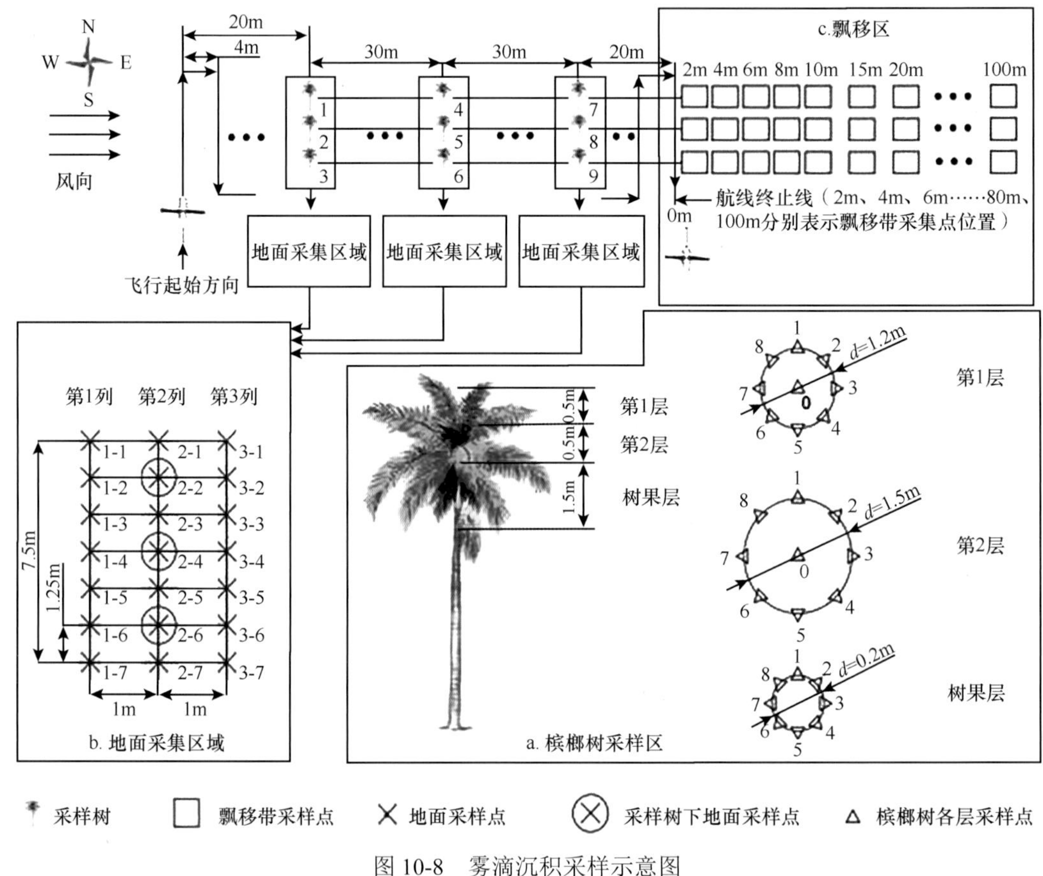

图10-8　雾滴沉积采样示意图

3. 飘移带采样布置方式

航线终止位置右侧2m记为飘移起始位置，航线终止线设为0点，依次在2m、4m、6m、8m、10m、15m、20m、30m、40m、50m、60m、80m、100m共13处设置采样点，雾滴采集卡固定在万向夹上，万向夹固定在插入地里的PVC管上，距离地面约30cm。飘移采集带共3条，作为3个重复，共计39个采样点/架次。

4. 作业参数

试验设定无人机的飞行速度为1.5m/s，飞行高度为10.5m、11.5m和12.0m（距离地面高度），每公顷喷液量为75L。根据北斗RTK差分系统得到的3个架次的实际作业参数如表10-14所示。

表 10-14　试验相关参数

参数	第 1 架次	第 2 架次	第 3 架次
平均速度 /（m/s）	1.46	1.43	1.42
平均高度 /m	12.09	11.46	10.40
喷液量 /（L/hm^2）	79.1	80.7	81.3
喷头总流量 /（L/min）	2.77	2.77	2.77
平均温度 /℃	26.3	27.2	24.9
平均相对湿度 /%	57.6	59.8	65.5
平均风速（m/s）/ 风向	2.48/ 东南	1.78/ 东南	1.89/ 东南

10.3.4　试验结果与分析

1. 槟榔树冠层雾滴沉积量分布

从表 10-15 可以得出，3 个高度对槟榔树同一层雾滴沉积量没有显著影响，各个架次在各层分布的雾滴沉积量显著性差异情况相同，均为第 1 层与第 2 层有显著差异（$P < 0.05$），第 1 层与树果层有显著差异（$P < 0.05$），第 2 层与树果层无显著差异（$P > 0.05$）。第 3 架次 3 个采样层的平均雾滴沉积量最大，第 1 层的雾滴沉积均匀性最好，变异系数为 29.1%；第 2 架次第 1 层的雾滴沉积量变异系数最大，达到 66.4%，沉积最不均匀；第 1 架次总雾滴沉积量最小，第 1 层平均雾滴沉积量比其他两个架次明显小。对比第 1 架次和第 2 架次，第 1 架次环境风速相对较大，飞行高度相对第 2 架次增加约 60cm，第 1 架次第 1 层雾滴沉积量虽较第 2 架次有所减少，但沉积均匀性更好；第 2 层雾滴沉积量两个架次相差不多；第 1 架次树果层雾滴沉积量较第 2 架次增加，与第 3 架次相近；第 1 架次雾滴沉积均匀性与穿透性在 3 个架次中最好。

表 10-15　雾滴沉积参数

作业高度	采样位置	沉积量均值 /（$\mu L/cm^2$）	沉积量均匀性 /%	单位面积覆盖率均值 /%	单位面积覆盖率均匀性 /%	雾滴体积中径均值（$Dv_{0.5}$）/μm	雾滴体积中径均匀性 /%
第 1 架次 12.09m	第 1 层	0.267±0.034a	38.1	5.13±0.58a	33.7	272±13a	14.1
	第 2 层	0.152±0.025b	49.5	3.68±0.70ab	57.3	276±11a	11.7
	树果层	0.117±0.020b	47.4	2.52±0.40b	44.5	245±7a	8.18
第 2 架次 11.46m	第 1 层	0.397±0.088a	66.4	4.78±0.61a	38.3	309±11a	10.6
	第 2 层	0.162±0.016b	30.1	4.16±0.78a	56.1	277±15a	16.6
	树果层	0.076±0.016b	57.9	1.56±0.29b	53.2	226±8b	9.74
第 3 架次 10.40m	第 1 层	0.433±0.042a	29.1	6.62±0.53a	23.8	368±15a	11.8
	第 2 层	0.256±0.047b	55.7	4.28±0.75b	52.6	318±13b	12.4
	树果层	0.121±0.025b	59.3	2.40±0.44b	51.4	230±7c	8.74

注：表中数据为均值 ± 标准差；不同小写字母表示不同处理间差异显著（$P < 0.05$）。下同

2. 地面雾滴沉积量分布

3 个架次的地面雾滴沉积量在各列的分布如图 10-9 所示。从中可以看出，前两个架次地面总雾滴沉积量趋势大致相同，处于上风向的第 1 列总雾滴沉积量较小，处于下风向的第 3 列地面总雾滴沉积量高于前两列；第 3 架次的总地面雾滴沉积量各列相差不大。对试验数据进行分析显示，飞行高度为 11.46m 时，第 1 列和第 3 列间、第 2 列和第 3 列间地面雾滴沉积量有显著差异，第 1 列和第 2 列间地面雾滴沉积量没有显著差异；飞行高度为 12.09m 和 10.40m 时，各列的地面雾滴沉积量均没有显著差异。

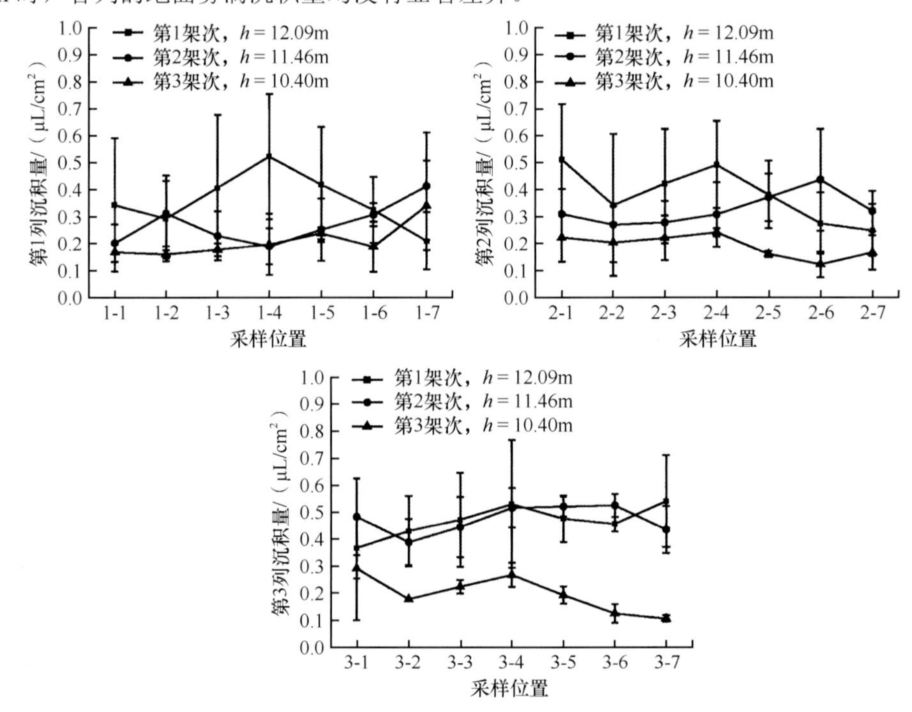

图 10-9　不同飞行高度下地面雾滴沉积量

不同架次对同一列地面雾滴沉积量显著性的影响不同，如表 10-16 所示。飞行高度分别为 12.09m 和 10.40m 时，第 1 列地面雾滴沉积量有显著差异，飞行高度越大，上风向位置的第 1 列地面雾滴沉积量越大；飞行高度分别为 12.09m 和 11.46m 时，第 1 列的地面雾滴沉积量分别为第 3 架次的 1.71 倍和 1.29 倍。飞行高度为 12.09m 和 11.46m 时，第 2 列地面雾滴沉积量显著高于飞行高度为 10.40m 时，飞行高度为 10.40m 时，第 2 列地面雾滴沉积量最小，约为 12.09m 飞行高度的 50%，约为 11.46m 飞行高度的 58%。飞行高度为 12.09m 和 11.46m 时，第 3 列地面雾滴沉积量显著高于飞行高度为 10.40m 时。

表 10-16　地面雾滴沉积量均值及分布均匀性

采样位置	作业架次	沉积量均值 /（μL/cm²）	沉积量分布均匀性 /%
第 1 列	1	0.360±0.038a	27.93
	2	0.272±0.030ab	28.80
	3	0.210±0.024b	30.14

续表

采样位置	作业架次	沉积量均值 / （μL/cm²）	沉积量分布均匀性 /%
第 2 列	1	0.383±0.038a	26.44
	2	0.328±0.022a	17.72
	3	0.191±0.016b	22.38
第 3 列	1	0.466±0.023a	12.77
	2	0.473±0.020a	11.09
	3	0.196±0.026b	35.18

3. 飘移采集带雾滴分布

3 个架次的雾滴飘移情况如图 10-10 所示。图 10-10a 为 3 个架次飘移带各采样点的雾滴飘移量均值，3 个架次在 50m 以后均没有测得雾滴飘移量。经计算得知，第 1 架次雾滴飘移总量最大，第 2 架次雾滴飘移总量为第 1 架次的 80.4%，第 3 架次雾滴飘移总量为第 1 架次的 41.4%。计算 3 个架次飘移带采样点沉积水平和累积飘移占测试总飘移量 90% 的位置（详见图 10-10b ～ c 中虚线），图中数字表示 90% 飘移累积量所对应的下风向距离。3 个架次的测试总 90% 飘移量位置分别在 26.60m、36.35m、27.40m，第 1 架次和第 3 架次 90% 飘移距离相差不大，第 2 架次 90% 飘移距离最远。

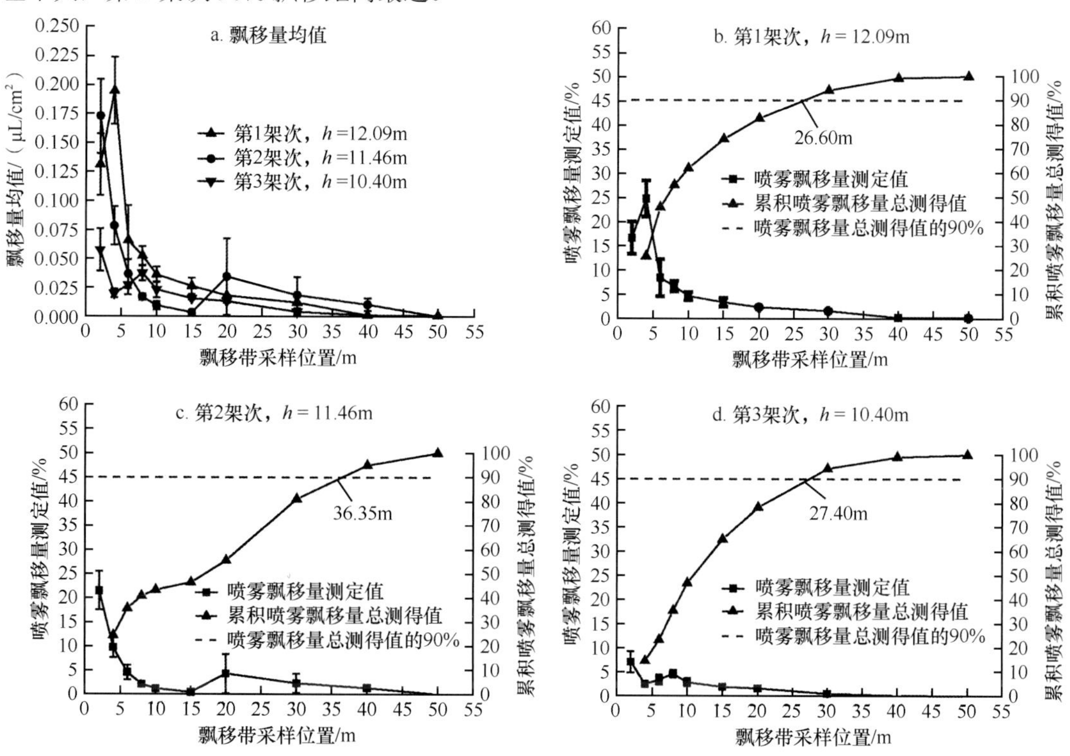

图 10-10　不同高度下飘移采集带下风向飘移特性

10.4　农用无人机在菠萝植株上的喷施试验研究

10.4.1　试验基本情况

华南农业大学王娟等 2020 年 1 月在 *Asia-Pacific Journal of Chemical Engineering* 上发表了 Meteorological and flight altitude effects on deposition, penetration, and drift in pineapple aerial spraying，使用油动单旋翼无人机在菠萝植株上进行了喷施试验研究。试验地点位于海南省海临高县波莲镇。菠萝种植密度 22 500 株 /hm^2，平均高度 88cm。

10.4.2　试验材料

气象与作业参数的采集参见 10.3.2 部分，3WQF120-12 型单旋翼无人机参数详见 2.2.3.4 部分。气象条件及无人机作业参数如表 10-17 所示，喷施药液为水、呋虫胺杀虫剂（日本三井化学 AGRO 株式会社）和罗丹明 B 示踪剂（Sigma 公司），杀虫剂为 10g/L，罗丹明示踪剂为 2g/L。

表 10-17　气象条件及无人机作业参数

参数	架次 a	架次 b	架次 c	架次 d
风速 /（m/s）	4.7	1.8	0.7	2.2
风向 /（°）	63	100	160	120
作业高度 /m	2.5	2.5	1.5	1.5
作业速度 /（m/s）	3.0	3.0	3.0	3.0
平均温度 /℃	27.2	26.1	27.8	25.9
平均相对湿度 /%	50.8	60.6	60.8	57.6

10.4.3　试验设计

试验方案如图 10-11 所示，两条采样线相距 40m，垂直于无人机飞行方向布置，采集带

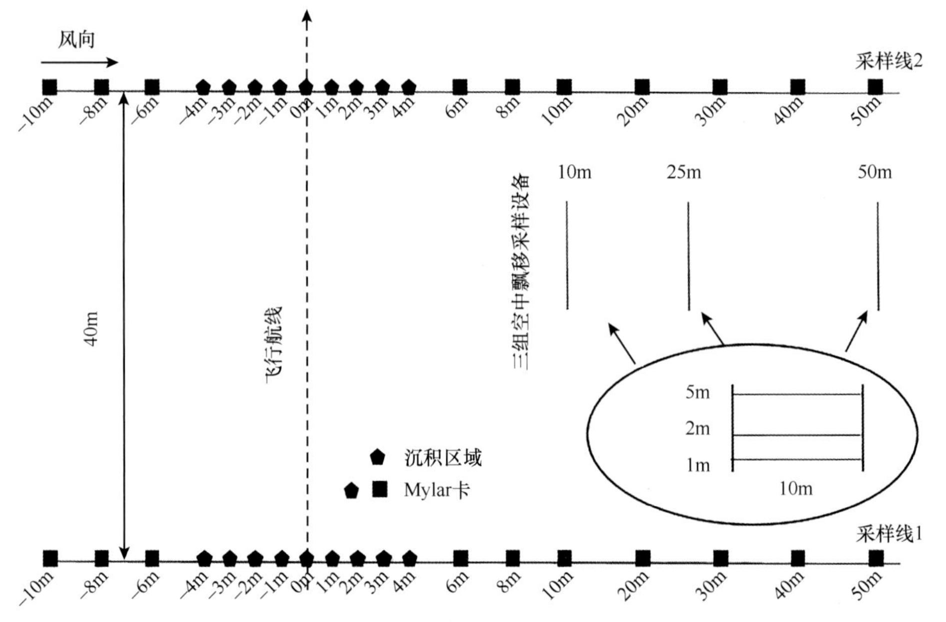

图 10-11　无人机喷施试验采集带及采样点图

长度 60m。航线中心布点标记为 0，上风向位置从 0（包括 0）开始间隔 1m 在−1m、−2m、−3m、−4m 共 4 个点，再间隔 2m 在−6m、−8m、−10m 共 3 点布置 Mylar 卡。下风向从航线 0 点开始间隔 1m 在 1m、2m、3m、4m 共 4 点布置 Mylar 卡，4 点右方为预设飘移区。Mylar 卡尺寸为（10×8）cm，单条采集带上布置采样点 19 个，Mylar 卡布置在距离地面 70cm 处。在−4 ～ 4m 采样点处布置水敏纸，每处布置三层，高度分别为 0.70m、0.50m、0.20m，用回形针固定在叶片上，距离叶尖 0.15m，三层高度倾角分别为 70°、50° 和 35°。在平行中心航线，两条采集带中间依次布置 3 个飘移测试架，距离中心航线的距离分别为 10m、25m、50m。每个飘移测试架由两根可伸缩、带地插的不锈钢管和三条聚乙烯线组成，三条聚乙烯线的高度依次为 1m、2m、5m。

10.4.4　试验结果与分析

1. 采集带 Mylar 卡雾滴飘移量数据分析（−10 ～ 50m）

将 a ～ d 架次在下风向各采样点 Mylar 卡上喷施飘移量测定值和各采样点累积喷雾飘移量总测得值绘制成图 10-12。飞行高度 2.5m，风速分别为 4.7m/s 和 1.8m/s，a 架次累积喷雾飘移量总测得值 90% 的位置距下风向约 10.05m 处，a 架次 10m 位置处飘移喷施比例为 1.52%，喷雾飘移量总测得值占喷雾施液量的 26.4%；b 架次累积喷雾飘移量总测得值 90% 的位置距下风向约 3.7m 处，4m 位置处飘移喷施比例为 2.2%，6m 位置以后飘移量几乎为零，喷雾飘移量总测得值占喷雾施液量的 23.2%；在−3 ～ 3m 风速变化对 a、b 架次飘移量有显著影响（$P < 0.05$）。

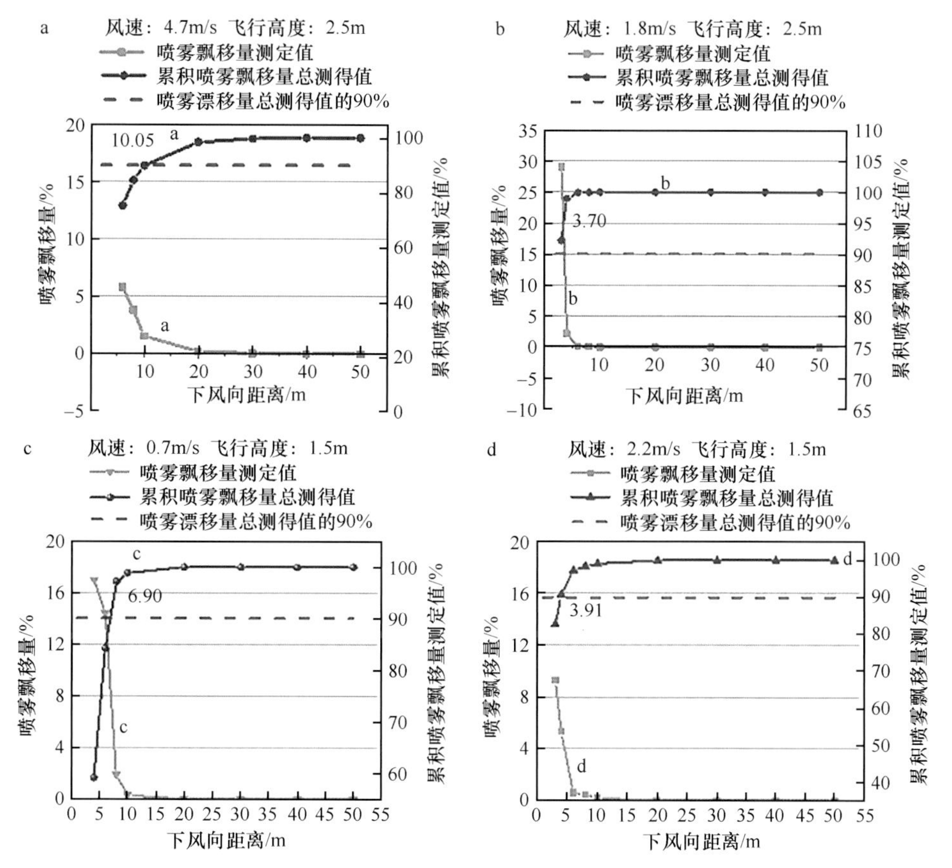

图 10-12　a ～ d 架次下风向各采样点飘移喷施比例和累积飘移量及 90% 飘移量位置

图 10-12c 和 d 显示了 c、d 架次在下风向各个采样点的飘移喷施比例及各采样点累积飘移量占总喷雾施液量比例。从中可以看出，飞行高度为 1.5m，风速分别为 0.7m/s 和 2.2m/s，c 架次累积喷雾飘移量总测得值 90% 的位置距下风向约 6.9m 处，飘移喷施比例约为 1.9%，在 6m 位置处飘移喷施比例为 14.4%，8m 位置处为 1.9%，10m 位置以后几乎为 0，累积飘移量占总喷施量的 15.4%；d 架次累积喷雾飘移量总测得值 90% 的位置距下风向约 3.91m 处，在 4m 位置处飘移喷施比例为 5.3%，6m 位置以后飘移几乎为零，累积飘移量占总喷施量的 18.8%。对 c 和 d 架次风速对沉积量影响的显著性分析得出，在 1.5m 飞行高度下，二者在整个采集带上的沉积量无显著差异（P=0.66）。

a（R^2=0.995）、b（R^2=0.996）、c（R^2=0.999）、d（R^2=0.997）架次沉积量与飘移距离的拟合方程如式（10-2）所示，各系数如表 10-18 所示。

$$y = Y_0 + \frac{A}{\sqrt{2\pi} wx} \exp\left(-\frac{\left(\ln\left(x / x_c\right)\right)^2}{2w^2} \right) \tag{10-2}$$

表 10-18　a ～ d 架次飘移量与飘移距离拟合曲线系数

架次	Y_0	A	w	x_c
a	8.903 70E–5	0.058 67	0.360 5	6.386 0
b	3.313 10E–5	0.007 97	0.178 7	3.671 6
c	4.758 63E–5	0.118 13	0.227 5	5.052 2
d	1.892 20E–4	0.049 95	0.317 5	3.146 8

2. 采样带 Mylar 卡雾滴沉积量显著性分析

无人机飞行高度为 2.5m 时，采样带上 Mylar 卡数据显示，a 架次各采样点的数据有显著差异（$P < 0.05$），b 架次没有显著差异（P=0.31）。在沉积区域−3 ～ 3m，风速对 a 和 b 架次沉积量有显著影响（$P < 0.05$）。无人机飞行高度为 1.5m 时，c 和 d 架次各采样点沉积量均没有显著差异（P=0.62，P=0.81），风速改变时，c 和 d 架次各采样点沉积量没有显著差异（P=0.66）。

3. 飘移架雾滴沉积量显著性分析

聚乙烯线沉积量测试数据显示，各架次随着飘移测试架距飞行航线距离的增加逐渐减小，最高沉积量位置大部分都在 2m 高度。c 和 d 架次在 3 个测试架处、a 架次在 50m 处、b 架次在 25m 处基本检测不到雾滴飘移。分析聚乙烯线雾滴沉积数据显示，风速改变时仅对 a 和 b 架次有显著影响（$P < 0.05$）。b 架次 10m 和 25m 间、10 和 50m 间沉积量均有显著差异（$P < 0.05$）；a 架次各高度间均没有显著差异；d 架次 10m 和 25m 间、10m 和 50m 间有极显著差异（$P < 0.01$），25m 和 50m 间则没有显著差异（$P < 0.05$）。

参考文献

彩万志, 花保祯, 庞雄飞. 2011. 普通昆虫学. 北京: 中国农业大学出版社: 57-122.

陈利锋, 徐敬友. 2007. 农业植物病理学. 3 版. 北京: 中国农业出版社: 139-184.

陈利峰, 徐敬友. 2015. 农业植物病理学. 4 版. 北京: 中国农业出版社: 27-75.

陈盛德, 兰玉彬, 李继宇, 等. 2016. 小型无人直升机喷雾参数对杂交水稻冠层雾滴沉积分布的影响. 农业工程学报, 32(17): 40-46.

陈盛德, 兰玉彬, 李继宇, 等. 2017. 植保无人机航空喷施作业有效喷幅的评定与试验. 农业工程学报, 33(7): 82-90.

陈新泉. 2014. 四旋翼无人机飞控系统设计与研究. 南昌: 南昌航空大学出版社: 17-37.

陈卓, 宋宝安. 2011. 南方水稻黑条矮缩病防控技术. 北京: 化学工业出版社: 12-40.

程家安. 1996. 水稻害虫. 北京: 中国农业出版社: 39-98.

崔金杰, 简桂良, 马艳. 2007. 棉花病虫草害防治技术. 北京: 中国农业出版社: 134-140.

戴奋奋, 袁会珠. 2002. 植保机械与施药技术规范化. 北京: 中国农业科学技术出版社: 11-44.

董金皋. 2007. 农业植物病理学. 2 版. 北京: 中国农业出版社: 1-36, 91-127.

董云哲, 孥君兴, 史云天, 等. 2015. 多旋翼电动无人机玉米植保作业试验分析. 农业与技术, 35(23): 40-41.

段婷婷, 魏进, 李汶锟. 2011. 农药施用与安全期. 贵阳: 贵州科技出版社: 27-44.

冯建国, 徐作珽. 2010. 玉米病虫草害防治手册. 北京: 金盾出版社: 1-118.

傅泽田, 祁力钧, 王秀. 2002. 农药喷施技术的优化. 北京: 中国农业科学技术出版社: 31-37.

高广金. 2010. 玉米栽培实用新技术. 武汉: 湖北科学技术出版社: 173-204.

高圆圆, 张玉涛, 张宁, 等. 2013. 小型无人机低空喷洒在小麦田的雾滴沉积分布及对小麦吸浆虫的防治效果初探. 作物杂志, 2: 139-142.

郭庆才. 2007. 农业航空技术指南. 北京: 中国农业出版社: 20-61.

何承苗, 袁亚芳, 郑旭东. 2011. 园艺植物病虫害防治技术. 厦门: 厦门大学出版社: 46-47.

何雄奎. 2013. 药械与施药技术. 北京: 中国农业大学出版社: 256-275.

侯明生, 黄俊斌. 2006. 农业植物病理学. 北京: 科学出版社: 49-107.

胡振兴, 刘建, 陈勇夫, 等. 2014. 农作物植物保护专业化防治技术. 北京: 中国农业科学技术出版社: 6-31.

花蕾. 2009. 植物保护学. 北京: 科学出版社: 11-115.

黄琳, 杨鸿, 朱传霞, 等. 2016. 无人植保机飞防油菜菌核病效果初探. 作物研究, 3: 316-319.

黄世文. 2010. 水稻主要病虫害防控关键技术解析. 北京: 金盾出版社: 133-180.

黄文江. 2009. 作物病害遥感监测机理与应用. 北京: 中国农业科学技术出版社: 15-138.

黄云, 董宝成, 姚佳. 2008. 科学使用农药. 北京: 天地出版社: 108-116.

嵇保中. 2011. 林木化学保护学. 北京: 中国林业出版社: 62-139.

姜玉英. 2008. 小麦病虫草害发生与监控. 北京: 中国农业出版社: 1-305.

兰玉彬. 2017. 精准农业航空技术现状及未来展望. 农业工程技术, 37(30): 27-30.

兰玉彬, 陈盛德, 邓继忠, 等. 2019a. 中国植保无人机发展形势及问题分析. 华南农业大学学报, 40(5): 217-225.

兰玉彬, 邓小玲, 曾国亮. 2019b. 无人机农业遥感在农作物病虫草害诊断应用研究进展. 智慧农业, 1(2): 1-19.

兰玉彬, 王国宾. 2018. 中国植保无人机的行业发展概况和发展前景. 农业工程技术, 38(9): 17-27.

兰玉彬, 朱梓豪, 邓小玲, 等. 2019c. 基于无人机高光谱遥感的柑橘黄龙病植株的监测与分类. 农业工程学报, 35(3): 92-100.

李敦松, 袁曦, 张宝鑫, 等. 2013. 利用无人机释放赤眼蜂研究. 中国生物防治学报, 3: 455-458.

李会平, 闫爱华, 唐秀光. 2013. 作物病虫害防治技术. 北京: 北京理工大学出版社: 49-55, 72-75, 151-153.

李惠明, 赵康, 张俊. 2012. 蔬菜病虫害诊断与防治实用手册. 上海: 上海科学技术出版社: 656.

李锐. 2011. 棉花种植管理及疫病防控. 北京: 中国林业出版社: 72.
李涛, 张圣喜. 2009. 植物保护技术. 北京: 化学工业出版社: 40.
李卫国. 2013. 农作物遥感监测方法与应用. 北京: 中国农业科学技术出版社: 32-265.
李云瑞. 2006. 农业昆虫学. 北京: 高等教育出版社: 50-93, 192-196.
刘慧平, 韩巨才. 2006. 农药知识与应用技术. 北京: 中国社会出版社: 9.
刘俊田, 张金华. 2014. 植保实用技术手册. 北京: 中国农业科学技术出版社: 97-122.
刘宗亮. 2009. 农业昆虫. 北京: 化学工业出版社: 202.
罗汉钢, 刘元明. 2010. 旱粮作物农药使用手册. 武汉: 湖北科学技术出版社: 1-21.
吕印谱, 马奇祥. 2004. 新编常用农药使用简明手册. 北京: 中国农业出版社: 4-26.
马成云. 2009. 作物病虫害防治. 北京: 高等教育出版社: 30-67.
马平, 潘文亮. 2002. 北方主要作物病虫害实用防治技术. 北京: 中国农业科学技术出版社: 92.
马奇祥, 常中先. 2004. 农田化学除草新技术. 北京: 金盾出版社: 136.
马艳, 马小艳, 崔金杰. 2013. 棉田杂草识别及防除原色图册. 北京: 中国农业科学技术出版社: 42.
农业部人事劳动司. 2004. 全国农业职业技能培训教材　农作物植保员. 北京: 中国农业出版社: 18-50.
秦维彩, 薛新宇, 周立新, 等. 2014. 无人直升机喷雾参数对玉米冠层雾滴沉积分布的影响. 农业工程学报, 30(5): 50-56.
全国农业技术推广服务中心. 2007. 中国植保手册　棉花病虫防治分册. 北京: 中国农业出版社: 7-22
任贤贤. 2011. 植物病虫害诊断与防治技术. 北京: 中国农业科学技术出版社: 42-55, 89, 91-92, 97.
石明旺, 王清连. 2008. 现代植物病害防治. 北京: 中国农业出版社: 224-233.
时春喜. 2009. 农药使用技术手册. 北京: 金盾出版社: 18-22.
邰连春. 2007. 作物病虫害防治. 北京: 中国农业大学出版社: 52-61, 70-71.
谭济才. 2011. 茶树病虫防治学. 2 版. 北京: 中国农业出版社: 134-137.
汤建国, 刘定忠. 2009. 农业有害生物防控技术. 南昌: 江西科学技术出版社: 88-90, 101, 105.
陶波, 胡凡. 2009. 杂草化学防除实用技术. 北京: 化学工业出版社: 117-125.
王法宏. 2013. 小麦安全生产技术指南. 北京: 中国农业出版社: 86-129.
王国宾, 李学辉, 任文艺, 等. 2014. 两种大型直升飞机在水稻田喷雾质量检测及对稻瘟病的防效观察. 中国植保导刊, 34: 6-11.
王华弟, 陈剑平. 2008. 水稻条纹叶枯病流行学及预警控制. 北京: 中国科学技术出版社: 79-87.
王辉. 2018. 农学概论. 北京: 中国矿业大学出版社: 2, 214.
王娟, 兰玉彬, 姚伟祥, 等. 2019. 单旋翼无人机作业高度对槟榔雾滴沉积分布与飘移影响. 农业机械学报, 5(7): 109-119.
王开运. 2009. 农药制剂学. 北京: 中国农业出版社: 8, 10-115.
王世娟, 李璟. 2008. 农药生产技术. 北京: 化学工业出版社: 51-83.
吴水祥, 狄蕊, 赵丽稳, 等. 2016. 水稻病虫害无人机防控试验初探. 浙江农业科学, 57(7): 1007-1008.
吴玉东, 陈军, 陈铭斯, 等. 2016. 不同施药器械对水稻“两迁”害虫的防治效果比较研究. 广西植保, 29(1): 11-13.
仵均祥. 2009. 农业昆虫学（北方本　植物保护专业用）. 2 版. 北京: 中国农业出版社: 211-212, 227.
仵均祥. 2011. 农业昆虫学（北方本　植物保护专业用）. 3 版. 北京: 中国农业出版社: 155-172.
武月梅, 赵俊兰. 2014. 现代玉米栽培实用技术. 北京: 中国农业科学技术出版社: 61-87.
肖晓华, 刘春, 杨昌洪, 等. 2016. 无人机防治水稻病虫害效果分析. 南方农业, 10(7): 5-8.
晓岩. 1983. 农业科技常用数据手册. 长沙: 湖南科学技术出版社: 476.
辛惠普. 2002. 北方水稻病虫害防治彩色图谱. 北京: 中国农业出版社: 2-79.
徐秉良, 曹克强. 2012. 植物病理学. 北京: 中国林业出版社: 3, 149-179, 258-260.
徐汉虹. 2007. 植物化学保护学. 4 版. 北京: 中国农业出版社: 51-116.
薛新宇, 兰玉彬. 2013. 美国农业航空技术现状和发展趋势分析. 农业机械学报, 44(5): 194-201.

薛新宇, 秦维彩, 孙竹, 等. 2013. N-3 型无人直升机施药方式对稻飞虱和稻纵卷叶螟防治效果的影响. 植物保护学报, 40(3): 273-278.

荀栋, 张兢, 何可佳, 等. 2015. TH80-1 植保无人机施药对水稻主要病虫害的防治效果研究. 湖南农业科学, (8): 39-42.

杨福生. 2016. 无人机防治小麦病虫害田间防效观察. 新疆农垦科技, 39(1): 29-30.

杨平华. 2008. 经济作物病虫草害防治新技术. 成都: 四川科学技术出版社: 77-123, 129.

杨平华. 2010. 庄稼医生手册. 成都: 四川科学技术出版社: 84-122, 279.

杨帅, 李学辉, 王国宾, 等. 2013. 飞行高度对八旋翼无人机喷雾防治小麦白粉病影响初探 // 中国植物保护学会. 中国植物保护学会第十一次全国会员代表大会暨 2013 年学术年会论文集. 青岛: 269-272.

杨帅, 王国宾, 杨代斌, 等. 2015. 无人机低空喷施苯氧威防治亚洲玉米螟初探. 中国植保导刊, 35(2): 59-62.

姚伟祥, 兰玉彬, 郭爽, 等. 2020. 赣南山地柑桔园有人驾驶直升机喷雾作业雾滴沉积效果. 中国南方果树, 49(2): 13-18.

姚伟祥, 兰玉彬, 王娟, 等. 2017. AS350B3e 直升机航空喷施雾滴飘移分布特性. 农业工程学报, 33(22): 75-83.

尹选春, 兰玉彬, 文晟, 等. 2018. 日本农业航空技术发展及对我国的启示. 华南农业大学学报, 2: 1-8.

袁锋. 2011. 农业昆虫学. 4 版. 北京: 中国农业出版社: 66-413.

袁会珠. 2004. 农药使用技术指南. 北京: 化学工业出版社: 315-327.

袁会珠, 李卫国. 2013. 现代农药应用技术图解. 北京: 中国农业科学技术出版社: 83-121.

张炳坤. 2008. 植物保护技术. 北京: 中国农业大学出版社: 4-23.

张东彦, 兰玉彬, 陈立平, 等. 2014. 农业航空施药技术研究进展与展望. 农业机械学报, 45(10): 53-59.

张盼, 吕强, 易时来, 等. 2016. 小型无人机对柑橘园的喷雾效果研究. 果树学报, 1: 34-42.

张亚莉, 兰玉彬, Bradley KF, 等. 2016. 美国航空静电喷雾系统的发展历史与中国应用现状. 农业工程学报, 32(10): 1-7.

张玉聚, 孙建伟, 王建平. 2006. 除草剂混用技术与配方大全. 北京: 中国农业科学技术出版社: 7-37.

赵清, 邵振润. 2015. 农作物病虫害专业化统防统治指南. 北京: 中国农业出版社: 73-87.

郑大玮, 李茂松, 霍治国. 2013. 农业灾害与减灾对策. 北京: 中国农业大学出版社: 163.

中华人民共和国农业部. 2009. 棉花技术 100 问. 北京: 中国农业出版社: 56.

周尧, 管致和. 1958. 普通昆虫学. 北京: 高等教育出版社.

朱德慧. 2016. 植保无人机在麦田化学除草上的应用效果试验. 安徽农学通报, 22(12): 74-75.

Huang H, Deng J, Lan Y, et al. 2018. A fully convolutional network for weed mapping of unmanned aerial vehicle (UAV) imagery. PLoS ONE, 13(4): e196302.

Lan Y, Chen S, Bradley KF. 2017. Current status and future trends of precision agricultural aviation technologies. Int J Agric & Biol Eng, 10(3): 1-17.

Lan Y, Huang Z, Deng X, et al. 2020. Comparison of machine learning methods for citrus greening detection on UAV multispectral images. Computers and Electronics in Agriculture, 171: 105234.

Wang G, Han Y, Li X, et al. 2020a. Field evaluation of spray drift and environmental impact using an agricultural unmanned aerial vehicle (UAV) sprayer. Science of the Total Environment, 737: 139793.

Wang G, Lan Y, Qi H, et al. 2019. Field evaluation of an unmanned aerial vehicle (UAV) sprayer: effect of spray volume on deposition and the control of pests and disease in wheat. Pest Management Science, 75(6): 1546-1555.

Wang J, Lan Y, Wen S, et al. 2020b. Meteorological and flight altitude effects on deposition, penetration, and drift in pineapple aerial spraying. Asia-Pacific Journal of Chemical Engineering, 15(1): e2382.

Yao W, Lan Y, Hoffmann WL, et al. 2020. Droplet size distribution characteristics of aerial nozzles by Bell 206L4 helicopter under medium and low airflow velocity wind tunnel conditions and field verification test. Applied Sciences, 10: 2179.

附录　农用无人机喷施棉花脱叶催熟剂操作指南

1　声明

本指南旨在帮助和指导农用无人机施用人员喷施棉花脱叶催熟剂时施药操作更加科学、规范、高效，确保棉花脱叶催熟效果的同时兼顾作业人员安全、环境安全等，不对任何个人、机构或组织产生法律责任。

2　联合发布单位

国家航空植保科技创新联盟，拜耳作物科学（中国）有限公司，中国农业科学院棉花研究所，华南农业大学国家精准农业航空施药技术国际联合研究中心。

3　引言和目的

棉花脱叶是棉花全程机械化管理的重要组成部分，脱叶效果直接影响棉花采收的质量和效率，脱叶催熟剂应选择国内正式登记并经田间验证药效优良的产品，应根据棉花密度、长势和成熟度选择合适的推荐剂量，掌握好施药时期适时进行喷洒。本操作指南包含农用无人机喷施棉花脱叶催熟剂施药前、施药中、施药后的操作步骤和注意事项，以指导作业人员在操作农用无人机喷施脱叶催熟剂时更加科学、规范、高效。

4　操作指南

4.1　施药前

4.1.1　确定施药时期：原则上，机采棉满足以下条件时施用脱叶催熟剂。

- ■ 有效棉铃基本生理性成熟。
- ■ 棉株进入自然衰老期，营养生长进入停滞发育期。
- ■ 棉桃横切面种皮变棕褐色，棉籽坚硬。
- ■ 棉桃自然吐絮率≥ 30%。
- ■ 无风日且预计施药后 3 ～ 5d 日最低气温＞ 12℃。
- ■ 药后连续 7d 以上平均气温＞ 20℃。

新疆棉花种植密度较大（南疆 1.1 万～ 1.3 万株 / 亩、北疆 1.2 万～ 1.5 万株 / 亩），以棉桃自然吐絮率达 50% 以上、棉株高度 65 ～ 85cm 的情况下喷施最佳。施用时间：北疆一般在 8 月 25 日至 9 月 15 日，南疆一般在 9 月 5 ～ 25 日，具体视当地天气和棉花生育状况而定。

4.1.2　确定无人机每亩施药液量、药剂用量、无人机施药参数等（具体参考附表 1）。

附表 1　无人机施药参数

施药时期	参见附录 4.1.1
药剂名称及制剂用量*	第一次：540g/L 脱吐隆 SC 13 ～ 15mL/ 亩+280g/L 伴宝 SL 60 ～ 90mL/ 亩+40% 乙烯利 AS 70 ～ 100mL/ 亩 第二次（间隔 7d 左右）：540g/L 脱吐隆 SC 10 ～ 13mL/ 亩+280g/L 伴宝 SL 40 ～ 60mL/ 亩+40% 乙烯利 AS 70 ～ 80mL/ 亩

续表

无人机每亩喷液量（药剂+水）		1.5L/ 亩
飞行参数	雾滴粒径范围	100 ～ 150μm
	雾滴密度	＞ 25 个 /cm^2
	飞行高度	距离棉株顶部 1.5 ～ 1.8m
	飞行速度	3.5 ～ 4m/s

* 表示气温较低或自然吐絮率较低、叶冠层较大或植株较高时，应采用高的推荐剂量

4.1.3　实测作业面积，无人机测量或者人工测量。根据面积准备作业用具（具体参考附表 2）。

附表 2　作业用具匹配表

用具
电池、工具箱、手套、口罩、水桶、药桶、量杯、量筒……

4.1.4　观察作业区周边环境，包括是否有障碍物或邻近敏感作物（新疆棉花地块用树林作隔离行，注意做好航线规划，避免无人机碰到树枝导致坠机等情况的发生）。

4.1.5　配制药剂用水应选择清澈干净的水源，避免使用硬度过高或强酸强碱的水源。

4.1.6　作业前应测量风向和风速，记录并判断作业期间的天气是否适合无人机作业（3m/s 以下适合作业）。在大风（大于 5m/s）、大雨天气或霜冻前不适宜作业。避免高温作业。

4.1.7　应注意采用防飘移技术确保环境和非靶标生物安全。例如，使用防飘移喷头或添加助剂，同时按照推荐飞行参数施药，避免飞行过高、过快。

4.2　施药中

4.2.1　药剂的配制应遵照农药使用技术规范，配药前先将原包装摇匀，再采用二次稀释法配药：

■ 先将称量好的药剂和助剂分别用少量水稀释，配制母液。

■ 再在配药桶中加入 1/3 桶的清水。

■ 按顺序加入配好的母液（如脱吐隆–伴宝–乙烯利）并搅拌均匀。

■ 清洗盛药器皿并将清洗药液一并加入配药桶中。

■ 加足清水至配制浓度且搅拌均匀，将药液倒入无人机药箱。

注意事项：现混现用，配好的药液不可隔日使用。

4.2.2　确认作业人员使用安全防护装备。

4.2.3　作业过程中如遇风速增加并超过 3m/s 时，应停止作业并将无人机返回起降点，当风向风速符合要求后再进行作业。

4.2.4　用药过程中如遇药物过敏或中毒现象，应立即停止作业；如有需要，去医院就诊。

4.2.5　注意周围人员安全，作业人员应与农用无人机保持 10m 以上安全距离。

4.3　施药后

4.3.1　废弃物处理：剩余药液、药剂空瓶及包装袋等应妥善处理（具体参考附表 3）。

附表 3　药后处理

名称	处理方式
剩余药剂	残留药液或废液应稀释后再喷洒到废弃区域或回收，严禁焚烧或深埋
药剂空瓶或包装袋	严禁将空包装丢弃到田间，将清洗 3 次的空包装带到附近的回收点，依据相应法律法规妥善处置
其他垃圾	配药用具等其他物品使用完毕后必须马上清洗，将清洗液回收到废液桶内，并将废弃包装物归类，按照相关规定进行妥善处理

4.3.2　人员清洁：及时进行个人清洗并更换衣物，施药期间使用的衣物和其他衣物分开清洗。

4.3.3　首次用药后 6h 内遇大雨或 2d 内遇极端低温，导致药后 5d 无脱叶迹象的，需重新施药。